Hessen

Bigalke | Köhler

Mathematik

Gymnasiale Oberstufe

Qualifikationsphase

Leistungskurs

Q 2

Herausgegeben von
Dr. Anton Bigalke   Dr. Norbert Köhler

Erarbeitet von
Dr. Anton Bigalke
Dr. Norbert Köhler
Dr. Gabriele Ledworuski
Dr. Horst Kuschnerow

unter Mitarbeit der Verlagsredaktion
und Beratung von
Clemens Groß, Fulda

Cornelsen

Bigalke | Köhler

Mathematik

Redaktion: Dr. Ulf Rothkirch
Layout: Klein und Halm Grafikdesign, Berlin
Bildrecherche: Dieter Ruhmke

Grafik: Dr. Anton Bigalke, Waldmichelbach
Illustration: Detlev Schüler †, Berlin
Umschlaggestaltung: Klein und Halm Grafikdesign, Hans Herschelmann, Berlin
Technische Umsetzung: CMS – Cross Media Solutions GmbH, Würzburg

www.cornelsen.de

Die Webseiten Dritter, deren Internetadressen in diesem Lehrwerk angegeben sind,
wurden vor Drucklegung sorgfältig geprüft. Der Verlag übernimmt keine Gewähr für
die Aktualität und den Inhalt dieser Seiten oder solcher, die mit ihnen verlinkt sind.

1. Auflage, 3. Druck 2021

Alle Drucke dieser Auflage sind inhaltlich unverändert
und können im Unterricht nebeneinander verwendet werden.

Druck: H. Heenemann, Berlin

ISBN 978-3-06-008528-6

PEFC zertifiziert
Dieses Produkt stammt aus nachhaltig
bewirtschafteten Wäldern und kontrollierten
Quellen.

PEFC
PEFC/04-31-1156

www.pefc.de

Inhalt

Vorwort

Kerncurriculum

In diesem Buch wird das Kerncurriculum für das Fach Mathematik in der Qualifikationsphase des Landes Hessen konsequent umgesetzt.

In erheblichem Umfang sind Anwendungsaufgaben und Modellierungen berücksichtigt, auch perspektivisch im Hinblick auf das Zentralabitur. Allerdings muss man die knappe Zeit gut einteilen, da Anwendungen und Modellierungen erfahrungsgemäß zeitaufwendig sind.

Druckformat

Das Buch besitzt ein weitgehend zweispaltiges Druckformat, was die Übersichtlichkeit deutlich erhöht und die Lesbarkeit erleichtert.
Lehrtexte und Lösungsstrukturen sind auf der linken Seitenhälfte angeordnet, während Beweisdetails, Rechnungen und Skizzen in der Regel rechts platziert sind.

Beispiele

Wichtige Methoden und Begriffe werden auf der Basis anwendungsnaher, vollständig durchgerechneter Beispiele eingeführt, die das Verständnis des klar strukturierten Lehrtextes unterstützen. Diese Beispiele können auf vielfältige Weise als Grundlage des Unterrichtsgesprächs eingesetzt werden. Im Folgenden werden einige Möglichkeiten skizziert:

- Die Aufgabenstellung eines Beispiels wird problemorientiert vorgetragen. Die Lösung wird im Unterrichtsgespräch oder in Stillarbeit entwickelt, wobei die Schülerbücher geschlossen bleiben. Im Anschluss kann die erarbeitete Lösung mit der im Buch dargestellten Lösung verglichen werden.

- Die Schüler lesen ein Beispiel und die zugehörige Musterlösung. Anschließend bearbeiten sie eine an das Beispiel anschließende Übung in Einzel- oder Partnerarbeit. Diese Vorgehensweise ist auch für Hausaufgaben gut geeignet.

- Ein Schüler wird beauftragt, ein Beispiel zu Hause durchzuarbeiten und als Kurzreferat zur Einführung eines neuen Begriffs oder Rechenverfahrens im Unterricht vorzutragen.

Übungen

Im Anschluss an die durchgerechneten Beispiele werden exakt passende Übungen angeboten.

- Diese Übungsaufgaben können mit Vorrang in Stillarbeitsphasen als Kontrolle eingesetzt werden. Dabei können die Schüler sich am vorangegangenen Unterrichtsgespräch orientieren.

- Eine weitere Möglichkeit: Die Schüler erhalten den Auftrag, eine Übung zu lösen, wobei sie mit dem Lehrbuch arbeiten sollen, indem sie sich am Lehrtext oder an den Musterlösungen der Beispiele orientieren, die vor der Übung angeordnet sind.

- Weitere Übungsaufgaben auf zusammenfassenden Übungsseiten finden sich am Ende der meisten Abschnitte. Sie sind für Hausaufgaben, Wiederholungen und Vertiefungen geeignet.

- In erheblichem Umfang sind die Formate des Zentralabiturs berücksichtigt, vor allem auch solche mit einfachen Anwendungsbezügen und mit Modellierungen. Allerdings muss man sich die ohnehin knappe Zeit gut einteilen, da Anwendungsaufgaben zeitaufwendig sind.

Überblick , Test und mathematische Streifzüge

Am Ende eines jeden der Themenfelder sind in der Regel in einem *Überblick* die wichtigsten mathematischen Regeln, Formeln und Verfahren in knapper Form zusammengefasst.

Auf der letzten Seite eines Themenfeldes findet man einen *Test* zum Standardstoff, der vor allem auch zur Selbstkontrolle vorgesehen ist.
In der Regel ist ein solcher Test zu umfangreich, um in einem Zug durchgerechnet zu werden. Im Normalfall wird eine *Zweiteilung* angemessen sein.

Mehrere Themenfelder enthalten einen mathematischen *Streifzug*, der besonders interessierten Schülern ansprechende Vertiefungsmöglichkeiten jenseits des Pflichtstoffes bietet.

Verwendung von digitalen Mathematikwerkzeugen (Rechnern)

Als Rechenhilfsmittel sind vor allem *Taschenrechner mit erweiterter Funktionalität* (WTR/ ETR) vorgesehen, aber auch Computerprogramme und Computeralgebrasysteme (CAS). Diese Geräte stellen zeitsparende und reichweitevergrößernde Hilfsmittel dar, welche die wichtigen manuellen Techniken ergänzen, aber nicht ersetzen sollen.

Insbesondere kann der Taschennechner zum Lösen von linearen Gleichungssystemen mit bis zu drei oder vier Variablen verwendet werden, je nach Modell. Unterschiede bestehen vor allem im Fall unendlich vieler Lösungen, weil die Parameterdarstellung nicht bei allen Rechnern angezeigt wird. Im Bereich der Analytischen Geometrie decken diese technischen Voraussetzungen die notwendigen Rechnungen mit Geraden und Ebenen ab.
Im Bereich der Matrizenrechnung jedoch wird man bei manchen Aufgabenstellungen auf ein *Computerprogramm*, z.B. in Form eines Applets - angewiesen sein, da damit auch Matrizen der Ordnung vier und größer verarbeiten werden können, die der Taschenrechner nicht mehr bewältigt. Hier wurde das Programm Matrixcalc* genutzt. Das ist ein nahezu fehlerfrei arbeitendes, sehr intuitiv zu bedienendes Online-Programm zur Matrizenrechnung und zu Gleichungssystemen.

Bei der Verwendung von Rechnern soll strikt auf eine angemessene *Dokumentation des Lösungswegs* in Form schriftlicher Erläuterungen geachtet werden.
Dabei sollen die korrekten mathematischen Schreibweisen und Symbole verwendet werden. Rechnerspezifische Schreibweisen sollen vermieden werden.

Die meisten Aufgabenstellungen im Buch sind so ausgelegt, dass sie sowohl manuell als auch mit Rechnerhilfe bewältigt werden können.

Operatoren

Die Aufgabenstellungen in Übungen wurden in erheblichem Maße mit Hilfe von Operatoren formuliert.
Es wurden aber auch offener formulierte Fragestellungen einbezogen, um die erforderliche Flexibilität der Schüler im Umgang mit Aufgabenstellungen erreichen zu können.
Das ist vor allem im Hinblick auf die spätere Studierfähigkeit erforderlich, denn im Studium werden in der Regel keine operationalisierten Fragestellungen angeboten.
Auch eine zu starke sprachliche Operationalisierungsmonotonie soll so vermieden werden.
Eine Liste der Operatoren befindet sich am Buchende.

---

*Internetadresse von Matrixcalc: https://matrixcalc.org/de/

Gesamtkonzeption und Hinweise zu den Themenfeldern

Das Buch ist wie das Kerncurriculum in *fünf Themenfelder* (Kapitel I–V) untergliedert, welche sich an inhaltlichen Aspekten der Linearen Algebra und Analytischen Geometrie orientieren. Sie entsprechen den Themenfeldern des Rahmenplans und besitzen daher unterschiedliche zeitliche Umfänge.
Die durch den Rahmenplan vorgesehenen Inhalte werden insgesamt abgedeckt.

Innerhalb der Themenfelder gibt es weitere zusätzliche Vertiefungsmöglichkeiten und Erweiterungen, die auch über das Kerncurriculum hinausgehen und daher z. T. als Exkurse ausgewiesen sind.

Von den fünf Themenfeldern des Kerncurriculums sind die *Themenfelder 1 bis 3 verbindlich*, während *zusätzlich ein weiteres* der Themenfelder 4 und 5 des Kerncurriculums für jeden Abiturjahrgang jeweils durch Erlass des Kultusministeriums als verbindlich festgelegt wird. Ebenfalls durch Erlass können Schwerpunkte und Konkretisierungen innerhalb der Themenfelder ausgewiesen werden.

In jedem Themenfeld gibt es eine Übungsseite mit *hilfsmittelfreien Übungen*, die den hilfsmittelfreien Teil der Abiturprüfung partiell vorbereiten sollen.
In Kapitel 6 am Buchende gibt es einen Abschnitt mit komplexen Aufgaben.

I.   Lineare Gleichungssysteme

Dieser erste Themenbereich stellt eine grundlegende Lösungstechnik für fast alle folgenden Themenbereiche zur Verfügung. Es ist also besonders wichtig, dass die Schüler hier sichere Kenntnisse und Lösungsfertigkeiten entwickeln.

In Abschnitt 1 werden die grundlegenden Schreibweisen eingeführt und die Grundlagen anhand von linearen Gleichungssystemen mit nur zwei Variablen wiederholt. Sind die entsprechenden Kenntnisse aus der Sekundarstufe I schon vorhanden, so dient dieser Abschnitt nur zum Nachlesen. Genutzt werden könnte die *graphische Darstellung* von (2;2)-LGS durch zwei Geraden in der Ebene, um die Frage der *Lösbarkeit* und die Frage der Größe der *Lösungsmenge* (keine Lösung, eine Lösung, unendlich viele Lösungen) zu veranschaulichen.

In Abschnitt 2 wird der *Gaußsche Algorithmus* behandelt. Seine beiden *Grundideen* (Erzeugung einer Dreiecksform, dann Rückwärtseinsetzung), sollten klar herausgestellt werden.
Zunächst sollten *eindeutig lösbare* Gleichungssysteme angesprochen werden.

In Abschnitt 3 werden *Lösbarkeitsuntersuchungen* mit den Fällen „unlösbar" (leere Lösungsmenge) und „nicht eindeutig lösbar" (unendliche Lösungsmenge) behandelt.
Außerdem werden *überbestimmte und unterbestimmte Gleichungssysteme* angesprochen.

In Abschnitt 4 werden *Lineare Gleichungssysteme mit Parametern* knapp thematisiert. Es wird – wenn auch nur exemplarisch – dargestellt, wie sich die Parameter auf den Lösungsweg auswirken. Dies kann man kurz ansprechen, um die richtigen Schreibweisen im Lösungsweg zu vermitteln.

In Abschnitt 5 wird die Lösung linearer Gleichungssysteme mit dem Rechner bzw. dem Computer angesprochen, um diese Instrumente bei den späteren Anwendungsaufgaben, die sich durch die ganze Analytische Geometrie ziehen, dann und wann zeitsparend einsetzen zu können.
Die Darstellung betrifft zwei gebräuchliche Taschenrechnertypen und ein Computerprogramm in Form eines recht intuitiv zu bedienenden Applets zu Gleichungssystemen und Matrizen (s. oben).

In Abschnitt 6 – der aber *aus Zeitgründen nur exemplarisch* angesprochen werden kann, werden Anwendungen linearer Gleichungssysteme behandelt. Die Beherrschung der grundlegenden Lösungstechnik muss dabei vorausgesetzt werden.
Zunächst werden als universale Einstiegsanwendungen *Rätsel- und Modellierungsaufgaben* angesprochen.
Dann werden zwei interessante praktische Anwendungen – natürlich modellhaft reduziert – angeboten, die der Kernlehrplan ausdrücklich erwähnt: *Ströme in Netzwerken* und *Mischungsprobleme*.
Hier müssen die Schüler die Fragestellungen zunächst einmal verstehen, um dann an Beispielen das Know How zur Lösung zu erwerben, bevor sie ähnliche Probleme systematisch lösen können.
Eine dritte Praxisanwendung betrifft das Aufstellen *chemischer Reaktionsgleichungen*. Diese Thematik wird im Streifzug angesprochen.

II. Orientieren und Bewegen im Raum

Unter der Überschrift „Orientieren und Bewegen im Raum" firmiert nichts anderes als die Einführung in die Vektorrechnung. Sie enthält die Haupttechniken des Semesters zur Analytischen Geometrie und linearen Algebra. Da diese Thematik eine lange Tradition besitzt, wird Sie hier nur kurz angesprochen.

In Abschnitt 1 wird die Darstellung von Punkten im zweidimensionalen und dreidimensionalen Koordinatensystem wiederholend behandelt.
Dann wird vor allem das Zeichnen und der Einsatz von Schrägbildern geübt, die in den Themenbereichen 3, 5 und 6 ein wichtiges Darstellungsmittel sind und das räumliche Anschauungsvermögen optimal fördern. Exemplarisches Vorgehen reicht aber aus.
Dabei wird häufig mit kariertem Papier gearbeitet, da sich über die Diagonale eines Karos der übliche Verkürzungsfaktor $\frac{1}{\sqrt{2}}$ gut realisieren lässt.
Die Begriffe Grundriss, Aufriss und Seitenriss sind dabei von Nutzen.
Die Formel für den Punktabstand wird hier ebenfalls unterrichtet und angewendet, z. B. auch für den Nachweis der Gleichschenkligkeit und Rechtwinkligkeit von Dreiecken.

In Abschnitt 2 werden die Grundbegriffe über Vektoren (Verschiebungspfeile, Definition eines Vektors, Pfeilvektoren, Spaltenvektoren, Ortsvektoren, Verschiebungsvektoren, Betrag eines Vektors) eingeführt. Dies ist völlig neu für die Schüler und erfordert Geduld bis zum Verständnis.

In Abschnitt 3 werden die grundlegenden Rechenoperationen für Vektoren behandelt (Addition, Subtraktion, skalare Multiplikation, Kollinearität) eingeführt.

In Abschnitt 4 wird das Skalarpodukt in kurzer Form eingeführt.

In Abschnitt 5 werden die Formel für den Winkel zwischen zwei Vektoren (Kosinusformel) und die Formel für den Flächeninhalt eines Dreiecks behandelt und vielfältig angewendet.

In Abschnitt 6 werden die Methoden des Abschnittes 5 auf Figuren in der Ebene und Körper im Raum angewandt. Es werden beispielsweise Parallelogramme, Trapeze und Pyramiden untersucht.

III. Geraden und Ebenen im Raum

Dieses Kapitel mit den klassischen Inhalten der Analytischen Geometrie ist der zentrale Themenbereich des gesamten Kurses. Er wurde wegen des großen Umfangs und wegen der Übersichtlichkeit in vier Unterkapitel III.1 bis III.4 unterteilt.

Außerdem ist es nicht möglich, alle dargestellten Inhalte in vollem Umfang durchzuunterrichten. Man muss eine Auswahl treffen, die auf aktuelle Schwerpunktbildungen und Konkretisierungen des Kerncurriculums *für das Abitur* angemessen abgestimmt werden sollte.

III.1 Geraden im Raum

In Abschnitt 1 werden die Parameter- und die Zweipunktegleichung einer Geraden eingeführt.

In Abschnitt 2 werden die Lagebeziehungen Punkt/Gerade, Punkt/Strecke und Gerade/Gerade behandelt. Einfache Geradenscharen werden in einem optionalen Exkurs untersucht.

In Abschnitt 3 wird die Schnittwinkelformel für Geraden behandelt. Außerdem werden orthogonale Geraden betrachtet.

In Abschnitt 4 werden Spurpunkte eingeführt und ihre wichtigsten Anwendungen (Reflexion und Schattenwurf) behandelt.

Danach folgen umfassende Übungen mit Anwendungen und ein Zwischentest zu Geraden.

III.2 Parametergleichungen der Ebene

In Abschnitt 1 werden die vektorielle Parametergleichung der Ebene und die Dreipunktegleichung eingeführt. Außerdem werden die Achsenabschnitte und die Spurgeraden einer Ebene angesprochen.

In Abschnitt 2 werden die Lagebeziehungen Punkt/Ebene, Punkt/Dreieck und Gerade/Ebene behandelt. Außerdem werden die Lagebeziehungen Ebene/Ebene und Gerade/Dreieck angesprochen, allerdings z. T. nur als Exkurs.

Zahlreiche Anwendungsaufgaben bieten genügend Aufgabenmaterial zur Auswahl.
Auch hier wird wieder ein Zwischentest angeboten.

III.3 Normalen- und Koordinatenform der Ebene

In Abschnitt 1 wird zunächst der Begriff des Normalenvektors eingeführt. Seine Bestimmung kann mit dem Skalarprodukt erfolgen. Einfacher und schneller geht es mit dem Vektorprodukt, das an dieser Stelle daher ebenfalls behandelt wird.

Anschließend werden die Normalengleichung der Ebene und die Koordinatengleichung der Ebene behandelt, mit deren Hilfe viele Fragestellungen wesentlich effizienter bearbeitet werden können als mit der Parameterform der Ebenengleichung.
Außerdem werden in diesem Zusammenhang sinnvollerweise die Achsenabschnitte und die Spurgeraden einer Ebene angesprochen.

In Abschnitt 2 werden die Lagebeziehungen Punkt/Ebene, Punkt/Dreieck, Gerade/Ebene und Ebene/Ebene behandelt. Besonders wichtig ist hier der intensive Einsatz der Koordinatenform der Ebene, auch wegen deren Zeiteffizienz. Der Fall Gerade/Dreieck ist bereits weiter vorne im Buch dargestellt.
Ein kleiner Exkurs beschäftigt sich mit Ebenenscharen.
Auch dieses Teilkapitel endet mit einem Zwischentest.

III.4 Abstände und Winkel

In Abschnitt 1 wird zunächst die elementarste Aufgabenstellung behandelt, der Abstand von Punkt und Ebene. Dabei wird mit Priorität das Lotfußpunktverfahren eingesetzt, wie laut Kerncurriculum vorgesehen.
Anschließend gibt es jedoch einen dreiseitigen Streifzug zur Hesseschen Normalenform der Ebenengleichung. Als Anwendung wird die Formel für den Abstand von Punkt und Ebene vorgestellt. Dann folgen weitere Abstandsberechnungen (Punkt/Gerade, Ebene/Gerade) mit zahlreichen Übungsmöglichkeiten.
Den Abschluss bildet ein Abschnitt über den Abstand windschiefer Geraden, wobei eine formelhafte Berechnung und als Exkurs auch ein operatives Lotfußpunktverfahren angeboten werden.

In Abschnitt 2 werden diverse Schnittwinkelberechnungen vorgestellt (Gerade/Gerade, Gerade/Ebene und Ebene/Ebene).

In Abschnitt 3 werden Figuren und Situationen im Raum unter allen behandelten Aspekten untersucht. Diese Sammlung zielt auch schon in Richtung Abitur.
Den Abschluss bildet wiederum ein Test.

Bemerkung: In Anbetracht der Fülle des Materials im Themenbereich 3 muss der Lehrer eine strikte Auswahl treffen, um den Zeitrahmen einzuhalten. Er kann aber auch in den Folgesemestern hierauf zurückgreifen zwecks Auffrischung und zur Abiturvorbereitung.
Die Autoren hatten die Intention, die mögliche Fragestellungen weitgehend durch vollständig durchgerechnete Beispiele abzudecken, um den Lehrer so weit wie möglich zu entlasten und die Schüler beim Nacharbeiten zu unterstützen.

IV. Matrizen zur Beschreibung von Übergangsprozessen

In Abschnitt 1 wird eine kurze Einführung in das Rechnen mit Matrizen gegeben. Neben den Standardrechenregeln werden auch Matrixpotenzen und inverse Matrizen berechnet. Da das manuelle Rechnen mit Matrizen zeitaufwendig sein kann, wird auch der Taschenrechner eingesetzt, der allerdings je nach Modell nur bis zur Ordnung 3 bzw. 4 reicht. Bei höherer Ordnung kommt ein Computerprogramm zum Einsatz, hier das frei verwendbare Online-Programm Matrixcalc.

In Abschnitt 2 werden einfache stochastische Übergangsprozesse behandelt. Dabei geht es um Käuferströme, Wählerverhalten, Wetterübergänge und populationsdynamische Prozesse, insbesondere bei letzteren auch um solche mit nichtstochastischer Übergangsmatrix.
Dieser Abschnitt ist relativ breit gehalten, da es sich nicht um ein Standardthema der Schulmathematik handelt. Im Unterricht kann man also deutlich straffen.
Ein Unterabschnitt beschäftigt sich mit zyklischen Prozessen. Es empfiehlt sich, diese anzusprechen.

In Abschnitt 3 werden als Vertiefung Markov-Ketten behandelt, also Übergangsprozesse ohne Gedächtnis. Hier spielen das langfristige Verhalten, Fixvektoren und stationäre Verteilungen eine große Rolle.
In einem Unterabschnitt werden absorbierende Markov-Ketten behandelt, die sehr interessant sind und z. B. bei der Erfassung von Spielen vorkommen. Hier wird auch die Grenzmatrix eingeführt.

V. Matrizen zur Beschreibung von linearen Abbildungen

Bei der Behandlung dieses Themas *muss der erste Abschnitt von Themenfeld 4* unbedingt vorher behandelt worden sein, da er die Grundlage auch diesen Kapitels bildet.

In Abschnitt 1 werden einfache lineare Abbildungen im zweidimensionalen Raum $\mathbb{R}^2$ behandelt. Dabei werden anschaulich gut vorstellbare Abbildungen wie Spiegelungen, Projektionen, zentrische Streckungen und einfache Drehungen mit ihren Abbildungsmatrizen behandelt.

In Abschnitt 2 werden Bildmenge, Kern, Fixpunkte und Fixpunktmenge linearer Abbildungen bestimmt. Außerdem werden die Bilder von geometrischen Figuren und Geraden bestimmt. Hinzu kommen Fixpunktgeraden und Fixgeraden. Auch Umkehrabbildungen werden kurz angesprochen.

In Abschnitt 3 werden die Begrifflichkeiten in den Raum übertragen. Es werden orthogonale Projektionen, Spiegelungen, Parallelprojektionen auf Koordinatenebenen und Schattenwürfe behandelt. Außerdem werden Drehungen um die Koordinatenachsen und Parallelprojektionen auf Ursprungsebenen untersucht. Begrenzt kommen auch nichtanschauliche, nur durch ihre Abbildungsmatrix definierte Abbildungen vor.

VI. Komplexe Aufgaben

Am Ende des Buches findet man eine Sammlung komplexer Aufgaben zu allen Themenbereichen. Zu jedem Themenbereich gibt es dabei auch hilfsmittelfreie Aufgaben. Die komplexen Aufgaben können begleitend im Unterricht eingesetzt werden, aber auch zur Vorbereitung von Klausuren dienen. Hier wurden die Operatoren intensiv angewandt, auch im Hinblick auf das Abitur.

I. Lineare Gleichungssysteme

1. Grundlagen

A. Der Begriff des linearen Gleichungssystems

Lineare Gleichungssysteme besitzen in vielen Bereichen der Mathematik und bei der Lösung naturwissenschaftlicher, technischer und wirtschaftlicher Problemstellungen eine große Bedeutung.
Das wichtigste Lösungsverfahren für lineare Gleichungssysteme ist sehr systematisch aufgebaut, so dass es mit Hilfe von Computern und Taschenrechnern automatisiert werden kann.

In diesem ersten Abschnitt wiederholen wir die bereits bekannten Grundlagen beim Lösen linearer Gleichungssysteme, wobei die Beispiele auf den folgenden Seiten sich auf zwei Gleichungen mit zwei Variablen beschränken.

Ein lineares Gleichungssystem (*LGS*) besteht aus einer Anzahl linearer Gleichungen. Nebenstehend ist ein lineares Gleichungssystem mit vier Gleichungen und drei Variablen x, y, z dargestellt. Man spricht hier von einem (4; 3)-LGS.
Die Darstellung ist in der sogenannten *Normalform* gegeben: Die variablen Terme stehen auf der linken Seite, die konstanten Terme bilden die rechte Seite.

Rechts ist die Normalform eines allgemeinen (m; n)-LGS dargestellt.
Die n Variablen lauten x_1, x_2, ..., x_n.
Die konstanten Terme auf der rechten Seite der Gleichungen lauten b_1, b_2, ..., b_m.
a_{ij} bezeichnet den Koeffizienten auf der linken Seite des LGS, der in der i-ten Gleichung als Faktor vor der Variablen x_j steht.
Eine Lösung des LGS gibt man oft als geordnete Kombination an, d.h. als *n-Tupel* $(x_1; x_2; ...; x_n)$, z.B. (3; 1) wie im Beispiel auf der folgenden Seite.

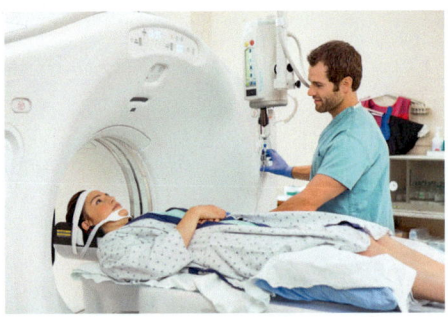

Computertomographie
Im Computertomographen wird die Abschwächung von Röntgenstrahlen beim Durchdringen des Körpers gemessen.
Daraus gewinnt man lineare Gleichungssysteme, deren Lösungen die Gewebedichten im Körperinnern liefern. Aus diesen lässt sich ein dreidimensionales Bild des Körperinnern errechnen und darstellen.

Ein (4; 3)-LGS in Normalform:

$$
\begin{aligned}
3x + 2y - 2z &= 1 \\
2x + 3y + 2z &= 14 \\
4x - 2y + 3z &= -9 \\
5x + 4y - 4z &= 1
\end{aligned}
$$

Koeffizienten der linken Seite   Koeffizienten der rechten Seite

Die Normalform eines (m; n)-LGS:

$$
\begin{aligned}
a_{11}x_1 + a_{12}x_2 + \ldots + a_{1n}x_n &= b_1 \\
a_{21}x_1 + a_{22}x_2 + \ldots + a_{2n}x_n &= b_2 \\
&\ \vdots \\
a_{m1}x_1 + a_{m2}x_2 + \ldots + a_{mn}x_n &= b_m
\end{aligned}
$$

B. Das Additionsverfahren bei Gleichungssystemen mit zwei Variablen

Zunächst bringen wir uns ein elementares Verfahren zur Lösung linearer Gleichungssysteme anhand eines einfachen Beispiels (2 Gleichungen, 2 Variable) in Erinnerung.

> ▶ **Beispiel: Gleichungssystem**
> Lösen Sie das nebenstehende lineare Gleichungssystem.
>
> $$\text{I} \qquad 2x - 4y = 2$$
> $$\text{II} \qquad 5x + 3y = 18$$

Lösung:
Wir verwenden das sogenannte Additionsverfahren. Zunächst multiplizieren wir Gleichung I mit -5 und Gleichung II mit 2, sodass die Koeffizienten der Variablen x den gleichen Betrag, aber verschiedene Vorzeichen erhalten.

$$\text{I} \qquad 2x - 4y = 2 \qquad \rightarrow (-5) \cdot \text{I}$$
$$\text{II} \qquad 5x + 3y = 18 \qquad \rightarrow 2 \cdot \text{II}$$

So entsteht ein neues Gleichungssystem. Es ist zum Ursprungssystem äquivalent, d.h. lösungsgleich.

$$\text{I} \qquad -10x + 20y = -10$$
$$\text{II} \qquad 10x + 6y = 36 \qquad \rightarrow \text{I} + \text{II}$$

Nun addieren wir Gleichung I zu Gleichung II. Bei diesem Additionsvorgang wird die Variable x eliminiert. Das entstehende Gleichungssystem ist wiederum äquivalent zum vorhergehenden.

$$\text{I} \qquad -10x + 20y = -10$$
$$\text{II} \qquad 26y = 26$$

Gleichung II enthält nun nur noch eine Variable, nämlich y. Auflösen der Gleichung nach y liefert $y = 1$ als Lösungswert.

Aus II folgt $y = 1$.

Setzen wir dieses Teilresultat in Gleichung
▶ I ein, so folgt $x = 3$.

Einsetzen in I liefert: $x = 3$
Lösungsmenge: $L = \{(3;1)\}$

Die Lösungsverfahren für lineare Gleichungssysteme beruhen darauf, dass die Anzahl der Variablen pro Gleichung durch Umformungen schrittweise reduziert wird, bis nur noch eine Variable übrig bleibt.
Die verwendeten Umformungen dürfen die Lösungsmenge des Gleichungssystems nicht verändern. Umformungen mit dieser Eigenschaft werden als *Äquivalenzumformungen* bezeichnet.
Die drei wesentlichen Äquivalenzumformungen sind nebenstehend aufgeführt.

> **Äquivalenzumformungen eines Gleichungssystems**
>
> Die Lösungsmenge eines linearen Gleichungssystems ändert sich nicht, wenn
>
> (1) 2 Gleichungen vertauscht werden,
>
> (2) eine Gleichung mit einer reellen Zahl $k \neq 0$ multipliziert wird,
>
> (3) eine Gleichung zu einer anderen Gleichung addiert wird.

Zur Pfeilschreibweise: A $\rightarrow$ B bedeutet: A wird durch B ersetzt.

Übung 1 Rechnerische Lösung

Lösen Sie die linearen Gleichungssysteme rechnerisch.

a) $2x - 3y = 5$ b) $6x - 4y = -2$ c) $\frac{1}{2}x - 2y = 1$ d) $5x = y - 3$

   $3x + 4y = 16$ $4x + 3y = 10$ $3x + 4y = 14$ $2y = 7 + 9x$

Übung 2 Zeichnerische Lösung

Lösen Sie das LGS zeichnerisch, indem Sie die   a) $3x + 2y = 12$ b) $2x - 3y = -9$

Gleichungen nach y auflösen und als Geraden $4x - 2y = 2$ $4x + 6y = -6$

darstellen.   c) $2x + 3y = 7$ d) $4x + y = -6$

                            $6x + 9y = 14$ $7x + 2y = -11$

C. Die Anzahl der Lösungen eines Gleichungssystems mit zwei Variablen

Die Gesamtheit der Lösungen $(x; y)$ jeder einzelnen Gleichung eines $(2; 2)$-LGS bildet eine Gerade im $\mathbb{R}^2$. Damit kann die Frage nach der Anzahl der Lösungen eines $(2; 2)$-LGS in sehr anschaulicher Weise beantwortet werden.

Die Lösungen eines solchen Gleichungssystems sind die Koordinaten der gemeinsamen Punkte der den Gleichungen zugeordneten Geraden. Geraden haben entweder keine gemeinsamen Punkte oder sie haben genau einen gemeinsamen Punkt oder sie haben unendlich viele gemeinsame Punkte. Die Zeichnungen unten veranschaulichen den Sachverhalt.

Entsprechend ist ein lineares Gleichungssystem entweder *unlösbar* oder es ist *eindeutig lösbar* oder es hat *unendlich viele Lösungen*, ist also *nicht eindeutig lösbar*.

Dies gilt nicht nur für Gleichungssysteme mit zwei Variablen, sondern für alle LGS.

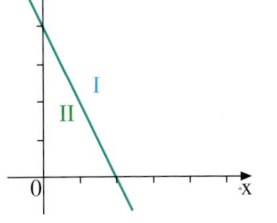

I $\quad 2x - 2y = -2$ II $\quad -3x + 3y = 6$	I $\quad 2x - y = 2$ II $\quad 3x + 3y = 12$	I $\quad 8x + 4y = 16$ II $\quad -6x - 3y = -12$
Die Geraden sind parallel. Sie haben keine gemeinsamen Punkte.	Die Geraden schneiden sich in einem Punkt.	Die Geraden sind identisch. Sie haben unendlich viele gemeinsame Punkte.
Das Gleichungssystem ist unlösbar.	**Das Gleichungssystem hat genau eine Lösung.**	**Das Gleichungssystem hat unendlich viele Lösungen.**

Auch mit Hilfe des Additionsverfahrens kann man erkennen, welcher der drei bezüglich der Lösbarkeit möglichen Fälle vorliegt. Den Fall der eindeutigen Lösbarkeit haben wir bereits geübt (vgl. Abschnitt B). Die restlichen Fälle behandeln wir nun exemplarisch.

> **Beispiel: Lösbarkeit**
> Untersuchen Sie die Gleichungssysteme mit Hilfe des Additionsverfahrens auf Lösbarkeit.
>
> a) $2x - 2y = -3$ b) $8x + 4y = 16$
> $-3x + 3y = 9$ $-6x - 3y = -12$

Lösung zu a:

I	$2x - 2y = -3$	$\rightarrow 3 \cdot$ I
II	$-3x + 3y = 9$	$\rightarrow 2 \cdot$ II

I	$6x - 6y = -9$	
II	$-6x + 6y = 18$	$\rightarrow$ I + II

I	$6x - 6y = -9$	
II	$0x + 0y = 9$	

Die Äquivalenzumformungen führen auf ein Gleichungssystem, dessen Gleichung II für kein Paar x, y lösbar ist, da sie $0 = 9$ lautet.
Sie stellt einen Widerspruch in sich dar.

Da eine Gleichung des Systems keine Lösung besitzt, hat das Gleichungssystem als Ganzes erst recht keine Lösungen.
Man spricht von einem unlösbaren Gleichungssystem. Die Lösungsmenge des Systems ist die leere Menge:
► $L = \{\ \}$.

Lösung zu b:

I	$8x + 4y = 16$	$\rightarrow 3 \cdot$ I
II	$-6x - 3y = -12$	$\rightarrow 4 \cdot$ II

I	$24x + 12y = 48$	
II	$-24x - 12y = -48$	$\rightarrow$ I + II

I	$24x + 12y = 48$	
II	$0x + 0y = 0$	

Die Umformungen führen auf ein äquivalentes System, dessen Gleichung II für alle Paare x, y trivialerweise erfüllt ist, da sie $0 = 0$ lautet. Sie kann also auch weggelassen werden.

In der verbleibenden Gleichung I kann eine der Variablen frei gewählt werden. Sei etwa $x = c \ (c \in \mathbb{R})$.
Dann folgt $y = -2c + 4$. Für jeden Wert des Parameters c ergibt sich eine Lösung. Man spricht von einer einparametrigen unendlichen Lösungsmenge:
$L = \{(c; -2c + 4); c \in \mathbb{R}\}$.

Übung 3 Lösbarkeit

Untersuchen Sie das Gleichungssystem auf Lösbarkeit. Geben Sie die Lösungsmenge an.

a) $8x - 3y = 11$ b) $3x + 2y = 13$ c) $8x - 6y = 2$ d) $-4x + 14y = 6$
$5x + 2y = 34$ $2x - 5y = -4$ $2x + 3y = 2$ $6x - 21y = 8$

e) $12x + 16y = 28$ f) $3x - 4y = 14$ g) $4x - 2y = 8$ h) $3x - 6y = 9$
$15x + 20y = 35$ $2x + 3y = -2$ $3x + y = 11$ $-2x + 4y = -6$
$x + 10y = -18$ $6x - 8y = 1$ $x - 2y = 3$

Übung 4 LGS mit Parameter

Für welche Werte des Parameters $a \in \mathbb{R}$ liegt eindeutige Lösbarkeit vor?

a) $2x - 5y = 9$ b) $3x + 4y = 7$ c) $ax + 2y = 5$ d) $ax - 2y = a$
$4x + ay = 5$ $2x - 6y = a + 12$ $8x + ay = 10$ $2x - ay = 2$

Übungen

5. Lösen Sie das lineare Gleichungssystem mit Hilfe des Additionsverfahrens.

a) $2x - 3y = 5$
   $3x + 2y = 1$

b) $-3x + 4y = -1$
   $4x - 2y = 8$

c) $1,2x - 0,5y = 5$
   $3,4x - 1,5y = 14$

d) $2 - 2x = 2y - 4$
   $6x - 4 = 6y + 2$

e) $y - 3x - 3 = 2y$
   $4 - 4x + y = 8 - 3y$

f) $13 - x + 4y = 0$
   $24 - 2(x - y) = 10$

6. Untersuchen Sie das LGS auf Lösbarkeit. Bestimmen Sie die Lösungsmenge.

a) $x - \frac{1}{3}y = 3$
   $x + 2y = -4$

b) $2x + 4y = -4$
   $-0,5x - y = 1$

c) $-6x + 3y = 3$
   $4x - 2y = 2$

d) $-2x + 6y = -2$
   $x - 3y = 1$

e) $2x + 4y = 10$
   $4x - 4y = 8$
   $3x - 2y = 7$

f) $x + 6y = 21$
   $-x + y = 0$
   $x - y = -5$

7. Bestimmen Sie die Werte des Parameters $a \in \mathbb{R}$, für die die LGS eindeutig lösbar sind.

a) $3x - 5y = 4$
   $ax + 10y = 5$

b) $4x - 2y = a$
   $3x + 4y = 7$

c) $ax + 3y = 8$
   $3x + ay = 4$

8. Eine zweistellige Zahl ist siebenmal so groß wie ihre Quersumme. Vertauscht man die beiden Ziffern, so erhält man eine um 27 kleinere Zahl. Wie heißt diese zweistellige Zahl?

9. (3; 2)-LGS wie in 6e) und f) beschreiben die Lage von drei Geraden in $\mathbb{R}^2$ zueinander. Erstellen Sie zu folgenden Situationen eine Skizze und geben Sie dazu ein Beispiel für ein (3; 2)-LGS an.

a) Drei Geraden sind nicht paarweise parallel zueinander. Es gibt keinen Punkt, in dem sich alle drei Geraden schneiden.

b) Drei Geraden sind nicht paarweise parallel zueinander. Es gibt einen Punkt, in dem sich alle drei Geraden schneiden.

c) Zwei Geraden sind parallel zueinander. Eine dritte Gerade schneidet die beiden Parallelen.

d) Drei Geraden sind parallel zueinander, aber nicht identisch.

10. Wie alt sind Max und Moritz jetzt?

2. Das Lösungsverfahren von Gauß

Carl Friedrich Gauß (1777–1855) war ein deutscher Mathematiker und Astronom, der sich bereits in frühester Jugend durch überragende Intelligenz auszeichnete. Fast 50 Jahre lang war er als Mathematikprofessor an der Uni Göttingen tätig. Neben der Mathematik beschäftigte er sich vor allem mit der Astronomie. Durch eine neue Berechnung der Umlaufbahnen von Himmelskörpern konnte der 1801 entdeckte und gleich wieder aus dem Blick verlorene Planet Ceres wieder aufgefunden werden. Hierbei entwickelte er auch das nach ihm benannte Lösungsverfahren für Gleichungssysteme, das er 1809 in seinem Buch „Theoria motus corporum coelestium" (Theorie der Bewegung der Himmelskörper) veröffentlichte.

A. Dreieckssysteme

▶ **Beispiel: Dreieckssystem**
Das gegebene Gleichungssystem hat eine besondere Gestalt, denn die von null verschiedenen Koeffizienten sind in Gestalt eines Dreiecks angeordnet.
Lösen Sie dieses Dreieckssystem.

Ein Dreieckssystem

$$\begin{array}{lrcl} \text{I} & 3x - 2y + 4z &=& 11 \\ \text{II} & 4y + 2z &=& 14 \\ \text{III} & 5z &=& 15 \end{array}$$

Lösung:
Dreieckssysteme sind wegen ihrer besonderen Gestalt sehr einfach zu lösen:

1. Wir lösen Gleichung III nach z auf und erhalten z = 3.

2. Dieses Ergebnis setzen wir in Gleichung II ein, die sodann nach y aufgelöst werden kann. Wir erhalten y = 2.

3. Nun setzen wir z = 3 und y = 2 in Gleichung I ein, die anschließend nach x aufgelöst werden kann: x = 1.

Resultat: Das gegebene Dreieckssystem ist *eindeutig lösbar*.
▶ Die Lösung ist (1; 2; 3).

Lösen eines Dreieckssystems durch *Rückeinsetzung*:

Auflösen von III nach z:
$$\begin{array}{rcl} 5z &=& 15 \\ z &=& 3 \end{array}$$

Einsetzen in II:
Auflösen nach y:
$$\begin{array}{rcl} 4y + 2z &=& 14 \\ 4y + 6 &=& 14 \\ 4y &=& 8 \\ y &=& 2 \end{array}$$

Einsetzen in I:
Auflösen nach x:
$$\begin{array}{rcl} 3x - 2y + 4z &=& 11 \\ 3x - 4 + 12 &=& 11 \\ 3x &=& 3 \\ x &=& 1 \end{array}$$

Lösungsmenge: $L = \{(1; 2; 3)\}$

B. Der Gaußsche Algorithmus

Im Folgenden zeigen wir das besonders systematische Verfahren zur Lösung linearer Gleichungssysteme von Gauß, das als Gaußscher Algorithmus oder als Gaußsches Eliminationsverfahren bezeichnet wird. Wegen seiner algorithmischen Struktur ist es hervorragend für die numerische Bearbeitung mittels Computer geeignet.

Die Grundidee von Gauß war sehr einfach: Mit Hilfe von Äquivalenzumformungen (vgl. Abschnitt 1. B) wird das lineare Gleichungssystem in ein Dreieckssystem umgewandelt. Dieses wird anschließend durch „Rückeinsetzung" gelöst.

▶ **Beispiel: Dreieckssystem/ Rückeinsetzung**

Formen Sie das lineare Gleichungssystem (LGS) in ein Dreieckssystem um und lösen Sie dieses.

$$\begin{aligned} \text{I} \quad & 3x + 3y + 2z = 5 \\ \text{II} \quad & 2x + 4y + 3z = 4 \\ \text{III} \quad & -5x + 2y + 4z = -9 \end{aligned}$$

Lösung:
Die außerhalb des blauen Dreiecks stehenden Terme stören auf dem Weg zum Dreieckssystem. Sie sollen durch Äquivalenzumformungen schrittweise eliminiert werden.
Als Darstellungsmittel verwenden wir den Umformungspfeil, der angibt, wodurch die Gleichung ersetzt wird, von welcher dieser Pfeil ausgeht.

1. Wir eliminieren die Variable x aus den Gleichungen II und III.
   Wir erreichen dies, indem wir zu geeigneten Vielfachen dieser Gleichung geeignete Vielfache von Gleichung I addieren oder subtrahieren.

2. Wir eliminieren die Variable y aus der Gleichung III des neu entstandenen Systems in entsprechender Weise.

3. Es ist nun wieder ein Dreieckssystem entstanden, das wir leicht durch „Rückeinsetzung" lösen können.

▶ Resultat: L = {(1; 2; −2)}

Umformen des LGS:

1. Elimination von x
$$\begin{aligned} \text{I} \quad & 3x + 3y + 2z = 5 \\ \text{II} \quad & 2x + 4y + 3z = 4 && \to 3 \cdot \text{II} - 2 \cdot \text{I} \\ \text{III} \quad & -5x + 2y + 4z = -9 && \to 3 \cdot \text{III} + 5 \cdot \text{I} \end{aligned}$$

2. Elimination von y
$$\begin{aligned} \text{I} \quad & 3x + 3y + 2z = 5 \\ \text{II} \quad & 6y + 5z = 2 \\ \text{III} \quad & 21y + 22z = -2 && \to 2 \cdot \text{III} - 7 \cdot \text{II} \end{aligned}$$

Dreieckssystem
$$\begin{aligned} \text{I} \quad & 3x + 3y + 2z = 5 \\ \text{II} \quad & 6y + 5z = 2 \\ \text{III} \quad & 9z = -18 \end{aligned}$$

Auflösen von III nach z: 3. Lösen durch Rückeinsetzung
$$\begin{aligned} 9z &= -18 \\ z &= -2 \end{aligned}$$

Einsetzen in II, Auflösen nach y:
$$\begin{aligned} 6y + 5z &= 2 \\ 6y - 10 &= 2 \\ y &= 2 \end{aligned}$$

Einsetzen in I, Auflösen nach x:
$$\begin{aligned} 3x + 3y + 2z &= 5 \\ 3x + 6 - 4 &= 5 \\ x &= 1 \end{aligned}$$

In entsprechender Weise lassen sich auch lineare Gleichungssysteme mit größerer Anzahl von Gleichungen und Variablen lösen. Es kommt darauf an, die störenden Terme in systematischer Weise, z.B. spaltenweise, zu eliminieren, sodass eine *Dreiecksform* bzw. *Stufenform* entsteht.

Übungen

1. Dreiecksform

Lösen Sie das LGS. Formen Sie das LGS ggf. zunächst in ein Dreieckssystem um.

a) $\begin{aligned} 2x + 4y - z &= -13 \\ 2y - 2z &= -12 \\ 3z &= 9 \end{aligned}$

b) $\begin{aligned} 2x + 4y - 3z &= 3 \\ -6y + 5z &= 7 \\ 2z &= 4 \end{aligned}$

c) $\begin{aligned} 3x - 2y + 2z &= 6 \\ 2x \quad\quad - z &= 2 \\ -3x \quad\quad\quad &= -6 \end{aligned}$

d) $\begin{aligned} x - 3y + 5z &= -2 \\ y + 2z &= 8 \\ y + z &= 6 \end{aligned}$

e) $\begin{aligned} x + y + 4z &= 10 \\ 2y - 5z &= -14 \\ y + 3z &= 4 \end{aligned}$

f) $\begin{aligned} 2x + 2y - z &= 8 \\ -2x + y + 2z &= 3 \\ 4z &= 8 \end{aligned}$

2. Gaußscher Algorithmus

Lösen Sie das LGS mit Hilfe des Gaußschen Algorithmus.

a) $\begin{aligned} 4x - 2y + 2z &= 2 \\ -2x + 3y - 2z &= 0 \\ 3x - 5y + z &= -7 \end{aligned}$

b) $\begin{aligned} x + 2y - 2z &= -4 \\ 2x + y + z &= 3 \\ 3x + 2y + z &= 4 \end{aligned}$

c) $\begin{aligned} 2x + 2y - 3z &= -7 \\ -x - 2y - 2z &= 3 \\ 4x + y - 2z &= -1 \end{aligned}$

d) $\begin{aligned} 2x + y - z &= 6 \\ 5x - 5y + 2z &= 6 \\ 3x + 2y - 3z &= 0 \end{aligned}$

e) $\begin{aligned} x - 2y + z &= 0 \\ 3y + z &= 9 \\ 2x + y &= 4 \end{aligned}$

f) $\begin{aligned} 2x + 2y + 3z &= -2 \\ x \quad\quad + z &= -1 \\ y + 2z &= -3 \end{aligned}$

3. Gaußscher Algorithmus

Lösen Sie das LGS mit Hilfe des Gaußschen Algorithmus. Bringen Sie das LGS zunächst auf Normalform. (Erzeugen Sie zweckmäßigerweise auch ganzzahlige Koeffizienten.)

a) $\begin{aligned} 2y &= 4 - z \\ 3z &= x - 10 \\ 9 + z &= x + y \end{aligned}$

b) $\begin{aligned} 2y - 5 &= z + 2x \\ -2z &= x - 2y \\ 4x &= y - 10 \end{aligned}$

c) $\begin{aligned} 3z &= 2y + 7 \\ x - 4 &= y + z \\ 2x + 2y &= x - 1 \end{aligned}$

d) $\begin{aligned} \tfrac{1}{4}x - \tfrac{1}{2}y + \tfrac{3}{4}z &= 4 \\ \tfrac{3}{2}x - \tfrac{2}{3}y - \tfrac{1}{2}z &= -2 \\ y - \tfrac{1}{2}z &= 2 \end{aligned}$

e) $\begin{aligned} -0{,}2x + 1{,}5y + 0{,}4z &= -9 \\ 1{,}1x \quad\quad + 2{,}2z &= 8{,}8 \\ 0{,}8x - 0{,}2y \quad\quad &= 4{,}4 \end{aligned}$

f) $\begin{aligned} \tfrac{1}{2}x + \tfrac{1}{5}y + \tfrac{2}{3}z &= 7 \\ \tfrac{3}{8}x + \tfrac{1}{10}y + \tfrac{1}{12}z &= \tfrac{5}{2} \\ 4{,}5x - 0{,}5y + \tfrac{1}{3}z &= 17{,}5 \end{aligned}$

4. Zahlenrätsel

Eine dreistellige natürliche Zahl hat die Quersumme 14. Liest man die Zahl von hinten nach vorn und subtrahiert 22, so erhält man eine doppelt so große Zahl. Die mittlere Ziffer ist die Summe der beiden äußeren Ziffern. Berechnen Sie die gesuchte Zahl.

5. Modellierung einer Parabel

Eine Parabel zweiten Grades besitzt bei $x = 1$ eine Nullstelle und im Punkt $P(2|6)$ die Steigung 8. Bestimmen Sie die Gleichung der Parabel.

6. Nichtlineares Gleichungssystem

Neben den linearen Gleichungssystemen gibt es auch nichtlineare Gleichungssysteme. Bei solchen Systemen funktioniert der Gaußsche Algorithmus nicht. Man verwendet das Einsetzungsverfahren oder Näherungsverfahren. Lösen Sie das nichtlineare System.

a) $\begin{aligned} 2x + 3y &= 16 \\ x^2 + y^2 &= 29 \end{aligned}$

b) $\begin{aligned} x^2 + y^2 + z^2 &= 14 \\ x + y &= 3 \\ x^2 + z^2 &= 10 \end{aligned}$

3. Lösbarkeitsuntersuchungen

A. Unlösbare und nicht eindeutig lösbare LGS

Wir untersuchen nun mit dem Gaußschen Algorithmus lineare Gleichungssysteme, die keine Lösung besitzen bzw. die unendlich viele Lösungen haben.

> **Beispiel:** Untersuchen Sie das LGS mit Hilfe des Gaußschen Algorithmus auf Lösbarkeit.
>
> a) $x + 2y - z = 3$
> $2x - y + 2z = 8$
> $3x + 11y - 7z = 6$
>
> b) $2x + y - 4z = 1$
> $3x + 2y - 7z = 1$
> $4x - 3y + 2z = 7$

Lösung zu a:

I	$x + 2y - z = 3$	
II	$2x - y + 2z = 8$	$\rightarrow$ II $- 2 \cdot$ I
III	$3x + 11y - 7z = 6$	$\rightarrow$ III $- 3 \cdot$ I

I	$x + 2y - z = 3$	
II	$-5y + 4z = 2$	
III	$5y - 4z = -3$	$\rightarrow$ III $+$ II

I	$x + 2y - z = 3$	
II	$5y - 4z = -2$	
III	$0 = -1$	
	$\uparrow$ Widerspruchszeile	

Gleichung III des Dreieckssystems wird als *Widerspruchszeile* bezeichnet. Sie ist unlösbar ($0x + 0y + 0z = -1$ ist für **kein** Tripel $(x; y; z)$ erfüllt).

Damit ist das Dreieckssystem als Ganzes unlösbar.
Es folgt: Das ursprüngliche LGS ist ebenfalls *unlösbar*, die Lösungsmenge ist daher leer: $L = \{\}$.

Die Unlösbarkeit eines LGS wird nach Anwendung des Gaußschen Algorithmus stets auf diese Weise offenbar:

Wenigstens in einer Gleichung des resultierenden Dreieckssystems tritt ein offensichtlicher Widerspruch auf.

Lösung zu b:

I	$2x + y - 4z = 1$	
II	$3x + 2y - 7z = 1$	$\rightarrow 2 \cdot$ II $- 3 \cdot$ I
III	$4x - 3y + 2z = 7$	$\rightarrow$ III $- 2 \cdot$ I

I	$2x + y - 4z = 1$	
II	$y - 2z = -1$	
III	$-5y + 10z = 5$	$\rightarrow$ III $+ 5 \cdot$ II

I	$2x + y - 4z = 1$	
II	$y - 2z = -1$	
III	$0 = 0$	
	$\uparrow$ Nullzeile	

Gleichung III des Gleichungssystems wird als *Nullzeile* bezeichnet. Sie ist für jedes Tripel $(x; y; z)$ erfüllt, stellt keine Einschränkung dar und kann daher auch weggelassen werden.

Es verbleiben 2 Gleichungen mit 3 Variablen, von denen daher eine Variable frei wählbar ist. Wir setzen für diese „überzählige" Variable einen Parameter ein.

Wählen wir $z = c$ ($c \in \mathbb{R}$),
so folgt aus II $y = 2c - 1$
und dann aus I $x = c + 1$.

Wir erhalten für jeden Wert des freien Parameters c genau ein Lösungstripel $(x; y; z)$. Das Gleichungssystem hat eine *einparametrige unendliche Lösungsmenge*:
$L = \{(c + 1; 2c - 1; c); c \in \mathbb{R}\}$.

Übung 1 Lösbarkeitsuntersuchung

Untersuchen Sie das LGS auf Lösbarkeit. Bestimmen Sie die Lösungsmenge.

a) $2x + 2y + 2z = 6$
$2x + y - z = 2$
$4x + 3y + z = 8$

b) $3x + 5y - 2z = 10$
$2x + 8y - 5z = 6$
$4x + 2y + z = 8$

c) $4x - 3y - 5z = 9$
$2x + 5y - 9z = 11$
$6x - 11y - z = 7$

B. Unter- und überbestimmte LGS

Alle bisher durchgeführten Überlegungen zur Lösbarkeit bezogen sich auf den Sonderfall, dass die Anzahl der Gleichungen mit der Anzahl der Variablen übereinstimmt. Im Folgenden zeigen wir exemplarisch, dass sie jedoch sinngemäß für jedes beliebige LGS gelten.

Enthält ein LGS weniger Gleichungen als Variablen, so reichen die Informationen für eine eindeutige Lösung nicht aus, d.h., es ist *unterbestimmt*. Enthält ein LGS hingegen mehr Gleichungen als Variablen, so würden für eine eindeutige Lösung bereits weniger Gleichungen genügen. In diesem Fall ist das LGS *überbestimmt*. Wir zeigen die Vorgehensweisen bei derartigen LGS an zwei Beispielen.

▶ **Beispiel:** Untersuchen Sie das LGS auf Lösbarkeit und bestimmen Sie die Lösungsmenge.

a) I $\quad x + 2y + 3z = 8$
II $\ 2x + 3y + 2z = 9$

b) $\quad x + y = 1$
$2x - y = 8$
$x - 2y = 5$

Lösung zu a:

I $\quad x + 2y + 3z = 8$
II $\ 2x + 3y + 2z = 9 \quad \rightarrow 2 \cdot I - II$
___
I $\quad x + 2y + 3z = 8$
II $\phantom{\quad x + 2y + {}}y + 4z = 7$
___

Das LGS ist unterbestimmt. Da die Anwendung des Gaußschen Algorithmus auf keinen Widerspruch führt, besitzt das Gleichungssystem unendlich viele Lösungen. Da das LGS in Stufenform nur zwei Gleichungen enthält, aber drei Variable vorhanden sind, ersetzen wir die überzählige Variable z durch den Parameter c: $z = c$.

Aus II folgt dann: $y + 4c = 7$, $y = 7 - 4c$
Durch Einsetzen in I erhalten wir nun
$x + 2(7 - 4c) + 3c = 8$, d.h. $x = -6 + 5c$.
Das LGS hat also die einparametrige unendliche Lösungsmenge:

▶ $L = \{(-6 + 5c;\ 7 - 4c;\ c);\ c \in \mathbb{R}\}$

Lösung zu b:

I $\quad x + y = 1$
II $\ 2x - y = 8 \quad \rightarrow (-2) \cdot I + II$
III $\ x - 2y = 5 \quad \rightarrow I - III$
___
I $\quad x + y = 1$
II $\phantom{\quad x + {}}-3y = 6$
III $\phantom{\quad x + {}}3y = -4 \quad \rightarrow II + III$
___
I $\quad x + y = 1$
II $\phantom{\quad x + {}}-3y = 6$
III $\phantom{\quad x + {}}\phantom{-3y = {}}0 = 2 \quad$ Widerspruch
___

Wendet man den Gaußschen Algorithmus an, erhält man die obige *Stufenform*. Da die Gleichung III einen Widerspruch enthält, ist das gesamte LGS unlösbar, obwohl das Teilsystem aus den ersten beiden Gleichungen eine eindeutige Lösung ($x = 3$; $y = -2$) besitzt. Diese erfüllt jedoch die Gleichung III nicht. Somit erhalten wir als Resultat:
$L = \{\ \}$.

Übung 2 Lösbarkeitsuntersuchung/Lösungsmenge

Untersuchen Sie das LGS auf Lösbarkeit. Bestimmen Sie die Lösungsmenge.

a)
$$\begin{aligned} 3x - 3y &= 0 \\ 6x + 3y &= 18 \\ -2x + 4y &= 4 \end{aligned}$$

b)
$$\begin{aligned} -2x + y &= -1 \\ 4x + 2y &= -10 \\ -6x + 3y &= -2 \end{aligned}$$

c)
$$\begin{aligned} 2x - 2y &= 14 \\ 3x + 6y &= 3 \\ 4x - 12y &= 44 \end{aligned}$$

d)
$$\begin{aligned} 3x - 4y + z &= 5 \\ 2x - y - z &= 0 \\ 4x - 2y - z &= 12 \\ x - y + z &= 10 \end{aligned}$$

e)
$$\begin{aligned} x + z &= -1 \\ y + z &= 4 \\ x + y &= 5 \\ x + y + z &= 4 \end{aligned}$$

f)
$$\begin{aligned} 4x + y - 2z + t &= 1 \\ 2x + y + 3z - 2t &= 3 \end{aligned}$$

g)
$$\begin{aligned} 3x + 2y + z &= 5 \\ -6x - 4y - 2z &= 8 \end{aligned}$$

h)
$$\begin{aligned} 2x + 3z + 2t &= 4 \\ y + 3z + 2t &= 4 \end{aligned}$$

i)
$$\begin{aligned} 2x - 4y + 2z &= 6 \\ x - 8y + 4z &= 12 \\ -x + 2y - z &= -3 \end{aligned}$$

Die Lösbarkeitsuntersuchungen haben gezeigt, dass Nullzeilen (triviale Zeilen) noch nichts über die Lösbarkeit des gesamten LGS aussagen, während aus einer Widerspruchszeile sofort die Unlösbarkeit des gesamten LGS folgt. Wir können zusammenfassend folgendes Lösungsschema zum Gaußschen Algorithmus angeben:

Lösungsschema des Gaußschen Algorithmus		
1. LGS in die **Normalform** überführen, **ganzzahlige** Koeffizienten erzeugen, sofern möglich.		
2. **Gaußschen Algorithmus** auf das LGS anwenden. Es entsteht eine **Dreiecks-** bzw. **Stufenform**.		
3. Prüfen, welche der folgenden Eigenschaften das aus 2. resultierende LGS besitzt.		
Widerspruch	Es existiert **kein Widerspruch.**	
Wenigstens eine Gleichung stellt einen offensichtlichen **Widerspruch** dar.	Die **Anzahl der Variablen ist gleich der Anzahl der nichttrivialen Zeilen.**	Es gibt **mehr Variable als nichttriviale Zeilen.**
4. ⬇	⬇	⬇
Das LGS ist **unlösbar.**	Das LGS ist **eindeutig lösbar.**	Das LGS hat **unendlich viele Lösungen.**
	Die einzige Lösung wird durch „**Rückeinsetzung**" **aus dem Stufenform-LGS bestimmt.**	Die freien Parameter werden festgelegt. Die Parameterdarstellung der Lösungsmenge wird bestimmt.

Übungen

3. Lösen Sie das LGS. Geben Sie die Lösungsmenge an.

a)
$$\begin{aligned} 2x - y + 6z &= 5 \\ 2y - 3z &= 10 \\ 4z &= 8 \end{aligned}$$

b)
$$\begin{aligned} 3x + y + 7z &= 2 \\ y + 2z &= 1 \\ 3y + 5z &= 4 \end{aligned}$$

c)
$$\begin{aligned} 3x - y + z &= 3 \\ 2y - 2z &= 0 \\ -5x + z &= -2 \end{aligned}$$

d)
$$\begin{aligned} x + 2y - z &= -3 \\ 2x + 4y - 2z &= -1 \\ 3x + y + 5z &= 6 \end{aligned}$$

e)
$$\begin{aligned} -2x + 2y - 4z &= -2 \\ x + 3z &= 0 \\ x - y + 2z &= 1 \end{aligned}$$

f)
$$\begin{aligned} x + y + z &= 5 \\ x - y + z &= 1 \\ -2x - 3z &= -3 \end{aligned}$$

4. Untersuchen Sie das LGS auf Lösbarkeit. Bestimmen Sie die Lösungsmenge.

a)
$$\begin{aligned} 3x - 8y - 5z &= 0 \\ 2x - 2y + z &= -1 \\ x + 4y + 7z &= 2 \end{aligned}$$

b)
$$\begin{aligned} 2x - 2y - 3z &= -1 \\ -2y + z &= -3 \\ -x + y - 3z &= -4 \end{aligned}$$

c)
$$\begin{aligned} 4x - y + 2z &= 6 \\ x + 2y - z &= 6 \\ 6x + 3y &= 18 \end{aligned}$$

d)
$$\begin{aligned} 2x - 3y - 8z &= 8 \\ 6y + 4z &= -8 \\ 6x + 8y - 8z &= 6 \end{aligned}$$

e)
$$\begin{aligned} 3x - y + 2z &= 4 \\ 4x - 6y + 4z &= 10 \\ -x - 2y &= 1 \end{aligned}$$

f)
$$\begin{aligned} 3x - 4y + z &= 5 \\ 2x - y - z &= 0 \\ 4x - 2y - 2z &= 12 \end{aligned}$$

5. Untersuchen Sie das LGS auf Lösbarkeit. Bestimmen Sie die Lösungsmenge.

a)
$$\begin{aligned} x_1 + x_4 &= 2 \\ x_2 + x_3 &= -3 \\ x_4 - x_1 &= x_3 \\ x_4 - x_2 &= 1 \end{aligned}$$

b)
$$\begin{aligned} x_1 + x_3 &= 1 \\ x_2 - x_3 &= 0 \\ x_1 + x_2 + x_3 - x_4 &= 1 \\ x_2 - x_4 &= 0 \end{aligned}$$

c)
$$\begin{aligned} x_1 + x_3 &= x_2 \\ x_2 + x_5 &= x_4 \\ x_5 - x_3 &= 0 \\ x_4 - x_2 &= x_3 \\ x_4 - x_1 &= x_3 + x_5 \end{aligned}$$

6. Robert, Alfons und Edel finden einen Sack voller Münzen. Es sind 3 große, 16 mittlere und 40 kleine Münzen im Gesamtwert von 30 €. Die Münzen werden gerecht aufgeteilt. Robert erhält 2 große und 30 kleine Münzen, Alfons erhält 8 mittlere und 10 kleine Münzen. Den Rest erhält Edel. Wie groß sind die einzelnen Münzwerte?

7. Im Garten sitzen Schnecken, Raben und Katzen. Großvater zählt die Köpfe und die Füße der Tiere. Er kommt auf insgesamt 39 Köpfe und 57 Füße. Die Raben haben zusammen 6 Füße mehr als die Katzen. Wie viele Katzen sind es?

4. Lineare Gleichungssysteme mit Parametern

Gelegentlich tritt in linearen Gleichungssystemen ein zusätzlicher Parameter auf. Dann hängt die Lösbarkeit des Systems vom Wert des Parameters ab.

> **Beispiel: Lineares Gleichungssystem mit Parameter**
> Untersuchen Sie das lineare Gleichungs-
> system in Abhängigkeit vom Parameter a
> auf Lösbarkeit ($a \in \mathbb{R}$).
>
> $$x + y = 2$$
> $$ax + 3y = 5$$

Lösung:
Wir wenden den Gaußschen Algorithmus an.

Nach dem ersten Eliminationsschritt erhalten wir ein Dreieckssystem.
Um die Gleichung II des Dreieckssystems nach y auflösen zu können, müssen wir durch den Koeffizienten $(3 - a)$ dividieren.
Dies ist nur möglich, wenn $(3 - a)$ nicht null ist, also für $a \neq 3$.

Daher unterscheiden wir nun die beiden Fälle $a \neq 3$ und $a = 3$.
Im ersten Fall erhalten wir eine vom Parameter a abhängige eindeutige Lösung.
Sie lautet: $x = \frac{1}{3 - a}$, $y = \frac{5 - 2a}{3 - a}$
Im zweiten Fall ($a = 3$) tritt ein Widerspruch auf.
► Das System ist dann also unlösbar.

Gaußscher Algorithmus:

I $x + y = 2$
II $ax + 3y = 5 \rightarrow II - a \cdot I$

I $x + y = 2$
II $(3 - a)y = 5 - 2a$

Fall 1: $a \neq 3$
aus II: $y = \frac{5 - 2a}{3 - a}$
in I: $x = 2 - y = 2 - \frac{5 - 2a}{3 - a}$
$= \frac{6 - 2a}{3 - a} - \frac{5 - 2a}{3 - a} = \frac{1}{3 - a}$

Fall 2: $a = 3$
II: $(3 - a)y = 5 - 2a \Rightarrow 0 = -1$
$\Rightarrow$ unlösbar

Übung 1 LGS mit Parameter
Untersuchen Sie das lineare Gleichungssystem in Abhängigkeit vom Parameter a auf Lösbarkeit ($a \in \mathbb{R}$). Geben Sie ggf. die Lösung an.

a) $x + 2y = 2$
    $2x + ay = 5$

b) $2x + y = 8$
    $x + y = 2a$

c) $x + ay = 2a$
    $2x + 2y = 2a + 2$

Übung 2 Unendliche Lösungsmenge
Ermitteln Sie, wie der Parameter a gewählt werden muss, damit das LGS unendlich viele Lösungen hat. Geben Sie diese an.
$$2x + y = 14$$
$$4x + ay = 30 - a$$

Übung 3 Parameterbestimmung
Ermitteln Sie, für welchen Wert des Parameters a das LGS die Lösung $x = 4$, $y = 8$ hat.
Berechnen Sie die allgemeine Lösung des LGS.
$$4x + y = 6a$$
$$x + 2y = 5a$$

Bei linearen Gleichungssystemen mit drei oder mehr Variablen geht man im Prinzip genauso vor wie im vorhergehenden Beispiel. Relativ einfach ist die Untersuchung solcher Systeme, wenn der Parameter nur auf der rechten Seite des Gleichungssystems auftritt.

▶ **Beispiel: Lineares (3; 3)-Gleichungssystem mit Parameter**

Untersuchen Sie das lineare Gleichungssystem in Abhängigkeit vom Parameter a auf Lösbarkeit ($a \in \mathbb{R}$).

$$\begin{aligned} \text{I} \quad & x + 2y - 3z = 4 \\ \text{II} \quad & 2x + 2y + 2z = 6a + 4 \\ \text{III} \quad & 3x - y - 2z = -2 \end{aligned}$$

Lösung zu a:

Wir wenden den Gaußschen Algorithmus an. Die einzelnen Schritte sind rechts dargestellt.

Nach zwei Eliminationsschritten erhalten wir ein Dreieckssystem.

Dieses lösen wir durch Rückwärtseinsetzungen auf.
Zunächst bestimmen wir aus Gleichung III durch Auflösen die Variable z: $z = a$
Dieses Teilergebnis setzen wir in Gleichung II ein und lösen diese anschließend nach y auf: $y = a + 2$.
Durch Einsetzen beider Teilergebnisse in Gleichung I können wir auch den Wert der Variablen x errechnen: $x = a$.

Das Gleichungssystem ist also für jeden Wert des Parameters a eindeutig lösbar. Die
▶ Lösung lautet: $x = a$, $y = a + 2$, $z = a$.

Gaußscher Algorithmus:

$$\begin{aligned} \text{I} \quad & x + 2y - 3z = 4 \\ \text{II} \quad & 2x + 2y + 2z = 6a + 4 && \rightarrow \text{II} - 2 \cdot \text{I} \\ \text{III} \quad & 3x - y - 2z = -2 && \rightarrow \text{III} - 3 \cdot \text{I} \end{aligned}$$

$$\begin{aligned} \text{I} \quad & x + 2y - 3z = 4 \\ \text{II} \quad & -2y + 8z = 6a - 4 \\ \text{III} \quad & -7y + 7z = -14 && \rightarrow 2 \cdot \text{III} - 7 \cdot \text{II} \end{aligned}$$

$$\begin{aligned} \text{I} \quad & x + 2y - 3z = 4 \\ \text{II} \quad & -2y + 8z = 6a - 4 \\ \text{III} \quad & -42z = -42a \end{aligned}$$

Aus III: $\Rightarrow z = a$
In II: $\Rightarrow -2y + 8a = 6a - 4 \Rightarrow y = a + 2$
In I: $\Rightarrow x + 2 \cdot (a + 2) - 3a = 4 \Rightarrow x = a$

$L = \{(a \mid a + 2 \mid a) : a \in \mathbb{R}\}$

Übung 4 (3; 3)-LGS mit Parameter

Untersuchen Sie das lineare Gleichungssystem in Abhängigkeit vom Parameter a auf Lösbarkeit ($a \in \mathbb{R}$). Geben Sie ggf. die Lösung an.

a)
$$\begin{aligned} \text{I} \quad & x + y - 2z = 2 \\ \text{II} \quad & 2x - 2y + z = a - 1 \\ \text{III} \quad & 4x + y - 3z = 2a + 3 \end{aligned}$$

b)
$$\begin{aligned} \text{I} \quad & 2x - y + z = 1 \\ \text{II} \quad & x + 2y - z = 4a - 1 \\ \text{III} \quad & 4x - y + 3z = 3 \end{aligned}$$

Übung 5 Unendliche Lösungsmenge

Ermitteln Sie, unter welcher Bedingung an den Parameter a das LGS unendlich viele Lösungen hat. Berechnen Sie die Lösung.

$$\begin{aligned} \text{I} \quad & 2x - y + z = 3 \\ \text{II} \quad & x + 2y - z = 4 \\ \text{III} \quad & 4x + 3y - z = a + 1 \end{aligned}$$

Übung 6 LGS mit Parameterbestimmung

Berechnen Sie die allgemeine Lösung des LGS. Ermitteln Sie, für welchen Wert des Parameters a das LGS eine Lösung x, y, z mit $x = 6$ hat.

$$\begin{aligned} \text{I} \quad & -x + 2y + 3z = 6 \\ \text{II} \quad & +x - 3y + 2z = 4 - a \\ \text{III} \quad & -x + 4y - 2z = 2a - 4 \end{aligned}$$

5. Lösung eines LGS mit digitalen Hilfsmitteln

A. Lösung eines LGS mit dem Taschenrechner mit erweiterter Funktionalität

Ein Taschenrechner mit erweiterter Funktionalität kann (2; 2)- und (3; 3)-LGS lösen. In den folgenden Beispielen wird dies für zwei gebräuchliche Rechner demonstriert.

> **Beispiel: Lösung von linearen Gleichungssystemen (LGS) mit dem Taschenrechner**
> Lösen Sie die folgenden linearen Gleichungssysteme automatisiert mit dem Taschenrechner.
>
> a) $2x \qquad + \ z = 7$ b) $x + \ y + \ z = 6$ c) $-x + 2y - \ z = -1$
> $\ x + 2y + 2z = 7$ $-x + 2y - \ z = 0$ $2x - \ y + 2z = \ 8$
> $3x - \ y + \ z = 9$ $2x + 5y + 2z = 8$ $\ x + \ y + \ z = \ 7$

Lösung zu a:
Wir rufen mit $\boxed{\text{2nd}}$ $\boxed{\text{sys-solv}}$ die Routine zum Lösen eines LGS auf und wählen dann ein (3; 3)-LGS aus.
Nun erscheint eine Maske zur Eingabe der zwölf Koeffizienten des LGS. Wir können diese z. B. zeilenweise eingeben.

1. Eindeutig lösbares LGS

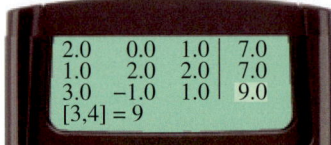

Anschließend starten wir die Berechnung mit dem Befehl *SOLVE*.

Wir erhalten eine eindeutige Lösung:
$x = 3, y = 1, z = 1$.

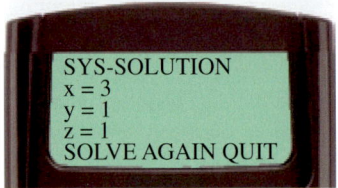

Lösung zu b:
Die Koeffizienten des LGS geben wir analog zum Vorgehen aus a) ein.
Nach Auslösen des *SOLVE*-Befehls wird angezeigt:
DAS LGS IST UNLÖSBAR.

2. Unlösbares LGS

Lösung zu c:
Nach Koeffizienteneingabe und SOLVE-Befehl erhalten wir als Ergebnis unendlich viele Lösungen des LGS in der Form
▶ $L = \{(x; y; z) : x = 5 - c, y = 2, z = c; c \in \mathbb{R}\}$.

3. LGS mit unendlich vielen Lösungen

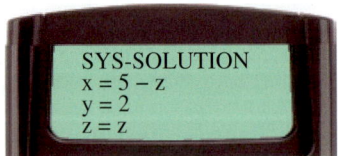

Übung 1 LGS mit dem Taschenrechner

a) $3x + 2y + \ z = \ 6$ b) $2x + y + \ z = 5$ c) $5x - 3y + 2z = 4$
   $2x - 3y - 2z = -5$ $\ x - y + 2z = 1$ $3x - 3y + 4z = 4$
   $4x - 3y - \ z = \ 2$ $3x + y + 2z = 7$ $7x - 3y \qquad = 5$

Wir rechnen nun noch ein Beispiel mit einem zweiten Taschenrechnermodell. Dieser Rechner löst Gleichungssysteme bis zur Ordnung 4, gibt aber keine Parameterlösungen aus.

▶ **Beispiel: Lösung von linearen Gleichungssystemen (LGS) mit dem Taschenrechner**
Lösen Sie die folgenden linearen Gleichungssysteme automatisiert mit dem Taschenrechner.

a)
$$-3x + 2y + z = 2$$
$$2x - 4y + 4z = -14$$
$$x - 6y + 2z = -19$$

b)
$$2x + y + z - t = 4$$
$$3x - 2y - 2z + 2t = 6$$
$$-4x + 2y + z - 3t = -7$$

Lösung zu a:
Wir rufen mit *Menue > A: Gleichung/Funktionen > Gleichungssystem* die Routine zum Lösen eines LGS auf und wählen die *Anzahl von Unbekannten*, also 3.
Nun erscheint eine Maske zur Eingabe der zwölf Koeffizienten des LGS. Wir können diese z. B. zeilenweise eingeben.

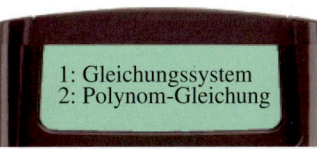

Anschließend starten wir die Ausgabe der Lösung mit der *Taste = .*
Wir erhalten eine eindeutige Lösung:
$x = 1, y = 3, z = -1$.

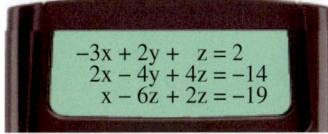

Lösung zu b:
Die Koeffizienteneingabe wird analog zu a) vorgenommen.
Die Berechnung mit der *Taste =* zeigt, dass das LGS unendlich viele Lösungen hat.
Eine Parameterlösung wird nicht geliefert.
Sie würde lauten
$x = 2, y = 1 + 2c, z = -1 - c, t = c$ mit $c \in \mathbb{R}$.

Hinweis: Für den Fall eines unlösbaren LGS
▶ würde angezeigt werden: Keine Lösung

Übung 2 LGS mit dem Taschenrechner

Die linearen Gleichungssysteme sind eindeutig lösbar, unlösbar oder haben unendlich viele Lösungen. Stellen Sie duch Lösen der Systeme mit dem Rechner fest, welcher Fall jeweils vorliegt.

a)
$$2x + y = 12$$
$$3x - 3y = 9$$

b)
$$4x - 2y = 8$$
$$-2x + y = 4$$

c)
$$2x + 5y = 20$$
$$\tfrac{1}{2}x + \tfrac{5}{4}y = 5$$

d)
$$-2x + 3y + z = 7$$
$$x - 2y + 2z = 0$$
$$3x - y + 3z = 9$$

e)
$$2x - 3y + z = 1$$
$$-3x + y - 2z = -6$$
$$-x - 2y - z = 2$$

f)
$$3x - 2y - z = -4$$
$$2x - 3y + 2z = 2$$
$$-x - y + 3z = 6$$

B. Lösung eines LGS mit einem Computerprogramm

Ein Taschenrechner mit erweiterter Funktionalität beherrscht nur lineare Gleichungssysteme mit der Ordnung 3 oder kleiner. Für größere LGS verwendet man ein Computerprogramm (Applet), einen graphischen Taschenrechner (GTR) oder ein Computeralgebrasystem (CAS).
Wir behandeln als Beispiel die Verwendung eines Programms in Gestalt eines Applets.

▶ **Beispiel: Lösung von LGS mit einem Computerprogramm**
Lösen Sie die folgenden linearen Gleichungssysteme mit einem Computerprogramm.

a) $2x + 3y - 2z = 2$
$3x + 2y + z = 10$
$4x + y - z = 3$

b) $2x + y + 3z + t = 6$
$4x + 2y + 2z + 2t = 8$
$2x + 2y + 2z + 2t = 6$

Lösung:
Wir rufen das Applet auf der Internetseite* auf und wählen Gleichungssystem. Es erscheint eine rechteckige Maske zur Eingabe der Koeffizienten des LGS. Die Größe der Maske entspricht der Ordnung des LGS und kann eingegeben werden. In unserem Fall kann die Maske mit dem Feld ⊞ vergrößert und dem Feld ⊟ verkleinert werden.
Nicht benötigte Zeilen/Spalten bleiben einfach leer (siehe Teil b).
Die Berechnung der Lösung wird durch Anklicken des Feldes Lösen gestartet. Mit dem Feld Löschen wird alles gelöscht.

Lösung zu a:
Wir erhalten eine eindeutige Lösung:
$x = 1, y = 2, z = 3$.

Lösung zu b:
Dieses unterbestimmte LGS hat unendlich viele Lösungen, die vom Applet in parametrisierter Form angezeigt werden.
$L = \{(x; y; z; t) : x = 1, y = 1 - c, z = 1, t = c; c \in \mathbb{R}\}$

1. Appletoberfläche im Fall a:

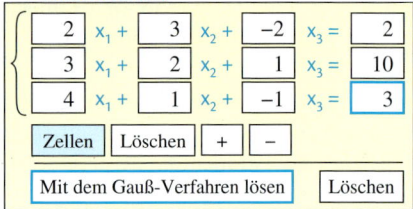

Ergebnis: ○ $x_1 = 1$
○ $x_2 = 2$
○ $x_3 = 3$

2. Appletoberfläche im Fall b:

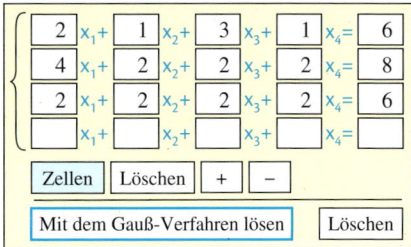

Ergebnis: ○ $x_1 = 1$
○ $x_2 = 1 - x_4$
○ $x_3 = 1$
○ $x_4 = x_4$

Übung 3 LGS mit einem Computerprogramm lösen
Lösen Sie das Gleichungssystem mit einem Computerprogramm, einem GTR oder einem CAS.

a) $2x + 3y - z = 9$
$3x + y - 2z = 8$
${-x} + 2y + 3z = 9$
$2x - y - 2z = 1$

b) $2x + y + z - 3t = 4$
$4x - y + 4z - 6t = 8$
$3x + 2y - z + 2t = 6$

c) $2x + 3y - z = 6$
$x + y + 2z = 12$
${-x} + 3y - z = 2$
$x + 2y - 3z = 2$

---
* Den **Matrix-Calculator** findet man auf: https://matrixcalc.org

Auch lineare Gleichungssysteme mit Parameter (vgl. S. 24 f.) lassen sich mit Hilfe von Computerprogrammen lösen.

Beispiel: Lineares (3; 3)-Gleichungssystem mit Parameter

Untersuchen Sie das lineare Gleichungssystem in Abhängigkeit vom Parameter a
auf Lösbarkeit ($a \in \mathbb{R}$).

I $2x + ay + z = a^2$
II $x + 2y + 2z = -a$
III $3x - y + z = 0$

Lösung:
Wir verwenden das Applet Matrix-Calculator aus dem vorhergehenden Beispiel.

Dort wählen wir wieder den Menupunkt
Gleichungssystem aus.
Wir stellen dann mit den Eingabefeldern
+ und – die gewünschte Ordnung des Gleichungssystems ein, hier ein (3; 3)-LGS.
In die rechteckige Eingabemaske geben wir
die Koeffizienten unseres Gleichungssystems ein.

Dann starten wir die Berechnung durch Anklicken des Menupunktes *Mit dem Gauß-
Verfahren lösen.*

Gaußscher Algorithmus:

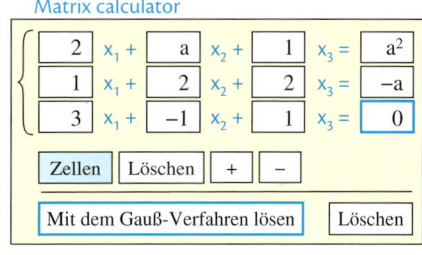

$x_1 = a$
$x_2 = a$
$x_3 = -2 \cdot a$

► Die Lösung* lautet $x = a$, $y = a$, $z = -2a$.

Übung 4 (3; 3)-LGS mit Parameter
Untersuchen Sie das lineare Gleichungssystem in Abhängigkeit vom Parameter a auf Lösbarkeit
($a \in \mathbb{R}$). Geben Sie ggf. die Lösung an.

a) I $x + 2y + z = 2$
   II $x + y + az = 1 - a^2$
   III $2x + y - z = 1$

b) I $x + y + az = a$
   II $2x - y = 3a$
   III $2x + 2y + 2z = 2$

Übung 5 Unendliche Lösungsmenge
Ermitteln Sie, wie der Parameter a gewählt
werden muss, damit das LGS unendlich viele Lösungen hat. Geben Sie diese an.

I $x - 3y + z = 1$
II $-x - y + 3z = -1$
III $-2x + 2y + az = -2$

Übung 6 Parameterbestimmung
Ermitteln Sie, für welchen Wert des Parameters a das LGS eine Lösung x, y, z mit
$z = 4$ hat. Geben Sie diese an.

I $2x - y + z = 5a$
II $x - y - z = 0$
III $ax + 2y + z = a^2$

---

* Das Applet macht die rechentechnischen Einschränkungen $a - 4 \neq 0$ und $5a + 1 \neq 0$, die aber unnötig sind.

C. EXKURS: Die Koeffizientenmatrix und die erweiterte Koeffizientenmatrix

Die manuelle Lösung eines LGS erfolgt mit Hilfe von Äquivalenzumformungen, welche nur auf die Koeffizienten des Gleichungssystems wirken. Daher reicht es aus, sich auf die Koeffizienten des Systems zu beschränken und die Variablen wegzulassen.

Das zweidimensionale Zahlenschema der Koeffizienten der linken Seite eines LGS bezeichnet man als *Koeffizientenmatrix* A.

Nimmt man noch die rechte Seite des LGS hinzu, so spricht man von der *erweiterten Koeffizientenmatrix* A_e.

Lineares Gleichungssystem:

$$\begin{aligned} x + y + z &= 1 \\ 2x - y - z &= 5 \\ 4x + 2y + 3z &= 4 \end{aligned}$$

Zugehörige Koeffizientenmatrix:

$$A = \begin{pmatrix} 1 & 1 & 1 \\ 2 & -1 & -1 \\ 4 & 2 & 3 \end{pmatrix}$$

Erweiterte Koeffizientenmatrix:

$$A_e = \begin{pmatrix} 1 & 1 & 1 & 1 \\ 2 & -1 & -1 & 5 \\ 4 & 2 & 3 & 4 \end{pmatrix}$$

> **Beispiel: Die erweiterte Koeffizientenmatrix**
> Lösen Sie das obige LGS durch Äquivalenzumformungen der erweiterten Koeffizientenmatrix.

Lösung:
Mit den in Pfeilschreibweise dargestellten Äquivalenzumformungen wird die erweiterte Koeffizientenmatrix in zwei Schritten analog zum Gaußschen Algorithmus auf Dreiecksgestalt (obere Dreiecksform) gebracht.

Nun kann die Lösung des LGS durch *Rückeinsetzung* erfolgen, wieder wie beim Gaußschen Algorithmus.
In der dritten Spalte stehen die Koeffizienten der Variablen z. Daher lautet die dritte Zeile in ausführlicher Darstellung $3z = -6$, woraus $z = -2$ folgt.

Einsetzen dieses Ergebnisses in die zweite Zeile liefert $y = 1$.

Eine letzte Rückeinsetzung in die erste Zeile liefert schließlich $x = 2$.
► Resultat: $L = \{(2; 1; -2)\}$.

Erzeugen der oberen Dreiecksform:

$$A_e = \begin{pmatrix} 1 & 1 & 1 & 1 \\ 2 & -1 & -1 & 5 \\ 4 & 2 & 3 & 4 \end{pmatrix} \quad \begin{array}{l} \to II - 2 \cdot I \\ \to III - 4 \cdot I \end{array}$$

$$A_e = \begin{pmatrix} 1 & 1 & 1 & 1 \\ 0 & -3 & -3 & 3 \\ 0 & -2 & -1 & 0 \end{pmatrix} \quad \to 3 \cdot III - 2 \cdot II$$

$$A_e = \begin{pmatrix} 1 & 1 & 1 & 1 \\ 0 & 3 & 3 & -3 \\ 0 & 0 & 3 & -6 \end{pmatrix}$$

Lösung durch Rückeinsetzung:

3. Zeile: $\quad 3z = -6 \ \Rightarrow \ z = -2$

2. Zeile: $-3y - 3z = 3$
$\qquad\qquad -3y + 6 = 3 \ \Rightarrow \ y = 1$

1. Zeile: $x + y + z = 1$
$\qquad\qquad x + 1 - 2 = 1 \ \Rightarrow \ x = 2$

Übung 7 Koeffizientenmatrix
Lösen Sie das rechts aufgeführte LGS mit Hilfe der erweiterten Koeffizientenmatrix.

$$\begin{aligned} x + y + z &= 5 \\ 2x - y + z &= 8 \\ 2x - 3y - 2z &= -5 \end{aligned}$$

D. Die Diagonalform der erweiterten Koeffizientenmatrix

Man kann die erweiterte Koeffizientenmatrix mit erlaubten Gaußschen Äquivalenzumformungen bearbeiten, bis eine sog. *Diagonalform* entstanden ist, aus der die Lösungen direkt ablesbar sind. Wir führen das Verfahren zwecks besseren Verständnisses manuell durch. Es kann aber auch mit manchen Rechnern und mit Computerprogrammen automatisiert ausgeführt werden.

> **Beispiel: Diagonalform der erweiterten Koeffizientenmatrix**
>
> Lösen Sie das LGS, indem Sie die erweiterte Koeffizientenmatrix in eine Diagonalgestalt überführen.
>
> $$x + 2y - z = -3$$
> $$2x + 5y = 4$$
> $$-2x - 2y + 7z = 30$$

Lösung:

In ersten Schritt notieren wir die erweiterte Koeffizientenmatrix und bringen die Koeffizientenmatrix selbst wie bisher in zwei Schritten mit den dargestellten Gauß-Umformungen in die *obere Dreiecksform*.

Im zweiten Schritt gehen wir anders als bisher vor. Wir setzen die unteren Zeilen in die weiter oben liegenden Zeilen ein. Dadurch kann die Koeffizientenmatrix so vereinfacht werden, dass *nur in der Diagonalen von Null verschiedene Zahlen stehen*.

Nach der letzten Umformung lautet das LGS in ausführlicher Diagonalform:

$$1 \cdot x + 0 \cdot y + 0 \cdot z = -3$$
$$0 \cdot x + 1 \cdot y + 0 \cdot z = 2$$
$$0 \cdot x + 0 \cdot y + 1 \cdot z = 4$$

Seine Lösung x = −3, y = 2, z = 4 ist nun praktisch direkt ablesbar: L = {(−3; 2; 4)}

Erzeugung der oberen Dreiecksform:

$$A_e = \begin{pmatrix} 1 & 2 & -1 & -3 \\ 2 & 5 & 0 & 4 \\ -2 & -2 & 7 & 30 \end{pmatrix} \quad \begin{matrix} \to II - 2 \cdot I \\ \to III + 2 \cdot I \end{matrix}$$

$$A_e = \begin{pmatrix} 1 & 2 & -1 & -3 \\ 0 & 1 & 2 & 10 \\ 0 & 2 & 5 & 24 \end{pmatrix} \quad \to III - 2 \cdot II$$

$$A_e = \begin{pmatrix} 1 & 2 & -1 & -3 \\ 0 & 1 & 2 & 10 \\ 0 & 0 & 1 & 4 \end{pmatrix} \quad \to II - 2 \cdot III$$

Erzeugung der Diagonalform:

$$A_e = \begin{pmatrix} 1 & 2 & -1 & -3 \\ 0 & 1 & 0 & 2 \\ 0 & 0 & 1 & 4 \end{pmatrix} \quad \to I + III$$

$$A_e = \begin{pmatrix} 1 & 2 & 0 & 1 \\ 0 & 1 & 0 & 2 \\ 0 & 0 & 1 & 4 \end{pmatrix} \quad \to I - 2 \cdot II$$

$$A_e = \begin{pmatrix} 1 & 0 & 0 & -3 \\ 0 & 1 & 0 & 2 \\ 0 & 0 & 1 & 4 \end{pmatrix} \quad \Rightarrow \begin{matrix} x = -3 \\ y = 2 \\ z = 4 \end{matrix}$$

Automatisierung

Auf manchen Taschenrechnern gibt es den Befehl *rref*, der bei Anwendung auf die Matrix A_e mit rref(A_e) deren Diagonalform erzeugt*. Computerprogramme haben meistens einen Befehl zur Erzeugung der Diagonalform oder wenigstens der Dreiecksform.

Diagonalform mittels Rechner:

$$\text{rref}\left(\begin{bmatrix} 1 & 2 & -1 & -3 \\ 2 & 5 & 0 & 4 \\ -2 & -2 & 7 & 30 \end{bmatrix}\right) = \begin{bmatrix} 1 & 0 & 0 & -3 \\ 0 & 1 & 0 & 2 \\ 0 & 0 & 1 & 4 \end{bmatrix}$$

Übung 8 Diagonalform

Bestimmen Sie manuell oder mittels Rechner die Diagonalform und geben Sie die Lösungsmenge des LGS an.

$$x + y - z = 5$$
$$-3x + 2y + 3z = -5$$
$$2x - 2y + z = 2$$

---

rref: **r**educed **r**ow **e**chelon **f**orm, reduzierte Zeilenstufenform bzw. Diagonalform

6. Anwendungen

A. Modellierung von Funktionen

Häufig werden Funktionen mit bestimmten Eigenschaften gesucht, z. B. bezüglich der Nullstellen, Extrema oder Wendepunkte. Man spricht hier von *Steckbriefaufgaben*, im Anwendungszusammenhang auch von *Modellierungsaufgaben*. Man benötigt stets einen plausiblen Funktionsansatz. Die Koeffizienten im Ansatz können mit linearen Gleichungssystemen bestimmt werden.

▶ **Beispiel: Wasserrutsche**
Der Längsschnitt einer Wasserrutsche wird durch ein Polynom f 3. Grades beschrieben.
Die Bahn soll in $P\left(0\left|\tfrac{9}{2}\right.\right)$ beginnen. Ihre Steigung im Punkt P sei 0. Dann verläuft sie durch den Wendepunkt $W\left(\tfrac{5}{2}\left|\tfrac{29}{12}\right.\right)$.
Sie ist 5 m lang.
Bestimmen Sie die Gleichung der Bahn und skizzieren Sie ihren Graphen.

Lösung:
Der Ansatz $f(x) = a\,x^3 + b\,x^2 + c\,x + d$ führt in der bekannten Art und Weise auf ein (4; 4)-LGS für die Koeffizienten a bis d.

Wir lösen das LGS manuell oder mit einem Rechner. Auf Details verzichten wir hier. Als eindeutige Lösungen erhalten wir für die Koeffizienten a bis d folgende Werte.
$a = \tfrac{1}{15}$, $b = -\tfrac{1}{2}$, $c = 0$, $d = \tfrac{9}{2}$
Daher ist $f(x) = \tfrac{1}{15}x^3 - \tfrac{1}{2}x^2 + \tfrac{9}{2}$ die Gleichung der Querschnittskurve f.

Den Graphen von f skizzieren wir anhand der Punkte P und W aus der Aufgabenstellung und des Abschlusspunktes $Q\left(5\left|\tfrac{1}{3}\right.\right)$.
▶

1. Ansatzgleichungen
$$f(x) = a\,x^3 + b\,x^2 + c\,x + d$$
$$f'(x) = 3\,a\,x^2 + 2\,b\,x + c$$
$$f''(x) = 6\,a\,x + 2\,b$$

2. Lineares Gleichungssystem
$f(0) = \tfrac{9}{2} \Rightarrow$ I: $\qquad\qquad d = \tfrac{9}{2}$
$f'(0) = 0 \Rightarrow$ II: $\qquad\qquad c \quad = 0$
$f\left(\tfrac{5}{2}\right) = \tfrac{29}{12} \Rightarrow$ III: $\tfrac{125}{8}a + \tfrac{25}{4}b + \tfrac{5}{2}c + d = \tfrac{29}{12}$
$f''\left(\tfrac{5}{2}\right) = 0 \Rightarrow$ IV: $15\,a + 2\,b \qquad\quad = 0$

3. Lösung des LGS
$a = \tfrac{1}{15}$, $b = -\tfrac{1}{2}$,
$c = 0$, $d = \tfrac{9}{2}$
$f(x) = \tfrac{1}{15}x^3 - \tfrac{1}{2}x^2 + \tfrac{9}{2}$

4. Graph von f

Übung 1 BMX-Bahn
Beim Bau einer BMX-Bahn sollen zwei geradlinige Streckenteile durch ein Polynom f 3. Grades „glatt" verbunden werden.
a) Bestimmen Sie die Gleichung von f.
b) In welchem Punkt ist f am steilsten?
    Wie groß ist dort der Steigungswinkel?

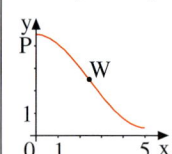

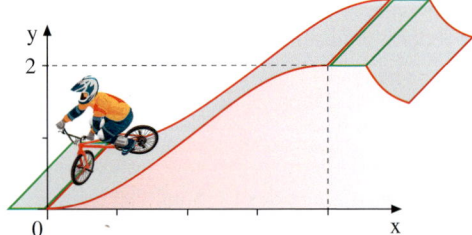

B. Rätselaufgaben

Rätselaufgaben dienen in der Regel zur mathematischen Unterhaltung. Sie können durch intelligentes Probieren gelöst werden, oft aber auch systematisch, z. B. mit Gleichungssystemen.

▶ **Beispiel: Viehmarkt**

Ein Bauer handelt auf dem Viehmarkt mit Pferden, Kühen und Schafen.
In der ersten Woche verkauft er 2 Pferde und 4 Schafe und kauft 5 Kühe. Er verdient so 1000 €.
In der zweiten Woche verkauft er 1 Pferd, 2 Kühe und 2 Schafe und hat einen Erlös von 5000 €.
In der dritten Woche verkauft er 6 Schafe, kauft aber 2 Pferde und 5 Kühe. Diesmal macht er einen Verlust von 6000 €.
Welchen Handelswert haben ein Pferd, eine Kuh bzw. ein Schaf?

Lösung:
x sei der Wert eines Pferdes, y der Wert einer Kuh und z der Wert eines Schafes.
Wenn er 2 Pferde verkauft, 5 Kühe kauft und 4 Schafe verkauft und er 1000 € verdient, so lautet die zugehörige Gleichung $2x - 5y + 4z = 1000$. Analog ergeben sich zwei weitere Gleichungen.

Das lineare Gleichungssystem lösen wir nun mit dem Gaußschen Algorithmus manuell oder mit dem Rechner.
Wir erhalten im Ergebnis als Handelswert für ein Pferd 2000 €, für eine Kuh 1000 €
▶ und schließlich für ein Schaf 500 €.

1. Festlegung der Variablen
x: Handelswert eines Pferdes
y: Handelswert einer Kuh
z: Handelswert eines Schafes

2. Lineares Gleichungssystem
1. Woche: $\quad 2x - 5y + 4z = \quad 1000$
2. Woche: $\quad\ \ x + 2y + 2z = \quad 5000$
3. Woche: $-2x - 5y + 6z = -6000$

3. Lösung des Gleichungssystems
$x = 2000$, $y = 1000$, $z = 500$

Übung 2 Altersrätsel
Das Alter von Max plus das doppelte Alter von Moritz ergeben 50.
Das Alter von Moritz plus das doppelte Alter von Max ergeben 49.
Wer ist der Ältere? Wie alt sind die beiden?

Übung 3 Sparen
David, Tina und Georg haben zusammen 160 € gespart. David hat am meisten. Er besitzt 24 € mehr als Georg. Tina hat am wenigsten. Sie besitzt 14 € weniger als Georg. Wie groß sind die Ersparnisse von Tina?

Übung 4 Bewegung/Geschwindigkeit
Anja wohnt in Friedberg und Laura in Bad Nauheim. Sie wollen sich am Nachmittag treffen. Der Radweg zwischen ihren Wohnungen ist 6 km lang. Anja fährt mit einer Geschwindigkeit von 10 km/h. Laura schafft sogar 15 km/h. Beide fahren um 15 Uhr los. Wann und wo treffen sie sich?

Hinweis: Man kann die Formel für die Geschwindigkeit v verwenden:
$v = \frac{s}{t}$ (s: Weg; t: Zeit)

5. Kinokarten

Ein Kino verkauft Karten zum vollen Preis zu 9 € sowie ermä-
ßigte Karten an Rentner zu 6 € und an Studenten zu 5 €. In einer
Vorstellung werden 400 Karten zu 3300 € verkauft. Die Anzahl
der Karten für Studenten war dreimal so groß wie die Anzahl der
Rentnerkarten.
Wie viele Karten wurden ohne Ermäßigung verkauft?

6. Geldanlagen

Nikolai hat 30 000 € investiert. Für einen Teil des Geldes hat er in Schatzbriefe gekauft, die
3 % Jahreszinsen abwerfen. Einen weiteren Teil hat er in Immobilienfonds investiert, die 5 %
Rendite pro Jahr bringen sollen. Den Rest des Geldes hat er in Aktien angelegt, für die sein
Anlageberater mit einer Wertsteigerung von 8 % rechnet. In die Aktien hat er doppelt so viel
investiert wie in die Schatzbriefe. Der Anlageberater hat ausgerechnet, dass er pro Jahr voraussichtlich 1820 € Profit erzielen wird. Wie viel Geld hat Nikolai in die Aktien investiert?

7. Schulweg

Sebastian macht sich morgens auf den Weg zur Schule. Er geht mit
einer Geschwindigkeit von 5 km/h. Sein Freund Oskar wohnt im gleichen Haus. Er fährt 15 Minuten später mit dem Fahrrad los. Damit
schafft er 30 km/h. Sie kommen gleichzeitig um 7:55 in der Schule
an. Wann ist Sebastian losgegangen? Wie lang ist der Schulweg?

8. Dreistellige Zahl

Die Hunderterziffer einer dreistelligen Zahl ist doppelt so groß wie ihre Zehnerziffer. Liest
man die dreistellige Zahl von hinten nach vorne, so ist die neue Zahl um 99 größer als die
Ausgangszahl. Die Summe der Ziffern der Zahl ist 11. Wie heißt die Zahl?

9. Sparschwein

Hans hat in seinem Sparschwein 102 Münzen. Es sind nur 1 ct-, 2 ct-, 5 ct-, und 10 ct-Münzen.
Die Anzahl der 2 ct-Münzen ist genauso groß wie die Anzahl der restlichen Münzen. Von den
10 ct-Münzen hat Hans eine mehr als von den 1ct-Münzen. Der Wert aller Münzen beträgt
3,82 €. Wie viele 5 ct-Münzen besitzt Hans?

10. Rätselhaft

Emma kauft für ihre Familie im Obstgeschäft ein. Für ihre
Mutter kauft sie 1 Pfund Bananen und 2 Pfund Orangen für
4 €. Für ihre Tante kauft sie 1 Pfund Bananen und 4 Pfund
Kirschen für 6 €. Für ihre Oma kauft sie 1 Pfund Bananen,
1 Pfund Kirschen und 3 Pfund Trauben für 3 €. Am nächsten
Tag kauft Emma von jeder der 4 Sorten genau ein Pfund ein.
Was muss sie für diesen Einkauf bezahlen?
Hinweis: Für die Einzelpreise der vier Produkte gibt es meh-
rere Lösungen. Es geht aber um den *Gesamtpreis* des Ein-
kaufs von Emma.

11. Zahlenmauern

Zahlenmauern kennt man aus der Grundschule. Sie werden normalerweise
von unten nach oben ausgefüllt, um die Addition zu üben.
Bei unserer Zahlenmauer dagegen ist die *untere Zeile* gesucht. Welche Möglichkeiten gibt es, sie so auszufüllen, dass links und rechts die gleiche Zahl x steht?
In der Zahlenmauer sind nur natürliche Zahlen zugelassen.

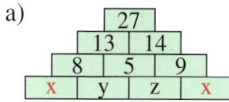

a)

27		
13	14	
8	5	9
x	y	z	x

b)

19		
9	10	
5	4	6
x	y	z	x

c)

52		
28	24	
14	14	10
6	8	6	4
x	y	z	t	x

12. Die Funktion $h(t) = at^2 + bt + c$ beschreibt die Höhe eines
Wurfes. (t in s, h in m).
Ein Volleyball wird aus einer Höhe von 1 m zurückgeschla-
gen. Nach 0,5 s ist er in 2,75 m Höhe und nach 1 s in nur
noch 2 m Höhe.
a) Bestimmen Sie die Koeffizienten a, b und c.
b) Wie lange dauert es, bis der Ball den Boden berührt,
sofern er vom Gegner nicht abgefangen wird?

13. Arithmagon

Ein Arithmagon ist ein Polygon (Dreieck, Viereck, …), mit Kreisen in
den Ecken und Quadraten auf den Strecken. In den Kreisen und Quadraten stehen natürliche Zahlen. Jede „Quadratzahl" ist die Summe der beiden anliegenden „Kreiszahlen", wie im Beispiel rechts.
Bei den folgenden Arithmagons sind die passenden Kreiszahlen gesucht.
Bestimmen Sie diese.
Hinweis: Bei b) und c) gibt es mehrere Lösungen

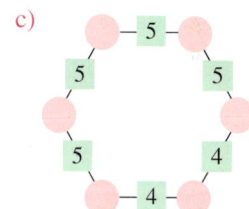

a)

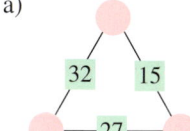

b)

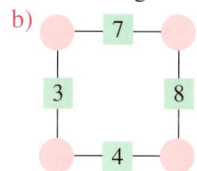

c)

14. Erlebnispark

Emma, Lisa und Karl verbringen einen Tag im Erlebnispark.
Die Tabelle zeigt, wie oft sie die drei größten Attraktionen
in Anspruch genommem haben und was sie gezahlt haben.

	Achterbahn	Wildwasser	Schwebetunnel	Preis
Emma	2	4	2	14 €
Lisa	3	3	2	15 €
Karl	5	1	3	20 €

Was kostet eine Fahrt mit der Achterbahn?

C. Ströme in Netzwerken

Die Auslastung von Transport- und Straßennetzen kann mit mathematischen Hilfsmitteln berechnet werden. In einfachen Fällen können lineare Gleichungssysteme hierzu verwendet werden.

> ▶ **Beispiel: Straßennetz**
> Der abgebildete Kartenauschnitt zeigt ein System von Einbahnstraßen. Die Zahlenangaben geben die Durchflussmengen in 1000 KFZ pro Stunde an, die durch Verkehrszählungen in der Hauptverkehrszeit ermittelt wurden. Der zentrale Straßenring soll erneuert werden. Die notwendigen Durchflusskapazitäten x, y, z und t sollen ermittelt werden.
>
> a) Stellen Sie ein lineares Gleichungssystem für x, y, z und t auf. Orientieren Sie sich dazu an der Kreuzungsregel. Lösen Sie das Gleichungssystem anschließend.
>
> b) Wie groß sind die Kapazitäten x, y, z und t mindestens zu wählen, damit kein Stau entsteht?
>
> c) Kann eines der Straßenstücke BC bzw. AB gesperrt werden, ohne dass Stau auftritt?

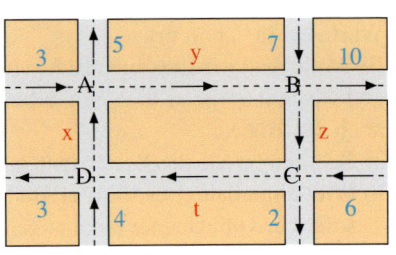

Lösung zu a:
Für jeder der vier Kreuzungen gilt die Kreuzungsregel: Pro Zeiteinheit müssen genauso viele Fahrzeuge einfahren wie ausfahren.

In Kreuzung A fahren stündlich x + 3 Fahrzeuge ein (in Tausend) und es fahren y + 5 Fahrzeuge heraus. Nach der Kreuzungsregel gilt also die folgende Gleichung:
$$x + 3 = y + 5$$
Diese Bilanz führen wir nun für jede der vier Kreuzungen durch. Dann erhalten wir ein lineares Gleichungssystem mit vier Gleichungen und vier Variablen x, y, z und t, welches rechts aufgeführt ist.
Dieses überführen wir zunächst in die Normalform (Variablen links, Zahlen rechts).

Wir können das LGS manuell lösen, indem wir den Gaußschen Algorithmus anwenden. Da I, II und III schon zur Stufenform passen, müssen wir nur noch IV verändern.

Dies wird mit folgenden Schritten erreicht:
IV → I + IV führt auf IV': $-y + t = 1$
IV' → II + IV' führt auf IV'': $-z + t = 4$
▼ IV'' → III + IV'' führt auf IV''': $0 = 0$

> **Die Kreuzungsregel:**
> Notwendig für die Vermeidung eines Staues an einer Kreuzung ist Folgendes:
> Die Summe der pro Zeiteinheit in eine Kreuzung einfahrenden Fahrzeuge muss gleich der Summe der die Kreuzung verlassenden Fahrzeuge sein.

1. Lineares Gleichungssystem:
Kreuzung A: $x + 3 = y + 5$
Kreuzung B: $y + 7 = z + 10$
Kreuzung C: $z + 6 = t + 2$
Kreuzung D: $t + 4 = x + 3$

2. Normalform:
I: $x - y$ $= 2$
II: $y - z$ $= 3$
III: $z - t = -4$
IV: $-x$ $+ t = -1$

3. Stufenform:
I: $x - y$ $= 2$
II: $y - z$ $= 3$
III: $z - t = -4$
IV: $0 = 0$

Die Nullzeile bedeutet, dass das LGS unendlich viele Lösungen hat.
Wir setzen also $t = c$, wobei c ein frei gewählter Parameter ist.
Dann folgen durch Rückeinsetzungen die Werte für die restlichen Variablen:
$t = c$, $z = c - 4$, $y = c - 1$ und $x = c + 1$

Lösung zu b:
Nun sind wir aber noch nicht fertig, denn c kann nicht völlig frei gewählt werden. Es gibt Einschränkungen.
Alle vier Variablen x, y, z und t müssen größer oder gleich null sein, weil negative Werte bedeuten würden, dass der Verkehr gegen die Richtung der Einbahnstraßen fließen würde, was natürlich verboten ist.
Diese Einschränkungen führen, wie rechts dargestellt, insgesamt dazu, dass $c \geq 4$ gelten muss.
Für $c = 4$ ergeben sich die Minimalkapazitäten, die mindestens verlangt werden müssen, damit nicht zwangsläufig ein Stau auftritt. Sie sind $x = 5$, $y = 3$, $z = 0$ und $t = 4$.
Rechts ist die Minimallösung dargestellt.

Lösung zu c:
Interpretation: Das Straßenstück BC könnte also notfalls auch einmal gesperrt werden, ohne dass es zum Stau kommen muss, da $z = 0$ erlaubt ist.
Das Straßenstück AB kann aber ohne weitere Maßnahmen nicht gesperrt werden, da es immer mindestens die Kapazität $y = 3$
▶ aufweisen muss.

4. Lösung des LGS:
Das LGS hat unendlich viele Lösungen

$t = c$ (c frei gewählter Parameter)
$z = t - 4 = c - 4$
$y = z + 3 = c - 1$
$x = y + 2 = c + 1$

5. Einschränkungen:
Wegen $x \geq 0$ folgt $c + 1 \geq 0$, also $c \geq -1$
Wegen $y \geq 0$ folgt $c - 1 \geq 0$, also $c \geq 1$
Wegen $z \geq 0$ folgt $c - 4 \geq 0$, also $c \geq 4$
Wegen $t \geq 0$ folgt $c \geq 0$.
Insgesamt: $c \geq 4$

6. Minimallösung:
$c = 4 \Rightarrow x = 5$, $y = 3$, $z = 0$, $t = 4$

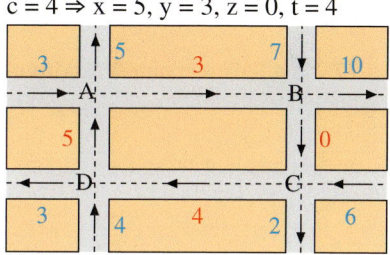

7. Interpretation
BC kann wegen $z = 0$ ohne Staugefahr gesperrt werden.
AB kann wegen $y = 3$ nicht gesperrt werden. Bei einer Sperrung bestünde Staugefahr.

Übung 15 Fortsetzung des Beispiels
Die folgenden Aufgabenteile beziehen sich auf das Beispiel oben.
a) Wegen einer notwendigen Spurreparatur auf dem Straßenstück CD wird dessen Kapazität auf 2500 Autos pro Stunde verringert. Ersatzweise wird eine Behelfsfahrbahn von C nach A gelegt. Welche Kapazität muss diese Fahrbahn mindestens besitzen, damit kein Stau auftritt?
b) Die Kapazität der bei B aus dem Ring herausführenden Straße wird wegen eines Krankenhauses aus Lärmschutzgründen auf 5000 Fahrzeuge pro Stunde abgesenkt. Gleichzeitig werden die Kapazitäten der bei A und C herausführenden Straßen auf 7500 bzw. auf 4500 Fahrzeuge pro Stunde erhöht. Berechnen Sie nun die neuen Minimalkapazitäten der Ringstraßen.

Übung 16 Dreiecksring

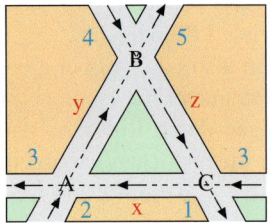

Drei Einbahnstraßen umranden einen drei-
eckigen Park. Die Kapazitäten der Zu- und
Abflussstraßen sind in 1000 Autos pro
Stunde angegeben. Nun sollen Kapazitäten
x, y und z für die drei neu zu gestaltenden
Ringstraßen des Parks festgelegt werden.

a) Stellen Sie nach der Kreuzungsregel ein lineares Gleichungssystem für die Kapazitäten x, y
   und z der drei Ringstraßen auf.
b) Bestimmen Sie die allgemeine mathematische Lösung des lineares Gleichungssystems.
c) Welche Einschränkungen ergeben sich für die Lösung aus b), wenn man berücksichtigt, dass
   keine der Variablen x, y und z negativ werden darf?
d) Wie lauten die Minimalkapazitäten für die drei Ringstraßen, die den Park begrenzen?
e) Keine einzige der drei Ringstraßen soll eine geringere Kapazität als 500 Autos pro Stunde
   haben. Wie lautet dann eine Lösung mit minimalen Kapazitäten?

Übung 17 Straßensperrung / Maximalkapazität

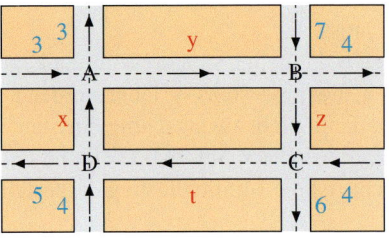

Im abgebildeteten Einbahnstraßensystem
sind die Verkehrsdichten auf den Zu- und
Abflussstraßen bekannt (Angaben in 1000
Fahrzeugen pro Stunde).
Die möglichen Verkehrsdichten x, y, z und
t auf den inneren Straßenstücken sollen untersucht werden.

a) Stellen Sie nach der Kreuzungsregel ein lineares Gleichungssystem für die Kapazitäten x, y,
   z und t der vier inneren Straßenstücke auf, welche die Kreuzungen A bis D verbinden.
b) Bestimmen Sie die allgemeine Lösung des linearen Gleichungssystems.
c) Welche Einschränkungen ergeben sich für die Lösung aus b), wenn man berücksichtigt, dass
   keine der Variablen x, y, z und t negativ werden darf?
d) Kann das Straßenstück CD bei Bedarf gesperrt werden, ohne dass es zum Stau kommt?
e) Wie groß sind die Minimalkapazitäten der vier Ringstraßen?

Übung 18 Mindestkapazitäten / Richtungsumkehr

Im einem Einbahnstraßennetz sind die Verkehrsflüsse der Zu- und Abfahrten angegeben.

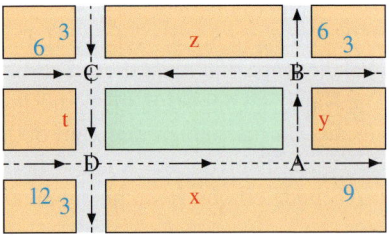

a) Wie groß sind die noch festzulegenden
   Kapazitäten x, y, z und t der inneren Ringstraßen mindestens zu wählen, damit es
   nicht zwangsläufig zum Stau kommt?
b) Das Straßenverkehrsamt erwägt, die
   Richtung des Straßenstücks BC umzu-
   kehren. Welche Auswirkungen hätte diese Maßnahme auf die zu wählenden Kapazitäten der Ringstraßen?

D. Mischungsprobleme

In technischen und wirtschaftlichen Prozessen werden manchmal aus mehreren vorhandenen Rohstoffmixturen durch Mischung neue Mixturen zusammengestellt. Dabei geht es oft um Kosteneinsparungen. Solche Mischungsprobleme können in der Regel mit Hilfe linearer Gleichungssysteme gelöst werden. Die Hauptschwierigkeit besteht im Aufstellen der Gleichungssysteme.

> **Beispiel: Eine neue Kaffeesorte**
> Ein Kaffeegroßhändler hat zwei Kaffee-
> sorten Brazil (B) zum Preis von 6 €/Pfund
> und Kuba (K) zu 3 €/Pfund im Sortiment.
> Ein Kunde bestellt 120 Pfund Kaffee, der
> aber nur 5 €/Pfund kosten darf.
> Kann der Händler durch Mischung seiner
> beiden Sorten den Auftrag erfüllen?

Lösung:

x sei die für den Auftrag benötigte Menge von Sorte B, y sei die benötigte Menge von Sorte K, gewogen in Pfund.

Da aus den beiden Sorten B und K insgesamt 120 Pfund Kaffee hergestellt werden sollen, muss gelten: I: $x + y = 120$.

x Pfund von Sorte B kosten $6\,x$ Euro.
y Pfund von Sorte K kosten $3\,y$ Euro.
Also betragen die Gesamtkosten der neuen Mischung $6\,x + 3\,y$. Da ein Pfund der neuen Mischung 5 € kosten soll und 120 Pfund geordert werden, sind dies 600 €.
Also gilt die Gleichung II: $6\,x + 3\,y = 600$

Wir erhalten ein (2; 2)-LGS, das wir manuell mit dem Gaußschen Algorithmus oder mit dem Taschenrechner lösen.

Das Resultat lautet $x = 80$, $y = 40$.
Der Großhändler kann also 80 Pfund Brazil und 40 Pfund Kuba zu 120 Pfund einer neuen Sorte Karibik mischen, die 5 €/Pfund kostet.

Festlegung der Variablen:
x = Menge von Sorte B
y = Menge von Sorte K

Aufstellung eines Gleichungssystems:
Mengenbilanz: I $\quad x + y = 120$
Kostenbilanz: II $6\,x + 3\,y = 600$

Lösung des LGS mittels Gauß-Verfahren:

I $\quad x + \quad y = \quad 120$
II $6\,x + 3\,y = \quad 600 \rightarrow$ II $- 6 \cdot$ I

I $\quad x + \quad y = \quad 120$
II $\quad\quad -3\,y = -120$

aus II: $\quad\quad\quad\quad \Rightarrow y = 40$
in I: $\quad x + 40 = 120 \Rightarrow x = 80$

Resultat:
$x = 80$, $y = 40$

Übung 19 Theater

Ein Theater hat 20 Reihen mit je 18 Plätzen. Die Karten für die ersten 8 Reihen kosten 48 €, Karten ab der 9. Reihe kosten 32 €. Für eine Vorstellung werden 260 Karten verkauft und damit 8800 € Einnahmen erzielt. Berechnen Sie, wie viele Besucher der Vorstellung eine Karte für die ersten 8 Reihen gekauft haben.

▶ **Beispiel: Parfümherstellung**

In einer Parfümerie kann man aus drei verschiedenen Duftwässern A, B und C sein eigenes Parfüm herstellen. Die drei Duftwässer enthalten die Duftstoffe L (Lavendel) und R (Rose) in verschiedenen Konzentrationen.
Berechnen Sie, welche Menge a, b bzw. c von jeder Sorte Duftwasser benötigt wird, um 50 ml eines Parfüms herzustellen, dass 4 ml des Duftstoffes Lavendel und 6 ml des Duftstoffes Rose enthält.

	A	B	C
L	4%	10%	15%
R	8%	20%	10%

Lösung:
a sei die Menge des Duftwassers A, die für die Mischung benötigt wird. b und c seien entsprechend die Mengen der Duftwässer B und C, die benötigt werden.
Da insgesamt 50 mg Parfüm hergestellt werden sollen, muss gelten: I: a + b + c = 50.

Da 4 ml des Duftstoffes Lavendel im Endprodukt sein sollen, müssen 4 % von A, 10 % von B und 15 % von C zusammen 4 ml ergeben. Dies führt auf folgende Gleichung:
II: 0,04 a + 0,10 b + 0,15 c = 4

Für den Duftstoff Rose müssen 8 % von A, 20 % von B und 10 % von C 6 ml ergeben.
III: 0,08 a + 0,20 b + 0,10 c = 6

Wir erhalten ein (3; 3)-LGS, das wir manuell mit dem Gaußschen Algorithmus oder alternativ mit dem Taschenrechner lösen.

Die Lösung lautet a = 25, b = 15, c = 10.
Man wird also 25 ml von Duftwasser A, 10 ml von Duftwasser B und 10 ml von Duftwasser C mischen, um 50 ml des ge-
▶ wünschten Parfüms zu erhalten.

Aufstellung eines Gleichungssystems:

I $\quad$ a + $\quad$ b + $\quad$ c = 50
II $\quad$ 0,04 a + 0,10 b + 0,15 c = $\quad$ 4
III 0,08 a + 0,20 b + 0,10 c = $\quad$ 6

Lösung des LGS mittels Gauß-Verfahren:

I $\quad$ a + $\quad$ b + $\quad$ c = $\quad$ 50
II $\quad$ 4 a + 10 b + 15 c = 400 → II − 4 · I
III $\quad$ 8 a + 20 b + 10 c = 600 → III − 8 · I

I′ $\quad$ a + $\quad$ b + $\quad$ c = $\quad$ 50
II′ $\qquad$ 6 b + 11 c = 200
III′ $\qquad$ 12 b + $\quad$ 2 c = 200 → III′ − 2 · II′

I″ $\quad$ a + $\quad$ b + $\quad$ c = $\quad$ 50
II″ $\qquad$ 6 b + 11 c = $\quad$ 200
III″ $\qquad$ −20 c = −200

aus III″: $\qquad\qquad$ ⇒ c = 10
in II″: $\quad$ 6 b + 110 = 200 ⇒ b = 15
in I′: $\quad$ a + 15 + 10 = 50 ⇒ a = 25

Lösung des LGS:
a = 25, b = 15, c = 10

Übung 20 Parfüm herstellen
Ermitteln Sie, welche Mengen der Duftwässer A, B und C aus obigem Beispiel genommen werden müssen, um 100 ml eines Parfüms herzustellen, das 11 ml des Duftstoffes Lavendel und 12 ml des Duftstoffes Rose enthält.

Im folgenden Mischungsproblem sind unendlich viele Lösungen möglich. Darüber hinaus müssen nach dem Lösen des Gleichungssystems zusätzliche Überlegungen erfolgen, welche der theoretisch möglichen Lösungen wirklich praktisch umsetzbar sind.

▶ **Beispiel: Linolsäurekonzentration**
Für einen Versuch werden 100 ml 60-prozentige Linolsäure benötigt. Der Laborant hat aber nur Linolsäure in Konzentrationen von 30 %, 50 % und 80 % vorrätig. Welche Möglichkeiten hat der Laborant, die 100 ml Linolsäure in der gewünschten 60 %-Konzentration herzustellen.

Lösung:
Wir benennen zunächst die Variablen.
x: Menge der 30%igen Lösung
y: Menge der 50%igen Lösung
z: Menge der 80%igen Lösung.

Da 100 ml benötigt werden, muss gelten:
$$x + y + z = 100$$

Weiter müssen 30 % von x, 50 % von y und 80 % von z zusammen 60 ml ergeben, also:
$$0,3\,x + 0,5\,y + 0,8\,z = 60$$

So entsteht ein (2; 3)-LGS, das wir manuell oder mit dem Rechner lösen. Es hat unendlich viele Lösungen folgender Form:
$x = -50 + 1,5\,c,\ y = 150 - 2,5\,c,\ z = c\ (c \in \mathbb{R})$

Da die Lösungen x, y und z nicht negativ sein dürfen, da es sich um Mengen handelt, erhalten wir folgende Einschränkung:
$$\frac{100}{3} \le c \le 60$$
Mögliche Lösungen wäre also z. B.
Für c = 40: x = 10, y = 50, z = 40
▶ Für c = 60: x = 40, y = 0, z = 60

1. Aufstellen des Gleichungssystems:
I: $x +\ \ y +\ \ \ z = 100$
II: $0,3\,x + 0,5\,y + 0,8\,z = \ \ 60$

2. Lösung des Gleichungssystems:
I: $x +\ y +\ z = 100$
II: $3\,x + 5\,y + 8\,z = 600 \rightarrow$ II $- 3 \cdot$ I

I: $x +\ \ y +\ \ z = 100$
II: $2\,y + 5\,z = 300$

Das System ist unterbestimmt.
Es hat unendlich viele Lösungen.
Eine Variable kann frei gewählt werden.

$z = c$ ($c \in \mathbb{R}$, frei gewählt)
in II: $2\,y + 5\,c = 300$ $\Rightarrow y = 150 - 2,5\,c$
in I: $x + 150 - 2,5\,c + c = 100 \Rightarrow x = -50 + 1,5\,c$

3. Einschränkungen der Lösung:
$x \ge 0 \Rightarrow -50 + 1,5\,c \ge 0 \Rightarrow c \ge \frac{100}{3}$
$y \ge 0 \Rightarrow 150 - 2,5\,c \ge 0 \Rightarrow c \le 60$
$z \ge 0 \Rightarrow c \ge 0$
                              $\Rightarrow \frac{100}{3} \le c \le 60$

Übung 21 Geldanlage
Ein Bankkunde möchte 20 000 € anlegen. Er möchte im Anlagejahr 1000 € Profit erzielen.
Die Bank bietet Aktien an, die 8 % Rendite abwerfen, Fonds mit 6 % und Schatzbriefe mit 2 %.
a) Wie kann er seinen Anlagebetrag auf diese drei Papiere aufteilen?
b) Wie sollte er den Anlagebetrag aufteilen, wenn er ein hohes Risiko scheut und möglichst viele Schatzbriefe kaufen will?

Übungen

22. Milch

Eine Molkerei verfügt über drei Milchsorten A, B und C mit 3%, 5% und 6% Fettanteil. Durch Mischung dieser Sorten sollen 10 Hektoliter Milch mit 4% Fettanteil erzeugt werden.
Die Menge der für die Mischung verwendeten Milch mit 5% Fettanteil soll genauso groß sein wie die Menge der Milch mit 6% Fettanteil. Welche Mengen müssen gemischt werden?

23. Rotwein

Ein Winzer erntet 30 Hektoliter Merlot und 29 Hektoliter Cabernet Sauvignon. Er mischt daraus einen Rotwein guter Qualität, der 25% Merlot und 75% Cabernet Sauvignon enthält. Sein Rotwein mittlerer Qualität enthält 75% Merlot und 25% Cabernet Sauvignon. Berechnen Sie, welche Mengen an Rotwein guter bzw. mittlerer Qualität der Winzer herstellt.

24. Geldanlage

Sebastian hat 20000€ geerbt, die er anlegen will. Davon möchte er 45% in Aktien und 40% in Rentenpapieren anlegen. Seine Bank bietet ihm drei Fonds mit unterschiedlichen Anlagestrategien an. Berechnen Sie, welche Beträge er in die drei Fonds investieren sollte, um sein Anlageziel zu erreichen.

Fonds	A	B	C
Aktien	30%	50%	60%
Renten	50%	40%	10%

25. Kaminholz

Ein Händler bietet drei Sorten Kaminholz an, die unterschiedliche Anteile an Eichen- bzw. Birkenholz enthalten. Ein Kunde bestellt 1000 kg Kaminholz, worunter 400 kg Eichenholz und 350 kg Birkenholz sein sollen. Welche Mengen seiner drei Sorten muss der Händler zusammenstellen?

Sorte	A	B	C
Eiche	20%	30%	70%
Birke	60%	40%	10%

26. Müsli

Ein Hobbyläufer möchte ein neues Frühstücksmüsli bestellen. Der Händler bietet drei verschiedene Sorten an, welche 10%, 50% bzw. 60% Cornflakes enthalten. Man kann diese Sorten auf Bestellung frei zu 200 g-Packungen mischen lassen. Welche Möglichkeiten hat der Hobbyläufer, 200 g-Packungen zu bestellen, die 40% Cornflakes enthalten?

Übungen

Die folgenden Übungen können ohne Hilfsmittel gelöst werden, soweit nichts anderes angegeben ist.

1. Graphik

Die einzelnen Gleichungen eines linearen Gleichungssystems mit zwei Variablen können graphisch als Geraden im zweidimensionalen Koordinatensystem gedeutet werden. Entscheiden Sie, welche der vier Zeichnungen das gegebene lineare Gleichungssystem graphisch darstellen. Begründen Sie Ihre Entscheidung.

I: $x + 2y = 4$
II: $y + 3 = 2x$

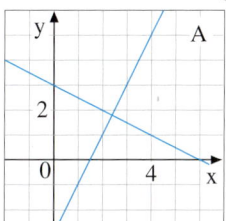 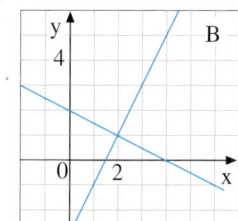 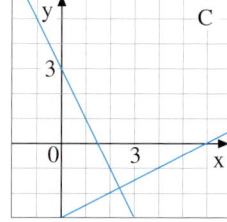 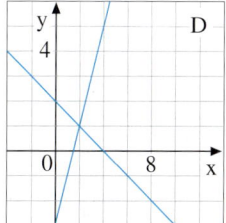

2. Schnelle Lösung

Lösen Sie das lineare Gleichungssystem auf einem möglichst einfachen und schnellen Weg. Notieren Sie Ihre Lösungsschritte sorgfältig.

I: $x + y = 3 + z$
II: $2y + 1 = 5$
III: $y + z = 5$

3. Unlösbar

Gegeben sind zwei lineare Gleichungssysteme. Genau eines davon ist unlösbar. Entscheiden Sie, welches System unlösbar ist. Begründen Sie Ihre Entscheidung stichhaltig.

System A		System B	
I: $2x + 2y + z = 6$		I: $2x + 2y + z = 10$	
II: $-2y + x = 1$		II: $-2y + x = 0$	
III: $z + 3x = 6$		III: $z + 3x = 10$	

4. Unterbestimmtes System

Gegeben ist ein unterbestimmtes lineares Gleichungssystem.
a) Bestimmen Sie seine allgemeine Lösung.
b) Ermitteln Sie eine Lösung mit $x \geq 0$, $y \geq 0$ und $z \geq 0$, bei der x einen möglichst großen Wert hat.

I: $x + 2y + 4z = 12$
II: $x - 2y = 4$

5. Unlösbar

Gegeben ist ein lineares Gleichungssystem.
Ermitteln Sie denjenigen Wert des Parameters a, für den das Gleichungssystem keine Lösung hat.

I: $2x - y = 2$
II: $4x - ay = 6$

Übungen

6. Kreisverkehr

Abgebildet ist ein Verkehrskreisel, für den die Kreuzungsregel von S. 36 gilt. Die Zahlenangaben stehen für die Durchflussmengen in 100 pro Stunde.

a) Stellen Sie ein lineares Gleichungssystem für x, y, z und t auf und bestimmen Sie die möglichen Lösungen.

b) Welche Mindestgrößen müssen gewählt werden, wenn man die Zu- und Abfahrten berücksichtigt?

c) Welche Maximalgrößen ergeben sich, wenn man berücksichtigt, dass jedes Auto, das in den Kreisel fährt, diesen wieder vor dieser Zufahrt verlässt.

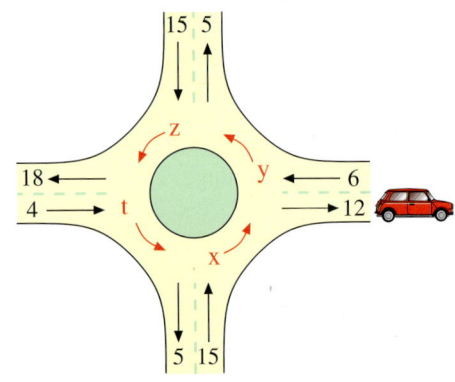

7. Zahlenmauer

In der unteren Reihe sollen Zahlen gefunden werden, sodass die Summe von zwei benachbarten Feldern den darüber liegenden Wert ergibt.

a)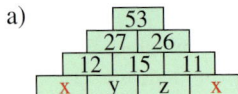
b)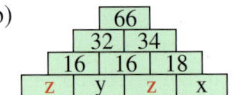
c)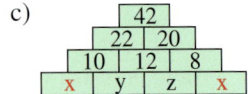

8. Arithmagon

Für die freien Felder sollen Zahlen gefunden werden, deren Summe den dazwischen liegenden Wert ergibt.

a)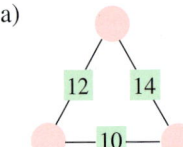
b)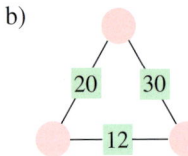
c)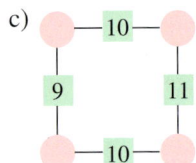

9. Gewichtsproblem

Xena, Yola und Zora wiegen zusammen 96 kg. Xena wiegt 5 kg weniger als Yola. Das Gewicht von Yola und Zora zusammen entspricht dem doppelten Gewicht von Xena.

Bestimmen Sie die Einzelgewichte der Kinder.

Überblick

Darstellung eines LGS: Ein $(m; n)$-LGS besteht aus m linearen Gleichungen mit n Variablen. Es kann direkt in Form der einzelnen Gleichungen oder in Form der erweiterten Koeffizientenmatrix A_e dargestellt werden:

Normalform:　　　　　　　　　**Erweiterte Koeffizientenmatrix:**

I:　　$x + 2y + z = 8$
II:　$2x + y - 2z = -2$　　　　$A_e = \begin{pmatrix} 1 & 2 & 1 & 8 \\ 2 & 1 & -2 & -2 \\ 3 & -2 & 3 & 8 \end{pmatrix}$
III: $3x - 2y + 3z = 8$

Koeffizientenmatrix und erweiterte Koeffizientenmatrix: Die Koeffizientenmatrix A eines LGS ist ein Rechtecksschema mit den Koeffizienten der linken Seite des LGS.
Die erweiterte Koeffizientenmatrix A_e enthält als weitere Spalte die Koeffizienten der rechten Seite des LGS.

Lösungsmenge eines LGS: Die Lösungsmenge eines $(m; n)$-LGS wird mit Hilfe eines n-Tupels dargestellt: $L = \{(x_1; x_2; \dots, x_n)\}$. Beispiel: $L = \{(1; 2; 3)\}$

Äquivalenzumformungen eines LGS: Umformungen eines LGS, welche die Lösungsmenge nicht ändern, werden als **Äquivalenzumformungen** bezeichnet. Dies sind:
(1) Vertauschung von zwei Gleichungen.
(2) Multiplikation einer Gleichung mit einer reellen Zahl $k \neq 0$.
(3) Addition einer Gleichung zu einer anderen Gleichung.

Anzahl der Lösungen eines LGS: Es gibt drei Lösbarkeitsfälle:
1. Das LGS hat **keine** Lösung. Es ist unlösbar.
2. Das LGS hat **genau** eine Lösung. Es ist eindeutig lösbar.
3. Das LGS hat **unendlich viele** Lösungen.

Der Gaußsche Algorithmus: Man bringt das LGS mit Äquivalenzumformungen auf *Dreiecksform* oder in eine *Reihenstufenform*. Dann löst man es durch eine Rückwärtseinsetzung.
Fall 1: Die Dreiecksform enthält *mindestens eine* Widerspruchszeile. Dann ist das LGS **unlösbar**.
Fall 2: Die Dreiecksform enthält *keine Widerspruchszeile*. Die Anzahl der Variablen ist gleich der Anzahl der nichttrivialen Zeilen, die keine Allgemeingültigkeit darstellen. Dann ist das LGS **eindeutig lösbar**.
Fall 3: Die Dreiecksform enthält *keine Widerspruchszeile*. Die Anzahl der Variablen ist größer als die Anzahl der nichttrivialen Zeilen. Dann hat das LGS **unendlich viele Lösungen**.

Unterbestimmtes LGS: Das LGS hat weniger Gleichungen als Variable $(m < n)$.
Überbestimmtes LGS: Das LGS hat mehr Gleichungen als Variable $(m > n)$.

Chemische Reaktionsgleichungen

Dem italienischen Chemiker SOBRERO gelang im Jahre 1846 die Herstellung der hochexplosiven Flüssigkeit *Nitroglycerin* ($C_3H_5N_3O_9$). Schon durch kleine mechanische Erschütterungen wurde die Explosion ausgelöst, was die praktische Anwendbarkeit als Sprengstoff stark einschränkte.

Alfred NOBEL (1833–1896) hatte die Idee, dieses Sprengöl in porösem Kieselgut aufzusaugen, sodass ein erschütterungsfester, transportabler, kontrolliert zündbarer Sprengstoff entstand, der den Namen *Dynamit* erhielt.

$$H_2C-O-NO_2$$
$$HC-O-NO_2$$
$$H_2C-O-NO_2$$

Nitroglycerin

Chemische Reaktionen lassen sich durch *Reaktionsgleichungen* beschreiben. Dabei muss berücksichtigt werden, dass bei allen chemischen Reaktionen die Gesamtmasse aller Stoffe unverändert bleibt. Vor und nach der Reaktion müssen also gleich viele Atome desselben Elements vorhanden sein. Beim Aufstellen chemischer Reaktionsgleichungen müssen die Koeffizienten vor den an der Reaktion beteiligten Stoffen (Molekülen) bestimmt werden. Wir zeigen dies im folgenden Beispiel.

Bestimmung einer chemischen Reaktionsgleichung

Bei der Explosion von *Nitroglycerin* ($C_3H_5N_3O_9$) entstehen unter Hitzeentwicklung die Gase Kohlendioxid (CO_2), Wasserdampf (H_2O), Stickstoff (N_2) und Sauerstoff (O_2). Bestimmen Sie die chemische Reaktionsgleichung für den Explosionsvorgang.

Lösung:

Wir verwenden den nebenstehenden Ansatz für die Reaktionsgleichung. Die Koeffizienten $x_1, \ldots, x_5$ geben die Anzahl der Moleküle an. Man verwendet in der chemischen Reaktionsgleichung möglichst kleine natürliche Zahlen $x_1, \ldots, x_5$, für die die chemische Reaktion möglich ist.

Da vor und nach der Reaktion von jedem Element gleich viele Atome vorhanden sein müssen, erhalten wir für jedes Element eine Gleichung.

Ansatz:

$$x_1 \cdot C_3H_5N_3O_9 \rightarrow$$
$$x_2 \cdot CO_2 + x_3 \cdot H_2O + x_4 \cdot N_2 + x_5 \cdot O_2$$

Für C: $3x_1 = x_2$

Für H: $5x_1 = 2x_3$

Für N: $3x_1 = 2x_4$

Für O: $9x_1 = 2x_2 + x_3 + 2x_5$

Somit ergibt sich ein LGS aus 4 Gleichungen mit 5 Variablen, das wir zunächst in Normalform umstellen und dann mit Hilfe des Gaußschen Algorithmus auf Stufenform bringen.

$$\begin{array}{llll} \text{I} & 3x_1 - x_2 & = 0 \\ \text{II} & 5x_1 \qquad -2x_3 & = 0 \\ \text{III} & 3x_1 \qquad\qquad -2x_4 & = 0 \\ \text{IV} & 9x_1 - 2x_2 - x_3 \qquad -2x_5 & = 0 \end{array}$$

$$\begin{array}{llll} \text{I} & 3x_1 - x_2 & = 0 \\ \text{II} & \qquad 5x_2 - 6x_3 & = 0 \\ \text{III} & \qquad\qquad -6x_3 + 10x_4 & = 0 \\ \text{IV} & \qquad\qquad\qquad -2x_4 + 12x_5 = 0 \end{array}$$

Das LGS besitzt unendlich viele Lösungen, eine Variable ist frei wählbar.

Wir wählen $x_5 = c \in \mathbb{R}$.
Nun bestimmen wir durch Rückeinsetzung die Lösungsmenge.

$$L = \{(4c;\ 12c;\ 10c;\ 6c;\ c);\ c \in \mathbb{R}\}$$

Für die chemische Reaktionsgleichung ist nun die kleinste positive Zahl c gesucht, für die sich eine Lösung ergibt, die nur aus natürlichen Zahlen besteht. Diese erhalten wir in diesem Fall für c = 1.

Für c = 1: (4; 12; 10; 6; 1)

Reaktionsgleichung:
$$4C_3H_5N_3O_9 \rightarrow 12CO_2 + 10H_2O + 6N_2 + O_2$$

Übungen

Übung 1
Ermitteln Sie für die folgenden chemischen Reaktionen die Koeffizienten.

a) $x_1CuO + x_2C \rightarrow x_3Cu + x_4CO_2$ (Gewinnung von Kupfer aus Kupferoxid)

b) $x_1FeS_2 + x_2O_2 \rightarrow x_3SO_2 + x_4Fe_2O_3$ (Entstehung von Schwefeldioxid aus Pyrit)

c) $x_1P_4O_{10} + x_2H_2O \rightarrow x_3H_3PO_4$ (Entstehung von Phosphorsäure)

d) $x_1C_6H_{12}O_6 \rightarrow x_2C_2H_5OH + x_3CO_2$ (alkoholische Gärung)

e) $x_1KMnO_4 + x_2HCl \rightarrow x_3MnCl_2 + x_4Cl_2 + x_5H_2O + x_6KCl$ (Herstellung von Chlorgas)

Übung 2
Die Bildung von *Tropfsteinhöhlen* lässt sich im Wesentlichen auf folgende chemische Reaktionen zurückführen:
Wasser (H_2O) und Kohlendioxid (CO_2) haben im Verlaufe von Jahrtausenden den Kalkstein ($CaCO_3$ Calciumcarbonat) gelöst. Bei der chemischen Reaktion entstehen zunächst Ca- und HCO_3-Ionen, die sich dann zu wasserlöslichem Calciumhydrogencarbonat ($Ca(HCO_3)_2$) verbinden. Die Rückreaktion (Entzug von CO_2) führt wieder zu unlöslichem $CaCO_3$ und damit zur Tropfsteinbildung.
Bestimmen Sie die Reaktionsgleichung für die Anfangsreaktion.

Test

Lineare Gleichungssysteme

1. Manuelle Lösung eines LGS
Lösen Sie das lineare Gleichungssystem manuell.

a) I: $4x - 5y = -4$
   II: $5x + 3y = 32$

b) I: $x + 2y + z = 1$
   II: $2x + 3y + 3z = 6$
   III: $3x - 4y - 3z = 1$

2. Lösbarkeit
Untersuchen Sie das LGS auf Lösbarkeit.

a) I: $x + y - 2z = 4$
   II: $2x + 3y - 3z = 8$
   III: $x + 2y - z = 5$

b) I: $2x + 3y + 2z = 3$
   II: $4x + 5y - 2z = 1$
   III: $4x + 4y - 8z = -4$

3. Koeffizientenmatrix
a) Stellen Sie die erweiterte Koeffizientenmatrix A_e des LGS auf.
b) Führen Sie die Matrix A_e in Diagonalform über.
c) Bestimmen Sie aus der Diagonalform die Lösungen des LGS.

$$2x + 2y - 2z = 6$$
$$4x + 2y - 3z = 8$$
$$6x - 6y + 4z = 2$$

4. Altersrätsel
Die Schwestern Maria, Emma und Julia sind heute zusammen 30 Jahre alt.
Vor vier Jahren war Maria doppelt so alt wie Emma und Julia zusammen.
Damals war Julia doppelt so alt wie Emma.
Wie alt sind die drei Schwestern heute?

5. Anlagestrategie
Herr Brockmanns möchte 30 000 € für ein Jahr anlegen. Er möchte Aktien, Gold und Fonds kaufen. Seine Bank macht ihm das abgebildete Angebot. Herr Brockmanns möchte im Anlagejahr 2000 € Profit erzielen.

Anlageform	Aktien	Fonds	Gold
Erwartete Rendite	7 %	6 %	5 %

a) Untersuchen Sie, welche Möglichkeiten der Anlage er insgesamt hat.
b) Wie muss er das anzulegende Geld auf Aktien, Fonds und Gold aufteilen, wenn er aus Sicherheitsgründen möglichst viel Gold in sein Depot nehmen will?

6. Straßennetz
Ein Netz von Einbahnstraßen soll teilerneuert werden. Die Durchflussmengen einiger Straßen wurden ermittelt (in 1000 Autos/h).

x, y, z und t seien die Kapazitäten der zu erneuernden Straßen.

a) Stellen Sie ein lineares Gleichungssystem für x, y, z und t auf.
b) Bestimmen Sie die Minimalkapazitäten der vier zu erneuernden Straßen.

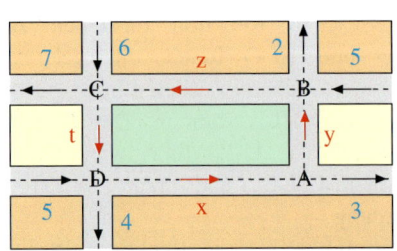

Lösungen: S. 367

II. Orientieren und Bewegen im Raum

1. Punkte im Koordinatensystem

Punkte und geometrische Gebilde werden in *kartesischen Koordinatensystemen* dargestellt, deren Achsen senkrecht aufeinander stehen.

A. Punkte in der Ebene

Punkte in der Ebene und ebene geometrische Gebilde werden im zweidimensionalen Koordinatensystem dargestellt. Die Darstellung ist verzerrungsfrei möglich. Die beiden *Koordinatenachsen* (x-Achse, y-Achse) stehen im *Koordinatenursprung* senkrecht aufeinander. Sie unterteilen die Ebene in vier *Quadranten**.

Ein Punkt P wird durch zwei Koordinaten festgelegt. Der Punkt P (a|b) liegt vom Ursprung aus gesehen a Einheiten in Richtung der x-Achse und b Einheiten in Richtung der y-Achse.

Zweidimensionales Koordinatensystem:

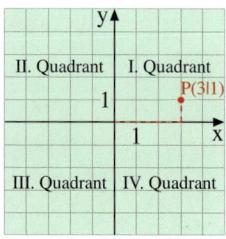

B. Punkte im Raum

Punkte und geometrische Gebilde im Raum werden im dreidimensionalen Koordinatensystem als *Schrägbild* dargestellt.

Die drei *Koordinatenachsen* (x-Achse, y-Achse, z-Achse) stehen im *Koordinatenursprung* senkrecht aufeinander.

Im Schrägbild wird die x-Achse allerdings unter einem Winkel von 135° zu den beiden anderen Achsen gezeichnet, um einen Raumeindruck entstehen zu lassen. Die Einheit auf der x-Achse wird mit dem *Faktor* $\frac{1}{\sqrt{2}}$ verkürzt, damit ein realer Eindruck entsteht.

Der Punkt P (a|b|c) liegt vom Ursprung aus gesehen a Einheiten in Richtung der x-Achse, b Einheiten in Richtung der y-Achse und c Einheiten in Richtung der z-Achse. *Drei Koordinatenebenen* (x-y-Ebene, x-z-Ebene und y-z-Ebene) teilen den Raum in acht *Oktanten**. Die Oktanten I bis IV liegen über den Quadranten I bis IV der x-y-Ebene, die Oktanten V bis VIII liegen darunter.

Dreidimensionales Koordinatensystem:

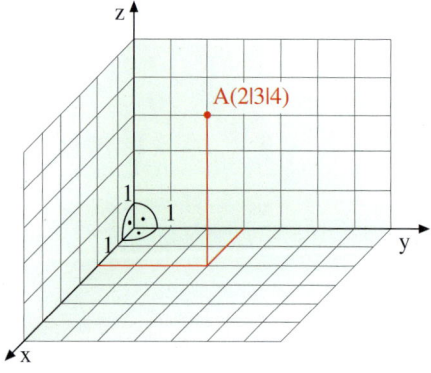

Koordinatenebenen und Oktanten:

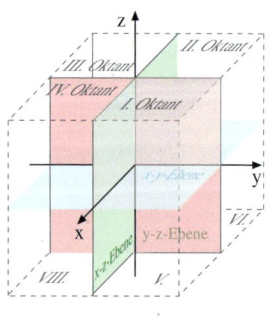

---

* Koordinatenachsen und Koordinatenebenen gehören nicht zu den Quadranten bzw. den Oktanten.

▶ **Beispiel: Punktkoordinaten**
Rechts ist ein Haus im Schrägbild dargestellt. Die Maße (in m) sind eingezeichnet.
a) Bestimmen Sie die Koordinaten der
   Ecken A bis K des rechts dargestellten
   Hauses.
b) Welche Punkte liegen im zweiten bzw.
   im dritten bzw. im vierten Oktanten des
   Koordinatensystems?

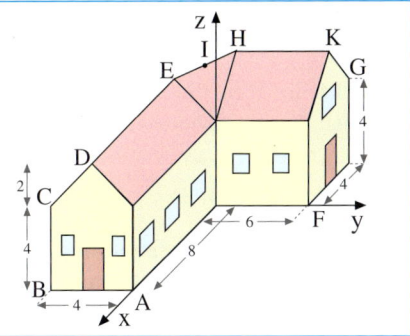

Lösung zu a:
Wir lesen die Koordinaten der Punkte aus
der Zeichnung ab. Beispielsweise kommt
man vom Ursprung zum Punkt D, indem
man 8 Einheiten in Richtung der x-Achse
geht, dann -2 Einheiten in Richtung der
y-Achse und schließlich 6 Einheiten in
Richtung der z-Achse. Resultat: $D(8|-2|6)$
Am schwierigsten ist der Punkt I zu bestimmen, der in der Mitte zwischen E und H
liegt.
Er hat die Koordinaten $I(-1|-1|6)$.

Lösung zu b:
Im zweiten Oktanten liegen alle Punkte mit
$x < 0$, $y > 0$ und $z > 0$, also G und K. Im 3.
Oktanten liegt nur I. Im 4. Oktanten liegen
alle Punkte mit $x > 0$, $y < 0$ und $z > 0$, also
C und D.
Die Punkte A, B, E, F und H liegen auf den
Koordinatenachsen bzw. den Koordinate-
nebenen und gehören folglich keinem Ok-
▶ tanten an (vgl. Fußnote S. 50).

Koordinaten der Eckpunkte:

$A(8|0|0)$	$F(0|6|0)$
$B(8|-4|0)$	$G(-4|6|4)$
$C(8|-4|4)$	$H(-2|0|6)$
$D(8|-2|6)$	$I(-1|-1|6)$
$E(0|-2|6)$	$K(-2|6|6)$

Lage der Punkte in den Oktanten:
Oktant II: $x < 0$, $y > 0$, $z > 0$;
             G und K
Oktant III: $x < 0$, $y < 0$, $z > 0$
             nur I
Oktant IV: $x > 0$, $y < 0$, $z > 0$
             C und D

In keinem Oktanten: $x = 0$, $y = 0$ oder $z = 0$:
             A, B, E, F und H

Übung 1 Koordinaten im Raum
Die Abbildung zeigt einen Gebäudekom-
plex.
a) Bestimmen Sie die Koordinaten der
   Punkte A bis F.
b) Liegen die Punkte $U(-2|20|12)$,
   $V(2|-4|18)$ und $W(10|-3|28)$ inner-
   halb des Hauses?
c) Zeichnen Sie das Gebäude in einem Koordinatensystem, dessen y-Achse wie im
   Beispiel oben horizontal verläuft.

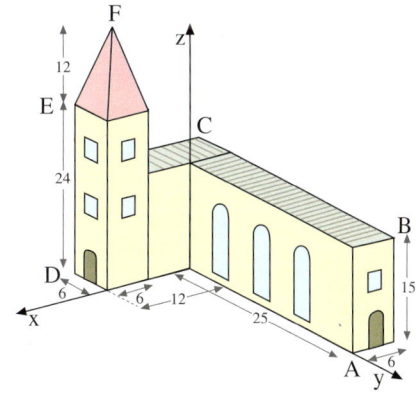

Übung 2 Geändertes Koordinatensystem
Zeichnen Sie das Gebäude aus dem obigen Beispiel in einem Koordinatensystem,
in welchem die Richtung der x-Achse umgekehrt ist. Verwenden Sie für diese
Darstellung die im Beispiel errechneten Koordinaten der Punkte A bis K.

Übungen

3. Punkte im Koordinatensystem
Geben Sie an, in welchem Oktanten der Punkt P liegt.
a) $P(1|-1|3)$ b) $P(2|1|2)$ c) $P(-1|-1|4)$ d) $P(1|-2|-3)$
e) $P(-2|-2|-3)$ f) $P(-2|1|1)$ g) $P(-2|1|-1)$ h) $P(0|0|0)$

4. Punkte auf den Achsen und Koordinatenebenen
Prüfen Sie, ob der Punkt P auf der x-z-Ebene bzw. auf einer Koordinatenachse liegt.
a) $P(1|2|1)$ b) $P(2|-1|0)$ c) $P(0|0|-4)$ d) $P(0|0|0)$
e) $P(4|0|-1)$ f) $P(0|1|2)$ g) $P(1|-3|0)$ h) $P(4|0|0)$

5. Lage von Punkten
Geben Sie an, welche Bedingung ein Punkt P erfüllen muss, damit er die angegebene Lage besitzt. Beispiel: $P(x|y|z)$ liegt in der x-y-Ebene, wenn $z = 0$ gilt.
a) P liegt auf der y-Achse.   b) P liegt auf der x-Achse.
c) P liegt in der x-y-Ebene.   d) P liegt auf der y-z-Ebene.
e) P liegt auf der x-z-Ebene.   f) P liegt auf der Winkelhalbierenden des
                                                    1. Quadranten der x-y-Ebene.

6. Schrägbild
Die Graphik zeigt das Schrägbild eines Gebäudes, das 9 m hoch ist.
a) Bestimmen Sie die Koordinaten der eingezeichneten Punkte A bis F.
b) Prüfen Sie, welche der Punkte $U(-6|3|2)$, $V(-6|6|8)$ und $W(-1|7|8)$ im Inneren des Gebäudes liegen.

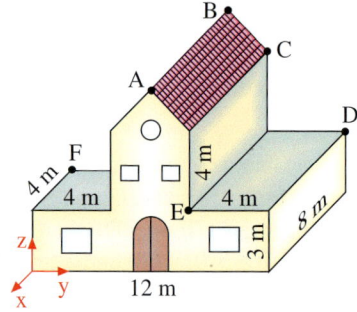

7. Projektion eines Dreiecks
Das Dreieck ABC wird senkrecht auf die angegebene Koordinatenebene projiziert. Es entsteht das Dreieck $A'B'C'$. Geben Sie die Punkte A', B' und C' an. Fertigen Sie eine Zeichnung an.
a) $A(2|3|2)$, $B(3|5|1)$, $C(5|5|5)$
   x-z-Ebene
b) $A(2|3|2)$, $B(3|5|1)$, $C(5|5|5)$
   y-z-Ebene

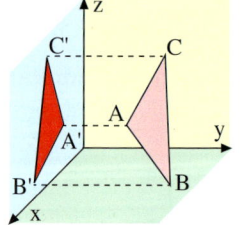

8. Spiegelung eines Dreiecks
Das Dreieck ABC wird an der x-z-Ebene gespiegelt. Bestimmen Sie die Spiegelpunkte A', B' und C'.
Fertigen Sie eine Zeichnung an.
$A(2|3|2)$, $B(3|5|1)$, $C(5|5|5)$

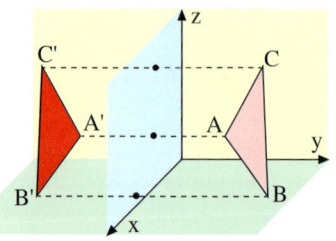

C. Schrägbilder

In Abschnitt B haben wir bereits Schrägbilder verwendet. Nun soll das Konstruieren von Schrägbildern vertieft werden.

Besonders einfach können Schrägbilder auf *kariertem Papier* gezeichnet werden.

Verwendet man auf den unverzerrt dargestellten Achsen (y- und z-Achse) als Längeneinheit 1 cm, so stellt die Diagonale eines Rechenkästchens die mit dem Faktor $\frac{1}{\sqrt{2}}$ verkürzte Längeneinheit auf der x-Achse dar. Diese Tatsache gestattet das Zeichnen von Schrägbildern, ohne dass ein Linealmaßstab verwendet werden muss.

Diagonale als verkürzte Einheit:

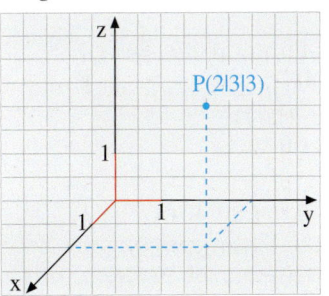

▶ **Beispiel: Würfel mit Pyramide**
  Stellen Sie einen Würfel mit einer aufgesetzten Pyramide im Schrägbild dar.
  Kantenlänge des Würfels: 4 cm   Höhe der Pyramide: 3 cm

Lösung:
Wir stellen den Würfel achsenparallel im 1. Oktanten auf (Maßstab: 1 cm = 2 LE).
Die Eckpunktkoordinaten sind dann:
A (4|0|0), B (4|4|0), C (0|4|0), D (0|0|0)
E (4|0|4), F (4|4|4), G (0|4|4), H (0|0|4).
Die Spitze der Pyramide ist S (2|2|7).
Verdeckte Linien können gestrichelt eingezeichnet werden.
Die Außenseiten des Gebildes können zur
▶ Betonung farbig gestaltet werden.

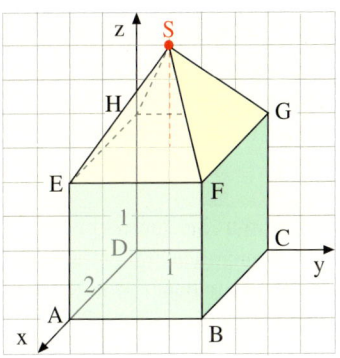

Übung 9 Rechteck und Dreieck als Schrägbild
Zeichnen Sie das Schrägbild folgender Figuren:
a) Rechteck ABCD mit folgenden Ecken: A (4|1|0), B (2|1|0), C (2|0|3), D (4|0|3)
b) Dreieck UVW mit folgenden Ecken: U (3|3|1), V (1|4|1), W (0|3|3)

Übung 10 Abzugshaube
Eine vertikal aufgehängte Abzugshaube ist aus ebenen Blechteilen zusammengeschweißt.
Ihre Ecken sind A (4|4|4), B (4|8|4), C (0|8|4), D (0|4|4), E (4|4|5), F (4|8|5),
G (0|8|5), H (0|4|5), I (3|5|7), J (3|7|7), K (1|7|7), L (1|5|7), M (3|5|9), N (3|7|9),
O (1|7|9), P (1|5|9).
Zeichnen Sie ein Schrägbild der Abzugshaube.

Schrägbilder kann man auch erstellen, wenn man einen *Grundriss*, einen *Aufriss* und einen *Seitenriss* zur Verfügung hat. Auch hier dient das Schrägbild der Veranschaulichung der Daten, die in den Rissen enthalten sind.

▶ **Beispiel: Schrägbild aus Rissen konstruieren**
Für die Planung eines neuen Gebäudes wurden Risse mit den Maßen erstellt, und zwar ein Grundriss, ein Aufriss und ein Seitenriss. Zur Veranschaulichung für den Bauherrn soll aus den Rissen ein Schrägbild des Gebäudes konstruiert werden. Führen Sie die Konstruktion durch.

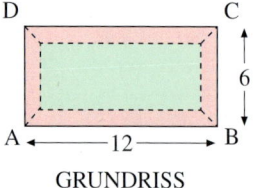   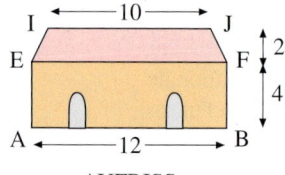   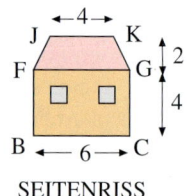

GRUNDRISS   AUFRISS   SEITENRISS

Lösung:
Wir stellen das Gebäude im 1. Oktanten des dreidimensionalen Koordinatensystems achsenparallel auf. Die Ecke D liegt im Ursprung.

Der Grundriss hat dann die Ecken A (6|0|0), B (6|12|0), C (0|12|0) und D (0|0|0).
Darüber liegen die Ecken E (6|0|4), F (6|12|4), G (0|12|4) und H (0|0|4) der Geschossdecke.
Schließlich hat die Dachoberseite die Eckpunkte I (5|1|6), J (5|11|6), K (1|11|6) und L (1|1|6).

Nun tragen wir die Punkte in einem Koordinatensystem mit geeignetem Maßstab ein
▶ und zeichnen die benötigten Kanten ein.

Schrägbild des Gebäudes:

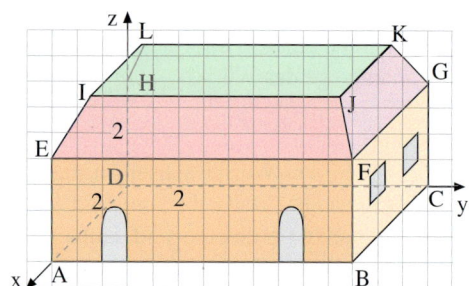

Übung 11 Gebäude
Gegeben sind die bemaßten Risse eines Klosters. Zeichnen Sie ein Schrägbild des Gebäudes. Verwenden Sie dazu die Raumkoordinaten der Punkte A bis X.

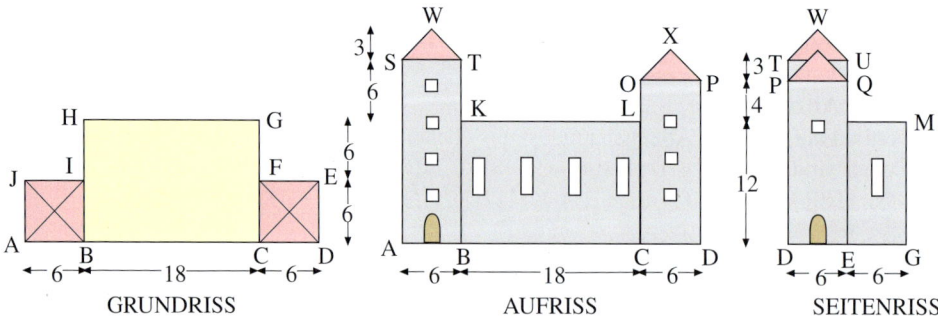

GRUNDRISS   AUFRISS   SEITENRISS

Übungen

12. Pyramiden

Drei Pyramiden mit quadratischen Grundrissen und der Spitze S haben folgende Eckpunkte:
Pyramide 1: $A(7|6|0)$, $B(10|9|0)$, $C(7|12|0)$, $D(4|9|0)$, $S_1(7|9|6)$
Pyramide 2: $E(-2|10|0)$, $F(2|8|0)$, $G(4|12|0)$, $H(0|14|0)$, $S_2(1|11|6)$
Pyramide 3: $I(0|2|0)$, $J(4|2|0)$, $K(4|6|0)$, $L(0|6|0)$, $S_3(2|4|5)$
Fertigen Sie ein Schrägbild der Pyramiden 1 bis 3 an.
Verdeckte Teile sollen dabei nicht dargestellt werden.
Sichtbare Teile der Pyramiden sollen farbig oder schraffiert dargestellt werden.

13. Schloss

Ein Schloss hat die abgebildeten Risse (Grund-, Auf- und Seitenriss).
a) Konstruieren Sie ein Schrägbild des Schlosses im 1. Oktanten des Koordinatensystems.
   Der Ursprung soll in der Ecke des Grundrisses sein, die links hinten liegt.
b) Bestimmen Sie die Koordinaten der neun Eckpunkte des Schlossturmes.
c) Prüfen Sie, ob die folgenden Punkte innerhalb des Gebäudes liegen.
   $R_1(12|4|2)$, $R_2(6|10|2)$, $R_3(10|12|10)$, $R_4(12|18|20)$, $R_5(15|16|20)$, $R_6(10|20|26)$,
   $R_7(10|18|26)$

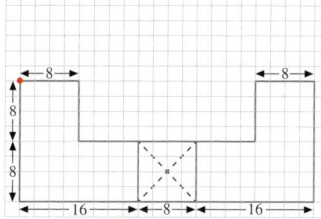 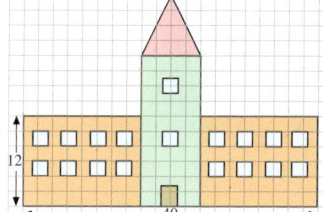 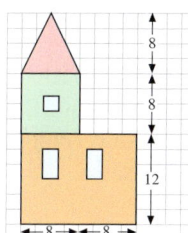

14. Koordinatensystem

Übertragen Sie das abgebildete Koordinatensystem auf ein kariertes Blatt. Beachten Sie dabei die Neigungen von x-Achse und y-Achse.

Konstruieren Sie anschließend das Schrägbild des Schlosses aus Übung 13 in dem neuen Koordinatensystem.

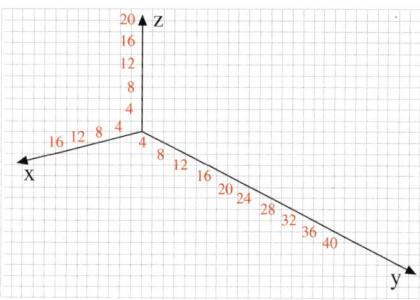

15. Würfel und Dreieck

Ein achsenparalleler Würfel hat die Standfläche ABCD und die Deckfläche EFGH. Ein Raumdreieck hat die Ecken U, V und W.
a) Zeichnen Sie ein Schrägbild.
b) Wie lauten die fehlenden Punkte?
c) Zeichnen Sie die drei Risse.

Würfel:
$A(1|1|0)$, $D(1|5|0)$, $G(5|5|4)$

Dreieck:
$U(2|4|1)$, $V(5|10|3)$, $W(1|7|4)$

D. Der Abstand von Punkten in der Ebene und im Raum

Um Berechnungen in ebenen und räumlichen Figuren vornehmen zu können, benötigt man Formeln zur Berechnung von Punktabständen und Streckenlängen. Dazu verwendet man die Koordinaten der Punkte und den Satz des Pythagoras.

Der Abstand* $d(A, B) = |AB|$ der Punkte $A(a_1|a_2)$ und $B(b_1|b_2)$ wird mit Hilfe des Satzes von Pythagoras errechnet, der auf das abgebildete rechtwinklige Dreieck im Koordinatensystem angewandt wird. Das Resultat ist die folgende Abstandsformel:

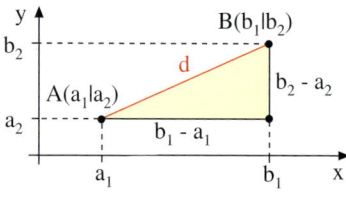

Abstand zweier Punkte in der Ebene

Die Punkte $A(a_1|a_2)$ und $B(b_1|b_2)$ besitzen den Abstand

$$|AB| = \sqrt{(b_1 - a_1)^2 + (b_2 - a_2)^2}$$

Beispiel: Punktabstand in der Ebene

Abstand von $A(3|2)$ und $B(7|5)$

$$|AB| = \sqrt{(7-3)^2 + (5-2)^2}$$
$$= \sqrt{4^2 + 3^2} = \sqrt{25} = 5$$

Der Abstand* $|AB|$ der Raumpunkte $A(a_1|a_2|a_3)$ und $B(b_1|b_2|b_3)$ wird durch zweifache Anwendung des Satzes von Pythagoras gewonnen.

Dazu wird die rechts abgebildete Figur im dreidimensionalen Koordinatensystem verwendet. Das Resultat ist die folgende Abstandsformel:

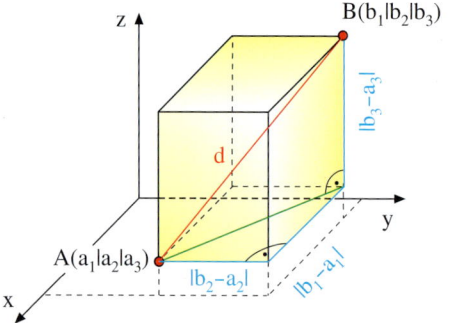

Abstand zweier Punkte im Raum

Die Punkte $A(a_1|a_2|a_3)$ und $B(b_1|b_2|b_3)$ besitzen den Abstand

$$|AB| = \sqrt{(b_1 - a_1)^2 + (b_2 - a_2)^2 + (b_3 - a_3)^2}$$

Beispiel: Punktabstand im Raum

Abstand von $A(4|2|1)$ und $B(2|6|5)$

$$|AB| = \sqrt{(2-4)^2 + (6-2)^2 + (5-1)^2}$$
$$= \sqrt{(-2)^2 + 4^2 + 4^2} = \sqrt{36} = 6$$

Übung 16 Punktabstand

Berechnen Sie den Abstand der Punkte A und B.
a) $A(4|2)$, $B(10|10)$
b) $A(1|-1|2)$, $B(4|5|8)$
c) $A(-5|3|0)$, $B(-1|7|7)$

Übung 17 Parameter

Für welche Werte des Parameters a besitzen die Punkte A und B den Abstand d?
a) $A(4|2)$, $B(9|a)$, $d = 13$
b) $A(1|2|3)$, $B(2|a|11)$, $d = 9$
c) $A(1|-1|4)$, $B(3|2|a)$, $d = 7$

---

* Für den Abstand zweier Punkte A und B verwendet man die Schreibweisen $d(A, B)$ oder $|AB|$.

Mit der Abstandsformel für Punkte im Raum lassen sich einfache Berechnungen in räumlichen Figuren durchführen.

▶ **Beispiel: Gleichschenkligkeitstest und Rechtwinkligkeitstest beim Dreieck**

Gegeben ist das Raumdreieck ABC mit den Ecken $A(1|-1|-2)$, $B(5|7|6)$ und $C(3|1|4)$.

a) Untersuchen Sie das Dreieck auf Gleichschenkligkeit.
b) Bestimmen Sie den Umfang des Dreiecks.
c) Prüfen Sie, ob das Dreieck rechtwinklig ist.

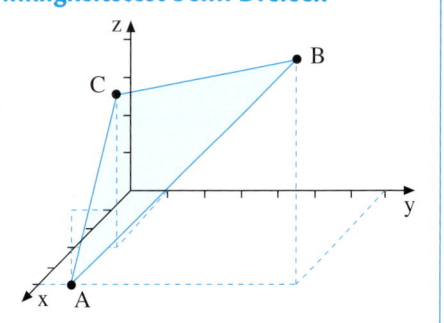

Lösung zu a:
Wir berechnen die Seitenlängen des Dreiecks durch Anwendung der Abstandsformel für Punkte im Raum.
Die Seiten $\overline{AC}$ und $\overline{BC}$ stellen sich bei dieser Rechnung als gleichlang heraus.
Also ist das Dreieck gleichschenklig.

Gleichschenkligkeit des Dreiecks:
$$|AB| = \sqrt{(5-1)^2 + (7-(-1))^2 + (6-(-2))^2}$$
$$= \sqrt{4^2 + 8^2 + 8^2} = \sqrt{144} = 12$$
$$|AC| = \sqrt{(3-1)^2 + (1-(-1))^2 + (4-(-2))^2}$$
$$= \sqrt{2^2 + 2^2 + 6^2} = \sqrt{44} \approx 6,63$$
$$|BC| = \sqrt{(3-5)^2 + (1-7)^2 + (4-6)^2}$$
$$= \sqrt{2^2 + 6^2 + 2^2} = \sqrt{44} \approx 6,63$$

Lösung zu b:
Der Umfang ist gleich der Summe der Seitenlängen des Dreiecks, die wir unter a) bereits berechnet haben.
Er beträgt ca. 25,26.

Umfang des Dreiecks:
$$U = |AB| + |AC| + |BC|$$
$$\approx 12 + 6,63 + 6,63 = 25,26$$

Lösung zu c:
Ein Dreieck ist rechtwinklig, wenn das Quadrat seiner längsten Seite gleich der Summe der Quadrate der beiden kürzeren Seiten ist (Umkehrung des Satzes von Pythagoras). Da dieser Sachverhalt hier nicht
▶ zutrifft, ist das Dreieck nicht rechtwinklig.

Test auf Rechtwinkligkeit:
$$|AB|^2 = |AC|^2 + |BC|^2$$
$$\sqrt{144}^2 = \sqrt{44}^2 + \sqrt{44}^2$$
$$144 = 44 + 44$$
$$\Rightarrow \text{Widerspruch} \Rightarrow \text{nicht rechtwinklig}$$

Übung 18 Gleichschenklige Dreiecke
Untersuchen Sie, ob das Dreieck ABC gleichschenklig ist.
a) $A(4|4|4)$, $B(10|10|7)$, $C(7|4|1)$
b) $A(6|2|8)$, $B(3|6|3)$, $C(2|6|8)$
c) $A(0|2|4)$, $B(3|8|2)$, $C(2|5|10)$
d) $A(2|2|2)$, $B(4|4|6)$, $C(6|0|4)$
e) $A(0|1|a)$, $B(4|1|0)$, $C(0|7|0)$

Übung 19 Rechtwinklige Dreiecke
Ist das Dreieck ABC rechtwinklig?
a) $A(1|1|2)$, $B(3|1|0)$, $C(2|2|3)$
b) $A(6|2|8)$, $B(2|6|8)$, $C(3|6|3)$

Übung 20 Raute oder Quadrat
Ist das Viereck ABCD eine Raute oder ein Quadrat? $A(2|4|2)$, $B(4|5|0)$, $C(5|7|2)$, $D(3|6|4)$

Wir führen nun Berechnungen in Schrägbildern durch. Auch dazu verwenden wir die Formel zur Berechnung von Punktabständen bzw. Streckenlängen sowie den Satz des Pythagoras.

► **Beispiel: Schrägbild einer Pyramide**
Betrachtet wird eine Pyramide mit der Grundfläche ABCD und der Spitze S.
Gegeben sind die Punkte A(6|2|0), B(10|6|0), C(6|10|0), D(2|6|0) und S(6|6|4). Dabei entspricht eine Längeneinheit 10 Metern.
a) Zeichnen Sie ein Schrägbild der Pyramide. Wo liegt der Höhenfußpunkt F?
b) Eine Treppe führt von der Seitenmitte M der Grundkante $\overline{BC}$ zur Spitze S der Pyramide. Wie lang ist die Treppe?
c) Die Seitenfläche BCS der Pyramide soll restauriert werden. Wie groß ist der Inhalt von BCS?

Lösung zu a
Wir zeichnen zunächst das Schrägbild.
Der Höhenfußpunkt F liegt senkrecht unter der Spitze S(6|6|4) in der x-y-Ebene. Er hat also die Koordinaten F(6|6|0).

Schrägbild der Pyramide:

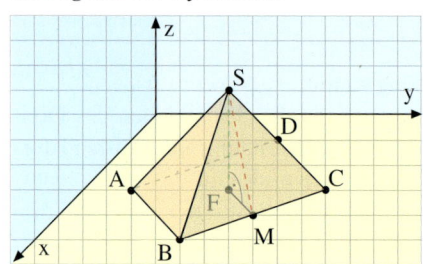

Lösung zu b:
Die Koordinaten der Mitte der Seite BC erhalten wir durch Bilden des arithmetischen Mittels der Koordinaten von B und C.
Resultat: M(8|8|0)
Nun berechnen wir die Länge l der Treppe.
l ist der Abstand der Punkte M und S:
$1 = |MS| = \sqrt{24} \approx 4,9$.
Das entspricht in der Realität ca. 49 m.

Länge der Treppe:

$$\overrightarrow{OM} = \tfrac{1}{2}(\overrightarrow{OB} + \overrightarrow{OC}) = \tfrac{1}{2} \cdot \left(\begin{pmatrix} 10 \\ 6 \\ 0 \end{pmatrix} + \begin{pmatrix} 6 \\ 10 \\ 0 \end{pmatrix} \right) = \begin{pmatrix} 8 \\ 8 \\ 0 \end{pmatrix}$$

$$\Rightarrow M(8|8|0)$$

$$L = |MS| = \sqrt{(6-8)^2 + (6-8)^2 + (4-0)^2}$$
$$= \sqrt{24} \approx 4,9$$

Lösung zu c:
Wir verwenden die Formel für den Flächeninhalt des Dreiecks: $A = \tfrac{1}{2} g \cdot h$.
Die Grundlinie g hat die Länge $|BC| = \sqrt{32}$.
Die Höhe h entspricht der Treppenlänge aus Teil b), also $1 \approx 4,9$.

Der Inhalt von BCS ist also $A \approx 13,86$.
Das entspricht beim vorliegenden Maßstab
► von 1 : 10 in der Realität ca. 1368 m².

Inhalt der Seitenfläche BCS:

$$|BC| = \sqrt{(6-10)^2 + (10-6)^2 + (0-0)^2}$$
$$= \sqrt{32}$$
$$A = \tfrac{1}{2} g \cdot h = \tfrac{1}{2}|BC| \cdot h \approx \tfrac{1}{2}\sqrt{32} \cdot 4,9 \approx 13,86$$

Übung 21 **Ergänzung zum Beispiel**
a) Berechnen Sie die Länge der Seitenkante $\overline{BS}$ der Pyramide aus dem obigen Beispiel.
b) Bestimmen Sie das Volumen V der Pyramide. Hinweis: Verwenden Sie die Information, dass die Grundfläche der Pyramide ein Quadrat ist.
c) Welchen Abstand hat die Spitze der Pyramide vom Ursprung?

Übungen

22. Dreieck im Raum

Gegeben ist ein Dreieck ABC mit den Eckpunkten A (1|3|2), B (3|2|4) und C (−1|1|3).

a) Zeichnen Sie ein räumliches kartesisches Koordinatensystem. Tragen Sie die Punkte A, B und C ein und zeichnen Sie das Schrägbild des Dreiecks ABC.

b) Weisen Sie rechnerisch nach, dass das Dreieck ABC gleichschenklig ist.

23. Würfel

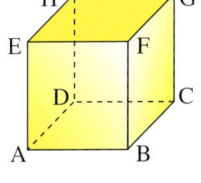

Ein Würfel besitzt als Grundfläche das Quadrat ABCD und als Deckfläche das Quadrat EFGH.

Dabei gelte: A (3|2|1), B (3|6|1), G (−1|6|5).

a) Zeichnen Sie in ein räumliches Koordinatensystem ein Schrägbild des Würfels.

b) Bestimmen Sie die fehlenden Koordinaten von C, D, E, F und H.

c) Bestimmen Sie die Koordinaten des Mittelpunktes M_1 der Seitenfläche BCGF und die Koordinaten des Würfelmittelpunktes M.

d) Berechnen Sie die Länge der Flächendiagonalen $\overline{BG}$ sowie die Länge der Raumdiagonalen $\overline{AG}$ des Würfels.

24. Pyramide

Gegeben sind die Punkte A (5|6|1), B (2|6|1), C (0|2|1), D (3|2|1) und S (2|4|5). Das Viereck ABCD ist die Grundfläche einer Pyramide mit der Spitze S.

a) Zeichnen Sie die Pyramide in einem räumlichen Koordinatensystem.

b) Bestimmen Sie die Länge der Seitenkante $\overline{AS}$.

c) Bestimmen Sie die Koordinaten des Höhenfußpunktes F der Pyramide und berechnen Sie Höhe und Volumen der Pyramide.

25. Quader

Ein Quader ABCDEFGH hat die Eckpunkte A (2|3|5) und G (x|7|13).

Wie muss x gewählt werden, wenn die Diagonale $\overline{AG}$ die Länge 12 besitzen soll?

26. Haus

Gegeben ist das abgebildete Schrägbild eines Hauses.

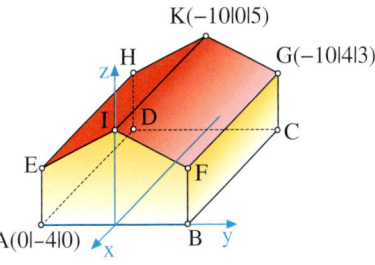

a) Bestimmen Sie die Koordinaten der Punkte B, C, D, E, F, H und I.

b) Das Dach soll gedeckt werden. Berechnen Sie den Flächeninhalt.

c) Das Haus soll verputzt werden. Berechnen sie die Größe der zu verputzenden Außenfläche des Hauses.

d) Bestimmen Sie das Luftvolumen des Hauses.

e) Zwischen welchen der eingetragenen Eckpunkten des Hauses liegt die längste Strecke? Wie lang ist diese Strecke?

2. Vektoren

A. Vektoren als Pfeilklassen

Bei Ornamenten und Parkettierungen entsteht die Regelmäßigkeit oft durch *Parallelverschiebungen* einer Figur, wie auch bei dem abgebildeten Froschparkett.

Eine Parallelverschiebung kann man durch einen Verschiebungspfeil oder durch einen beliebigen Punkt A_1 und dessen Bildpunkt A_2 kennzeichnen.

Bei einer Seglerflotte, die innerhalb eines gewissen Zeitraumes unter dem Einfluss des Windes abtreibt, werden alle Schiffe in gleicher Weise verschoben.
Die Verschiebung wird schon durch jeden einzelnen der gleich gerichteten und gleich langen Pfeile $\overrightarrow{A_1A_2}$, $\overrightarrow{B_1B_2}$, $\overrightarrow{C_1C_2}$ eindeutig festgelegt.

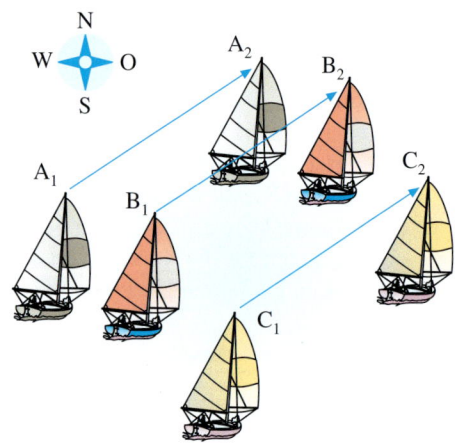

> Wir fassen daher alle Pfeile der Ebene (des Raumes), die gleiche Länge und gleiche Richtung haben, zu einer Klasse zusammen. Eine solche Pfeilklasse bezeichnen wir als einen *Vektor* in der Ebene (im Raum).

Vektoren stellen wir symbolisch durch Kleinbuchstaben dar, die mit einem Pfeil versehen sind: $\vec{a}$, $\vec{b}$, $\vec{c}$, ...
Jeder Vektor ist schon durch einen einzigen seiner Pfeile festgelegt.
Daher bezeichnen wir beispielsweise den Vektor $\vec{a}$ aus nebenstehendem Bild auch als Vektor $\overrightarrow{P_1P_2}$. Eine vektorielle Größe ist also durch eine Richtung und eine Länge gekennzeichnet, im Gegensatz zu einer reellen Zahl, einer sog. skalaren Größe.

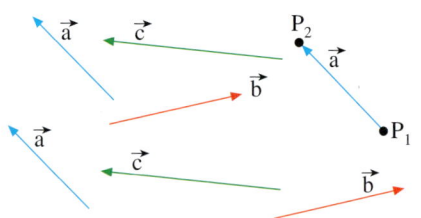

Übung 1 Pfeile im Quader

Welche der auf dem Quader eingezeichneten Pfeile gehören zum Vektor $\vec{a}$?

a) $\vec{a} = \overrightarrow{AB}$ b) $\vec{a} = \overrightarrow{EH}$ c) $\vec{a} = \overrightarrow{DH}$

d) $\vec{a} = \overrightarrow{CD}$ e) $\vec{a} = \overrightarrow{HG}$ f) $\vec{a} = \overrightarrow{AH}$

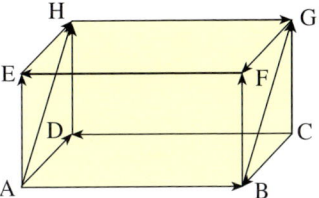

B.   Spaltenvektoren/Koordinaten eines Vektors

Im Koordinatensystem können Vektoren besonders einfach dargestellt werden, indem man ihre Verschiebungsanteile in Richtung der Koordinatenachsen erfasst. Man verwendet dazu sogenannte *Spaltenvektoren*.

Rechts ist ein Vektor $\vec{v}$ dargestellt, der eine Verschiebung um +4 in Richtung der positiven x-Achse und eine Verschiebung um +2 in Richtung der positiven y-Achse bewirkt.

Man schreibt $\vec{v} = \begin{pmatrix} 4 \\ 2 \end{pmatrix}$ und bezeichnet $\vec{v}$ als einen *Spaltenvektor* mit den Koordinaten 4 und 2.

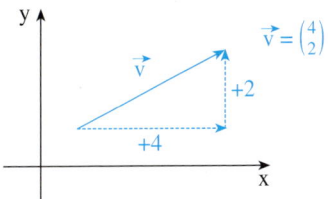

Spaltenvektoren in der Ebene	Spaltenvektoren im Raum
$\vec{v} = \begin{pmatrix} v_1 \\ v_2 \end{pmatrix}$	$\vec{v} = \begin{pmatrix} v_1 \\ v_2 \\ v_3 \end{pmatrix}$

v_1, v_2 bzw. v_1, v_2 und v_3 heißen Koordinaten von $\vec{v}$. Sie stellen die Verschiebungsanteile des Vektors $\vec{v}$ in Richtung der Koordinatenachsen dar.

Übung 2 Spaltenvektoren

Der in der Übung 1 dargestellte Quader habe die Maße $6 \times 4 \times 3$ (Tiefe × Breite × Höhe). Der Koordinatenursprung liege im Punkt D. Die Koordinatenachsen seien parallel zu den Quaderkanten.
Stellen Sie die folgenden Vektoren als Spaltenvektoren dar.

a) $\overrightarrow{CB}$ b) $\overrightarrow{BC}$ c) $\overrightarrow{AE}$

d) $\overrightarrow{AH}$ e) $\overrightarrow{BH}$ f) $\overrightarrow{BG}$

g) $\overrightarrow{DG}$ h) $\overrightarrow{DC}$ i) $\overrightarrow{AC}$

Übung 3 Pyramide

Dargestellt ist eine regelmäßige Pyramide mit der Höhe 6. Stellen Sie die eingezeichneten Vektoren in Spaltenform dar.

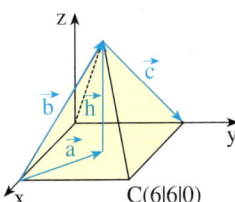

C(6|6|0)

C. Der Verschiebungsvektor $\overrightarrow{PQ}$

Sind von einem Vektor $\vec{v}$ Anfangspunkt P und Endpunkt Q eines seiner Pfeile bekannt, so lässt sich $\vec{v}$ besonders leicht als Spaltenvektor darstellen.

Man errechnet dann einfach die ***Koordinatendifferenzen*** von Endpunkt und Anfangspunkt, um die Koordinaten des Spaltenvektors zu bestimmen. Im Beispiel rechts gilt also:

$$\vec{v} = \overrightarrow{PQ} = \binom{7-2}{1-4} = \binom{5}{-3}$$

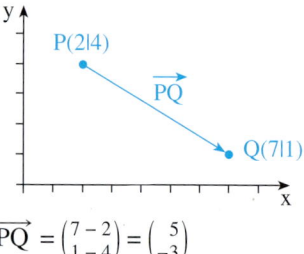

$$\overrightarrow{PQ} = \binom{7-2}{1-4} = \binom{5}{-3}$$

Analog kann man im Raum vorgehen, um den Vektor $\overrightarrow{PQ}$ zu bestimmen, wenn P und Q bekannt sind.

Der Verschiebungsvektor $\overrightarrow{PQ}$

Ebene: $P(p_1|p_2), Q(q_1|q_2)$ Raum: $P(p_1|p_2|p_3), Q(q_1|q_2|q_3)$

$$\overrightarrow{PQ} = \binom{q_1 - p_1}{q_2 - p_2} \qquad\qquad \overrightarrow{PQ} = \begin{pmatrix} q_1 - p_1 \\ q_2 - p_2 \\ q_3 - p_3 \end{pmatrix}$$

Übung 4 Verschiebungsvektor
Bestimmen Sie die Koordinaten von $\overrightarrow{PQ}$.
a) P(2|1)   b) P(2|−3)
   Q(6|4)   Q(−2|1)
c) P(1|2|−3)   d) P(−4|−3|5)
   Q(5|6|1)   Q(2|3|−1)
e) P(3|4|7)   f) P(1|4|a)
   Q(2|6|2)   Q(a|−3|2a + 1)

Übung 5 Pyramide
Eine dreiseitige Pyramide hat die Grundfläche ABC mit A(1|−1|−2), B(5|3|−2), C(−1|6|−2) und die Spitze S(2|3|4).
a) Zeichnen Sie die Pyramide.
b) Bestimmen Sie die Seitenkantenvektoren $\overrightarrow{AB}$, $\overrightarrow{AC}$ und $\overrightarrow{AS}$.
c) M sei der Mittelpunkt der Kante $\overline{AB}$. Wie lautet der Vektor $\overrightarrow{AM}$?

D. Der Ortsvektor $\overrightarrow{OP}$ eines Punktes

Auch die Lage von Punkten im Koordinatensystem lässt sich vektoriell erfassen.
Dazu verwendet man den Pfeil $\overrightarrow{OP}$, der vom Ursprung O des Koordinatensystems auf den gewünschten Punkt P zeigt. Dieser Vektor heißt ***Ortsvektor*** von P. Seine Koordinaten entsprechen exakt den Koordinaten des Punktes P. Man geht in der Ebene und im Raum analog vor.

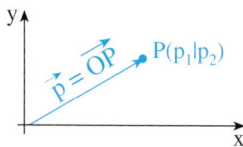

$$\vec{p} = \overrightarrow{OP} = \binom{p_1}{p_2} \text{ bzw. } \vec{p} = \overrightarrow{OP} = \begin{pmatrix} p_1 \\ p_2 \\ p_3 \end{pmatrix}$$

E. Der Betrag eines Vektors

Jeder Pfeil in einem ebenen Koordinaten-system hat eine Länge, die sich mit Hilfe des Satzes von Pythagoras errechnen lässt.

Alle Pfeile eines Vektors $\vec{a}$ haben die glei-che Länge. Man bezeichnet diese Länge als *Betrag des Vektors* und verwendet die Schreibweise $|\vec{a}|$.

Länge eines Pfeils in der Ebene:

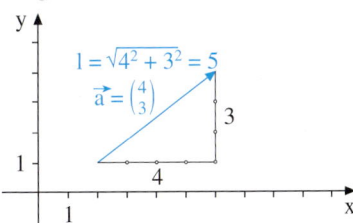

Betrag eines Vektors in der Ebene:

$$\left|\binom{4}{3}\right| = \sqrt{4^2 + 3^2} = \sqrt{25} = 5$$

Betrag eines Vektors im Raum:

$$\left|\begin{pmatrix}1\\2\\5\end{pmatrix}\right| = \sqrt{1^2 + 2^2 + 5^2} = \sqrt{30} \approx 5{,}48$$

Definition II.1: Der Betrag eines Vektors
Der Betrag $|\vec{a}|$ eines Vektors ist die Länge eines seiner Pfeile.

Betrag eines Spaltenvektors in der Ebene:

$$\vec{a} = \binom{a_1}{a_2} \Rightarrow |\vec{a}| = \sqrt{a_1^2 + a_2^2}$$

Betrag eines Spaltenvektors im Raum:

$$\vec{a} = \begin{pmatrix}a_1\\a_2\\a_3\end{pmatrix} \Rightarrow |\vec{a}| = \sqrt{a_1^2 + a_2^2 + a_3^2}$$

Beispiel: Betrag eines Vektors
Bestimmen Sie $|\vec{a}|$.

a) $\vec{a} = \binom{2}{4}$ b) $\vec{a} = \binom{a}{-3}$

c) $\vec{a} = \begin{pmatrix}2\\3\\6\end{pmatrix}$ d) $\vec{a} = \begin{pmatrix}-3\\0\\4\end{pmatrix}$

Lösung:

a) $|\vec{a}| = \sqrt{2^2 + 4^2} = \sqrt{20} \approx 4{,}48$

b) $|\vec{a}| = \sqrt{a^2 + (-3)^2} = \sqrt{a^2 + 9}$

c) $|\vec{a}| = \sqrt{2^2 + 3^2 + 6^2} = \sqrt{49} = 7$

d) $|\vec{a}| = \sqrt{(-3)^2 + 0^2 + 4^2} = \sqrt{25} = 5$

Übung 6 Betrag eines Vektors
Bestimmen Sie den Betrag des gegebenen Vektors.

a) $\binom{1}{a}$ b) $\binom{5}{12}$ c) $\binom{-3}{-5}$ d) $\begin{pmatrix}5\\-2\\12\end{pmatrix}$ e) $\begin{pmatrix}4\\6\\12\end{pmatrix}$ f) $\begin{pmatrix}3a\\0\\4a\end{pmatrix}$

Übung 7 Parameteraufgabe
Stellen Sie fest, für welche $t \in \mathbb{R}$ die folgenden Bedingungen gelten.

a) $\vec{a} = \binom{t}{2t}$, $|\vec{a}| = 1$ b) $\vec{a} = \binom{2}{t}$, $|\vec{a}| = t + 1$ c) $\vec{a} = \begin{pmatrix}-2t\\t\\2t\end{pmatrix}$, $|\vec{a}| = 5$

F. Geometrische Anwendungen

Mit Hilfe von Vektoren kann man geometrische Objekte erfassen, z. B. Seitenkanten und Diagonalen von Körpern. Man kann geometrische Operationen durchführen, beispielsweise Spiegelungen. Wir behandeln hierzu exemplarisch zwei Aufgaben.

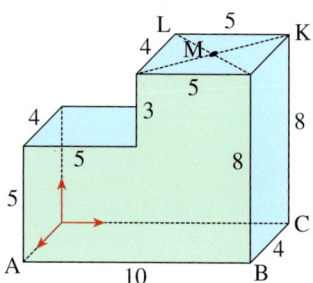

▶ **Beispiel: Diagonalen in einem Körper**
Stellen Sie die Vektoren $\overrightarrow{AK}$, $\overrightarrow{BL}$ und $\overrightarrow{CM}$ als Spaltenvektoren dar. Bestimmen Sie außerdem die Länge der Diagonalen $\overrightarrow{CM}$.

Lösung:
Wir verwenden ein Koordinatensystem, dessen Achsen parallel zu den Kanten des Körpers verlaufen.
Dann können wir die achsenparallelen Verschiebungsanteile der gesuchten Vektoren aus der Figur direkt ablesen. Damit erhalten
▶ wir die rechts aufgeführten Resultate.

$$\overrightarrow{AK} = \begin{pmatrix} -4 \\ 10 \\ 8 \end{pmatrix}, \ \overrightarrow{BL} = \begin{pmatrix} -4 \\ -5 \\ 8 \end{pmatrix}, \ \overrightarrow{CM} = \begin{pmatrix} 2 \\ -2{,}5 \\ 8 \end{pmatrix}$$

$$|\overrightarrow{CM}| = \sqrt{2^2 + (-2{,}5)^2 + 8^2} \approx 8{,}62$$

▶ **Beispiel: Spiegelung eines Punktes**
Der Punkt A(2|2|4) wird am Punkt P(4|6|3) gespiegelt. Auf diese Weise entsteht der Spiegelpunkt A′. Bestimmen Sie die Koordinaten von A′.

Lösung:
Wir bestimmen den Vektor $\vec{v} = \overrightarrow{AP}$, der den Punkt A in den Punkt P verschiebt.

Er lautet $\overrightarrow{AP} = \begin{pmatrix} 4-2 \\ 6-2 \\ 3-4 \end{pmatrix} = \begin{pmatrix} 2 \\ 4 \\ -1 \end{pmatrix}$.

Diesen Vektor können wir verwenden, um den Punkt P nach A′ zu verschieben.
Daher gilt für den Punkt A′:
▶ A′(4 + 2|6 + 4|3 − 1) = A′(6|10|2).

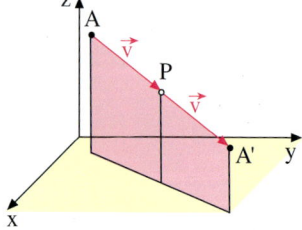

Übung 8 Quader
Ein achsenparalleler Quader ABCDEFGH ist durch die Angabe der drei Punkte B(2|4|0), C(−2|4|0), H(−2|0|3) gegeben. Bestimmen Sie die restlichen Punkte, zeichnen Sie ein Schrägbild des Quaders und berechnen Sie die Länge der Raumdiagonalen $\overline{BH}$ des Quaders.

Übung 9 Raumdreieck
Gegeben ist das Raumdreieck ABC mit A(4|−2|2), B(0|2|2) und C(2|−1|4). Stellen Sie die Seiten des Dreiecks als Spaltenvektoren dar. Berechnen Sie den Umfang des Dreiecks. Spiegeln Sie das Dreieck ABC am Punkt P(4|4|3). Fertigen Sie ein Schrägbild des Dreiecks ABC und des Bilddreiecks A′B′C′ an.

Mit Hilfe von Vektoren kann man Nachweise führen, die sonst schwierig wären, vor allem bei geometrischen Figuren im dreidimensionalen Raum.

▶ **Beispiel: Dreieck/Parallelogramm**
Gegeben ist das Dreieck ABC mit den Eckpunkten A(6|2|1), B(4|8|−2) und C(0|5|3) (siehe Abb.).
a) Zeigen Sie, dass das Dreieck gleich-schenklig ist, aber nicht gleichseitig.
b) Der Punkt D ergänzt das Dreieck zu einem Parallelogramm. Bestimmen Sie die Koordinaten von D.

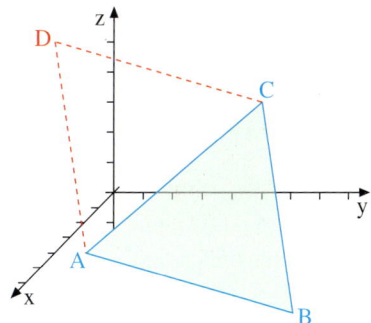

Lösung zu a:
Wir bestimmen die Beträge der drei Seiten-vektoren und vergleichen diese.
Das Dreieck ist gleichschenklig, da die Vektoren $\overrightarrow{AB}$ und $\overrightarrow{AC}$ gleich lang sind.
Es ist nicht gleichseitig, da $\overrightarrow{BC}$ länger ist.
Ein direktes Abmessen im Schrägbild ist wegen der Verzerrung nicht sinnvoll und führt zu falschen Ergebnissen.

$$\overrightarrow{AB} = \begin{pmatrix} 4-6 \\ 8-2 \\ -2-1 \end{pmatrix} = \begin{pmatrix} -2 \\ 6 \\ -3 \end{pmatrix} \Rightarrow |\overrightarrow{AB}| = 7$$

$$\overrightarrow{AC} = \begin{pmatrix} 0-6 \\ 5-2 \\ 3-1 \end{pmatrix} = \begin{pmatrix} -6 \\ 3 \\ 2 \end{pmatrix} \Rightarrow |\overrightarrow{AC}| = 7$$

$$\overrightarrow{BC} = \begin{pmatrix} 0-4 \\ 5-8 \\ 3+2 \end{pmatrix} = \begin{pmatrix} -4 \\ -3 \\ 5 \end{pmatrix} \Rightarrow |\overrightarrow{BC}| \approx 7,1$$

Lösung zu b:
Die Koordinaten des Punktes D erhalten wir durch eine Parallelverschiebung des Punktes A mit dem Vektor $\overrightarrow{BC}$.
▶ Resultat: D(2|−1|6)

$$A(6|2|1) \xrightarrow[\text{Verschiebung}]{\begin{pmatrix} -4 \\ -3 \\ 5 \end{pmatrix}} D(2|-1|6)$$

Übung 10   Vierecke
Ein Viereck ABCD ist genau dann ein Parallelogramm, wenn die Vektorgleichungen $\overrightarrow{AB} = \overrightarrow{DC}$ und $\overrightarrow{AD} = \overrightarrow{BC}$ gelten. Begründen Sie diese Aussage anschaulich anhand einer Skizze. Prüfen Sie, ob die folgenden Vierecke Parallelogramme sind. Fertigen Sie jeweils eine Zeichnung an und rechnen Sie anschließend.

a) A(−2|1)
   B(4|−1)
   C(7|2)
   D(1|4)

b) A(2|1)
   B(5|2)
   C(5|5)
   D(2|4)

c) A(0|0|3)
   B(7|6|5)
   C(11|7|5)
   D(4|4|3)

d) A(10|10|5)
   B(6|17|7)
   C(1|10|9)
   D(5|3|7)

Übung 11   Parallelogramm
Das Viereck ABCD ist ein Parallelogramm. Es gilt A(0|3|1), B(6|5|7) und C(4|1|3). Bestimmen Sie die Koordinaten von D. Handelt es sich um eine Raute?

Übungen

12. Würfelgruppe
Der abgebildete Körper setzt sich aus
drei gleich großen Würfeln zusammen.
a) Welche der eingezeichneten Pfeile
   gehören zum gleichen Vektor?
b) Begründen Sie, weshalb die Pfei-
   le $\overrightarrow{JH}$, $\overrightarrow{KL}$ und $\overrightarrow{GL}$ nicht zu dem
   gleichen Vektor gehören, obwohl sie
   parallel zueinander sind.

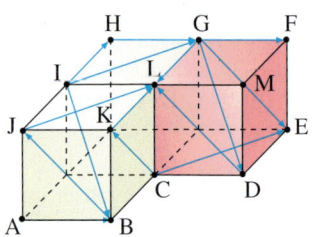

13. Pfeile eines Vektors
Die Pfeile $\overrightarrow{AB}$ und $\overrightarrow{CD}$ sollen zum gleichen Vektor gehören. Bestimmen Sie die Koordinaten
des jeweils fehlenden Punktes.
a) A$(-3|4)$, B$(5|-7)$, D$(8|11)$ b) A$(3|2)$, C$(8|-7)$, D$(11|15)$
c) B$(3|8)$, C$(3|-2)$, D$(8|5)$ d) A$(3|a)$, B$(2|b)$, C$(4|3)$
e) A$(-3|5|-2)$, C$(1|-4|2)$, D$(3|3|3)$ f) A$(3|3|4)$, B$(-1|4|0)$, D$(2|1|8)$
g) A$(1|8|-7)$, B$(0|0|0)$, D$(3|3|7)$ h) A$(a|a|a)$, B$(a+1|a+2|3)$, D$(a|2|a-1)$

14. Verschiebungsvektor
Bestimmen Sie die Koordinatendarstellung des Vektors $\overrightarrow{a} = \overrightarrow{PQ}$.
a) P$(2|4)$ b) P$(-3|5)$ c) P$(1|a)$ d) P$(4|4|-2)$ e) P$(1|-3|7)$
   Q$(3|8)$ Q$(7|-2)$ Q$(3|2a+1)$ Q$(1|5|5)$ Q$(4|0|-3)$

15. Verschiebungsvektor

Der Vektor $\overrightarrow{a} = \begin{pmatrix} -1 \\ 2 \\ -3 \end{pmatrix}$ verschiebt den Punkt P in den Punkt Q. Bestimmen Sie P bzw. Q.

a) P$(3|2|1)$ b) Q$(0|0|0)$ c) P$(3|-2|4)$ d) Q$(1|0|2)$ e) P$(4|-3|0)$
f) P$(0|0|0)$ g) P$(1|a|1)$ h) Q$(a|3|0)$ i) Q$(q_1|q_2|q_3)$ j) P$(p_1|p_2|p_3)$

16. Betrag eines Vektors
Der abgebildete Quader habe die Maße
$4 \times 2 \times 2$. Bestimmen Sie die Koordi-
natendarstellung zu allen angegebenen
Vektoren sowie ihre Beträge.
$\overrightarrow{AB}$, $\overrightarrow{AD}$, $\overrightarrow{AE}$, $\overrightarrow{AF}$, $\overrightarrow{AG}$, $\overrightarrow{AH}$, $\overrightarrow{BC}$,
$\overrightarrow{BH}$, $\overrightarrow{CD}$, $\overrightarrow{CH}$, $\overrightarrow{DA}$, $\overrightarrow{DB}$, $\overrightarrow{DC}$, $\overrightarrow{EB}$,
$\overrightarrow{EC}$, $\overrightarrow{ED}$, $\overrightarrow{EG}$, $\overrightarrow{FD}$, $\overrightarrow{FG}$, $\overrightarrow{FH}$, $\overrightarrow{HG}$.

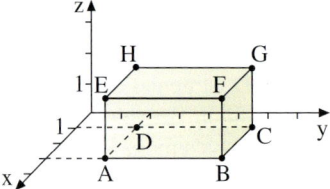

17. Betrag eines Vektors
a) Bestimmen Sie die Beträge der Vektoren $\begin{pmatrix} 4 \\ 1 \\ 8 \end{pmatrix}$, $\begin{pmatrix} 32 \\ 8 \\ 1 \end{pmatrix}$, $\begin{pmatrix} 2 \\ -6 \\ 5 \end{pmatrix}$, $\begin{pmatrix} 0 \\ -15 \\ -20 \end{pmatrix}$.

b) Für welchen Wert von a hat der Vektor $\begin{pmatrix} 2a \\ 2 \\ 5 \end{pmatrix}$ den Betrag 15?

3. Rechnen mit Vektoren

Im Folgenden führen wir Rechenoperationen für Vektoren ein. Da Vektoren als Verschiebungen interpretiert werden können, handelt es sich um Rechenoperationen für Verschiebungen.

A. Addition und Subtraktion von Verschiebungen

Zwei nacheinander ausgeführte Verschiebungen addieren sich in ihrer Wirkung und
können durch eine einzige Verschiebung
ersetzt werden.
Im Bild wird der Punkt P $(1\,|\,1)$ mit dem Vek-
tor $\vec{a} = \binom{4}{1}$ in den Punkt Q $(5\,|\,2)$ verscho-
ben, der dann mit dem Vektor $\vec{b} = \binom{2}{3}$ in den
Punkt R $(7\,|\,5)$ verschoben wird.
Die gleiche Verschiebung von P nach R
kann mit dem Vektor $\vec{c} = \binom{6}{4}$ bewirkt werden, der als Summe der Vektoren $\vec{a}$ und $\vec{b}$
betrachtet werden kann.

Addition durch Aneinanderlegen

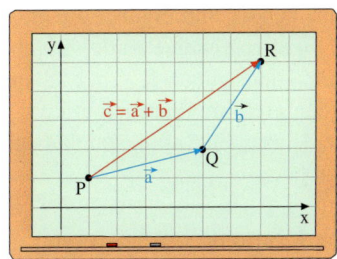

Addition von Vektoren:

P(1|1) $-\binom{4}{1}\rightarrow$ Q(5|2) $-\binom{2}{3}\rightarrow$ R(7|5)

$\binom{6}{4}$

$$\vec{a} + \vec{b} = \binom{4}{1} + \binom{2}{3} = \binom{6}{4}$$

Definition II.2: Rechnerische Addition von Spaltenvektoren

Unter der Summe zweier Vektoren $\vec{a}$ und $\vec{b}$ versteht man den Vektor, dessen Koordinaten
durch Addition der Koordinaten von $\vec{a}$ und $\vec{b}$ entstehen.

Addition in der Ebene

$$\vec{a} + \vec{b} = \binom{a_1}{a_2} + \binom{b_1}{b_2} = \binom{a_1 + b_1}{a_2 + b_2}$$

Addition im Raum

$$\vec{a} + \vec{b} = \begin{pmatrix} a_1 \\ a_2 \\ a_3 \end{pmatrix} + \begin{pmatrix} b_1 \\ b_2 \\ b_3 \end{pmatrix} = \begin{pmatrix} a_1 + b_1 \\ a_2 + b_2 \\ a_3 + b_3 \end{pmatrix}$$

Geometrische Addition von Vektoren (Dreiecksregel)

Geometrisch führt man die Addition zweier Vektoren mit Hilfe von Pfeilrepräsentanten durch.
Da hierbei ein Dreieck enststeht, spricht man von der Dreiecksregel.

Dreiecksregel

Zur Addition von $\vec{a}$ und $\vec{b}$ legt man den
Anfangspunkt eines Pfeiles von $\vec{b}$ an den
Endpunkt des Pfeiles von $\vec{a}$. Der Pfeil
der Summe $\vec{a} + \vec{b}$ führt dann vom An-
fangspunkt dieser Pfeilkette zu ihren
Endpunkt.

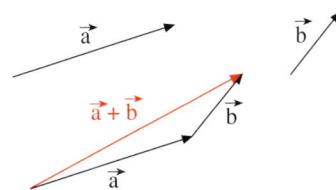

Geometrische Addition von Vektoren (Parallelogrammregel)

Es spielt keine Rolle, in welcher Reihenfolge man die Summanden bei der Addition anordnet. $\vec{a} + \vec{b}$ führt zum gleichen Ergebnis wie $\vec{b} + \vec{a}$. Die Addition ist kommutativ. Hieraus ergibt sich die sog. *Parallelogrammregel* für die Addition. Sie ist zur Dreiecksregel gleichwertig.

Parallelogrammregel Zur Addition von $\vec{a}$ und $\vec{b}$ legt man die beiden Vektoren mit ihren Anfangspunkten aneinander und ergänzt die entstandene Figur zu einem Parallelogramm. Der Pfeil der Summe $\vec{a} + \vec{b}$ ist dann der Diagonalpfeil im Parallelogramm, der im gemeinsamen Anfangspunkt beginnt.	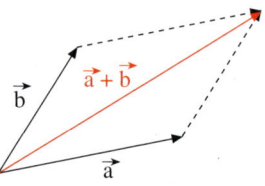

Übung 1 Summe von Vektoren
Berechnen Sie die Summe der beiden Vektoren, sofern dies möglich ist.

a) $\begin{pmatrix} 2 \\ 3 \end{pmatrix}, \begin{pmatrix} 3 \\ -4 \end{pmatrix}$ 　　 b) $\begin{pmatrix} 2 \\ 1 \\ 3 \end{pmatrix}, \begin{pmatrix} 3 \\ -4 \\ 1 \end{pmatrix}$ 　　 c) $\begin{pmatrix} 3 \\ -3 \\ 2 \end{pmatrix}, \begin{pmatrix} -3 \\ 3 \\ -2 \end{pmatrix}$ 　　 d) $\begin{pmatrix} 4 \\ 0 \\ 2 \end{pmatrix}, \begin{pmatrix} 0 \\ 0 \\ 0 \end{pmatrix}$ 　　 e) $\begin{pmatrix} 2 \\ 3 \\ 1 \end{pmatrix}, \begin{pmatrix} 3 \\ -4 \end{pmatrix}$

Übung 2 Summe von Vektoren
Bestimmen Sie zeichnerisch und rechnerisch die angegebene Summe.*

a) $\vec{u} + \vec{v}$ 　　　　 b) $\vec{u} + \vec{w}$ 　 c) $\vec{v} + \vec{w}$
d) $(\vec{u} + \vec{v}) + \vec{w}$ 　 e) $\vec{v} + \vec{u}$
f) $\vec{u} + (\vec{v} + \vec{w})$ 　 g) $\vec{u} + \vec{u}$

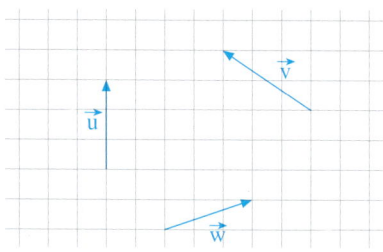

Rechengesetze der Vektoraddition

Neben dem Kommutativgesetz gelten für die Addition von Vektoren noch weitere Rechengesetze, die Rechnungen z. T. erheblich erleichtern können.

Satz II.1 Rechengesetze der Vektoraddition $\vec{a}$, $\vec{b}$ und $\vec{c}$ seien Vektoren in der Ebene oder im Raum. Dann gelten folgende Gesetze: 　　*Kommutativgesetz der Addition* 　　　　　　　 *Assoziativgesetz der Addition* 　　　　　$\vec{a} + \vec{b} = \vec{b} + \vec{a}$ 　　　　　　　　 $(\vec{a} + \vec{b}) + \vec{c} = \vec{a} + (\vec{b} + \vec{c})$

Übung 3 Assoziativgesetz
Bestimmen Sie für die gegebenen Vektoren die Terme $(\vec{a} + \vec{b}) + \vec{c}$ und $\vec{a} + (\vec{b} + \vec{c})$.

Rechnerisch: 　　　　　　　　　　　　　　　　　　 Zeichnerisch:*

$$\vec{a} = \begin{pmatrix} 1 \\ 2 \\ 1 \end{pmatrix}, \vec{b} = \begin{pmatrix} 2 \\ -1 \\ 2 \end{pmatrix}, \vec{c} = \begin{pmatrix} 1 \\ 3 \\ -2 \end{pmatrix}$$

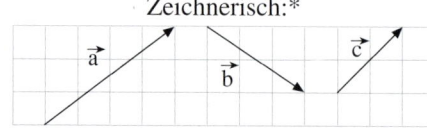

---

* Eine Einheit entspricht einer Karolänge.

Subtraktion von Vektoren

Die Gegenoperation zu einer Addition ist die Subtraktion. Für diese Operation benötigen wir ein neutrales Element der Addition, d.h. einen Nullvektor $\vec{0}$. Außerdem wird zu jedem Vektor $\vec{a}$ einen Gegenvektor $-\vec{a}$ benötigt, der die Verschiebungswirkung von $\vec{a}$ aufheben kann.

Satz II.2: Nullvektor
Es gibt genau einen Vektor $\vec{0}$, so dass $\vec{a} + \vec{0} = \vec{a}$ gilt für alle Vektoren $\vec{a}$. $\vec{0}$ heißt *Nullvektor*.
Geometrisch wird er als *Pfeil der Länge 0* ohne bestimmte Richtung interpretiert.

Nullvektor in der Ebene
$$\vec{0} = \begin{pmatrix} 0 \\ 0 \end{pmatrix}$$

Nullvektor im Raum
$$\vec{0} = \begin{pmatrix} 0 \\ 0 \\ 0 \end{pmatrix}$$

Satz II.3: Gegenvektor
Zu jedem Vektor $\vec{a}$ gibt es genau einen Gegenvektor $-\vec{a}$, so dass $\vec{a} + (-\vec{a}) = \vec{0}$ gilt für alle Vektoren $\vec{a}$.
$-\vec{a}$ heißt *Gegenvektor von $\vec{a}$*.

Geometrisch wird $-\vec{a}$ durch einen Pfeil erfasst, der die gleiche Länge, aber die umgekehrte Richtung wie $\vec{a}$ besitzt.

Gegenvektor von $\vec{a}$

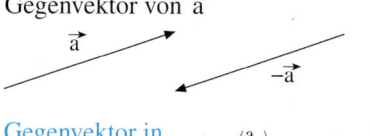

Gegenvektor in der Ebene
$$\vec{a} = \begin{pmatrix} a_1 \\ a_2 \end{pmatrix} \Rightarrow -\vec{a} = \begin{pmatrix} -a_1 \\ -a_2 \end{pmatrix}$$

Gegenvektor im Raum
$$\vec{a} = \begin{pmatrix} a_1 \\ a_2 \\ a_3 \end{pmatrix} \Rightarrow -\vec{a} = \begin{pmatrix} -a_1 \\ -a_2 \\ -a_3 \end{pmatrix}$$

Mit Hilfe des Gegenvektors lässt sich nun die Subtraktion von Vektoren definieren:

Definition II.3: Subtraktion von Vektoren
Die Differenz $\vec{a} - \vec{b}$ zweier Vektoren $\vec{a}$ und $\vec{b}$ ist die Summe aus dem Vektor $\vec{a}$ und dem Gegenvektor von $\vec{b}$.

$$\vec{a} - \vec{b} = \vec{a} + (-\vec{b})$$

Auch für die Subtraktion gibt es eine Parallelogrammregel.

Parallelogrammregel
In dem von $\vec{a}$ und $\vec{b}$ aufgespannten Parallelogramm verbindet der Vektor $\vec{a} - \vec{b}$ die Pfeilspitze von $\vec{b}$ mit der Pfeilspitze von $\vec{a}$.

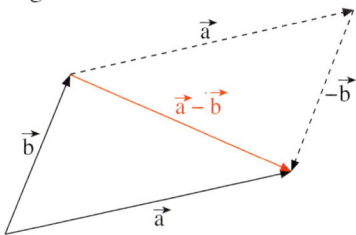

Übung 4 Subtraktion
Konstruieren Sie zeichnerisch den angegebenen Term (siehe auch S. 70).

a) $\vec{a} - \vec{b}$ b) $\vec{b} - \vec{a}$

c) $\vec{a} - \vec{b} + \vec{a}$ d) $-\vec{b} - \vec{a}$

e) $\vec{a} - \vec{b} - \vec{c}$ f) $-\vec{a} + \vec{b} - \vec{c}$

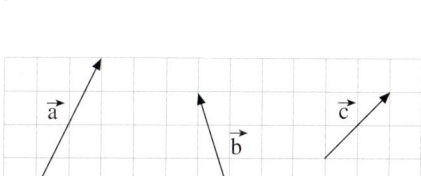

Eine Einheit entspricht einer Karolänge.

Wir rechnen nun einige Beispiele zur Addition und Subtraktion.

▶ **Beispiel: Addition und Subtraktion von Vektoren**
Gegeben sind die Vektoren $\vec{a}$, $\vec{b}$ und $\vec{c}$.
a) Addieren Sie $\vec{a}$, $\vec{b}$ und $\vec{c}$ zeichnerisch.
b) Bestimmen sie $\vec{a} - \vec{c} - \vec{b}$ zeichnerisch.
c) Bestimmen Sie $\vec{a} - \vec{b} - \vec{c}$ rechnerisch.

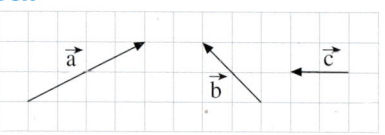

Lösung zu a:
Wir hängen die Vektoren $\vec{a}$, $\vec{b}$ und $\vec{c}$ zu einem Vektorzug aneinander. Die Summe $\vec{a} + \vec{b} + \vec{c}$ ist der Vektor, der vom Anfangs-punkt des Vektorzuges zum Endpunkt zeigt.

Zeichnerische Addition:

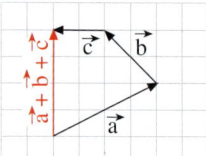

Lösung zu b:
Wir hängen nun die Vektoren $\vec{a}$, $-\vec{c}$ und $-\vec{b}$ zu einem Vektorzug aneinander.
$\vec{a} - \vec{c} - \vec{b}$ ist nun wieder der Vektor, der vom Anfangspunkt des Vektorzugs zum Endpunkt führt.

Zeichnerische Addition:

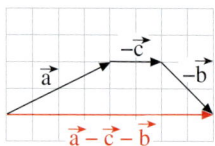

Lösung zu c:
Wir stellen die Vektoren $\vec{a}$, $\vec{b}$ und $\vec{c}$ als Spaltenvektoren dar (Ablesen der Koordi-naten aus der Zeichnung). Dann addieren bzw. subtrahieren wir diese rechnerisch. Das Ergebnis entspricht der zeichnerischen
▶ Lösung.

Zeichnerische Subtraktion:

$$\vec{a} = \begin{pmatrix} 4 \\ 2 \end{pmatrix} \qquad \vec{b} = \begin{pmatrix} -2 \\ 2 \end{pmatrix} \qquad \vec{c} = \begin{pmatrix} -2 \\ 0 \end{pmatrix}$$

$$\vec{a} - \vec{b} - \vec{c} = \begin{pmatrix} 4 \\ 2 \end{pmatrix} - \begin{pmatrix} -2 \\ 2 \end{pmatrix} - \begin{pmatrix} -2 \\ 0 \end{pmatrix} = \begin{pmatrix} 8 \\ 0 \end{pmatrix}$$

▶ **Beispiel: Addition von Vektoren im dreidimensionalen Raum**
Gegeben sind die Vektoren $\vec{a}$ und $\vec{b}$.
Addieren Sie $\vec{a}$ und $\vec{b}$ zeichnerisch
im Koordinatensystem.

$$\vec{a} = \begin{pmatrix} 7 \\ 5 \\ 4 \end{pmatrix} \qquad \vec{b} = \begin{pmatrix} -2 \\ 2 \\ -1 \end{pmatrix}$$

Lösung:
Wir hängen die zwei Vektoren wieder zu einem Vektorzug aneinander, um sie zu ad-dieren. Zwecks besserer Übersicht deuten wir ihre Koordinaten durch gepunktete Li-nien an.

Das Resultat: $\vec{a} + \vec{b} = \begin{pmatrix} 5 \\ 7 \\ 3 \end{pmatrix}$

Wir erkennen, dass Vektoren im Raum nicht sehr anschaulich darstellbar sind. Hier sind die rechnerische Addition und Subtraktion
▶ einfacher durchzuführen.

Vektoraddition im Raum:

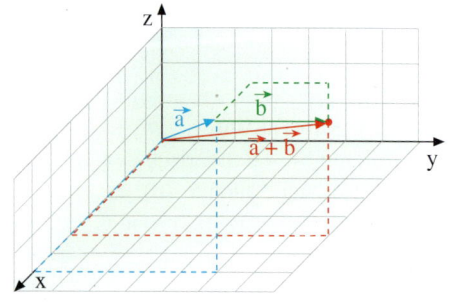

B. Skalar-Multiplikation (S-Multiplikation)

Die nebenstehend durchgeführte zeichnerische Konstruktion (Addition durch Aneinanderlegen) legt es nahe, die Summe $\vec{a} + \vec{a} + \vec{a}$ als *Vielfaches* von $\vec{a}$ aufzufassen. Man schreibt daher:

$$3 \cdot \vec{a} = \vec{a} + \vec{a} + \vec{a}.$$

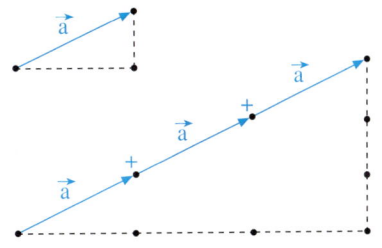

Rechnerisch ergibt sich mit Hilfe koordinatenweiser Addition für $\vec{a} = \begin{pmatrix} a_1 \\ a_2 \end{pmatrix}$:

$$3 \cdot \begin{pmatrix} a_1 \\ a_2 \end{pmatrix} = \begin{pmatrix} a_1 \\ a_2 \end{pmatrix} + \begin{pmatrix} a_1 \\ a_2 \end{pmatrix} + \begin{pmatrix} a_1 \\ a_2 \end{pmatrix} = \begin{pmatrix} 3\,a_1 \\ 3\,a_2 \end{pmatrix}.$$

Diese koordinatenweise Vervielfachung eines Vektors lässt sich sogar auf beliebige reelle Vervielfältigungsfaktoren ausdehnen,

z. B. $2{,}5 \cdot \begin{pmatrix} a_1 \\ a_2 \end{pmatrix} = \begin{pmatrix} 2{,}5\,a_1 \\ 2{,}5\,a_2 \end{pmatrix}.$

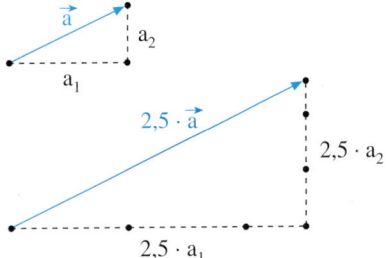

Definition II.4: Skalare Multiplikation

Ein Vektor wird mit einer reellen Zahl s (einem sog. Skalar) multipliziert, indem jede seiner Koordinaten mit s multipliziert wird.

In der Ebene: $s \cdot \begin{pmatrix} a_1 \\ a_2 \end{pmatrix} = \begin{pmatrix} s \cdot a_1 \\ s \cdot a_2 \end{pmatrix}$ | **Im Raum:** $s \cdot \begin{pmatrix} a_1 \\ a_2 \\ a_3 \end{pmatrix} = \begin{pmatrix} s \cdot a_1 \\ s \cdot a_2 \\ s \cdot a_3 \end{pmatrix}$

Für die S-Multiplikation gelten folgende Rechengesetze:

Satz II.4: r und s seien reelle Zahlen, $\vec{a}$ und $\vec{b}$ Vektoren. Dann gelten folgende Regeln:

(I) Distributivgesetz $\quad$ (II) Distributivgesetz $\quad$ (III) $(r \cdot s) \cdot \vec{a} = r \cdot (s \cdot \vec{a})$

$\quad r \cdot (\vec{a} + \vec{b}) = r \cdot \vec{a} + r \cdot \vec{b} \qquad (r + s) \cdot \vec{a} = r \cdot \vec{a} + s \cdot \vec{a}$

Wir beschränken uns auf den Beweis zu (I) für Vektoren im Raum.

$$r \left(\begin{pmatrix} a_1 \\ a_2 \\ a_3 \end{pmatrix} + \begin{pmatrix} b_1 \\ b_2 \\ b_3 \end{pmatrix} \right) = r \begin{pmatrix} a_1 + b_1 \\ a_2 + b_2 \\ a_3 + b_3 \end{pmatrix} = \begin{pmatrix} r(a_1 + b_1) \\ r(a_2 + b_2) \\ r(a_3 + b_3) \end{pmatrix} = \begin{pmatrix} r\,a_1 + r\,b_1 \\ r\,a_2 + r\,b_2 \\ r\,a_3 + r\,b_3 \end{pmatrix} = \begin{pmatrix} r\,a_1 \\ r\,a_2 \\ r\,a_3 \end{pmatrix} + \begin{pmatrix} r\,b_1 \\ r\,b_2 \\ r\,b_3 \end{pmatrix} = r \begin{pmatrix} a_1 \\ a_2 \\ a_3 \end{pmatrix} + r \begin{pmatrix} b_1 \\ b_2 \\ b_3 \end{pmatrix}$$

$\uparrow$	$\uparrow$	$\uparrow$	$\uparrow$	$\uparrow$
Def. II.2	Def. II.4	Distributiv-gesetz in $\mathbb{R}$	Def. II.2	Def. II.4

Übung 5

Beweisen Sie Satz II.4 (II) sowohl für Vektoren in der Ebene als auch für Vektoren im Raum.

Übungen

6. Vereinfachen Sie den Term zu einem einzigen Vektor.

a) $5 \cdot \begin{pmatrix} 1,2 \\ 0,6 \\ 3,4 \end{pmatrix}$

b) $5 \cdot \begin{pmatrix} 3 \\ 2 \\ 1 \end{pmatrix} + 3 \cdot \begin{pmatrix} -1 \\ 0 \\ 2 \end{pmatrix}$

c) $3 \cdot \begin{pmatrix} 8 \\ -1 \\ 0 \end{pmatrix} + 2 \cdot \begin{pmatrix} -10 \\ 1 \\ 2 \end{pmatrix} - 2 \cdot \begin{pmatrix} 2 \\ 0,5 \\ 2 \end{pmatrix}$

7. Stellen Sie den gegebenen Vektor in der Form $r\,\vec{a}$ dar, wobei $\vec{a}$ nur ganzzahlige Koordinaten besitzen soll und r eine reelle Zahl ist.

a) $\begin{pmatrix} 0,5 \\ 1,5 \\ -1,5 \end{pmatrix}$

b) $\begin{pmatrix} 3,5 \\ 1 \\ 2,5 \end{pmatrix}$

c) $\begin{pmatrix} 0,25 \\ 0,5 \\ -2 \end{pmatrix}$

d) $\begin{pmatrix} 1 \\ 0,4 \\ 0,6 \end{pmatrix}$

e) $\begin{pmatrix} 0,5 \\ -0,25 \\ 0,125 \end{pmatrix}$

f) $\begin{pmatrix} 1,5 \\ 3 \\ 0,75 \end{pmatrix}$

8. Bestimmen Sie das Ergebnis des gegebenen Rechenausdrucks als Spaltenvektor.*

a) $-\vec{a} + \vec{e}$

b) $\vec{d} - \vec{b}$

c) $3\,\vec{a} + 2\,\vec{c} + \vec{d}$

d) $2(\vec{a} + \vec{b}) - (\vec{a} - \vec{c}) - 2\,\vec{b}$

e) $\frac{1}{2}\,\vec{c} + \frac{1}{4}\,\vec{b} - \vec{a}$

f) $\vec{a} + \vec{b} + \vec{c} - \vec{d} + 3\,\vec{f}$

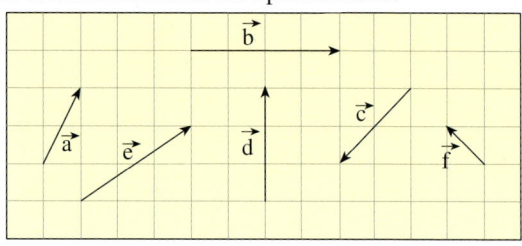

9. Vereinfachen Sie den Term so weit wie möglich.

a) $3\,\vec{a} + 5\,\vec{a} - 7\,\vec{a} - (-2\,\vec{a}) - \vec{a}$

b) $\vec{a} - 4(\vec{b} - \vec{a}) - 2\,\vec{c} + 2(\vec{b} + \vec{c})$

c) $2(\vec{a} + 4(\vec{b} - \vec{a})) + 2(\vec{c} + \vec{a}) - 6\,\vec{b}$

d) $2(\vec{a} - \vec{c}) + 0,5(\vec{c} - \vec{b}) + 1,5(\vec{b} + \vec{c}) - \vec{a}$

e) $-(\vec{a} - 2\,\vec{b} - (7\,\vec{a} - (-2) \cdot (-\vec{a}))) - (\vec{a} - (-\vec{b}))$

f) $\vec{c} - (\vec{a} - 2\,\vec{b} + (7\,\vec{c} - (4\,\vec{b} - 2\,\vec{c})) - 2\,\vec{c})$

g) $(4\,\vec{b} - \vec{a} - (-2\,\vec{b})) \cdot 3 - 3(-4\,\vec{a} - (\vec{b} - \vec{a}) \cdot (-1))$

h) $5\,\vec{b} - (\vec{a} - 4\,\vec{b} + 3(\vec{a} - 7\,\vec{b})) \cdot (-2) - 5(-9\,\vec{b} + 1,6\,\vec{a})$

10. Berechnen Sie den Wert der Variablen x, sofern eine Lösung existiert.

a) $x \cdot \begin{pmatrix} 3 \\ 5 \\ 1 \end{pmatrix} = \begin{pmatrix} 1 \\ 2 \\ 1 \end{pmatrix} - \begin{pmatrix} 7 \\ 12 \\ -1 \end{pmatrix}$

b) $\begin{pmatrix} 20 \\ 4 \\ -14 \end{pmatrix} = x \cdot \begin{pmatrix} 12 \\ 4 \\ 4 \end{pmatrix} - 2\,x \cdot \begin{pmatrix} 1 \\ 1 \\ 3 \end{pmatrix}$

c) $\begin{pmatrix} 4 \\ x \\ 2 \end{pmatrix} + 2\begin{pmatrix} 1 \\ 2 \\ 3 \end{pmatrix} = \begin{pmatrix} x \\ 10 \\ x+2 \end{pmatrix}$

d) $x \cdot \begin{pmatrix} x+1 \\ 5 \\ -1 \end{pmatrix} = x \cdot \begin{pmatrix} 1 \\ 2 \\ -2 \end{pmatrix} - 3\begin{pmatrix} 3 \\ 3 \\ 1 \end{pmatrix} + \begin{pmatrix} 6x \\ 18 \\ 2x \end{pmatrix}$

11. Prüfen Sie, ob die angegebene Gleichung richtig ist.

a) $\vec{a} + 2\,\vec{b} = 3\,\vec{d} - 2\,\vec{c}$

b) $\vec{a} - \vec{c} = \vec{d} - 3\,\vec{c}$

c) $\vec{a} - \vec{b} = -\frac{1}{2}\,\vec{c}$

d) $2\,\vec{d} - (\vec{c} - \vec{a}) = \vec{0}$

e) $\vec{a} + 2\,\vec{d} = 2\,\vec{b} + \vec{d}$

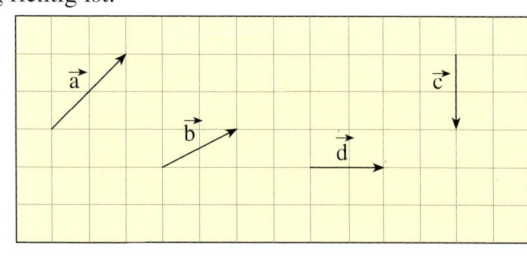

---

* Eine Einheit entspricht einer Karolänge.

C. Exkurs: Kombination von Rechenoperationen/Vektorzüge

Die Addition bzw. Subtraktion und Skalarmultiplikation von mehr als zwei Vektoren kann mit Hilfe von sogenannten Vektorzügen vereinfacht und sehr effizient durchgeführt werden.

▶ **Beispiel: Addition durch Vektorzug**
Gegeben sind die rechts dargestellten Vektoren $\vec{a}$, $\vec{b}$ und $\vec{c}$.
Konstruieren Sie zeichnerisch den Vektor $\vec{x} = \vec{a} + 2\vec{b} + 1{,}5\vec{c}$. Führen Sie eine rechnerische Ergebniskontrolle durch.

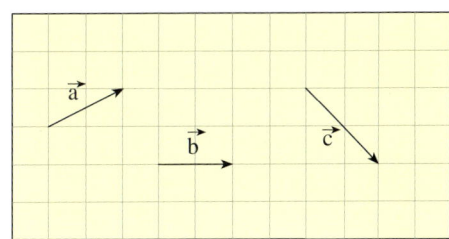

Lösung:
Wir setzen die Vektoren $\vec{a}$, $2\vec{b}$ und $1{,}5\vec{c}$ wie abgebildet aneinander.

Es entsteht ein *Vektorzug*.

Der gesuchte Vektor führt vom Anfang zum Ende des Vektorzugs. Er bewirkt die gleiche Verschiebung wie die drei Einzelterme insgesamt, ist also deren Summe.

Rechnerisch erhalten wir das gleiche Resultat, indem wir $\vec{a}$, $\vec{b}$ und $\vec{c}$ mit Hilfe von
▶ Spaltenvektoren darstellen.

Zeichnerische Lösung:

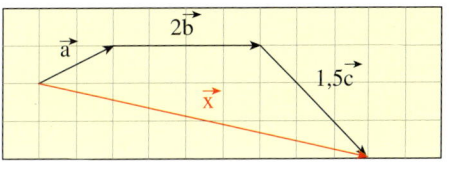

Rechnerische Lösung:
$$\vec{x} = \vec{a} + 2\vec{b} + 1{,}5\vec{c}$$
$$= \binom{2}{1} + 2\binom{2}{0} + 1{,}5\binom{2}{-2} = \binom{9}{-2}$$

▶ **Beispiel: Drittelung einer Strecke**
Gegeben ist die Strecke $\overline{AB}$ mit den Endpunkten $A(2|4)$ und $B(8|1)$. Punkt C teilt die Strecke im Verhältnis $2:1$.
Bestimmen Sie die Koordinaten von C.

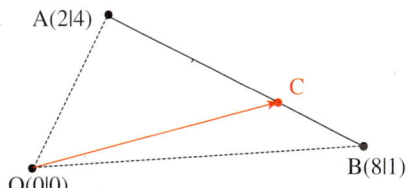

Lösung:
Der Ortsvektor $\overrightarrow{OC}$ des gesuchten Punktes C lässt sich durch den Vektorzug $\overrightarrow{OA} + \frac{2}{3}\overrightarrow{AB}$ darstellen, wie dies aus der Skizze zu erkennen ist.
Die rechts aufgeführte Rechnung führt auf
▶ das Resultat $C(6|2)$.

Berechnung des Ortsvektors von C:
$$\overrightarrow{OC} = \overrightarrow{OA} + \overrightarrow{AC}$$
$$= \overrightarrow{OA} + \frac{2}{3}\overrightarrow{AB}$$
$$= \binom{2}{4} + \frac{2}{3}\binom{6}{-3} = \binom{6}{2}$$

Übung 12 Vektoraddition
Bestimmen Sie durch Zeichnung und Rechnung die Vektoren $\vec{x} = \vec{a} + 2\vec{b}$, $\vec{y} = \vec{a} + \vec{b} - \vec{c}$ und $\vec{z} = \vec{a} - 0{,}5\vec{b} + 2\vec{c}$.

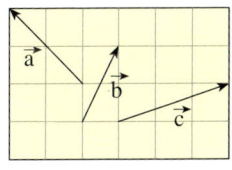

Geometrische Figuren können oft durch einige wenige Basisvektoren festgelegt bzw. aufgespannt werden. Weitere in den Figuren auftretende Vektoren können dann mit Hilfe dieser Basisvektoren als Vektorzug dargestellt werden.

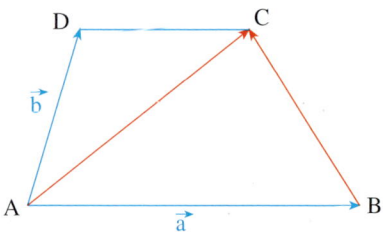

▶ **Beispiel: Vektoren im Trapez**
Ein Trapez wird durch die Vektoren $\vec{a}$ und $\vec{b}$ aufgespannt. Die Decklinie des Trapezes ist halb so lang wie die Grundlinie.
Stellen Sie die Vektoren $\overrightarrow{AC}$ und $\overrightarrow{BC}$ mit Hilfe der Vektoren $\vec{a}$ und $\vec{b}$ dar.

Lösung:
Wir arbeiten zur Darstellung mit Vektorzügen, die $\vec{a}$ und $\vec{b}$ enthalten. Dabei beachten wir, dass $\overrightarrow{DC} = \frac{1}{2}\vec{a}$ gilt, denn $\overrightarrow{DC}$ ist parallel zu $\vec{a}$ und halb so lang.
Die Rechenwege und Resultate sind rechts
▶ aufgeführt.

$$\overrightarrow{AC} = \overrightarrow{AD} + \overrightarrow{DC}$$
$$= \vec{b} + \frac{1}{2}\vec{a}$$

$$\overrightarrow{BC} = \overrightarrow{BA} + \overrightarrow{AD} + \overrightarrow{DC} = -\vec{a} + \vec{b} + \frac{1}{2}\vec{a}$$
$$= \vec{b} - \frac{1}{2}\vec{a}$$

Übung 13   Vektoren im Quader
Der abgebildete Quader wird durch die Vektoren $\vec{a}$, $\vec{b}$ und $\vec{c}$ aufgespannt. Der Vektor $\vec{x}$ verbindet die Mittelpunkte M und N zweier Quaderkanten.
Stellen Sie den Vektor $\vec{x}$ mit Hilfe der aufspannenden Vektoren $\vec{a}$, $\vec{b}$ und $\vec{c}$ dar.

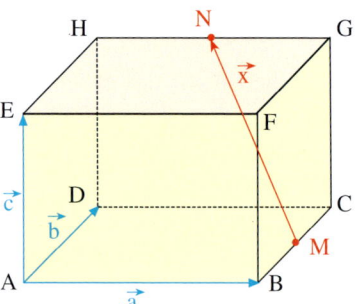

Übung 14   Vektoren im Sechseck
Die Vektoren $\vec{a}$, $\vec{b}$ und $\vec{c}$ definieren ein Sechseck. Stellen Sie die Transversalenvektoren $\overrightarrow{AE}$, $\overrightarrow{DA}$ und $\overrightarrow{CF}$ mit Hilfe von $\vec{a}$, $\vec{b}$ und $\vec{c}$ dar.

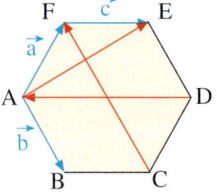

Übung 15   Vektoren in einer Pyramide
Eine gerade Pyramide hat eine quadratische Grundfläche ABCD und die Spitze S. Sie wird von den Vektoren $\vec{a}$, $\vec{b}$ und $\vec{h}$ wie abgebildet aufgespannt. Stellen Sie die Seitenkantenvektoren $\overrightarrow{AS}$, $\overrightarrow{BS}$, $\overrightarrow{CS}$ und $\overrightarrow{DS}$ mit Hilfe von $\vec{a}$, $\vec{b}$ und $\vec{h}$ dar.

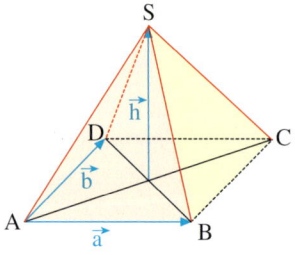

D. Linearkombination von Vektoren

Sind zwei Vektoren $\vec{a}$ und $\vec{b}$ gegeben, lassen sich weitere Vektoren $\vec{x}$ der Form $r \cdot \vec{a} + s \cdot \vec{b}$ aus den gegebenen Vektoren $\vec{a}$ und $\vec{b}$ erzeugen. Eine solche Summe nennt man *Linearkombination* von $\vec{a}$ und $\vec{b}$. Man kann den Begriff folgendermaßen verallgemeinern.

Eine Summe der Form $r_1 \cdot \vec{a}_1 + r_2 \cdot \vec{a}_2 + \ldots + r_n \cdot \vec{a}_n$ ($r_i \in \mathbb{R}$) nennt man *Linearkombination* der Vektoren $\vec{a}_1, \vec{a}_2, \ldots, \vec{a}_n$.

► Beispiel: Darstellung eines Vektors als Linearkombination (LK)

Gegeben sind die Vektoren $\vec{a} = \begin{pmatrix} 2 \\ 1 \\ 1 \end{pmatrix}$, $\vec{b} = \begin{pmatrix} 1 \\ 1 \\ 2 \end{pmatrix}$ sowie $\vec{c} = \begin{pmatrix} 3 \\ 1 \\ 0 \end{pmatrix}$ und $\vec{d} = \begin{pmatrix} 3 \\ 1 \\ 2 \end{pmatrix}$.

a) Zeigen Sie, dass $\vec{c}$ als LK von $\vec{a}$ und $\vec{b}$ dargestellt werden kann.

b) Zeigen Sie, dass $\vec{d}$ **nicht** als LK von $\vec{a}$ und $\vec{b}$ dargestellt werden kann.

Wir versuchen, die Vektoren $\vec{c}$ bzw. $\vec{d}$ als Linearkombination von $\vec{a}$ und $\vec{b}$ darzustellen. Dies führt jeweils auf ein lineares Gleichungssystem mit 3 Gleichungen und 2 Variablen. Wenn es lösbar ist, ist die gesuchte Darstellung gefunden, andernfalls ist sie nicht möglich.

Lösung zu a:

Ansatz: $\begin{pmatrix} 3 \\ 1 \\ 0 \end{pmatrix} = r \cdot \begin{pmatrix} 2 \\ 1 \\ 1 \end{pmatrix} + s \cdot \begin{pmatrix} 1 \\ 1 \\ 2 \end{pmatrix}$

Gl.-system: I $2r + \quad s = 3$
             II $r + \quad s = 1$
             III $r + 2s = 0$

Lösungs-   IV   I – II: $r = 2$
versuch: V   IV in I: $s = -1$

Überprüfung: IV, V in III: $0 = 0$ ist wahr

Ergebnis:

$r = 2, s = -1$

$\vec{c}$ ist als Linearkombination von $\vec{a}$ und $\vec{b}$
► darstellbar: $\vec{c} = 2\vec{a} - \vec{b}$.

Lösung zu b:

Ansatz: $\begin{pmatrix} 3 \\ 1 \\ 2 \end{pmatrix} = r \cdot \begin{pmatrix} 2 \\ 1 \\ 1 \end{pmatrix} + s \cdot \begin{pmatrix} 1 \\ 1 \\ 2 \end{pmatrix}$

Gl.-system: I $2r + \quad s = 3$
             II $r + \quad s = 1$
             III $r + 2s = 2$

Lösungs-   IV   I – II: $r = 2$
versuch: V   IV in I: $s = -1$

Überprüfung: IV, V in III: $0 = 2$ ist falsch

Ergebnis:

Das Gleichungssystem ist unlösbar.

$\vec{d}$ ist **nicht** als Linearkombination von $\vec{a}$ und $\vec{b}$ darstellbar.

Übung 16 Linearkombination

Überprüfen Sie, ob die Vektoren $\vec{c} = \begin{pmatrix} 6 \\ 4 \\ 1 \end{pmatrix}$ bzw. $\vec{d} = \begin{pmatrix} 2 \\ 3 \\ 4 \end{pmatrix}$ als Linearkombination der Vektoren $\vec{a} = \begin{pmatrix} 2 \\ 1 \\ -1 \end{pmatrix}$ und $\vec{b} = \begin{pmatrix} 2 \\ 2 \\ 3 \end{pmatrix}$ dargestellt werden können.

E. Kollineare und komplanare Vektoren

Zwei Vektoren, deren Pfeile parallel verlaufen, bezeichnet man als *kollinear*. Sie verlaufen parallel, können aber eine unterschiedliche Orientierung und Länge haben. Ein Vektor lässt sich dann als Vielfaches des anderen Vektors darstellen.

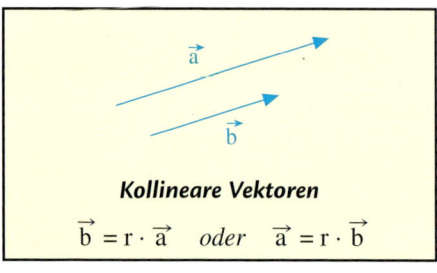

Kollineare Vektoren

$$\vec{b} = r \cdot \vec{a} \quad oder \quad \vec{a} = r \cdot \vec{b}$$

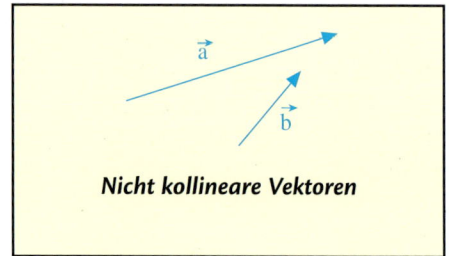

Nicht kollineare Vektoren

▶ **Beispiel: Kollineare Vektoren**

a) Prüfen Sie rechnerisch, ob die Vektoren $\vec{a}$, $\vec{b}$ bzw. $\vec{a}$, $\vec{c}$ kollinear sind.

b) Versuchen Sie anschließend, die Vektoren $\vec{a}$ und $\vec{b}$ zeichnerisch auf Kollinearität zu überprüfen.

$$\vec{a} = \begin{pmatrix} 2 \\ 4 \\ 2 \end{pmatrix} \qquad \vec{b} = \begin{pmatrix} 4 \\ 5 \\ 3 \end{pmatrix} \qquad \vec{c} = \begin{pmatrix} -1 \\ -2 \\ -1 \end{pmatrix}$$

Lösung zu a:
Der rechnerische Kollinearitätsansatz $\vec{b} = r \cdot \vec{a}$ führt auf einen Widerspruch, da r nicht zugleich 2, 1,25 und 1,5 sein kann. Daher sind $\vec{a}$ und $\vec{b}$ nicht kollinear.

Kollinearitätsüberprüfung für $\vec{a}$ und $\vec{b}$:
Ansatz: $\vec{b} = r \cdot \vec{a}$

$$\begin{pmatrix} 4 \\ 5 \\ 3 \end{pmatrix} = r \cdot \begin{pmatrix} 2 \\ 4 \\ 2 \end{pmatrix} \Rightarrow \begin{matrix} 4 = 2r & r = 2 \\ 5 = 4r & r = 1{,}25 \\ 3 = 2r & r = 1{,}5 \end{matrix}$$

⇒ Widerspruch ⇒ nicht kollinear

Der Ansatz $\vec{c} = r \cdot \vec{a}$ führt auf eine Lösung für r = −0,5. Daher gilt $\vec{c} = -0{,}5 \cdot \vec{a}$. $\vec{a}$ und $\vec{c}$ sind also kollinear.

Kollinearitätsüberprüfung für $\vec{a}$ und $\vec{c}$:
Ansatz: $\vec{c} = r \cdot \vec{a}$

$$\begin{pmatrix} -1 \\ -2 \\ -1 \end{pmatrix} = r \cdot \begin{pmatrix} 2 \\ 4 \\ 2 \end{pmatrix} \Rightarrow \begin{matrix} -1 = 2r & r = -0{,}5 \\ -2 = 4r & r = -0{,}5 \\ -1 = 2r & r = -0{,}5 \end{matrix}$$

⇒ $\vec{c} = -0{,}5 \cdot \vec{a}$ ⇒ kollinear

Lösung zu b:
Wir zeichnen die Vektoren $\vec{a}$ und $\vec{b}$ in ein dreidimensionales Koordinatensystem ein. Beide sehen exakt gleich aus, sind es aber offensichtlich nicht.
Hier wird Gleichheit und damit Kollinearität nur vorgetäuscht.
Es ist also eher ungünstig, Kollinearität im
▶ Raum zeichnerisch entscheiden zu wollen.

Versuch der zeichnerischen Lösung

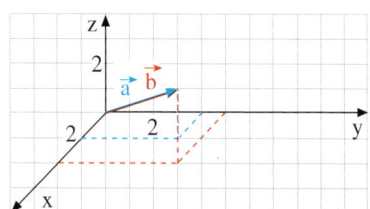

Übung 17 **Kollinearitätsprüfung**

Prüfen Sie, ob die gegebenen Vektoren kollinear sind.

a) $\begin{pmatrix} 3 \\ 5 \end{pmatrix}, \begin{pmatrix} -6 \\ -10 \end{pmatrix}$

b) $\begin{pmatrix} -12 \\ 3 \\ 8 \end{pmatrix}, \begin{pmatrix} 4 \\ -1 \\ 3 \end{pmatrix}$

c) $\begin{pmatrix} 4 \\ -2 \\ 8 \end{pmatrix}, \begin{pmatrix} 6 \\ -3 \\ 12 \end{pmatrix}$

d) $\begin{pmatrix} 2 \\ -3 \\ 4 \end{pmatrix}, \begin{pmatrix} 4 \\ -9 \\ 8 \end{pmatrix}$

Übung 18 **Trapeznachweis**

Gegeben sind im räumlichen Koordinatensystem die Punkte A(3|2|−2), B(0|8|1), C(−1|3|3) und
D(1|−1|1). Zeigen Sie, dass ABCD ein Trapez ist. Fertigen Sie ein Schrägbild an.
Hinweis: Ein Trapez ABCD ist dadurch gekennzeichnet, dass mindestens ein Paar gegenüberliegender Seiten Parallelität aufweist.

Drei Vektoren, deren Pfeile sich in ein- und derselben Ebene darstellen lassen, bezeichnet man
als *komplanar*. Dies bedeutet, dass mindestens einer der beteiligten Vektoren als Linearkombination der anderen beiden Vektoren darstellbar ist.

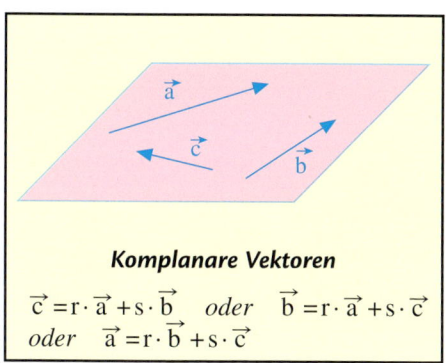

Komplanare Vektoren

$\vec{c} = r \cdot \vec{a} + s \cdot \vec{b}$ *oder* $\vec{b} = r \cdot \vec{a} + s \cdot \vec{c}$
oder $\vec{a} = r \cdot \vec{b} + s \cdot \vec{c}$

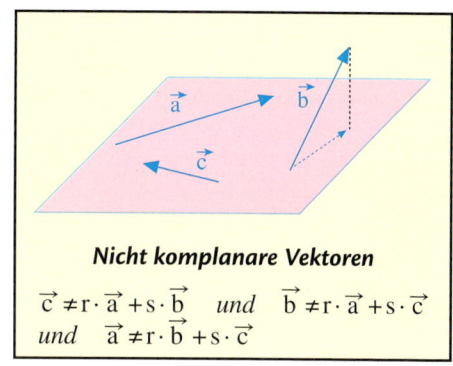

Nicht komplanare Vektoren

$\vec{c} \neq r \cdot \vec{a} + s \cdot \vec{b}$ *und* $\vec{b} \neq r \cdot \vec{a} + s \cdot \vec{c}$
und $\vec{a} \neq r \cdot \vec{b} + s \cdot \vec{c}$

▶ **Beispiel: Komplanare Vektoren**

Zeigen Sie, dass die Vektoren $\vec{a}$, $\vec{b}$ und $\vec{c}$ komplanar sind. $\vec{a} = \begin{pmatrix} 1 \\ 7 \\ 2 \end{pmatrix}$ $\vec{b} = \begin{pmatrix} 1 \\ 2 \\ 1 \end{pmatrix}$ $\vec{c} = \begin{pmatrix} 2 \\ -1 \\ 1 \end{pmatrix}$

Lösung:
Wir wählen einen der drei möglichen
Ansätze für Komplanarität:

$\vec{a} = r \cdot \vec{b} + s \cdot \vec{c}$.

Der Ansatz führt auf ein überbestimmtes
lineares Gleichungssystem (s. rechts).
Es ist eindeutig lösbar mit den Lösungen
r = 3 und s = −1.

Daher gilt: $\vec{a} = 3 \cdot \vec{b} - \vec{c}$.

▶ Also sind $\vec{a}$, $\vec{b}$ und $\vec{c}$ komplanar.

Komplanaritätsuntersuchung:

Ansatz: $\begin{pmatrix} 1 \\ 7 \\ 2 \end{pmatrix} = r \begin{pmatrix} 1 \\ 2 \\ 1 \end{pmatrix} + s \begin{pmatrix} 2 \\ -1 \\ 1 \end{pmatrix}$

⇒ I   r + 2s = 1
   II 2r − s = 7
   III r + s = 2

I − III: s = −1
in III: r − 1 = 2 ⇒ r = 3
in II (Probe): 2 · 3 − (−1) = 7 ist wahr
⇒ $\vec{a}$, $\vec{b}$ und $\vec{c}$ sind komplanar.

Übungen

19. Stellen Sie den angegebenen Vektor als Linearkombination der Vektoren $\vec{a}$, $\vec{b}$ und $\vec{c}$ dar.

$\vec{a} = \overrightarrow{AB}$, $\vec{b} = \overrightarrow{AD}$, $\vec{c} = \overrightarrow{MS}$

a) $\overrightarrow{AS}$ b) $\overrightarrow{BS}$
c) $\overrightarrow{SC}$ d) $\overrightarrow{BD}$

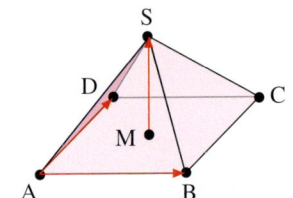

20. Stellen Sie den angegebenen Vektor als Linearkombination von $\vec{a}$, $\vec{b}$ und $\vec{c}$ dar.

$\vec{a} = \overrightarrow{AB}$, $\vec{b} = \overrightarrow{AD}$, $\vec{c} = \overrightarrow{AE}$

a) $\overrightarrow{AM}$ b) $\overrightarrow{BM}$
c) $\overrightarrow{GN}$ d) $\overrightarrow{FD}$ bzw. $\overrightarrow{EC}$

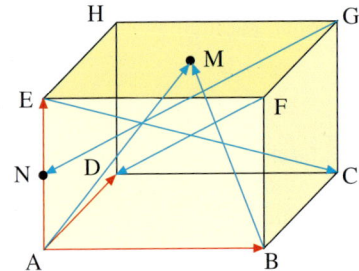

21. Stellen Sie den angegebenen Vektor als Linearkombination von $\vec{a}$, $\vec{b}$ und $\vec{c}$ dar.

$\vec{a} = \overrightarrow{AB}$, $\vec{b} = \overrightarrow{AD}$, $\vec{c} = \overrightarrow{AH}$

a) $\overrightarrow{AE}$ b) $\overrightarrow{AF}$
c) $\overrightarrow{HS}$ d) $\overrightarrow{TG}$

F und G sind Seitenmitten.

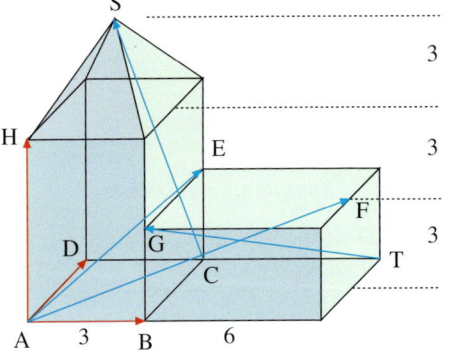

22. Rechts ist ein regelmäßiges zweidimensionales Sechseck abgebildet.
a) Stellen Sie die Vektoren $\vec{c}$, $\vec{d}$ und $\vec{e}$ als Linearkombination der Vektoren $\vec{a}$ und $\vec{b}$ dar.
b) Stellen Sie den Vektor $\overrightarrow{PQ}$ als Linearkombination von $\vec{a}$ und $\vec{b}$ dar.

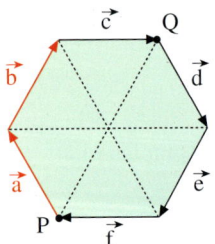

23. Gegeben sind die Vektoren $\vec{a} = \begin{pmatrix} 1 \\ 0 \\ 1 \end{pmatrix}$, $\vec{b} = \begin{pmatrix} 0 \\ 1 \\ 1 \end{pmatrix}$ und $\vec{c} = \begin{pmatrix} 1 \\ 1 \\ 1 \end{pmatrix}$ sowie $\vec{d} = \begin{pmatrix} 2 \\ 1 \\ 4 \end{pmatrix}$ und $\vec{e} = \begin{pmatrix} -2 \\ 0 \\ -3 \end{pmatrix}$.

a) Zeigen Sie, dass die Vektoren $\vec{a}$, $\vec{b}$, $\vec{c}$ nicht komplanar sind.
b) Stellen Sie die Vektoren $\vec{d}$ und $\vec{e}$ als Linearkombination der Vektoren $\vec{a}$, $\vec{b}$ und $\vec{c}$ dar.

F. Exkurs: Anwendungen des Rechnens mit Vektoren

Das Rechnen mit Vektoren hat praktische Anwendungsbezüge. Vektoren sind gut geeignet, gerichtete Größen wie Kräfte und Geschwindigkeiten zu modellieren. Wir behandeln exemplarisch zwei einfache Beispiele.

▶ **Beispiel: Die resultierende Kraft**
Ein Lastkahn K wird von zwei Schleppern auf See wie abgebildet gezogen.
Schlepper A zieht mit einer Kraft von 10 kN in Richtung N60°O*. Schlepper B zieht mit 15 kN in Richtung S80°O.
Wie groß ist die resultierende Zugkraft? In welche Richtung bewegt sich die Formation insgesamt?

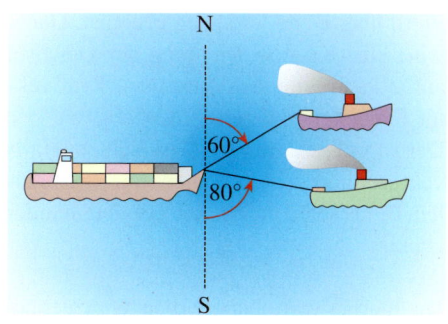

Lösung:
Wir zeichnen die beiden Zugkräfte $\vec{F}_1$ und $\vec{F}_2$ maßstäblich (z. B. 1 kN = 1 cm), bilden ihre vektorielle Summe $\vec{F}$ (Resultierende) und messen deren Betrag und Richtung.
Wir erhalten eine Kraft von $|\vec{F}| = 23{,}5$ kN
▶ in Richtung N84°O.

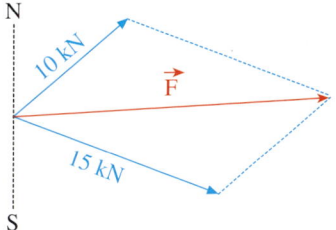

24. Kräfte am Fesselballon
Ein Gasballon mit einem Gewicht von 5000 N ist wie abgebildet an einem Seil befestigt. Das Gas erzeugt eine Auftriebskraft von 10 000 N. Durch Seitenwind wird der Ballon um 15° aus der Vertikalen gedrängt. Mit welcher Kraft wirkt der Wind auf den Ballon? Wie groß ist die Kraft im Halteseil? Zeichnen Sie zur Lösung der Aufgabe ein Kräftediagramm.

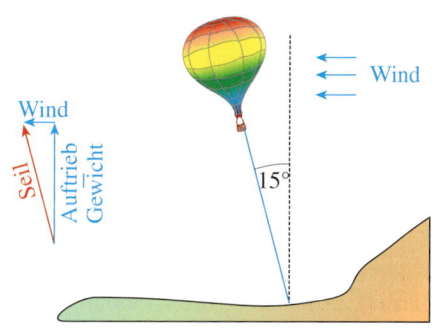

25. Seilkräfte
Abgebildet ist der Erfinder der Vektorrechnung Hermann Günther Grassmann (1809–1877), ein Gymnasiallehrer aus Stettin. Das Bild hat eine Masse von 5 kg. Welche Zugkräfte wirken in den beiden Schnüren, an denen das Bild hängt?

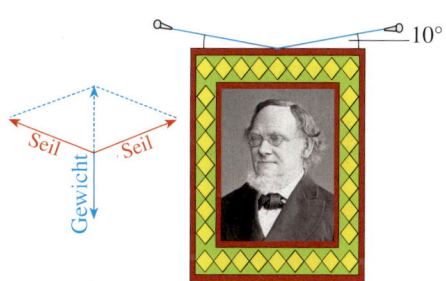

---

* Die Angabe N60°O bedeutet: Das Objekt bewegt sich nach Norden mit einer Abweichung von 60° nach Osten.

4. Das Skalarprodukt

A. Definition des Skalarproduktes

Ein Wagen wird gleichmäßig von einem Pferd über einen Sandweg gezogen. Dabei wird eine Kraft in Richtung der Deichsel aufgebracht, die sich durch den Kraftvektor $\vec{F}$ darstellen lässt.
Der zurückgelegte Weg lässt sich ebenfalls vektoriell durch den Wegvektor $\vec{s}$ darstellen. Beide seien im Winkel γ gegeneinander geneigt.

Die hierbei verrichtete Arbeit W errechnet sich als Produkt aus Kraft und Weg, genauer gesagt als Produkt aus Kraft in Wegrichtung F_s und Weglänge s.
F_s lässt sich im rechtwinkligen Dreieck mit Hilfe des Kosinus darstellen als $|\vec{F}| \cdot \cos\gamma$, und s lässt sich darstellen als Betrag des Vektors $\vec{s}$, d.h. als $|\vec{s}|$. Dies führt auf die Formel $W = |\vec{F}| \cdot |\vec{s}| \cdot \cos\gamma$, deren rechte Seite eine gewisse Art von Produkt der Vektoren $\vec{F}$ und $\vec{s}$ darstellt.

„Arbeit = Kraft · Weg"

$$\text{Arbeit} = \underset{\text{Wegrichtung}}{\overset{\text{Kraft in}}{}} \cdot \text{Weglänge}$$

$$W = F_s \cdot s$$

$$W = |\vec{F}| \cdot \cos\gamma \cdot |\vec{s}|$$

$$W = |\vec{F}| \cdot |\vec{s}| \cdot \cos\gamma$$

Das Ergebnis dieses Produktes ist die Arbeit W, die kein Vektor, sondern eine reine Zahlengröße ist. In der Physik bezeichnet man eine Zahlengröße auch als Skalar und deshalb nennt man das Produkt $|\vec{F}| \cdot |\vec{s}| \cdot \cos\gamma$ auch *Skalarprodukt* der Vektoren $\vec{F}$ und $\vec{s}$. Man verwendet für den Term $|\vec{F}| \cdot |\vec{s}| \cdot \cos\gamma$ die symbolische Produktschreibweise $\vec{F} \cdot \vec{s}$.

Das Skalarprodukt (Kosinusform)

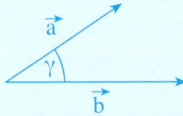

$\vec{a}$ und $\vec{b}$ seien zwei Vektoren und γ der Winkel zwischen diesen Vektoren ($0° \leq \gamma \leq 180°$).
Dann bezeichnet man den Ausdruck

$$\vec{a} \cdot \vec{b} = |\vec{a}| \cdot |\vec{b}| \cdot \cos\gamma$$

als *Skalarprodukt* von $\vec{a}$ und $\vec{b}$.

Übung 1 Skalarprodukt
Bestimmen Sie das Skalarprodukt der Vektoren $\vec{a}$ und $\vec{b}$. Messen Sie die benötigten Längen und Winkel aus.

a)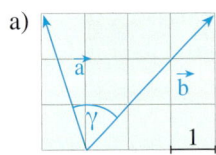

b)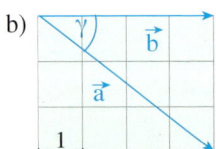

c) $\vec{a} = \begin{pmatrix} -3 \\ 5 \end{pmatrix}, \vec{b} = \begin{pmatrix} 5 \\ 6 \end{pmatrix}$

d) $\vec{a} = \begin{pmatrix} 4 \\ 2 \end{pmatrix}, \vec{b} = \begin{pmatrix} 4 \\ 6 \end{pmatrix}$

Ziel der folgenden Überlegungen ist die Gewinnung einer vektor- und winkelfreien Darstellung des Skalarproduktes von Spaltenvektoren.

Wir betrachten zwei Vektoren $\vec{a}$ und $\vec{b}$, die ein Dreieck aufspannen, wie abgebildet. In einem allgemeinen Dreieck gilt der Kosinussatz der Trigonometrie, von dem unsere Rechnung ausgeht:

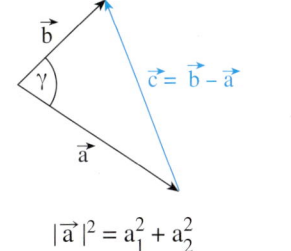

$c^2 = a^2 + b^2 - 2 \cdot a \cdot b \cdot \cos\gamma$ Kosinussatz

$|\vec{c}|^2 = |\vec{a}|^2 + |\vec{b}|^2 - 2 \cdot |\vec{a}| \cdot |\vec{b}| \cdot \cos\gamma$

$|\vec{c}|^2 = |\vec{a}|^2 + |\vec{b}|^2 - 2 \cdot \vec{a} \cdot \vec{b}$ Def. des Skalarproduktes

$2 \cdot \vec{a} \cdot \vec{b} = |\vec{a}|^2 + |\vec{b}|^2 - |\vec{c}|^2$ Umformung

$\vec{a} = \begin{pmatrix} a_1 \\ a_2 \end{pmatrix}$ $|\vec{a}|^2 = a_1^2 + a_2^2$

$\vec{b} = \begin{pmatrix} b_1 \\ b_2 \end{pmatrix}$ $|\vec{b}|^2 = b_1^2 + b_2^2$

$\vec{c} = \begin{pmatrix} b_1 - a_1 \\ b_2 - a_2 \end{pmatrix}$ $|\vec{c}|^2 = (b_1 - a_1)^2 + (b_2 - a_2)^2$

Durch Einsetzen der rechts aufgeführten Darstellungen für die Beträge der Spaltenvektoren $\vec{a}$, $\vec{b}$ und $\vec{c}$ folgt:

$2 \cdot \vec{a} \cdot \vec{b} = a_1^2 + a_2^2 + b_1^2 + b_2^2 - (b_1 - a_1)^2 - (b_2 - a_2)^2$

$2 \cdot \vec{a} \cdot \vec{b} = 2a_1 b_1 + 2a_2 b_2$

$\vec{a} \cdot \vec{b} = a_1 b_1 + a_2 b_2$

Analog ergibt sich für dreidimensionale Spaltenvektoren die Formel

$\vec{a} \cdot \vec{b} = a_1 b_1 + a_2 b_2 + a_3 b_3$.

Das Skalarprodukt von Spaltenvektoren lässt sich also als Produktsumme von Koordinaten darstellen.

Das Skalarprodukt (Koordinatenform)

$$\vec{a} \cdot \vec{b} = \begin{pmatrix} a_1 \\ a_2 \end{pmatrix} \cdot \begin{pmatrix} b_1 \\ b_2 \end{pmatrix} = a_1 b_1 + a_2 b_2$$

$$\vec{a} \cdot \vec{b} = \begin{pmatrix} a_1 \\ a_2 \\ a_3 \end{pmatrix} \cdot \begin{pmatrix} b_1 \\ b_2 \\ b_3 \end{pmatrix} = a_1 b_1 + a_2 b_2 + a_3 b_3$$

Beispiele:

$\begin{pmatrix} 1 \\ 2 \end{pmatrix} \cdot \begin{pmatrix} 3 \\ 2 \end{pmatrix} = 1 \cdot 3 + 2 \cdot 2 = 7$

$\begin{pmatrix} 1 \\ 2 \\ 1 \end{pmatrix} \cdot \begin{pmatrix} 2 \\ 3 \\ -4 \end{pmatrix} = 1 \cdot 2 + 2 \cdot 3 + 1 \cdot (-4) = 4$

$\begin{pmatrix} 2 \\ -1 \\ 4 \end{pmatrix} \cdot \begin{pmatrix} 3 \\ -2 \\ -2 \end{pmatrix} = 2 \cdot 3 + (-1) \cdot (-2) + 4 \cdot (-2) = 0$

Skalarprodukt mit dem Rechner
Man kann das Skalarprodukt zweier Vektoren $\vec{u}$ und $\vec{v}$ auch mittels Rechner berechnen. Das ist jedoch umständlicher als die manuelle Rechnung.
Zunächst gibt man die Vektoren $\vec{u}$ und $\vec{v}$ ein. Dann bildet man folgenden Rechnerausdruck:

Dot P ([u], [v]).

Im Folgenden werden wir sehen, dass viele Probleme durch Anwendung des Skalarproduktes vereinfacht gelöst werden können. Oft benötigt man dabei beide Darstellungen des Skalarproduktes, die winkelbezogene Form $\vec{a} \cdot \vec{b} = |\vec{a}| \cdot |\vec{b}| \cdot \cos\gamma$ sowie die koordinatenbezogenen Formen $\vec{a} \cdot \vec{b} = a_1 b_1 + a_2 b_2$ bzw. $\vec{a} \cdot \vec{b} = a_1 b_1 + a_2 b_2 + a_3 b_3$.

Übungen

2. Berechnen Sie in den abgebildeten Figuren das Skalarprodukt $\vec{a} \cdot \vec{b}$.
   a) Verwenden Sie die Kosinusform des Skalarproduktes. Die benötigten Längen und Winkel können mit dem Geodreieck gemessen werden.
   b) Verwenden Sie die Koordinatenform des Skalarproduktes.

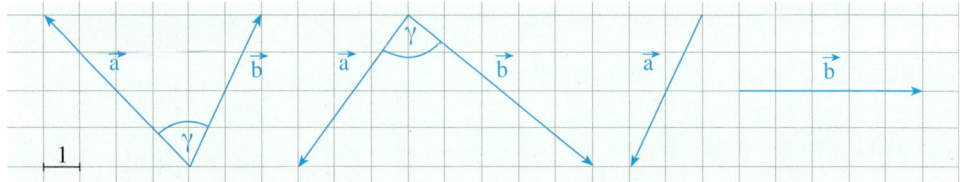

3. Berechnen Sie die angegebenen Skalarprodukte.

a)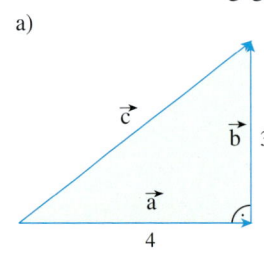

$\vec{a} \cdot \vec{b}, \vec{a} \cdot \vec{c}, \vec{b} \cdot \vec{c}$

b)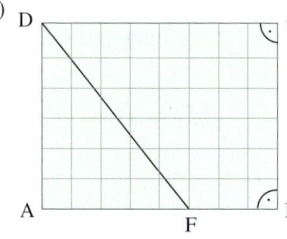

$\overrightarrow{DA} \cdot \overrightarrow{DF}, \overrightarrow{FB} \cdot \overrightarrow{FD},$
$\overrightarrow{AF} \cdot \overrightarrow{AD}, \overrightarrow{DC} \cdot \overrightarrow{DF}$

c)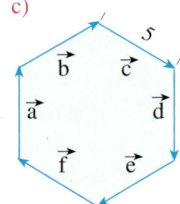

$\vec{a} \cdot \vec{b}, \vec{a} \cdot \vec{c}, \vec{a} \cdot \vec{d},$
$(\vec{a} + \vec{b}) \cdot \vec{c},$
$(\vec{a} + \vec{b} + \vec{c}) \cdot (\vec{d} + \vec{e} + \vec{f})$

4. Errechnen Sie die folgenden Skalarprodukte.

a) $\begin{pmatrix} 8 \\ -1 \\ 2 \end{pmatrix} \cdot \begin{pmatrix} 0 \\ 4 \\ 1 \end{pmatrix}$ b) $\begin{pmatrix} 2a \\ a \\ 1 \end{pmatrix} \cdot \begin{pmatrix} a \\ -a \\ a \end{pmatrix}$ c) $\begin{pmatrix} a \\ b \\ a \end{pmatrix} \cdot \begin{pmatrix} b \\ -a \\ 0 \end{pmatrix}$ d) $\begin{pmatrix} 4 \\ 2 \\ 1 \end{pmatrix} \cdot \begin{pmatrix} 8 \\ 3a \\ 3 \end{pmatrix} + \begin{pmatrix} 12 \\ -a \\ 2a \end{pmatrix} \cdot \begin{pmatrix} -3 \\ 2 \\ -2 \end{pmatrix}$

5. Wie muss a gewählt werden, wenn die folgenden Gleichungen gelten sollen?

a) $\begin{pmatrix} a \\ 2 \\ 4 \end{pmatrix} \cdot \begin{pmatrix} 2a \\ 1 \\ a \end{pmatrix} = 0$ b) $\begin{pmatrix} 1 \\ 2 \\ 1 \end{pmatrix} \cdot \begin{pmatrix} a \\ 2a \\ a \end{pmatrix} = 1$ c) $\begin{pmatrix} a-1 \\ 1 \\ 2 \end{pmatrix} \cdot \left(\begin{pmatrix} 1 \\ 1 \\ 2 \end{pmatrix} + \begin{pmatrix} 1 \\ 2 \\ a \end{pmatrix} \right) = 6$

6. Die Abbildung zeigt eine gerade quadratische Pyramide mit den Seitenlängen $|\overrightarrow{AB}| = 6, |\overrightarrow{BC}| = 6$ sowie der Höhe $h = 3$.
   a) Berechnen Sie die Skalarprodukte $\overrightarrow{SB} \cdot \overrightarrow{SC}, \overrightarrow{AD} \cdot \overrightarrow{DC}, \overrightarrow{AC} \cdot \overrightarrow{BD}, \overrightarrow{BA} \cdot \overrightarrow{BS}$.
   b) Errechnen Sie das Skalarprodukt $\overrightarrow{SA} \cdot \overrightarrow{SB}$. Errechnen Sie die Längen $|\overrightarrow{SA}|$ und $|\overrightarrow{SB}|$. Können Sie nun den Winkel $\alpha = \sphericalangle ASB$ bestimmen?

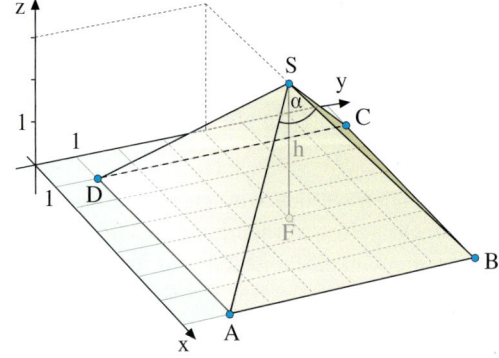

5. Winkel- und Flächenberechnungen

A. Der Winkel zwischen zwei Vektoren

Mit Hilfe des Skalarproduktes zweier Vektoren können sowohl *Längen* als auch *Winkel* auf vektorieller Basis gemessen werden. Die Grundlage bilden hierbei die beiden folgenden Sätze.

Bildet man das Skalarprodukt eines Vektors mit sich selbst, so erhält man das Quadrat des Betrages des Vektors:

$$\vec{a} \cdot \vec{a} = |\vec{a}| \cdot |\vec{a}| \cdot \cos 0° = |\vec{a}|^2.$$

Der Betrag eines Vektors

Für den Betrag (die Länge) eines Vektors $\vec{a}$ gilt die Formel

$$|\vec{a}|^2 = \vec{a} \cdot \vec{a} \text{ bzw. } |\vec{a}| = \sqrt{\vec{a} \cdot \vec{a}}.$$

Beispielsweise hat der Vektor $\vec{a} = \begin{pmatrix} 2 \\ 6 \\ -3 \end{pmatrix}$ die Länge 7, denn es gilt:

$$|\vec{a}|^2 = \vec{a} \cdot \vec{a} = \begin{pmatrix} 2 \\ 6 \\ -3 \end{pmatrix} \cdot \begin{pmatrix} 2 \\ 6 \\ -3 \end{pmatrix} = 4 + 36 + 9 = 49 \Rightarrow |\vec{a}| = \sqrt{49} = 7.$$

Zwei Vektoren $\vec{a}$ und $\vec{b}$ bilden stets zwei Winkel. Der kleinere der beiden Winkel wird als *Winkel zwischen den Vektoren* bezeichnet. Er kann mittels Skalarprodukt berechnet werden. Löst man die Skalarproduktgleichung $\vec{a} \cdot \vec{b} = |\vec{a}| \cdot |\vec{b}| \cdot \cos \gamma$ nach $\cos \gamma$ auf, so erhält man die sogenannte *Kosinusformel*, die zur Winkelberechnung verwendet wird.

Die Kosinusformel

$\vec{a}$ und $\vec{b}$ seien vom Nullvektor verschiedene Vektoren und γ sei der Winkel zwischen ihnen. Dann gilt:

$$\cos \gamma = \frac{\vec{a} \cdot \vec{b}}{|\vec{a}| \cdot |\vec{b}|}.$$

▶ **Beispiel: Winkel zwischen zwei Vektoren**

Errechnen Sie den Winkel zwischen den Vektoren $\vec{a} = \begin{pmatrix} 4 \\ 5 \\ 3 \end{pmatrix}$ und $\vec{b} = \begin{pmatrix} 7 \\ 5 \\ 1 \end{pmatrix}$.

Lösung:
Wir errechnen zunächst die Beträge von $\vec{a}$ und $\vec{b}$: $|\vec{a}| = \sqrt{\vec{a} \cdot \vec{a}} = \sqrt{50}$, $|\vec{b}| = \sqrt{75}$.

Nun wenden wir die Kosinusformel an:

$$\cos \gamma = \frac{\vec{a} \cdot \vec{b}}{|\vec{a}| \cdot |\vec{b}|} = \frac{56}{\sqrt{50} \cdot \sqrt{75}} \approx 0{,}9145.$$

Mit dem Taschenrechner ($\cos^{-1}$-Taste) folgt
▶ $\gamma \approx 23{,}87°$.

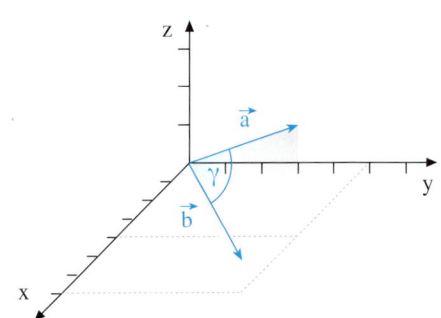

▶ Beispiel: Winkel im Dreieck
Gegeben sei das Dreieck mit den Ecken P(5|5|1), Q(6|1|2), R(1|0|4). Bestimmen Sie die Größe des Innenwinkels γ am Punkt R des Dreiecks.

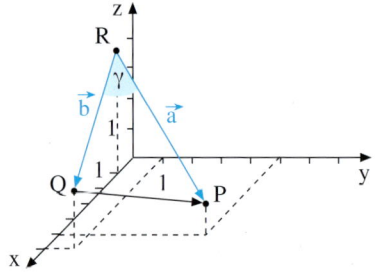

Lösung:
Wir stellen die beiden Dreiecksseiten, die am Winkel γ anliegen, zunächst durch die Vektoren $\vec{a} = \overrightarrow{RP}$ und $\vec{b} = \overrightarrow{RQ}$ dar.

γ lässt sich als Winkel zwischen diesen Vektoren $\vec{a}$ und $\vec{b}$ auffassen.
Nun können wir mit Hilfe der Kosinusformel den Kosinus des Winkels γ bestimmen. Wir erhalten $\cos\gamma \approx 0{,}8004$.

▶ Hieraus folgt unmittelbar γ ≈ 36,83°.

$$\vec{a} = \overrightarrow{RP} = \overrightarrow{OP} - \overrightarrow{OR} = \begin{pmatrix}5\\5\\1\end{pmatrix} - \begin{pmatrix}1\\0\\4\end{pmatrix} = \begin{pmatrix}4\\5\\-3\end{pmatrix}$$

$$\vec{b} = \overrightarrow{RQ} = \overrightarrow{OQ} - \overrightarrow{OR} = \begin{pmatrix}6\\1\\2\end{pmatrix} - \begin{pmatrix}1\\0\\4\end{pmatrix} = \begin{pmatrix}5\\1\\-2\end{pmatrix}$$

$$\cos\gamma = \frac{\vec{a}\cdot\vec{b}}{|\vec{a}|\cdot|\vec{b}|} = \frac{20+5+6}{\sqrt{50}\cdot\sqrt{30}} \approx 0{,}8004$$

γ ≈ 36,83°

Übung 1 Winkel zwischen Vektoren
Bestimmen Sie die Größe des Winkels zwischen den Vektoren $\vec{a}$ und $\vec{b}$.

a) $\vec{a} = \begin{pmatrix}3\\1\end{pmatrix}, \vec{b} = \begin{pmatrix}3\\-3\end{pmatrix}$
b) $\vec{a} = \begin{pmatrix}1\\2\\-3\end{pmatrix}, \vec{b} = \begin{pmatrix}-2\\-4\\0\end{pmatrix}$
c) $\vec{a} = \begin{pmatrix}4\\3\\4\end{pmatrix}, \vec{b} = \begin{pmatrix}2\\-4\\1\end{pmatrix}$

Übung 2 Winkel in Ebene und Raum
Bestimmen Sie die Größe des Winkels α mit Hilfe von Vektoren.

a) 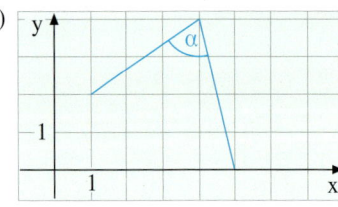 b)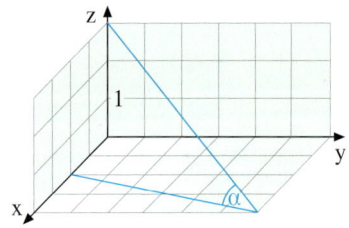

Übung 3 Winkel im Dreieck
Bestimmen Sie alle Winkel im Dreieck PQR.
a) P(3|4), Q(6|3), R(3|0)
b) P(3|4|1), Q(6|3|2), R(3|0|3)
c) P(6|3|8), Q(7|4|3), R(4|4|2)
d) P(1|2|2), Q(3|4|2), R(2|3|2 + √3)

Übung 4 Parameteraufgabe
Gegeben sind die Vektoren $\vec{a} = \begin{pmatrix}4\\4\\2\end{pmatrix}$ und $\vec{b} = \begin{pmatrix}6\\0\\z\end{pmatrix}$. Berechnen Sie diejenigen Werte der Koordinate z, damit der Winkel zwischen $\vec{a}$ und $\vec{b}$ eine Größe von 45° hat.

B. Orthogonale Vektoren

Zwei Vektoren $\vec{a}$ und $\vec{b}$ ($\vec{a}$, $\vec{b} \neq 0$) werden als zueinander *orthogonale Vektoren* bezeichnet, wenn sie senkrecht aufeinander stehen (symbolische Schreibweise $\vec{a} \perp \vec{b}$).
Mit Hilfe des Skalarproduktes kann man überprüfen, ob zwei Vektoren $\vec{a}$, $\vec{b} \neq \vec{0}$ orthogonal sind.
Ist $\vec{a} \cdot \vec{b} = \vec{0}$, also $|\vec{a}| \cdot |\vec{b}| \cdot \cos\gamma = \vec{0}$, so folgt wegen $|\vec{a}| \neq \vec{0}$, $|\vec{b}| \neq \vec{0}$ sofort $\cos\gamma = 0$, d. h. $\gamma = 90°$.
Dann sind $\vec{a}$ und $\vec{b}$ orthogonal.
Ist $\vec{a} \cdot \vec{b} \neq \vec{0}$, so ist $\cos\gamma \neq 0$, also $\gamma \neq 90°$.
Dann sind $\vec{a}$ und $\vec{b}$ nicht orthogonal.

Orthogonalitätskriterium

Zwei Vektoren $\vec{a}$ und $\vec{b}$ ($\vec{a}$, $\vec{b} \neq \vec{0}$) sind genau dann orthogonal (senkrecht), wenn ihr Skalarprodukt null ist.

$$\vec{a} \perp \vec{b} \Leftrightarrow \vec{a} \cdot \vec{b} = 0$$

▶ **Beispiel: Orthogonale Vektoren**
Prüfen Sie, ob zwei der drei Vektoren orthogonal sind.

$$\vec{a} = \begin{pmatrix} 1 \\ 2 \\ 4 \end{pmatrix}, \vec{b} = \begin{pmatrix} 1 \\ 2 \\ -1 \end{pmatrix}, \vec{c} = \begin{pmatrix} 8 \\ 2 \\ -3 \end{pmatrix}$$

Lösung:
$\vec{a} \cdot \vec{b} = 1 \Rightarrow \vec{a}$, $\vec{b}$ sind nicht orthogonal.
$\vec{a} \cdot \vec{c} = 0 \Rightarrow \vec{a}$, $\vec{c}$ sind orthogonal.
$\vec{b} \cdot \vec{c} = 15 \Rightarrow \vec{b}$, $\vec{c}$ sind nicht orthogonal.

▶ **Beispiel: Rechtwinkliges Dreieck**
Prüfen Sie, ob das Dreieck mit den Eckpunkten $A(0|0|4)$, $B(2|2|2)$, $C(0|3|1)$ rechtwinklig ist (Schrägbild anfertigen).

Lösung:
Im Schrägbild ist die Rechtwinkligkeit des Dreiecks nicht erkennbar.
Bilden wir jedoch rechnerisch die Seitenvektoren und berechnen dann deren Skalarprodukte, so stellt sich heraus, dass das
▶ Dreieck bei B rechtwinklig ist.

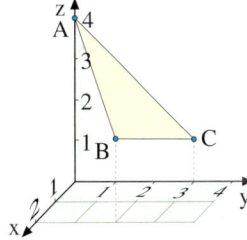

$$\overrightarrow{AB} = \begin{pmatrix} 2 \\ 2 \\ -2 \end{pmatrix}, \overrightarrow{AC} = \begin{pmatrix} 0 \\ 3 \\ -3 \end{pmatrix}, \overrightarrow{BC} = \begin{pmatrix} -2 \\ 1 \\ -1 \end{pmatrix}$$

$\overrightarrow{AB} \cdot \overrightarrow{AC} = 12$, $\overrightarrow{BA} \cdot \overrightarrow{BC} = 0$, $\overrightarrow{CB} \cdot \overrightarrow{CA} = 6$

Übung 5 Orthogonale Vektoren
Suchen Sie unter den gegebenen Vektoren alle Paare orthogonaler Vektoren.

$$\vec{a} = \begin{pmatrix} 3 \\ 2 \\ 0 \end{pmatrix}, \vec{b} = \begin{pmatrix} 0 \\ 4 \\ 2 \end{pmatrix}, \vec{c} = \begin{pmatrix} 2 \\ -3 \\ 6 \end{pmatrix}, \vec{d} = \begin{pmatrix} 4 \\ 1 \\ 1 \end{pmatrix}, \vec{e} = \begin{pmatrix} 1 \\ a \\ 1 \end{pmatrix}, \vec{f} = \begin{pmatrix} -a \\ 2a \\ 0 \end{pmatrix}$$

Übung 6 Rechtwinklige Dreiecke
Untersuchen Sie, ob das Dreieck ABC rechtwinklig ist.

a) $A(2|2|0)$, $B(1|4|2)$, $C(3|2|5)$
b) $A(3|-1|2)$, $B(4|2|1)$, $C(-3|2|5)$
c) $A(2|5|3)$, $B(6|7|-1)$, $C(3|7|5)$

C. Der Flächeninhalt eines Dreiecks

Flächeninhalt eines Dreiecks
Spannen die Vektoren $\vec{a}$ und $\vec{b}$ im Anschauungsraum ein Dreieck auf, so gilt für dessen Flächeninhalt A die Formel:
$$A = \frac{1}{2}\sqrt{\vec{a}^2 \cdot \vec{b}^2 - (\vec{a} \cdot \vec{b})^2}.$$

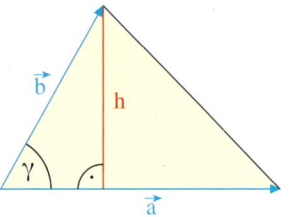

Beweis:
Ausgehend von der Standardformel für den Dreiecksinhalt
$$A = \frac{1}{2}g \cdot h = \frac{1}{2}|\vec{a}| \cdot h$$
ergibt sich die obige Formel nach nebenstehender Rechnung.
Dabei kommen die trigonometrische Beziehung $\sin\gamma = \frac{h}{|\vec{b}|}$ und die Kosinusformel
$\vec{a} \cdot \vec{b} = |\vec{a}| \cdot |\vec{b}| \cdot \cos\gamma$ zur Anwendung.

Rechnung:
$$A = \frac{1}{2}|\vec{a}| \cdot h = \frac{1}{2}|\vec{a}| \cdot |\vec{b}| \cdot \sin\gamma$$
$$= \frac{1}{2}\sqrt{|\vec{a}|^2 \cdot |\vec{b}|^2 \cdot \sin^2\gamma}$$
$$= \frac{1}{2}\sqrt{|\vec{a}|^2 \cdot |\vec{b}|^2 \cdot (1 - \cos^2\gamma)}$$
$$= \frac{1}{2}\sqrt{|\vec{a}|^2 \cdot |\vec{b}|^2 - |\vec{a}|^2 \cdot |\vec{b}|^2 \cdot \cos^2\gamma}$$
$$= \frac{1}{2}\sqrt{\vec{a}^2 \cdot \vec{b}^2 - (\vec{a} \cdot \vec{b})^2}$$

▶ **Beispiel:** Bestimmen Sie den Inhalt des Dreiecks mit den Eckpunkten A(1|2|5), B(4|5|1), C(−2|6|2).

Lösung:
Das Dreieck wird von den beiden Vektoren
$$\vec{a} = \overrightarrow{AB} = \begin{pmatrix} 3 \\ 3 \\ -4 \end{pmatrix} \text{ und } \vec{b} = \overrightarrow{AC} = \begin{pmatrix} -3 \\ 4 \\ -3 \end{pmatrix}$$
aufgespannt. Der Flächeninhalt des von $\vec{a}$ und $\vec{b}$ aufgespannten Dreiecks wird mit der oben aufgeführten Formel berechnet.
▶ Resultat: $A_{\text{Dreieck}} \approx 15{,}26$.

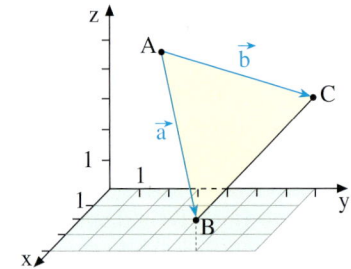

$$A_{\text{Dreieck}} = \frac{1}{2} \cdot \sqrt{\vec{a}^2 \cdot \vec{b}^2 - (\vec{a} \cdot \vec{b})^2}$$
$$= \frac{1}{2} \cdot \sqrt{34 \cdot 34 - 15^2} \approx 15{,}26$$

Übung 7 Oberfläche einer Pyramide
Bestimmen Sie den Oberflächeninhalt der Pyramide
a) mit den Eckpunkten A(3|3|0), B(1|1|4), C(6|0|2), D(4|4|3);
b) aus nebenstehendem Bild.

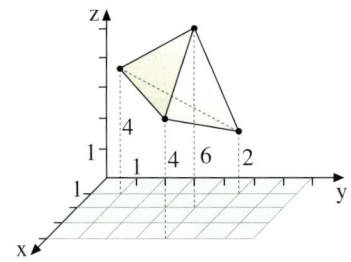

Übung 8 Inhalt eines Dreiecks
Wie muss z gewählt werden, damit das Dreieck ABC den Inhalt 15 besitzt?
A(1|1|2), B(1|−2|z), C(7|−2|6)

Übungen

9. Winkel und Fläche eines Dreiecks

Gegeben ist das Dreieck ABC mit A(6|1|2), B(5|5|1) und C(1|0|4).
a) Fertigen Sie ein Schrägbild des Dreiecks an und berechnen Sie seine Innenwinkel.
b) Welchen Flächeninhalt hat das Dreieck ABC?

10. Parallelogramm

Bestimmen Sie mit Hilfe des Skalar-produktes die Innenwinkel ε und φ im abgebildeten Parallelogramm. Berech-nen Sie den Flächeninhalt des Parallelo-gramms konventionell und mittels Ska-larprodukt (Hinweis: doppeltes Dreieck).

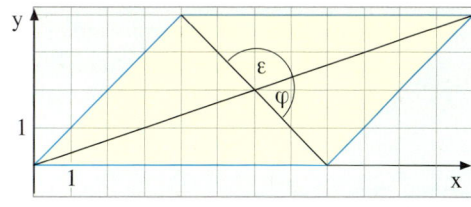

11. Rechtwinkliges Dreieck

Bestimmen Sie die Koordinaten eines Punktes C so, dass das Dreieck ABC mit A(1|1) und B(4|5) rechtwinklig und gleichschenklig ist.

12. Winkel im Quader

Ein Quader hat die Grundflächenmaße 4×3. Wie muss seine Höhe h gewählt werden, wenn seine Raumdiagonalen sich senkrecht schneiden sollen?

13. Doppelpyramide

Ein Edelstein hat die Form einer quadra-tischen Doppelpyramide mit den in der Zeichnung angegebenen Maßen (Ab-stände gegenüberliegender Ecken).
a) Welche Innenwinkel hat ein Seiten-dreieck der Pyramide?
b) Wie groß sind die Winkel ⊰ASC bzw. ⊰SBT?
c) Wie groß ist die Oberfläche des Kör-pers?

14. Pyramidenstumpf

Betrachtet wird ein regelmäßiger qua-dratischer Pyramidenstumpf.
a) Bestimmen Sie alle Eckpunktkoor-dinaten.
b) Errechnen Sie den Winkel ⊰ABF.
c) Berechnen sie den Schnittpunkt der Diagonalen $\overline{BH}$ und $\overline{DF}$. Berechnen Sie gegebenenfalls den Schnittwinkel.
d) Welchen Oberflächeninhalt hat der Pyramidenstumpf?

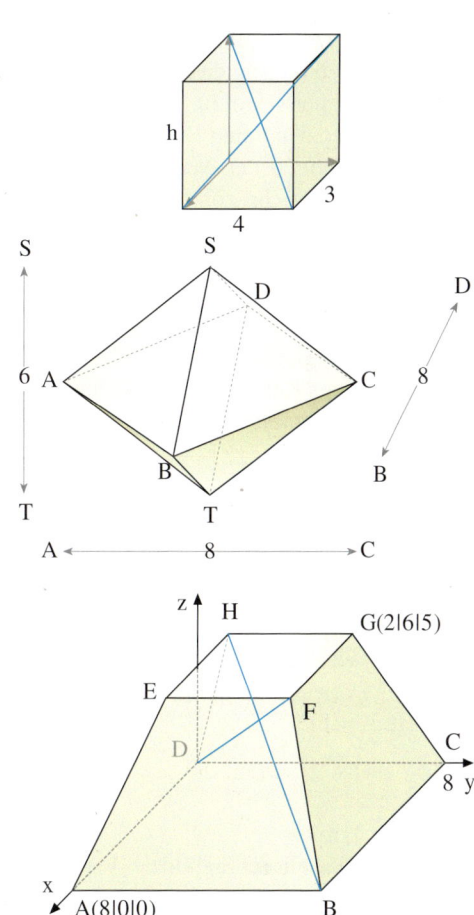

6. Untersuchung von Figuren und Körpern

In den folgenden Beispielen und Übungen werden einige Inhalte dieses Kapitels in zusammengefasster Form auf Figuren und Körper angewandt.

> **Beispiel: Parallelogramm**
> a) Zeichnen Sie in einem Koordinatensystem die Punkte A (6|3|1), B (5|6|2) und C (1|5|4).
> b) Bestimmen Sie einen weiteren Punkt D so, dass das Viereck ABCD ein Parallelogramm ist. Zeichnen Sie das Parallelogramm ABCD im Koordinatensystem ein.
> c) Bestimmen Sie die Größe des Innenwinkels α des Parallelogramms bei Punkt A.
> d) Berechnen Sie den Umfang und den Flächeninhalt des Parallelogramms.

Lösung zu a:
Wir zeichnen ein kartesisches Koordinatensystem und tragen die Punkte A bis C ein.

Lösung zu b:
Die Koordinaten des Punktes D erhalten wir durch Verschiebung des Punktes A mit dem Verschiebungsvektor $\overrightarrow{BC}$ (s. Abbildung) Wir erhalten so den Punkt D (2|2|3).
Durch Einzeichnen der Verbindungsstrecken entsteht das Schrägbild des Parallelogramms.

Lösung zu c:
Der Winkel α bei Punkt A ist der Winkel zwischen den Vektoren $\overrightarrow{AB}$ und $\overrightarrow{AD}$.
Er wird mit der Kosinusformel bestimmt:
Das Resultat lautet: α ≈ 78,6°.

Lösung zu d:
Der Umfang U des Parallelogramms ist gleich $U = 2 \cdot (|\overrightarrow{AB}| + |\overrightarrow{AD}|) ≈ 15,8$.

Die Fläche des Parallelogramms ABCD ist doppelt so groß wie die Fläche des Dreiecks ABD, welche mit der Flächeninhaltsformel für Dreiecke bestimmt werden kann.
▶ Resultat: A ≈ 14,9

Zeichnung zu a und b:

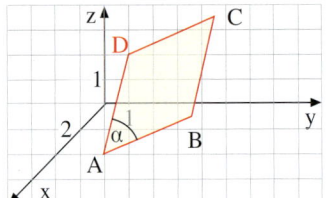

Bestimmung des Punktes D:

$$\overrightarrow{OD} = \overrightarrow{OA} + \overrightarrow{BC} = \begin{pmatrix} 6 \\ 3 \\ 1 \end{pmatrix} + \begin{pmatrix} -4 \\ -1 \\ 2 \end{pmatrix} = \begin{pmatrix} 2 \\ 2 \\ 3 \end{pmatrix}$$

Winkelberechnung:

$$\cos\alpha = \frac{\overrightarrow{AB} \cdot \overrightarrow{AD}}{|\overrightarrow{AB}| \cdot |\overrightarrow{AD}|} = \frac{\begin{pmatrix} -1 \\ 3 \\ 1 \end{pmatrix} \cdot \begin{pmatrix} -4 \\ -1 \\ 2 \end{pmatrix}}{\sqrt{11} \cdot \sqrt{21}} = \frac{3}{\sqrt{231}} ≈ 0,1974$$
$$\Rightarrow \alpha = \arccos 0,1974 ≈ 78,6°$$

Umfang und Fläche des Parallelogramms:

$$U = 2 \cdot (|\overrightarrow{AB}| + |\overrightarrow{AD}|) = 2 \cdot (\sqrt{11} + \sqrt{21}) ≈ 15,8$$

$$A = 2 \cdot \left(\frac{1}{2} \sqrt{(\overrightarrow{AB})^2 \cdot (\overrightarrow{AD})^2 - (\overrightarrow{AB} \cdot \overrightarrow{AD})^2} \right)$$
$$= \sqrt{11 \cdot 21 - 9} = \sqrt{222} ≈ 14,9$$

Übung 1 Trapez
a) Zeichnen Sie ein Schrägbild des Vierecks ABCD mit A (1|3|1), B (5|7|−3), C (−2|4|0), D (−4|2|2).
b) Weisen Sie nach, dass das Viereck ABCD ein Trapez ist.
c) Berechnen Sie den Umfang des Trapezes.
d) Wie groß ist der Innenwinkel des Trapezes bei Punkt B?

► **Beispiel: Längen und Winkel in einer Pyramide**
Eine Pyramide ist im Lauf der Jahrtausende im Sand
etwas abgekippt. Das Viereck ABCD mit A(13|0|0),
B(13|12|5), C(0|12|5) und D(0|0|0) ist die Grund-
fläche der Pyramide. Die Spitze ist S(6,5|1|14,5),
1 LE = 10 m.
a) Zeigen Sie: Die Grundfläche ist ein Quadrat.
b) Wie lautet der Mittelpunkt M des Quadrats?
   Welche Höhe hat die Pyramide?
c) Welchen Winkel bildet die Kante $\overline{AS}$ mit der
   Grundfläche der Pyramide?

Lösung zu a:
Wir überprüfen die Seitenlängen und Dia-
gonalen im Viereck ABCD, denn beim
Quadrat sind typischerweise die vier Seiten
gleich und die beiden Diagonalen ebenfalls.
Wir bestimmen also die vier Seitenvekto-
ren der Grundfläche und berechnen ihren
Betrag. Sie sind alle gleich lang.
Das Gleiche gilt für die beiden Diagonalen-
vektoren. Damit ist klar: Die Grundfläche
ABCD ist ein Quadrat.

Seitenlängen ders Grundfläche:

$$\overrightarrow{AB} = \begin{pmatrix} 0 \\ 12 \\ 5 \end{pmatrix} = \overrightarrow{DC}, \ \overrightarrow{AD} = \begin{pmatrix} -13 \\ 0 \\ 0 \end{pmatrix} = \overrightarrow{BC}$$

$$|\overrightarrow{AB}| = |\overrightarrow{DC}| = \sqrt{0^2 + 12^2 + 5^2} = 13$$
$$|\overrightarrow{AD}| = |\overrightarrow{BC}| = \sqrt{13^2 + 0^2 + 0^2} = 13$$

Diagonalenlängen der Grundfläche:

$$\overrightarrow{AC} = \begin{pmatrix} -13 \\ 12 \\ 5 \end{pmatrix} \qquad \overrightarrow{BD} = \begin{pmatrix} -13 \\ -12 \\ -5 \end{pmatrix}$$

$$|AC| = |BD| = \sqrt{338}$$

Lösung zu b:
Den Ortsvektor des Punktes M erhält man,
indem man zum Ortsvektor $\overrightarrow{O}$ des Ur-
sprungs die Hälfte des Diagonalenvektors
$\overrightarrow{DB}$ addiert.
Ergebnis: M(6,5|6|2,5).

Der Höhenvektor $\overrightarrow{MS}$ hat den Betrag
$|\overrightarrow{MS}| = \sqrt{0^2 + (-5)^2 + 12^2} = 13$. Dies ist die
Höhe der Pyramide.

Ortsvektor des Mittelpunktes M,
Höhenvektor $\overrightarrow{MS}$:

$$\overrightarrow{OM} = \tfrac{1}{2}\overrightarrow{DB} = \tfrac{1}{2}\begin{pmatrix} 13 \\ 12 \\ 5 \end{pmatrix} = \begin{pmatrix} 6,5 \\ 6 \\ 2,5 \end{pmatrix}$$

$$\overrightarrow{MS} = \overrightarrow{OS} - \overrightarrow{OM} = \begin{pmatrix} 0 \\ -5 \\ 12 \end{pmatrix}$$

Lösung zu c:
Der Winkel α zwischen der Seitenkante $\overline{AS}$
und der Grundfläche ABCD entspricht dem
Winkel zwischen der Seitenkante $\overline{AS}$ und
der Strecke $\overline{AM}$.

Der Kantenvektor $\overrightarrow{AS}$ hat den Betrag
$|\overrightarrow{AS}| = \sqrt{(-6,5)^2 + 1^2 + 14,5^2} \approx 15,92$.

Wir kennen nun die Längen von Gegenka-
thete $\overline{MS}$ und Hypotenuse $\overline{AS}$ im rechtwinkligen Dreieck AMS und können somit
► den Winkel α = 54,7° berechnen.

Winkel α:

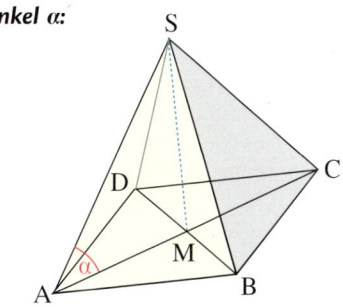

$$\sin\alpha = \frac{GK}{HYP} = \frac{|MS|}{|AS|} = \frac{13}{15,92} \approx 0,8166$$

$$\Rightarrow \alpha \approx 54,7°$$

Übungen

2. Vierecksuntersuchungen

a) Zeigen Sie: Das Viereck ABCD mit A(1|−2|4), B(5|2|0), C(9|3|0) und D(7|1|2) ist ein Trapez.

b) Zeigen Sie: ABCD mit A(−3|1|2), B(1|6|4), C(4|8|1) und D(0|3|−1) ist ein Parallelogramm.

c) Gegeben ist das Dreieck ABC mit A(−3|1|2), B(1|3|4) und C(3|5|8). Gesucht ist ein Punkt D, der das Dreieck zu einem Parallelogramm ergänzt.

3. Raute

a) Zeigen Sie, dass B(5|3|2) und D(4|6|4) von Punkt A(3|2|6) gleich weit entfernt sind.

b) Wie muss Punkt C gewählt werden, damit das Viereck ABCD eine Raute ist?

c) Ermitteln Sie die Innenwinkel sowie den Flächeninhalt der Raute ABCD.

4. Dreieck: Nachweis der Gleichschenkligkeit

a) Zeigen Sie: Das Dreieck ABC mit A(1|4|2), B(3|2|4) und C(6|5|1) ist gleichschenklig.

b) Bestimmen Sie den Mittelpunkt der Seite $\overline{AB}$ sowie die Innenwinkel des Dreiecks.

5. Dreieck/Viereck: Nachweis der Rechtwinkligkeit

a) Zeigen Sie: Das Dreieck ABC mit A(1|4|2), B(3|2|4) und C(5|6|6) ist rechtwinklig.

b) Zeigen Sie: Das Viereck ABCD mit A(1|4|2), B(3|2|4), C(9|5|1) und D(7|7|−1) ist ein Rechteck.

6. Dreiseitige Pyramide

a) Geben Sie die Koordinaten der Eckpunkte der Pyramide an.

b) Berechnen Sie die Seitenlängen $\overline{AB}$ und $\overline{AS}$ der Pyramide.

c) Welcher der beiden Winkel ∢BAS oder ∢CAS ist der größere?

d) Bestimmen Sie das Volumen und die Oberfläche der Pyramide.

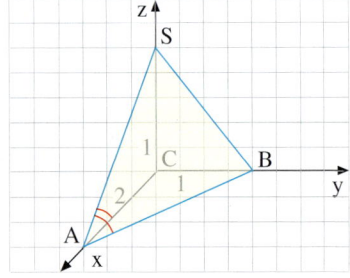

7. Pyramidenstumpf

ABCDEFGH sei ein Pyramidenstumpf.

Von der Grundfläche ABCD ist bekannt: A(12|0|0), B(12|12|0), C(0|12|0), D(0|0|0)

Von der Deckfläche EFGH ist nur der Punkt F bekannt: F(9|9|4)

a) Ermitteln Sie die Koordinaten der Deckflächeneckpunkte E, G und H.

b) Fertigen Sie ein Schrägbild des Pyramidenstumpfes an.

c) Berechnen Sie die Größe der Winkel ∢BAE und ∢AEF.

d) Berechnen Sie den Flächeninhalt der Trapezes ABFE.

e) Wie groß ist die Oberfläche des Pyramidenstumpfes?

f) Wie groß ist das Volumen des Pyramidenstumpfes?

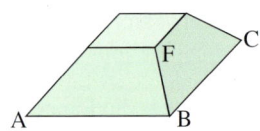

Übungen

Die folgenden Übungen können ohne Hilfsmittel gelöst werden, soweit nichts anderes angegeben ist.

1. Pyramide

In einem kartesischen Koordinatensystem ist die gerade Pyramide ABCDS gegeben.
Die Seitenlänge der quadratischen Grundfläche ist 4, die Höhe der Pyramide ist 3.
a) Geben Sie mögliche Koordinaten der Eckpunkte der Pyramide an.
b) Skizzieren Sie ein Schrägbild der Pyramide im Koordinatensystem.
c) Mindestens einer der Eckpunkte soll so verschoben werden, dass sich das Volumen der Pyramide verdoppelt. Dafür gibt es mehrere Möglichkeiten. Geben Sie für zwei dieser Möglichkeiten jeweils die Koordinaten der verschobenen Eckpunkte an und begründen Sie Ihre Angabe.

2. Betrag eines Vektors

a) Untersuchen Sie, welcher der Vektoren $\vec{a}$ oder $\vec{b}$ den längeren Pfeil hat.
b) Bestimmen Sie die fehlende Koordinate x so, dass der Pfeil $\overrightarrow{AB}$ die Länge 15 hat.

$$\vec{a} = \begin{pmatrix} 1 \\ 4 \\ 8 \end{pmatrix} \quad \vec{b} = \begin{pmatrix} 4 \\ 4 \\ 7 \end{pmatrix} \quad \vec{c} = \begin{pmatrix} 2 \\ 6 \\ 9 \end{pmatrix}$$

$$\overrightarrow{AB} = \begin{pmatrix} 2 \\ x \\ 11 \end{pmatrix}$$

3. Dreieck

In einem Koordinatensystem sind die Punkte A (1|2|3), B (2|7|6) und C (−3|2|2) gegeben.
a) Weisen Sie nach, dass A, B und C die Eckpunkte eines Dreiecks sind.
b) Überprüfen Sie, ob das Dreieck ABC gleichschenklig oder rechtwinklig ist.
c) Ergänzen Sie ABC durch Hinzunahme eines Punktes D zum Parallelogramm ABCD.

4. Sechseck

Im abgebildeten Sechseck sollen sollen die Vektoren $\vec{a}$ und $\vec{b}$ verwendet werden, um weitere Vektoren als Linearkombination von $\vec{a}$ und $\vec{b}$ darzustellen. Stellen Sie so die Vektoren $\vec{c}$, $\vec{d}$, $\vec{e}$, $\vec{f}$ und $\vec{g}$ mit Hilfe von $\vec{a}$ und $\vec{b}$ dar.

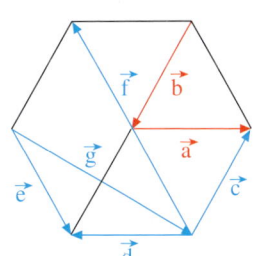

5. Skalarprodukt

Ordnen Sie jeder Figur den passenden Wert für das Skalarprodukt der beiden dargestellten Vektoren zu. Eine Einheit entspricht einer Karolänge.
Werte für das Skalarprodukt:

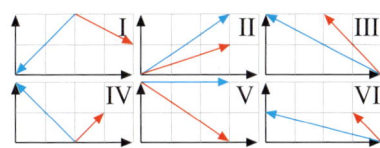

−2   12   5   0   11   9

Überblick

Der Abstand von zwei Punkten

Ebene: Abstand von $A(a_1 | a_2)$ und $B(b_1 | b_2)$: $\qquad d(A; B) = \sqrt{(b_1 - a_1)^2 + (b_2 - a_2)^2}$

Raum: Abstand von $A(a_1 | a_2 | a_3)$ und $B(b_1 | b_2 | b_3)$: $d(A; B) = \sqrt{(b_1 - a_1)^2 + (b_2 - a_2)^2 + (b_3 - a_3)^2}$

Die Summe zweier Vektoren

Die Summe zweier Vektoren $\vec{a}$ und $\vec{b}$:
Man legt die Pfeile wie abgebildet aneinander. Der Summenvektor führt vom Pfeilanfang von $\vec{a}$ zum Pfeilende von $\vec{b}$.

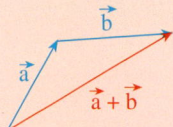

Die Differenz zweier Vektoren

Die Differenz zweier Vektoren $\vec{a}$ und $\vec{b}$:
Man legt die Pfeile wie abgebildet aneinander. Der Differenzvektor führt vom Pfeilende von $\vec{b}$ zum Pfeilende von $\vec{a}$.

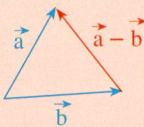

Die Skalarmultiplikation eines Vektors mit einer reellen Zahl

Der Vektor $\vec{a}$ wird mit der Zahl k multipliziert, indem seine Länge mit dem Faktor $|k|$ multipliziert wird. Ist k negativ, so kehrt sich zusätzlich die Pfeilorientierung um.

Linearkombination von Vektoren

Eine Summe der Form $r_1 \cdot \vec{a}_1 + r_2 \cdot \vec{a}_2 + \ldots + r_n \cdot \vec{a}_n$ ($r_i \in \mathbb{R}$) wird als Linearkombination der Vektoren $\vec{a}_1$, $\vec{a}_2$, ..., $\vec{a}_n$ bezeichnet.

Kollineare Vektoren

$\vec{a}$ und $\vec{b}$ heißen kollinear, wenn einer der beiden Vektoren ein Vielfaches des anderen Vektors ist:

$$\vec{a} = r \cdot \vec{b} \text{ oder } \vec{b} = r \cdot \vec{a}$$

Kollineare Vektoren sind parallel.

Komplanare Vektoren

$\vec{a}$, $\vec{b}$ und $\vec{c}$ und heißen komplanar, wenn einer der drei Vektoren als Linearkombination der beiden anderen Vektoren darstellbar ist:

$$\vec{a} = r \cdot \vec{b} + s \cdot \vec{c} \text{ oder } \vec{b} = r \cdot \vec{a} + s \cdot \vec{c}$$
$$\text{oder } \vec{c} = r \cdot \vec{a} + s \cdot \vec{b}$$

Komplanare Vektoren liegen in einer Ebene.

Skalarprodukt: **Kosinusform:** $\vec{a} \cdot \vec{b} = |\vec{a}| \cdot |\vec{b}| \cdot \cos\gamma \ (0° \le \gamma \le 180°)$

Koordinatenform: $\vec{a} \cdot \vec{b} = \begin{pmatrix} a_1 \\ a_2 \end{pmatrix} \cdot \begin{pmatrix} b_1 \\ b_2 \end{pmatrix} = a_1 b_1 + a_2 b_2$

$\vec{a} \cdot \vec{b} = \begin{pmatrix} a_1 \\ a_2 \\ a_3 \end{pmatrix} \cdot \begin{pmatrix} b_1 \\ b_2 \\ b_3 \end{pmatrix} = a_1 b_1 + a_2 b_2 + a_3 b_3$

Betrag eines Vektors: Der Betrag eines Vektors ist die Länge eines seiner Pfeile.

Ebene: $\vec{a} = \begin{pmatrix} a_1 \\ a_2 \end{pmatrix} \Rightarrow |\vec{a}| = \sqrt{a_1^2 + a_2^2} = \sqrt{\vec{a}^2} = \sqrt{\vec{a} \cdot \vec{a}}$

Raum: $\vec{a} = \begin{pmatrix} a_1 \\ a_2 \\ a_3 \end{pmatrix} \Rightarrow |\vec{a}| = \sqrt{a_1^2 + a_2^2 + a_3^2} = \sqrt{\vec{a}^2} = \sqrt{\vec{a} \cdot \vec{a}}$

Winkel zwischen Vektoren: **Kosinusformel:** $\cos\gamma = \dfrac{\vec{a} \cdot \vec{b}}{|\vec{a}| \cdot |\vec{b}|}$

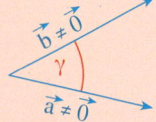

Orthogonale Vektoren: $\vec{a} \perp \vec{b} \ \Leftrightarrow \ \vec{a} \cdot \vec{b} = 0$

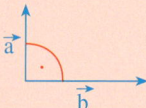

Rechtwinkliges Dreieck: Das Dreieck ABC ist genau dann
bei C rechtwinklig, wenn eine der
folgenden Bedingungen gilt:
(1) $c^2 = a^2 + b^2$

(2) $\vec{a} \cdot \vec{b} = 0$.

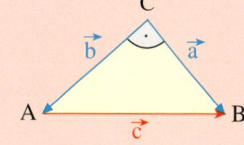

Flächeninhalt eines Dreiecks: Das von $\vec{a}$ und $\vec{b}$ aufgespannte
Dreieck hat den Flächeninhalt

$A = \frac{1}{2}\sqrt{\vec{a}^2 \cdot \vec{b}^2 - (\vec{a} \cdot \vec{b})^2}$.

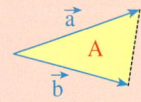

Test

Orientieren und Bewegen im Raum

1. Gegeben ist der Quader ABCDEFGH.
   a) Bestimmen Sie die Koordinaten der Punkte B, C, D, E, F, H und M.
   b) Bestimmen Sie die Länge der Strecken $\overline{AF}$ und $\overline{DM}$.

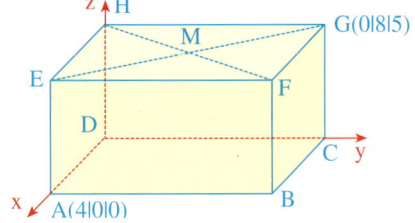

2. Bilden Sie die Summe der drei dargestellten Vektoren
   a) durch zeichnerische Konstruktion,
   b) durch Rechnung mit Spaltenvektoren.

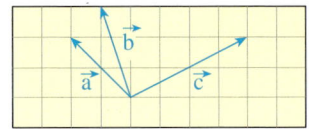

3. Stellen Sie den Vektor $\begin{pmatrix} 6 \\ -2 \\ -1 \end{pmatrix}$ als Linearkombination von $\begin{pmatrix} 3 \\ 1 \\ 2 \end{pmatrix}$ und $\begin{pmatrix} 2 \\ 2 \\ 3 \end{pmatrix}$ dar.

4. Gegeben ist das Dreieck ABC mit A (6|7|9), B (4|4|3) und C (2|10|6).
   a) Zeigen Sie, dass das Dreieck gleichschenklig ist. Ist es sogar gleichseitig?
   b) Fertigen Sie ein Schrägbild des Dreiecks an.
   c) Gesucht ist ein weiterer Punkt D, so dass das Viereck ABCD ein Parallelogramm ist.

5. Die Graphik zeigt die Planskizze eines Gebäudes mit Dach. Es ist ein Quader mit einem aufgesetzten gleichschenkligen Dreiecksprisma (|SE| = |SH| = |FT| = |GT|).
   M ist der Mittelpunkt der Strecke $\overline{FG}$.
   a) Stellen Sie den Vektor $\vec{m} = \overrightarrow{AM}$ als Linearkombination der Vektoren $\vec{a}$, $\vec{b}$ und $\vec{c}$ der Hauskanten dar.
   b) Bestimmen Sie die Koordinaten aller eingezeichneten Punkte.
   c) Wie groß ist die Dachfläche EFTS?
   d) Ermitteln Sie die Größe des Winkels ∢ FTG.
   e) Wie groß ist der Steigungswinkel α der Dachfläche EFTS?
   f) Wie groß ist der Abstand der Punkte S und F?

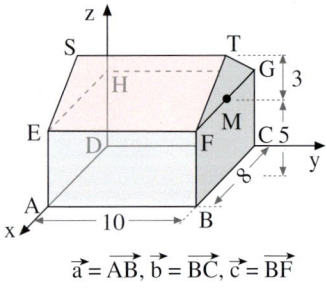

$$\vec{a} = \overrightarrow{AB}, \ \vec{b} = \overrightarrow{BC}, \ \vec{c} = \overrightarrow{BF}$$

6. Gegeben seien zwei beliebige Vektoren $\vec{a}$ und $\vec{b}$ in der Ebene. $\vec{c}$ sei ein weiterer Vektor in der Ebene. Entscheiden Sie, ob man den Vektor $\vec{c}$ in jedem Fall als Linearkombinaten der Vektoren $\vec{a}$ und $\vec{b}$ darstellen kann.

Lösungen: S. 367

III.1 Geraden im Raum

1. Geradengleichungen

Im dreidimensionalen Anschauungsraum können Geraden besonders einfach mit Hilfe von Vektoren dargestellt werden. Diese Darstellung ist auch in der zweidimensionalen Zeichenebene möglich, jedoch lassen sich Geraden in der Ebene auch z.B. durch die bekannte lineare Funktionsgleichung erfassen.

A. Ortsvektoren

Die Lage eines beliebigen Punktes in einem ebenen oder räumlichen Koordinatensystem kann eindeutig durch denjenigen Pfeil $\overrightarrow{OP}$ erfasst werden, der im Ursprung O des Koordinatensystems beginnt und im Punkt P endet.

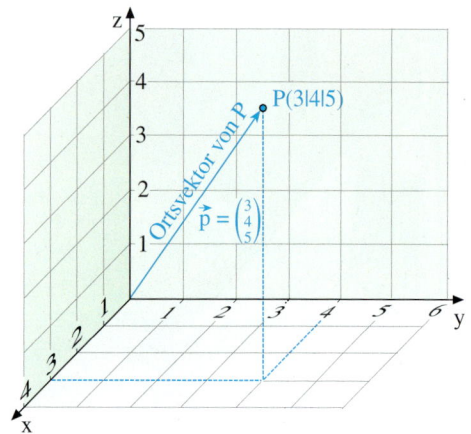

Der Pfeil $\overrightarrow{OP}$ heißt *Ortspfeil* von P und der zugehörige Vektor $\vec{p} = \overrightarrow{OP}$ wird als der *Ortsvektor* von P bezeichnet.

Der Punkt $P(p_1|p_2|p_3)$ besitzt den Ortsvektor $\vec{p} = \overrightarrow{OP} = \begin{pmatrix} p_1 \\ p_2 \\ p_3 \end{pmatrix}$.

Entsprechendes gilt für Punkte in einem ebenen Koordinatensystem.

B. Die vektorielle Parametergleichung einer Geraden

Die Lage einer Geraden in der zweidimensionalen Zeichenebene oder im dreidimensionalen Anschauungsraum kann durch die Angabe eines Geradenpunktes A sowie der Richtung der Geraden eindeutig erfasst werden.

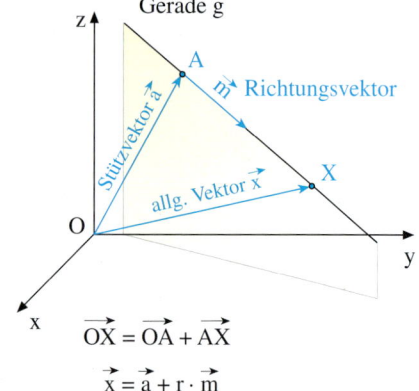

Die Lage des Punktes A kann durch seinen Ortsvektor $\vec{a} = \overrightarrow{OA}$ festgelegt werden, den man als *Stützvektor* der Geraden bezeichnet.

Die Richtung der Geraden lässt sich durch einen zur Geraden parallelen Vektor $\vec{m}$ erfassen, den man als *Richtungsvektor* der Geraden bezeichnet.

$$\overrightarrow{OX} = \overrightarrow{OA} + \overrightarrow{AX}$$

$$\vec{x} = \vec{a} + r \cdot \vec{m}$$

Jeder beliebige Geradenpunkt X lässt sich mit Hilfe des Stützvektors $\vec{a}$ und des Richtungsvektors $\vec{m}$ erfassen.

Für den Ortsvektor $\vec{x}$ von X gilt nämlich:

$$\vec{x} = \overrightarrow{OX}$$
$$= \overrightarrow{OA} + \overrightarrow{AX}$$
$$= \vec{a} + r \cdot \vec{m} \quad (r \in \mathbb{R}),$$

denn $\overrightarrow{AX}$ ist ein reelles Vielfaches von $\vec{m}$. Jedem Geradenpunkt X entspricht eindeutig ein Parameterwert r.

> **Die vektorielle Parametergleichung einer Geraden**
>
> Eine Gerade mit dem Stützvektor $\vec{a}$ und dem Richtungsvektor $\vec{m} \neq \vec{0}$ hat die Gleichung
>
> $$g: \vec{x} = \vec{a} + r \cdot \vec{m} \quad (r \in \mathbb{R}).$$
>
> r heißt *Geradenparameter*.

Mit Hilfe der Parametergleichung einer Geraden kann man zahlreiche Problemstellungen relativ einfach lösen.

▶ **Beispiel: Schrägbild**

Gegeben ist die Gerade g: $\vec{x} = \begin{pmatrix} 1 \\ 2 \\ 3 \end{pmatrix} + r \begin{pmatrix} 2 \\ 3 \\ -1 \end{pmatrix}$.

Zeichnen Sie die Gerade als Schrägbild. Stellen Sie fest, welche Geradenpunkte den Parameterwerten r = 0, r = −0,5 und r = 1 entsprechen.

Lösung:
Wir zeichnen den Stützpunkt A (1|2|3) oder den Stützvektor $\vec{a}$ ein. Im Stützpunkt legen wir den Richtungsvektor $\vec{m}$ an.

Für r = 0 erhalten wir den Stützpunkt A (1|2|3). Für r = −0,5 erhalten wir den Geradenpunkt B (0|0,5|3,5), der „vor" dem Stützpunkt liegt. Für r = 1 erhalten wir den Punkt C (3|5|2), der am Ende des eingezeichneten Richtungspfeils liegt.

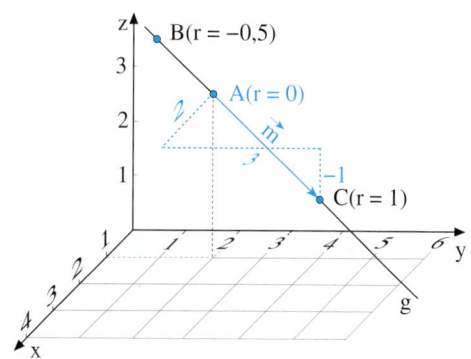

▶ **Beispiel: Geradenparameter**

Gegeben ist die Gerade g: $\vec{x} = \begin{pmatrix} 1 \\ 2 \\ 3 \end{pmatrix} + r \begin{pmatrix} 2 \\ 3 \\ -1 \end{pmatrix}$.

a) Welche Werte des Parameters r gehören zu den Geradenpunkten P (2|3,5|2,5) und Q (5|8|1)?
b) Begründen Sie, weshalb der Punkt R (3|5|1) nicht auf der Geraden liegt.

Lösung zu a:
Um r zu bestimmen, ersetzen wir $\vec{x}$ in der Gleichung durch den Ortsvektor von P bzw. von Q und berechnen r.
Für r = 0,5 ergibt sich der Geradenpunkt P (2|3,5|2,5). Für r = 2 ergibt sich der Geradenpunkt Q (5|8|1).

Lösung zu b:
Die x-Koordinate des Punktes R erfordert r = 1, ebenso die y-Koordinate.
Die z-Koordinate erfordert r = 2. Beides ist nicht vereinbar. Der Punkt R liegt nicht auf der Geraden g.

Übung 1   Punkt und Gerade

Zeichnen Sie die Gerade g: $\vec{x} = \begin{pmatrix} -2 \\ 3 \\ 1 \end{pmatrix} + r \begin{pmatrix} 3 \\ 3 \\ 1 \end{pmatrix}$ im Schrägbild.

Überprüfen Sie, ob die Punkte P(4|9|3), Q(1|6|4) und R(−5|0|0) auf der Geraden g liegen. Beschreiben Sie ggf. ihre Lage auf der Geraden anschaulich.

Übung 2   Lage einer Geraden

Zeichnen Sie die Geraden und beschreiben Sie die Lage der Geraden.

a) $g_1: \vec{x} = \begin{pmatrix} 1 \\ 1 \\ 2 \end{pmatrix} + r \begin{pmatrix} 0 \\ 1 \\ 0 \end{pmatrix}$ b) $g_2: \vec{x} = \begin{pmatrix} 0 \\ 2 \\ 0 \end{pmatrix} + r \begin{pmatrix} 0 \\ 0 \\ 1 \end{pmatrix}$ c) $g_3: \vec{x} = \begin{pmatrix} 0 \\ 0 \\ 0 \end{pmatrix} + r \begin{pmatrix} 1 \\ 1 \\ 1 \end{pmatrix}$ d) $g_4: \vec{x} = \begin{pmatrix} 3 \\ 0 \\ 0 \end{pmatrix} + r \begin{pmatrix} -1 \\ 0 \\ 0 \end{pmatrix}$

C.   Die Zweipunktegleichung einer Geraden

In der Praxis ist eine Gerade meistens durch zwei feste Punkte A und B gegeben, deren Ortsvektoren $\vec{a}$ bzw. $\vec{b}$ sind.

In diesem Fall kann man die vektorielle Geradengleichung sehr einfach aufstellen. Als Stützvektor verwendet man den Ortsvektor eines der beiden Punkte, also z. B. $\vec{a}$. Der Verbindungsvektor $\vec{m} = \overrightarrow{AB}$ der beiden Punkte dient als Richtungsvektor.

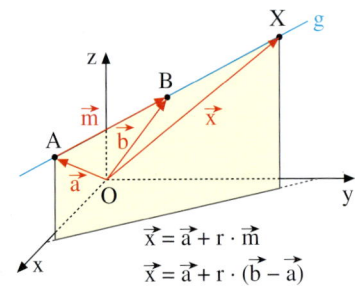

$$\vec{x} = \vec{a} + r \cdot \vec{m}$$
$$\vec{x} = \vec{a} + r \cdot (\vec{b} - \vec{a})$$

Da $\vec{m} = \overrightarrow{AB}$ sich als Differenz $\vec{b} - \vec{a}$ der beiden Ortsvektoren von B und A darstellen lässt, erhält man die rechts aufgeführte vektorielle *Zweipunktegleichung* der Geraden.

Die Zweipunktegleichung

Die Gerade g durch die Punkte A und B mit den Ortsvektoren $\vec{a}$ und $\vec{b}$ hat die Gleichung

$$g: \vec{x} = \vec{a} + r \cdot (\vec{b} - \vec{a}) \ (r \in \mathbb{R}).$$

Beispielsweise hat die Gerade g durch die Punkte A(1|2|1) und B(3|4|3) die Zweipunktegleichung g: $\vec{x} = \begin{pmatrix} 1 \\ 2 \\ 1 \end{pmatrix} + r \left(\begin{pmatrix} 3 \\ 4 \\ 3 \end{pmatrix} - \begin{pmatrix} 1 \\ 2 \\ 1 \end{pmatrix} \right)$, die zur Parametergleichung g: $\vec{x} = \begin{pmatrix} 1 \\ 2 \\ 1 \end{pmatrix} + r \begin{pmatrix} 2 \\ 2 \\ 2 \end{pmatrix}$ vereinfacht werden kann.

Übung 3   Geradengleichung

Bestimmen Sie die Gleichung der Geraden g durch die Punkte A und B.

a) A(3|3), B(2|1)   b) A(−3|1|0), B(4|0|2)   c) A(−3|2|1), B(4|1|7)

Übung 4   Geradengleichung

a) Bestimmen Sie die Gleichung der Parallelen zur y-Achse durch den Punkt P(3|2|0).

b) Bestimmen Sie die Gleichung einer Ursprungsgeraden durch den Punkt P(a|2a|−a) (a ≠ 0).

Übungen

5. Schrägbild
Zeichnen Sie die Gerade g durch den Punkt A(2|6|4) mit dem Richtungsvektor $\vec{m} = \begin{pmatrix} 3 \\ -2 \\ 2 \end{pmatrix}$ in ein räumliches Koordinatensystem ein.

6. Geradengleichung
Gesucht ist eine vektorielle Gleichung der Geraden durch die Punkte A und B.

a) A(1|2|0)   b) A(−3|2|1)   c) A(3|3|−4)   d) A(a_1|a_2|a_3)
   B(3|−4|0)   B(3|1|2)   B(2|1|3)   B(b_1|b_2|b_3)

7. Punkt und Gerade
Untersuchen Sie, ob der Punkt P auf der Geraden liegt, die durch A und B geht.

a) A(3|2|0)   b) A(2|7|0)   c) A(1|4|3)   d) A(1|1|1)
   B(−1|4|0)   B(5|4|0)   B(3|2|4)   B(3|4|1)
   P(1|3|0)   P(8|3|0)   P(7|−2|6)   P(0|0|0)

8. Zuordnung
Ordnen Sie den abgebildeten Geraden die zugehörigen vektoriellen Gleichungen zu.

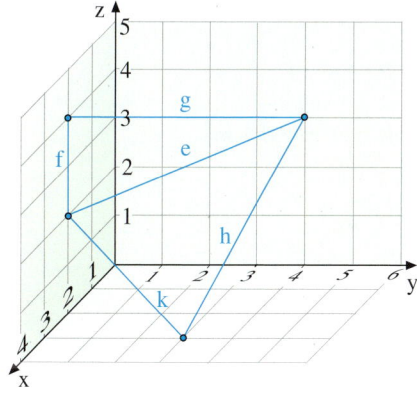 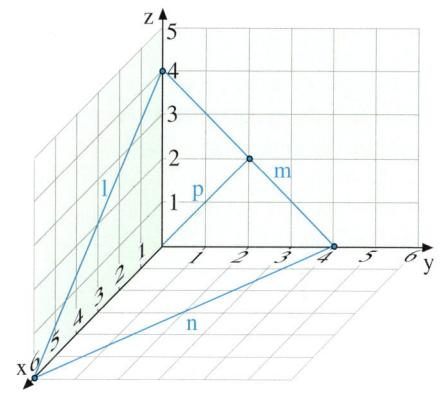

I: $\vec{x} = \begin{pmatrix} 0 \\ 0 \\ 4 \end{pmatrix} + r\begin{pmatrix} 6 \\ 0 \\ -4 \end{pmatrix}$ II: $\vec{x} = \begin{pmatrix} 2 \\ 0 \\ 2 \end{pmatrix} + r\begin{pmatrix} 1 \\ 3 \\ -2 \end{pmatrix}$ III: $\vec{x} = \begin{pmatrix} 6 \\ 0 \\ 0 \end{pmatrix} + r\begin{pmatrix} -6 \\ 4 \\ 0 \end{pmatrix}$

IV: $\vec{x} = \begin{pmatrix} 2 \\ 0 \\ 4 \end{pmatrix} + r\begin{pmatrix} -2 \\ 4 \\ -1 \end{pmatrix}$ V: $\vec{x} = \begin{pmatrix} 0 \\ 0 \\ 0 \end{pmatrix} + r\begin{pmatrix} 0 \\ 1 \\ 1 \end{pmatrix}$ VI: $\vec{x} = \begin{pmatrix} 3 \\ 3 \\ 0 \end{pmatrix} + r\begin{pmatrix} -3 \\ 1 \\ 3 \end{pmatrix}$

VII: $\vec{x} = \begin{pmatrix} 2 \\ 0 \\ 2 \end{pmatrix} + r\begin{pmatrix} 0 \\ 0 \\ 2 \end{pmatrix}$ VIII: $\vec{x} = \begin{pmatrix} 2 \\ 0 \\ 2 \end{pmatrix} + r\begin{pmatrix} -2 \\ 4 \\ 1 \end{pmatrix}$ IX: $\vec{x} = \begin{pmatrix} 0 \\ 4 \\ 0 \end{pmatrix} + r\begin{pmatrix} 0 \\ -4 \\ 4 \end{pmatrix}$

9. Geradengleichung
a) Gesucht ist die Gleichung einer zur y-Achse parallelen Geraden g, die durch den Punkt A(3|2|0) geht.
b) Gesucht ist die Gleichung einer Ursprungsgeraden durch den Punkt P(2|4|−2).
c) Gesucht ist die vektorielle Gleichung der Winkelhalbierenden der x-z-Ebene.

2. Lagebeziehungen

A. Gegenseitige Lage Punkt/Gerade und Punkt/Strecke

Mit Hilfe der Parametergleichung einer Geraden lässt sich einfach überprüfen, ob ein gegebener Punkt auf der Geraden liegt und an welcher Stelle der Geraden er gegebenenfalls liegt.

> **Beispiel:** Gegeben sei die Gerade g durch A(3|2|3) und B(1|6|5). Weisen Sie nach, dass der Punkt P(2|4|4) auf der Geraden g liegt.
>
> Prüfen Sie außerdem, ob der Punkt P auf der Strecke $\overline{AB}$ liegt.

Lösung:

Mit der Zweipunkteform erhalten wir die Parametergleichung von g.

Parametergleichung von g:

$$g: \vec{x} = \begin{pmatrix} 3 \\ 2 \\ 3 \end{pmatrix} + r \begin{pmatrix} -2 \\ 4 \\ 2 \end{pmatrix}, \; r \in \mathbb{R}$$

Wir führen die Punktprobe für den Punkt P durch, indem wir seinen Ortsvektor in die Geradengleichung einsetzen.
Sie ist erfüllt für den Parameterwert r = 0,5.
Also liegt der Punkt P auf der Geraden g.

Punktprobe für P:

$$\begin{pmatrix} 2 \\ 4 \\ 4 \end{pmatrix} = \begin{pmatrix} 3 \\ 2 \\ 3 \end{pmatrix} + r \begin{pmatrix} -2 \\ 4 \\ 2 \end{pmatrix} \text{ gilt für } r = 0,5$$

$\Rightarrow$ P liegt auf g.

Nun führen wir einen Parametervergleich durch. Die Streckenendpunkte A und B besitzen die Parameterwerte r = 0 und r = 1. Der Parameterwert von P (r = 0,5) liegt zwischen diesen Werten. Also liegt der Punkt P auf der Strecke $\overline{AB}$, und zwar genau auf der Mitte der Strecke.

Parametervergleich:

A: r = 0
B: r = 1
P: r = 0,5

$\Rightarrow$ P liegt auf $\overline{AB}$.

Rechts sind die Ergebnisse zeichnerisch dargestellt.
Das Bild macht deutlich, dass durch den Geradenparameter auf der Geraden ein *internes Koordinatensystem* festgelegt wird, anhand dessen man sich orientieren kann.

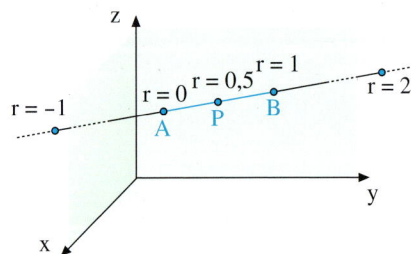

Übung 1 Punktprobe

a) Prüfen Sie, ob die Punkte P(0|0|6), Q(3|3|3), R(3|4|3) auf der Geraden g durch A(2|2|4) und B(4|4|2) oder sogar auf der Strecke $\overline{AB}$ liegen.

b) Berechnen Sie, für welchen Wert von t P(4+t|5t|t) auf der Geraden g durch A(2|2|4) und B(4|4|2) liegt.

B. Gegenseitige Lage von zwei Geraden im Raum

Zwischen zwei Geraden im Raum sind drei charakteristische Lagebeziehungen möglich. Sie können parallel sein (Unterfälle echt parallel bzw. identisch), sie können sich in einem Punkt schneiden oder sie sind windschief. Als *windschief* bezeichnet man zwei Geraden, die weder parallel sind noch sich schneiden.

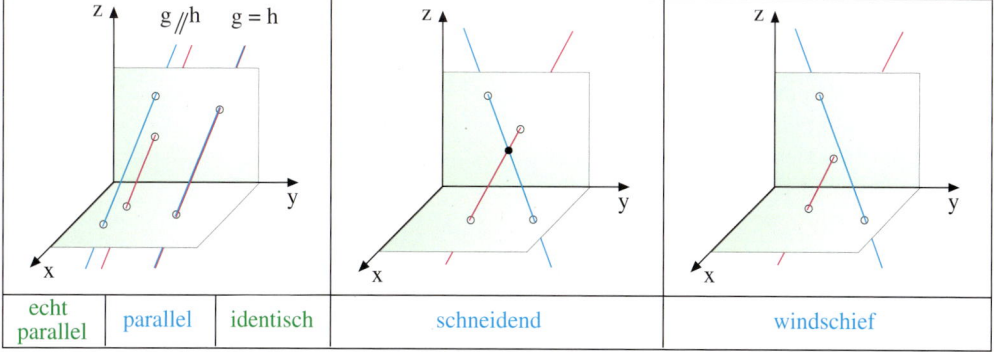

echt parallel	parallel	identisch	schneidend	windschief

Zeichnerisch lässt sich die gegenseitige Lage von zwei Geraden im Raum oft nur schwer einschätzen, aber mit Hilfe der Geradengleichungen ist die rechnerische Überprüfung möglich.

Untersuchungsschema für die Lage von zwei Raumgeraden:

g: $\vec{x}_g = \vec{a} + r \cdot \vec{m}_g$ und h: $\vec{x}_h = \vec{b} + s \cdot \vec{m}_h$ seien die Gleichungen von zwei Raumgeraden. Anhand der beiden Richtungsvektoren kann man überprüfen, ob g und h parallel sind. Die Geraden g und h sind nämlich genau dann parallel, wenn ihre Richtungsvektoren kollinear sind. Ist dies nicht der Fall, dann setzt man die beiden Geradenvektoren $\vec{x}_g$ und $\vec{x}_h$ gleich. Ist das zugehörige Gleichungssystem eindeutig lösbar, schneiden sich g und h in einem Punkt S. Andernfalls sind g und h windschief.

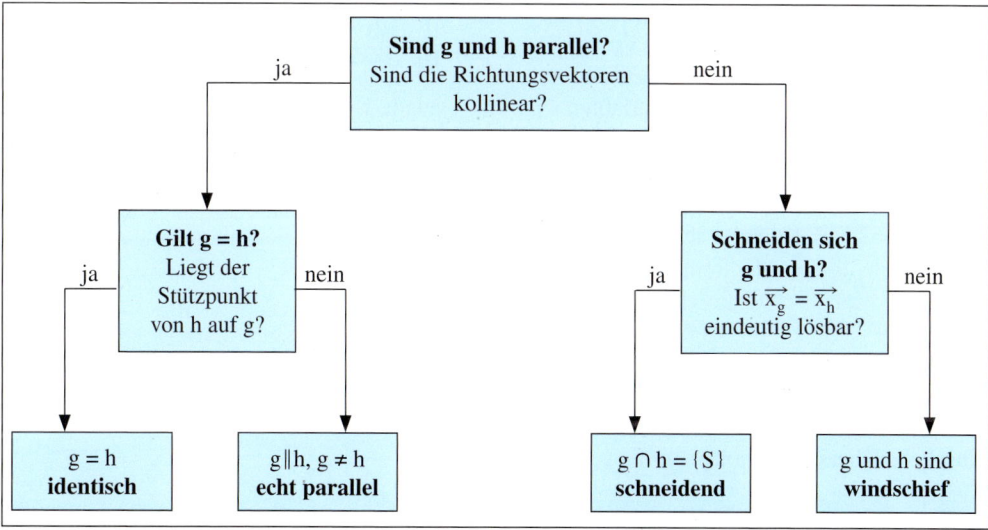

► **Beispiel: Parallele Geraden**

Gegeben sind die Geraden g: $\vec{x} = \begin{pmatrix} 3 \\ 0 \\ 1 \end{pmatrix} + r \begin{pmatrix} -3 \\ 6 \\ 3 \end{pmatrix}$ und h: $\vec{x} = \begin{pmatrix} 0 \\ 12 \\ 4 \end{pmatrix} + s \begin{pmatrix} 4 \\ -8 \\ -4 \end{pmatrix}$.

Welche relative Lage zueinander nehmen die Geraden g und h ein?

Lösung:
Die Richtungsvektoren $\vec{m}_g$ und $\vec{m}_h$ der Geraden sind kollinear. $\vec{m}_h$ ist ein Vielfaches von $\vec{m}_g$. Es gilt nämlich $\vec{m}_h = -\frac{4}{3} \cdot \vec{m}_g$. Die Geraden sind also parallel.
Eine Punktprobe zeigt, dass der Stützpunkt P(0|12|4) von h nicht auf g liegt. Also sind die Geraden nicht identisch, sondern echt
► parallel.

Parallelitätsuntersuchung:

$$\vec{m}_h = \begin{pmatrix} 4 \\ -8 \\ -4 \end{pmatrix} = -\frac{4}{3} \cdot \begin{pmatrix} -3 \\ 6 \\ 3 \end{pmatrix} = -\frac{4}{3} \cdot \vec{m}_g$$

Punktprobe:

$$\begin{aligned} 0 &= 3 - 3r & r &= 1 \\ 12 &= 0 + 6r & \Rightarrow r &= 2 \Rightarrow \text{Wid.} \\ 4 &= 1 + 3r & r &= 1 \end{aligned}$$

► **Beispiel: Schneidende Geraden**

Die Gerade g geht durch die Punkte P(0|0|6) und Q(8|12|2). Die Gerade h geht durch A(4|0|2) und B(4|12|6). Untersuchen Sie die relative Lage von g und h. Skizzieren Sie die Situation.

Lösung:
Wir stellen zunächst die vektoriellen Parametergleichungen von g und h auf, indem wir die Zweipunkteform anwenden.

Nun betrachten wir die Richtungsvektoren. Man erkennt auf den ersten Blick ohne Rechnung, dass sie nicht kollinear sind. Daher sind g und h weder parallel noch identisch.

Wir setzen nun die allgemeinen Geradenvektoren von g und h gleich, d.h. $\vec{x}_g = \vec{x}_h$. Daraus ergibt sich ein Gleichungssystem mit drei Gleichungen und zwei Variablen r und s.

Das Gleichungssystem hat die eindeutige Lösung $r = \frac{1}{2}$, $s = \frac{1}{2}$. Daher schneiden sich die Geraden. Der Schnittpunkt lautet S(4|6|4).

Durch die Verwendung von stützenden Ebenen für die Geraden wird deren graphischer Verlauf besonders deutlich und die räumliche Übersicht erhöht.

Parametergleichungen:

$$\text{g: } \vec{x}_g = \begin{pmatrix} 0 \\ 0 \\ 6 \end{pmatrix} + r \begin{pmatrix} 8 \\ 12 \\ -4 \end{pmatrix}$$

$$\text{h: } \vec{x}_h = \begin{pmatrix} 4 \\ 0 \\ 2 \end{pmatrix} + s \begin{pmatrix} 0 \\ 12 \\ 4 \end{pmatrix}$$

Schnittuntersuchung:

$$\begin{pmatrix} 0 \\ 0 \\ 6 \end{pmatrix} + r \begin{pmatrix} 8 \\ 12 \\ -4 \end{pmatrix} = \begin{pmatrix} 4 \\ 0 \\ 2 \end{pmatrix} + s \begin{pmatrix} 0 \\ 12 \\ 4 \end{pmatrix}$$

$$\begin{aligned} &\text{I} & 8r &= 4 \\ &\text{II} & 12r &= 12s \\ &\text{III} & 6 - 4r &= 2 + 4s \end{aligned}$$

aus I: $r = \frac{1}{2}$

in II: $s = \frac{1}{2} \Rightarrow$ S(4|6|4)

in III: $4 = 4$

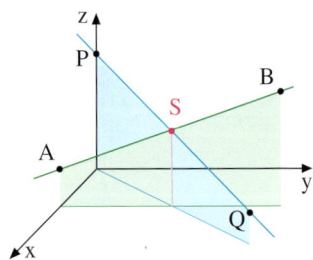

> **Beispiel: Windschiefe Geraden**
> Untersuchen Sie die relative Lage von g: $\vec{x} = \begin{pmatrix} 2 \\ 0 \\ 0 \end{pmatrix} + r \begin{pmatrix} 1 \\ 1 \\ -2 \end{pmatrix}$ und h: $\vec{x} = \begin{pmatrix} 1 \\ 0 \\ 0 \end{pmatrix} + s \begin{pmatrix} 2 \\ 2 \\ -3 \end{pmatrix}$.

Lösung:
g und h sind nicht parallel, da ihre Richtungsvektoren nicht kollinear sind, was man durch einfaches Hinsehen erkennen kann.

Wir führen durch Gleichsetzen der rechten Seiten der beiden Geradengleichungen eine Schnittuntersuchung durch, die auf einen Widerspruch führt. Das zugeordnete Gleichungssystem ist unlösbar. Die Geraden schneiden sich also nicht, es verbleibt nur noch eine Möglichkeit:

▶ Die Geraden g und h sind windschief.

Schnittuntersuchung:

$$\begin{pmatrix} 2 \\ 0 \\ 0 \end{pmatrix} + r \begin{pmatrix} 1 \\ 1 \\ -2 \end{pmatrix} = \begin{pmatrix} 1 \\ 0 \\ 0 \end{pmatrix} + s \begin{pmatrix} 2 \\ 2 \\ -3 \end{pmatrix}$$

I $2 + r = 1 + 2s$
II $r = \quad 2s$
III $-2r = \quad -3s$

I–II: $2 = 1$ Widerspruch

$\Rightarrow$ g und h sind windschief

Übung 2   Lagebeziehung
Gesucht ist die relative Lage von g und h.

a) g: $\vec{x} = \begin{pmatrix} 0 \\ 1 \\ 2 \end{pmatrix} + r \begin{pmatrix} 2 \\ 1 \\ -3 \end{pmatrix}$, h: $\vec{x} = \begin{pmatrix} -2 \\ -2 \\ 7 \end{pmatrix} + s \begin{pmatrix} -2 \\ 1 \\ 1 \end{pmatrix}$

b) g: $\vec{x} = \begin{pmatrix} 1 \\ 1 \\ 2 \end{pmatrix} + r \begin{pmatrix} 1 \\ -2 \\ 2 \end{pmatrix}$, h: $\vec{x} = \begin{pmatrix} -1 \\ 2 \\ 1 \end{pmatrix} + s \begin{pmatrix} -2 \\ 4 \\ -4 \end{pmatrix}$

c) g: $\vec{x} = \begin{pmatrix} 3 \\ 0 \\ 1 \end{pmatrix} + r \begin{pmatrix} 1 \\ 1 \\ -2 \end{pmatrix}$, h: $\vec{x} = \begin{pmatrix} 0 \\ 2 \\ 0 \end{pmatrix} + s \begin{pmatrix} 2 \\ 1 \\ 1 \end{pmatrix}$

d) g: $\vec{x} = \begin{pmatrix} 2 \\ 0 \\ 1 \end{pmatrix} + r \begin{pmatrix} 2 \\ 1 \\ -1 \end{pmatrix}$, h: $\vec{x} = \begin{pmatrix} 0 \\ 2 \\ -4 \end{pmatrix} + s \begin{pmatrix} 2 \\ 0 \\ 1 \end{pmatrix}$

Übung 3   Parallele Geraden
Welche der Geraden sind parallel, welche schneiden sich?

g: $\vec{x} = \begin{pmatrix} 1 \\ 0 \\ 2 \end{pmatrix} + r \begin{pmatrix} 2 \\ -1 \\ 1 \end{pmatrix}$

h: $\vec{x} = \begin{pmatrix} 5 \\ -3 \\ 2 \end{pmatrix} + s \begin{pmatrix} -2 \\ 3 \\ 3 \end{pmatrix}$

Gerade u durch C $(2|-2|3)$ und D $(-2|0|1)$,

Gerade v durch E $(2|0|0)$ und F $(0|3|3)$.

Übung 4   Raumgeraden
Ein Raum ist 8 m tief, 6 m breit und 4 m hoch.
a) Wie lauten die vektoriellen Geradengleichungen der Raumdiagonalen g_{AG} und g_{BH}?
b) Untersuchen Sie, welche relative Lage g_{AG} und g_{BH} zueinander einnehmen.
c) M ist der Mittelpunkt der rechten Wand BCGF.
   Welche Lage nehmen die Geraden h_{AM} und g_{BH} zueinander ein?

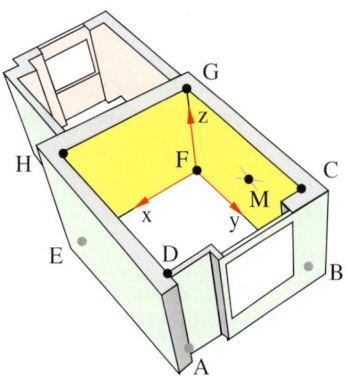

Übungen

5. Bogenschießen

Ein Bogenschütze zielt vom Punkt P$(0|0|15)$ in Richtung des Vektors $\vec{v}$, um eine der drei im Bergland aufgestellten Scheiben zu treffen.

1 LE = 1 dm

a) Welche Scheibe trifft er? Wie lang ist die Flugbahn? Welche Geschwindigkeit hat der Pfeil, wenn der Flug eine Sekunde dauert?

b) In welche Richtung $\vec{w}$ muss der Schütze zielen, um die Elchscheibe zu treffen?

Bär$(-155|465|85)$
Wolf$(-155|465|92,5)$ $\vec{v} = \begin{pmatrix} -1 \\ 3 \\ 0,5 \end{pmatrix}$
Elch$(-160|640|95)$

6. Motorradstunt

Ein Drahtseilartist plant, mit einem Motorrad vom Startpunkt A$(20|20|0)$ auf den Turm der Stadtkirche zum Punkt B$(220|420|80)$ zu fahren (1 LE = 1 m). Das Fahrseil soll durch drei senkrechte Masten mit den Spitzen $S_1(70|120|20)$, $S_2(120|220|30)$ und $S_3(170|300|60)$ gestützt werden.

a) Sind die Masten als Stützen geeignet? Können Sie ggf. durch Kürzen oder Verlängern passend gemacht werden?

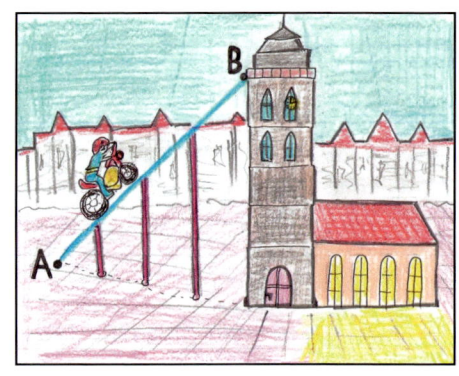

b) Wie lange dauert der Stunt, wenn das Motorrad mit 20 km/h fährt?

c) Unter welchem Winkel steigt das Fahrseil an?

7. Wasserspeicher

An den Positionen M und N befinden sich zwei Wasserspeicher. Ein Überlaufkanal k führt von M nach A. Vom Oberflächenpunkt T wird eine Belüftungsbohrung b in Richtung des Vektors $\vec{v}$ vorgetrieben. Außerdem ist eine Versorgungsleitung g vom Oberflächenpunkt E, der senkrecht über M liegt, zum Speicher N geplant.

1 LE = 100 m

M$(8|12|-6)$, N$(14|2|-10)$
A$(11|0|-9)$, T$(8|2|0)$ $\vec{v} = \begin{pmatrix} 1 \\ 1 \\ -4 \end{pmatrix}$

Trifft die Belüftungsbohrung b den Überlaufkanal k? Wie lang muss der Bohrer sein? Zeigen Sie, dass die Versorgungsleitung g weder k noch b trifft. Wie lange dauert das Bohren von g bei einem Vortrieb von 20 cm/min?

Mit Hilfe der Lagebeziehungsuntersuchung für Geraden im Raum können einfache Anwendungs-
probleme modellhaft gelöst werden, z. B. Flugbahnprobleme.

▶ **Beispiel: Flugbahnen**

Der Rettungshubschrauber Alpha startet um 10:00 Uhr vom Stützpunkt Adlerhorst A (10|6|0).
Er fliegt geradlinig mit einer Geschwindigkeit von 300 km/h zum Gipfel des Mount Devil
D (4|−3|3), wo sich der Unfall ereignet hat. Die Koordinaten sind in Kilometern angegeben.
Zeitgleich hebt der Hubschrauber Beta von der Spitze des Tempelbergs T (7|−8|3) ab, um
Touristen nach B (4|16|0) zurückzubringen. Seine Geschwindigkeit beträgt 350 km/h.

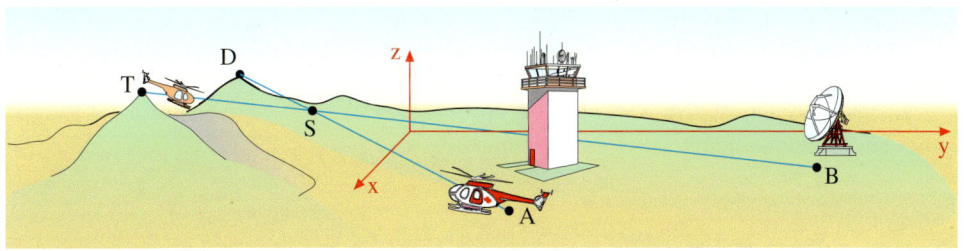

a) Zeigen Sie, dass sich die beiden Hubschrauber auf Kollisionskurs befinden.
b) Untersuchen Sie, ob die Hubschrauber tatsächlich kollidieren.

Lösung zu a:
Wir stellen die Flugbahngleichungen mit
Hilfe der Zweipunkteform auf.
Anschließend untersuchen wir, ob die bei-
den Bahnen sich schneiden.
Wir erhalten einen Schnittpunkt S (6|0|2).
Die Hubschrauber befinden sich also auf
Kollisionskurs.

Lösung zu b:
Wir errechnen zunächst die Länge der
Flugstrecken der Hubschrauber bis zum
Schnittpunkt, d. h. die Beträge der beiden
Vektoren $\overrightarrow{AS}$ und $\overrightarrow{TS}$.
Dividieren wir diese Strecken durch die zu-
gehörigen Hubschraubergeschwindigkei-
ten, so erhalten wir die Flugzeiten bis zum
Schnittpunkt in Stunden, die wir in Minuten
umrechnen.
Hubschrauber Alpha ist 0,11 Minuten spä-
ter am möglichen Kollisionspunkt als
Hubschrauber Beta. Dieser ist dann schon
ca. 640 m weitergeflogen. Es kommt da-
▶ her nicht zu einer Kollision.

Gleichungen der Flugbahnen:

$$\alpha: \vec{x} = \begin{pmatrix} 10 \\ 6 \\ 0 \end{pmatrix} + r \begin{pmatrix} -6 \\ -9 \\ 3 \end{pmatrix}$$

$$\beta: \vec{x} = \begin{pmatrix} 7 \\ -8 \\ 3 \end{pmatrix} + s \begin{pmatrix} -3 \\ 24 \\ -3 \end{pmatrix}$$

Schnittpunkt der Flugbahnen:
Für $r = \frac{2}{3}$ und $s = \frac{1}{3}$ ergibt sich der Schnitt-
punkt S (6|0|2).

Flugstrecken bis zum Schnittpunkt:

$$|\overrightarrow{AS}| = \left\| \begin{pmatrix} -4 \\ -6 \\ 2 \end{pmatrix} \right\| = \sqrt{56} \approx 7,48 \,\text{km}$$

$$|\overrightarrow{TS}| = \left\| \begin{pmatrix} -1 \\ 8 \\ -1 \end{pmatrix} \right\| = \sqrt{66} \approx 8,12 \,\text{km}$$

Flugzeiten bis zum Schnittpunkt:

$$t_{\text{Alpha}} = \frac{7,48}{300} \,\text{h} \approx 0,025 \,\text{h} \approx 1,50 \,\text{min}$$

$$t_{\text{Beta}} = \frac{8,12}{350} \,\text{h} \approx 0,023 \,\text{h} \approx 1,39 \,\text{min}$$

Übungen

8. Punktprobe

Prüfen Sie, ob die Punkte P und Q auf der Geraden g durch A und B liegen.

a) A(0|0|5)   P(3|6|2)   b) A(6|3|0)   P(2|5|4)
   B(1|2|4)   Q(4|8|0)   B(0|6|6)   Q(4|2|4)

9. Optische Täuschung

Das Schrägbild zeigt eine
Gerade g durch die Punkte
A und B sowie zwei weite-
re Punkte P und Q, die auf
g zu liegen scheinen. Ist
dies tatsächlich der Fall?

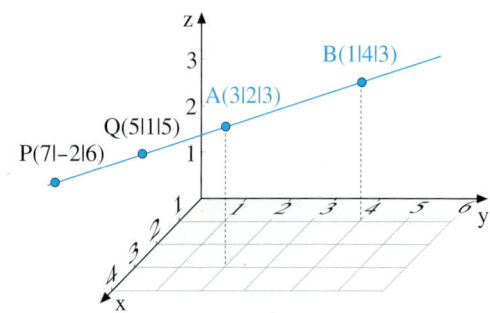

10. Punkt und Strecke

Untersuchen Sie, ob der Punkt P auf der Strecke $\overline{AB}$ liegt.

a) A(2|1|4)   b) A(−2|4|5)   c) A(3|0|7)   d) A(2|1|3)
   B(5|7|1)   B(2|8|9)   B(4|1|6)   B(6|7|1)
   P(3|3|3)   P(0|6|7)   P(7|4|3)   P(4|3|1)

11. Dreieck

Gegeben sei ein Dreieck ABC mit den Eckpunkten A(0|6|6), B(0|6|3) und C(3|3|0) sowie
die Punkte P(2|2|2), Q(2|4|1) und R(2|5,5|4,5).
Fertigen Sie ein Schrägbild an und überprüfen Sie rechnerisch, welche der Punkte P, Q und
R auf den Seiten des Dreiecks liegen.

12. Parallele Geraden

Welche der folgenden sechs Geraden sind parallel zueinander, welche sind sogar identisch?

g: $\vec{x} = \begin{pmatrix} 1 \\ 2 \\ -4 \end{pmatrix} + r \begin{pmatrix} 8 \\ -4 \\ 2 \end{pmatrix}$ h: $\vec{x} = \begin{pmatrix} 1 \\ 2 \\ -4 \end{pmatrix} + r \begin{pmatrix} 2 \\ -1 \\ 1 \end{pmatrix}$ k: $\vec{x} = \begin{pmatrix} 5 \\ 0 \\ -5 \end{pmatrix} + r \begin{pmatrix} 4 \\ -2 \\ 1 \end{pmatrix}$

u: Gerade durch A(1|2|−6)   v: $\vec{x} = \begin{pmatrix} -3 \\ 4 \\ -5 \end{pmatrix} + r \begin{pmatrix} -2 \\ 1 \\ -0,5 \end{pmatrix}$ w: Gerade durch A(6|−1|−1)
   und B(9|−2|−4)   und B(2|1|−3)

13. Schnittpunktberechnung

Gegeben sind die Gerade g durch A und B sowie die Gerade h durch C und D.
Zeigen Sie, dass die Geraden sich schneiden, und berechnen Sie den Schnittpunkt S.

a) A(3|1|2), B(5|3|4)   b) A(1|0|0), B(1|1|1)   c) A(4|1|5), B(6|0|6)
   C(2|1|1), D(3|3|2)   C(2|4|5), D(3|6|8)   C(1|2|3), D(−2|5|3)

14. Windschiefe Geraden

Zeigen Sie, dass die Geraden g und h windschief sind.

a) g: $\vec{x} = \begin{pmatrix} 1 \\ 0 \\ 1 \end{pmatrix} + r \begin{pmatrix} 1 \\ -1 \\ 0 \end{pmatrix}$

    h: $\vec{x} = \begin{pmatrix} 0 \\ 1 \\ 0 \end{pmatrix} + s \begin{pmatrix} 0 \\ 1 \\ 1 \end{pmatrix}$

b) g: $\vec{x} = \begin{pmatrix} 1 \\ 1 \\ -1 \end{pmatrix} + r \begin{pmatrix} 1 \\ 2 \\ 1 \end{pmatrix}$

    h: $\vec{x} = \begin{pmatrix} 0 \\ 1 \\ 1 \end{pmatrix} + s \begin{pmatrix} 1 \\ 1 \\ 1 \end{pmatrix}$

c) g: $\vec{x} = \begin{pmatrix} 1 \\ -1 \\ 2 \end{pmatrix} + r \begin{pmatrix} 2 \\ 2 \\ 1 \end{pmatrix}$

    h: $\vec{x} = \begin{pmatrix} 3 \\ -3 \\ 0 \end{pmatrix} + s \begin{pmatrix} 0 \\ 3 \\ 1 \end{pmatrix}$

15. Lagebeziehung

Untersuchen Sie, welche Lagebeziehung zwischen der Geraden g durch A und B und der Geraden h durch C und D besteht. Berechnen Sie gegebenenfalls den Schnittpunkt.

a) A(−1|1|1), B(1|1|−1)
   C(1|1|1), D(0|1|2)

b) A(4|2|1), B(0|4|3)
   C(1|2|1), D(3|4|3)

c) A(2|0|4), B(4|2|3)
   C(6|4|2), D(10|8|0)

16. Geraden im Raum

Überprüfen Sie, ob die eingezeichneten Geraden sich schneiden, und berechnen Sie gegebenenfalls den Schnittpunkt.

a)

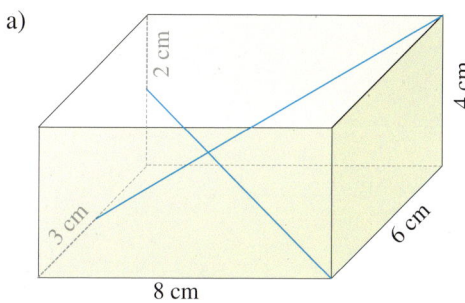

b)

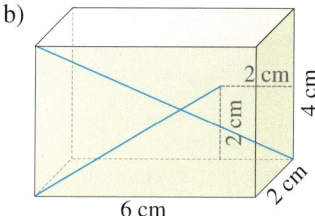

17. Ebenes Raumviereck

Vier Punkte bilden ein ebenes Raumviereck, wenn die Diagonalen $\overline{AC}$ und $\overline{BD}$ sich schneiden. Prüfen Sie, ob die Punkte A, B, C, D ein solches Viereck bilden.

a) A(3|1|2), B(6|2|2), C(5|9|4), D(1|4|3)
b) A(4|0|0), B(4|3|1), C(0|3|4), D(4|0|3)
c) A(5|2|0), B(1|2|6), C(1|6|0), D(6|7|−2)

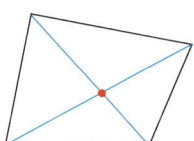

Die Diagonalen schneiden sich.

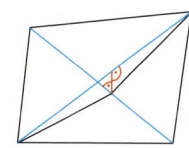

Die Diagonalen schneiden sich nicht.

18. Pyramide

Gegeben ist eine 6 m hohe gerade quadratische Pyramide, deren Grundflächenseiten 6 m lang sind.

Der Punkt M liegt in der Mitte der Seite $\overline{SC}$. Die Strecke $\overline{SA}$ ist dreimal so lang wie die Strecke $\overline{SN}$.

Wo schneiden sich die eingezeichneten Geraden?

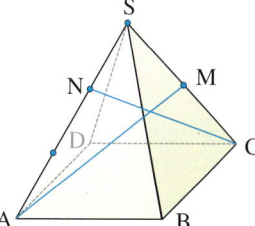

C. Exkurs: Geradenscharen

Enthält die Geradengleichung innerhalb des Stützvektors oder des Richtungsvektors eine Variable, so beschreibt die Gleichung eine ganze Schar von Geraden.

Beispiel: Parallele Geraden

Die Gleichung g_a: $\vec{x} = \begin{pmatrix} 2 \\ a \\ 0 \end{pmatrix} + r \begin{pmatrix} -1 \\ 0 \\ 2 \end{pmatrix}$ beschreibt eine Schar paralleler Geraden, denn alle Geraden g_a haben den gleichen Richtungsvektor. Sie unterscheiden sich nur in der y-Koordinate ihres Stützpunktes.

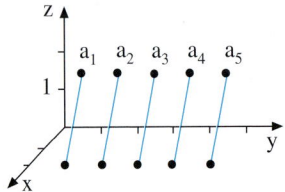

Beispiel: Gemeinsamer Stützpunkt

Die Gleichung g_a: $\vec{x} = \begin{pmatrix} 2 \\ 4 \\ 3 \end{pmatrix} + r \begin{pmatrix} -1 \\ 1 \\ 2+a \end{pmatrix}$ beschreibt eine Schar von Geraden, die alle den gleichen Stützpunkt $P(2|4|3)$ haben, um den sie sich aufgrund der veränderlichen z-Koordinate ihres Richtungsvektors drehen.

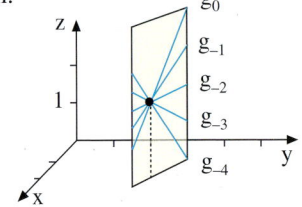

▶ **Beispiel: Kollisionskurs**

Die Flugbahnen einer Formation von Sportflugzeugen können durch die Geradenschar g_a ($a = 1, 2, ..., 8$) beschrieben werden. Ist eines der Flugzeuge auf direktem Kollisionskurs mit dem Segelflugzeug h?

$$g_a: \vec{x} = \begin{pmatrix} 9 \\ 2+a \\ 6 \end{pmatrix} + r \begin{pmatrix} -1 \\ 1 \\ 1 \end{pmatrix} \qquad h: \vec{x} = \begin{pmatrix} 1 \\ 3 \\ 11 \end{pmatrix} + s \begin{pmatrix} 2 \\ 1 \\ -1 \end{pmatrix}$$

Lösung:
Wir führen eine Schnittuntersuchung durch. Dazu setzen wir die Koordinaten von g_a und h gleich. Wir erhalten ein Gleichungssystem (drei Gleichungen, drei Variablen). Die Lösung lautet: $r = 2$, $s = 3$, $a = 2$. Das bedeutet: Der Flieger auf g_2 droht mit dem Flieger auf h im Punkt $S(7|6|8)$ zu kollidie-
▶ ren.

Schnittuntersuchung:

I $\qquad 9 - r = 1 + 2s$
II $\qquad 2 + a + r = 3 + s$
III $\qquad 6 + r = 11 - s$
aus I und III: $r = 2$, $s = 3$
aus II: $a = 2$
$\Rightarrow g_2$ schneidet h in $S(7|6|8)$.

19. Gerade mit Parameter
Gegeben sind die Geraden g_a und h. $\qquad g_a: \vec{x} = \begin{pmatrix} 1 \\ 3 \\ 2 \end{pmatrix} + r \begin{pmatrix} -a \\ a \\ 2 \end{pmatrix}$ $\quad h: \vec{x} = \begin{pmatrix} 0 \\ 10 \\ 6 \end{pmatrix} + s \begin{pmatrix} 1 \\ 2 \\ -1 \end{pmatrix}$.

a) Für welchen Wert von a liegt der Punkt $P(-1|5|4)$ auf g_a? Liegt $Q(11|-6|4)$ auf g_a?
b) Für welchen Wert von a schneiden sich g_a und h? Wo liegt der Schnittpunkt?
c) Für welchen Wert von a liegt g_a parallel zur z-Achse?
d) Für welchen Wert von a schneidet g_a die x-Achse? Wo liegt der Schnittpunkt?

Übungen

20. Schar paralleler Geraden

Dargestellt ist die Schar paralleler Geraden.

a) Geben Sie die Gleichungen von g_0 und g_1 an.

b) Stellen Sie die allgemeine Gleichung von g_a auf.

c) Ermitteln Sie, welche Gerade g_a die Gerade

h: $\vec{x} = \begin{pmatrix} 0 \\ 6 \\ 4 \end{pmatrix} + r \begin{pmatrix} 1 \\ 6 \\ -3 \end{pmatrix}$ schneidet.

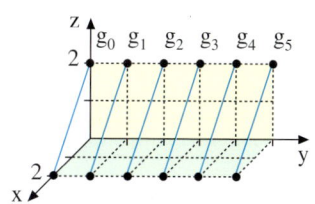

21. Rettungstunnel

Bei einem Grubenunglück wird versucht, die im Schacht $\overline{AB}$ und den Hohlräumen H_1 und H_2 verschütteten Bergleute durch sechs vom Turm $T(4|6|0)$ ausgehenden Rettungsbohrungen g_a zu erreichen.

Daten: A$(8|2|-2)$; B$(15|16|-9)$
$H_1(22|6|-14)$; $H_2(12|16|-4)$

g_a: $\vec{x} = \begin{pmatrix} 4 \\ 6 \\ 0 \end{pmatrix} + r \begin{pmatrix} 13-a \\ a-4 \\ a-11 \end{pmatrix}$

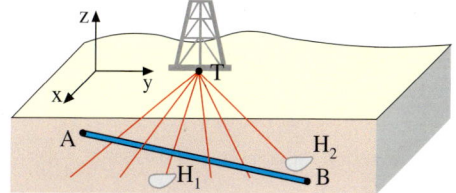

$a = 0, 2, 4, 6, 8, 10$

a) Wird der Schacht $\overline{AB}$ von einer der Bohrungen getroffen? Wenn ja, wo?

b) Entscheiden Sie, ob die Hohlräume H_1 und H_2 gefunden werden.

c) Entscheiden Sie, ob eine der Bohrungen senkrecht nach unten führt.

22. Scheinwerfer

Die Pyramide ABCDS hat die Koordinaten A$(20|4|0)$, B$(20|20|0)$, C$(4|20|0)$, D$(4|4|0)$ und S$(12|12|16)$. Ihr Eingang liegt bei E$(11|14|12)$. Eine Treppe führt von P$(13|20|0)$ nach Q$(7|17|6)$. Von der Turmspitze T$(20|40|2)$ werden fünf Scheinwerfer auf die Pyramide

gerichtet. Die Lichtstrahlen werden durch g_a: $\vec{x} = \begin{pmatrix} 20 \\ 40 \\ 2 \end{pmatrix} + r \begin{pmatrix} a-12 \\ -2a-20 \\ 4a-2 \end{pmatrix}$ beschrieben, (a = 0, 1, 2, 3, 4).

a) Entscheiden Sie, ob einer der Lichtstrahlen den Eingang E trifft.

b) Entscheiden Sie, ob einer der Lichtstrahlen die Treppe trifft.

c) Entscheiden Sie, ob einer der Strahlen parallel zur Seitenkante $\overline{BS}$ der
Pyramide ist.

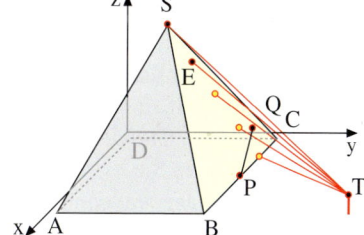

23. Durch $A(a + 3 \mid a \mid 1)$ und $B(a + 1 \mid a + 1 \mid 3)$ wird eine Geradenschar festgelegt ($a \in \mathbb{R}$).

    a) Geben Sie eine Parametergleichung der Geradenschar an.

    b) Ermitteln Sie, welche Gerade der Schar durch den Punkt $P(4 \mid 1 \mid 5)$ geht.

    c) Ermitteln Sie, welche Geraden der Schar jeweils die Koordinatenachsen schneiden. Geben Sie auch die Schnittpunkte an.

24. Gegeben ist die Geradenschar g_a: $\vec{x} = \begin{pmatrix} 2 + a \\ 4 - a \\ 5 \end{pmatrix} + r \begin{pmatrix} 0 \\ 1 \\ -1 \end{pmatrix}$, $r, a \in \mathbb{R}$.

    a) Beschreiben Sie die Lage der Geraden der Schar und zeichnen Sie die Geraden für $a = 1$, $a = 0$ und $a = -1$ als Schrägbild.

    b) Ermitteln Sie, welche Gerade der Schar die z-Achse schneidet. Geben Sie auch den Schnittpunkt an.

    c) Ermitteln Sie, welche Gerade der Schar durch den Punkt $P(8 \mid 2 \mid 1)$ geht.

    d) Gibt es eine Gerade der Schar, die durch den Ursprung geht?

    e) Zeigen Sie, dass die Gerade h: $\vec{x} = \begin{pmatrix} 5 \\ 5 \\ 1 \end{pmatrix} + s \begin{pmatrix} 0 \\ -2 \\ 2 \end{pmatrix}$ zur gegebenen Geradenschar gehört.

25. Gegeben ist die Geradenschar g_a: $\vec{x} = \begin{pmatrix} 5 \\ 1 \\ 4 \end{pmatrix} + r \begin{pmatrix} a \\ 2 \\ 4 - 2a \end{pmatrix}$, $r, a \in \mathbb{R}$.

    a) Beschreiben Sie die Lage der Geraden der Schar und zeichnen Sie die Geraden für $a = 0$, $a = 1$ und $a = 2$ als Schrägbild.

    b) Welche Gerade der Schar ist parallel zu $\vec{v} = \begin{pmatrix} 3 \\ 1 \\ -4 \end{pmatrix}$?

    c) Welche Gerade der Schar geht durch den Punkt $P(x \mid 3 \mid 1)$? Bestimmen Sie x.

    d) Welche Gerade der Schar schneidet die z-Achse? Berechnen Sie auch den Schnittpunkt.

    e) Welche Gerade der Schar schneidet die y-Achse? Berechnen Sie auch den Schnittpunkt.

    f) Welche Gerade der Schar schneidet die x-Achse? Berechnen Sie auch den Schnittpunkt.

26. Gegeben sind die Geradenschar g_a: $\vec{x} = \begin{pmatrix} 2 \\ 4 \\ 2 \end{pmatrix} + r \begin{pmatrix} a \\ 1 \\ a \end{pmatrix}$ und die Gerade h: $\vec{x} = \begin{pmatrix} 2 \\ 3 \\ -2 \end{pmatrix} + s \begin{pmatrix} 3 \\ 1 \\ 1 \end{pmatrix}$.

    a) Beschreiben Sie die Lage der Geraden der Schar g_a. Zeichnen Sie die Gerade h sowie die Geraden g_1, g_2, g_3 und g_4 als Schrägbild.

    b) Zeigen Sie, dass die Geraden g_4 und h windschief sind.

    c) Entscheiden Sie, ob es eine Gerade der Schar g_a gibt, die parallel zu h ist.

    d) Ermitteln Sie, welche Gerade der Schar g_a durch den Ursprung geht.

    e) Ermitteln Sie, welche Gerade der Schar g_a parallel zur y-Achse ist.

    f) Für welchen Wert von a schneiden sich die Geraden g_a und h? Berechnen Sie auch den Schnittpunkt.

3. Der Winkel zwischen Geraden

Schneiden sich zwei Geraden in einem Punkt S, so bilden sie dort zwei Paare von Scheitelwinkeln. Einer der beiden Winkel überschreitet 90° nicht. Diesen Winkel bezeichnet man als *Schnittwinkel der Geraden*. Dieser kann mit Hilfe der Richtungsvektoren der beiden Geraden berechnet werden. Dazu verwendet man das Skalarprodukt, genauer gesagt die Kosinusformel für den Winkel zwischen Vektoren auf Seite 83.

▶ **Beispiel:** Die Geraden g: $\vec{x} = \begin{pmatrix} -2 \\ 7 \\ 6 \end{pmatrix} + r \begin{pmatrix} -3 \\ 4 \\ 4 \end{pmatrix}$ und h: $\vec{x} = \begin{pmatrix} 1 \\ -4 \\ 5 \end{pmatrix} + s \begin{pmatrix} 0 \\ -7 \\ 3 \end{pmatrix}$ schneiden sich im Punkt S(1|3|2). Bestimmen Sie den Schnittwinkel γ der Geraden.

Lösung:
Denken wir uns die Richtungsvektoren der beiden Geraden im Schnittpunkt S angesetzt, so schließen sie entweder den Schnittwinkel γ der Geraden oder dessen Ergänzungswinkel $\gamma' = 180° - \gamma$ ein.

Es reicht also zunächst aus, den Winkel δ zwischen den Richtungsvektoren $\vec{m}_1$ und $\vec{m}_2$ zu berechnen. Wir erhalten für den Winkel $\delta \approx 109{,}15°$. Dies bedeutet, dass wir γ' bestimmt haben. γ hat daher die Größe
▶ 70,85°.

1. Winkel zwischen $\vec{m}_1$ und $\vec{m}_2$:

$$\vec{m}_1 = \begin{pmatrix} -3 \\ 4 \\ 4 \end{pmatrix}, \ \vec{m}_2 = \begin{pmatrix} 0 \\ -7 \\ 3 \end{pmatrix}$$

$$\cos\delta = \frac{\vec{m}_1 \cdot \vec{m}_2}{|\vec{m}_1| \cdot |\vec{m}_2|} = \frac{-16}{\sqrt{41} \cdot \sqrt{58}} \approx -0{,}3281$$

$$\delta \approx 109{,}15°$$

2. Schnittwinkel γ von g und h:
$$\gamma \approx 180° - 109{,}15° = 70{,}85°$$

Noch einfacher ist es, die Kosinusformel leicht zu verändern durch Betragsbildung im Zähler. Dann erhält man sofort den Schnittwinkel γ. (Begründen Sie dies!)

Schnittwinkel von Geraden

g und h seien zwei Geraden mit den Richtungsvektoren $\vec{m}_1$ und $\vec{m}_2$. Dann gilt für ihren Schnittwinkel γ:

$$\cos\gamma = \frac{|\vec{m}_1 \cdot \vec{m}_2|}{|\vec{m}_1| \cdot |\vec{m}_2|}.$$

Es gilt $0° \leq \gamma \leq 90°$.

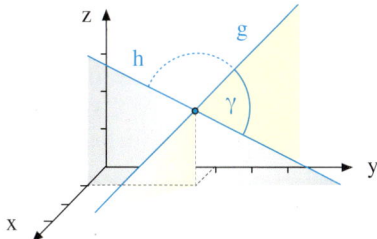

Übung 1   Schnittpunkt und Schnittwinkel
Bestimmen Sie den Schnittpunkt und den Schnittwinkel der Geraden g und h.

a) g: $\vec{x} = \begin{pmatrix} 0 \\ 2 \\ 1 \end{pmatrix} + r \cdot \begin{pmatrix} 1 \\ 1 \\ 2 \end{pmatrix}$, h: $\vec{x} = \begin{pmatrix} 0 \\ 1 \\ -4 \end{pmatrix} + s \cdot \begin{pmatrix} 2 \\ 1 \\ -1 \end{pmatrix}$ b) g: $\vec{x} = \begin{pmatrix} 1 \\ -2 \end{pmatrix} + r \cdot \begin{pmatrix} 1 \\ 2 \end{pmatrix}$, h: $\vec{x} = \begin{pmatrix} 0 \\ 4 \end{pmatrix} + s \cdot \begin{pmatrix} -1 \\ 2 \end{pmatrix}$

Stehen zwei Geraden orthogonal zueinander, so lässt sich dieses sofort anhand der Orthogonalität der Richtungsvektoren feststellen. Es gilt folgende *Orthogonalitätsbedingung*:

Orthogonalitätsbedingung
Zwei Geraden, die sich schneiden, stehen senkrecht aufeinander, wenn ihre Richtungsvektoren orthogonal sind (d. h., wenn das Skalarprodukt der Richtungsvektoren null ergibt).

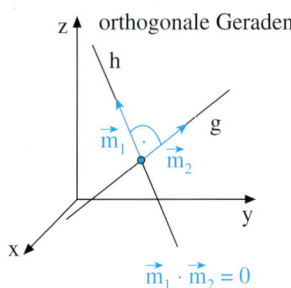

$$\vec{m}_1 \cdot \vec{m}_2 = 0$$

Übung 2   Orthogonale Geraden
Überprüfen Sie, ob g und h senkrecht stehen oder ob sie für einen Wert von a senkrecht stehen können.

a) g: $\vec{x} = \begin{pmatrix} 2 \\ 3 \end{pmatrix} + r \begin{pmatrix} 1 \\ 1 \end{pmatrix}$, h: $\vec{x} = \begin{pmatrix} 2 \\ 9 \end{pmatrix} + s \begin{pmatrix} 2 \\ 1 \end{pmatrix}$

b) g: $\vec{x} = \begin{pmatrix} 1 \\ 1 \\ 2 \end{pmatrix} + r \begin{pmatrix} 3 \\ -2 \\ 1 \end{pmatrix}$, h: $\vec{x} = \begin{pmatrix} -2 \\ 3 \\ 1 \end{pmatrix} + s \begin{pmatrix} 2 \\ 1 \\ -4 \end{pmatrix}$

c) g: $\vec{x} = \begin{pmatrix} 3 \\ 3 \end{pmatrix} + r \begin{pmatrix} 3 \\ -1 \end{pmatrix}$, h: $\vec{x} = \begin{pmatrix} 4 \\ 6 \end{pmatrix} + s \begin{pmatrix} -1 \\ a \end{pmatrix}$

d) g: $\vec{x} = \begin{pmatrix} 3 \\ 0 \\ 1 \end{pmatrix} + r \begin{pmatrix} 2 \\ 1 \\ -4 \end{pmatrix}$, h: $\vec{x} = \begin{pmatrix} 2 \\ -0,5 \\ 3 \end{pmatrix} + s \begin{pmatrix} a \\ 2 \\ -1 \end{pmatrix}$

Übung 3   Schnittpunkt und Schnittwinkel
Bestimmen Sie den Schnittpunkt und den Schnittwinkel der Geraden g und h.

a) g: $\vec{x} = \begin{pmatrix} 1 \\ 2 \end{pmatrix} + r \begin{pmatrix} 3 \\ 1 \end{pmatrix}$, h: $\vec{x} = \begin{pmatrix} 4 \\ 1 \end{pmatrix} + s \begin{pmatrix} 1 \\ 1 \end{pmatrix}$

b) g: $\vec{x} = \begin{pmatrix} 3 \\ 1 \\ 4 \end{pmatrix} + r \begin{pmatrix} 2 \\ 2 \\ -2 \end{pmatrix}$, h: $\vec{x} = \begin{pmatrix} 2 \\ 3 \\ -1 \end{pmatrix} + s \begin{pmatrix} 1 \\ 2 \\ -3 \end{pmatrix}$

c) g durch A (2|1) und B (3|2),
   h durch C (2|7) und D (4|5)

d) g durch A (3|2|5) und B (5|6|3),
   h durch C (4|3|7) und D (−2|−6|4)

Übung 4   Ursprungsgerade
Unter welchen Winkeln schneidet die Ursprungsgerade g: $\vec{x} = r \begin{pmatrix} 1 \\ 2 \\ 4 \end{pmatrix}$ die Koordinatenachsen?

Übung 5   Parameteraufgabe
Bestimmen Sie t so, dass die Gerade durch P (6|4|t) die x-Achse bei x = 3 unter 60° schneidet.

Übung 6   Die Mittelsenkrechte auf einer Strecke im $\mathbb{R}^2$
Gegeben ist das Dreieck ABC mit A (1|2), B (9|0) und C (5|6).

a) Bestimmen Sie den Mittelpunkt M der Strecke $\overline{AB}$.

b) Bestimmen Sie einen Vektor $\vec{n} = \begin{pmatrix} x \\ y \end{pmatrix}$, der senkrecht auf dem Streckenvektor $\overrightarrow{AB}$ steht.

c) Stellen Sie die Gleichung der Mittelsenkrechten g_{AB} der Strecke $\overline{AB}$ auf.

d) Berechnen Sie den Schnittpunkt S der Mittelsenkrechten von $\overline{AB}$ und $\overline{AC}$. Geben Sie die Bedeutung des Punktes S an.

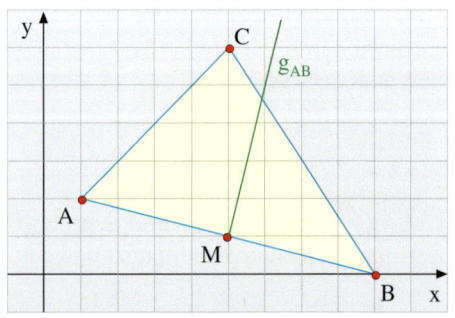

4. Spurpunkte mit Anwendungen

In diesem Abschnitt werden als exemplarische Anwendungsbeispiele für Geraden Spurpunktprobleme behandelt.

Die Schnittpunkte einer Geraden mit den Koordinatenebenen bezeichnet man als *Spurpunkte* der Geraden.

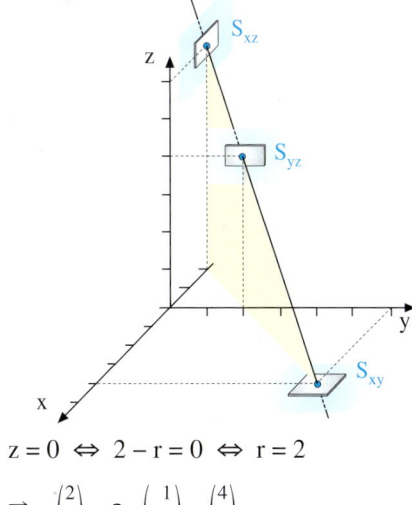

> **Beispiel: Spurpunkte**
>
> Gegeben sei g: $\vec{x} = \begin{pmatrix} 2 \\ 4 \\ 2 \end{pmatrix} + r \begin{pmatrix} 1 \\ 1 \\ -1 \end{pmatrix}$.
>
> Bestimmen Sie die Spurpunkte der Geraden und fertigen Sie eine Skizze an.

Lösung:

Der Schnittpunkt der Geraden mit der x-y-Ebene wird als Spurpunkt S_{xy} bezeichnet. Er hat die z-Koordinate $z = 0$. Die z-Koordinate des allgemeinen Geradenpunktes beträgt $z = 2 - r$. Setzen wir diese 0, so erhalten wir $r = 2$, was auf den Spurpunkt $S_{xy}(4|6|0)$ führt.

$z = 0 \Leftrightarrow 2 - r = 0 \Leftrightarrow r = 2$

$\vec{x} = \begin{pmatrix} 2 \\ 4 \\ 2 \end{pmatrix} + 2 \cdot \begin{pmatrix} 1 \\ 1 \\ -1 \end{pmatrix} = \begin{pmatrix} 4 \\ 6 \\ 0 \end{pmatrix}$

$S_{xy}(4|6|0)$

Analog errechnen wir die weiteren Spurpunkte, indem wir die x-Koordinate bzw. die y-Koordinate des allgemeinen Geradenpunktes null setzen.
► Ergebnisse: $S_{yz}(0|2|4)$, $S_{xz}(-2|0|6)$

Übung 1

Berechnen Sie die Spurpunkte der Geraden g durch A und B. Fertigen Sie eine Skizze an.
a) $A(10|6|-1)$, $B(4|2|1)$
b) $A(-2|4|9)$, $B(4|-2|3)$
c) $A(4|1|1)$, $B(-2|1|7)$
d) $A(2|4|-2)$, $B(-1|-2|4)$

Übung 2

Geben Sie die Gleichung einer Geraden g an, die nur zwei Spurpunkte bzw. nur einen Spurpunkt besitzt.

Übung 3

In welchen Punkten durchdringen die Kanten der skizzierten Pyramide den 2 m hohen Wasserspiegel?

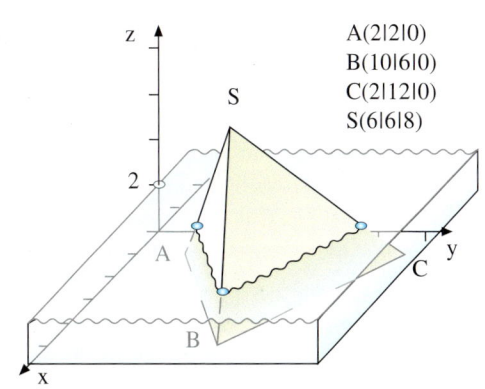

A(2|2|0)
B(10|6|0)
C(2|12|0)
S(6|6|8)

Im Folgenden werden Spurpunktberechnungen zur Lösung von Anwendungsaufgaben zur Lichtreflexion und zum Schattenwurf eingesetzt.

> ### Beispiel: Lichtreflexion
> Der Verlauf eines Lichtstrahls soll verfolgt werden. Der Strahl geht vom Punkt A $(0|6|6)$ aus und läuft in Richtung des Vektors $\begin{pmatrix} 1 \\ -1 \\ -2 \end{pmatrix}$ auf die x-y-Ebene zu, an der er reflektiert wird.
> Wo trifft der Strahl auf die x-y-Ebene? Wie lautet die Geradengleichung des dort reflektierten Strahles und wo trifft dieser auf die x-z-Ebene?

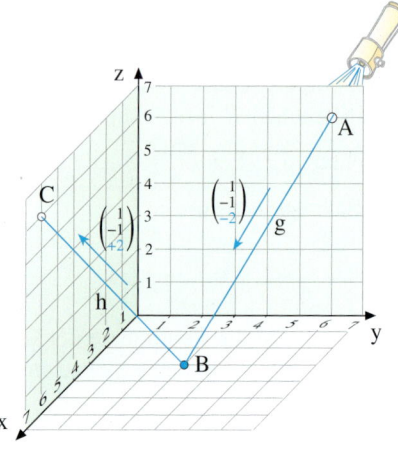

Lösung:
Wir bestimmen zunächst die Geradengleichung des von A ausgehenden Strahls g. Dessen Schnittpunkt B mit der x-y-Ebene erhalten wir durch Nullsetzen der z-Koordinate des allgemeinen Geradenpunktes von g.
Der reflektierte Strahl h geht von diesem Punkt B $(3|3|0)$ aus. Bei der Reflexion ändert sich nur diejenige Koordinate des Richtungsvektors, die senkrecht auf der Reflexionsebene steht. Diese Koordinate wechselt ihr Vorzeichen, hier also die z-Koordinate. Der Richtungsvektor von h ist daher $\begin{pmatrix} 1 \\ -1 \\ +2 \end{pmatrix}$. Nun können wir die Geradengleichung des reflektierten Strahls h aufstellen und dessen Schnittpunkt mit der x-z-Ebene berechnen. Es ist der Punkt
▶ C $(6|0|6)$.

Gleichung des Strahls g:

$$g:\ x = \begin{pmatrix} 0 \\ 6 \\ 6 \end{pmatrix} + r \begin{pmatrix} 1 \\ -1 \\ -2 \end{pmatrix}$$

Schnittpunkt mit der x-y-Ebene:

$$z = 0 \iff 6 - 2r = 0 \iff r = 3 \implies B\,(3|3|0)$$

Gleichung des reflektierten Strahls h:

$$h:\ \vec{x} = \begin{pmatrix} 3 \\ 3 \\ 0 \end{pmatrix} + s \begin{pmatrix} 1 \\ -1 \\ +2 \end{pmatrix}$$

Schnittpunkt mit der x-z-Ebene:

$$y = 0 \iff 3 - s = 0 \iff s = 3 \implies C\,(6|0|6)$$

Übung 4 Billard
Auch beim Billardspiel kommt es zu Reflexionen der Kugel an der Bande. Auf dem abgebildeten Tisch liegt die Kugel in der Position P$(6|4)$. Sie wird geradlinig in Richtung des Vektors $\begin{pmatrix} 2 \\ 3 \end{pmatrix}$ gestoßen.
Entscheiden Sie, ob die Kugel ins Loch bei L$(14|0)$ läuft.
Lösen Sie die Aufgabe zeichnerisch und rechnerisch.

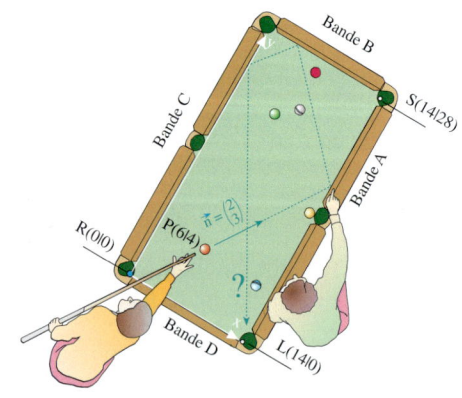

Spurpunktberechnungen können auch zur Konstruktion der Schattenbilder von Gegenständen im Raum auf die Koordinatenebenen verwendet werden.

▶ **Beispiel: Schattenwurf**
Im 1. Oktanden des Koordinatensystems steht die senkrechte Strecke $\overline{PQ}$ mit $P(4|3|0)$ und $Q(4|3|6)$.

In Richtung des Vektors $\begin{pmatrix} -2 \\ 1 \\ -2 \end{pmatrix}$ fällt paralleles Licht auf die Strecke.
Konstruieren Sie rechnerisch ein Schattenbild der Strecke auf den Randflächen des 1. Oktanden.

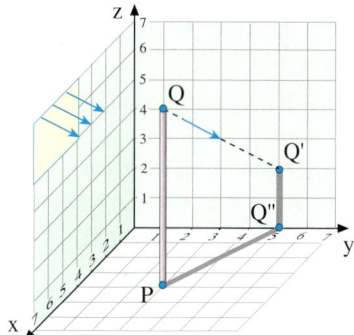

Lösung:
Das Ergebnis ist rechts abgebildet, ein abknickender Schatten. Es wurde durch Verfolgung desjenigen Lichtstrahls g konstruiert, der durch den Punkt Q führt.

Nach dem Aufstellen der Geradengleichung von g errechnen wir den Spurpunkt Q' von g in der y-z-Ebene, denn wir vermuten, dass der Strahl g diese Ebene zuerst trifft.

Gleichung des Strahls g durch Q:

$$g: \vec{x} = \begin{pmatrix} 4 \\ 3 \\ 6 \end{pmatrix} + r \begin{pmatrix} -2 \\ 1 \\ -2 \end{pmatrix}$$

Durch Nullsetzen der x-Koordinate des allgemeinen Geradenpunktes erhalten wir $r = 2$, d. h. $Q'(0|5|2)$.

Schnittpunkt von g mit der y-z-Ebene:

$x = 0 \Leftrightarrow 4 - 2r = 0 \Leftrightarrow r = 2 \Rightarrow Q'(0|5|2)$

Der Fußpunkt des senkrechten Lotes von Q' auf die y-Achse ist $Q''(0|5|0)$.

Fußpunkt des Lotes von Q' auf die y-Achse:

$Q''(0|5|0)$

▶ Der Schatten der Strecke $\overline{PQ}$ ist der Streckenzug $PQ''Q'$, wie oben eingezeichnet. Es handelt sich um einen abknickenden Schatten.

Übung 5 Schatten
Im mathematischen Klassenraum steht ein Schrank für die Aufbewahrung von Punkten, Strecken und Flächen. Er hat die Höhe 4 und die Breite 2. Für seine Tiefe reicht bekanntlich 0 aus.
In Richtung des Vektors $\begin{pmatrix} -1 \\ 1 \\ -1 \end{pmatrix}$ fällt paralleles Licht auf den Schrank.
Konstruieren Sie das Schattenbild des Schrankes auf dem Boden und den Wänden rechnerisch und zeichnen Sie es auf.

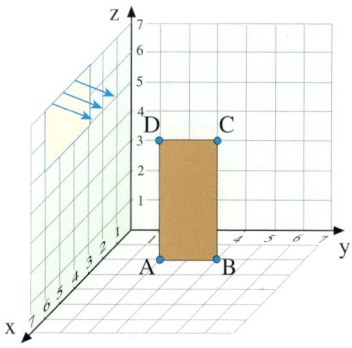

Übungen

6. **Spurpunkte**
   Gegeben sind die Geraden g durch A (1|3|6) und B (2|4|3) sowie h: $\vec{x} = \begin{pmatrix} -1 \\ 4 \\ 6 \end{pmatrix} + s \begin{pmatrix} 2 \\ -2 \\ -2 \end{pmatrix}$

   Bestimmen Sie die Spurpunkte der Geraden und zeichnen Sie ein Schrägbild.

7. **Anzahl von Spurpunkten**
   Geraden können 1, 2, 3 oder unendlich viele unterschiedliche Spurpunkte besitzen. Erläutern Sie diese Tatsache und überprüfen Sie, welcher Fall bei den folgenden Geraden jeweils eintritt.

   a) g: $\vec{x} = \begin{pmatrix} 3 \\ 2 \\ 2 \end{pmatrix} + r \begin{pmatrix} -1 \\ 0 \\ 2 \end{pmatrix}$ b) g: $\vec{x} = \begin{pmatrix} 1 \\ 1 \\ 4 \end{pmatrix} + r \begin{pmatrix} -1 \\ 1 \\ 2 \end{pmatrix}$ c) g: $\vec{x} = \begin{pmatrix} -3 \\ -2 \\ 2 \end{pmatrix} + r \begin{pmatrix} 1 \\ 2 \\ -2 \end{pmatrix}$

   d) g: $\vec{x} = \begin{pmatrix} 2 \\ 0 \\ 1 \end{pmatrix} + r \begin{pmatrix} 1 \\ 0 \\ 2 \end{pmatrix}$ e) g: $\vec{x} = \begin{pmatrix} 2 \\ 2 \\ 3 \end{pmatrix} + r \begin{pmatrix} 0 \\ 0 \\ 2 \end{pmatrix}$ f) g: $\vec{x} = r \begin{pmatrix} 2 \\ 2 \\ 3 \end{pmatrix}$

8. **Billard**
   In welchem Punkt trifft die vom Punkt P(2|4) in Richtung des Vektors $\begin{pmatrix} 3 \\ -1 \end{pmatrix}$ geradlinig gestoßene Billardkugel die Bande C erstmals?
   Bestimmen Sie den gesuchten Punkt zeichnerisch und rechnerisch.

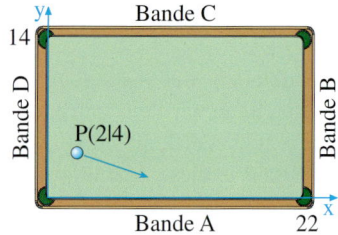

9. **Schattenbilder**
   In Richtung des Vektors $\begin{pmatrix} -1 \\ -3 \\ 1 \end{pmatrix}$ fällt paralleles Licht.
   a) Im 1. Oktanden des Koordinatensystems steht die zur x-y-Ebene senkrechte Strecke $\overline{PQ}$ mit P(4|6|0) und Q(4|6|3). Konstruieren Sie das Schattenbild der Strecke in der x-y-Ebene (zeichnerisch und rechnerisch).
   b) Gegeben ist ein Rechteck ABCD mit A(4|3|0), B(2|3|0), C(2|3|3), D(4|3|3). Konstruieren Sie das Schattenbild des Rechtecks auf dem Boden und den Randflächen des 1. Oktanden (zeichnerisch und rechnerisch).

10. **Dreiecksschatten**
    Im Koordinatenraum steht ein schräg nach oben geneigtes Dreieck ABC mit A(3|2|0), B(3|6|0), C(2|3|4). In Richtung des Vektors $\begin{pmatrix} -1 \\ -3 \\ -1 \end{pmatrix}$ fällt paralleles Licht auf dieses Dreieck.
    Zeichnen Sie das Schattenbild des Dreiecks, wobei Sie sich an der (nicht maßstäblichen) Skizze orientieren. Berechnen Sie dann die Eckpunkte des Dreiecksschattens auf dem Boden und den Wänden des Raums.

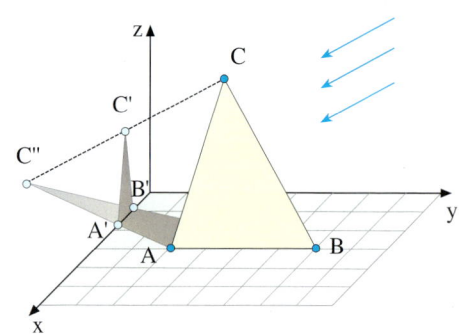

11. Flugbahnen

Flugzeug Alpha fliegt geradlinig durch die Punkte $A\,(-8|3|2)$ und $B\,(-4|-1|4)$. Eine Einheit im Koordinatensystem entspricht einem Kilometer. Der Flughafen F befindet sich in der x-y-Ebene.

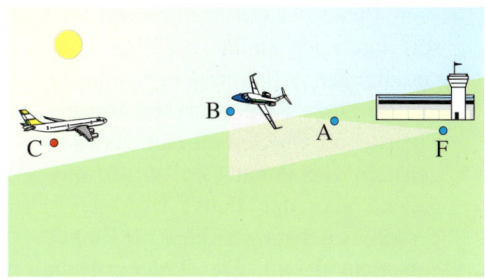

a) In welchem Punkt F ist das Flugzeug gestartet? In welchem Punkt T erreicht es seine Reiseflughöhe von 10 000 m?

b) Flugzeug Beta steuert Punkt $C\,(10|-10|5)$ aus Richtung $\vec{v} = \begin{pmatrix} -2 \\ 2 \\ -1 \end{pmatrix}$ an. Zeigen Sie, dass die beiden Flugzeuge keinesfalls kollidieren können.

c) In dem Moment, an dem Flugzeug Alpha den Punkt B passiert, erreicht Flugzeug Beta den Punkt C. Wie groß ist die Entfernung der Flugzeuge zu diesem Zeitpunkt?

d) Beim Passieren von Punkt C wird Flugzeug Beta vom Tower aufgefordert, in Richtung $\vec{v} = \begin{pmatrix} -5 \\ 4 \\ -1 \end{pmatrix}$ weiterzufliegen. In 1000 m Höhe soll eine weitere Kursänderung erfolgen, die Flugzeug Beta zum Flughafen F bringt. In welche Richtung muss diese letzte Korrektur das Flugzeug führen?

12. Flugbahn und Fluggeschwindigkeit

Ein Sportflugzeug Gamma passiert um 10 Uhr den Punkt $A\,(10|1|0,8)$ und 2 Minuten später den Punkt $B\,(15|7|1)$. Eine Einheit im Koordinatensystem entspricht einem Kilometer. Das Flugzeug fliegt mit konstanter Geschwindigkeit.

a) Stellen Sie die Gleichung der Geraden g auf, auf der das Flugzeug Gamma fliegt. Erläutern Sie für Ihre Geradengleichung den Zusammenhang zwischen dem Geradenparameter und dem zugehörigen Zeitintervall.

b) Wo befindet sich das Flugzeug Gamma um 10:10 Uhr? Mit welcher Geschwindigkeit fliegt es? Wann erreicht das Flugzeug die Höhe von 4000 m?

c) Ein zweites Flugzeug Delta passiert um 10 Uhr den Punkt $P\,(100|130|3,7)$ und eine Minute später den Punkt $Q\,(95|121|3,6)$. Prüfen Sie, ob sich die beiden Flugbahnen schneiden, und untersuchen Sie, ob tatsächlich die Gefahr einer Kollision besteht.

13. Tauchfahrt

Ein U-Boot beginnt eine Tauchfahrt in $P\,(100|200|0)$ mit 11,1 Knoten in Richtung des Peilziels $Z\,(500|600|-80)$, bis es eine Tiefe von 80 m erreicht hat.

$$\left(1 \text{ Knoten} = 1 \,\frac{\text{Seemeile}}{\text{Stunde}} \approx 1,852 \,\frac{\text{km}}{\text{h}}\right)$$

Anschließend wechselt es ohne Kursveränderung in eine horizontale Schleichfahrt von 11 Knoten.

Enscheiden Sie, ob es zu einer Kollision mit der Tauchkugel T kommt, die zeitgleich vom Forschungsschiff $S\,(700|800|0)$ mit einer Geschwindigkeit von 0,5 m/s senkrecht sinkt.

14. Bergwerksstollen

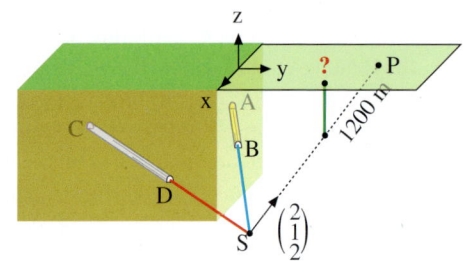

Vom Punkt A(−7|−3|−8) ausgehend
soll durch den Punkt B(−2|0|−9) ein
geradliniger Stollen namens Kuckucksloch in einen Berg getrieben werden.
Ebenso soll ein Stollen namens Mor-
genstern von Punkt C(4|−6|−6) aus-
gehend über den Punkt D(7|−1|−8)
geradlinig gebaut werden. Eine Einheit
entspricht 100 m. Die Erdoberfläche
liegt in der x-y-Ebene.

a) Prüfen Sie, ob die Ingenieure richtig gerechnet haben und die Stollen sich wie geplant in
   einem Punkt S treffen.
b) Im Stollen Kuckucksloch kann die Bohrung um 5 m pro Tag vorangetrieben werden. Wie
   hoch muss die Bohrleistung im Stollen Morgenstern durch C und D sein, damit beide
   Stollen am selben Tag den Vereinigungspunkt S erreichen?
c) Von Punkt S aus wird der Stollen Kuckucksloch weiter in Richtung $\begin{pmatrix} 2 \\ 1 \\ 2 \end{pmatrix}$ fortgesetzt. In
   welchem Punkt P erreicht der Stollen die Erdoberfläche?
d) In 1 200 m Entfernung von Punkt P auf der Strecke $\overline{SP}$ soll ein senkrechter Notausstieg
   gebohrt werden. An welchem Punkt der Erdoberfläche muss die Bohrung beginnen? Wie
   tief wird die Bohrung sein?

15. Pyramide

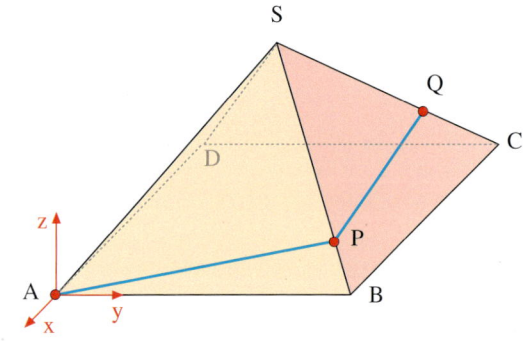

Gegeben sei eine gerade quadratische
Pyramide, die 100 m breit und 50 m
hoch ist.

a) Bestimmen Sie die Gleichungen der
   Geraden, in denen die vier Pyramidenkanten verlaufen.
b) Forscher vermuten, dass das Bau-
   material über riesige Rampen, die
   sich längs der eingezeichneten blau-
   en Strecken an die Pyramide lehnten,
   transportiert wurde.

Die erste Rampe hat im Punkt P 10 m Höhen erreicht. Bestimmen Sie P.

c) Die anschließende Rampe soll den gleichen Steigungswinkel besitzen.
   Bestimmen Sie die Gleichung der entsprechenden Geraden.
   In welchem Punkt Q endet diese Rampe?
   In welchem Punkt erreicht die Rampe die Höhe von 15 m?
d) In welchen Punkten durchstoßen die Pyramidenkanten eine Höhe von 20 m?
   In welcher Höhe beträgt der horizontale Querschnitt der Pyramide 25 m²?

Vom Punkt T(50|−50|100) fällt Licht in Richtung $\begin{pmatrix} -1-a \\ 3-a \\ a-2 \end{pmatrix}$.

e) Zeigen Sie, dass vom Punkt T je ein Lichtstrahl auf die Punkte B und S fällt.
f) Zeigen Sie: Jeder Punkt der Kante $\overline{BS}$ wird angestrahlt.
g) Bestimmen Sie den Schattenwurf der Kante $\overline{BS}$ in der x-y-Ebene.

16. Kletterturm

Ein Kletterturm ist in der Form eines Pyramidenstumpfes geplant. Hierbei bilden die Ecken
$A(0|0|0)$, $B(4|6|0)$, $C(0|12|0)$ und $D(-8|0|0)$
das Grundflächenviereck, während $E(2|0|12)$,
$F(4|3|12)$, $G(2|6|12)$ und $H(-2|0|12)$ das Deck-
flächenviereck bilden.

a) Zeichnen Sie ein Schrägbild des Pyramidenstumpfes.
b) Zeichnen Sie die Grundfläche in der x-y-Ebene. Tragen Sie hierin auch die Projektion der
Oberfläche ein. Klassifizieren Sie nun die vier
Kletterflächen nach ihrem Schwierigkeitsgrad.
c) Zeigen Sie, dass es sich tatsächlich um eine
Pyramide handelt. Überprüfen Sie hierzu die
Pyramidenspitze S. Treffen sich die vier Kanten in S?
d) Bestimmen Sie zunächst das Volumen der Pyramide und dann das des Stumpfes.
e) Welche Koordinaten hat das Querschnittsviereck in halber Höhe des Stumpfes?
f) Zeigen Sie: Die Geradenschar durch S in Richtung $\begin{pmatrix} -2-2a \\ 3a \\ 12 \end{pmatrix}$ enthält die Geraden durch die
Kanten $\overline{BF}$ und $\overline{CG}$.
g) Begründen Sie, dass die Richtungsvektoren der Schar aus f komplanar sind.

17. Pyramidenzelt

Ein Zelt hat die Form einer geraden quadratischen Pyramide
mit 8 m Breite und 3 m Höhe. Den Eingang bildet
das Trapez EFGH mit $|EF| = 4$ m und G bzw. H
als Mitten der Strecken $\overline{ES}$ bzw. $\overline{FS}$.

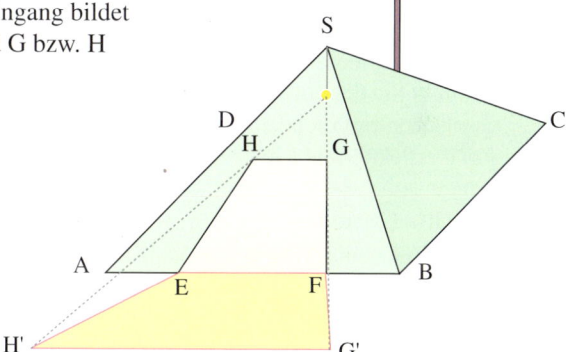

a) Wie groß ist der Eingang EFGH?
b) Ein Meter unter der Zeltspitze S
befindet sich eine Lichtquelle.
Durch den Eingang fällt Licht
nach außen und begrenzt so
eine beleuchtete Fläche.
Wie groß ist sie?
c) Wie ändert sich die beleuchtete Fläche, wenn die Lichtquelle weiter nach oben bzw. weiter nach unten gebracht wird?
Welche Grenzflächen ergeben sich, wenn sich die Lichtquelle in S bzw. in 1,5 m Höhe
befindet?
d) In der Mitte der hinteren Zeltkante $\overline{CD}$ ist auf einer senkrechten Stange eine Kamera angebracht. In welcher Höhe muss sie sich befinden, wenn sie die gesamte beleuchtete Fläche
überwachen soll?

18. Pyramide

Eine gerade quadratische Pyramide ist $80\,\text{m}$ breit und $70\,\text{m}$ hoch. Das Quadrat ABCD ist die Grundfläche der Pyramide, S sei die Spitze der Pyramide.

a) Zeichnen Sie ein Schrägbild der Pyramide im Koordinatensystem.

b) Bestimmen Sie die Größe des Winkels, den die Kanten $\overline{AB}$ und $\overline{AS}$ bei Punkt A bilden.

c) Ermitteln Sie den Winkel zwischen den Kanten $\overline{AS}$ und $\overline{CS}$ der Pyramide.

d) Ermitteln Sie die Größe der Mantelfläche M der Pyramide sowie ihr Volumen V.

19. Dreiseitige Pyramide

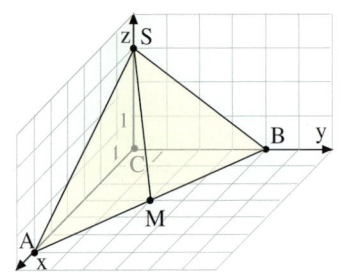

a) Bestimmen Sie in der rechts dargestellten Pyramide die Winkel im Dreieck ABS sowie den Inhalt des Dreiecks.

b) Ermitteln Sie den Mittelpunkt M der Strecke $\overline{AB}$. Prüfen Sie, ob der Winkel ∢ BMS ein rechter Winkel ist.

20. Reflexion

Ein Lichtstrahl g geht durch den Punkt $P(3|3|0)$ und läuft in Richtung des Vektors

$\vec{v} = \begin{pmatrix} -1 \\ 1 \\ 2 \end{pmatrix}$ auf die y-z-Ebene zu.

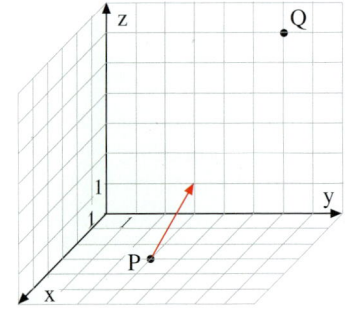

a) Zeigen Sie, dass der Strahl g die y-z-Ebene im Punkt $Q(0|6|6)$ trifft.

b) Der Strahl g wird im Punkt Q nach dem Reflexionsgesetz reflektiert. Geben Sie die Geradengleichung des reflektierten Strahls h an.

c) Emitteln Sie die Größe des Winkels α zwischen einfallendem Lichtstrahl g und reflektiertem Lichtstrahl h.

21. Senkrechte Gerade

Eine Ebene E enthält die Punkte $A(2|3|1)$, $B(4|5|2)$ und $C(3|1|3)$. Bestimmen Sie eine Gleichung der Geraden g, welche die Ebene E im Punkt A senkrecht schneidet.

22. Flugbahnen

Flugzeug Alpha fliegt geradlinig durch die Punkte $A(-4|4|3)$ und $B(-2|3|2)$. Flugzeug Beta durchfliegt die Punkte $C(-12|2|10)$ und $D(-10|3|8)$ ($1\,\text{LE} = 1\,\text{km}$).

a) Weisen Sie nach, dass die Flugbahnen sich treffen.

b) Berechnen Sie, welchen Winkel die Flugbahnen im Schnittpunkt bilden.

23. U-Boot

Ein U-Boot passiert bei geradliniger Tauchfahrt die Positionen $A(20|30|-20)$ und $B(30|50|-40)$ im Abstand von einer Minute (Positionsangaben in Metern).

a) Ermitteln Sie die Geschwindigkeit des U-Bootes.

b) Berechnen Sie, nach wie vielen Minuten ab Position A das U-Boot $140\,\text{m}$ Tiefe erreicht.

c) In $140\,\text{m}$ Tiefe fährt das U-Boot unter Beibehaltung seiner x-y-Richtung horizontal weiter. Ermitteln Sie, um welchen Winkel der Kurs geändert werden muss.

Überblick

Parametergleichung einer Geraden:

$g: \vec{x} = \vec{a} + r \cdot \vec{m} \quad (r \in \mathbb{R}, \vec{m} \neq \vec{0})$

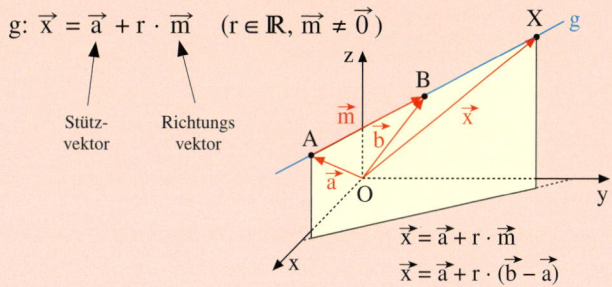

Stütz-vektor   Richtungs-vektor

$\vec{x} = \vec{a} + r \cdot \vec{m}$

$\vec{x} = \vec{a} + r \cdot (\vec{b} - \vec{a})$

Zweipunktegleichung:

$g: \vec{x} = \vec{a} + r \cdot (\vec{b} - \vec{a}) \quad (r \in \mathbb{R})$
$\vec{a}, \vec{b}$ sind die Ortsvektoren zweier Geradenpunkte A und B.

Lagebeziehung von zwei Geraden im Raum:

Die Geraden sind entweder parallel (oder sogar identisch) oder sie schneiden sich in genau einem Punkt oder sie sind windschief.

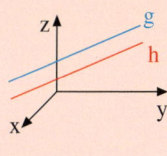

1. Fall: parallel (im Sonderfall: identisch)
Die Richtungsvektoren beider Geraden sind kollinear.
Liegt der Stützpunkt einer Geraden auch auf der anderen Geraden, sind die Geraden sogar identisch.

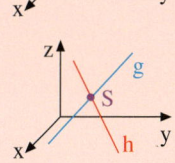

2. Fall: schneidend
Die Richtungsvektoren der Geraden sind nicht kollinear.
Man setzt die rechten Seiten der Parametergleichungen gleich und löst das entstehende eindeutig lösbare LGS.
Die Geraden schneiden sich in genau einem Punkt.

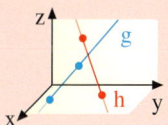

3. Fall: windschief
Die Richtungsvektoren der Geraden sind nicht kollinear.
Man setzt die rechten Seiten der Parametergleichungen gleich.
Das entstehende LGS ist unlösbar.

Winkel zwischen Geraden:

Der **Schnittwinkel** γ von zwei Geraden g und h wird mit folgender Formel berechnet:

$\cos\gamma = \dfrac{|\vec{m}_g \cdot \vec{m}_h|}{|\vec{m}_g| \cdot |\vec{m}_h|}.$

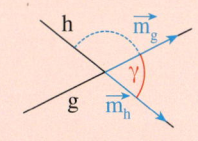

Spurpunkte einer Geraden:

Schnittpunkte der Geraden mit den Koordinatenebenen.
Bedingungen:
$S_{xy}: z = 0$
$S_{xz}: y = 0$
$S_{yz}: x = 0$

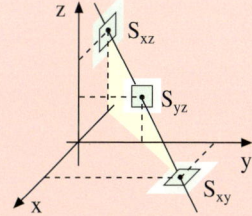

3-D-Darstellung von Geraden

Die Lagebeziehung von zwei Geraden wurde im zweiten Abschnitt rechnerisch untersucht. Im zweidimensionalen Raum kann diese Fragestellung zeichnerisch untersucht werden, im dreidimensionalen Raum ist dies mit Schwierigkeiten verbunden. Dort leisten aber 3-D-Darstellungen mit Computerprogrammen gute Dienste.

Das folgende Bild zeigt die 3-D-Darstellung einer Geraden mit einem Computerprogramm. Einige Programme stehen im Internet frei zur Verfügung.

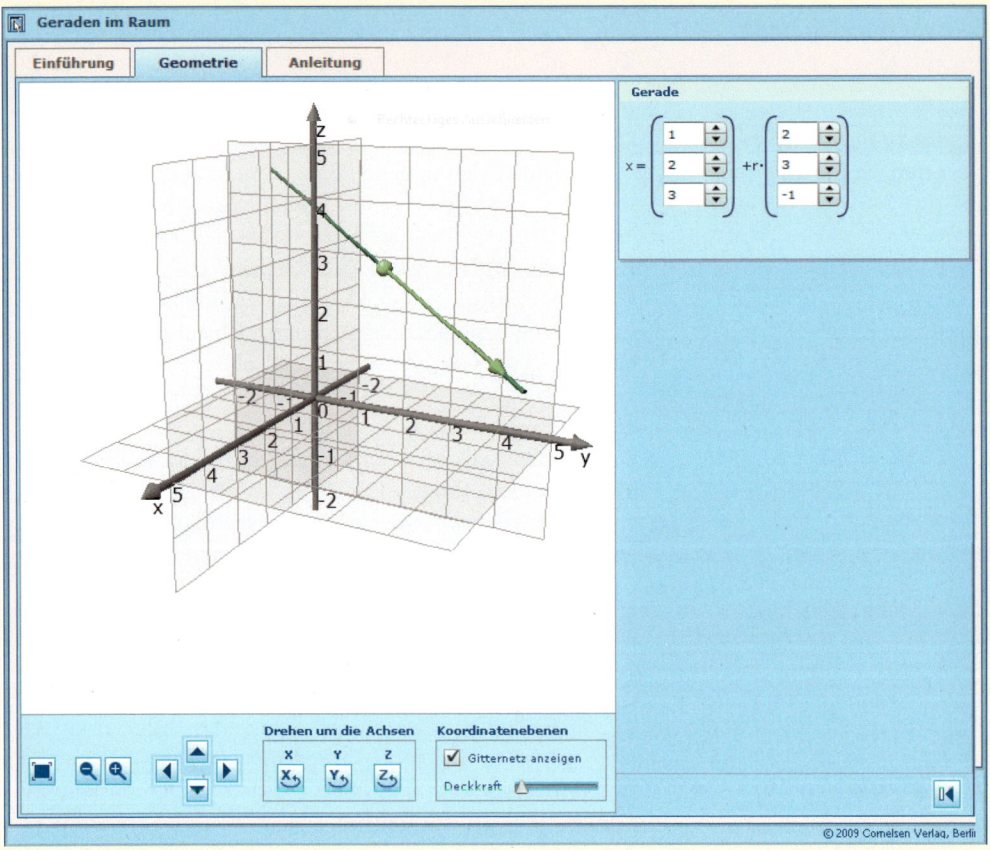

Im Fenster auf der rechten Seite erfolgt die Eingabe bzw. Änderung der Geradengleichung in Parameterform. Im linken Fenster wird die Gerade und der Punkt im räumlichen Koordinatensystem dargestellt.

Die Darstellung kann mithilfe der Schaltflächen unterhalb des Koordinatensystems verändert werden: Das Bild kann vergrößert und verkleinert, verschoben und gedreht werden. Auch die Darstellung der Koordinatenebenen lässt sich ändern.

Das folgende Bild zeigt die 3-D-Darstellung zweier sich schneidender Geraden.
Die Eingabe beider Gleichungen erfolgt wieder in der vektoriellen Parameterform. Das Programm stellt die beiden Geraden im dreidimensionalen Koordinatensystem dar und gibt ihre Lagebeziehung aus. Im vorliegenden Fall schneiden sich die beiden Geraden.

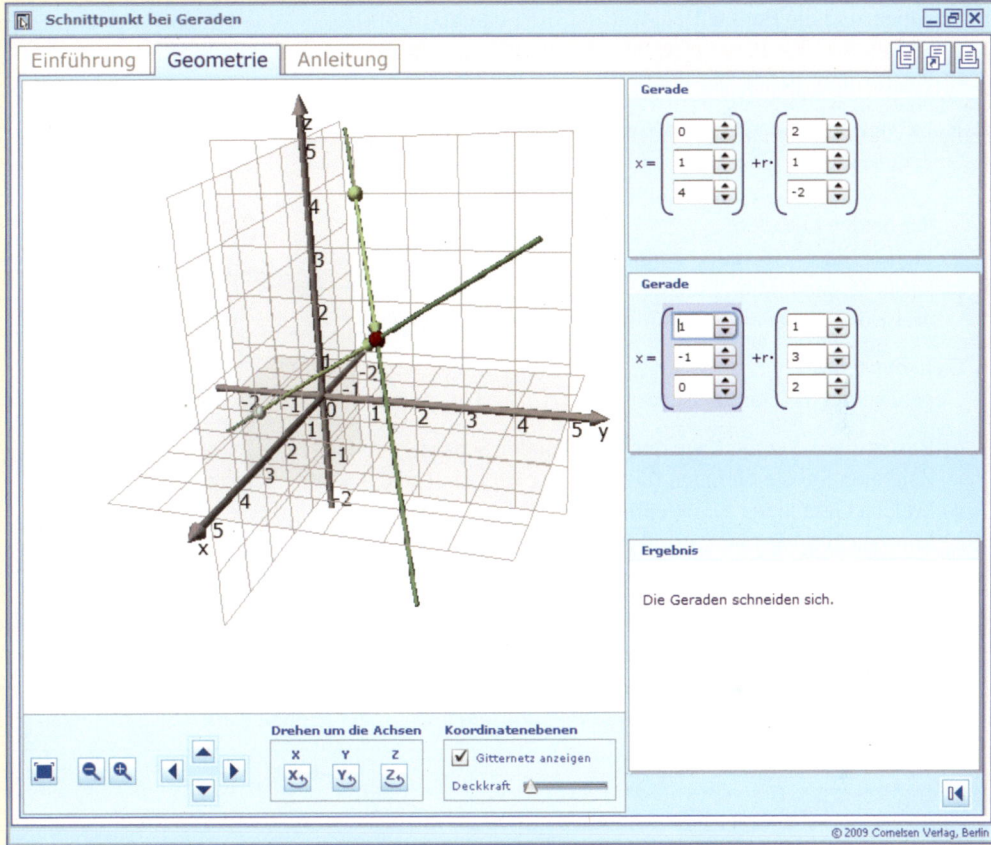

Bei Änderung der Vektoren verändert sich natürlich die Lagebeziehung, d.h., man erhält windschiefe oder parallele oder identische Geraden. Bei einer Drehung um die z-Achse wird die Lagebeziehung unmittelbar optisch deutlich.

Übungen

a) Experimentieren Sie mit dem Medienelement zur Darstellung einer Geraden im dreidimensionalen Raum.
b) Bearbeiten Sie die Übungen 2–4 von Seite 103 zur Lagebeziehung zweier Geraden im Raum mit dem entsprechenden Medienelement.

Test

Geraden im Raum

1. Geradengleichung, Punkt und Strecke
Gegeben sind die Punkte $P(1|4|3)$, $A(3|0|1)$ und $B(0|6|4)$.
a) Stellen Sie eine Parametergleichung der Geraden g durch A und B auf.
b) Überprüfen Sie, ob der Punkt P auf der Strecke $\overline{AB}$ liegt.

2. Relative Lage von Geraden, Spurpunkte
Gegeben sind die Geraden g und h.
a) Bestimmen Sie den Schnittpunkt und den Schnittwinkel
   der beiden Geraden.
b) Stellen Sie die Geraden räumlich dar.
c) Gesucht sind die Punkte, in denen die Gerade h die
   drei Koordinatenebenen durchdringt (Spurpunkte von h).

$$g: \vec{x} = \begin{pmatrix} 2 \\ 2 \\ 3 \end{pmatrix} + r \begin{pmatrix} 3 \\ 6 \\ 3 \end{pmatrix}$$

$$h: \vec{x} = \begin{pmatrix} 1 \\ 2 \\ 6 \end{pmatrix} + s \begin{pmatrix} -1 \\ -1 \\ 1 \end{pmatrix}$$

3. Geradenschar
Gegeben sind die Geradenschar $g_a: \vec{x} = \begin{pmatrix} 0 \\ 0 \\ 2 \end{pmatrix} + r \begin{pmatrix} a \\ 2 \\ 2a \end{pmatrix}$ und die Gerade $h: \vec{x} = \begin{pmatrix} -1 \\ 1 \\ -2 \end{pmatrix} + s \begin{pmatrix} 2 \\ 1 \\ 3 \end{pmatrix}$.

a) Beschreiben Sie die Lage der Geraden der Schar g_a.
   Zeichnen Sie die Geraden für $a = -1$, $a = 0$, $a = 1$ und $a = 2$ als Schrägbild.
b) Welche Gerade der Schar enthält den Punkt $P(3|1|8)$?
c) Für welchen Wert von a sind die Geraden g_a und h parallel?
d) Für welchen Wert von a schneiden sich die Geraden g_a und h? Berechnen Sie ggf. S.

4. Flugbahnen
Ein Flugzeug befindet sich mit konstanter Geschwindigkeit im Anflug auf die Landebahn. Um
16.00 Uhr hat es die Position $A(4|0|6)$ erreicht, eine Minute später ist es an der Position
$B(5|3|4,5)$ angelangt. (Längen- und Positionsangaben in der Einheit km).

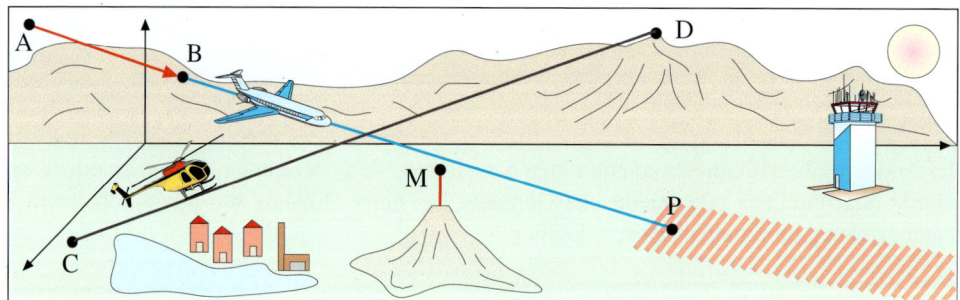

a) Wo liegt der theoretische Aufsetzpunkt P auf der Landebahn, die sich in Meereshöhe $z = 0$
   befindet? Wie lange dauert der gesamte Anflug des Flugzeugs?
b) Das Flugzeug überfliegt den im Anflugbereich schwebenden Fesselballon mit dem Mittel-
   punkt $M(6|6|2,9)$ und dem Durchmesser 20 m. Wieviel Sicherheitsabstand nach unten ist
   beim Überflug der Ballonposition noch vorhanden?
c) Zeitgleich mit dem Beginn des Landeanflugs in A startet ein Hubschrauber von der Öl-
   plattform $C(12|0|0)$ in Richtung der Bergstation $D(-2|14|7)$. Für diesen Flug ist eine
   Flugzeit von exakt 5 Minuten vorgesehen. Befindet sich der Hubschrauber auf Kollisionskurs zur Bahn des Flugzeugs? Kommt es tatsächlich zur Kollision?   Lösungen: S. 368

III.2 Parametergleichungen einer Ebene

1. Ebenengleichungen

A. Die vektorielle Parametergleichung einer Ebene

Ähnlich wie Geraden lassen sich auch Ebenen im Raum durch Vektoren rechnerisch erfassen und bearbeiten. Eine Ebene wird durch einen Punkt und zwei nicht kollineare Vektoren eindeutig festgelegt.

Ist A ein bekannter Punkt der Ebene, ein sogenannter *Stützpunkt*, und sind $\vec{u}$ und $\vec{v}$ zwei linear unabhängige Vektoren, sogenannte *Richtungsvektoren*, so lässt sich der Ortsvektor $\vec{x} = \overrightarrow{OX}$ eines beliebigen Ebenenpunktes als Summe aus dem Stützvektor $\vec{a} = \overrightarrow{OA}$ und einer Linearkombination der beiden Richtungsvektoren darstellen:

$$\vec{x} = \vec{a} + r \cdot \vec{u} + s \cdot \vec{v}.$$

In der Abbildung wird dies für die durch den Rechteckausschnitt angedeutete Ebene veranschaulicht.

Man bezeichnet diese Gleichung als *Punktrichtungsgleichung* der Ebene (1 Punkt, 2 Richtungsvektoren) oder als *vektorielle Parametergleichung* der Ebene und verwendet eine zu vektoriellen Geradengleichungen analoge Schreibweise.

$$\overrightarrow{OX} = \overrightarrow{OA} + \overrightarrow{AX}$$
$$\vec{x} = \vec{a} + r \cdot \vec{u} + s \cdot \vec{v}$$

Vektorielle Parametergleichung einer Ebene

E: $\vec{x} = \vec{a} + r \cdot \vec{u} + s \cdot \vec{v}$ (r, s ∈ ℝ)
$\vec{x}$:   allgemeiner Ebenenvektor
$\vec{a}$:   Stützvektor
$\vec{u}, \vec{v}$: Richtungsvektoren
r, s: Ebenenparameter

▶ **Beispiel: Parametergleichung**
Geben Sie für die rechts ausschnittsweise dargestellte Ebene E eine vektorielle Parametergleichung an.

Lösung:
Wir können den Punkt $A(3|6|1)$ als Stützpunkt und $\vec{u} = \begin{pmatrix} 0 \\ -4 \\ 0 \end{pmatrix}$ und $\vec{v} = \begin{pmatrix} -3 \\ 0 \\ 5 \end{pmatrix}$ als Richtungsvektoren wählen. Eine Parametergleichung der Ebene E lautet dann:

$$E: \vec{x} = \begin{pmatrix} 3 \\ 6 \\ 1 \end{pmatrix} + r \cdot \begin{pmatrix} 0 \\ -4 \\ 0 \end{pmatrix} + s \cdot \begin{pmatrix} -3 \\ 0 \\ 5 \end{pmatrix}.$$

▶

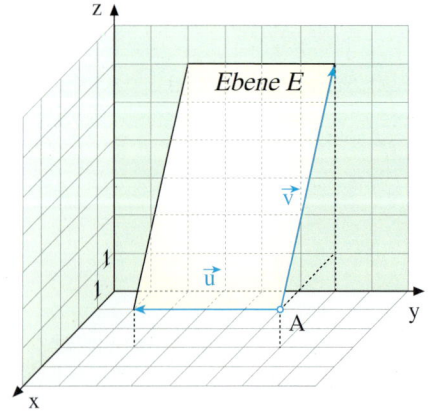

B. Die Dreipunktegleichung einer Ebene

Besonders einfach lässt sich eine Ebenengleichung aufstellen, wenn die Ebene durch drei Punkte gegeben ist, die natürlich nicht auf einer Geraden liegen dürfen.

> **Beispiel:** Zeichnen Sie einen Ausschnitt derjenigen Ebene E, welche die drei Punkte A $(2|0|3)$, B $(3|4|0)$ und C $(0|3|3)$ enthält. Stellen Sie außerdem eine vektorielle Parametergleichung dieser Ebene auf.

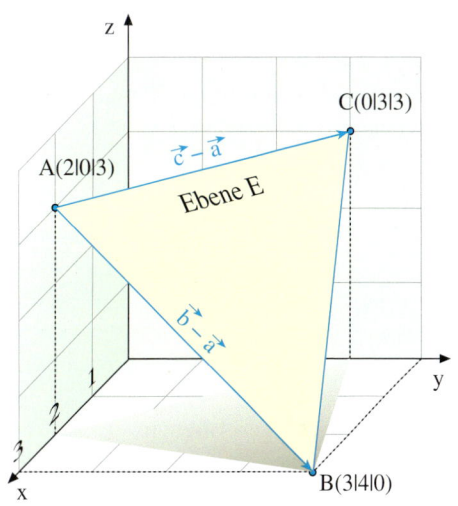

Lösung:
Der dreieckige Ebenenausschnitt ist rechts als Schrägbild dargestellt. Als Stützvektor verwenden wir den Ebenenpunkt A $(2|0|3)$.
Als Richtungsvektoren verwenden wir die Differenzvektoren $\vec{b} - \vec{a}$ und $\vec{c} - \vec{a}$.
Damit ergibt sich die Gleichung

E: $\vec{x} = \vec{a} + r \cdot (\vec{b} - \vec{a}) + s \cdot (\vec{c} - \vec{a})$,

die man als *Dreipunktegleichung* der Ebene bezeichnet.

In unserem Beispiel ergibt sich hiermit als zugehörige Parametergleichung:

E: $\vec{x} = \begin{pmatrix} 2 \\ 0 \\ 3 \end{pmatrix} + r \cdot \begin{pmatrix} 3-2 \\ 4-0 \\ 0-3 \end{pmatrix} + s \cdot \begin{pmatrix} 0-2 \\ 3-0 \\ 3-3 \end{pmatrix}$,

▶ E: $\vec{x} = \begin{pmatrix} 2 \\ 0 \\ 3 \end{pmatrix} + r \cdot \begin{pmatrix} 1 \\ 4 \\ -3 \end{pmatrix} + s \cdot \begin{pmatrix} -2 \\ 3 \\ 0 \end{pmatrix}$.

Dreipunktegleichung der Ebene

A, B, C seien drei nicht auf einer Geraden liegende Punkte mit den Ortsvektoren $\vec{a}$, $\vec{b}$ und $\vec{c}$.
Dann hat die A, B und C enthaltende Ebene die Gleichung:

E: $\vec{x} = \vec{a} + r \cdot (\vec{b} - \vec{a}) + s \cdot (\vec{c} - \vec{a})$.

Übung 1 Ebenengleichung
Wie lautet die Gleichung der Ebene E, welche die Punkte A, B und C enthält?
Fertigen Sie ein Schrägbild der Ebene an.

a) A $(3|0|0)$
   B $(0|4|0)$
   C $(0|0|2)$

b) A $(2|0|1)$
   B $(3|2|0)$
   C $(0|3|2)$

c) A $(4|2|1)$
   B $(3|5|1)$
   C $(0|0|4)$

Übung 2 Pyramide
Eine Pyramide hat als Grundfläche ein Dreieck ABC mit den Eckpunkten A $(1|1|0)$, B $(6|6|1)$ und C $(3|6|1)$. Ihre Spitze ist S $(2|4|4)$.
Zeichnen Sie ein Schrägbild der Pyramide und stellen Sie die Gleichungen der Ebenen E_1, E_2, E_3 auf, welche jeweils eine der drei Seitenflächen der Pyramide enthalten.

Übungen

3. Bildliche Darstellung von Ebenen

Geben Sie vektorielle Parametergleichungen der drei abgebildeten Ebenen an.

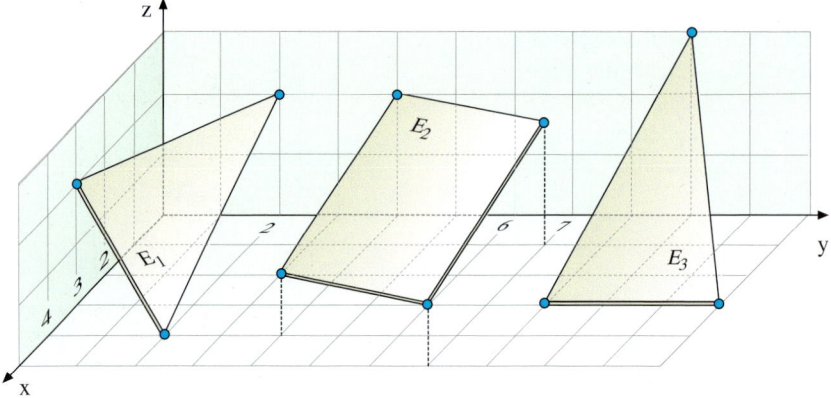

4. Beschreibung von Ebenen

Geben Sie eine vektorielle Parametergleichung folgender Ebenen im Raum an.

a) E_1 ist die x-y-Ebene, E_2 die y-z-Ebene und E_3 die x-z-Ebene.

b) E_4 enthält den Punkt $P(2|3|0)$ und verläuft parallel zur x-z-Ebene.

c) E_5 enthält den Punkt $P(-1|0|-1)$ und verläuft parallel zur x-y-Ebene.

d) E_6 enthält die Ursprungsgerade durch $B(3|1|0)$ und steht senkrecht auf der x-y-Ebene.

e) E_7 enthält die Winkelhalbierende des 1. Quadranten der y-z-Ebene und steht senkrecht zur y-z-Ebene.

5. Ebene durch drei Punkte

Wie lautet eine Parametergleichung einer Ebene E, die die Punkte A, B und C enthält?

a) $A(1|0|1)$
$B(2|-1|2)$
$C(1|1|1)$

b) $A(1|0|0)$
$B(0|1|0)$
$C(0|0|1)$

c) $A(0|0|0)$
$B(3|2|1)$
$C(1|2|1)$

d) $A(2|-1|4)$
$B(6|5|12)$
$C(8|8|16)$

6. Würfel

Gegeben ist ein Würfel mit der Kantenlänge 5 in einem kartesischen Koordinatensystem.

a) Jede Seitenfläche des Würfels liegt in einer Ebene. Geben Sie für jede dieser Ebenen eine Parametergleichung an.

b) Die Ecken D, B, G, E bilden ein Tetraeder, dessen Seitendreiecke Ebenen aufspannen. Geben Sie für jede dieser Ebenen eine Parametergleichung an.

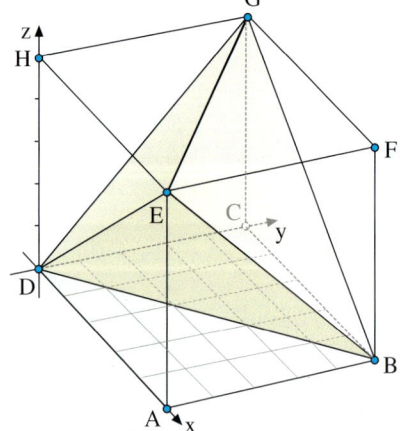

C. Achsenabschnitte und Spurgeraden einer Ebene

Besonders einfach lässt sich die Lage einer Ebene E im Raum beurteilen, wenn man diejenigen Punkte S_X, S_Y und S_Z der Ebene kennt, die auf den drei Koordinatenachsen liegen. Diese Punkte werden als *Achsenabschnittspunkte* bzw. *Spurpunkte* von E bezeichnet.

Rechts ist eine Ebene mit ihren Achsenabschnittspunkten dargestellt. Verbindet man diese Punkte, so erhält man einen dreieckigen Ebenenausschnitt, der auf sehr anschauliche Weise die Lage und die Neigung der Ebene vermittelt. Man bezeichnet das Dreieck $S_X S_Y S_Z$ auch als *Stützdreieck* der Ebene.

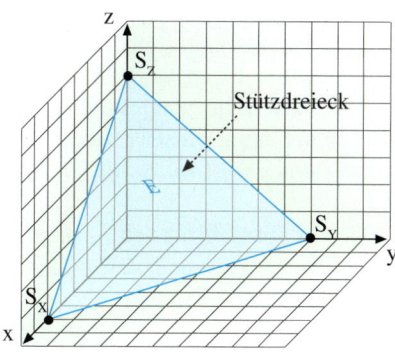

Achsenabschnittspunkte einer Ebene:
$S_X(A|0|0)$ $S_Y(0|B|0)$ $S_Z(0|0|C)$

▶ **Beispiel: Spurpunkte einer Ebene**

Bestimmen Sie die Spurpunkte der Ebene E. Fertigen Sie anschließend ein Schrägbild der Ebene an.

$$E : \vec{x} = \begin{pmatrix} -2 \\ 1 \\ 3 \end{pmatrix} + r\begin{pmatrix} -8 \\ 2 \\ 3 \end{pmatrix} + s\begin{pmatrix} 0 \\ 2 \\ -3 \end{pmatrix}$$

Lösung:
Wir berechnen zunächst den Achsenabschnittspunkt $S_X(A|0|0)$ der Ebene, der auf der x-Achse liegt. Seine y-Koordinate und seine z-Koordinate sind 0. Daher gilt der Ansatz $y = 0$ und $z = 0$.

Die allgemeine y-Koordinate der Ebene E ist $1 + 2r + 2s$. Diesen Ausdruck setzen wir 0. Ebenso wird die z-Koordinate $3 + 3r - 3s$ gleich 0 gesetzt.

Wir erhalten so ein lineares Gleichungssystem mit zwei Variablen r und s und zwei Gleichungen I und II (rechts unterlegt). Dieses LGS lösen wir mit dem Gaußschen Algorithmus. (oder: Additions- bzw. Einsetzungsverfahren bzw. WTR-Lösung).

Wir erhalten die Lösungen $r = -\frac{3}{4}$ und $s = \frac{1}{4}$. Durch Einsetzen dieser Parameterwerte in die x-Koordinate $A = -2 - 8 \cdot r + 0 \cdot s$ erhalten wir den x-Achsenabschnitt $A = 4$ der Ebene.
Der Spurpunkt auf der x-Achse ist $S_X(4|0|0)$.

Berechnung von $S_X(A|0|0)$:

Ansatz:
$y = 0 \Rightarrow 1 + 2r + 2s = 0$
$z = 0 \Rightarrow 3 + 3r - 3s = 0$

Lineares Gleichungssystem:
$\text{I}: 2r + 2s = -1$
$\text{II}: 3r - 3s = -3 \rightarrow 3 \cdot \text{I} - 2 \cdot \text{II}$

$\text{I}': 2r + 2s = -1$
$\text{II}': \quad\quad 12s = 3$

Rückeinsetzung:
aus $\text{II}': s = \frac{1}{4}$

in $\text{I}': 2r + \frac{1}{2} = -1 \Rightarrow r = -\frac{3}{4}$

$\Rightarrow A = -2 - 8 \cdot r + 0 \cdot s$
$\quad\quad = -2 - 8 \cdot \left(-\frac{3}{4}\right) + 0 \cdot \frac{1}{4} = 4$

$\Rightarrow S_X(4|0|0)$ ist der Spurpunkt von E auf der x-Achse.

Analog berechnen wir die beiden noch fehlenden Achsenabschnitte von E.

Für den y-Achsenabschnittspunkt $S_Y(0|B|0)$ gelten die Bedingungen $x = 0$ und $z = 0$, welche auf das rechts dargestellte Gleichungssystem führen. Dessen Lösung führt auf das Resultat y = 2 bzw. $S_Y(0|2|0)$.

Schließlich ergibt sich für den Achsenabschnitt auf der z-Achse analog C = 3, d. h. der Spurpunkt $S_Z(0|0|3)$.

Nun können wir das Schrägbild gewinnen, indem wir die Achsenabschnitte A = 4, B = 2 und C = 3 eintragen und miteinander verbinden, wobei das Stützdreieck entsteht.

Man kann auch gut die drei *Spurgeraden* der Ebene E erkennen. Dies sind die „Randgeraden" des Stützdreiecks, welche in den Koordinatenebenen verlaufen und dort eine „Spur" der Ebene E hinterlassen.

Berechnung von $S_Y(0|B|0)$:
$x = 0 \Rightarrow -2 - 8r = 0 \Rightarrow$ I: $\quad -8r = 2$
$z = 0 \Rightarrow 3 + 3r - 3s = 0 \Rightarrow$ II: $3r - 3s = -3$
$\quad \Rightarrow r = -\frac{1}{4}, s = \frac{3}{4} \Rightarrow B = 2$
$\quad \Rightarrow S_Y(0|2|0)$

Berechnung von $S_Z(0|0|C)$:
$x = 0 \Rightarrow -2 - 8r = 0 \Rightarrow$ I: $\quad -8r = 2$
$y = 0 \Rightarrow 1 + 2r + 2s = 0 \Rightarrow$ II: $2r + 2s = -1$
$\quad \Rightarrow r = -\frac{1}{4}, s = -\frac{1}{4} \Rightarrow C = 3$
$\quad \Rightarrow S_Z(0|0|3)$

Schrägbild der Ebene E:

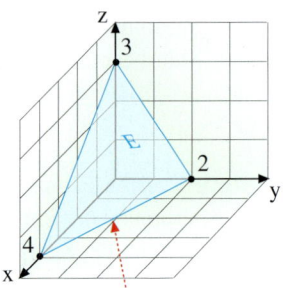

Spurgerade g_{xy} von E in der x-y-Ebene

Beispiel: Spurgeraden einer Ebene
Bestimmen Sie die Gleichung der Spurgeraden g_{xy} der Ebene E, welche in der x-y-Ebene verläuft.

$$E : \vec{x} = \begin{pmatrix} -2 \\ 1 \\ 3 \end{pmatrix} + r\begin{pmatrix} -8 \\ 2 \\ 3 \end{pmatrix} + s\begin{pmatrix} 0 \\ 2 \\ -3 \end{pmatrix}$$

Lösung*:
Die Spurgerade g_{xy} liegt in der x-y-Ebene. Ihre z-Koordinate ist daher null. Also setzen wir die z-Koordinate der Ebene E gleich null: $3 + 3r - 3s = 0$.
Diese Gleichung lösen wir nach s auf. Wir erhalten s = r + 1. Diesen Zusammenhang setzen wir nun in die Ebenengleichung ein. Wir ersetzen dort s durch r + 1.
Durch Ausmultiplizieren und anschließendes Zusammenfassen von Vektoren entsteht so eine Geradengleichung, welche die Spurgerade g_{xy} darstellt (siehe Rechnung rechts).

Gleichung der Spurgeraden g_{xy}:
Ansatz: $z = 0$
$$3 + 3r - 3s = 0$$
$$s = r + 1$$
Einsetzen von t in die Ebenengleichung:
$$g_{xy}: \vec{x} = \begin{pmatrix} -2 \\ 1 \\ 3 \end{pmatrix} + r\begin{pmatrix} -8 \\ 2 \\ 3 \end{pmatrix} + (r + 1)\begin{pmatrix} 0 \\ 2 \\ -3 \end{pmatrix}$$
$$= \begin{pmatrix} -2 \\ 1 \\ 3 \end{pmatrix} + r\begin{pmatrix} -8 \\ 2 \\ 3 \end{pmatrix} + r\begin{pmatrix} 0 \\ 2 \\ -3 \end{pmatrix} + 1 \cdot \begin{pmatrix} 0 \\ 2 \\ -3 \end{pmatrix}$$
$$g_{xy}: \vec{x} = \begin{pmatrix} -2 \\ 3 \\ 0 \end{pmatrix} + r\begin{pmatrix} -8 \\ 4 \\ 0 \end{pmatrix}$$

---

* *Hinweis*: Kennt man die Achsenabschnittspunkte der Ebene E bereits, so kann man die Spurgerade noch einfacher als Gerade durch die beiden zugehörigen Achsenabschnittspunkte gewinnen.

Übung 7 Achsenabschnitte

Bestimmen Sie die Achsenabschnitte der Ebene E und fertigen Sie ein Schrägbild der Ebene an.

a) $E: \vec{x} = \begin{pmatrix} 5 \\ 2 \\ -2 \end{pmatrix} + r \begin{pmatrix} 0 \\ 2 \\ -2 \end{pmatrix} + s \begin{pmatrix} -5 \\ 4 \\ -2 \end{pmatrix}$

b) Ebene durch $A(1|2|6), B(2|8|0), C(3|6|6)$.

Sonderfälle: Ebenen mit weniger als drei Achsenabschnitten

Im Folgenden geht es um die Sonderfälle, in denen die Ebene E nur zwei oder sogar nur einen Achsenabschnitt besitzt. Dies kann der Fall sein, wenn sie parallel verläuft zu einer oder zu zwei Koordinatenachsen. Rechts sind die typischen Fälle abgebildet. Man verwendet nun ein *Stützrechteck*, da es kein Stützdreieck mehr gibt.

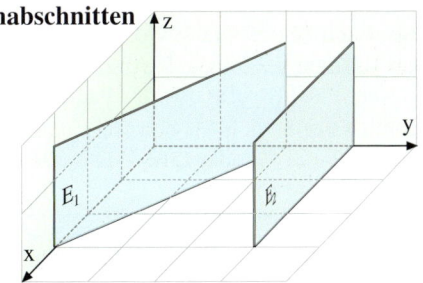

▶ **Beispiel: Ebene mit 2 Achsenabschnitten**

Bestimmen Sie die Achsenabschnitte der Ebene E und zeichnen sie ein Schrägbild.

$$E : \vec{x} = \begin{pmatrix} 3 \\ 0 \\ 1 \end{pmatrix} + s \begin{pmatrix} 3 \\ -2 \\ 1 \end{pmatrix} + t \begin{pmatrix} -3 \\ 2 \\ 0 \end{pmatrix}$$

Lösung:

Zur Bestimmung des Achsenabschnittes der x-Achse setzen wir $y = 0$ und $z = 0$. Dies führt (siehe rechts) auf den Spurpunkt $S_X(3|0|0)$.

Analog ergibt sich aus dem Ansatz $x = 0$ und $z = 0$ der Spurpunkt $S_Y(0|2|0)$.

Beim Achsenabschnitt der z-Achse führt der Ansatz $x = 0$ und $y = 0$ jedoch auf einen logischen Widerspruch. Es gibt keinen Schnittpunkt der Ebene mit der z-Achse. Die Ebene ist echt parallel zur z-Achse.

Zum Erstellen des Schrägbildes zeichnen wir die Punkte $S_X(3|0|0)$ und $S_Y(0|2|0)$ ein und verbinden sie. Über der Verbindungsstrecke $\overline{S_X S_Y}$ zeichnen wir ein zur z-Achse
▶ paralleles Stützrechteck.

Berechnung der Achsenabschnitte:

$y = 0 \Rightarrow -2s + 2t = 0 \Rightarrow$ I: $-2s + 2t = 0$
$z = 0 \Rightarrow 1 + s = 0 \qquad\Rightarrow$ II: $\quad s \quad = -1$
$\Rightarrow s = -1, t = -1 \Rightarrow x = 3 \Rightarrow S_X(3|0|0)$

$x = 0 \Rightarrow 3 + 3s - 3t = 0 \Rightarrow$ I: $3s - 3t = -3$
$z = 0 \Rightarrow 1 + s = 0 \qquad\Rightarrow$ II: $\quad s \quad = -1$
$\Rightarrow s = -1, t = 0 \qquad\Rightarrow y = 2 \Rightarrow S_Y(0|2|0)$

$x = 0 \Rightarrow 3 + 3s - 3t = 0 \Rightarrow$ I: $3s - 3t = -3$
$y = 0 \Rightarrow -2s + 2t = 0 \quad\Rightarrow$ II: $-2s + 2t = 0$
aus II: $s = t$
in I: $0 = -3$
$\Rightarrow$ Widerspruch $\Rightarrow$ keine Lösung

Schrägbild:

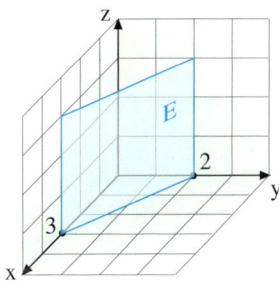

Übung 8 Sonderlagen

Bestimmen Sie die Achsenabschnitte der Ebene durch die Punkte A, B und C.
a) $A(4|0|2), B(2|3|1), C(0|6|3)$
b) $A(3|3|1), B(2|3|2), C(0|3|1)$
c) $A(2|2|0), B(1|1|2), C(6|0|4)$
d) $A(2|0|3), B(2|2|-1), C(2|-2|1)$

2. Lagebeziehungen von Ebenen*

A. Die Lage von Punkt und Ebene

Die Lagebeziehung eines Punktes P zu einer Ebene E wird wie die Lagebeziehung von Punkt und Gerade durch Einsetzen des Ortsvektors $\vec{p}$ des Punktes in die Ebenengleichung geklärt.

> **Beispiel: Punktprobe mit der Parameterform**
>
> Liegen P$(2|{-2}|{-1})$ oder Q$(2|1|1)$ in der Ebene E: $\vec{x} = \begin{pmatrix} 1 \\ 0 \\ -1 \end{pmatrix} + r \cdot \begin{pmatrix} 2 \\ -1 \\ 1 \end{pmatrix} + s \cdot \begin{pmatrix} 1 \\ 1 \\ 1 \end{pmatrix}$?

Lösung:
Der Ortsvektor des Punktes wird in die Ebenengleichung eingesetzt:

$$\begin{pmatrix} 2 \\ -2 \\ -1 \end{pmatrix} = \begin{pmatrix} 1 \\ 0 \\ -1 \end{pmatrix} + r \cdot \begin{pmatrix} 2 \\ -1 \\ 1 \end{pmatrix} + s \cdot \begin{pmatrix} 1 \\ 1 \\ 1 \end{pmatrix} \qquad \bigg| \qquad \begin{pmatrix} 2 \\ 1 \\ 1 \end{pmatrix} = \begin{pmatrix} 1 \\ 0 \\ -1 \end{pmatrix} + r \cdot \begin{pmatrix} 2 \\ -1 \\ 1 \end{pmatrix} + s \cdot \begin{pmatrix} 1 \\ 1 \\ 1 \end{pmatrix}$$

Durch Aufspalten der Vektorgleichung in drei Koordinaten erhalten wir ein Gleichungssystem:

I	$2r + s =\ \ 1$		I	$2r + s = 1$	
II	$-r + s = -2$		II	$-r + s = 1$	
III	$r + s =\ \ 0$		III	$r + s = 2$	

Das Gleichungssystem mit drei Gleichungen und zwei Variablen wird auf Lösbarkeit untersucht.

I + 2 · II: $3s = -3 \Rightarrow s = -1$		I + 2 · II: $3s = 3 \Rightarrow s = 1$
in I: $2r - 1 =\ \ 1 \Rightarrow r =\ \ 1$		in I: $2r + 1 = 1 \Rightarrow r = 0$
Probe in III:		Probe in III:
$1 + (-1) = 0$ wahr $\Rightarrow$ lösbar		$0 + 1 = 2$ falsch $\Rightarrow$ unlösbar
▶ Folgerung: P$(2|{-2}|{-1})$ liegt in E.		Folgerung: Q$(2|1|1)$ liegt nicht in E.

Übung 1   Punktproben
Untersuchen Sie, ob die Punkte in der gegebenen Ebene liegen.

E: $\vec{x} = \begin{pmatrix} 1 \\ 3 \\ -2 \end{pmatrix} + r \cdot \begin{pmatrix} -1 \\ 2 \\ 4 \end{pmatrix} + s \cdot \begin{pmatrix} 1 \\ -3 \\ -1 \end{pmatrix}$; P$(-2|10|7)$, Q$(1|1|1)$

Übung 2   Punktprobe mit Parameter
Gegeben ist die Ebene E: $\vec{x} = \begin{pmatrix} 2 \\ 1 \\ 1 \end{pmatrix} + r \cdot \begin{pmatrix} 1 \\ 1 \\ 0 \end{pmatrix} + s \cdot \begin{pmatrix} -1 \\ 1 \\ 1 \end{pmatrix}$.

a) Prüfen Sie, ob die Punkte A$(3|2|1)$, B$(1|4|2)$ und C$(-1|2|3)$ in E liegen.
b) Für welchen Wert des Parameters a liegen die Punkte D$(a|a + 3|3)$ bzw. F$(a|2a|3)$ in E?
c) Kann der Punkt P$(a|{-a}|2a + 2)$ in E liegen?

---

* Es werden Lagebeziehungen von Punkten, Geraden und Ebenen in Parameterform untersucht. Das Kapitel III.3 behandelt Darstellungsformen für Ebenen, die die Lageuntersuchungen stark vereinfachen.

B. Die Lage von Punkt und Dreieck

Man kann mit der Punktprobe auch anspruchsvollere Aufgabenstellungen lösen, z. B. die Frage, ob ein Punkt in einem Teilbereich einer Ebene liegt. Dies geht mit der Parametergleichung.

> **Beispiel: Lage von Punkt und Dreieck**
> Die Punkte A (4|4|1), B (1|4|1) und C (0|0|5) bilden ein Dreieck im Raum.
> Untersuchen Sie, ob der Punkt P (1|2|3) im Dreieck ABC liegt oder nicht.

Lösung:

Wir stellen zunächst eine Gleichung der Ebene E auf, in der das Dreieck ABC liegt. Nun prüfen wir mit der Punktprobe, ob der Punkt P in der Ebene E liegt, denn das ist notwendige Voraussetzung dafür, dass der Punkt im Dreieck ABC liegt.

Der Punkt liegt in der Ebene, da das Gleichungssystem lösbar ist mit den Parameterwerten $r = \frac{1}{3}$ und $s = \frac{1}{2}$.

Diese Zahlen zeigen auch, dass der Punkt
▶ P tatsächlich im Dreieck ABC liegt.

Gleichung der Trägerebene E:

$$E: \ \vec{x} = \overrightarrow{OA} + r \cdot \overrightarrow{AB} + s \cdot \overrightarrow{AC}$$

$$E: \ x = \begin{pmatrix} 4 \\ 4 \\ 1 \end{pmatrix} + r \cdot \begin{pmatrix} -3 \\ 0 \\ 0 \end{pmatrix} + s \cdot \begin{pmatrix} -4 \\ -4 \\ 4 \end{pmatrix}$$

Punktprobe:

$$1 = 4 - 3\,r - 4\,s$$
$$2 = 4 \qquad - 4\,s$$
$$3 = 1 \qquad + 4\,s$$

Lösung:

$$s = \frac{1}{2}, \quad r = \frac{1}{3}$$

	Lage Punkt/Dreieck

Lage Punkt/Dreieck

Ein Punkt P der Ebene

$$E: \ \vec{x} = \overrightarrow{OA} + r \cdot \overrightarrow{AB} + s \cdot \overrightarrow{AC}$$

liegt genau dann in dem durch die Vektoren $\overrightarrow{AB}$ und $\overrightarrow{AC}$ aufgespannten Dreieck, wenn die folgenden Bedingungen erfüllt sind:

(1) $0 \le r \le 1$,
(2) $0 \le s \le 1$,
(3) $0 \le r + s \le 1$.

Die Zeichnung verdeutlicht diese Interpretation der Parameterwerte.

Interpretation:

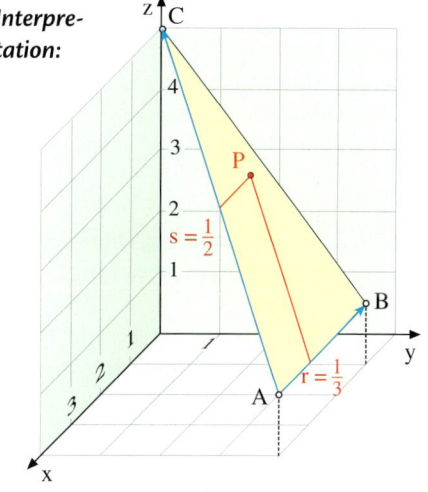

Übung 3 Lage Punkt/Dreieck

Gegeben sind die Punkte A (6|3|1), B (6|9|1), C (0|3|3).
Prüfen Sie, ob die Punkte P (3|5|2), Q (3|7|2), R (4|5|1) im Dreieck ABC liegen.

Übung 4 Lage Punkt/Parallelogramm

Ein Punkt P der Ebene E: $\vec{x} = \overrightarrow{OA} + r \cdot \overrightarrow{AB} + s \cdot \overrightarrow{AD}$ liegt genau dann in dem durch die Vektoren $\overrightarrow{AB}$ und $\overrightarrow{AD}$ aufgespannten Parallelogramm, wenn für seine Parameterwerte gilt: $0 \le r \le 1$ und $0 \le s \le 1$.

Gegeben sind die Punkte A (4|1|0), B (2|3|2), C (−1|3|4), D (1|1|2).

a) Zeigen Sie, dass ABCD ein Parallelogramm ist.

b) Prüfen Sie, ob die Punkte P (2|1,5|1,5) und Q (−2|4|5) im Parallelogramm ABCD liegen.

C. Die Lage von Gerade und Ebene

Für die Lagebeziehung zwischen einer Geraden g und einer Ebene E gibt es drei unterschiedliche Fälle:

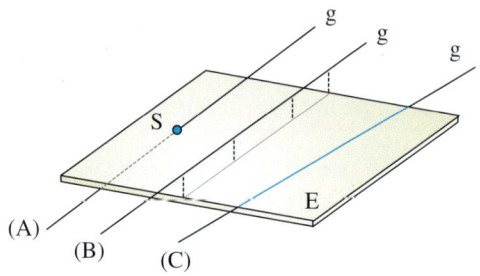

(A) g und E schneiden sich im Punkt S,
(B) g verläuft echt parallel zu E,
(C) g liegt ganz in E.

Wir behandeln hier diese drei Fälle mit Hilfe der Parameterform der Ebene.

> ► **Beispiel: Gerade und Ebene schneiden sich**
> Gegeben sind die Gerade g und die Ebene E.
> Zeigen Sie: g und E schneiden sich.
> Bestimmen Sie den Schnittpunkt S.*
> Fertigen Sie dann ein Schrägbild an.
>
> $$g: \vec{x} = \begin{pmatrix} 3 \\ 4 \\ 2 \end{pmatrix} + t\begin{pmatrix} 1 \\ 2 \\ 1 \end{pmatrix} \quad E: \vec{x} = \begin{pmatrix} 8 \\ 2 \\ -1 \end{pmatrix} + r\begin{pmatrix} 1 \\ 1 \\ -1 \end{pmatrix} + s\begin{pmatrix} 5 \\ -4 \\ 1 \end{pmatrix}$$

Lösung:
Wir setzen die jeweils rechten Seiten von Gerade und Ebene gleich. Es entsteht ein lineares (3; 3)-Gleichungssystem.

$$\begin{pmatrix} 3 \\ 4 \\ 2 \end{pmatrix} + t\begin{pmatrix} 1 \\ 2 \\ 1 \end{pmatrix} = \begin{pmatrix} 8 \\ 2 \\ -1 \end{pmatrix} + r\begin{pmatrix} 1 \\ 1 \\ -1 \end{pmatrix} + s\begin{pmatrix} 5 \\ -4 \\ 1 \end{pmatrix}$$

Zunächst normieren wir das LGS: Variable Terme kommen nach links und konstante Terme nach rechts (s. rechts, unterlegt).

Dann bringen wir das LGS mit Hilfe des Gaußschen Algorithmus auf Dreiecksform und lösen es durch Rückeinsetzung.

Die eindeutige Lösung ist $t = -1$, $r = -\frac{8}{3}$ und $s = -\frac{2}{3}$. Die Gerade schneidet also die Ebene in einem einzigen Punkt.

Setzen wir $t = -1$ in die Geradengleichung ein, so erhalten wir den Schnittpunkt S (2|2|1).

Für ein anschauliches Schrägbild der Ebene errechnen wir die Achsenabschnitte (s. S. 118).
Sie lauten x = 9, y = 4,5 und z = 3.
Für die Zeichnung der Geraden verwenden wir ihren Stützpunkt A (3|4|2) (t = 0) und
► den Schnittpunkt S (2|2|1) (t = −1).

1. Lageuntersuchung

Normiertes LGS:

I	t − r − 5s =	5
II	2t − r + 4s =	−2	→ II − 2 · I
III	t + r − s =	−3	→ III − I

$$\begin{aligned} I' \quad & t - r - 5s = 5 \\ II' \quad & 0 + r + 14s = -12 \\ III' \quad & 0 + 2r + 4s = -8 \quad \rightarrow III' - 2 \cdot II' \end{aligned}$$

$$\begin{aligned} I'' \quad & t - r - 5s = 5 \\ II'' \quad & 0 + r + 14s = -12 \\ III'' \quad & 0 + 0 - 24s = 16 \end{aligned}$$

Rückeinsetzung:
Aus III'': $-24s = 16 \Rightarrow s = -\frac{2}{3}$
In II': $r - \frac{28}{3} = -12 \Rightarrow r = -\frac{8}{3}$
In I': $t + \frac{8}{3} + \frac{10}{3} = 5 \Rightarrow t = -1$
$\Rightarrow$ Schnittpunkt für t = −1: S (2|2|1)

2. Schrägbild:

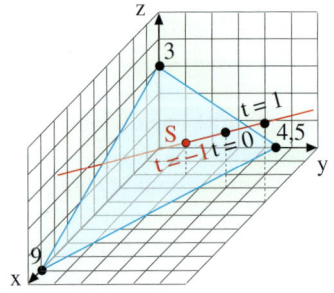

---

* Der Schnittpunkt einer Geraden und einer Ebene heißt auch Durchstoßpunkt.

Übung 5 Schnitt von Gerade und Ebene

Untersuchen Sie die relative Lage der Geraden g und der Ebene E.

$$g: \vec{x} = \begin{pmatrix} 10 \\ 4 \\ 8 \end{pmatrix} + t \cdot \begin{pmatrix} 3 \\ 2 \\ -1 \end{pmatrix} \quad E: \vec{x} = \begin{pmatrix} 1 \\ -2 \\ 1 \end{pmatrix} + r \cdot \begin{pmatrix} 1 \\ 3 \\ 1 \end{pmatrix} + s \cdot \begin{pmatrix} 0 \\ 1 \\ 2 \end{pmatrix}$$

Beispiel: Parallelität bei Gerade und Ebene

Gegeben sind die beiden Geraden g_1 und g_2 sowie die Ebene E.
Untersuchen Sie die relative Lage von g_1 und E bzw. von g_2 und E.

$$g_1: \vec{x} = \begin{pmatrix} 2 \\ 3 \\ 1 \end{pmatrix} + t \cdot \begin{pmatrix} 1 \\ 1 \\ -1 \end{pmatrix} \qquad g_2: \vec{x} = \begin{pmatrix} 2 \\ 2 \\ 1 \end{pmatrix} + t \cdot \begin{pmatrix} 1 \\ 1 \\ -1 \end{pmatrix}$$

$$E: \vec{x} = \begin{pmatrix} 1 \\ 1 \\ 2 \end{pmatrix} + r \cdot \begin{pmatrix} -3 \\ 0 \\ 1 \end{pmatrix} + s \cdot \begin{pmatrix} 4 \\ 1 \\ -2 \end{pmatrix}$$

Lösung:

Wie im Beispiel auf der vorherigen Seite werden die rechten Seiten von Ebenengleichung und Geradengleichung gleichgesetzt.

Es ergibt sich jeweils ein lineares (3; 3)-LGS. Es wird normiert und mit dem Gaußschen Algorithmus auf Dreiecksgestalt gebracht.

Bei dem LGS zu g_1 und E erhalten wir einen Widerspruch. Das lineare Gleichungssystem hat daher in diesem Fall keine Lösung. g_1 und E besitzen keine gemeinsamen Punkte. Sie sind also echt parallel.

Resultat: **g_1 und E sind echt parallel.**

Das Gleichungssystem zu g_2 und E wird nach der Normierung mit dem Gaußschen Algorithmus bearbeitet und auf Dreiecksform gebracht. Hier ergibt sich eine Nullzeile. Das LGS hat unendlich viele Lösungen. Gerade und Ebene haben also unendlich viele Punkte gemeinsam. Dies kann nur auftreten, wenn die Gerade g_2 in der Ebene E liegt.

Resultat: **g_2 liegt in E.**

Beide Gleichungssysteme hätte man auch mit dem Taschenrechner oder einem Computerprogramm lösen können.

Relative Lage von g_1 und E:

Normalform des LGS:

$$\begin{array}{ll} \text{I} & -3r + 4s - t = 1 \\ \text{II} & s - t = 2 \\ \text{III} & r - 2s + t = -1 \quad \to 3 \cdot \text{II} + \text{I} \end{array}$$

$$\begin{array}{ll} \text{I} & -3r + 4s - t = 1 \\ \text{II} & s - t = 2 \\ \text{III} & -2s + 2t = -2 \quad \to \text{III} + 2 \cdot \text{II} \end{array}$$

$$\begin{array}{ll} \text{III} & 0 = 2 \quad \text{Widerspruch} \end{array}$$

$$\Rightarrow g_2 \text{ und E sind parallel.}$$

Relative Lage von g_2 und E:

Normalform des LGS:

$$\begin{array}{ll} \text{I} & -3r + 4s - t = 1 \\ \text{II} & s - t = 1 \\ \text{III} & r - 2s + t = -1 \quad \to 3 \cdot \text{III} + \text{I} \end{array}$$

$$\begin{array}{ll} \text{I} & -3r + 4s - t = 1 \\ \text{II} & s - t = 1 \\ \text{III} & -2s + 2t = -2 \quad \to \text{III} + 2 \cdot \text{II} \end{array}$$

$$\begin{array}{ll} \text{III} & 0 = 0 \quad \text{Allgemeingültigkeit} \end{array}$$

$$\Rightarrow g_2 \text{ liegt in E.}$$

Übung 6 Lage von Gerade und Ebene

Untersuchen Sie die relative Lage von g und E.

a) $g: \vec{x} = \begin{pmatrix} 1 \\ 1 \\ 1 \end{pmatrix} + t \cdot \begin{pmatrix} 4 \\ 2 \\ -6 \end{pmatrix}$, $E: \vec{x} = \begin{pmatrix} 3 \\ 3 \\ 3 \end{pmatrix} + r \cdot \begin{pmatrix} 0 \\ 1 \\ 3 \end{pmatrix} + s \cdot \begin{pmatrix} 1 \\ 2 \\ 3 \end{pmatrix}$

b) g geht durch P(3|3|−1) und Q(7|3|1). E enthält A(1|0|1), B(3|1|1), C(3|−1|3).*

---

* Beim Aufstellen der Gleichungen für g und E müssen unterschiedliche Parameter verwendet werden.

D. Die relative Lage von Gerade und Ebene mit dem Rechner ermitteln

Wird die relative Lage einer Geraden g zu einer Ebene E ermittelt, erhält man durch Gleichsetzen der Geraden- und Ebenengleichung in allen Fällen ein (3; 3)-LGS. Dieses kann mit dem Taschenrechner oder mit einem Computerprogramm gelöst werden.

> **Beispiel: Lagebestimmung mit TR und Computer**
> Untersuchen Sie die relative Lage von g_1 und E bzw. von g_2 und E.
> $$g_1: \vec{x} = \begin{pmatrix} 10 \\ -4 \\ 0 \end{pmatrix} + t \cdot \begin{pmatrix} -2 \\ 2 \\ 1 \end{pmatrix}, \qquad g_2: \vec{x} = \begin{pmatrix} 2 \\ 3 \\ 6 \end{pmatrix} + t \cdot \begin{pmatrix} 1 \\ 5 \\ 4 \end{pmatrix}, \qquad E: \vec{x} = \begin{pmatrix} 1 \\ -1 \\ 3 \end{pmatrix} + r \cdot \begin{pmatrix} 1 \\ 2 \\ 1 \end{pmatrix} + s \cdot \begin{pmatrix} -1 \\ 1 \\ 2 \end{pmatrix}$$

Lösung:
Wir setzen die rechten Seiten der Ebenen- und der Geradengleichung gleich. Es entsteht jeweils ein LGS. Dieses muss zuerst in die Normalform überführt werden. Erst danach kann das zur Verfügung stehende Hilfsmittel eingesetzt werden.

Wir untersuchen exemplarisch die Lagebeziehung von g_1 und E mit einem Computerprogramm. Die Lösung lautet:
$r = 2$, $s = -1$, $t = 3$.
Da die Lösung des LGS eindeutig ist, schneiden sich g_1 und E in einem Punkt S. Die Koordinaten von S erhalten wir, indem wir $t = 3$ in die Gleichung von g_1 einsetzen.
Resultat: g_1 und E schneiden sich in S (4|2|3).

Nun wird die Lage von g_2 und E untersucht. Diesmal verwenden wir den Taschenrechner. Das Gleichungssystem hat nun unendlich viele Lösungen. Das ist nur möglich, wenn die Gerade g_2 in der Ebene E liegt.
Resultat: g_2 liegt in E.

Es könnte auch vorkommen, dass der Taschenrechner anzeigt, dass das LGS unlösbar ist. Im diesem Fall würde die Gerade g_2
> echt parallel zur Ebene E verlaufen.

Normalform der Schnittgleichungen:

g_1 und E:
$$\begin{aligned} r - s + 2t &= 9 \\ 2r + s - 2t &= -3 \\ r + 2s - t &= -3 \end{aligned}$$

g_2 und E:
$$\begin{aligned} r - s - t &= 1 \\ 2r + s - 5t &= 4 \\ r + 2s - 4t &= 3 \end{aligned}$$

Lage von g_1 und E:

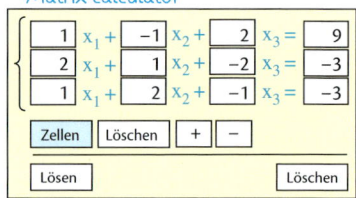

Ergebnis:
$$\begin{aligned} x_1 &= 2 \\ x_2 &= -1 \\ x_3 &= 3 \end{aligned}$$
$\Rightarrow r = 2$, $s = -1$, $t = 3$
Aus $t = 3$ folgt S (4|2|3)

Lage von g_2 und E:

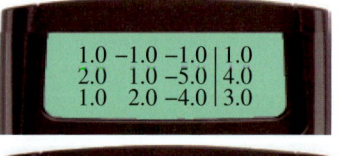

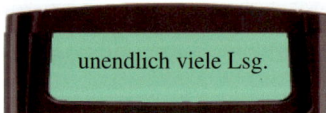

$\Rightarrow g_2$ liegt in E.

Übung 7   Relative Lage von Gerade und Ebene

Untersuchen Sie die Lagebeziehung beider Geraden zu E mit dem TR oder dem Computer.
$$g_1: \vec{x} = \begin{pmatrix} -2 \\ 8 \\ 8 \end{pmatrix} + t \cdot \begin{pmatrix} 3 \\ 5 \\ 5 \end{pmatrix}, \qquad g_2: \vec{x} = \begin{pmatrix} -4 \\ 1 \\ 1 \end{pmatrix} + t \cdot \begin{pmatrix} -10 \\ 3 \\ 3 \end{pmatrix}, \qquad E: \vec{x} = \begin{pmatrix} 5 \\ 0 \\ 0 \end{pmatrix} + r \cdot \begin{pmatrix} -5 \\ 3 \\ 0 \end{pmatrix} + s \cdot \begin{pmatrix} -5 \\ 0 \\ 3 \end{pmatrix}$$

E. Die Lage von Gerade und Dreieck

Manchmal stellt sich die Frage, ob eine Gerade g einen fest umschriebenen Teil einer Ebene E schneidet, z. B. ein Dreieck. Im folgenden Beispiel wird das Vorgehen demonstriert.

▶ **Beispiel: Sichtlinie**
Eine Pyramide hat die Ecken $A(-8|2|0)$, $B(-4|10|0)$ und $C(-12|8|0)$. Ihre Spitze hat die Koordinaten $S(-8|5|6)$. Ein Tafelberg hat den Gipfel $T(-12|14|4)$.
Kann man den Gipfel T von der Beobachtungsplattform $P(0|0|0)$ aus sehen?

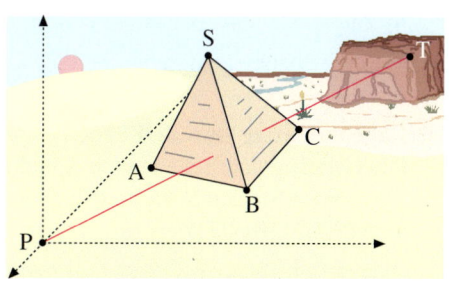

Lösung:
Die Frage ist, ob die Sichtlinie $\overline{PT}$ an der Pyramide vorbeigeht oder nicht.
Aus dem Bild, besser aber mit Hilfe eines auf Karopapier gezeichneten *Grundrisses* erkennt man, dass die Sichtlinie $\overline{PT}$ zum Beispiel von der Pyramidenfläche ABS unterbrochen werden kann.

Grundriss der Situation:

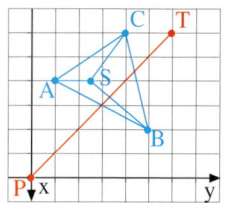

Wir stellen die vektoriellen Parametergleichungen der Geraden g_{PT} und der Dreiecksebene E_{ABS} auf.

Gleichung von g_{PT} und E_{ABS}:

$$g_{PT}: \quad \vec{x} = \begin{pmatrix} 0 \\ 0 \\ 0 \end{pmatrix} + r\begin{pmatrix} -12 \\ 14 \\ 4 \end{pmatrix}$$

$$E_{ABS}: \vec{x} = \begin{pmatrix} -8 \\ 2 \\ 0 \end{pmatrix} + s\begin{pmatrix} 4 \\ 8 \\ 0 \end{pmatrix} + t\begin{pmatrix} 0 \\ 3 \\ 6 \end{pmatrix}$$

Durch Gleichsetzen erhalten wir ein Gleichungssystem mit drei Variablen in drei Gleichungen.
Die Lösungen sind $r = \frac{1}{2}$, $s = \frac{1}{2}$ und $t = \frac{1}{3}$.

Gerade und Ebene schneiden sich im Punkt $Q(-6|7|2)$.

Dieser liegt wegen $0 \leq s \leq 1$, $0 \leq t \leq 1$ und $0 \leq s + t \leq 1$ im Dreieck ABS (vgl. S. 133, Lage Punkt/Dreieck).
Daher kann von P aus die Spitze T des
▶ Tafelberges nicht gesehen werden.

Schnittuntersuchung:
I: $-12r = -8 + 4s$
II: $14r = 2 + 8s + 3t$
III: $4r = 6t$
aus III: $t = \frac{2}{3}r$
in II: II': $14r = 2 + 8s + 2r$
            $12r = 2 + 8s$
in I: $-2 - 8s = -8 + 4s$
                $\Rightarrow s = \frac{1}{2}$
in II': $\Rightarrow r = \frac{1}{2}$
in III: $\Rightarrow t = \frac{1}{3}$

Schnittpunkt $Q(-6|7|2)$

Übung 8   Gerade und Dreieck
Trifft die Gerade durch $P(2|11|-1)$ und $Q(8|-1|5)$ das Dreieck mit den Ecken A, B und C?
a) $A(2|1|-1)$, $B(8|7|2)$, $C(6|9|7)$ b) $A(2|8|3)$, $B(6|11|-2)$, $C(2|6|5)$

Übungen

9. Lage von Punkt und Ebene, Dreieck

Gegeben sind die Punkte $A(1|1|-1)$, $B(3|5|1)$, $C(5|5|7)$ und $D(-1|0|-6)$.

a) Stellen Sie eine Gleichung der Ebene E durch die Punkte A, B und C auf.

b) Zeigen Sie, dass der Punkt D in der Ebene E liegt.

c) Untersuchen Sie, ob der Punkt $F(5|6|6)$ im Dreieck ABC liegt.

10. Lagebeziehung Gerade/Ebene

Die Gerade g durch die Punkte A und B schneidet die Ebene E.

Bestimmen Sie den Schnittpunkt S. Zeichnen Sie ein Schrägbild.

a) $A(5|4|3)$, $B(7|7|5)$

$$E: \vec{x} = \begin{pmatrix} 6 \\ 1 \\ -1 \end{pmatrix} + r \cdot \begin{pmatrix} 0 \\ 1 \\ -1 \end{pmatrix} + s \cdot \begin{pmatrix} -3 \\ 1 \\ 1 \end{pmatrix}$$

b) $A(0|0|0)$, $B(4|6|4)$

$$E: \vec{x} = \begin{pmatrix} 2 \\ 3 \\ -2 \end{pmatrix} + r \cdot \begin{pmatrix} -2 \\ 3 \\ 1 \end{pmatrix} + s \cdot \begin{pmatrix} 4 \\ -6 \\ 0 \end{pmatrix}$$

11. Lagebeziehungen im Würfel

Ein Würfel mit der Kantenlänge 6 liegt wie abgebildet im Koordinatensystem.

a) Geben Sie die Koordinaten der Punkte A bis H an.

b) Bestimmen Sie eine Parameterglei-chung der Ebene E_1 durch die Punk-te B, G und E.

c) Berechnen Sie den Schnittpunkt der Geraden g durch F und D mit dem Dreieck EBG.

d) Entscheiden Sie, ob die Gerade h durch C und H die Ebene E_1 schnei-det.

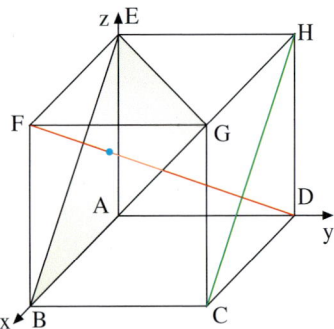

12. Laserbohrung

Ein Edelstahlblock hat die Form eines geraden quadratischen Pyramidenstumpfes. Die Sei-tenlänge der Grundfläche beträgt 8 cm, die der Deckfläche beträgt 4 cm und die Höhe beträgt 8 cm.

Mit einem Laserstrahl, der auf der Stre-cke $\overline{PQ}$ mit $P(-3,5|9,5|6)$ und $Q(-6|16|8)$ erzeugt wird, durchbohrt man das Werkstück. Der Koordina-tenursprung liegt im Mittelpunkt der Grundfläche.

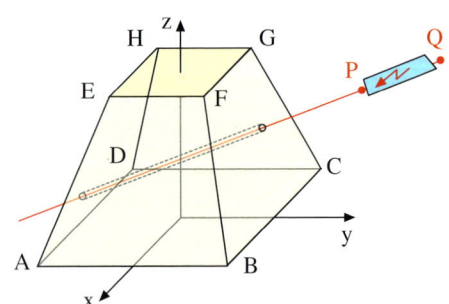

a) Stellen Sie Gleichungen für die Ebenen BCGF und ADHE auf.

b) Wo liegen Ein- und Austrittspunkt?

c) Wie lang ist der Bohrkanal?

d) Wo wird der Block getroffen, wenn der Laser längs der Strecke $\overline{PQ}$ mit $P(1|9|5)$ und $Q(-1|15|6)$ erzeugt wird?

13. Lagebeziehungen im Würfel

Gegeben ist der Würfel ABCDEFGH mit der Seitenlänge 6. M sei der Mittelpunkt des Vierecks BCGF.

a) In welchem Punkt S schneidet die Gerade g durch A und M das Dreieck BCE?

b) In welchem Punkt T trifft die Parallele p zur Kante $\overline{AB}$ durch M das Dreieck BCE?

c) Schneidet die Gerade h durch M und D das Dreieck?

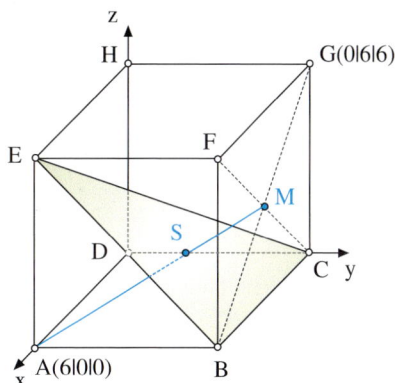

14. Lage von Gerade und Pyramide

Gegeben ist die Pyramide mit den Ecken A(8|0|0), B(0|6|0), C(0|0|0) und der Spitze S(0|0|6).

a) Bestimmen Sie die Kantenlängen.

b) Bestimmen Sie die Schnittpunkte der Geraden g durch P(12|10|−3) und Q(10|8|−2) mit der Pyramide. Wie lang ist die Teilstrecke der Geraden, die im Innern der Pyramide verläuft?

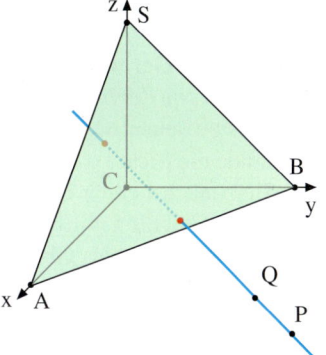

15. Projektion im Raum

Vier Sterne α, β, γ, δ begrenzen einen pyramidenförmigen Raumsektor. Sie haben die Koordinaten α(4|4|8), β(0|20|0), γ(−16|16|4) und δ(−8|12|12).

a) Liegen die Sterne P(−4|16|6), Q(−3|12|8), R(−8|12|6) im Dreieck αβγ?

b) Ein Komet fliegt geradlinig durch die Punkte A(10|3|1) und B(4|7|3). Der Komet dringt im Punkt S des Dreiecks αβγ in den Raumsektor ein. Ermitteln Sie die Koordinaten des Punktes S.

c) In welchem Punkt T verlässt der Komet den pyramidenförmigen Raumsektor?

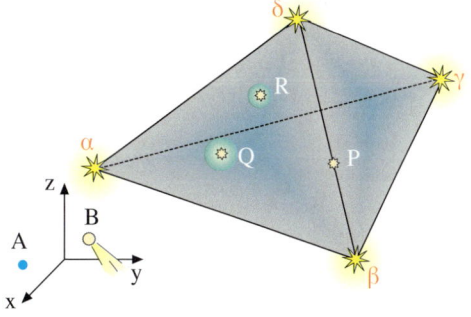

16. Flugbahn (Lage von Gerade und Pyramide)

Ein Flugzeug steuert auf die Cheops-Pyramide zu. Auf dem Radarschirm im Kontrollpunkt ist die Flugbahn durch die abgebildeten Punkte $F_1(56|-44|15)$ und $F_2(48|-36|14)$ erkennbar. Die Eckpunkte der Cheops-Pyramide sind ebenfalls auf dem Radarbild zu sehen. Kollidiert das Flugzeug bei gleichbleibendem Kurs mit der Cheops-Pyramide? (Maßstab: 1 Einheit $\hat{=}$ 10 m)

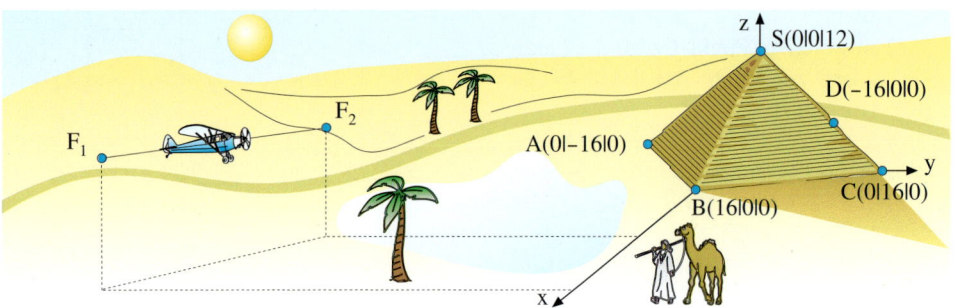

17. Sichtlinie (Lage von Gerade und Pyramide)

Ist die Bergspitze S von der Insel I bzw. vom Boot H aus zu sehen oder behindert die Pyramide die Sicht?

a) Fertigen Sie zunächst einen Grundriss an (Aufsicht auf die x-y-Ebene).

b) Entscheiden Sie anhand des Grundrisses, welche Pyramidenflächen die Sichtlinien unterbrechen könnten.

c) Berechnen Sie, ob die Sichtlinien durch diese Fläche tatsächlich unterbrochen werden.

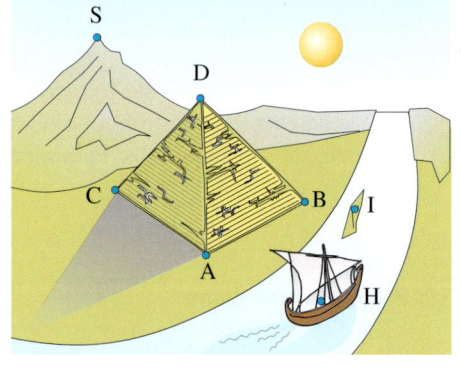

$A(100|-100|20)$, $B(20|140|20)$,
$C(-60|-20|-20)$, $D(0|0|80)$
$S(-70|-210|100)$, $H(210|-10|0)$, $I(130|230|0)$

18. Schattenwurf

Gegeben ist das rechts abgebildete Haus (Maße in m).

Eine Antenne auf dem Haus hat die Eckpunkte $A(-2|2|5)$ und $B(-2|2|6)$. Fällt paralleles Licht in Richtung des Vektors $\vec{v} = \begin{pmatrix} 2 \\ 8 \\ -3 \end{pmatrix}$ auf die Antenne, so wirft diese einen Schatten auf die Dachfläche EFGH. Berechnen Sie den Schattenpunkt der Antennenspitze auf der Dachfläche EFGH sowie die Länge des Antennenschattens auf dem Dach.

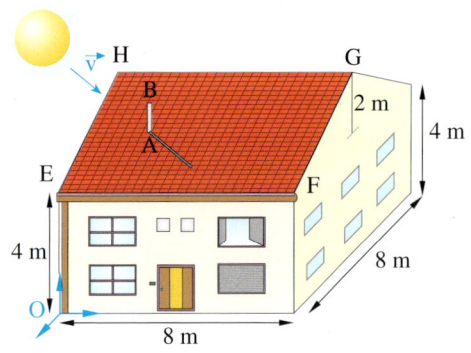

F. Exkurs: Die relative Lage zweier Ebenen

Zwei Ebenen E und F können folgende Lagen zueinander einnehmen: Sie können sich in einer Geraden g schneiden, echt parallel zueinander verlaufen oder identisch sein.

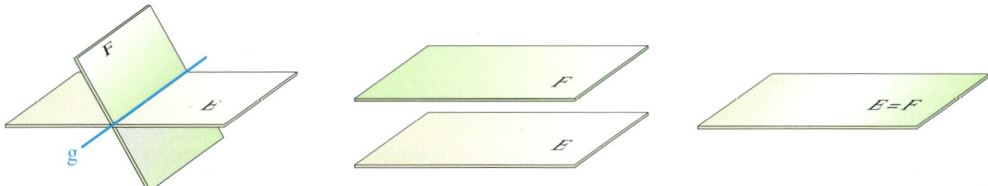

Die manuelle Untersuchung der Lagebeziehung zweier Ebenen verursacht einen sehr großen Rechenaufwand. Daher sollte im Regelfall der Computer verwendet werden.

> **Beispiel: Lagebeziehung zweier Ebenen**
> Untersuchen Sie die gegenseitige Lage der Ebenen E und F bzw. E und G.
> Bestimmen Sie die Gleichung der Schnittgeraden, falls sich die Ebenen schneiden.
>
> $$E:\ \vec{x} = \begin{pmatrix} 6 \\ 2 \\ 1 \end{pmatrix} + r \cdot \begin{pmatrix} 3 \\ -2 \\ -1 \end{pmatrix} + s \cdot \begin{pmatrix} -6 \\ 2 \\ 3 \end{pmatrix}, \quad F:\ \vec{x} = \begin{pmatrix} 0 \\ 0 \\ 3 \end{pmatrix} + u \cdot \begin{pmatrix} 3 \\ 2 \\ -1 \end{pmatrix} + v \cdot \begin{pmatrix} 3 \\ 0 \\ -1 \end{pmatrix}, \quad G:\ \vec{x} = \begin{pmatrix} 1 \\ 2 \\ 1 \end{pmatrix} + u \cdot \begin{pmatrix} 0 \\ 4 \\ -2 \end{pmatrix} + v \cdot \begin{pmatrix} -3 \\ 0 \\ 2 \end{pmatrix}$$

Lösung:
Wir setzen die rechten Seiten der beiden Ebenengleichungen gleich. Wir erhalten ein LGS mit drei Gleichungen, aber vier Variablen. Es ist also unbestimmt.

Zuerst muss dieses LGS manuell in Normalform gebracht werden (Variablen links, konstante Terme rechts, siehe rechts)

Erst dann kann ein Computerprogrann eingesetzt werden. Hier ruft man ein Eingaberaster mit vier Zeilen und vier Spalten auf.

Danach gibt man für die drei Gleichungen des normierten LGS die Koeffizienten ein, die 4. Zeile wird mit Nullen gefüllt oder frei gelassen (s. rechts). Dann startet man die *Lösung mit dem Gaußschen Algorithmus.*

Für die Ebenen E und F ergibt sich ein Resultat mit unendlich vielen Lösungen. Der Parameter x_4 ist frei wählbar, was man am Ergebnis $x_4 = x_4$ erkennt.

Relative Lage von E und F:
Lineares Gleichungssystem

I $6 + 3r - 6s = 0 + 3u + 3v$
II $2 - 2r + 2s = 0 + 2u$
III $1 - r + 3s = 3 - u - 3v$

Normiertes Gleichungssystem

I $3r - 6s - 3u - 3v = -6$
II $-2r + 2s - 2u \qquad = -2$
III $-r + 3s + u + v = 2$

Untersuchung des LGS:

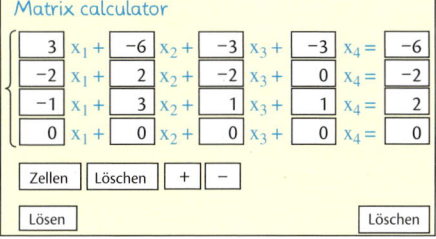

Ergebnis:
$$x_1 = \frac{-1}{2} + \frac{1}{2} \cdot x_4 \qquad x_3 = \frac{3}{2} - \frac{1}{2} \cdot x_4$$
$$x_2 = 0 \qquad\qquad x_4 = x_4$$

Setzen wir die Lösungen wieder in die normalen Variablen r, s, u und v zurück und setzen das frei wählbare $v = c$ ($c \in \mathbb{R}$), so ergibt sich die rechts dargestellte Lösung.

Lösung des Gleichungssystems:

$$r = \tfrac{1}{2}c - \tfrac{1}{2} \qquad\qquad u = -\tfrac{1}{2}c + \tfrac{3}{2}$$
$$s = 0 \qquad\qquad\qquad v = c$$

Aus den Gleichungen für u und v lässt sich ein Zusammenhang zwischen u und v darstellen, nämlich $u = -\tfrac{1}{2}v + \tfrac{3}{2}$.
Eine Umformung nach v ergibt den glatteren Zusammenhang $v = -2u + 3$.

Zusammenhang zwischen u und v:

$$u = -\tfrac{1}{2}v + \tfrac{3}{2} \;\Rightarrow\; v = -2u + 3$$

Setzen wir diesen Zusammenhang in die Ebenengleichung von F ein, so lassen sich Teilterme ohne Variable und Teilterme mit Variable zusammenfassen.

Gleichung der Schnittgeraden von E und F:

$$F: \vec{x} = \begin{pmatrix}0\\0\\3\end{pmatrix} + u \cdot \begin{pmatrix}3\\2\\-1\end{pmatrix} + (-2u+3)\cdot\begin{pmatrix}3\\0\\-1\end{pmatrix}$$

$$F: \vec{x} = \begin{pmatrix}0\\0\\3\end{pmatrix} + u \cdot \begin{pmatrix}3\\2\\-1\end{pmatrix} + u \cdot \begin{pmatrix}-6\\0\\2\end{pmatrix} + \begin{pmatrix}9\\0\\-3\end{pmatrix}$$

$$\Rightarrow g: \vec{x} = \begin{pmatrix}9\\0\\0\end{pmatrix} + u \cdot \begin{pmatrix}-3\\2\\1\end{pmatrix}$$

Wir erhalten so die Gleichung der Schnittgeraden g von E und F.

Analog untersuchen wir nun die gegenseitige Lage der Ebenen E und G.

Alle Untersuchungsschritte sind im Prinzip gleich. Nur beim Ergebnis gibt es einen Unterschied.

Relative Lage von E und G:

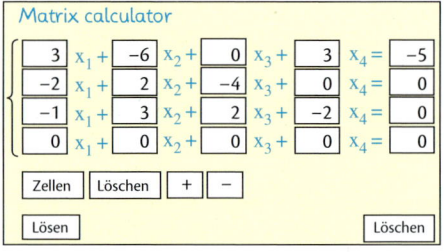

In diesem Fall erweist sich das LGS als unlösbar. Dies bedeutet, dass die Ebenen E ▶ und G echt parallel zueinander sind.

Keine Lösungen.

Ausblick: Andere Formen der Darstellung von Ebenen

In Kapitel III.3 werden die Normalenform und die Koordinatenform als weitere Möglichkeiten der Beschreibung einer Ebene im Raum dargestellt. Ist eine der beiden Ebenen in Normalenform oder Koordinatenform und die zweite in Parameterform dargestellt, so gestaltet sich die Untersuchung der relativen Lage der Ebenen wesentlich einfacher.
Auch die Lage einer Geraden g zu einer Ebene E wird deutlich einfacher, wenn von der Ebene die Normalenform oder die Koordinatenform bekannt ist.

Übung 19   Relative Lage von zwei Ebenen im Raum

Untersuchen Sie die relative Lage der Ebenen E und F bzw. E und G.

$$E: \vec{x} = \begin{pmatrix}0\\1\\4\end{pmatrix} + r \cdot \begin{pmatrix}-1\\3\\5\end{pmatrix} + s \cdot \begin{pmatrix}0\\2\\3\end{pmatrix}, \quad F: \vec{x} = \begin{pmatrix}3\\-2\\-2\end{pmatrix} + u \cdot \begin{pmatrix}0\\1\\1\end{pmatrix} + v \cdot \begin{pmatrix}1\\1\\0\end{pmatrix}, \quad G: \vec{x} = \begin{pmatrix}0\\2\\2\end{pmatrix} + u \cdot \begin{pmatrix}-1\\1\\2\end{pmatrix} + v \cdot \begin{pmatrix}0\\2\\3\end{pmatrix}$$

3-D-Darstellung von Ebenen

Im Abschnitt 2 wurden unter anderem die Lagebeziehungen von Gerade und Ebene, sowie von zwei Ebenen untersucht. Aus den Lösungseigenschaften der dabei entstandenen Gleichungssysteme kann man die Lagebeziehung der betrachteten geometrischen Objekte beurteilen. Eine anschauliche Vorstellung gewinnt man mithilfe von 3-D-Darstellungen durch Computerprogramme.

Das folgende Bild zeigt die 3-D-Darstellung einer Ebene und einer Geraden mit einem Computerprogramm, das als Medienelement im Internet verwendet werden kann. Einige Programme stehen im Internet frei zur Verfügung.

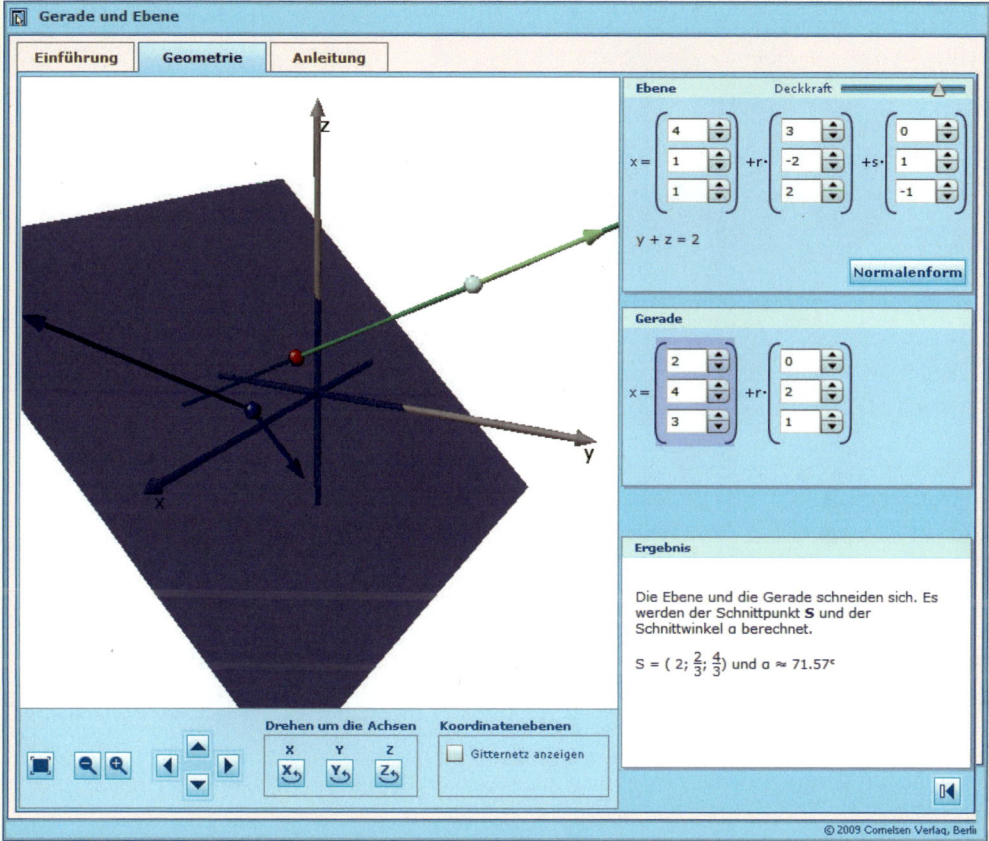

Das Programm gestattet die Eingabe der Geraden- und Ebenengleichung. Das Tool stellt die Objekte im räumlichen Koordinatensystem dar und gibt ihre Lagebeziehung aus. Schneiden sich Gerade und Ebene, so wird der Schnittpunkt S und der Schnittwinkel α ausgegeben. Verlaufen Ebene und Gerade parallel, wird der Abstand d berechnet und angezeigt. Die Darstellung kann verändert werden. Insbesondere lässt sich das Bild vergrößern und verkleinern, verschieben und drehen. Besonders die Drehung der z-Achse vermittelt einen anschaulichen Eindruck über die Lagebeziehung.

Es gibt auch Computerprogramme, mit denen man die Lagebeziehung zwischen Gerade und Ebene und zwischen zwei Ebenen untersuchen kann.

Das folgende Bild zeigt die 3-D-Darstellung zweier sich schneidender Ebenen mit einem Computerprogramm. Zwei Ebenen können eingegeben werden. Das Tool zeigt beide Ebenen und gibt ihre Lagebeziehung aus. Gegebenenfalls werden Abstand, Schnittgerade und Schnittwinkel angegeben.

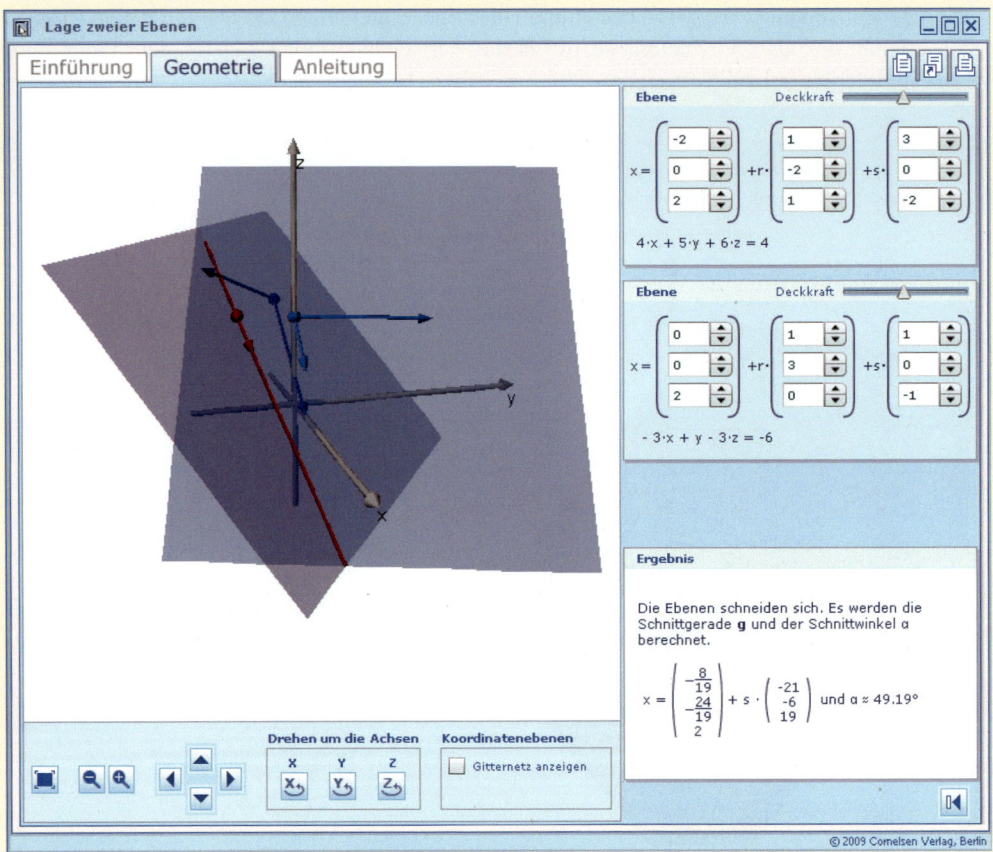

Übungen

a) Bearbeiten Sie ausgewählte Beispiele und die Übungen zur Lagebeziehung Gerade-Ebene (Seite 134 ff.) mit einem passenden Programm. Formen Sie vorher alle Ebenengleichungen in Parameterform um.
b) Bearbeiten Sie ausgewählte Beispiele und Übungen zur Lagebeziehung von zwei Ebenen (Seite 141 f.) mit einem passenden Programm.

Werkzeug zur Raumgeometrie

Die Lagebeziehungen von Punkten, Geraden und Ebenen können mithilfe von 3-D-Geometrie-software anschaulich gemacht werden. Darüber hinaus liefern solche Programme Schnittpunkte bzw. Schnittgeraden sowie Abstände und Winkel.

In den voranstehenden Kapiteln zu den Themen Vektoren, Geraden und Ebenen wurden in den Mathematischen Streifzügen Programme vorgestellt, mit denen man die speziellen Aufgaben-stellungen des jeweiligen Themas bearbeiten kann.

Es gibt verschiedene Computerprogramme, die als universelle Werkzeuge zur analytischen Geometrie des dreidimensionalen Raumes dienen. Damit können Punkte, Geraden und Ebenen graphisch dargestellt und Lagebeziehungen zwischen diesen Objekten untersucht werden. Zudem können mithilfe dieser Werkzeuge gegebenenfalls Schnittpunkte, Schnittgeraden und Schnittwinkel oder Abstände berechnet werden.

Die folgende Abbildung zeigt die Anwendung eines solchen Programms auf die Untersuchung der Lagebeziehung zweier Ebenen.

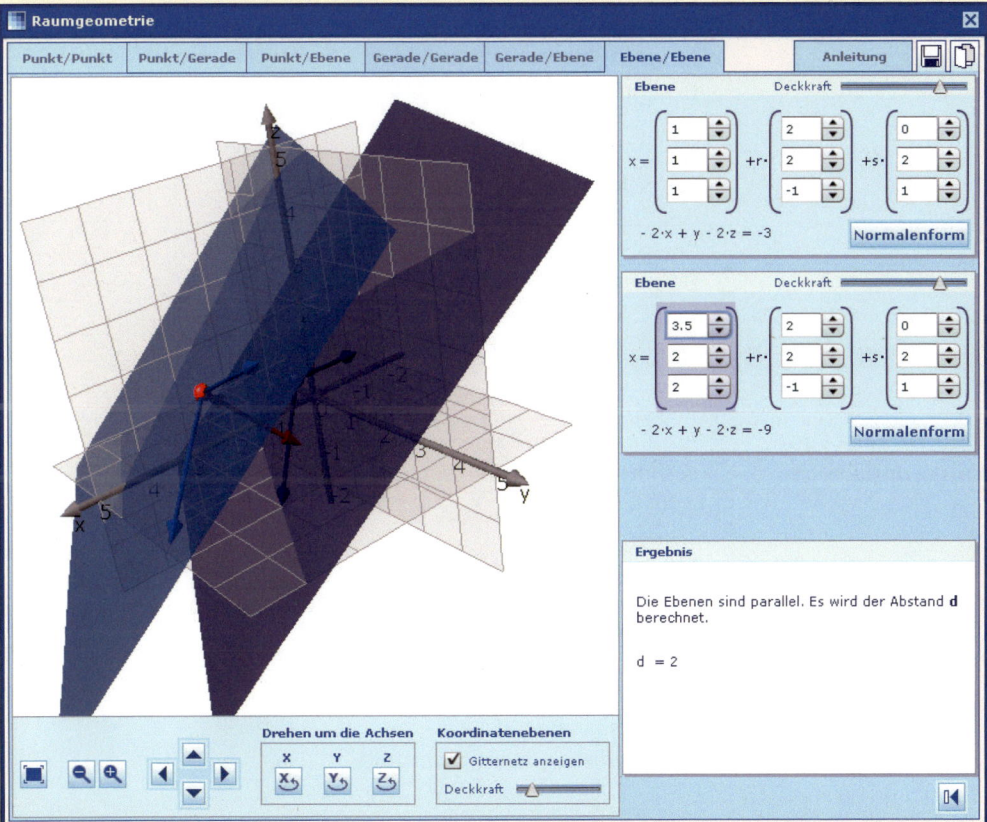

Parametergleichung einer Ebene:	E: $\vec{x} = \vec{a} + r \cdot \vec{u} + s \cdot \vec{v}$ $\vec{a}$: 　Stützvektor der Ebene $\vec{u}, \vec{v}$: Richtungsvektoren der Ebene r, s: 　Ebenenparameter	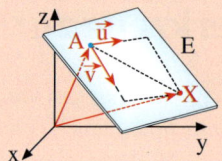

Dreipunktegleichung einer Ebene:	E: $\vec{x} = \vec{a} + r \cdot (\vec{b} - \vec{a}) + s \cdot (\vec{c} - \vec{a})$ $\vec{a}, \vec{b}, \vec{c}$: Ortsvektoren von drei 　　　　Ebenenpunkten A, B und C, 　　　　die nicht auf einer Geraden 　　　　liegen	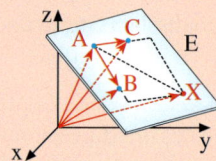

Spurpunkte einer Ebene:	Die Schnittpunkte einer Ebene E mit den Koordinatenachsen werden als Spurpunkte bzw. Achsenabschnittspunkte der Ebene bezeichnet. Sie haben die Gestalt X (x|0|0), Y (0|y|0), Z (0|0|z). Bestimmungsmethode: s. S. 129 f.	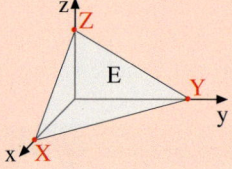

Spurgeraden einer Ebene:	Die Schnittgeraden einer Ebene E mit den Koordinatenebenen werden als Spurgeraden der Ebene bezeichnet. Bestimmungsmethode: s. S. 130 f.	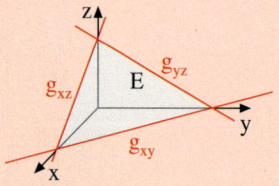

Relative Lage von Punkt und Ebene:	Ein Punkt P im Raum kann auf einer gegebenen Ebene E liegen oder außerhalb der Ebene.	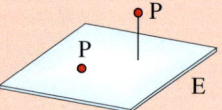
	Man untersucht diese Fragestellung mit der sog. **Punktprobe**. Dabei setzt man den Ortsvektor des Punktes in die linke Seite der Ebenengleichung ein. Es ergibt sich ein (3; 2)-LGS. Ist es lösbar, liegt P auf E. Ist es unlösbar, liegt P nicht auf E.	

Relative Lage von Punkt und Dreieck:

Ein Punkt liegt im Dreieck ABC, wenn er folgende Bedingung erfüllt:

1. P liegt auf der Ebene E: $\vec{x} = \vec{a} + r \cdot (\vec{b} - \vec{a}) + s \cdot (\vec{c} - \vec{a})$.
2. Für die Parameterwerte r und s des Punktes P, die sich beim Einsetzen von P in E ergeben, gilt:

$$0 \le r \le 1; \, 0 \le s \le 1; \, 0 \le r + s \le 1.$$

Relative Lage von Punkt und Parallelogramm:

Ein Punkt liegt im Parallelogramm ABCD, wenn er folgende Bedingung erfüllt:

1. P liegt auf der Ebene E: $\vec{x} = \vec{a} + r \cdot (\vec{b} - \vec{a}) + s \cdot (\vec{d} - \vec{a})$.
2. Für die Parameterwerte r und s von P gilt: $0 \le r \le 1; \, 0 \le s \le 1$

Relative Lage von Gerade und Ebene:

Eine Gerade g und eine Ebene E im Raum können drei Lagebeziehungen zueinander haben:

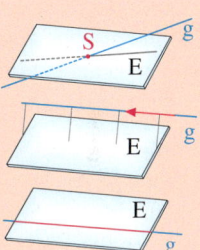

1. g und E schneiden sich im Punkt S.
2. g und E verlaufen echt parallel.
3. g liegt in E.

Man untersucht die Lagerelation, indem man die rechten Seiten von Geraden- und Ebenengleichung gleichsetzt.
Dies führt auf ein (3; 3)-LGS.
Je nachdem, ob das LGS eine, keine oder unendlich viele Lösungen hat, gilt:
g und E schneiden sich in S, g und E sind echt parallel bzw. g liegt in E.

Relative Lage von zwei Ebenen:

Zwei Ebenen E_1 und E_2 können folgende Lagen zueinander einnehmen:

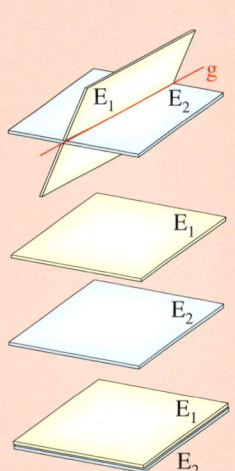

1. E_1 und E_2 schneiden sich in einer Schnittgeraden g.
2. E_1 und E_2 sind echt parallel.
3. E_1 und E_2 sind identisch.
Untersuchungsmethode: s. S. 141 f.

Parametergleichungen einer Ebene

1. Ebenengleichung

Gegeben sind die Punkte A $(0|2|3)$, B $(4|2|0)$ und C $(2|3|0)$ der Ebene E.

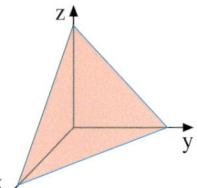

a) Stellen Sie eine Parametergleichung von E auf.

b) Prüfen Sie, ob der Punkt P $(1|2|2,5)$ auf E liegt.

c) Bestimmen Sie die Spurpunkte (Achsenabschnittspunkte) von E. Fertigen Sie ein Schrägbild von E an.

d) Bestimmen Sie die Gleichung der Spurgeraden g_{xy} von E.

2. Gerade und Ebene

Gegeben sind die Ebene E sowie die Geraden g und h.

a) Untersuchen Sie die relative Lage von E und g sowie von E und h.

b) In welchem Punkt schneidet die Gerade g die x-z-Ebene?

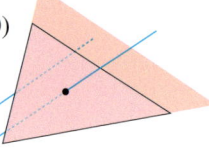

$$E: \vec{x} = \begin{pmatrix} 3 \\ 2 \\ 0 \end{pmatrix} + r \begin{pmatrix} 0 \\ -2 \\ 2 \end{pmatrix} + s \begin{pmatrix} -3 \\ 0 \\ 2 \end{pmatrix}$$

$$g: \vec{x} = \begin{pmatrix} 3 \\ 2 \\ 1 \end{pmatrix} + t \begin{pmatrix} -3 \\ 2 \\ 0 \end{pmatrix} \qquad h: \vec{x} = \begin{pmatrix} -6 \\ -8 \\ 9 \end{pmatrix} + u \begin{pmatrix} 2 \\ 2 \\ -1 \end{pmatrix}$$

3. Gerade und Dreieck

Gegeben ist das Dreieck mit den Eckpunkten A $(1|0|2)$, B $(2|2|4)$ und C $(0|4|0)$. E sei die Ebene, die das Dreieck enthält.

a) Zeigen Sie, dass die Gerade g durch die Punkte P $(1|-3|1)$ und Q $(4|3|10)$ die Dreiecksebene E schneidet. Bestimmen Sie den Schnittpunkt S von g und E.

b) Liegt der Schnittpunkt S innerhalb oder außerhalb des Dreiecks ABC?

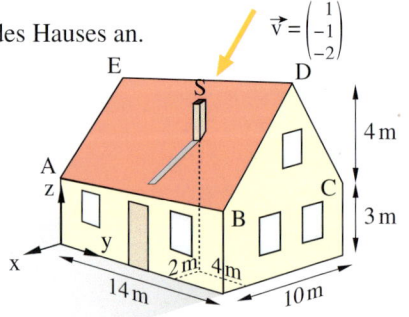

4. Pyramide

Gegeben ist die Pyramide mit der Grundfläche ABCD und der Spitze S. Die Punkte lauten A $(40|0|0)$, B $(40|40|0)$, C $(0|40|0)$, D $(0|0|0)$ und S $(20|20|50)$. Weiter sind die Punkte P $(50|10|50)$ und Q $(-10|40|-25)$ gegeben.

a) Zeichnen Sie ein Schrägbild der Pyramide und tragen Sie die Punkte P und Q ein.

b) Welche Pyramidenseiten werden von der Geraden g durch P und Q durchstoßen? *Hinweis:* Fertigen Sie zur besseren Orientierung einen Grundriss an.

c) Bestimmen Sie den Durchstoßpunkt von g mit der Pyramidenseite ABS.

d) In umgekehrter z-Richtung fällt paralleles Licht auf die Gerade g und erzeugt in der x-y-Ebene als Schattenwurf eine Halbgerade h. Ermitteln Sie eine Gleichung von h.

5. Haus

a) Geben Sie die Koordinaten der Eckpunkte A bis E des Hauses an.

b) Entwickeln Sie einen Ansatz zur Berechnung des Winkels zwischen den zwei Dachflächen am First. Führen Sie mit diesem Ansatz die Berechnung durch.

c) Wie hoch ragt der Schornstein aus der sichtbaren Dachfläche heraus? Höhe der Spitze S: 6 m.

d) Wie lang ist der Schatten des Schornsteins, den das Sonnenlicht in Richtung des Vektors $\vec{v}$ auf dem Dach erzeugt?

e) Wie hoch sind die Materialkosten für den Anstrich des dreieckigen Giebels, wenn ein Eimer Farbe für 4 m^2 Anstrich 30 Euro kostet?

Lösungen S. 369

III.3 Normalen- und Koordinatenform der Ebene

1. Koordinaten- und Normalengleichung der Ebene

A. Der Normalenvektor

Ein Vektor $\vec{n}$ wird als *Normalenvektor* der
Ebene E bezeichnet, wenn er zu beiden
Richtungsvektoren $\vec{u}$ und $\vec{v}$ der Ebene E
senkrecht steht.

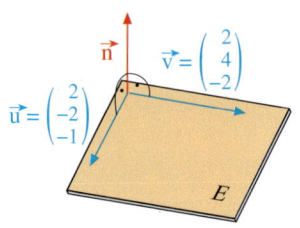

> ### Beispiel: Normalenvektor
> Eine Ebene E hat die abgebildeten Rich-
> tungsvektoren $\vec{u}$ und $\vec{v}$. Bestimmen Sie
> einen Normalenvektor $\vec{n}$ der Ebene.

Lösung:
Wir verwenden den Ansatz $\vec{n} = \begin{pmatrix} x \\ y \\ z \end{pmatrix}$.

Da $\vec{u}$ und $\vec{v}$ orthogonal zu $\vec{n}$ sein sollen,
müssen die Bedingungen $\vec{u} \cdot \vec{n} = 0$ und
$\vec{v} \cdot \vec{n} = 0$ gelten.
Durch Einsetzen der Vektoren $\vec{u}$, $\vec{v}$ und $\vec{n}$
erhalten wir ein lineares Gleichungssystem
mit zwei Gleichungen und drei Variablen.
Der Wert einer Variablen kann also frei gewählt werden. Wir wählen z. B. y = 1.
Daraus folgt durch Rückeinsetzung z = 6
und weiter x = 4.

▶ Resultat: Ein Normalenvektor ist $\vec{n} = \begin{pmatrix} 4 \\ 1 \\ 6 \end{pmatrix}$

Orthogonalitätsbedingungen:

$\vec{u} \cdot \vec{n} = 0$: $\begin{pmatrix} 2 \\ -2 \\ -1 \end{pmatrix} \cdot \begin{pmatrix} x \\ y \\ z \end{pmatrix} = 0$

$\vec{v} \cdot \vec{n} = 0$: $\begin{pmatrix} 2 \\ 4 \\ -2 \end{pmatrix} \cdot \begin{pmatrix} x \\ y \\ z \end{pmatrix} = 0$

lineares Gleichungssystem:
I: 2x − 2y − z = 0
II: 2x + 4y − 2z = 0

Lösung des Gleichungssystems:
III = II − I: 6y − z = 0
y = 1 (frei gewählt)
z = 6 (durch Rückeinsetzung in III)
x = 4 (durch Rückeinsetzung in I)

Übung 1 Pyramide

Eine Seitenfläche einer Pyramide hat die
Eckpunkte A(100|−100|0), B(100|100|0)
und S(0|0|250). Die Sonne fällt zu einer
bestimmten Tageszeit exakt in einen
Schacht, der vom Punkt P(80|−60|50) aus
senkrecht zur Seitenfläche der Pyramide in
das Innere führt.

a) Gesucht ist der Vektor $\vec{n}$, der die Richtung des Sonnenlichts angibt.
b) Wo trifft der Schacht auf die Grundfläche
   der Pyramide?

B. Bestimmung eines Normalenvektor mit Hilfe des Vektorprodukts

Auf der vorherigen Seite haben wir zu den beiden Richtungsvektoren $\vec{u}$ und $\vec{v}$ einer Ebene E einen orthogonalen Vektor $\vec{n}$ bestimmt, den Normalenvektor der Ebene E.

Im Folgenden führen wir das Vektorprodukt ein, welches eine weitere Möglichkeit eröffnet, einen Normalenvektor $\vec{n}$ zeitsparend zu bestimmen.

Gesucht ist ein Vektor $\vec{n}$, der zu den zwei Vektoren $\vec{u}$ und $\vec{v}$ orthogonal ist.

Daher müssen die Skalarprodukte $\vec{u} \cdot \vec{n}$ und $\vec{v} \cdot \vec{n}$ null ergeben.

Das lineare Gleichungssystem, das sich hieraus ergibt, ist unterbestimmt und hat unendlich viele Lösungen.

Eine dieser möglichen Lösungen ist der folgende Vektor:

$$\vec{n} = \begin{pmatrix} n_1 \\ n_2 \\ n_3 \end{pmatrix} = \begin{pmatrix} u_2 \cdot v_3 - u_3 \cdot v_2 \\ u_3 \cdot v_1 - u_1 \cdot v_3 \\ u_1 \cdot v_2 - u_2 \cdot v_1 \end{pmatrix}$$

Der Nachweis erfolgt durch die Berechnung der Skalarprodukte $\vec{n} \cdot \vec{u}$ und $\vec{n} \cdot \vec{v}$.

Orthogonaler Vektor $\vec{n}$:

$$\text{I} \quad \vec{u} \cdot \vec{n} = 0 \quad \Rightarrow \quad \begin{pmatrix} u_1 \\ u_2 \\ u_3 \end{pmatrix} \cdot \begin{pmatrix} n_1 \\ n_2 \\ n_3 \end{pmatrix} = 0$$

$$\text{II} \quad \vec{v} \cdot \vec{n} = 0 \quad \Rightarrow \quad \begin{pmatrix} v_1 \\ v_2 \\ v_3 \end{pmatrix} \cdot \begin{pmatrix} n_1 \\ n_2 \\ n_3 \end{pmatrix} = 0$$

$$\text{I} \quad u_1 n_1 + u_2 n_2 + u_3 n_3 = 0$$
$$\text{II} \quad v_1 n_1 + v_2 n_2 + v_3 n_3 = 0$$

$$\text{Lösung:} \begin{pmatrix} n_1 \\ n_2 \\ n_3 \end{pmatrix} = \begin{pmatrix} u_2 \cdot v_3 - u_3 \cdot v_2 \\ u_3 \cdot v_1 - u_1 \cdot v_3 \\ u_1 \cdot v_2 - u_2 \cdot v_1 \end{pmatrix}$$

$$\vec{n} \cdot \vec{u} = \begin{pmatrix} u_2 v_3 - u_3 v_2 \\ u_3 v_1 - u_1 v_3 \\ u_1 v_2 - u_2 v_1 \end{pmatrix} \cdot \begin{pmatrix} u_1 \\ u_2 \\ u_3 \end{pmatrix} \Rightarrow \begin{aligned} &(u_2 v_3 - u_3 v_2) \cdot u_1 + (u_3 v_1 - u_1 v_3) \cdot u_2 + (u_1 v_2 - u_2 v_1) \cdot u_3 \\ &= u_2 v_3 u_1 - u_3 v_2 u_1 + u_3 v_1 u_2 - u_1 v_3 u_2 + u_1 v_2 u_3 - u_2 v_1 u_3 \\ &= 0 \end{aligned}$$

$$\vec{n} \cdot \vec{v} = \begin{pmatrix} u_2 v_3 - u_3 v_2 \\ u_3 v_1 - u_1 v_3 \\ u_1 v_2 - u_2 v_1 \end{pmatrix} \cdot \begin{pmatrix} v_1 \\ v_2 \\ v_3 \end{pmatrix} \Rightarrow \begin{aligned} &(u_2 v_3 - u_3 v_2) \cdot v_1 + (u_3 v_1 - u_1 v_3) \cdot v_2 + (u_1 v_2 - u_2 v_1) \cdot v_3 \\ &= u_2 v_3 v_1 - u_3 v_2 v_1 + u_3 v_1 v_2 - u_1 v_3 v_2 + u_1 v_2 v_3 - u_2 v_1 v_3 \\ &= 0 \end{aligned}$$

Der obige Lösungsvektor $\vec{n}$ ist aus Koordinatenprodukten der Vektoren $\vec{u}$ und $\vec{v}$ aufgebaut. Er wird als *Vektorprodukt* der Vektoren $\vec{u}$ und $\vec{v}$ bezeichnet und symbolisch als $\vec{u} \times \vec{v}$ dargestellt. Im Gegensatz zum Skalarprodukt ist das Vektorprodukt nur im dreidimensionalen Raum definiert.

Definition des Vektorprodukts

Für zwei Vektoren $\vec{u} = \begin{pmatrix} a_1 \\ a_2 \\ a_3 \end{pmatrix}$ und $\vec{v} = \begin{pmatrix} b_1 \\ b_2 \\ b_3 \end{pmatrix}$ des Raums heißt $\vec{u} \times \vec{v} = \begin{pmatrix} a_2 b_3 - a_3 b_2 \\ a_3 b_1 - a_1 b_3 \\ a_1 b_2 - a_2 b_1 \end{pmatrix}$

(gelesen: „u kreuz v") das *Vektorprodukt* von $\vec{u}$ und $\vec{v}$.

▶ **Beispiel:** Gegeben sind die Vektoren $\vec{u} = \begin{pmatrix} 3 \\ 2 \\ -1 \end{pmatrix}$ und $\vec{v} = \begin{pmatrix} 1 \\ 1 \\ 2 \end{pmatrix}$. Berechnen Sie $\vec{u} \times \vec{v}$.

Lösung:
$$\begin{pmatrix} 3 \\ 2 \\ -1 \end{pmatrix} \times \begin{pmatrix} 1 \\ 1 \\ 2 \end{pmatrix} = \begin{pmatrix} u_1 \\ u_2 \\ u_3 \end{pmatrix} \times \begin{pmatrix} v_1 \\ v_2 \\ v_3 \end{pmatrix} = \begin{pmatrix} u_2 v_3 - u_3 v_2 \\ u_3 v_1 - u_1 v_3 \\ u_1 v_2 - u_2 v_1 \end{pmatrix} = \begin{pmatrix} 2 \cdot 2 - (-1) \cdot 1 \\ (-1) \cdot 1 - 3 \cdot 2 \\ 3 \cdot 1 - 2 \cdot 1 \end{pmatrix} = \begin{pmatrix} 5 \\ -7 \\ 1 \end{pmatrix}$$

Das nebenstehende Schema dient als Merkregel für das Vektorprodukt. Man erhält die 1. Koordinate des Vektorprodukts, indem man die 1. Koordinaten der gegebenen Vektoren streicht, die übrigen Koordinaten über Kreuz multipliziert und die Differenz der Produkte bildet. Analog erhält man die 2. und 3. Koordinate. Bei der Kreuzmultiplikation für die 2. Koordinate muss allerdings zusätzlich das Vorzeichen umgekehrt werden.

Merkregel:

1. Koordinate $\begin{pmatrix} -3 \\ 2 \\ -1 \end{pmatrix} \times \begin{pmatrix} 1 \\ 1 \\ 2 \end{pmatrix}$ $2 \cdot 2 - (-1) \cdot 1 = 5$

2. Koordinate $\begin{pmatrix} 3 \\ -2 \\ -1 \end{pmatrix} \times \begin{pmatrix} 1 \\ 1 \\ 2 \end{pmatrix}$ $- (3 \cdot 2 - (-1) \cdot 1) = -7$

3. Koordinate $\begin{pmatrix} 3 \\ 2 \\ -1 \end{pmatrix} \times \begin{pmatrix} 1 \\ 1 \\ 2 \end{pmatrix}$ $3 \cdot 1 - 2 \cdot 1 = 1$

Übung 2   Vektorprodukt

Berechnen Sie für die Vektoren $\vec{a}$ und $\vec{b}$ das Vektorprodukt $\vec{a} \times \vec{b}$.

a) $\vec{a} = \begin{pmatrix} 2 \\ 1 \\ 5 \end{pmatrix}$, $\vec{b} = \begin{pmatrix} 3 \\ 4 \\ 2 \end{pmatrix}$ b) $\vec{a} = \begin{pmatrix} -1 \\ 3 \\ 7 \end{pmatrix}$, $\vec{b} = \begin{pmatrix} 2 \\ 0 \\ 1 \end{pmatrix}$ c) $\vec{a} = \begin{pmatrix} 1 \\ 8 \\ 0 \end{pmatrix}$, $\vec{b} = \begin{pmatrix} -2 \\ -1 \\ 1 \end{pmatrix}$ d) $\vec{a} = \begin{pmatrix} 2 \\ 1 \\ 3 \end{pmatrix}$, $\vec{b} = \begin{pmatrix} 4 \\ 2 \\ 6 \end{pmatrix}$

Der Vektor $\vec{a} \times \vec{b}$ ist, wie oben bereits bewiesen, orthogonal zu $\vec{a}$ und zu $\vec{b}$.
Die Vektoren $\vec{a}$, $\vec{b}$ und $\vec{a} \times \vec{b}$ bilden ein sog. „Rechtssystem" wie auch die Koordinatenachsen im räumlichen kartesischen Koordinatensystem. Die abgebildete „Rechte-Hand-Regel" veranschaulicht diesen Begriff. Diese Eigenschaft ist in physikalischen Zusammenhängen wichtig.

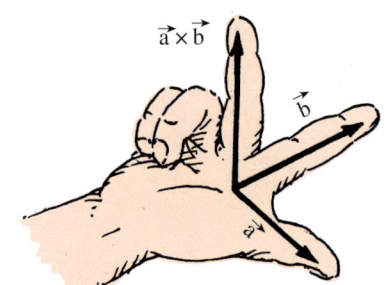

Eigenschaften des Vektorprodukts:
Für linear unabhängige Vektoren $\vec{a}$ und $\vec{b}$ im Raum gilt:
(1) $\vec{a} \times \vec{b}$ ist orthogonal zu $\vec{a}$ und zu $\vec{b}$.
(2) Die Vektoren $\vec{a}$, $\vec{b}$ und $\vec{a} \times \vec{b}$ bilden ein „Rechtssystem".

Übung 3   Vektorprodukt berechnen

Gegeben sind die Vektoren $\vec{a} = \begin{pmatrix} 1 \\ 1 \\ -3 \end{pmatrix}$, $\vec{b} = \begin{pmatrix} 5 \\ -2 \\ 3 \end{pmatrix}$ und $\vec{c} = \begin{pmatrix} -2 \\ 3 \\ 0 \end{pmatrix}$.

Bilden Sie   a) $\vec{a} \times \vec{b}$,   b) $\vec{a} \times \vec{c}$,   c) $\vec{b} \times \vec{c}$,   d) $\vec{c} \times \vec{a}$,   e) $\vec{a} \times (\vec{b} \times \vec{c})$.

Übung 4   Normalenvektor

Bestimmen Sie einen Normalenvektor der Ebene E: $x = \begin{pmatrix} 1 \\ 2 \\ 1 \end{pmatrix} + r \cdot \begin{pmatrix} 1 \\ 1 \\ -3 \end{pmatrix} + s \cdot \begin{pmatrix} 2 \\ 0 \\ -2 \end{pmatrix}$.

Übung 5   Theorie zum Vektorprodukt

Ermitteln Sie, welcher Zusammenhang zwischen den Vektorprodukten $\vec{u} \times \vec{v}$ und $\vec{v} \times \vec{u}$ besteht.

C. Die Normalengleichung einer Ebene

Die Lage einer Ebene E im Raum ist durch die Angabe eines Ebenenpunktes A und eines zur Ebene senkrechten Vektors $\vec{n} \neq \vec{0}$, also eines *Normalenvektors der Ebene*, eindeutig festgelegt.

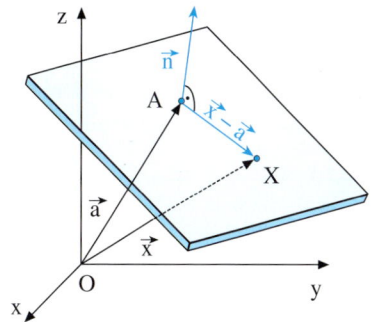

Unter diesen Voraussetzungen liegt ein Punkt X (Ortsvektor: $\vec{x}$) genau dann in der Ebene E, wenn der Vektor $\overrightarrow{AX}$ senkrecht auf dem Normalenvektor $\vec{n}$ steht, d.h., wenn die Gleichung $\overrightarrow{AX} \cdot \vec{n} = 0$ bzw. $(\vec{x} - \vec{a}) \cdot \vec{n} = 0$ gilt.

Man bezeichnet diese Art der parameterfreien Darstellung einer Ebene E unter Verwendung eines Stützvektors $\vec{a}$ und eines Normalenvektors $\vec{n}$ als *Normalenform* der Ebenengleichung oder kürzer als *Normalengleichung* der Ebene.[1]

> ### Normalengleichung der Ebene E
> $$\mathbf{E: (\vec{x} - \vec{a}) \cdot \vec{n} = 0}$$
> $\qquad\qquad \uparrow \qquad\ \uparrow$
> Stützvektor   Normalenvektor

Jede Ebene E kann auf beliebig viele Arten in Normalenform dargestellt werden, da der Ortsvektor eines jeden Ebenenpunktes als Stützvektor dienen kann und da außerdem ein Normalenvektor nur bezüglich seiner Richtung, nicht jedoch bezüglich seines Betrages eindeutig festgelegt ist.

$$E: \left[\vec{x} - \begin{pmatrix} 1 \\ 3 \\ 2 \end{pmatrix} \right] \cdot \begin{pmatrix} 1 \\ 2 \\ 1 \end{pmatrix} = 0 \qquad \textit{Normalenform}$$

Abschließend sei noch bemerkt, dass die Normalengleichung einer Ebene E durch Ausmultiplikation der Klammer in eine äquivalente Darstellung umgeformt werden kann, wie dies nebenstehend exemplarisch dargestellt ist. Man spricht dann von einer *vereinfachten Normalengleichung*.

$$E: \vec{x} \cdot \begin{pmatrix} 1 \\ 2 \\ 1 \end{pmatrix} - \begin{pmatrix} 1 \\ 3 \\ 2 \end{pmatrix} \cdot \begin{pmatrix} 1 \\ 2 \\ 1 \end{pmatrix} = 0$$

$$E: \vec{x} \cdot \begin{pmatrix} 1 \\ 2 \\ 1 \end{pmatrix} = 9 \qquad \textit{vereinfachte Normalenform}$$

---

[1] Beide Begriffe werden im Folgenden synonym verwendet.

Wir wenden uns nun der Frage zu, wie man die Normalengleichung einer Ebene bestimmt. Wir gehen davon aus, dass wir entweder drei Punkte der Ebene kennen oder – was nahezu gleichbedeutend ist – dass ihre Parametergleichung gegeben ist.

▶ **Beispiel: Parametergleichung (drei Punkte) → Normalengleichung**
Gesucht ist eine Normalengleichung der Ebene E durch die Punkte A (3|2|4), B (5|1|6) und C (1|4|3).

Lösung:
Wir stellen zunächst die Parametergleichung der Ebene auf.

Den Stützvektor für die Normalengleichung können wir aus der Parametergleichung direkt übernehmen.

Parametergleichung von E:

$$E: \vec{x} = \begin{pmatrix} 3 \\ 2 \\ 4 \end{pmatrix} + r \begin{pmatrix} 2 \\ -1 \\ 2 \end{pmatrix} + s \begin{pmatrix} -2 \\ 2 \\ -1 \end{pmatrix}$$

Stütz-   Richtungs-   Richtungsvektor   vektor   vektor

Die beiden Richtungsvektoren ermöglichen uns die Bestimmung eines Normalenvektors $\vec{n}$. Dieser muss zu beiden Richtungsvektoren senkrecht stehen.

Bestimmung eines Normalenvektors $\vec{n}$:

$$\vec{n} = \begin{pmatrix} x \\ y \\ z \end{pmatrix}, \quad \vec{n} \perp \begin{pmatrix} 2 \\ -1 \\ 2 \end{pmatrix}, \quad \vec{n} \perp \begin{pmatrix} -2 \\ 2 \\ -1 \end{pmatrix}$$

also $\begin{pmatrix} x \\ y \\ z \end{pmatrix} \cdot \begin{pmatrix} 2 \\ -1 \\ 2 \end{pmatrix} = 0, \quad \begin{pmatrix} x \\ y \\ z \end{pmatrix} \cdot \begin{pmatrix} -2 \\ 2 \\ -1 \end{pmatrix} = 0.$

Dies führt auf ein Gleichungssystem mit zwei Gleichungen für die drei Unbekannten x, y und z.

I: $2x - y + 2z = 0$
II: $-2x + 2y - z = 0$
III = I + II: $y + z = 0$

Eine Variable kann frei gewählt werden, da das System unterbestimmt ist. Wir wählen z = c. Die allgemeine Lösung des Systems lautet dann: x = −1,5 c, y = −c und z = c.
Da wir nur eine Lösung benötigen, können wir c frei festlegen.
Für c = 2 erhalten wir $\vec{n} = \begin{pmatrix} -3 \\ -2 \\ 2 \end{pmatrix}$.

z wird frei gewählt: z = c
Aus III folgt dann: y = −c
Aus I folgt dann: x = −1,5 c
Setzen wir c = 2, so folgt $\vec{n} = \begin{pmatrix} -3 \\ -2 \\ 2 \end{pmatrix}.$

Nun können wir eine Normalengleichung der Ebene aufstellen.

Normalengleichung von E:

$$E: \left[\vec{x} - \begin{pmatrix} 3 \\ 2 \\ 4 \end{pmatrix} \right] \cdot \begin{pmatrix} -3 \\ -2 \\ 2 \end{pmatrix} = 0$$

Stütz-   Normalen-
vektor   vektor

▶ Resultat: E: $\left[\vec{x} - \begin{pmatrix} 3 \\ 2 \\ 4 \end{pmatrix} \right] \cdot \begin{pmatrix} -3 \\ -2 \\ 2 \end{pmatrix} = 0$

Übung 6
Stellen Sie eine Normalengleichung der Ebene E auf.
a) E geht durch die Punkte A (1|1|−3), B (0|2|2) und C (2|1|−5).
b) E hat die Parameterdarstellung E: $\vec{x} = \begin{pmatrix} 1 \\ 1 \\ 1 \end{pmatrix} + r \begin{pmatrix} -1 \\ 1 \\ 2 \end{pmatrix} + s \begin{pmatrix} 2 \\ 2 \\ 0 \end{pmatrix}.$

Wir behandeln nun die umgekehrte Fragestellung. Aus der Normalengleichung soll eine Parametergleichung gewonnen werden.

> **Beispiel: Normalengleichung → Parametergleichung**
>
> Gesucht ist eine Parametergleichung der Ebene $E: \left[\vec{x} - \begin{pmatrix} 1 \\ 2 \\ 5 \end{pmatrix}\right] \cdot \begin{pmatrix} 2 \\ 3 \\ 5 \end{pmatrix} = 0$.

Lösung:
Den Stützvektor für die Parametergleichung können wir auch hier direkt aus der Normalengleichung übernehmen.

Der Normalenvektor gestattet uns in einfacher Weise – wie rechts dargestellt – die Bestimmung von zwei nicht kollinearen Richtungsvektoren $\vec{u}$ und $\vec{v}$.

Bestimmung der Richtungsvektoren:

$$\begin{pmatrix} 2 \\ 3 \\ 5 \end{pmatrix} \cdot (\quad) = 0, \qquad \begin{pmatrix} 2 \\ 3 \\ 5 \end{pmatrix} \cdot (\quad) = 0$$

$$\vec{n} \cdot \vec{u} \qquad\qquad \vec{n} \cdot \vec{v}$$

$$\begin{pmatrix} 2 \\ 3 \\ 5 \end{pmatrix} \cdot \begin{pmatrix} 3 \\ -2 \\ 0 \end{pmatrix} = 0, \qquad \begin{pmatrix} 2 \\ 3 \\ 5 \end{pmatrix} \cdot \begin{pmatrix} 0 \\ 5 \\ -3 \end{pmatrix} = 0$$

Wir setzen eine der drei gesuchten Richtungskoordinaten gleich 0 und bestimmen die beiden anderen – wie rechts farbig dargestellt – aus zwei Koordinaten des Normalenvektors.

Parametergleichung:

$$E: \vec{x} = \begin{pmatrix} 1 \\ 2 \\ 5 \end{pmatrix} \cdot r \begin{pmatrix} 3 \\ -2 \\ 0 \end{pmatrix} + s \begin{pmatrix} 0 \\ 5 \\ -3 \end{pmatrix}$$

Stütz-   Richtungs-   Richtungsvektor   vektor   vektor

Übung 7

Jeweils zwei der folgenden Gleichungen stellen die gleiche Ebene dar. Stellen Sie die zueinander gehörende Paare fest.

$E_1: \quad \vec{x} = \begin{pmatrix} 0 \\ 0 \\ 3 \end{pmatrix} + r \begin{pmatrix} 1 \\ 0 \\ -2 \end{pmatrix} + s \begin{pmatrix} -1 \\ 2 \\ 6 \end{pmatrix}$

$E_4: \quad \left[\vec{x} - \begin{pmatrix} 5 \\ 2 \\ 0 \end{pmatrix}\right] \cdot \begin{pmatrix} 1 \\ -1 \\ 0 \end{pmatrix} = 0$

$E_2: \quad \vec{x} = \begin{pmatrix} 1 \\ 1 \\ 3 \end{pmatrix} + r \begin{pmatrix} 1 \\ 1 \\ 5 \end{pmatrix} + s \begin{pmatrix} -2 \\ -1 \\ -6 \end{pmatrix}$

$E_5: \quad \left[\vec{x} - \begin{pmatrix} 1 \\ 1 \\ 3 \end{pmatrix}\right] \cdot \begin{pmatrix} 2 \\ -2 \\ 1 \end{pmatrix} = 0$

$E_3: \quad \vec{x} = \begin{pmatrix} 4 \\ 1 \\ 1 \end{pmatrix} + r \begin{pmatrix} -1 \\ -1 \\ 1 \end{pmatrix} + s \begin{pmatrix} 7 \\ 7 \\ -1 \end{pmatrix}$

$E_6: \quad \left[\vec{x} - \begin{pmatrix} 2 \\ 2 \\ 8 \end{pmatrix}\right] \cdot \begin{pmatrix} 1 \\ 4 \\ -1 \end{pmatrix} = 0$

Oft treten Ebenen in Körpern auf, z. B. als Seitenflächen. Dann stellt sich das Problem, aus der Zeichnung eine Parametergleichung oder eine Normalengleichung zu gewinnen (Übung 8).

Übung 8

Stellen Sie die Ebene durch eine geeignete Gleichung dar.

a)

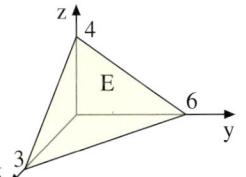

b)

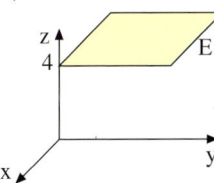

c)

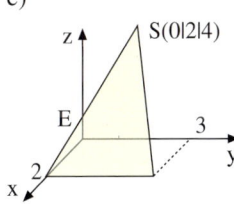

D. Die Koordinatengleichung einer Ebene

$$ax + by + cz = d$$

Eine Ebene im dreidimensionalen Anschauungsraum lässt sich stets durch eine lineare Gleichung der Form **ax + by + cz = d** darstellen, die man als *Koordinatengleichung* bezeichnet. Diese Darstellung hat einige Vorteile, was wir im Verlauf des Kurses sehen werden.

Die Koordinatengleichung ist eng verwandt mit der Normalengleichung. Daher zeigen wir zunächst, wie man diese Gleichungen rechnerisch ineinander überführt.

> **Beispiel: Normalengleichung → Koordinatengleichung**
>
> Bestimmen Sie eine Koordinatengleichung der Ebene E: $\left[\vec{x} - \begin{pmatrix} 1 \\ 3 \\ 2 \end{pmatrix}\right] \cdot \begin{pmatrix} 2 \\ 3 \\ 4 \end{pmatrix} = 0$.

Lösung:

Wir überführen die Normalengleichung zunächst in ihre vereinfachte Form:

$$\left[\vec{x} - \begin{pmatrix} 1 \\ 3 \\ 2 \end{pmatrix}\right] \cdot \begin{pmatrix} 2 \\ 3 \\ 4 \end{pmatrix} = 0 \Rightarrow \vec{x} \cdot \begin{pmatrix} 2 \\ 3 \\ 4 \end{pmatrix} - \begin{pmatrix} 1 \\ 3 \\ 2 \end{pmatrix} \cdot \begin{pmatrix} 2 \\ 3 \\ 4 \end{pmatrix} = 0 \Rightarrow \vec{x} \cdot \begin{pmatrix} 2 \\ 3 \\ 4 \end{pmatrix} - 19 = 0 \Rightarrow \vec{x} \cdot \begin{pmatrix} 2 \\ 3 \\ 4 \end{pmatrix} = 19$$

Nun ersetzen wir den Vektor $\vec{x}$ durch seine Spaltenkoordinatenform und multiplizieren aus:

$$\vec{x} \cdot \begin{pmatrix} 2 \\ 3 \\ 4 \end{pmatrix} = 19 \Rightarrow \begin{pmatrix} x \\ y \\ z \end{pmatrix} \cdot \begin{pmatrix} 2 \\ 3 \\ 4 \end{pmatrix} = 19 \Rightarrow 2x + 3y + 4z = 19.$$

Wir halten folgende wichtige Beobachtung fest:

Die Koeffizienten der linken Seite der Koordinatengleichung einer Ebene sind die Koordinaten eines Normalenvektors.	E: $ax + by + cz = d \Rightarrow \vec{n} = \begin{pmatrix} a \\ b \\ c \end{pmatrix}$ ist ein Normalenvektor von E.

> **Beispiel: Koordinatengleichung → Normalengleichung**
>
> Gesucht ist eine Normalengleichung der Ebene E: $2x + 3y - z = 6$.

Lösung:

Besonders leicht ist eine vereinfachte Normalengleichung zu bestimmen. Dazu stellen wir einfach die linke Seite der Koordinatengleichung als Skalarprodukt dar.

$$E: 2x + 3y - z = 6 \Rightarrow E: \begin{pmatrix} x \\ y \\ z \end{pmatrix} \cdot \begin{pmatrix} 2 \\ 3 \\ -1 \end{pmatrix} = 6 \Rightarrow E: \vec{x} \cdot \begin{pmatrix} 2 \\ 3 \\ -1 \end{pmatrix} = 6$$

Eine weitere Möglichkeit: Wir entnehmen der Koordinatengleichung durch Einsetzen geeigneter Koordinaten einen Stützpunkt, z. B. A (3|0|0), sowie durch Ablesen der Koeffizienten der linken Seite einen Normalenvektor.

Dann lautet eine Normalengleichung von E: $\left[\vec{x} - \begin{pmatrix} 3 \\ 0 \\ 0 \end{pmatrix}\right] \cdot \begin{pmatrix} 2 \\ 3 \\ -1 \end{pmatrix} = 0$.

Ein erster Vorteil der Koordinatenform besteht darin, dass sich die *Achsenabschnittspunkte* der Ebene aus der Koordinatenform einfacher bestimmen lassen, was wiederum die zeichnerische Darstellung der Ebene erheblich erleichtert.

> **Beispiel: Achsenabschnitte und Schrägbild**
> Gegeben sei die Ebene E mit der Koordinatengleichung E: $3x + 6y + 4z = 12$.
> Bestimmen Sie diejenigen Punkte, in welchen die Koordinatenachsen die Ebene durchstoßen, und zeichnen Sie mithilfe dieser Punkte ein Schrägbild der Ebene.

Lösung:
Der Achsenabschnittspunkt auf der x-Achse hat die Gestalt $A(x|0|0)$.
Setzen wir in der Koordinatengleichung $y = 0$ und $z = 0$, so erhalten wir $3x = 12$, d. h. $x = 4$. Also ist $A(4|0|0)$ der gesuchte Achsenabschnittspunkt auf der x-Achse.

Analog erhalten wir die beiden weiteren Achsenabschnittspunkte $B(0|2|0)$ und $C(0|0|3)$.

Tragen wir diese drei Punkte in ein Koordinatensystem ein, so können wir einen
▶ dreieckigen Ebenenausschnitt darstellen.

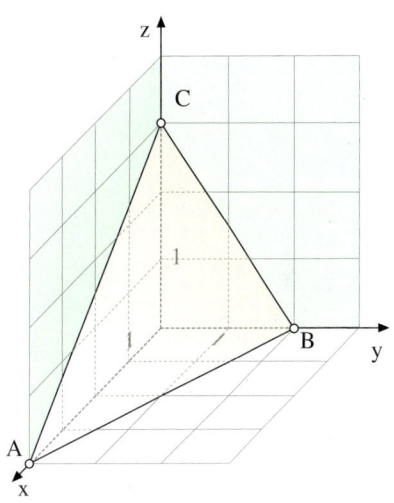

Übung 9
a) Bestimmen Sie die Achsenabschnitte der Ebene E: $4x + 6y + 6z = 24$ und zeichnen Sie ein Schrägbild der Ebene.
b) Zeichnen Sie ein Schrägbild der Ebene E: $2x + 5y + 4z = 10$.
c) Welche Achsenabschnitte besitzt die Ebene E: $2x + 4z = 8$?
   Beschreiben Sie die Lage dieser Ebene im Koordinatensystem.

Bemerkung: Fehlen in der Koordinatengleichung einer Ebene eine oder mehrere Variable, so nimmt die Ebene im Koordinatensystem eine besondere Lage ein.

Beispiel: Die Ebene E_1: $2x + 3y = 6$ hat die Achsenabschnitte $x = 3$ ($y = 0$, $z = 0$) und $y = 2$ ($x = 0$, $z = 0$).
Sie hat keinen z-Achsenabschnitt, denn sie ist parallel zur z-Achse.

Beispiel: Die Ebene E_2: $2y = 6$ hat den y-Achsenabschnitt $y = 3$.
Sie hat keinen x-Achsenabschnitt und keinen z-Achsenabschnitt; sie ist nämlich parallel zur x-Achse und zur z-Achse, also zur x-z-Ebene.

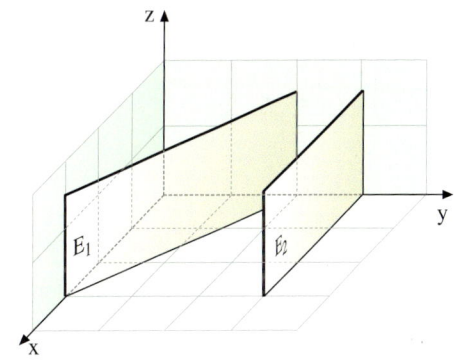

Man kann die Koordinatengleichung einer Ebene in der Regel so umformen, dass die Achsenabschnitte der Ebene direkt abgelesen werden können.

Die Achsenabschnittsgleichung

Die rechts dargestellte Koordinatengleichung
wird als Achsenabschnittsgleichung bezeichnet.
A ist der x-Achsenabschnitt,
B der y-Achsenabschnitt und
C der z-Achsenabschnitt von E.

$$E: \frac{x}{A} + \frac{y}{B} + \frac{z}{C} = 1$$

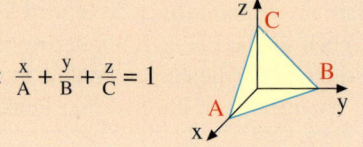

▶ **Beispiel: Achsenabschnitte**
Wie lauten die Achsenabschnitte der Ebene E: $4x + 2y = 12$?

Lösung:
E: $4x + 2y = 12$ $|:12$

E: $\frac{x}{3} + \frac{y}{6} = 1$

x-Achsenabschnitt: A = 3
y-Achsenabschnitt: B = 6
z-Achsenabschnitt: Nicht vorhanden, da E
                   parallel zur z-Achse

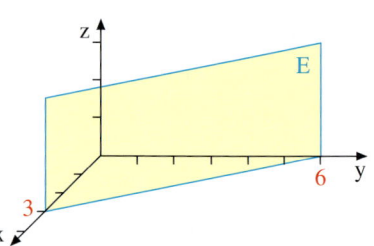

Übung 10
Bestimmen Sie eine Koordinatengleichung der abgebildeten Ebene E.[*]

a)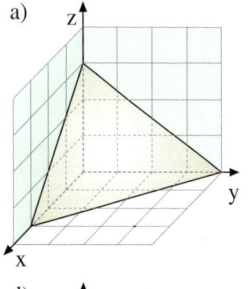

b)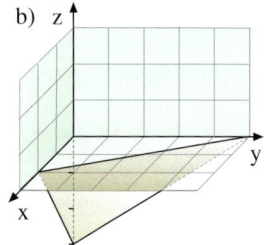

c)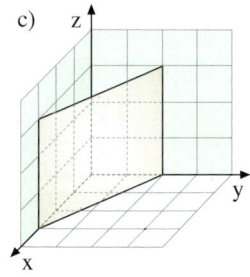

d)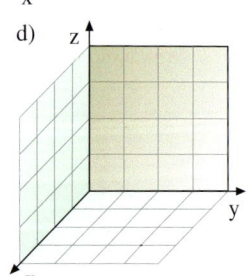

e)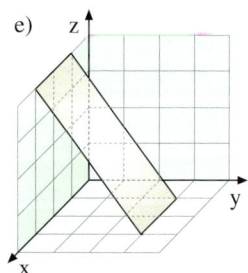

f)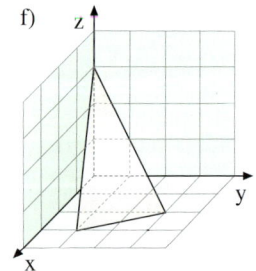

Übung 11
Bestimmen Sie die Achsenabschnitte der Ebene E und zeichnen Sie ein Schrägbild der Ebene.
a) E: $2x + 4y + z = 4$ b) E: $-3x + 4y + 8z = 12$ c) E: $-2x + y - 2z = 4$
d) E: $2y + 3z = 6$ e) E: $4x = 8$ f) E: $z = 2$

[*]Eine Einheit entspricht einer Karolänge.

Übungen

12. Ebenengleichungen
Stellen Sie eine Gleichung der Ebene durch die Punkte A, B und C in Parameterform, in Normalenform und in Koordinatenform auf.
a) $A(1|2|-2)$, $B(0|5|0)$, $C(5|0|-2)$
b) $A(2|1|1)$, $B(4|2|2)$, $C(3|3|4)$

13. Aufstellen der Normalengleichung
Bestimmen Sie eine Normalengleichung der Ebene E.
a) $E: -4x + 5y + 3z = 12$
b) $E: x + 2z = 4$
c) $E: \vec{x} = \begin{pmatrix} 1 \\ 0 \\ 0 \end{pmatrix} + r \begin{pmatrix} 2 \\ 2 \\ -2 \end{pmatrix} + s \begin{pmatrix} 4 \\ 1 \\ -10 \end{pmatrix}$
d) $E: \vec{x} = \begin{pmatrix} 5 \\ 2 \\ 3 \end{pmatrix} + r \begin{pmatrix} 2 \\ 3 \\ -2 \end{pmatrix} + s \begin{pmatrix} 1 \\ -1 \\ 1 \end{pmatrix}$

14. Aufstellen der Normalengleichung
Stellen Sie eine Normalengleichung der beschriebenen Ebene E auf.
a) E geht durch $A(0|2|0)$, $B(2|1|2)$, $C(1|0|2)$.
b) E hat die Koordinatengleichung $E: 2x + y - 3z = 5$.
c) E ist die x-y-Ebene.
d) E ist die x-z-Ebene.
e) E enthält die z-Achse, den Punkt $P(1|1|0)$ und steht senkrecht auf der x-y-Ebene.

15. Achsenabschnitt einer Ebene
a) Bestimmen Sie die Achsenabschnittspunkte der Ebene $E: 3x + 6y - 3z = 12$ und skizzieren Sie einen Ebenenausschnitt im Koordinatensystem.
b) Welche Achsenabschnitte hat die Ebene $E: 2x + 5y = 10$?
Beschreiben Sie die Lage der Ebene im Koordinatensystem verbal und fertigen Sie anschließend ein Schrägbild an.
c) Beschreiben Sie die Lage der Ebene $E: 2z = 8$ im Koordinatensystem (mit Schrägbild).

16. Aufstellen der Koordinatengleichung
Gesucht ist eine Koordinatengleichung der beschriebenen oder dargestellten Ebenen.
a) Es handelt sich um die x-y-Ebene.
b) Die Ebene hat die Achsenabschnitte $x = 4$, $y = 2$, $z = 6$.
c) Die Ebene enthält den Punkt $P(2|1|3)$ und ist zur y-z-Ebene parallel.
d) Die Ebene geht durch den Punkt $P(4|4|0)$ und ist parallel zur z-Achse. Ihr y-Achsenabschnitt beträgt $y = 12$.
e) Die Ebene enthält die Punkte $A(2|-1|5)$, $B(-1|-3|9)$ und ist parallel zur z-Achse.

f)
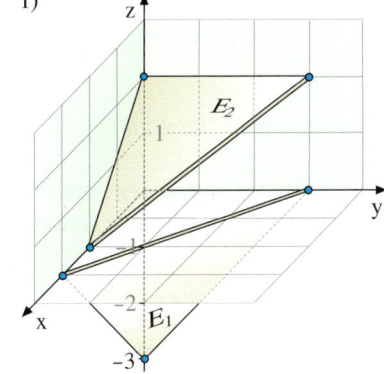

2. Lagebeziehungen

Wir behandeln nun die Lagebeziehungen zwischen Punkten, Geraden und Ebenen in Koordinaten- und Normalenform der Ebene anstelle der Parameterform. Dadurch werden die Untersuchungen wesentlich vereinfacht.

A. Die Lage von Punkt und Ebene

▶ **Beispiel: Punktprobe mit der Parameterform**

Liegen $P(2|-2|-1)$ oder $Q(2|1|1)$ in der Ebene E: $\vec{x} = \begin{pmatrix} 1 \\ 0 \\ -1 \end{pmatrix} + r \cdot \begin{pmatrix} 2 \\ -1 \\ 1 \end{pmatrix} + s \cdot \begin{pmatrix} 1 \\ 1 \\ 1 \end{pmatrix}$?

Lösung:
Der Ortsvektor des Punktes wird in die Ebenengleichung eingesetzt:

$$\begin{pmatrix} 2 \\ -2 \\ -1 \end{pmatrix} = \begin{pmatrix} 1 \\ 0 \\ -1 \end{pmatrix} + r \cdot \begin{pmatrix} 2 \\ -1 \\ 1 \end{pmatrix} + s \cdot \begin{pmatrix} 1 \\ 1 \\ 1 \end{pmatrix} \qquad \begin{pmatrix} 2 \\ 1 \\ 1 \end{pmatrix} = \begin{pmatrix} 1 \\ 0 \\ -1 \end{pmatrix} + r \cdot \begin{pmatrix} 2 \\ -1 \\ 1 \end{pmatrix} + s \cdot \begin{pmatrix} 1 \\ 1 \\ 1 \end{pmatrix}$$

Durch Aufspalten der Vektorgleichung in drei Koordinaten erhalten wir ein Gleichungssystem:

I	$2r + s = 1$	I $\quad 2r + s = 1$
II	$-r + s = -2$	II $\quad -r + s = 1$
III	$r + s = 0$	III $\quad r + s = 2$

Das Gleichungssystem mit 3 Gleichungen in 2 Variablen wird auf Lösbarkeit untersucht.

I + 2 · II: $\quad 3s = -3 \Rightarrow s = -1$ $\qquad$ I + 2 · II: $\quad 3s = 3 \Rightarrow s = 1$

in I: $\qquad 2r - 1 = 1 \Rightarrow r = 1$ $\qquad$ in I: $\qquad 2r + 1 = 1 \Rightarrow r = 0$

Probe in III: $\qquad\qquad\qquad\qquad\qquad\quad$ Probe in III:

$\qquad 1 + (-1) = 0$ wahr $\Rightarrow$ lösbar $\qquad\qquad 0 + 1 = 2$ falsch $\Rightarrow$ unlösbar

▶ Folgerung: $P(2|-2|-1)$ liegt in E. $\qquad$ Folgerung: $Q(2|1|1)$ liegt nicht in E.

Noch einfacher geht die Punktprobe mit der Koordinatenform oder mit der Normalenform.

▶ **Beispiel: Punktprobe mit der Koordinatenform**
Liegen $P(2|-2|-1)$ oder $Q(2|1|1)$ in E: $2x + y - 3z = 5$?

Lösung:
Der Punkt $P(2|-2|-1)$ liegt in E, da Einsetzen von $x = 2$, $y = -2$ und $z = -1$ in die Koordinatengleichung auf eine wahre Aussage führt:
▶ $2 \cdot 2 + (-2) - 3 \cdot (-1) = 5$, d.h. $5 = 5$.

Der Punkt $Q(2|1|1)$ liegt nicht in E, da Einsetzen der Koordinaten $x = 2$, $y = 1$ und $z = 1$ auf eine falsche Aussage führt, nämlich auf:
$2 \cdot 2 + 1 - 3 \cdot 1 = 5$, d.h. $2 = 5$.

> **Beispiel: Punktprobe mit der Normalenform**
>
> Gegeben sei die Ebene E: $\left[\vec{x} - \begin{pmatrix} 1 \\ 3 \\ 2 \end{pmatrix}\right] \cdot \begin{pmatrix} 1 \\ 2 \\ 1 \end{pmatrix} = 0$.
>
> a) Prüfen Sie, ob die Punkte A(1|4|0) und B(2|2|1) in der Ebene E liegen.
> b) Für welchen Wert des Parameters t liegt der Punkt C(2|1|t) in der Ebene E?

Lösung zu a:

Wir setzen den Ortsvektor des Punktes A anstelle von $\vec{x}$ auf der linken Seite der Normalengleichung ein. Die linke Seite nimmt den Wert 0 an, wie die nebenstehende Rechnung zeigt. A liegt also in E.

$$\left[\begin{pmatrix} 1 \\ 4 \\ 0 \end{pmatrix} - \begin{pmatrix} 1 \\ 3 \\ 2 \end{pmatrix}\right] \cdot \begin{pmatrix} 1 \\ 2 \\ 1 \end{pmatrix} = \begin{pmatrix} 0 \\ 1 \\ -2 \end{pmatrix} \cdot \begin{pmatrix} 1 \\ 2 \\ 1 \end{pmatrix} = 0$$

$$\Rightarrow A \in E$$

Setzen wir dagegen den Ortsvektor von B ein, so nimmt die linke Seite den Wert $-2 \neq 0$ an. B liegt nicht in E.

$$\left[\begin{pmatrix} 2 \\ 2 \\ 1 \end{pmatrix} - \begin{pmatrix} 1 \\ 3 \\ 2 \end{pmatrix}\right] \cdot \begin{pmatrix} 1 \\ 2 \\ 1 \end{pmatrix} = \begin{pmatrix} 1 \\ -1 \\ -1 \end{pmatrix} \cdot \begin{pmatrix} 1 \\ 2 \\ 1 \end{pmatrix} = -2$$

$$\Rightarrow B \notin E$$

Lösung zu b:

Setzen wir den Ortsvektor von C in die linke Seite der Normalengleichung ein, so nimmt diese den Wert $t - 5$ an.
Für $t = 5$ wird dieser Term gleich 0, liegt also der Punkt C in dieser Ebene E.

$$\left[\begin{pmatrix} 2 \\ 1 \\ t \end{pmatrix} - \begin{pmatrix} 1 \\ 3 \\ 2 \end{pmatrix}\right] \cdot \begin{pmatrix} 1 \\ 2 \\ 1 \end{pmatrix} = \begin{pmatrix} 1 \\ -2 \\ t-2 \end{pmatrix} \cdot \begin{pmatrix} 1 \\ 2 \\ 1 \end{pmatrix} = t - 5$$

$$C \in E \quad \Leftrightarrow \quad t - 5 = 0 \quad \Leftrightarrow \quad t = 5$$

Übung 1   Punktproben

Untersuchen Sie, ob die Punkte in der gegebenen Ebene liegen.

a) E_1: $\vec{x} = \begin{pmatrix} 1 \\ 3 \\ -2 \end{pmatrix} + r \cdot \begin{pmatrix} -1 \\ 2 \\ 4 \end{pmatrix} + s \cdot \begin{pmatrix} 1 \\ -3 \\ -1 \end{pmatrix}$; P(−2|0|7), Q(1|1|1)

b) E_2: $2x - y + z = 4$; P(2|1|1), Q(1|0|1)

Übung 2

Gegeben ist die Ebene E: $x - y + 2z = 5$.
a) Prüfen Sie, ob die Punkte A(4|3|2) und B(1|0|1) in E liegen.
b) Wie muss a gewählt werden, damit der Punkt P(3|a|a + 1|2) in E liegt?
c) Kann der Punkt P(a|2a + 3|3 − 2a) in der Ebene E liegen?

Übung 3

Gegeben ist die Ebene E: $\left[\vec{x} - \begin{pmatrix} 2 \\ 1 \\ 1 \end{pmatrix}\right] \cdot \begin{pmatrix} 1 \\ -1 \\ 2 \end{pmatrix} = 0$.

a) Prüfen Sie, ob die Punkte A(3|2|1), B(1|4|2) und C(−1|2|3) in E liegen.
b) Für welchen Wert des Parameters a liegen die Punkte D(a|a + 3|3) bzw. F(a|2a|3) in E?
c) Geben Sie eine Koordinatengleichung von E an.
d) Geben Sie eine Parametergleichung von E an.

B. Die Lage von Gerade und Ebene

Es gibt drei unterschiedliche gegenseitige
Lagebeziehungen zwischen einer Geraden
und einer Ebene:

(A) g und E schneiden sich im Punkt S,
(B) g verläuft echt parallel zu E,
(C) g liegt ganz in E.

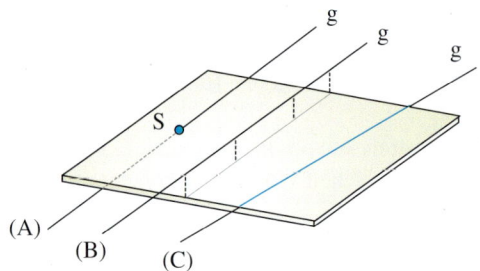

Die Überprüfung, welche Lagebeziehung im konkreten Fall vorliegt, gelingt am einfachsten, wenn
man eine Parametergleichung der Geraden und eine Koordinatengleichung der Ebene verwendet.

Beispiel: Gerade und Ebene schneiden sich

Gegeben sind die Gerade g: $\vec{x} = \begin{pmatrix} 2 \\ 4 \\ 2 \end{pmatrix} + r \cdot \begin{pmatrix} 0 \\ 2 \\ 1 \end{pmatrix}$ und die Ebene E: $x + 2y + 3z = 9$.

Zeigen Sie, dass g und E sich schneiden. Bestimmen Sie den Schnittpunkt S. Stellen Sie anschließend Ihre Ergebnisse in einem Schrägbild dar.

Lösung:

Der allgemeine Geradenvektor hat die Koordinaten x = 2, y = 4 + 2r, z = 2 + r.
Durch Einsetzen dieser Terme in die Koordinatengleichung der Ebene erhalten wir
eine Bestimmungsgleichung für den Geradenparameter r, deren Auflösung den Wert
r = −1 liefert.

1. Lageuntersuchung:

$$
\begin{aligned}
x + \quad 2y \quad + \quad 3z &= 9 \\
2 + 2(4 + 2r) + 3(2 + r) &= 9 \\
7r + 16 &= 9 \\
7r &= -7 \\
r &= -1
\end{aligned}
$$

$\Rightarrow$ g schneidet E für r = −1.

Durch Rückeinsetzung von r = −1 in die
Parametergleichung der Geraden g erhalten
wir den Ortsvektor des Schnittpunktes
S (2|2|1).

2. Schnittpunktberechnung:

$$
\vec{x} = \begin{pmatrix} 2 \\ 4 \\ 2 \end{pmatrix} + (-1) \cdot \begin{pmatrix} 0 \\ 2 \\ 1 \end{pmatrix} = \begin{pmatrix} 2 \\ 2 \\ 1 \end{pmatrix}
$$

$\Rightarrow$ Schnittpunkt S (2|2|1)

Um die Ergebnisse graphisch darzustellen,
errechnen wir zunächst die drei Achsenabschnitte der Ebene aus der Koordinatengleichung von E. Wir erhalten dann x = 9,
y = 4,5 und z = 3.

Die Gerade g legen wir durch zwei ihrer
Punkte fest. Hierfür bieten sich der Stütz-
punkt A (2|4|2) (Parameterwert r = 0) und
der Schnittpunkt S (2|2|1) (Parameterwert
r = −1) an.

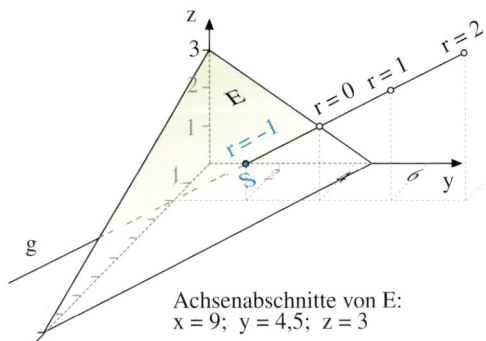

Achsenabschnitte von E:
x = 9; y = 4,5; z = 3

▶ **Beispiel: Gerade parallel zur Ebene/Gerade in der Ebene**

Gegeben sind die Geraden g_1: $\vec{x} = \begin{pmatrix} 2 \\ 3 \\ 1 \end{pmatrix} + r \cdot \begin{pmatrix} 1 \\ 1 \\ -1 \end{pmatrix}$, g_2: $\vec{x} = \begin{pmatrix} 2 \\ 2 \\ 1 \end{pmatrix} + r \cdot \begin{pmatrix} 1 \\ 1 \\ -1 \end{pmatrix}$ sowie die Ebene

E: $x + 2y + 3z = 9$. Untersuchen Sie die gegenseitige Lage von g_1 und g_2 zu E.

Lösung:

1. Lage von g_1 zu E:

Koordinaten von g_1:

$x = 2 + r$

$y = 3 + r$

$z = 1 - r$

Einsetzen in die Gleichung von E:

$\quad x \quad + \quad 2y \quad + \quad 3z \quad = 9$

$(2 + r) + 2(3 + r) + 3(1 - r) = 9$

$\qquad\qquad\qquad\qquad 11 = 9$

2. Interpretation:

Es gibt keinen Geradenpunkt, der die Punktprobe mit der Ebenengleichung
▶ erfüllt. g und E sind *echt parallel*.

1. Lage von g_2 zu E:

Koordinaten von g_2:

$x = 2 + r$

$y = 2 + r$

$z = 1 - r$

Einsetzen in die Gleichung von E:

$\quad x \quad + \quad 2y \quad + \quad 3z \quad = 9$

$(2 + r) + 2(2 + r) + 3(1 - r) = 9$

$\qquad\qquad\qquad\qquad 9 = 9$

2. Interpretation:

Jeder Geradenpunkt erfüllt die Punktprobe mit der Ebenengleichung. g liegt
ganz in E.

Man kann zur Untersuchung der Lagebeziehung einer Geraden und einer Ebene auch eine Normalengleichung der Ebene statt der Koordinatengleichung verwenden. Wir zeigen dies exemplarisch.

▶ **Beispiel: Lagebeziehung Gerade/Ebene (Ebene in Normalenform)**

Welche gegenseitige Lage besitzen g: $\vec{x} = \begin{pmatrix} 1 \\ 2 \\ 2 \end{pmatrix} + r \begin{pmatrix} 2 \\ -1 \\ 1 \end{pmatrix}$ und E: $\left[\vec{x} - \begin{pmatrix} 2 \\ 3 \\ -2 \end{pmatrix} \right] \cdot \begin{pmatrix} 1 \\ -2 \\ 1 \end{pmatrix} = 0$?

Lösung:

g ist nicht parallel zu E, da der Richtungsvektor von g und der Normalenvektor von E ein von null verschiedenes Skalarprodukt besitzen.

Den Schnittpunkt von g und E bestimmen wir durch Einsetzen des allgemeinen Ortsvektors der Geraden g (rot markiert) in die Normalengleichung von E. Durch Ausrechnen des Skalarproduktes erhalten wir eine Bestimmungsgleichung für den Geradenparameter r, welche die Lösung $r = -1$ hat. Einsetzen dieses Parameterwertes in die Geradengleichung liefert den Schnittpunkt
▶ von g und E: $S(-1|3|1)$.

1. Untersuchung auf Parallelität:

$\begin{pmatrix} 2 \\ -1 \\ 1 \end{pmatrix} \cdot \begin{pmatrix} 1 \\ -2 \\ 1 \end{pmatrix} = 5 \neq 0 \quad \Rightarrow \quad g \nparallel E$

2. Berechnung des Schnittpunktes:

$\left[\begin{pmatrix} 1 \\ 2 \\ 2 \end{pmatrix} + r \cdot \begin{pmatrix} 2 \\ -1 \\ 1 \end{pmatrix} - \begin{pmatrix} 2 \\ 3 \\ -2 \end{pmatrix} \right] \cdot \begin{pmatrix} 1 \\ -2 \\ 1 \end{pmatrix} = 0$

$\Rightarrow \begin{pmatrix} 2r - 1 \\ -r - 1 \\ r + 4 \end{pmatrix} \cdot \begin{pmatrix} 1 \\ -2 \\ 1 \end{pmatrix} = 0 \Rightarrow 5r + 5 = 0, r = -1$

$\vec{x} = \begin{pmatrix} 1 \\ 2 \\ 2 \end{pmatrix} + (-1) \cdot \begin{pmatrix} 2 \\ -1 \\ 1 \end{pmatrix} = \begin{pmatrix} -1 \\ 3 \\ 1 \end{pmatrix}, S(-1|3|1)$

Übung 4   Lagebeziehung Gerade/Ebene

Die Gerade g durch die Punkte A und B schneidet die Ebene E.
Bestimmen Sie den Schnittpunkt S. Zeichnen Sie ein Schrägbild.

a) A(5|4|3), B(7|7|5)   b) A(0|0|0), B(4|6|4)   c) A(2|0|2), B(6|4|0)

$$E:\ 2x + 3y + 3z = 12 \qquad E:\ 6x + 4y = 24 \qquad E:\ \vec{x} = \begin{pmatrix} 12 \\ 0 \\ 0 \end{pmatrix} + r \cdot \begin{pmatrix} -12 \\ 0 \\ 3 \end{pmatrix} + s \cdot \begin{pmatrix} -12 \\ 6 \\ 0 \end{pmatrix}$$

Übung 5   Lagebeziehung Gerade/Ebene (Ebene in KF)

Untersuchen Sie die gegenseitige Lage der Geraden g und der Ebene E.

a) $g:\ \vec{x} = \begin{pmatrix} -1 \\ 0 \\ 0 \end{pmatrix} + r \cdot \begin{pmatrix} 2 \\ 6 \\ 2 \end{pmatrix}$
   b) $g:\ \vec{x} = \begin{pmatrix} 0 \\ 3 \\ 2 \end{pmatrix} + r \cdot \begin{pmatrix} 1 \\ -2 \\ 2 \end{pmatrix}$
   c) $g:\ \vec{x} = \begin{pmatrix} 1 \\ 2 \\ 0 \end{pmatrix} + r \cdot \begin{pmatrix} 2 \\ 1 \\ -2 \end{pmatrix}$

$E:\ 2x + y + z = 4 \qquad E:\ 4x + 4y + 2z = 8 \qquad E:\ 2x + 2y + 3z = 6$

Übung 6   Lagebeziehung Gerade/Ebene (Ebene in NF)

Welche gegenseitige Lage besitzen g und E_1 bzw. g und E_2?

$$g:\ \vec{x} = \begin{pmatrix} 1 \\ 2 \\ 2 \end{pmatrix} + r \begin{pmatrix} 2 \\ -1 \\ 1 \end{pmatrix}, \quad E_1:\ \left[\vec{x} - \begin{pmatrix} 2 \\ 2 \\ 3 \end{pmatrix} \right] \cdot \begin{pmatrix} -1 \\ -1 \\ 1 \end{pmatrix} = 0, \quad E_2:\ \left[\vec{x} - \begin{pmatrix} 2 \\ -3 \\ 2 \end{pmatrix} \right] \cdot \begin{pmatrix} 2 \\ 2 \\ -2 \end{pmatrix} = 0$$

Übung 7   Würfel

Ein Würfel mit der Kantenlänge 8 liegt wie
abgebildet im Koordinatensystem.

a) Ermitteln Sie die Koordinaten der Punkte A bis H.
b) Bestimmen Sie eine Gleichung der Ebene M durch die Punkte F, C und H in
   Parameter- und in Koordinatenform.
c) Berechnen Sie den Schnittpunkt der Geraden g durch A und G mit der Ebene M.
d) Prüfen Sie, ob die Gerade h durch die
   Punkte B und E die Ebene M schneidet.

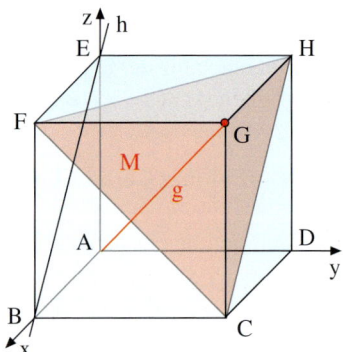

Übung 8   Pyramidenstumpf

Ein Glasgefäß (Wandstärke vernachlässigbar dünn) hat die Form eines Pyramidenstumpfes.
Die Seitenlänge der Grundfläche beträgt 12 cm, diejenige der Deckfläche beträgt 6 cm, die Höhe
beträgt 6 cm. Der Koordinatenursprung liegt im Mittelpunkt der Grundfläche.

Ein Lichtstrahl durch die Punkte
P(−10|22|8) und Q(−14|31|10) durch-
dringt das Gefäß.

a) Bestimmen Sie eine Parameter- und eine
   Koordinatenform der Ebenen ADE und
   BCG.
b) Berechnen Sie den Ein- und Austrittspunkt des Lichtstahls.
c) Ermitteln Sie die Länge der Strecke zwischen Ein- und Austrittspunkt.

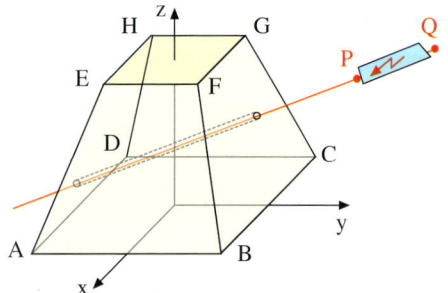

C. Parallelität, Orthogonalität und Spiegelung

Vorteile bringt die Verwendung einer Normalenform der Ebene, wenn man Parallelität und Orthogonalität untersucht.

Anhand von Richtungsvektoren und von Normalenvektoren lassen sich die besonderen Lagen der Parallelität und der Orthogonalität von Geraden und Ebenen leicht feststellen. Wir stellen zunächst in einer Übersicht die wichtigsten Kriterien zusammen.

Parallele Geraden:
Die Richtungsvektoren sind kollinear.
Die Überprüfung erfolgt durch *Hinsehen*.

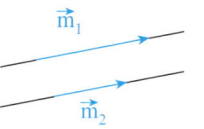
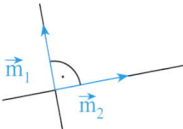

Orthogonale Geraden:
Die Richtungsvektoren sind orthogonal.
Die Überprüfung erfolgt mittels *Skalarprodukt*.

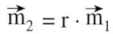

$$\vec{m}_2 = r \cdot \vec{m}_1 \qquad\qquad \vec{m}_1 \cdot \vec{m}_2 = 0$$

Parallelität Gerade/Ebene:
Der Richtungsvektor der Geraden und der Normalenvektor der Ebene sind orthogonal.

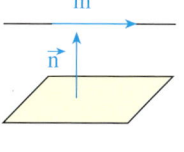
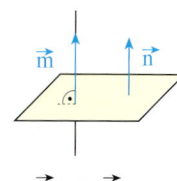

Orthogonalität Gerade/Ebene:
Der Richtungsvektor der Geraden und der Normalenvektor der Ebene sind kollinear.

$$\vec{n} \cdot \vec{m} = 0 \qquad\qquad \vec{m} = r \cdot \vec{n}$$

Ähnlich zur Geradenspiegelung in der Ebene lässt sich im Raum eine *Spiegelung an einer Ebene* definieren. Spiegelt man einen Punkt A an einer Ebene E, so gilt für den Spiegelpunkt A′, dass die Gerade durch A und A′ orthogonal zur Ebene E ist und dass der Schnittpunkt F dieser Geraden mit der Ebene E die Verbindungsstrecke $\overline{AA'}$ halbiert.

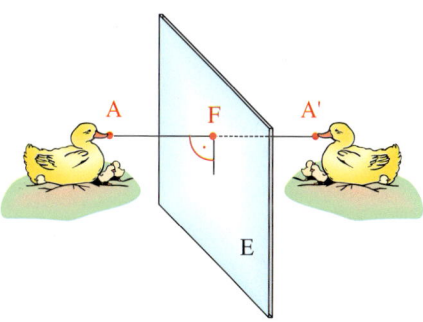

▶ **Beispiel: Gerade/Ebene (Lotgerade)**

Gegeben sind die Ebene E: $\left[\vec{x} - \begin{pmatrix} 1 \\ 1 \\ 2 \end{pmatrix} \right] \cdot \begin{pmatrix} 1 \\ 2 \\ 3 \end{pmatrix} = 0$ sowie der Punkt A (5|4|8).

a) Bestimmen Sie eine zu E orthogonale Gerade g, die den Punkt A enthält.
b) In welchem Punkt F schneidet g die Ebene E?
c) Der Punkt A wird an der Ebene E gespiegelt. Wie lauten die Koordinaten des Spiegelpunktes A′?

Lösung:

zu a: Als Stützpunkt der Geraden verwenden wir den Punkt A (5|4|8). Als Richtungsvektor $\vec{m}$ benötigen wir einen zum Normalenvektor $\vec{n}$ der Ebene kollinearen Vektor. Am einfachsten ist es, den Normalenvektor selbst als Richtungsvektor zu wählen, was auf die rechts dargestellte Geradengleichung führt. Die Gerade g wird als *Lotgerade* oder als *Lot* vom Punkt A auf die Ebene bezeichnet.

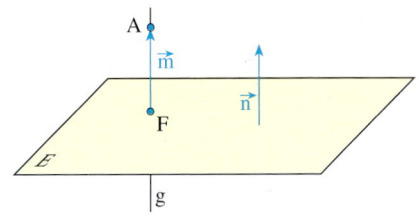

Geradengleichung der Lotgeraden:

$$g: \ \vec{x} = \begin{pmatrix} 5 \\ 4 \\ 8 \end{pmatrix} + r \cdot \begin{pmatrix} 1 \\ 2 \\ 3 \end{pmatrix}$$

zu b: Zur Schnittpunktberechnung setzen wir die rechte Seite der Geradengleichung für $\vec{x}$ in die Ebenengleichung ein. Durch Zusammenfassung von Vektoren und Ausmultiplizieren des Skalarproduktes erhält man r = −2 als Parameterwert des Schnittpunktes F.

Der Punkt F (3|0|2) heißt *Lotfußpunkt* des Lotes von A auf die Ebene E.

Schnittpunkt von g und E (Lotfußpunkt):

$$\left[\begin{pmatrix} 5 \\ 4 \\ 8 \end{pmatrix} + r \begin{pmatrix} 1 \\ 2 \\ 3 \end{pmatrix} - \begin{pmatrix} 1 \\ 1 \\ 2 \end{pmatrix} \right] \cdot \begin{pmatrix} 1 \\ 2 \\ 3 \end{pmatrix} = 0$$

$$\begin{pmatrix} 4 + r \\ 3 + 2r \\ 6 + 3r \end{pmatrix} \cdot \begin{pmatrix} 1 \\ 2 \\ 3 \end{pmatrix} = 0$$

$$28 + 14\,r = 0$$

$$r = -2 \ \Rightarrow \ F(3|0|2)$$

zu c: Da der Spiegelpunkt A′ auf der Lotgeraden g liegt und F die Strecke $\overline{AA'}$ halbiert, gilt für den Ortsvektor von A′ die rechts dargestellte Gleichung. Einsetzen der bereits errechneten Koordinaten liefert
► A′(1|−4|−4).

Koordinaten des Spiegelpunktes A′:

$$\overrightarrow{OA'} = \overrightarrow{OA} + 2 \cdot \overrightarrow{AF}$$

$$= \begin{pmatrix} 5 \\ 4 \\ 8 \end{pmatrix} + 2 \cdot \left[\begin{pmatrix} 3 \\ 0 \\ 2 \end{pmatrix} - \begin{pmatrix} 5 \\ 4 \\ 8 \end{pmatrix} \right] = \begin{pmatrix} 1 \\ -4 \\ -4 \end{pmatrix}$$

Übung 9   Orthogonale Geraden

Gegeben ist E: $\vec{x} = \begin{pmatrix} 2 \\ 2 \\ 0 \end{pmatrix} + r \begin{pmatrix} -1 \\ -1 \\ 1 \end{pmatrix} + s \begin{pmatrix} -2 \\ 2 \\ 1 \end{pmatrix}$. Gesucht ist eine Gleichung der Geraden g, welche E im Stützpunkt der Ebene senkrecht schneidet.

Übung 10   Spiegelung eines Punktes

Gegeben sind die Ebene E: $\left[\vec{x} - \begin{pmatrix} 2 \\ 2 \\ 1 \end{pmatrix} \right] \cdot \begin{pmatrix} 4 \\ -1 \\ -1 \end{pmatrix} = 0$ sowie der Punkt A (5|−5|1).

a) Bestimmen Sie eine zu E orthogonale Gerade g, die den Punkt A enthält.

b) Bestimmen Sie den Schnittpunkt F der Geraden g mit der Ebene E.

c) A wird an der Ebene E gespiegelt. Wie lauten die Koordinaten des Spiegelpunktes A′?

Übung 11   Bestimmung der Spiegelebene

Der Punkt A (1|5|4) wurde durch Spiegelung an einer Ebene E auf den Punkt A′(3|2|1) abgebildet. Bestimmen Sie eine Gleichung der Ebene E.

Übungen

12. Lage von Punkt und Ebene

Prüfen Sie, ob die Punkte P und Q auf der Ebene E liegen.

a) $E: \vec{x} = \begin{pmatrix} 1 \\ 1 \\ 2 \end{pmatrix} + r \begin{pmatrix} 1 \\ 1 \\ -1 \end{pmatrix} + s \begin{pmatrix} 2 \\ -1 \\ 1 \end{pmatrix}$; $P(1|4|-1)$, $Q(8|-1|4)$

b) $E: -4x + 2y + 2z = 8$; $P(2|1|5)$, $Q(-1|1|1)$

c) E: Ebene parallel zur z-Achse durch die Punkte
   $A(3|3|0)$ und $B(0|6|2)$; $P(4|2|4)$, $Q(0|7|3)$

d)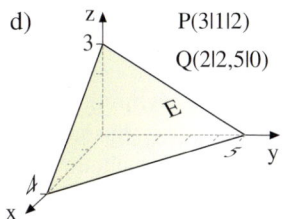
P(3|1|2)
Q(2|2,5|0)

13. Lage von Punkt und Ebene, Dreieck

Gegeben sind die Punkte $A(1|1|-1)$, $B(3|5|1)$, $C(5|5|7)$ und $D(-1|0|-6)$.

a) Stellen Sie eine Gleichung der Ebene E durch die Punkte A, B und C auf.

b) Zeigen Sie, dass der Punkt D in der Ebene E liegt.

c) Untersuchen Sie, ob der Punkt $F(5|6|6)$ im Dreieck ABC liegt.

14. Lage von Gerade und Ebene

Untersuchen Sie die gegenseitige Lage von g und E.

a) $g: \vec{x} = \begin{pmatrix} 10 \\ 4 \\ 8 \end{pmatrix} + r \begin{pmatrix} 3 \\ 2 \\ -1 \end{pmatrix}$

   $E: 5x - 2y + z = 10$

b) $g: \vec{x} = \begin{pmatrix} -1 \\ 2 \\ -6 \end{pmatrix} + r \begin{pmatrix} 2 \\ 2 \\ 3 \end{pmatrix}$

   $E: A(1|0|1)$, $B(3|1|1)$, $C(3|-1|3)$

c) g enthält $P(1|1|1)$ und $Q(5|3|-1)$, E geht durch $A(3|3|3)$, $B(3|0|-6)$, $C(0|-3|-6)$.

d) g ist parallel zur z-Achse und enthält $P(3|4|0)$, E hat die Achsenabschnitte $x = 3$, $y = 3$, $z = 9$.

e) $g: \vec{x} = \begin{pmatrix} 4 \\ 1 \\ 1 \end{pmatrix} + r \begin{pmatrix} 2 \\ 1 \\ -2 \end{pmatrix}$

   $E: 2x - 2y + z = 8$

f) $g: \vec{x} = \begin{pmatrix} 0 \\ -1 \\ 8 \end{pmatrix} + r \begin{pmatrix} 1 \\ 2 \\ -2 \end{pmatrix}$

   $E: 3x + 2z = 12$

g) $g: \vec{x} = \begin{pmatrix} -2 \\ 0 \\ 6 \end{pmatrix} + r \begin{pmatrix} -1 \\ 1 \\ 3 \end{pmatrix}$

   $E: 3x - 3y + 2z = 6$

h) $g: \vec{x} = \begin{pmatrix} 10 \\ 5 \\ 14 \end{pmatrix} + r \begin{pmatrix} 2 \\ 1 \\ 3 \end{pmatrix}$

   $E: y = 2$

i) $g: \vec{x} = \begin{pmatrix} 1 \\ 3 \\ 1 \end{pmatrix} + r \begin{pmatrix} 2 \\ 2 \\ -1 \end{pmatrix}$

   $E: x + 2z = 3$

j) $g: \vec{x} = r \begin{pmatrix} 1 \\ -1 \\ 0 \end{pmatrix}$

   $E: 5x - 3y - 4z = 4$

15. Theaterbühne

Die Punkte $A(4|3|0)$, $B(4|6|0)$, $C(2|6|4)$ und $D(2|3|4)$ sind die Eckpunkte eines schräg stehenden Spiegels auf einer Theaterbühne.

Im Punkt $P(8|2|0)$ befindet sich ein Scheinwerfer.

a) Zeichnen Sie ein Schrägbild.

b) Ermitteln Sie eine Parameter- und eine Koordinatengleichung der Spiegelebene E.

c) Prüfen Sie, ob der Punkt $Q(3|4|2)$ ein Punkt auf dem Spiegel ist.

d) Ein vom Punkt P ausgehender Lichtstrahl soll den oberen Rand des Spiegels streifen und eine im Punkt $T(0|y|z)$ befindliche Büste anstrahlen. Berechnen Sie, welche Werte für die Koordinaten y und z unter diesen Bedingungen zulässig sind.

16. Gerade und Dreieck

Prüfen Sie, ob die Gerade g das Dreieck ABC schneidet.

a) $g: \vec{x} = \begin{pmatrix} 1 \\ 7 \\ -6 \end{pmatrix} + r \begin{pmatrix} -2 \\ 1 \\ -2 \end{pmatrix}$

       A(0|0|4), B(6|0|0), C(4|4|2)

b) $g: \vec{x} = \begin{pmatrix} 3 \\ -4 \\ 6 \end{pmatrix} + r \begin{pmatrix} 1 \\ 3 \\ -1 \end{pmatrix}$

       A(3|3|2), B(7|7|6), C(6|−3|5)

17. Lagebeziehungen in einer Pyramide

Gegeben ist die quadratische Pyramide mit der Seitenlänge 12 und der Höhe 9. M(0|0|0) sei der Mittelpunkt der Grundfläche. S sei die Pyramidenspitze, die senkrecht über M liegt. Der Punkt U teilt die Strecke $\overline{BS}$ im Verhältnis 1:2. V teilt die Strecke $\overline{CS}$ im Verhältnis 2:1.

a) Geben Sie die Koordinaten aller gekennzeichneten Punkte an.

b) Ermitteln Sie eine Gleichung der Ebene E durch A, U und V in Parameter- und in Koordinatenform.

c) Bestimmen Sie den Punkt P, in dem sich die Ebene E und die Gerade g durch S und M schneiden.

d) Prüfen Sie, ob der Punkt P auf dem Dreieck AUV liegt.

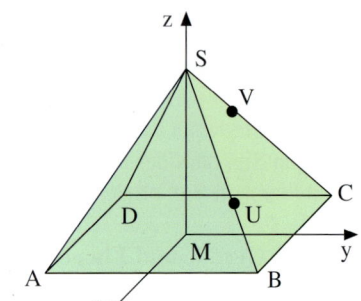

18. Lage von Pyramide und Gerade

Gegeben ist die Pyramide mit den Ecken A(12|−3|−3), B(9|9|0), C(9|0|9) und der Spitze S(15|3|3).

a) Bestimmen Sie die Kantenlängen.

b) Zeigen Sie, dass sich die Kanten in der Spitze senkrecht treffen.

c) Untersuchen Sie die Lage der Geraden g durch P(8|7|7) und Q(4|14|11) zur Pyramide. Welche Länge schneidet die Pyramide aus der Geraden g heraus?

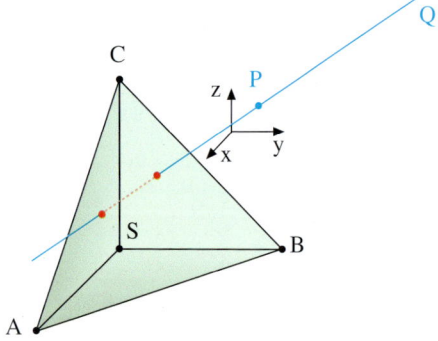

19. Punkte und Geraden im Spat

Gegeben ist das Polyeder ABCDEFGH mit den Ecken A(0|0|0), B(2|4|6), C(5|7|12), D(3|3|6), E(4|4|4), F(6|8|10), G(9|11|16), H(7|7|10).

a) Zeigen Sie, dass das Polyeder ABCDEFGH ein Spat[1] ist.

b) Liegen die Punkte P(6|7|10) und Q(4|3|6) im Spat?

c) Bestimmen Sie den Schnittpunkt der Geraden durch A und G mit der Ebene durch B, F und H.

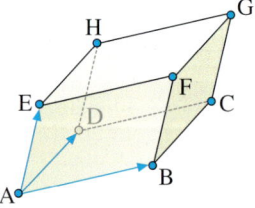

---

[1] Ein Spat ist ein von drei Vektoren aufgespanntes Polyeder. Alle Seiten sind zu den drei aufspannenden Vektoren parallel.

20. Orthogonalität/Parallelität von Gerade und Ebene

Untersuchen Sie die Gerade g und Ebene E auf Orthogonalität bzw. Parallelität.

a) $g: \vec{x} = \begin{pmatrix} 2 \\ 0 \\ 0 \end{pmatrix} + r\begin{pmatrix} 1 \\ -2 \\ 3 \end{pmatrix}$

b) $g: \vec{x} = \begin{pmatrix} 5 \\ 1 \\ 6 \end{pmatrix} + r\begin{pmatrix} -2 \\ 1 \\ 3 \end{pmatrix}$

c) $g: \vec{x} = \begin{pmatrix} -4 \\ -5 \\ 3 \end{pmatrix} + r\begin{pmatrix} 5 \\ 6 \\ -2 \end{pmatrix}$

$E: \left[\vec{x} - \begin{pmatrix} 0 \\ 4 \\ 0 \end{pmatrix} \right] \cdot \begin{pmatrix} -3 \\ 6 \\ 5 \end{pmatrix} = 0$

$E: 4x - 2y - 6z = -18$

$E: 4x - 3y + z = 5$

21. Orthogonale Gerade und Spiegelpunkt

Bestimmen Sie eine Gleichung einer Geraden g, die zur Ebene E orthogonal ist und den Punkt A enthält. Berechnen Sie sodann den Schnittpunkt F von g und E (Lotfußpunkt). A wird an der Ebene E gespiegelt. Bestimmen Sie die Koordinaten des Spiegelpunktes A′.

a) $E: \vec{x} \cdot \begin{pmatrix} 3 \\ 1 \\ 4 \end{pmatrix} = 0$

$A(3|2|-6)$

b) $E: \left[\vec{x} - \begin{pmatrix} 1 \\ 1 \\ 3 \end{pmatrix} \right] \cdot \begin{pmatrix} 2 \\ -1 \\ 1 \end{pmatrix} = 0$

$A(4|0|8)$

c) $E: \vec{x} = \begin{pmatrix} 0 \\ 2 \\ 0 \end{pmatrix} + r\begin{pmatrix} 3 \\ -1 \\ 0 \end{pmatrix} + s\begin{pmatrix} 1 \\ 0 \\ 1 \end{pmatrix}$

$A(3|7|-4)$

22. Bestimmung einer Spiegelebene

Der Punkt A wurde durch Spiegelung an einer Ebene auf den Punkt A′ abgebildet. Bestimmen Sie eine Gleichung der Ebene E.

a) $A(1|0|3)$, $A'(5|8|1)$ b) $A(2|1|-4)$, $A'(3|3|0)$ c) $A(2|5|6)$, $A'(0|3|1)$

23. Rechtwinkliges Dreieck und orthogonale Gerade

Gegeben sind eine Gerade g und zwei nicht auf g liegende Punkte A und B. Gesucht ist:

I. ein Geradenpunkt C derart, dass das Dreieck ABC bei C rechtwinklig ist,

II. eine Gerade h, welche auf dem Dreieck ABC senkrecht steht und C enthält.

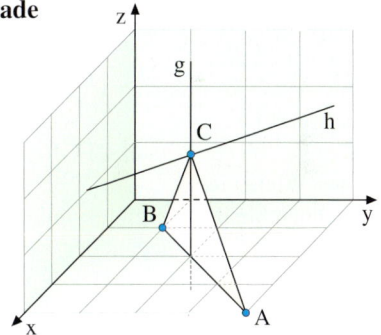

a) $g: \vec{x} = \begin{pmatrix} 2 \\ 2 \\ 0 \end{pmatrix} + r\begin{pmatrix} 0 \\ 0 \\ 2 \end{pmatrix}$; $A(4|4|0)$, $B(1|1|0)$

b) $g: \vec{x} = \begin{pmatrix} 0 \\ 2 \\ 0 \end{pmatrix} + r\begin{pmatrix} 1 \\ 1 \\ 1 \end{pmatrix}$; $A(1|2|1)$, $B(-1|3|7)$

24. Spiegelung einer Geraden

Gegeben sind die Gerade g: $\vec{x} = \begin{pmatrix} 2 \\ 0 \\ 1 \end{pmatrix} + r\begin{pmatrix} 1 \\ -2 \\ -1 \end{pmatrix}$ und die Ebene E: $\left[\vec{x} - \begin{pmatrix} 1 \\ -2 \\ 1 \end{pmatrix} \right] \cdot \begin{pmatrix} 3 \\ 2 \\ -1 \end{pmatrix} = 0$.

a) Zeigen Sie, dass g echt parallel zu E verläuft.

b) Die Gerade g wird an der Ebene E gespiegelt. Bestimmen Sie eine Gleichung der gespiegelten Geraden g′.

25. Ballonflug

Ein Heißluftballon steigt, vom Winde getrieben, längs der Geraden g auf, wobei er nur in der Höhe gesteuert werden kann. Die Erdoberfläche liegt in der x-y-Ebene. Eine Längeneinheit entspricht 100 m.

$$g: \vec{x} = \begin{pmatrix} 6 \\ 3 \\ 3 \end{pmatrix} + r \cdot \begin{pmatrix} -2 \\ 1 \\ 1 \end{pmatrix}$$

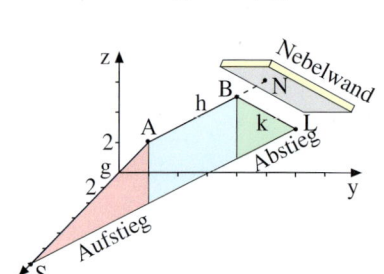

a) Ermitteln Sie den Startpunkt S des Ballons sowie den Punkt A, in dem der Ballon 400 m Höhe erreicht.

b) Ab dem Punkt A fliegt der Ballon gleichbleibend in 400 m Höhe weiter. Ermitteln Sie eine Gleichung der Geraden h für die neue Flugbahn sowie den Winkel α der Kursänderung.

c) Die Vorderseite einer Nebelwand wird durch die Ebene E: $4x - 2y - 5z = -52$ beschrieben. Berechnen Sie, in welchem Punkt N der Ballon beim Weiterflug längs der Geraden h auf die Nebelwand treffen würde.

d) Im Punkt B $(-2|7|4)$ geht der Ballonkapitän in einen Sinkflug über, der nur die Höhe ändert und parallel zur Nebelwand verläuft. Ermitteln Sie die Geradengleichung k der neuen Flugbahn und den Landeplatz L des Ballons.

e) Berechnen Sie die direkte Entfernung zwischen Startplatz S und Landeplatz L sowie die tatsächliche Länge der Flugroute.

26. Partyzelt

Ein Partyzelt hat die in der Zeichnung angegebenen Maße.

a) Ermitteln Sie Koordinaten der Punkte F, G und J.

b) Prüfen Sie, ob der Winkel ∢ FGJ ein rechter Winkel ist.
Berechnen Sie den Neigungswinkel der Zeltkante $\overline{JG}$ gegenüber der y-Achse.

c) Im Punkt P $(2|3|0)$ steht ein 1 m hoher Ofen. Das senkrechte Ofenrohr endet 1 m über dem Zeltdach im Punkt S. Berechnen Sie die Länge des Rohres.

d) Sonnenlicht fällt in Richtung des Vektors $\vec{v} = \begin{pmatrix} 1 \\ -2 \\ -1 \end{pmatrix}$ auf das Ofenrohr. Berechnen Sie die Länge des Schattens des Rohres auf dem Zeltdach.

e) Im Punkt K $(3|2|3)$ befindet sich eine Lampe, welche auf den 1,8 m hohen Zelteingang vorne leuchtet. Berechnen Sie, wie lang die vor dem Zelt liegende beleuchtete Fläche ist.

D. Die Lage von zwei Ebenen

Zwei Ebenen E und F können folgende Lagen zueinander einnehmen: Sie können sich in einer Geraden g schneiden, echt parallel zueinander verlaufen oder identisch sein.

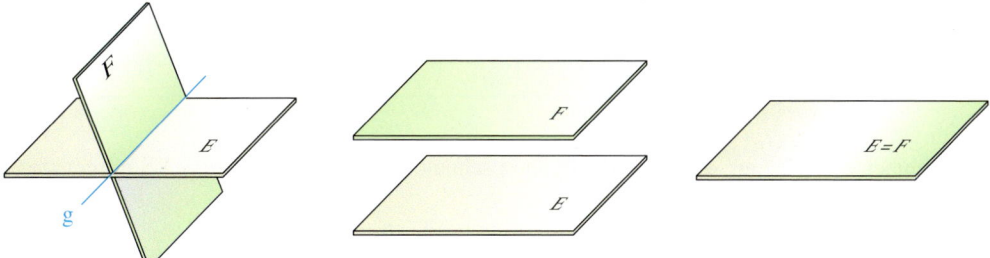

Besonders einfach lässt sich die gegenseitige Lage von Ebenen untersuchen, wenn eine der Ebenengleichungen in Koordinatenform und die andere in Parameterform vorliegt.

▶ **Beispiel: Koordinatenform/Parameterform** $E: 4x + 3y + 6z = 36$

Untersuchen Sie die gegenseitige Lage der Ebenen E und F. Bestimmen Sie ggf. eine Gleichung der Schnittgeraden.

$$F: \vec{x} = \begin{pmatrix} 0 \\ 0 \\ 3 \end{pmatrix} + r \begin{pmatrix} 3 \\ 2 \\ -1 \end{pmatrix} + s \begin{pmatrix} 3 \\ 0 \\ -1 \end{pmatrix}$$

Lösung:
Wir setzen die Koordinaten der durch ihre Parametergleichung gegebenen Ebene F in die Koordinatengleichung der Ebene E ein.

Koordinaten von F:
$x = 3r + 3s$
$y = 2r$
$z = 3 - r - s$

Wir erhalten eine Gleichung mit den Parametern r und s. Diese Gleichung lösen wir nach einem Parameter auf, z. B. nach s.

Einsetzen in die Koordinatengleichung:
$4 \cdot (3r + 3s) + 3 \cdot 2r + 6 \cdot (3 - r - s) = 36$
$12r + 12s + 6r + 18 - 6r - 6s \quad = 36$
$\qquad\qquad 6s = 18 - 12r$
$\qquad\qquad\quad s = 3 - 2r$

Das Ergebnis $s = 3 - 2r$ setzen wir in die Parameterform von F ein, die dann nur noch den Parameter r enthält.
Durch Ausmultiplizieren und Zusammenfassen ergibt sich eine Geradengleichung.
Es handelt sich um die Gleichung der
▶ Schnittgeraden g der Ebenen E und F.

Bestimmung der Schnittgeraden g:

$$g: \vec{x} = \begin{pmatrix} 0 \\ 0 \\ 3 \end{pmatrix} + r \begin{pmatrix} 3 \\ 2 \\ -1 \end{pmatrix} + (3 - 2r) \begin{pmatrix} 3 \\ 0 \\ -1 \end{pmatrix}$$

$$= \begin{pmatrix} 9 \\ 0 \\ 0 \end{pmatrix} + r \begin{pmatrix} -3 \\ 2 \\ 1 \end{pmatrix}$$

Übung 27

Die Ebenen E und F schneiden sich. Bestimmen Sie eine Gleichung der Schnittgeraden g. Stellen Sie eine der Ebenen erforderlichenfalls in Parameterform dar. Zeichnen Sie ein Schrägbild.

a) $E: \vec{x} = \begin{pmatrix} 2 \\ 0 \\ 0 \end{pmatrix} + r \begin{pmatrix} -1 \\ 0 \\ 3 \end{pmatrix} + s \begin{pmatrix} -1 \\ 4 \\ 0 \end{pmatrix}$

$\quad F: 2x + y + 2z = 8$

b) E durch $A(0|0|0)$,
$\quad B(1|2|2), C(-1|0|6)$
$\quad F: x + y + z = 5$

c) $E: x + 2y + z = 4$

$\quad F: x + y + z = 2$

Echt parallele oder identische Ebenen erkennt man mit dem Berechnungsverfahren aus dem vorhergehenden Beispiel ebenfalls leicht.

▶ **Beispiel: Parallele und identische Ebenen**

Untersuchen Sie die gegenseitige Lage der Ebene E: $2x + 2y + z = 6$ mit den Ebenen

$$F: \vec{x} = \begin{pmatrix} 1 \\ 1 \\ 8 \end{pmatrix} + r\begin{pmatrix} -3 \\ 1 \\ 4 \end{pmatrix} + s\begin{pmatrix} 1 \\ 1 \\ -4 \end{pmatrix} \quad \text{bzw.} \quad G: \vec{x} = \begin{pmatrix} 2 \\ 4 \\ -6 \end{pmatrix} + r\begin{pmatrix} -3 \\ 2 \\ 2 \end{pmatrix} + s\begin{pmatrix} -1 \\ -2 \\ 6 \end{pmatrix}.$$

Lösung:

Wir nehmen zunächst an, dass sich die Ebenen schneiden, und versuchen, die Schnittgerade zu bestimmen.

Lage von E und F:

Wir setzen wieder die Koordinaten von F in die Gleichung von E ein:

$2(1 - 3r + s) + 2(1 + r + s) + (8 + 4r - 4s) = 6$

$2 - 6r + 2s + 2 + 2r + 2s + 8 + 4r - 4s = 6$

$12 = 6$ *Widerspruch*

Nach entsprechender Vereinfachung durch Klammerauflösung und Zusammenfassung ergibt sich ein Widerspruch. Kein Punkt von F erfüllt die Gleichung von E.

▶ Die Ebenen E und F sind echt **parallel**.

Lage von E und G:

Wir setzen auch hier die Koordinaten von G in die Gleichung von E ein:

$2(2 - 3r - s) + 2(4 + 2r - 2s) + (-6 + 2r + 6s) = 6$

$4 - 6r - 2s + 8 + 4r - 4s - 6 + 2r + 6s = 6$

$6 = 6$ *wahre Aussage*

Auch hier fallen alle Parameter nach Vereinfachung heraus, und übrig bleibt eine wahre Aussage. Alle Punkte von G erfüllen die Gleichung von E.

Die Ebenen E und G sind daher **identisch**.

Übung 28

Untersuchen Sie die gegenseitige Lage der Ebenen E: $3x + 6y + 4z = 36$ und F.

a) $F: \vec{x} = \begin{pmatrix} 2 \\ 0 \\ 3 \end{pmatrix} + r\begin{pmatrix} 0 \\ 2 \\ -3 \end{pmatrix} + s\begin{pmatrix} -2 \\ 3 \\ -3 \end{pmatrix}$

b) $F: \vec{x} = \begin{pmatrix} 8 \\ 0 \\ 3 \end{pmatrix} + r\begin{pmatrix} -2 \\ 3 \\ -3 \end{pmatrix} + s\begin{pmatrix} 8 \\ -2 \\ -3 \end{pmatrix}$

c) F geht durch A(4|4|0), B(0|4|3) und C(0|0|0).

d) F: $6x + 12y + 8z = 36$

e) F hat die Achsenabschnitte $x = 6$, $y = 12$ und $z = 9$.

Übung 29

Welche der Ebenen F, G und H sind echt parallel bzw. identisch zur Ebene E?

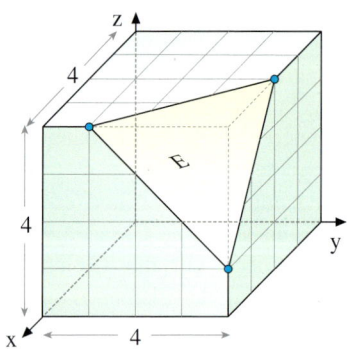

F: $2x - 6y + 5z = \quad 0$
G: $-1{,}5x - \quad y - \quad z = -11$
H: $3x + 2y + 2z = \quad 6$

Für eine Untersuchung zweier Ebenen auf Parallelität und Orthogonalität eignen sich besonders Koordinaten- bzw. Normalengleichungen.

Parallele Ebenen:
(1) Die Normalenvektoren sind kollinear.
(2) Der Normalenvektor einer Ebene ist orthogonal zu beiden Richtungsvektoren der anderen Ebene.

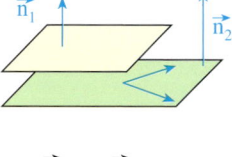

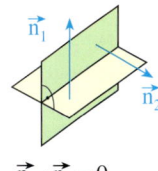

$$\vec{n_2} = r \cdot \vec{n_1} \qquad \qquad \vec{n_1} \cdot \vec{n_2} = 0$$

Orthogonale Ebenen:
Die Normalenvektoren sind orthogonal.

Die Untersuchung der gegenseitigen Lage von zwei Ebenen gestaltet sich relativ einfach, wenn eine Ebenengleichung in Koordinatenform und eine in Parameterform vorliegt.

▶ **Beispiel: Koordinatengleichung/Parametergleichung**

Gegeben seien die Ebenen E_1: $2x + y + 3z = 6$ und E_2: $\vec{x} = \begin{pmatrix} 1 \\ 2 \\ 1 \end{pmatrix} + r \begin{pmatrix} 1 \\ -1 \\ 0 \end{pmatrix} + s \begin{pmatrix} 0 \\ -2 \\ 1 \end{pmatrix}$.

Untersuchen Sie, welche Lage E_1 und E_2 relativ zueinander einnehmen.

Lösung:
Zwei Ebenen sind offenbar genau dann parallel, wenn der Normalenvektor einer der Ebenen orthogonal ist zu beiden Richtungsvektoren der zweiten Ebene.

Da dies in unserem Beispiel, wie die Überprüfung mithilfe des Skalarproduktes ergibt, nicht der Fall ist, schneiden sich E_1 und E_2.

Zur Bestimmung der Gleichung der Schnittgeraden setzen wir die allgemeinen Koordinaten $x = 1 + r$, $y = 2 - r - 2s$ und $z = 1 + s$ von E_2 in die Ebenengleichung von E_1 ein.
Die entstandene Gleichung lösen wir nach s auf und erhalten $s = -1 - r$.

Setzen wir diesen Zusammenhang nun in die Gleichung von E_2 ein, so ergibt sich die Gleichung der Schnittgeraden g von E_1
▶ und E_2.

1. Untersuchung auf Parallelität:

$$\begin{pmatrix} 2 \\ 1 \\ 3 \end{pmatrix} \cdot \begin{pmatrix} 1 \\ -1 \\ 0 \end{pmatrix} = 1 \neq 0 \quad \Rightarrow \quad E_1 \nparallel E_2$$

2. Bestimmung der Schnittgeraden:

$$2x + y + 3z = 6$$
$$2(1+r) + (2-r-2s) + 3(1+s) = 6$$
$$7 + r + s = 6$$
$$s = -1 - r$$

$$g: \vec{x} = \begin{pmatrix} 1 \\ 2 \\ 1 \end{pmatrix} + r \cdot \begin{pmatrix} 1 \\ -1 \\ 0 \end{pmatrix} + (-1 - r) \cdot \begin{pmatrix} 0 \\ -2 \\ 1 \end{pmatrix}$$

$$= \begin{pmatrix} 1 \\ 2 \\ 1 \end{pmatrix} + r \cdot \begin{pmatrix} 1 \\ -1 \\ 0 \end{pmatrix} + \begin{pmatrix} 0 \\ 2 \\ -1 \end{pmatrix} + r \cdot \begin{pmatrix} 0 \\ 2 \\ -1 \end{pmatrix}$$

$$g: \vec{x} = \begin{pmatrix} 1 \\ 4 \\ 0 \end{pmatrix} + r \cdot \begin{pmatrix} 1 \\ 1 \\ -1 \end{pmatrix}$$

Übung 30

Untersuchen Sie die gegenseitige Lage von E und E_1 bzw. von E und E_2.

$$E:\ x + 3y + 2z = 6, \quad E_1:\ \vec{x} = \begin{pmatrix} 2 \\ 2 \\ -2 \end{pmatrix} + r \begin{pmatrix} 4 \\ -2 \\ 1 \end{pmatrix} + s \begin{pmatrix} 0 \\ 2 \\ -3 \end{pmatrix}, \quad E_2:\ \vec{x} \cdot \begin{pmatrix} 2 \\ 6 \\ 4 \end{pmatrix} = 12$$

Übung 31

Bestimmen Sie eine Gleichung der Schnittgeraden g von E_1: $\left[\vec{x} - \begin{pmatrix} 2 \\ 1 \\ 1 \end{pmatrix} \right] \cdot \begin{pmatrix} 1 \\ -1 \\ -1 \end{pmatrix} = 0$ und

E_2: $2x - y - 3z = 1$.

> ▶ **Beispiel: Orthogonale Ebenen**
>
> Gegeben ist die Ebene E_1: $2x - y - z = -1$. Gesucht ist eine Ebene E_2, die den Punkt A $(3|1|2)$ enthält und orthogonal zur Ebene E_1 ist. Bestimmen Sie die Schnittgerade g der beiden Ebenen.

Lösung:

Als Stützpunkt der Ebene E_2 verwenden wir den gegebenen Ebenenpunkt A $(3|1|2)$. Der Normalenvektor $\vec{n}_2$ von E_2 ist orthogonal zum Normalenvektor $\vec{n}_1$ von E_1.

Wegen $\vec{n}_1 = \begin{pmatrix} 2 \\ -1 \\ -1 \end{pmatrix}$ können wir $\vec{n}_2 = \begin{pmatrix} 0 \\ 1 \\ -1 \end{pmatrix}$ wählen. Dann gilt $\vec{n}_1 \cdot \vec{n}_2 = 0$.

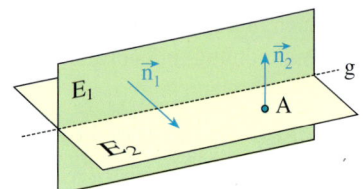

Koordinatengleichung von E_2:

E_2: $y - z = -1$

Nun können wir die rechts dargestellte Koordinatengleichung von E_2 aufstellen.

Zur Schnittgeradenbestimmung wandeln wir die Koordinatengleichung von E_2 in eine äquivalente Parametergleichung um.

Parametergleichung von E_2:

E_2: $\vec{x} = \begin{pmatrix} 3 \\ 1 \\ 2 \end{pmatrix} + r \begin{pmatrix} 0 \\ 1 \\ 1 \end{pmatrix} + s \begin{pmatrix} 2 \\ 1 \\ 1 \end{pmatrix}$

Schnittgeradenbestimmung:

Die allgemeinen Koordinaten der Parametergleichung von E_2 setzen wir in die Koordinatengleichung von E_1 ein. Durch Auflösen der entstandenen Gleichung erhalten wir die Beziehung $s = r - 2$. Setzen wir diese in die Parametergleichung von E_2

▶ ein, so ergibt sich die Gleichung von g.

$$2x \quad - \quad y \quad - \quad z \quad = -1$$
$$2(3 + 2s) - (1 + r + s) - (2 + r + s) = -1$$
$$3 + 2s - 2r = -1$$
$$s = r - 2$$

g: $\vec{x} = \begin{pmatrix} -1 \\ -1 \\ 0 \end{pmatrix} + r \begin{pmatrix} 2 \\ 2 \\ 2 \end{pmatrix}$

Übung 32

Gegeben ist die Ebene E_1: $2x + y - 2z = -2$ sowie der Punkt A $(-2|1|2)$. Gesucht ist eine Ebene E_2, die A enthält und orthogonal zu E_1 ist. Bestimmen Sie die Gleichung der Schnittgeraden g von E_1 und E_2.

Übungen

33. Bestimmen Sie die Schnittgerade g der Ebenen E_1 und E_2.

a) E_1: $\vec{x} = \begin{pmatrix} 1 \\ 2 \\ 0 \end{pmatrix} + r \begin{pmatrix} 1 \\ 2 \\ -3 \end{pmatrix} + s \begin{pmatrix} 0 \\ -4 \\ 3 \end{pmatrix}$

E_2: $-6x + 4y + 3z = -12$

b) E_1: $\vec{x} = \begin{pmatrix} 0 \\ 1 \\ 2 \end{pmatrix} + r \begin{pmatrix} -1 \\ 1 \\ 2 \end{pmatrix} + s \begin{pmatrix} 1 \\ 2 \\ -2 \end{pmatrix}$

E_2: $3x + y + z = 3$

c) E_1: $\vec{x} = \begin{pmatrix} 3 \\ 3 \\ 0 \end{pmatrix} + r \begin{pmatrix} 1 \\ -3 \\ 1 \end{pmatrix} + s \begin{pmatrix} -3 \\ -1 \\ 3 \end{pmatrix}$

E_2: $x + 2y = 4$

d) E_1: $\vec{x} = \begin{pmatrix} 3 \\ 0 \\ 0 \end{pmatrix} + r \begin{pmatrix} -3 \\ 0 \\ 3 \end{pmatrix} + s \begin{pmatrix} -3 \\ 6 \\ 0 \end{pmatrix}$

E_2: $2y + z = 6$

34. Bestimmen Sie die Schnittgerade g von E_1 und E_2.

a) E_1: $2x + 6y + 3z = 12$
E_2: $2x + 2y + 2z = 8$

b) E_1: $x + 2y + 4z = 8$
E_2: $3x - 2y = 0$

c) E_1: $\vec{x} = \begin{pmatrix} 1 \\ 2 \\ 2 \end{pmatrix} + r \begin{pmatrix} 1 \\ -1 \\ 0 \end{pmatrix} + s \begin{pmatrix} 1 \\ 0 \\ -1 \end{pmatrix}$

E_2: $\vec{x} = \begin{pmatrix} 3 \\ 4 \\ -3 \end{pmatrix} + u \begin{pmatrix} 0 \\ -1 \\ 0 \end{pmatrix} + v \begin{pmatrix} -2 \\ -3 \\ 3 \end{pmatrix}$

d) E_1: $\vec{x} = \begin{pmatrix} 4 \\ 0 \\ 0 \end{pmatrix} + r \begin{pmatrix} 0 \\ 4 \\ 0 \end{pmatrix} + s \begin{pmatrix} -4 \\ 0 \\ 3 \end{pmatrix}$

E_2: $\vec{x} = \begin{pmatrix} 0 \\ 0 \\ 0 \end{pmatrix} + u \begin{pmatrix} 4 \\ 4 \\ 0 \end{pmatrix} + v \begin{pmatrix} 0 \\ 0 \\ 3 \end{pmatrix}$

35. Auf dem abgebildeten Würfel sind zwei Ebenenausschnitte dargestellt. Zeigen Sie, dass die zugehörigen Ebenen sich schneiden. Geben Sie eine Gleichung der Schnittgeraden g an.

a)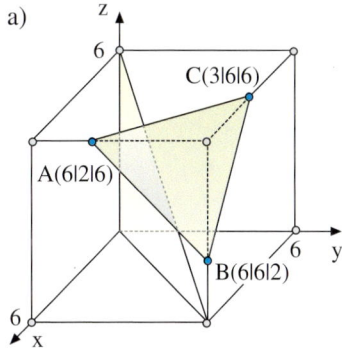

b)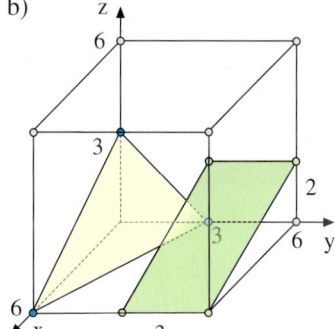

36. E_1 enthält die Geraden g_1: $\vec{x} = \begin{pmatrix} 2 \\ 0 \\ 3 \end{pmatrix} + r \begin{pmatrix} 1 \\ -1 \\ 3 \end{pmatrix}$ und g_2: $\vec{x} = \begin{pmatrix} 0 \\ 2 \\ 3 \end{pmatrix} + s \begin{pmatrix} -1 \\ 1 \\ 3 \end{pmatrix}$, die sich schneiden.

E_2 geht durch die Punkte A (2|2|0), B (0|4|6) und C (−3|7|0).

E_3 hat die Achsenabschnitte x = 4, y = 4 und z = 6.

a) Untersuchen Sie die gegenseitige Lage von E_1 und E_2 bzw. von E_1 und E_3.

b) Zeichnen Sie ein Schrägbild der drei Ebenen sowie der Schnittgeraden.

37. Untersuchen Sie, welche gegenseitige Lage die Ebenen E_1 und E_2 einnehmen.

a) $E_1\colon 2x + y + z = 6$

$E_2\colon \vec{x} = \begin{pmatrix} -2 \\ -2 \\ 3 \end{pmatrix} + r\begin{pmatrix} 1 \\ 1 \\ 0 \end{pmatrix} + s\begin{pmatrix} 2 \\ 0 \\ -3 \end{pmatrix}$

b) $E_1\colon x - y + z = 2$

$E_2\colon \vec{x} = \begin{pmatrix} 7 \\ 1 \\ -4 \end{pmatrix} + r\begin{pmatrix} 1 \\ 1 \\ 0 \end{pmatrix} + s\begin{pmatrix} 1 \\ 0 \\ -1 \end{pmatrix}$

c) $E_1\colon 2x - 5y - 5z = 8$

$E_2\colon \vec{x} = \begin{pmatrix} 0 \\ -1 \\ -1 \end{pmatrix} + r\begin{pmatrix} 5 \\ 1 \\ 1 \end{pmatrix} + s\begin{pmatrix} 5 \\ 2 \\ 0 \end{pmatrix}$

d) $E_1\colon 4y + z = 4$

$E_2\colon 3y + 2z = 6$

e) $E_1\colon x + 2y + 3z = 12$

$E_2\colon 2x + 4y + 6z = 16$

f) $E_1\colon x - y - 2z = -2$

$E_2\colon 2x - 2y - 4z = -4$

38. Bestimmen Sie die Gleichungen der Spurgeraden der Ebene E.

a) $E\colon \vec{x} = \begin{pmatrix} 3 \\ 0 \\ 2 \end{pmatrix} + r\begin{pmatrix} 3 \\ 4 \\ 2 \end{pmatrix} + s\begin{pmatrix} -3 \\ 0 \\ 1 \end{pmatrix}$

b) $E\colon \vec{x} = \begin{pmatrix} 4 \\ 3 \\ 2 \end{pmatrix} + r\begin{pmatrix} 2 \\ -1 \\ 1 \end{pmatrix} + s\begin{pmatrix} 1 \\ 2 \\ 2 \end{pmatrix}$

c) $E\colon -3x + 5y - z = 15$

d) $E\colon 3y - 2z = 12$

39. Eine Ebene E besitzt die Spurgeraden $g_1\colon \vec{x} = \begin{pmatrix} 1 \\ 1 \\ 0 \end{pmatrix} + r \cdot \begin{pmatrix} 2 \\ 1 \\ 0 \end{pmatrix}$ und $g_2\colon \vec{x} = \begin{pmatrix} 2 \\ 0 \\ 1 \end{pmatrix} + s \cdot \begin{pmatrix} 3 \\ 0 \\ 1 \end{pmatrix}$.

Bestimmen Sie eine Koordinatengleichung von E sowie die Gleichung der dritten Spurgeraden.

40. Die Abbildung zeigt Ausschnitte aus zwei Ebenen E_1 und E_2.
Bestimmen Sie die Gleichung der Schnittgeraden g.
Übertragen Sie die Abbildung in Ihr Heft und zeichnen Sie diejenige Teilstrecke der Schnittgeraden g in das Schrägbild ein, die auf dem abgebildeten Ausschnitt von E_1 liegt.

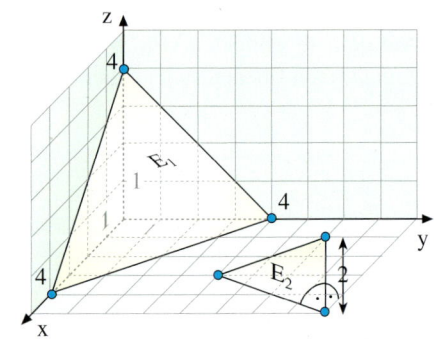

41. a) Welche gegenseitige Lagen können drei Ebenen zueinander einnehmen?
Skizzieren Sie mindestens vier prinzipiell verschiedene Fälle.

b) Die drei Ebenen E_1, E_2, E_3 schneiden sich in einer Geraden g bzw. in einem Punkt S. Bestimmen Sie g bzw. S.

(1) $E_1\colon \vec{x} = \begin{pmatrix} 3 \\ 3 \\ 1 \end{pmatrix} + r\begin{pmatrix} -3 \\ -1 \\ 1 \end{pmatrix} + s\begin{pmatrix} 3 \\ 0 \\ -1 \end{pmatrix}$, $E_2\colon \vec{x} = \begin{pmatrix} 6 \\ 0 \\ 0 \end{pmatrix} + u\begin{pmatrix} 0 \\ 6 \\ 1 \end{pmatrix} + v\begin{pmatrix} 6 \\ 0 \\ -1 \end{pmatrix}$, $E_3\colon y - 3z = 0$

(2) $E_1\colon x + y + z = 4$, $E_2\colon 3x + y + 3z = 6$, $E_3\colon \vec{x} = \begin{pmatrix} 0 \\ 0 \\ 0 \end{pmatrix} + r\begin{pmatrix} 3 \\ 1 \\ 0 \end{pmatrix} + s\begin{pmatrix} 0 \\ 1 \\ 1 \end{pmatrix}$

42. Ein keilförmiges Kohleflöz hat nach oben und unten ebene Begrenzungsflächen E und E′ zu den angrenzenden Gesteinsschichten. Bei drei Probebohrungen werden jeweils der Eintritts- punkt und der Austrittspunkt festgestellt: A(−20|30|−200), A′(−20|30|−236), B(120|180|−80), B′(120|180|−120), C(80|120|−120), C′(80|120|−160).

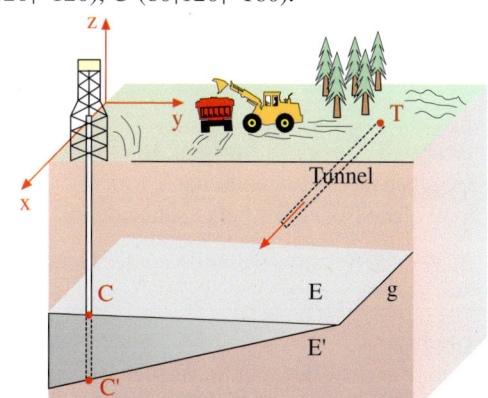

a) Wie lauten die Gleichungen der Be- grenzungsebenen E und E′?

b) Wie lautet die Gleichung der Gera- den g, in der das Kohleflöz endet?

c) Vom Punkt T(−200|200|0) wird ein Tunnel in Richtung des Vektors $\begin{pmatrix} 2 \\ -2 \\ -1 \end{pmatrix}$ vorangetrieben. Wo trifft er die Koh- leschicht, wo verlässt er sie wieder, wie weit ist es vom Tunneleingang bis zur Kohleschicht?

d) Trifft eine senkrechte Bohrung, die im Punkt T(−100|450|0) beginnt, die Kohleschicht?

43. Finden Sie heraus, ob unter den Ebenen E_1, E_2 und E_3 Orthogonalitäten auftreten.

a) $E_1: \left[\vec{x} - \begin{pmatrix} 1 \\ 0 \\ 0 \end{pmatrix}\right] \cdot \begin{pmatrix} 1 \\ 4 \\ 2 \end{pmatrix} = 0$ $\qquad E_2: \left[\vec{x} - \begin{pmatrix} 0 \\ 1 \\ 0 \end{pmatrix}\right] \cdot \begin{pmatrix} 4 \\ -1 \\ 0 \end{pmatrix} = 0$ $\qquad E_3: \left[\vec{x} - \begin{pmatrix} 0 \\ 0 \\ 1 \end{pmatrix}\right] \cdot \begin{pmatrix} 8 \\ -3 \\ 2 \end{pmatrix} = 0$

b) $E_1: \left[\vec{x} - \begin{pmatrix} 0 \\ 1 \\ 2 \end{pmatrix}\right] \cdot \begin{pmatrix} -1 \\ 2 \\ -2 \end{pmatrix} = 0$ $\qquad E_2: \vec{x} = \begin{pmatrix} 1 \\ 1 \\ 2 \end{pmatrix} + r\begin{pmatrix} 3 \\ 1 \\ 2 \end{pmatrix} + s\begin{pmatrix} 3 \\ 3 \\ 3 \end{pmatrix}$ $\qquad E_3: 2x + 2y - 4z = 0$

44. Bestimmen Sie eine Normalengleichung der zu E parallelen Ebene F, die den Punkt A enthält.

a) $E: 2x - 3y + 2z = 12$, $A(1|2|4)$ $\qquad$ b) $E: \vec{x} = \begin{pmatrix} 1 \\ 2 \\ 0 \end{pmatrix} + r\begin{pmatrix} 0 \\ 2 \\ 3 \end{pmatrix} + s\begin{pmatrix} -3 \\ 4 \\ 6 \end{pmatrix}$, $A(-2|6|-2)$

45. Die Ebene E ist orthogonal zur x-y-Ebene und zur x-z-Ebene und enthält $A(1|2|3)$. Stellen Sie eine Koordinatengleichung von E auf.

46. Eine Ebene E ist orthogonal zur Ebene F: $2x - 4z = 6$. Die Gleichung g: $\vec{x} = \begin{pmatrix} 3 \\ -1 \\ 0 \end{pmatrix} + r\begin{pmatrix} -4 \\ 3 \\ -2 \end{pmatrix}$ stellt die Schnittgerade von E und F dar. Stellen Sie eine Normalengleichung von E auf.

47. Ermitteln Sie denjenigen Parameterwert a, für den die Ebenen E_1 und E_a orthogonal sind.

a) $E_1: 2x - y + z = 6$ $\qquad$ b) $E_1: \vec{x} = \begin{pmatrix} 1 \\ 0 \\ 2 \end{pmatrix} + r\begin{pmatrix} 1 \\ 2 \\ 3 \end{pmatrix} + s\begin{pmatrix} 3 \\ 1 \\ -1 \end{pmatrix}$ $\qquad$ c) $E_1: \left[\vec{x} - \begin{pmatrix} 3 \\ 1 \\ 2 \end{pmatrix}\right] \cdot \begin{pmatrix} 1 \\ 1 \\ -1 \end{pmatrix} = 0$

$\quad E_a: ax + 4y - 2z = 4$ $\qquad \quad E_a: x - ay + z = 3$ $\qquad \quad E_a: ax + 2ay - 6z = 0$

E. Exkurs: Ebenenscharen

Abschließend untersuchen wir *Ebenenscharen*. Hierbei kommt in der Ebenengleichung außer den Ebenenparametern noch mindestens eine weitere Variable vor. Zu jedem Variablenwert gehört dann eine Ebene der Schar. Im Folgenden betrachten wir nur einfache Ebenenscharen mit linearen Variablen.

> **Beispiel: Untersuchungen an einer Ebenenschar**
> Gegeben ist die Ebenenschar E_a: $a\,x + 2\,y + (a - 2)\,z = 4$, $a \in \mathbb{R}$.
> a) Welche Ebene der Schar schneidet die x-Achse bei $x = 2$?
> b) Welche Scharebene wird von der Geraden $g: \vec{x} = \begin{pmatrix} 4 \\ 5 \\ 3 \end{pmatrix} + r \cdot \begin{pmatrix} 2 \\ -1 \\ 3 \end{pmatrix}$ orthogonal geschnitten?

Lösung zu a:
Gesucht ist die Ebene der Schar, welche den Punkt $P(2|0|0)$ enthält. Einsetzen der Punktkoordinaten in die Ebenengleichung ergibt, dass E_2 die x-Achse bei $x = 2$ schneidet.

$P(2|0|0)$ in E_a eingesetzt:
$$2\,a = 4$$
$$a = 2$$

Lösung zu b:
Die Gerade g liegt orthogonal zu einer Ebene der Schar, wenn ihr Richtungsvektor ein Vielfaches des Normalenvektors der Ebene E_a ist.
Durch Koeffizientenvergleich erhalten wir ein Gleichungssystem, das für $a = -4$ lösbar ist.
E_{-4} und die Gerade g schneiden sich orthogonal. Der Schnittpunkt ist $S(2|6|0)$.

Ansatz: $\begin{pmatrix} a \\ 2 \\ a-2 \end{pmatrix} = k \cdot \begin{pmatrix} 2 \\ -1 \\ 3 \end{pmatrix}$

Koeffizientenvergleich:
I $a = 2\,k$
II $2 = -k \Rightarrow k = -2,\ a = -4$
III $a - 2 = 3\,k$

Übung 48

Gegeben sei weiterhin die Ebenenschar E_a: $a\,x + 2\,y + (a - 2)\,z = 4$.

a) Welche Ebene der Schar enthält den Punkt $P(2|-4|2)$?

b) Ermitteln Sie diejenige Scharebene, in der die Gerade $g: \vec{x} = \begin{pmatrix} 1 \\ 0 \\ 1 \end{pmatrix} + r \cdot \begin{pmatrix} -1 \\ 1 \\ 1 \end{pmatrix}$ liegt.

c) Bestimmen Sie alle Ebenen der Schar, welche zu einer Koordinatenachse parallel liegen.

d) Welche Ebene der Schar verläuft parallel zur Gerade $h: \vec{x} = \begin{pmatrix} 3 \\ 1 \\ 2 \end{pmatrix} + r \cdot \begin{pmatrix} 1 \\ 2 \\ 1 \end{pmatrix}$?

e) Bestimmen Sie die Schnittgerade k der Ebenen E_0 und E_2.
    Weisen Sie nach, dass diese Gerade k in allen Ebenen der Schar liegt.

> **Beispiel: Untersuchungen an einer Ebenenschar**
> Gegeben ist die Ebenenschar E_a: $2x + 2y + z = 2a + 4$, $a \in \mathbb{R}$.
> a) Welche Ebene der Schar enthält den Koordinatenursprung?
> b) g_a sei die Schnittgerade einer Ebene E_a mit der Ebene F: $x + y + z = 6$. Für welchen Wert von a liegt g_a in der x-y-Ebene? Wie lautet in diesem Fall die Gleichung der Schnittgeraden?

Lösung zu a:

Der Koordinatenursprung erfüllt die Ebenengleichung, wenn $2a + 4 = 0$ ist, d.h. $a = -2$.

$O(0|0|0)$ in E_a eingesetzt:
$$0 = 2a + 4$$
$$a = -2$$

Lösung zu b:

Aus der Darstellung der Ebenen E_a und F kann, wie nebenstehend dargestellt, für die z-Koordinate der Schnittgeraden die Bedingung $z = 8 - 2a$ hergeleitet werden. Daher ist für $a = 4$ die z-Koordinate der Schnittgeraden gleich null.

I E_a: $2x + 2y + z = 2a + 4$
II F: $x + y + z = 6$
2II–I $z = 8 - 2a$

$z = 0$: $0 = 8 - 2a$
           $a = 4$

Zur Bestimmung der Schnittgeraden wird $z = 0$ und $a = 4$ in die Ebenengleichung von F eingesetzt und nach y aufgelöst. Sei $x = r$ beliebig gewählt. Dann ergibt sich $y = 6 - r$ und damit die nebenstehende
► Gleichung der Schnittgeraden.

Bestimmung der Schnittgeraden für a = 4:
II $x + y = 6$
$x = r$, $z = 0$ $y = 6 - r$

$$g_4: \vec{x} = \begin{pmatrix} 0 \\ 6 \\ 0 \end{pmatrix} + r \cdot \begin{pmatrix} 1 \\ -1 \\ 0 \end{pmatrix}$$

Übung 49

Gegeben sei weiterhin die Ebenenschar E_a: $2x + 2y + z = 2a + 4$.
a) Welche Ebene der Schar enthält den Punkt $P(2|2|1)$?
   Welche Ebene der Schar enthält den Punkt $A(a|2a|-2)$?
b) Geben Sie zwei Ursprungsebenen an, die zueinander und zu allen Ebenen der Schar E_a orthogonal sind.

Übung 50

Gegeben sei die Ebenenschar E_a: $(a - 1)x + (4 - 2a)y + z = a + 1$.
a) Gehört die Ebene F: $4x - 4y + 2z = 8$ zur Schar E_a?
b) Welche Ebene der Schar enthält den Koordinatenursprung?
c) Welche Ebenen der Schar E_a sind parallel zu einer Koordinatenachse?
d) Zu welcher Ebene der Schar E_a verläuft die Gerade g: $\vec{x} = \begin{pmatrix} 1 \\ 2 \\ 0 \end{pmatrix} + r \cdot \begin{pmatrix} 1 \\ 1 \\ 1 \end{pmatrix}$ parallel?
e) Welche Ebene der Schar ist orthogonal zur Ursprungsgeraden h: $\vec{x} = r \cdot \begin{pmatrix} -4 \\ 4 \\ -2 \end{pmatrix}$?

▶ **Beispiel: Ebenenbüschel**

Gegeben ist die Ebenenschar E_a: $x + (1 - a)y + (a - 3)z = 3$, $a \in \mathbb{R}$.

a) Untersuchen Sie, ob die Ebene F: $2x - 6y + 2z = 6$ zur Ebenenschar E_a gehört.

b) Zeigen Sie, dass sich E_0 und E_1 schneiden. Bestimmen Sie die Gleichung der Schnittgeraden und zeigen Sie, dass diese Schnittgerade in allen Ebenen der Schar E_a liegt.

Lösung zu a:

Die Ebene F gehört zur Ebenenschar E_a, wenn die beiden Koordinatengleichungen für einen speziellen Wert von a äquivalent sind. Das ist der Fall, wenn die Gleichung von F ein Vielfaches der Gleichung von E_a ist oder umgekehrt. Dies führt auf den nebenstehenden Ansatz.

Ansatz: $F = b \cdot E_a$ $(a, b \in \mathbb{R})$

F: $bx + b(1 - a)y + b(a - 3)z = 3b$

F: $2x - 6y + 2z = 6$

Durch Koeffizientenvergleich der beiden Darstellungen von F erhalten wir ein Gleichungssystem, das die Lösungen $a = 4$ und $b = 2$ besitzt. Folglich gehört F zur Ebenenschar E_a und ist mit der Ebene E_4 identisch.

Koeffizientenvergleich:

I $b = 2$ $\qquad\qquad \Rightarrow b = 2$

II $b(1 - a) = -6$ $\quad \Rightarrow a = 4$

III $b(a - 3) = 2$ $\qquad \Rightarrow a = 4$

IV $3b = 6$ $\qquad\qquad \Rightarrow b = 2$

Lösung zu b:

Wir untersuchen die Lagebeziehung der Ebenen E_0 und E_1 wie im Abschnitt D und formen E_0 zunächst um. Durch Einsetzen erkennen wir, dass sich die Ebenen E_0 und E_1 in einer Geraden g schneiden, deren Gleichung rechts angegeben ist.

E_0: $x + y - 3z = 3$ $(a = 0)$ bzw.

E_0: $\vec{x} = \begin{pmatrix} 3 \\ 0 \\ 0 \end{pmatrix} + t \begin{pmatrix} -3 \\ 3 \\ 0 \end{pmatrix} + s \begin{pmatrix} -3 \\ 0 \\ -1 \end{pmatrix}$

E_1: $x - 2z = 3$ $(a = 1)$

I–II: $3 - 3t - 3s + 2s = 3$ bzw. $-3t = s$

Schnittgerade: g: $\vec{x} = \begin{pmatrix} 3 \\ 0 \\ 0 \end{pmatrix} + r \begin{pmatrix} 2 \\ 1 \\ 1 \end{pmatrix}$

Nun muss noch nachgewiesen werden, dass diese Schnittgerade g in allen Ebenen der Schar E_a (also unabhängig von a) enthalten ist. Hierzu setzen wir die Koordinaten von g in die Ebenengleichung von E_a ein. Nach nebenstehender Rechnung erhalten wir eine wahre Aussage, unabhängig von a. Also liegt die Gerade g für alle reellen
▶ Werte von a in E_a.

Nachweis, dass g in E_a liegt:

Koordinaten von g: $x = 3 + 2r$

$\qquad\qquad\qquad\quad y = r$

$\qquad\qquad\qquad\quad z = r$

Einsetzen in die Gleichung von E_a:

$3 + 2r + (1 - a)r + (a - 3)r = 3$

$3 + 2r + r - ar + ar - 3r \quad = 3$

$\qquad\qquad\qquad\qquad\qquad 3 = 3$

Da die Ebenen der Schar aus dem vorigen Beispiel eine gemeinsame Schnittgerade g haben, die man ihre *Trägergerade* nennt, handelt es sich um ein sog. *Ebenenbüschel*.

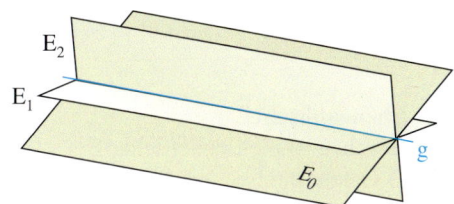

Übung 51

Zeigen Sie, dass die folgenden Ebenenscharen E_a ($a \in \mathbb{R}$) Ebenenbüschel bilden, d. h., dass alle Ebenen der Schar sich in einer Geraden schneiden. Bestimmen Sie auch eine Gleichung dieser gemeinsamen Trägergeraden. Geben Sie jeweils eine Ebene an, die ebenfalls die Trägergerade enthält, aber nicht zur Ebenenschar gehört.

a) E_a: $2ax + (4 - a)y - 2z = 6$ 　　　　 b) E_a: $x + ay + (5 - 2a)z = 0$

c) E_a: $2ax + 2y + (2 - a)z = 5a + 2$ 　　 d) E_a: $(3 - 2a)y + (a - 2)z = a - 1$

▶ **Beispiel: Schar paralleler Ebenen**

Gegeben ist die Ebenenschar E_a: $(1 - 2a)x + (2a - 1)y + (1 - 2a)z = 1$, $a \in R$.

a) Untersuchen Sie die Lagebeziehung der Ebenen E_0 und E_1 zueinander.

b) Zeigen Sie, dass alle Ebenen der Schar parallel zueinander verlaufen.

Lösung zu a:

Der nebenstehende Ansatz führt auf ein unlösbares Gleichungssystem. Die Ebenen E_0 und E_1 sind also parallel zueinander.

E_0: 　$x - y + z = 1$
E_1: $-x + y - z = 1$
I + II 　　　$0 = 2$ Widerspr. $\Rightarrow E_0 \| E_1$

Lösung zu b:

Analog untersuchen wir jetzt die Lagebeziehung zweier beliebiger verschiedener Ebenen E_a und E_b der gegebenen Schar (mit $a \neq b$). Auch hier führt das zugehörige Gleichungssystem auf einen Widerspruch, da wir von verschiedenen Ebenen der Schar ausgegangen sind. Somit liegen alle Scharebenen parallel zueinander.

E_a: $(1 - 2a)x + (2a - 1)y + (1 - 2a)z = 1$
E_b: $(1 - 2b)x + (2b - 1)y + (1 - 2b)z = 1$
　　　　　　　　　　　　　　　　　　 $(a \neq b)$

Lösen des Gleichungssystems:
III = I $\cdot$ $(1 - 2b)$ − II $\cdot$ $(1 - 2a)$:
$0 = 1 - 2b - (1 - 2a)$
$0 = -2b + 2a \Rightarrow a = b$
Widerspruch zur Voraussetzung $a \neq b$
$\Rightarrow E_a \| E_b$

Bei einer Schar paralleler Ebenen liegen die Ebenen der Schar wie aufeinander geschichtet.

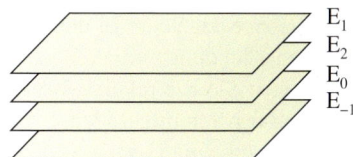

Übung 52 Parallele Ebenen

a) Zeigen Sie, dass alle Ebenen der Schar E_a: $(2 - a)x + (a - 2)y + (4 - 2a)z = 12$ ($a \in \mathbb{R}$) parallel verlaufen.

b) Welche Ebene der Schar enthält den Punkt $Q(-1 | 3 | -1)$?

c) Welche Ebene der Schar schneidet die x-Achse bei $x = 2$?

Übungen

53. Ebenenbüschel

Gegeben ist die Ebenenschar E_a: $x + ay - (2a - 1)z = 4$ $(a \in \mathbb{R})$.

a) Gehört die Ebene F: $-2x + 2y - 6z = -8$ zur Ebenenschar E_a?

b) Welche Ebene der Schar enthält den Punkt $P(-2|1|1)$?

c) Welche Ebene der Schar E_a ist parallel zur z-Achse?

d) Begründen Sie, dass die Ebenenschar E_a keine Ursprungsgerade enthält.

e) Zeigen Sie, dass alle Ebenen der Schar E_a eine gemeinsame Gerade besitzen, und geben Sie deren Gleichung an.

54. Ebenenbüschel

Untersucht wird die Ebenenschar E_a: $2x + ay + 6z = 8 + 2a$.

a) Welche Ebene der Schar enthält den Koordinatenursprung?

b) Weisen Sie nach, dass die Gerade g: $\vec{x} = \begin{pmatrix} 1 \\ 2 \\ 1 \end{pmatrix} + r \cdot \begin{pmatrix} 3 \\ 0 \\ -1 \end{pmatrix}$ in allen Ebenen der Schar liegt.

c) Welche Ebene der Schar wird von der Geraden h: $\vec{x} = \begin{pmatrix} 3 \\ 1 \\ 8 \end{pmatrix} + r \cdot \begin{pmatrix} -4 \\ 6 \\ -12 \end{pmatrix}$ orthogonal geschnitten? Ermitteln Sie auch den Schnittpunkt S.

d) Welche Ebene schneidet die z-Achse bei $z = 3$?
   In welchen Punkten schneidet diese Ebene die x- bzw. die y-Achse?

e) Zeigen Sie, dass die Ebenen E_4 und E_{-10} sich orthogonal schneiden.
   Geben Sie zwei weitere Ebenen der Schar an, die sich ebenfalls orthogonal schneiden.

55. Ebenenschar

Gegeben ist die Ebenenschar E_a: $(a + 2)x + (2 - a)z = a + 1$ $(a \in \mathbb{R})$.

a) Welche Ursprungsebene ist in der Schar E_a enthalten?

b) Welche Ebene der Schar E_a schneidet die z-Achse bei $z = 5$?

c) Welche Ebene der Schar E_a enthält die Gerade g: $\vec{x} = \begin{pmatrix} -1 \\ 2 \\ 2 \end{pmatrix} + r \begin{pmatrix} 0 \\ 1 \\ 0 \end{pmatrix}$?

d) Untersuchen Sie die Lage der Ebenen der Schar E_a zueinander.

56. Ebenenschar

Gegeben ist die Ebenenschar E_a: $(a + 1)x + 2y + (3 - 2a)z = a + 2$, $a \in \mathbb{R}$.

a) Bestimmen Sie die Durchstoßungspunkte der Ebene E_1 mit den drei Koordinatenachsen.

b) Welche Scharebene enthält den Punkt $P(1|1|1)$?

c) Welche Ebene der Schar E_a enthält den Ursprung? Welche Ebene der Schar E_a ist parallel zur z-Achse?

d) Untersuchen Sie die relative Lage von E_0 und E_1 zueinander. Bestimmen Sie ggf. eine Gleichung der Schnittgeraden.

e) Zeigen Sie, dass die Gerade h: $\vec{x} = \begin{pmatrix} 3 \\ -2 \\ 1 \end{pmatrix} + r \begin{pmatrix} 4 \\ -5 \\ 2 \end{pmatrix}$ in allen Ebenen der Schar E_a liegt.

f) Welche Ebene der Schar ist orthogonal zur Ursprungsgerade durch den Punkt $Q(1|4|-1)$?

Übungen

Die folgenden Übungen können ohne Hilfsmittel gelöst werden, soweit nichts anderes angegeben ist.

1. Normalenvektor und Ebenengleichung

Gegeben ist die Ebene E: $\vec{x} = \begin{pmatrix} -3 \\ -1 \\ 2 \end{pmatrix} + r \cdot \begin{pmatrix} -3 \\ -1 \\ 1 \end{pmatrix} + s \cdot \begin{pmatrix} 6 \\ 0 \\ -1 \end{pmatrix}$.

a) Bestimmen Sie einen Normalenvektor $\vec{n}$ der Ebene E .

b) Stellen Sie eine Normalengleichung der Ebene E auf.

c) Stellen Sie eine Koordinatengleichung der Ebene E auf.

2. Ebenengleichung

Gegeben sind die Punkte P($1|3|-5$) und Q($2|0|1$) sowie die Ebene E: $2x + 2y + z = 3$.

a) Untersuchen Sie, ob die Punkte P und Q in der Ebene E liegen.

b) Bestimmen Sie einen Normalenvektor $\vec{n}$ der Ebene E.

c) Bestimmen Sie zwei Richtungsvektoren $\vec{m}_1$ und $\vec{m}_2$ der Ebene E, die nicht kollinear sind.

d) Bestimmen Sie eine vektorielle Parametergleichung der Ebene E.

3. Achsenabschnitte einer Ebene

Gegeben ist die Ebene E: $2x + 2y + 2z = 2$.

a) Bestimmen Sie die Achsenabschnittspunkte der Ebene E.

b) Zeichnen Sie unter Verwendung der Ergebnisse aus a) ein Schrägbild der Ebene E.

c) Zeichnen Sie ein Schrägbild der Ebene F: $2x + 3y = 12$.
   Beschreiben Sie die Lagebesonderheit der Ebene F.

4. Die relative Lage von Gerade und Ebene

Gegeben sind die Ebene E: $x + 4y + 2z = 12$ sowie die Gerade g: $\vec{x} = \begin{pmatrix} 5 \\ 5 \\ 4 \end{pmatrix} + r \cdot \begin{pmatrix} 1 \\ 4 \\ 2 \end{pmatrix}$.

a) Ermitteln Sie den Schnittpunkt S von g und E.

b) Verändern Sie die y-Koordinate des Richtungsvektors der Geraden g so, dass die so entstandene Gerade h parallel zur Ebene E verläuft.

5. Die relative Lage von zwei Ebenen

Gegeben sind die Ebenen E: $x + 2y + 2z = 8$ und F: $\vec{x} = \begin{pmatrix} 2 \\ 0 \\ 0 \end{pmatrix} + r \cdot \begin{pmatrix} 0 \\ 0 \\ 3 \end{pmatrix} + s \cdot \begin{pmatrix} 2 \\ 2 \\ 0 \end{pmatrix}$.

a) Beschreiben Sie, welche relative Lagen zwei Ebenen grundsätzlich zueinander einnehmen können.

b) Begründen Sie nur anhand der Richtungsvektoren von F und des Normalenvektors von E, dass sich die Ebenen E und F schneiden.

c) Bestimmen Sie die Gleichung der Schnittgeraden g von E und F.

d) Fertigen Sie ein Schrägbild mit E, F und g an.

F. Zusammengesetzte Aufgaben

Die Übungen dienten bisher überwiegend der Festigung einzelner Techniken der Vektorgeometrie.
Die Lösung der folgenden zusammengesetzten Aufgaben dagegen erfordert stets die Verwendung
mehrerer Verfahren. Die Aufgabenstruktur ähnelt Prüfungsaufgaben.

1. Gegeben sind die Gerade g: $\vec{x} = \begin{pmatrix} 14 \\ -1 \\ -1 \end{pmatrix} + r \begin{pmatrix} -8 \\ 2 \\ 1 \end{pmatrix}$ und die Ebene E durch die Punkte $A(-2|5|2)$

B $(2|3|0)$ und C $(2|-1|2)$.
a) Stellen Sie eine Parametergleichung und eine Koordinatengleichung der Ebene E auf.
b) Prüfen Sie, ob der Punkt $P(-2|3|1)$ auf der Geraden g oder auf der Ebene E liegt.
c) Untersuchen Sie die gegenseitige Lage von g und E. Bestimmen Sie ggf. den Schnittpunkt S.
d) Bestimmen Sie die Schnittpunkte Q und R der Geraden g mit der x-y-Ebene bzw. der
   y-z-Ebene.
e) Bestimmen Sie die Spurpunkte der Ebene E.
f) Zeichnen Sie anhand der Ergebnisse aus c), d) und e) ein Schrägbild von g und E.

2. Gegeben seien die Punkte A $(0|0|0)$, B $(8|0|0)$, C $(8|8|0)$, D $(0|8|0)$ und S $(4|4|8)$, die Eckpunk-
te einer quadratischen Pyramide mit der Grundfläche ABCD und der Spitze S sind.
a) Zeichnen Sie in einem kartesischen Koordinatensystem ein Schrägbild der Pyramide.
b) Eine Gerade g schneidet die z-Achse bei z = 12 und geht durch die Spitze S der Pyramide.
   Bestimmen Sie den Spurpunkt S_{xy} der Geraden g.
c) Gegeben sei weiter die Ebene E: $2y + 5z = 24$.
   Beschreiben Sie die besondere Lage der Ebene E zu den Koordinatenachsen.
   Bestimmen Sie die Schnittpunkte der Seitenkanten $\overline{AS}$, $\overline{BS}$, $\overline{CS}$ und $\overline{DS}$ der Pyramide mit
   der Ebene E.
   Zeichnen Sie die Schnittfläche der Ebene E mit der Pyramide in das Schrägbild ein und
   zeigen Sie, dass diese Schnittfläche ein Trapez ist.
d) Berechnen Sie, in welchem Punkt T die Höhe h der Pyramide die Schnittfläche aus c)
   durchdringt. Zeichnen Sie auch h und T in das Schrägbild ein.

3. Gegeben ist der abgebildete Würfel mit
der Seitenlänge 4.
a) Berechnen Sie, in welchem Punkt S
   die Gerade g durch D und F die Ebene E durch die Punkte P, Q und R
   schneidet.
b) Die Punkte P, Q, R und F bilden die
   Ecken einer Pyramide. Bestimmen
   Sie deren Volumen.
c) Berechnen Sie die Spurpunkte der
   Geraden h durch die Punkte Q und R.
d) Bestimmen Sie die Gleichung der
   Schnittgeraden k der Ebene E und der Ebene F durch B, D und H.
e) Berechnen Sie, in welchem Punkt die Gerade durch B und H die Ebene E durchstößt.

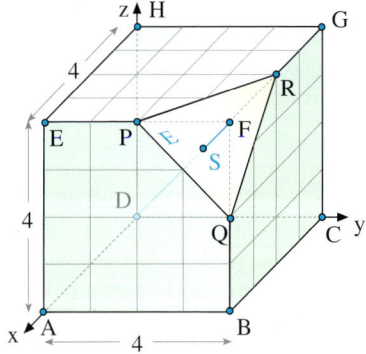

4. Gegeben sind die Geraden g: $\vec{x} = \begin{pmatrix} 1 \\ 2 \\ 3 \end{pmatrix} + r \begin{pmatrix} -1 \\ 0 \\ 2 \end{pmatrix}$ und h: $\vec{x} = \begin{pmatrix} 0 \\ 4 \\ 4 \end{pmatrix} + s \begin{pmatrix} 0 \\ -2 \\ 1 \end{pmatrix}$.

   a) Zeigen Sie, dass g und h sich schneiden. Bestimmen Sie den Schnittpunkt S.

   b) E sei diejenige Ebene, welche die Geraden g und h enthält.
      Stellen Sie eine Parametergleichung von E auf.

   c) Bestimmen Sie eine Koordinatengleichung von E sowie die Achsenabschnittspunkte.

   d) Eine Gerade k geht durch die Punkte P(4|0|3) und Q(0|3|a). Ermitteln Sie, wie die Variable
      a gewählt werden muss, damit k echt parallel zu E verläuft.

   e) Der Ursprung des Koordinatensystems und die drei Achsenabschnittspunkte der Ebene E
      sind Eckpunkte einer Pyramide. Bestimmen Sie das Volumen der Pyramide.

   f) Fertigen Sie mithilfe der Achsenabschnitte von E eine Schrägbild der Pyramide aus e) an.
      Zeichnen Sie den Punkt P(1|2|2) ein. Entscheiden Sie, ob er im Innern der Pyramide liegt.

5. Gegeben ist der abgebildete Würfel mit der Seitenlänge 4 in einem kartesischen Koordinatensystem. Das Dreieck BRP stellt einen Ausschnitt einer Ebene E dar. Das Dreieck MCR stellt
einen Ausschnitt einer Ebene F dar.

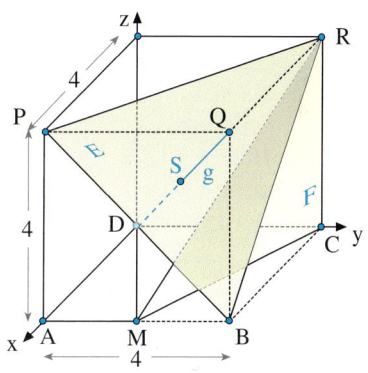

   a) Bestimmen Sie eine Parameter- und
      eine Koordinatengleichung von E.

   b) Berechnen Sie den Schnittpunkt S der
      Geraden g durch die Punkte D und Q
      mit der Ebene E.
      Entscheiden Sie, welches Teilstück
      der Strecke $\overline{DQ}$ länger ist, $\overline{DS}$ oder
      $\overline{SQ}$.

   c) Bestimmen Sie eine Gleichung der
      Schnittgeraden der Ebenen E und F.

   d) Von U(0|0|6) geht ein Strahl aus, der
      auf V(1,5|6|0) zielt. Entscheiden Sie,
      ob der Strahl den Würfel trifft und ob er das Dreieck BRP trifft.

6. Durch die Punkte A(2|1|1), B(3|0|2) und C_a(a|−a|2), a ∈ ℝ, wird im kartesischen Koordi-
natensystem eine Schar von Ebenen E_a definiert, die die Punkte A, B und C_a enthalten.

   a) Bestimmen Sie eine Parametergleichung und eine Koordinatengleichung der Ebenenschar
      E_a.

   b) Entscheiden Sie, ob die Ebene F: −x + 5y + 6z = 9 zur Ebenenschar E_a gehört.

   c) Bestimmen Sie die Schnittgerade g der Ebenen E_1 und E_4. Weisen Sie nach, dass die Gera-
      de g in allen Scharebenen enthalten ist.

   d) Ermitteln Sie, für welche Werte von a die Gerade h: $\vec{x} = \begin{pmatrix} 1 \\ 0 \\ 4 \end{pmatrix} + r \begin{pmatrix} -1 \\ 1 \\ -1 \end{pmatrix}$ in der Ebene E_a liegt.

   e) Ermitteln Sie, für welchen Wert von a das Dreieck OAC_a rechtwinklig ist.

   f) Berechnen Sie die Achsenabschnitte der Ebene E_1 sowie die Spurgeraden von E_1.

Anwendungen des Vektorprodukts

In Abschnitt 1 wurde das Vektorprodukt eingeführt. Mit seiner Hilfe war die vereinfachte Berechnung von Normalenvektoren möglich, die man z. B. zur Darstellung von Ebenen benötigt. Weitere interessante Anwendungen des Vektorprodukts sind Flächenberechnungen bei Parallelogrammen und Dreiecken und Volumenberechnungen bei Pyramiden.

Die Fläche eines Parallelogramms

Der Flächeninhalt A des von der Vektoren $\vec{a}$ und $\vec{b}$ aufgespannten Parallelogramms ist genauso groß wie der Betrag des Vektorprodukts $\vec{a} \times \vec{b}$ der Vektoren $\vec{a}$ und $\vec{b}$.

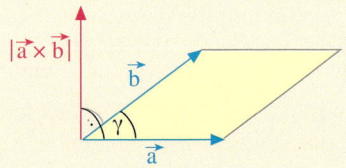

$$A = \left| \vec{a} \times \vec{b} \right|$$

Beweis:
Wir bestimmen die Fläche A des Parallelogramms zunächst mit folgender Formel:
A = Grundlinie · Höhe = $g \cdot h = |\vec{a}| \cdot h$
Aus der Trigonometrie wissen wir, dass
$h = |\vec{b}| \cdot \sin\gamma$ gilt, so dass insgesamt folgt:
$A = |\vec{a}| \cdot |\vec{b}| \cdot \sin\gamma$

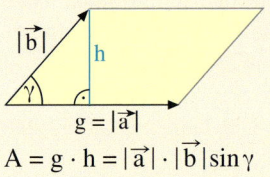

$A = g \cdot h = |\vec{a}| \cdot |\vec{b}| \sin\gamma$

Nun müssen wir nun noch zeigen, dass
$|\vec{a} \cdot \vec{b}| = |\vec{a}| \cdot |\vec{b}| \cdot \sin\gamma$ gilt.
Der Nachweis lautet:

$$(\vec{a} \times \vec{b})^2 = \begin{pmatrix} a_2b_3 - a_3b_2 \\ a_3b_1 - a_1b_3 \\ a_1b_2 - a_2b_1 \end{pmatrix}^2 = (a_2b_3 - a_3b_2)^2 + (a_3b_1 - a_1b_3)^2 + (a_1b_2 - a_2b_1)^2$$

$$= a_2^2b_3^2 - 2a_2b_3a_3b_2 + a_3^2b_2^2 + a_3^2b_1^2 - 2a_3b_1a_1b_3 + a_1^2b_3^2 + a_1^2b_2^2 - 2a_1b_2a_2b_1 + a_2^2b_1^2$$

$$= a_2^2b_3^2 + a_3^2b_2^2 + a_3^2b_1^2 + a_1^2b_3^2 + a_1^2b_2^2 + a_2^2b_1^2 - 2a_2a_3b_2b_3 - 2a_1a_3b_1b_3 - 2a_1a_2b_1b_2$$

$$\quad + a_1^2b_1^2 + a_2^2b_2^2 + a_3^2b_3^2 - a_1^2b_1^2 - a_2^2b_2^2 - a_3^2b_3^2$$

$$= (a_1^2 + a_2^2 + a_3^2) \cdot (b_1^2 + b_2^2 + b_3^2) - (a_1b_1 + a_2b_2 + a_3b_3)^2$$

$$= |\vec{a}|^2 \cdot |\vec{b}|^2 - (\vec{a} \cdot \vec{b})^2$$

$$= |\vec{a}|^2 \cdot |\vec{b}|^2 - |\vec{a}|^2 \cdot |\vec{b}|^2 \cdot \cos^2\gamma$$

$$= |\vec{a}|^2 \cdot |\vec{b}|^2 \cdot (1 - \cos^2\gamma)$$

$$= |\vec{a}|^2 \cdot |\vec{b}|^2 \cdot \sin^2\gamma$$

Da $\sin\gamma \geq 0$ für $0° \leq \gamma \leq 180°$ ist, folgt nun durch Wurzelziehen $|\vec{a} \times \vec{b}| = |\vec{a}| \cdot |\vec{b}| \cdot \sin\gamma$. Damit ist der Beweis abgeschlossen. Er ist zwar einerseits schrecklich formalistisch, zeigt aber andererseits, wie gut und zuverlässig die formale Mathematik funktioniert.

Meistens wird mit dem Vektorprodukt die Fläche von Dreiecken berechnet.
Ein Dreieck entspricht einem halben Parallelogramm. Also lautet die Formel für die Fläche A des
von den Vektoren und aufgespannten Dreiecks: $A = \frac{1}{2} | \vec{a} \times \vec{b} |$

Als Anwendung berechnen wir die Mantel-
fläche der abgebildeten Glaspyramide.
Da die Mantelfläche aus vier kongruenten
Dreiecken besteht, genügt es, die Fläche
eines dieser Dreiecke zu bestimmen.
Die Pyramide steht in Brandenburg.
Sie hat eine Seitenlänge von 35 m und eine
Höhe von 17,5 m.

Wir legen den Ursprung des Koordinatensystems in die vordere linke Pyrami-
denecke.
Wir berechnen den Flächeninhalt der vorderen Dreiecksseite PQS.
Die Punktkoordinaten lauten P (0|0|0),
Q (35|0|0) und S (17,5|17,5|17,5).
Seitenvektoren der Dreiecksfläche A sind
dann $\vec{a} = \overrightarrow{PQ}$ und $\vec{b} = \overrightarrow{PS}$.
Die Fläche von A wird mit dem Vektorpro-
dukt nach der Formel $A = \frac{1}{2} | \vec{a} \times \vec{b} |$ berech-
net.

Die Rechnung mit den konkreten Zahlen ist
rechts aufgeführt.
Sie liefert die Fläche $A = 433{,}10\,m^3$.
Für die gesamte Pyramide ergibt sich also
als Mantelfläche $M = 1\,732{,}41\,m^3$.

Glaspyramide in Döbern

Berechnung der Dreiecksfläche PQS:
P (0|0|0), Q (35|0|0), S (17,5|17,5|17,5)

$$\vec{a} = \overrightarrow{PQ} = \begin{pmatrix} 35 \\ 0 \\ 0 \end{pmatrix}, \quad \vec{b} = \overrightarrow{PS} = \begin{pmatrix} 17{,}5 \\ 17{,}5 \\ 17{,}5 \end{pmatrix}$$

$$A = \frac{1}{2} | \vec{a} \times \vec{b} | = \frac{1}{2} \left| \begin{pmatrix} 35 \\ 0 \\ 0 \end{pmatrix} \times \begin{pmatrix} 17{,}5 \\ 17{,}5 \\ 17{,}5 \end{pmatrix} \right| = \frac{1}{2} \left| \begin{pmatrix} 0 \\ -612{,}5 \\ 612{,}5 \end{pmatrix} \right|$$

$$= \frac{1}{2} \left| \begin{pmatrix} 0 \\ -612{,}5 \\ 612{,}5 \end{pmatrix} \right| = \frac{1}{2} \cdot \sqrt{612{,}5^2 + 612{,}5^2} \approx 433{,}10$$

Eine weitere Anwendung des Vektorprodukts ist die Berechnung des Volumens eines Spats bzw.
des Volumens einer Dreieckspyramide.

Das Volumen eines Spats

**Der von der Vektoren $\vec{a}$, $\vec{b}$ und $\vec{c}$ auf-
gespannten Spat hat das Volumen**

$$V = \left| (\vec{a} \times \vec{b}) \cdot \vec{c} \right|.$$

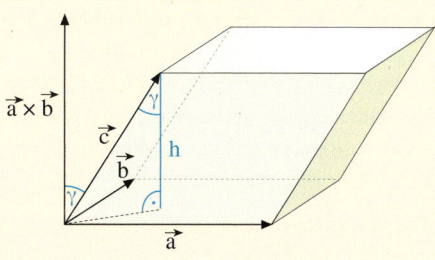

Beweis:

Wir gehen von der Volumenformel $V = G \cdot h$ für Prismen aus. Die Grundfläche kann mit dem Vektorprodukt als $|\vec{a} \times \vec{b}|$ dargestellt werden, da es sich um eine Parallelogrammfläche handelt. Für die Höhe des Spats h gilt $h = |\vec{c}| \cdot \cos\gamma$, wobei γ der Winkel zwischen $\vec{c}$ und h ist. Da der Vektor $\vec{a} \times \vec{b}$ senkrecht zu $\vec{a}$ und zu $\vec{b}$ steht, verläuft er parallel zur Spathöhe h.

Berechnung des Spatvolumens:

$$V = G \cdot h \qquad \text{Volumen eines Prismas}$$
$$= |\vec{a} \times \vec{b}| \cdot h, \qquad \text{da } G = |\vec{a} \times \vec{b}|$$
$$= |\vec{a} \times \vec{b}| \cdot |\vec{c}| \cdot \cos\gamma, \text{ da } h = |\vec{c}| \cdot \cos\gamma$$
$$= |(\vec{a} \times \vec{b}) \cdot \vec{c}| \qquad \text{Definition des SP}$$

Wir nehmen an, dass $\vec{a}$, $\vec{b}$, $\vec{c}$ rechtssystemartig zueinander liegen (s. Abb.). Dann ist der Winkel zwischen den Vektoren $\vec{a} \times \vec{b}$ und $\vec{c}$ ebenfalls γ. Der Term $|\vec{a} \times \vec{b}| \cdot |\vec{c}| \cdot \cos\gamma$ stellt daher das Skalarprodukt von $\vec{a} \times \vec{b}$ und $\vec{c}$ dar.

Liegen $\vec{a}$, $\vec{b}$, $\vec{c}$ linkssystemartig zueinander, so ergibt sich die Rechnung $V = |\vec{a} \times \vec{b}| \cdot h = |\vec{a} \times \vec{b}| \cdot |\vec{c}| \cdot \cos\gamma = |\vec{a} \times \vec{b}| \cdot |\vec{c}| \cdot (-\cos\gamma') = -(\vec{a} \times \vec{b}) \cdot \vec{c}$, wobei $\gamma' = 180° - \gamma$ der Winkel zwischen $\vec{a} \times \vec{b}$ und $\vec{c}$ ist. Insgesamt gilt also $V = |(\vec{a} \times \vec{b}) \cdot \vec{c}|$.

Bemerkung: Der Term $(\vec{a} \times \vec{b}) \cdot \vec{c}$ wird auch als **Spatprodukt** *bezeichnet.*

Oft ist nicht das Volumen eines Spats zu berechnen, sondern das Volumen der elementarsten Pyramide, nämlich der dreiseitigen Pyramide (Die Grundfläche ist ein Dreieck).

Das Volumen einer dreiseitigen Pyramide

Die von der Vektoren $\vec{a}$, $\vec{b}$ und $\vec{c}$ aufgespannte dreiseitige Pyramide hat das Volumen

$$V = \tfrac{1}{6}|(\vec{a} \times \vec{b}) \cdot \vec{c}|$$

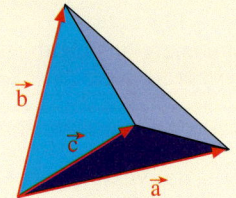

Beweis:

Die dreiseitige Pyramide hat bekanntlich ein Drittel des Volumens eines Prismas mit derselben Grundfläche und Höhe.

Ein Prisma mit dreieckiger Grundfläche ist die Hälfte eines Spats. Daher ist das Pyramidenvolumen ein Sechstel des Spatvolumens.

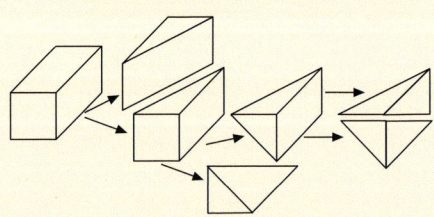

Als Anwendung berechnen wir das Volumen einer dreieckigen Pyramide.
Die abgebildete Pyramide hat die Ecken A(6|0|0), B(10|10|0), C(0|6|0) und S(6|6|8).
Ihr Volumen soll bestimmt werden.

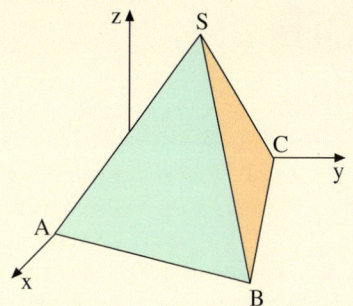

Wir bestimmen zunächst drei aufspannende Vektoren der Pyramide:

$$\vec{a} = \overrightarrow{AB}, \vec{b} = \overrightarrow{AC} \text{ und } \vec{c} = \overrightarrow{AS}.$$

Dann wenden wir die Formel für das Volumen der dreiseitigen Pyramide an:

$$V = \tfrac{1}{6} |(\vec{a} \times \vec{b}) \cdot \vec{c}|$$

Dabei sind ein Vektorprodukt und ein Skalarprodukt zu berechnen.

Als Ergebnis dieser Berechnung erhalten wir das Pyramidenvolumen V = 112.

Berechnung des Pyramidenvolumens:
A(6|0|0), B(10|10|0), C(0|6|0), S(6|6|8)

$$\vec{a} = \overrightarrow{AB} = \begin{pmatrix} 4 \\ 10 \\ 0 \end{pmatrix}, \vec{b} = \overrightarrow{AC} = \begin{pmatrix} -6 \\ 6 \\ 0 \end{pmatrix}, \vec{c} = \overrightarrow{AS} = \begin{pmatrix} 0 \\ 6 \\ 8 \end{pmatrix}$$

$$V = \tfrac{1}{6} |(\vec{a} \times \vec{b}) \cdot \vec{c}| = \tfrac{1}{6} \left| \left(\begin{pmatrix} 4 \\ 10 \\ 0 \end{pmatrix} \times \begin{pmatrix} -6 \\ 6 \\ 0 \end{pmatrix} \right) \cdot \begin{pmatrix} 0 \\ 6 \\ 8 \end{pmatrix} \right|$$

$$= \tfrac{1}{6} \left| \begin{pmatrix} 0 \\ 0 \\ 84 \end{pmatrix} \cdot \begin{pmatrix} 0 \\ 6 \\ 8 \end{pmatrix} \right| = \tfrac{1}{6} \cdot 672 = 112$$

Übungen

1. Berechnen Sie den Flächeninhalt des Parallelogramms mit den Ecken A, B, C und D.
a) A(6|0|1), B(8|4|1), C(2|8|2), D(0|4|2)   b) A(4|2|1), B(2|4|3), C(−2|5|7), D(0|3|5)

2. Gegeben sind die Punkte A(−1|−3|6), B(5|−1|8), C(3|5|−2) und D(−3|3|−4).
a) Zeigen Sie, dass ABCD ein Parallelogramm bilden.
b) Berechnen Sie den Flächeninhalt des Parallelogramms ABCD.

3. Berechnen Sie den Flächeninhalt des Dreiecks mit den Ecken A, B und C.
a) A(6|2|0), B(4|6|0), C(0|4|8)   b) A(4|4|6), B(6|8|4), C(2|6|8)

4. Berechnen Sie das Volumen des Spats ABCDEFGH mit A(4|1|−1), B(4|8|−1), C(1|8|−1) und E(3|2|3). Fertigen Sie ein Schrägbild des Spats an.

5. Berechnen Sie das Volumen einer dreiseitigen Pyramide mit den Eckpunkten
a) A(5|0|0), B(0|4|0), C(0|0|0), D(2|2|6)
b) A(4|0|1), B(1|4|−1), C(−1|1|0), D(1|1|5)

6. Berechnen Sie mit Hilfe des Spatprodukts das Volumen einer Pyramide mit *viereckiger* Grundfläche ABCD und der Spitze S. Die Eckpunkte lauten: A(4|3|1), B(1|7|1), C(−3|2|0), D(0|0|0), S(0|3|4). Fertigen Sie ein Schrägbild der Pyramide an. Zerlegen Sie dazu die Pyramide in zwei Dreieckspyramiden.

Überblick

Vektorprodukt:

$$\vec{a} \times \vec{b} = \begin{pmatrix} a_2 b_3 - a_3 b_2 \\ a_3 b_1 - a_1 b_3 \\ a_1 b_2 - a_2 b_1 \end{pmatrix} \text{ (nur im dreidimensionalen Raum!)}$$

Normalenvektor:

Ein Normalenvektor $\vec{n}$ steht senkrecht auf zwei gegebenen Vektoren $\vec{a}$ und $\vec{b}$.

Man errechnet seine Koordinaten x, y und z als Lösungen des linearen Gleichungssystems

I $a_1 x + a_2 y + a_3 z = 0$
II $b_1 x + b_2 y + b_3 z = 0$.

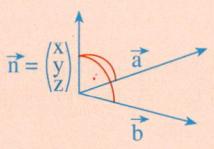

Es gilt:
$\vec{n} = \vec{a} \times \vec{b}$

Flächeninhalt eines Dreiecks:

Das von $\vec{a}$ und $\vec{b}$ aufgespannte Dreieck hat den Flächeninhalt

$A = \frac{1}{2}\sqrt{\vec{a}^2 \cdot \vec{b}^2 - (\vec{a} \cdot \vec{b})^2}$ oder

$A = \frac{1}{2}|\vec{a} \times \vec{b}| = \frac{1}{2}|\vec{a}| \cdot |\vec{b}| \cdot \sin\gamma$

Flächeninhalt eines Parallelogramms:

$A = \sqrt{\vec{a}^2 \cdot \vec{b}^2 - (\vec{a} \cdot \vec{b})^2}$ oder $A = |\vec{a} \times \vec{b}| = |\vec{a}| \cdot |\vec{b}| \cdot \sin\gamma$

Volumen eines Spats:

$V = |(\vec{a} \times \vec{b}) \cdot \vec{c}|$

Volumen einer dreiseitigen Pyramide:

$V = \frac{1}{6}|(\vec{a} \times \vec{b}) \cdot \vec{c}|$

Normalenvektor einer Ebene:

$\vec{u}, \vec{v}$:   Richtungsvektoren der Ebene E
$\vec{n} = \vec{u} \times \vec{v}$:   Normalenvektor der Ebene E

Normalengleichung einer Ebene:

E: $(\vec{x} - \vec{a}) \cdot \vec{n} = 0$
$\vec{a}$:   Stützvektor der Ebene
$\vec{n}$:   Normalenvektor der Ebene

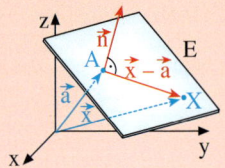

Koordinatengleichung einer Ebene:

E: $ax + by + cz = d$ $(a, b, c, d \in \mathbb{R})$

$\begin{pmatrix} a \\ b \\ c \end{pmatrix}$ ist ein Normalenvektor von E.

Achsenabschnittsgleichung einer Ebene:

E: $\frac{x}{A} + \frac{y}{B} + \frac{z}{C} = 1$

A, B und C sind die Achsenabschnitte von E.

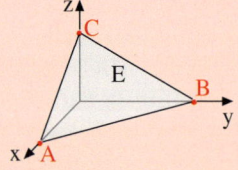

Relative Lage von Punkt und Ebene:

Ein Punkt P im Raum kann auf einer Ebene E liegen oder außerhalb der Ebene.

Zur Überprüfung verwendet man die **Punktprobe**, d. h., man setzt den Ortsvektor des Punktes oder seine Koordinaten in die Koordinaten- oder Normalenform der Ebenengleichung ein. Lässt sich die Gleichung lösen, so liegt der Punkt auf der Ebene, andernfalls nicht.

Relative Lage von Gerade und Ebene:

Ein Gerade g im Raum kann parallel zu einer Ebene E verlaufen, in der Ebene liegen oder sie in genau einem Punkt schneiden.

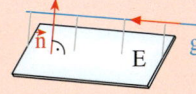

Parallelität erkennt man daran, dass der Richtungsvektor der Geraden und der Normalenvektor der Ebene orthogonal sind oder dass der Richtungsvektor der Geraden und die Richtungsvektoren der Ebene komplanar sind.

Die Gerade liegt in der Ebene, wenn sie parallel zur Ebene ist und zusätzlich ihr Stützpunkt in der Ebene liegt.

Den Schnittpunkt von g und E errechnet man, indem man die allgemeinen Koordinaten der Geraden in die Gleichung der Ebene einsetzt und aus der entstehenden Koordinaten- oder Normalform den zulässigen Wert des Geradenparameters berechnet.

Relative Lage von zwei Ebenen:

Zwei Ebenen E_1 und E_2 können echt parallel oder sogar identisch sein oder sich in einer Schnittgeraden g schneiden.

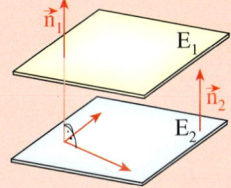

Parallelität erkennt man daran, dass die Normalenvektoren der beiden Ebenen kollinear sind oder dass der Normalenvektor der ersten Ebene orthogonal zu beiden Richtungsvektoren der zweiten Ebene ist.

Identische Ebenen sind daran zu erkennen, dass sie parallel sind und zusätzlich der Stützpunkt der ersten Ebene auch auf der zweiten Ebene liegt (Punktprobe).

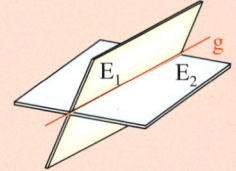

Die Schnittgerade zweier Ebenen errechnet man am einfachsten, indem man eine Ebene in Parameterform und die zweite Ebene in Koordinatenform oder Normalenform darstellt und dann die allgemeinen Koordinaten der ersten Ebene in die Gleichung der zweiten Ebene einsetzt.

Test

Normalen- und Koordinatenform der Ebene

1. Punkt/Gerade/Ebene
Gegeben sind in einem kartesischen Koordinatensystem die Punkte A $(2|2|-1)$, B $(0|3|1)$ und C $(4|1|1)$. Die Ebene E enthält die Punkte A, B und C.
a) Stellen Sie eine Parametergleichung der Ebene E auf.
b) Bestimmen Sie eine Koordinatengleichung der Ebene E.
c) Für welches a $\in \mathbb{R}$ liegt der Punkt P $(-a|2\,a|1)$ in der Ebene E?
d) Bestimmen Sie die Achsenschnittpunkte von E. Fertigen Sie ein Schrägbild von E an.
e) Bestimmen Sie eine zu E orthogonale Gerade g, die den Punkt Q $(4|6|3)$ enthält. In welchem Punkt F schneidet g die Ebene E?

2. Zwei Ebenen
Gegeben sind die Ebenen E_1: $\vec{x} = \begin{pmatrix} 1 \\ 1 \\ 2 \end{pmatrix} + r \begin{pmatrix} -4 \\ 1 \\ 3 \end{pmatrix} + s \begin{pmatrix} 4 \\ 2 \\ -3 \end{pmatrix}$ und E_2: $x - 2\,y + z = 4$.
a) Bestimmen Sie die Schnittgerade der beiden Ebenen E_1 und E_2.
b) Ermitteln Sie eine Normalengleichung der Ebene E_1.
c) Wie lautet die Koordinatengleichung der zu E_1 parallelen Ebene durch den Punkt P $(6|3|7)$?

3. Spiegelung einer Geraden
Gegeben sind die Ebene E: $x + 2\,y - z = 10$ sowie die Gerade g: $\vec{x} = \begin{pmatrix} 1 \\ 2 \\ 1 \end{pmatrix} + r \cdot \begin{pmatrix} 1 \\ 2 \\ 2 \end{pmatrix}$.
a) Ermitteln Sie den Schnittpunkt S von g und E.
b) Weisen Sie nach, dass der Punkt P $(5|10|9)$ auf der Geraden g liegt.
c) Stellen Sie eine Gleichung der Geraden h auf, die orthogonal zur Ebene E durch den Punkt P geht. Berechnen Sie den Schnittpunkt T von h und E.
d) Fertigen Sie eine Übersichtsskizze mit der Ebene E sowie den Geraden g und h an. Erläutern Sie, wie aus den bisherigen Ergebnissen die Gleichung der Gerade g' hergeleitet werden kann, die durch Spiegelung der Geraden g an der Ebene E entsteht. Geben Sie eine Gleichung der Geraden g' an.

4. Theaterbühne
Eine Theateraufführung findet auf einer zum Zuschauerraum hin geneigten Bühne statt.
a) Stellen Sie für die Bühne eine Ebenengleichung in Parameter- und in Koordinatenform auf.
b) Im Punkt S $(8|10|8,5)$ befindet sich ein Scheinwerfer. Welcher Punkt der Bühne kann von ihm orthogonal angestrahlt werden?

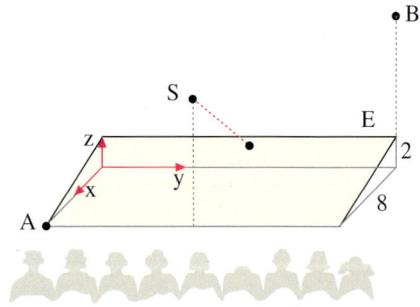

c) Am Ende des Stückes entschwebt die Hauptdarstellerin in einem Sitz an einem Seil, das von A $(8|0|0)$ nach B $(0|20|10)$ verläuft. Nach drei Vierteln der Strecke hält sie ihren Schlussmonolog. Wie hoch ist in diesem Moment ihre Fallhöhe? Wie groß ist ihr Abstand zur Bühne?

Lösungen: S. 370

III.4 Abstände und Winkel

1. Abstandsberechnungen

Im Folgenden werden Verfahren zur Bestimmung von Abständen behandelt. Es geht dabei um den Abstand von Punkten, Ebenen und Geraden.

A. Der Abstand Punkt/Ebene (Lotfußpunktverfahren)

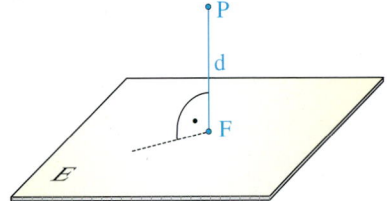

Unter dem Abstand eines Punktes P von einer Ebene E versteht man die Länge d der Lotstrecke $\overline{PF}$, die senkrecht auf der Ebene steht.
Der Punkt F heißt *Lotfußpunkt*.

Zur Abstandsberechnung kann man das sogenannte *Lotfußpunktverfahren* verwenden. Dabei stellt man eine Lotgerade g auf, die senkrecht zur Ebene E steht und den Punkt P enthält. Man errechnet ihren Schnittpunkt F mit der Ebene E, den sogenannten Lotfußpunkt F. Der gesuchte Abstand d von Punkt und Ebene ergibt sich dann als Abstand der beiden Punkte P und F.

▶ **Beispiel: Lotfußpunktverfahren**
Gesucht ist der Abstand d des Punktes $P(4|4|5)$ von der Ebene E: $x + y + 2z = 6$.

Lösung:
Wir bestimmen zunächst die Gleichung der Lotgeraden g. Als Stützpunkt verwenden wir den Punkt P und als Richtungsvektor dient der Normalenvektor von E, denn die Gerade g soll senkrecht zu E verlaufen. Die Koordinaten $x = 1$, $y = 1$, $z = 2$ des Normalenvektors können hier direkt aus der Koordinatenform von E abgelesen werden.

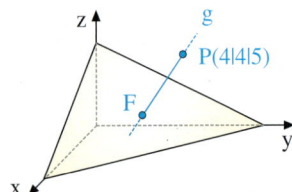

1. Lotgerade g: g: $\vec{x} = \begin{pmatrix} 4 \\ 4 \\ 5 \end{pmatrix} + r \begin{pmatrix} 1 \\ 1 \\ 2 \end{pmatrix}$

Nun wird durch Einsetzen der Koordinaten von g in die Gleichung von E der Schnittpunkt F berechnet.
Resultat: $F(2|2|1)$

2. Schnittpunkt von g und E:
$(4 + r) + (4 + r) + 2(5 + 2r) = 6$
$$18 + 6r = 6$$
$$r = -2, \ F(2|2|1)$$

Schließlich errechnen wir den Abstand der beiden Punkte P und F nach der wohlbekannten Abstandsformel.
Resultat: Der Punkt P und die Ebene E
▶ haben den Abstand $d = \sqrt{24} \approx 4{,}90$.

3. Abstand von P und F:

$d = |\overline{PF}| = \sqrt{(2-4)^2 + (2-4)^2 + (1-5)^2}$

$d = \sqrt{24} \approx 4{,}90$

Übung 1

Bestimmen Sie den Abstand des Punktes P von der Ebene E.
a) E: $4x - 4y + 2z = 16$, $P(5|-5|6)$ b) E: $-4x + 5y + z = 10$, $P(-3|7|5)$

B. Anwendungen zum Abstand Punkt/Ebene

Es gibt zahlreiche Situationen, in denen die Berechnung des Abstandes Punkt/Ebene erforderlich ist. Ein Beispiel ist die Berechnung der Höhe einer Pyramide, die man z.B. dann durchführen muss, wenn das Volumen der Pyramide gesucht ist.

▶ **Beispiel: Die Höhe einer Pyramide**

Die Abbildung zeigt eine Pyramide mit der rechteckigen Grundfläche ABCD und der Spitze S. Dabei gilt: A(4|0|2), B(4|4|0), C(0|4|0), D(0|0|2) und S(2|4|5).

E sei die Ebene, in der die Punkte A bis C liegen. g sei eine Gerade durch S, die senkrecht steht zur Ebene E. F sei der Schnittpunkt von g und E (Lotfußpunkt).

a) Bestimmen Sie eine Koordinatengleichung der Ebene E.

b) Bestimmen Sie eine Parametergleichung der Lotgeraden g.

c) Bestimmen Sie den Lotfußpunkt F.

d) Berechnen Sie die Höhe der Pyramide.

e) Wie groß ist das Volumen der Pyramide?

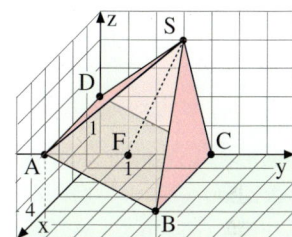

Lösung zu a:

Wir fassen die Detailrechnungen knapp, da sie alle schon in vorhergehenden Aufgabenstellungen vorkamen.

Im ersten Schritt stellen wir mit der Dreipunkteform die Parametergleichung von E auf.

Dann bestimmen wir einen Normalenvektor $\vec{n}$ von E, der senkrecht auf den beiden Richtungsvektoren von E steht.

Wir verwenden das Verfahren von S. 154.

Resultat: $\vec{n} = \begin{pmatrix} 0 \\ 1 \\ 2 \end{pmatrix}$

Als nächstes wird die Normalenform von E aufgestellt (s. S. 154).

Resultat: E: $\left[\vec{x} - \begin{pmatrix} 4 \\ 0 \\ 2 \end{pmatrix} \right] \cdot \begin{pmatrix} 0 \\ 1 \\ 2 \end{pmatrix} = 0$

Diese kann ausmultipliziert werden und führt so auf die Koordinatenform von E.

Resultat: E: $y + 2z = 4$

Lösung zu b:

Die Lotgerade hat den Stützpunkt S(2|4|5).

Als Richtungsvektor verwenden wir den Normalenvektor $\vec{n}$ von E. Dann ergibt sich

▼ die rechts dargestellte Lotgerade.

1. Parametergleichung der Ebene E:

E: $\vec{x} = \vec{a} + r(\vec{b} - \vec{a}) + s(\vec{c} - \vec{a})$

E: $\vec{x} = \begin{pmatrix} 4 \\ 0 \\ 2 \end{pmatrix} + r \begin{pmatrix} 0 \\ 4 \\ -2 \end{pmatrix} + s \begin{pmatrix} -4 \\ 4 \\ -2 \end{pmatrix}$

2. Normalenvektor von E:

$\vec{n} = \begin{pmatrix} x \\ y \\ z \end{pmatrix}, \quad \vec{n} \perp \begin{pmatrix} 0 \\ 4 \\ -2 \end{pmatrix}, \quad \vec{n} \perp \begin{pmatrix} -4 \\ 4 \\ -2 \end{pmatrix}$

I. $\quad\quad 4y - 2z = 0$
II. $-4x + 4y - 2z = 0$ $\quad \overset{z=2}{\Rightarrow} \underset{x=0}{y=1} \Rightarrow \vec{n} = \begin{pmatrix} 0 \\ 1 \\ 2 \end{pmatrix}$

3. Normalenform und Koordinatenform:

E: $\left[\vec{x} - \begin{pmatrix} 4 \\ 0 \\ 2 \end{pmatrix} \right] \cdot \begin{pmatrix} 0 \\ 1 \\ 2 \end{pmatrix} = 0$ (Normalenform)

E: $\begin{pmatrix} x - 4 \\ y - 0 \\ z - 2 \end{pmatrix} \cdot \begin{pmatrix} 0 \\ 1 \\ 2 \end{pmatrix} = 0$

E: $1 \cdot y + 2 \cdot (z - 2) = 0$

E: $y + 2z = 4$ (Koordinatenform)

4. Lotgerade g:

g: $\vec{x} = \begin{pmatrix} 2 \\ 4 \\ 5 \end{pmatrix} + r \begin{pmatrix} 0 \\ 1 \\ 2 \end{pmatrix}$

Lösung zu c:
Der Lotfußpunkt F ist der Schnittpunkt von Lotgerade g und Ebene E.
Um ihn zu berechnen, setzen wir die Koordinaten der Geradengleichung von g in die Koordinatenform der Ebene E ein.
Resultat: F(2|2|1)

5. Lotfußpunkt F:

$$E: y + 2z = 4, \quad \vec{x} = \begin{pmatrix} 2 \\ 4 \\ 5 \end{pmatrix} + r\begin{pmatrix} 0 \\ 1 \\ 2 \end{pmatrix}$$

g in E: $4 + r + 2(5 + 2r) = 4 \Rightarrow r = -2$
$\Rightarrow$ F(2|2|1)

Lösung zu d:
Die Höhe h der Pyramide ist gleich dem Betrag des Vektors $\overrightarrow{FS}$ bzw. gleich der Länge der Strecke $\overline{FS}$.
Wir erhalten $h = \sqrt{20} \approx 4{,}47$.

6. Höhe der Pyramide:

$$h = |\overrightarrow{FS}| = \left| \begin{pmatrix} 0 \\ 2 \\ 4 \end{pmatrix} \right|$$
$$= \sqrt{0^2 + 2^2 + 4^4} = \sqrt{20} \approx 4{,}47$$

Lösung zu e:
Das Volumen der Pyramide berechnen wir mit Hilfe der Formel $V = \frac{1}{3} \cdot G \cdot h$.
Die Grundfläche ist ein Rechteck mit den Seitenlängen $|\overrightarrow{AB}| = \sqrt{20}$ und $|\overrightarrow{AD}| = 4$.
▶ Resultat: $V = \frac{80}{3} \approx 26{,}67$

7. Volumen der Pyramide:

$$V = \frac{1}{3} \cdot G \cdot h$$
$$= \frac{1}{3} \cdot |\overrightarrow{AB}| \cdot |\overrightarrow{AD}| \cdot h$$
$$= \frac{1}{3} \cdot \sqrt{20} \cdot 4 \cdot \sqrt{20}$$
$$= \frac{80}{3} \approx 26{,}67$$

Übung 2

Von einem Würfel mit der Seitenlänge von 4 m wurde eine Ecke wie dargestellt abgeschnitten.
a) Welche Höhe hat die Pyramide über der Schnittfläche?
b) Wie groß ist das Restvolumen des Würfels?
c) In welchem Punkt schneidet die Würfeldiagonale das blaue Dreieck?

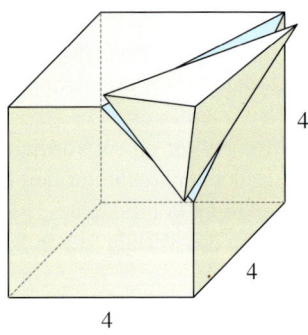

Übung 3

Auf dem Hang E, der durch die Punkte A(12|0|5), B(12|10|0), C(0|10|0) und D(0|0|5) definiert wird, steht im Punkt P(4|8|1) eine Antenne. Im Punkt S(4|8|6) soll ein Stützstab angebracht werden, der senkrecht im Punkt F auf den Hang trifft. Berechnen Sie die Länge des Stützstabes.

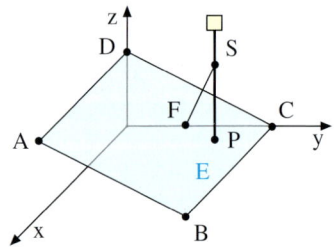

C. Abstand einer Geraden bzw. Ebene zu einer parallelen Ebene

Verläuft eine Ebene G parallel zur Ebene E, so kann man den Abstand d(G, E) errechnen, indem man den Abstand irgendeines Punktes der Ebene G zur Ebene E errechnet, z. B. mit Hilfe des Lotfußpunktverfahrens. Völlig analog kann der Abstand d(g, E) einer Geraden g von einer parallelen Ebene E als Abstand irgendeines Geradenpunktes zur Ebene E gedeutet werden.

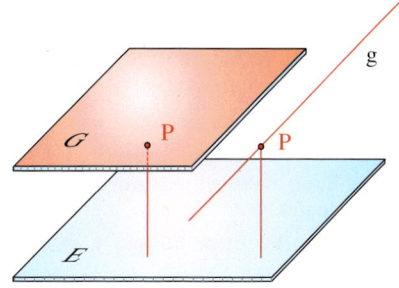

▶ Beispiel: Abstand Gerade/Ebene

Bestimmen Sie den Abstand der Geraden $g: \vec{x} = \begin{pmatrix} 3 \\ 3 \\ 4 \end{pmatrix} + r \begin{pmatrix} -2 \\ -1 \\ 2 \end{pmatrix}$ von der Ebene

E: $x + 2y + 2z = 8$.

Lösung:

Wir prüfen zunächst die Parallelität von der Geraden und der Ebene nach, indem wir das Skalarprodukt aus dem Richtungsvektor von g und dem Normalenvektor von E bilden. Es ist null.

Parallelitätsprüfung:

$$\begin{pmatrix} -2 \\ -1 \\ 2 \end{pmatrix} \cdot \begin{pmatrix} 1 \\ 2 \\ 2 \end{pmatrix} = -2 - 2 + 4 = 0$$

Anschließend bestimmen wir die Gleichung der Lotgeraden h, die durch den Geradenpunkt P geht und senkrecht auf der Ebene E steht. Ihr Stützpunkt ist also der Punkt P(3|3|4) von g und ihr Richtungsvektor ist der Normalenvektor $\vec{n}$ der Ebene E.

Gleichung der Lotgeraden h:

$$h: \vec{x} = \begin{pmatrix} 3 \\ 3 \\ 4 \end{pmatrix} + r \cdot \begin{pmatrix} 1 \\ 2 \\ 2 \end{pmatrix}$$

Als nächstes berechnen wir den Schnittpunkt F von h und E, indem wir die Koordinaten der Geraden h in die Koordinatengleichung der Ebene E einsetzen: F(2|1|2)

Schnittpunkt F von h und E:

E: $x + 2y + 2z = 8$

$(3 + r) + 2(3 + 2r) + 2(4 + 2r) = 8$

$9r + 17 = 8$

$r = -1$

$\Rightarrow$ Lotfußpunkt F(2|1|2)

Nun können wir den Abstand d der Geraden g zur Ebene E berechnen. Es ist die Länge der Lotstrecke $\overline{PF}$, d. h. $|\overrightarrow{PF}|$.

Abstand von g und E:

$$d = |\overrightarrow{PF}| = \left\| \begin{pmatrix} 2 \\ 1 \\ 2 \end{pmatrix} - \begin{pmatrix} 3 \\ 3 \\ 4 \end{pmatrix} \right\| = \left\| \begin{pmatrix} -1 \\ -2 \\ -2 \end{pmatrix} \right\| = \sqrt{9} = 3$$

▶ Resultat: d = 3

Übung 4 Abstand Ebene/Ebene und Gerade/Ebene

Berechnen Sie den Abstand von g und E bzw. von E und G. Weisen Sie zunächst die Parallelität nach.

a) E: $4x + 2y - 4z = 16$

G: $-2x - y + 2z = -26$

b) $g: \vec{x} = \begin{pmatrix} 7 \\ -1 \\ 4 \end{pmatrix} + r \begin{pmatrix} 1 \\ 6 \\ 2 \end{pmatrix}$

E: $6x - 2y + 3z = 7$

c) $g: \vec{x} = \begin{pmatrix} 5 \\ 2 \\ 0 \end{pmatrix} + r \begin{pmatrix} -4 \\ 3 \\ 2 \end{pmatrix}$

E: $\vec{x} = \begin{pmatrix} 0 \\ 0 \\ 5 \end{pmatrix} + s \begin{pmatrix} 1 \\ 1 \\ -4 \end{pmatrix} + t \begin{pmatrix} -1 \\ 0 \\ 2 \end{pmatrix}$

Hessesche Normalenform

Neben dem Lotfußpunktverfahren gibt es ein weiteres Verfahren zur Berechnung des Abstandes Punkt/Ebene, welches letztendlich schneller geht.*

Dabei wird eine besondere Form der Ebenengleichung verwendet, die man nach dem deutschen Mathematiker *Ludwig Otto Hesse* (1811–1874) als **Hessesche Normalenform** bezeichnet.

Es handelt sich hierbei um eine Normalengleichung der Ebene, in der ein Normalenvektor $\vec{n}_0$ verwendet wird, der normiert ist, d. h. die Länge $|\vec{n}_0| = 1$ besitzt.

Man spricht von einem **Normaleneinheitsvektor**.

Die Hessesche Normalenform

$$E: (\vec{x} - \vec{a}) \cdot \vec{n}_0 = 0$$

$\vec{x}$: allg. Ortsvektor der Ebene
$\vec{a}$: Ortsvektor eines Ebenenpunktes
$\vec{n}_0$: Normalenvektor mit $|\vec{n}_0| = 1$

▶ **Beispiel: Hessesche Normalenform (HNF)**
Bestimmen Sie eine Hessesche Normalenform der Ebene $E: \left[\vec{x} - \begin{pmatrix} 1 \\ 0 \\ 2 \end{pmatrix}\right] \cdot \begin{pmatrix} 1 \\ 2 \\ 3 \end{pmatrix} = 0$.

Lösung:
Die Ebene ist schon in Normalenform gegeben. Wir müssen also lediglich ihren Normalenvektor $\vec{n}$ normieren.

Hierzu dividieren wir den Vektor $\vec{n}$ durch seinen Betrag $|\vec{n}| = \sqrt{14}$.

Wir erhalten den rechts aufgeführten Normaleneinheitsvektor $\vec{n}_0$.

Betrag des Normalenvektors:

$$\vec{n} = \begin{pmatrix} 1 \\ 2 \\ 3 \end{pmatrix} \Rightarrow |\vec{n}| = \sqrt{1^2 + 2^2 + 3^2} = \sqrt{14}$$

Normaleneinheitsvektor:

$$\vec{n}_0 = \frac{\vec{n}}{|\vec{n}|} = \begin{pmatrix} 1/\sqrt{14} \\ 2/\sqrt{14} \\ 3/\sqrt{14} \end{pmatrix}$$

Ersetzen wir nun in der gewöhnlichen Normalenform der Ebenengleichung den Vektor $\vec{n}$ durch $\vec{n}_0$, so erhalten wir die Hessesche Normalenform.

Hessesche Normalenform von E:

$$E: \left[\vec{x} - \begin{pmatrix} 1 \\ 0 \\ 2 \end{pmatrix}\right] \cdot \begin{pmatrix} 1/\sqrt{14} \\ 2/\sqrt{14} \\ 3/\sqrt{14} \end{pmatrix} = 0$$

Übung

Bestimmen Sie eine Hessesche Normalenform der Ebene E.

a) $E: \left[\vec{x} - \begin{pmatrix} 1 \\ 0 \\ 3 \end{pmatrix}\right] \cdot \begin{pmatrix} 1 \\ 2 \\ 2 \end{pmatrix} = 0$ b) $E: 2x + y - z = 6$ c) $E: \vec{x} = \begin{pmatrix} 1 \\ 4 \\ 3 \end{pmatrix} + r\begin{pmatrix} -3 \\ 3 \\ 4 \end{pmatrix} + s\begin{pmatrix} 12 \\ 5 \\ 1 \end{pmatrix}$

---

* Der Abstand eines Punktes P zu einer Ebene E kann mit diesem Verfahren mit Hilfe einer Formel vereinfacht bestimmt werden.

Die Formel gewinnt man folgendermaßen.

Ersetzt man den allgemeinen Ortsvektor $\vec{x}$ auf der linken Seite einer Hesseschen Normalengleichung der Ebene E durch den Ortsvektor $\vec{p}$ eines Punktes P, so erhält man, abgesehen vom Vorzeichen, den Abstand des Punktes P von der Ebene E.

Abstandsformel (Punkt/Ebene)

E: $(\vec{x} - \vec{a}) \cdot \vec{n}_0 = 0$ sei eine Hessesche Normalengleichung der Ebene E. Dann gilt für den Abstand d eines beliebigen Punktes P mit dem Ortsvektor $\vec{p}$ von der Ebene E:

$$d = d(P, E) = \left| (\vec{p} - \vec{a}) \cdot \vec{n}_0 \right|.$$

► Beispiel: Abstand Punkt/Ebene

Gesucht ist der Abstand des Punktes $P(4|4|5)$ von der Ebene: $\left[\vec{x} - \begin{pmatrix} 2 \\ 2 \\ 1 \end{pmatrix} \right] \cdot \begin{pmatrix} 1 \\ 1 \\ 2 \end{pmatrix} = 0$.

Lösung
Wir stellen zunächst eine Hessesche Normalengleichung von E auf, indem wir einen Normaleneinheitsvektor errechnen.

Hessesche Normalenform von E:

E: $\left[\vec{x} - \begin{pmatrix} 2 \\ 2 \\ 1 \end{pmatrix} \right] \cdot \begin{pmatrix} 1/\sqrt{6} \\ 1/\sqrt{6} \\ 2/\sqrt{6} \end{pmatrix} = 0$

Anschließend ersetzen wir im linksseitigen Term der Gleichung $\vec{x}$ durch den Ortsvektor von $P(4|4|5)$.
Wir errechnen das sich ergebende Skalarprodukt und bilden hiervon den Betrag.
Das Resultat 4,90 ist der gesuchte Abstand
► von P und E.

Abstand von P und E:

$$d = \left| \left[\begin{pmatrix} 4 \\ 4 \\ 5 \end{pmatrix} - \begin{pmatrix} 2 \\ 2 \\ 1 \end{pmatrix} \right] \cdot \begin{pmatrix} 1/\sqrt{6} \\ 1/\sqrt{6} \\ 2/\sqrt{6} \end{pmatrix} \right|$$

$$= \left| \begin{pmatrix} 2 \\ 2 \\ 4 \end{pmatrix} \cdot \begin{pmatrix} 1/\sqrt{6} \\ 1/\sqrt{6} \\ 2/\sqrt{6} \end{pmatrix} \right| = \frac{12}{\sqrt{6}} \approx 4,90$$

Begründung der Abstandsformel:
P sei ein Punkt, der auf derjenigen Seite der Ebene E liegt, nach der $\vec{n}_0$ zeigt.
Dann gilt folgende Rechnung:

$$(\vec{p} - \vec{a}) \cdot \vec{n}_0 = \overrightarrow{AP} \cdot \vec{n}_0 = (\overrightarrow{AF} + \overrightarrow{FP}) \cdot \vec{n}_0$$

$$= \overrightarrow{AF} \cdot \vec{n}_0 + \overrightarrow{FP} \cdot \vec{n}_0$$

$$= |\overrightarrow{AF}| \cdot |\vec{n}_0| \cdot \cos 90° + |\overrightarrow{FP}| \cdot |\vec{n}_0| \cdot \cos 0°$$

$$= |\overrightarrow{FP}| = d$$

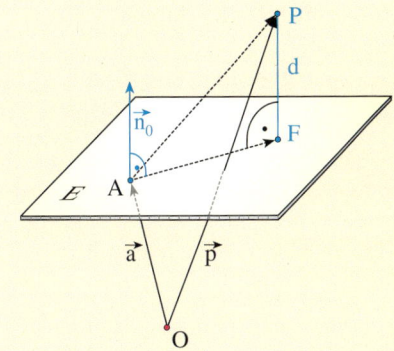

Liegt P auf der anderen Seite von E, so ergibt sich $(\vec{p} - \vec{a}) \cdot \vec{n}_0 = -d$.
Insgesamt: $d = |(\vec{p} - \vec{a}) \cdot \vec{n}_0|$.

Anwendungen der Abstandsformel Punkt/Ebene

▶ **Beispiel: Höhe einer Pyramide**

Welche Höhe hat die abgebildete Pyramide mit der Grundfläche ABC und der Spitze S?
Welches Volumen hat die Pyramide?

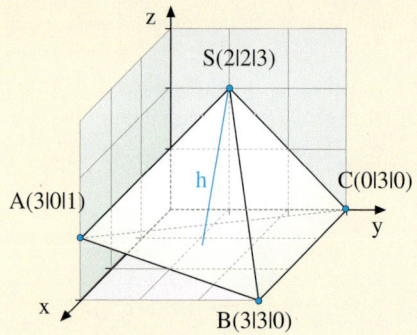

Lösung:
Die Höhe h ist der Abstand des Punktes S zu derjenigen Ebene E, welche A, B und C enthält.
Wir bestimmen zunächst eine Parametergleichung von E, wandeln diese in eine Normalengleichung um und stellen durch Normierung von $\vec{n}$ schließlich deren Hessesche Normalengleichung auf.

Durch Einsetzung des Ortsvektors der Pyramidenspitze S in die linke Seite der Hesseschen Normalengleichung errechnen wir den Abstand h von S und E.
Resultat: h ≈ 2,53 LE

Zur Berechnung des Pyramidenvolumens benötigen wir den Flächeninhalt A des Grundflächendreiecks ABC. Wir wenden die Formel für den Flächeninhalt des Dreiecks an (vgl. S. 86). Dabei können wir die Richtungsvektoren der Parametergleichung von E als aufspannende Vektoren des Dreiecks verwenden.
Der Flächeninhalt beträgt A ≈ 4,74 FE.
▶ Das Volumen der Pyramide ist V = 4 VE.

Parametergleichung von E:

$$E: \vec{x} = \begin{pmatrix} 3 \\ 0 \\ 1 \end{pmatrix} + r \begin{pmatrix} 0 \\ 3 \\ -1 \end{pmatrix} + s \begin{pmatrix} -3 \\ 3 \\ -1 \end{pmatrix}$$

Hessesche Normalengleichung:

$$E: \left[\vec{x} - \begin{pmatrix} 3 \\ 0 \\ 1 \end{pmatrix} \right] \cdot \begin{pmatrix} 0 \\ 1/\sqrt{10} \\ 3/\sqrt{10} \end{pmatrix} = 0$$

Abstand von S und E:

$$h = \left\| \left[\begin{pmatrix} 2 \\ 2 \\ 3 \end{pmatrix} - \begin{pmatrix} 3 \\ 0 \\ 1 \end{pmatrix} \right] \cdot \begin{pmatrix} 0 \\ 1/\sqrt{10} \\ 3/\sqrt{10} \end{pmatrix} \right\| = \frac{8}{\sqrt{10}} \approx 2,53$$

Flächeninhalt von ABC:

$$A = \frac{1}{2} \cdot \sqrt{ \begin{pmatrix} 0 \\ 3 \\ -1 \end{pmatrix}^2 \cdot \begin{pmatrix} -3 \\ 3 \\ -1 \end{pmatrix}^2 - \left(\begin{pmatrix} 0 \\ 3 \\ -1 \end{pmatrix} \cdot \begin{pmatrix} -3 \\ 3 \\ -1 \end{pmatrix} \right)^2 }$$

$$= \frac{1}{2} \cdot \sqrt{10 \cdot 19 - 10^2} = \frac{1}{2} \cdot \sqrt{90} \approx 4,74$$

Volumen der Pyramide:

$$V = \frac{1}{3} \cdot A \cdot h = \frac{1}{3} \cdot \frac{1}{2} \sqrt{90} \cdot \frac{8}{\sqrt{10}} = 4$$

Übung

Von einem Würfel mit der Seitenlänge von 4 m wurde eine Ecke wie dargestellt abgeschnitten.

a) Welche Höhe hat die Pyramide über der Schnittfläche?

b) Wie groß ist das Restvolumen des Würfels?

c) In welchem Punkt schneidet die Würfeldiagonale das blaue Dreieck?

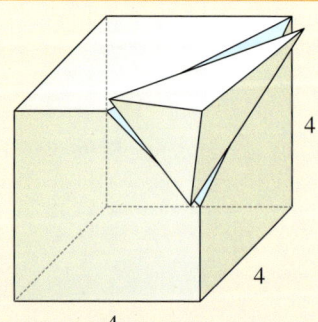

D. Der Abstand Punkt/Gerade

Der Abstand eines Punktes P von einer Geraden g ist die Länge der Lotstrecke $\overline{PF}$, die vom Punkt P auf die Gerade führt und senkrecht auf ihr steht. Wir beschreiben zunächst die Strategie.

1. Man bestimmt eine Normalengleichung derjenigen Hilfsebene H, die orthogonal auf g steht und den Punkt P enthält.

2. Man berechnet den Lotfußpunkt F als Schnittpunkt der Geraden g mit der Hilfsebene H.

3. Man bestimmt den gesuchten Abstand d als Länge des Lotvektors $\overrightarrow{PF}$.

Dreidimensionaler Fall

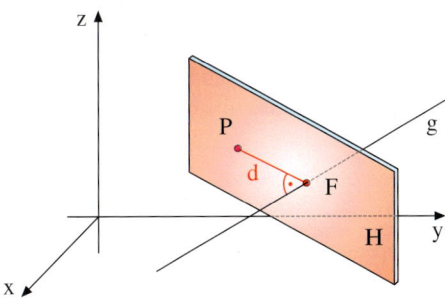

> **Beispiel: Abstand Punkt/Gerade im $\mathbb{R}^3$**
> Gesucht ist der Abstand des Punktes $P(-1|4|5)$ von der Geraden g: $\vec{x} = \begin{pmatrix} 1 \\ 2 \\ 2 \end{pmatrix} + r\begin{pmatrix} -1 \\ 3 \\ 2 \end{pmatrix}$.

Lösung:

Wir bestimmen zunächst eine Normalengleichung der Hilfsebene H, die senkrecht zu g ist und P enthält. Als Normalenvektor von H können wir den Richtungsvektor von g verwenden und als Stützvektor den Ortsvektor von P.

Der Lotfußpunkt F des Lotes von P auf g ist der Schnittpunkt von g und H. Diesen errechnen wir durch Einsetzen der rechten Seite der Geradengleichung für den allgemeinen Ortsvektor $\vec{x}$ in der Ebenengleichung.

Resultat: $F(0|5|4)$

Abschließend bestimmen wir den gesuchten Abstand d von P und g, indem wir die Länge des Lotvektors $\overrightarrow{PF}$ ermitteln.

▶ Resultat: $d = |\overrightarrow{PF}| = \sqrt{3} \approx 1{,}73$

1. Hilfsebene H: $(H \perp g, P \in H)$

$$H: \left[\vec{x} - \begin{pmatrix} -1 \\ 4 \\ 5 \end{pmatrix} \right] \cdot \begin{pmatrix} -1 \\ 3 \\ 2 \end{pmatrix} = 0$$

2. Lotfußpunkt F:

Schnittpunkt von g und H:

$$\left[\begin{pmatrix} 1 \\ 2 \\ 2 \end{pmatrix} + r\begin{pmatrix} -1 \\ 3 \\ 2 \end{pmatrix} - \begin{pmatrix} -1 \\ 4 \\ 5 \end{pmatrix} \right] \cdot \begin{pmatrix} -1 \\ 3 \\ 2 \end{pmatrix} = 0$$

$$-14 + 14r = 0$$
$$r = 1$$
$$\Rightarrow \ F(0|5|4)$$

3. Abstand von P und F:

$$d = |\overrightarrow{PF}| = \left| \begin{pmatrix} 0 \\ 5 \\ 4 \end{pmatrix} - \begin{pmatrix} -1 \\ 4 \\ 5 \end{pmatrix} \right| = \left| \begin{pmatrix} 1 \\ 1 \\ -1 \end{pmatrix} \right| = \sqrt{3}$$

Übung 5

Gesucht ist der Abstand des Punktes P von der Geraden g im $\mathbb{R}^3$.

a) g: $\vec{x} = \begin{pmatrix} 4 \\ 0 \\ 1 \end{pmatrix} + r\begin{pmatrix} -1 \\ 1 \\ 1 \end{pmatrix}$

   $P(4|6|-2)$

b) g geht durch $A(4|2|1)$ und $B(0|6|3)$. $P(2|1|8)$

c) g geht durch $A(4|8|7)$ und $B(9|3|7)$. $P(0|0|0)$

E. Der Abstand paralleler Geraden

Die Aufgabe, den Abstand paralleler Geraden zu bestimmen, kann auf die vorherige Problematik des Abstands von Punkt und Gerade zurückgeführt werden.

Alle Punkte der Geraden h haben von der parallelen Gerade g den gleichen Abstand. Dieser Abstand kann berechnet werden, indem man den Abstand eines beliebigen Punktes der Geraden h – beispielsweise den Abstand ihres Stützpunktes P – von der Geraden g berechnet.

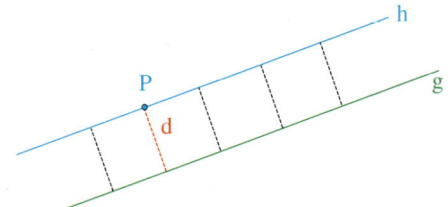

> **Beispiel: Abstand paralleler Geraden**
> Kurz nach dem Start befindet sich Flugzeug Alpha in einem geradlinigen Steigflug durch die Punkte A(-8|5|1) und B(2|-1|2). Gleichzeitig befindet sich Flugzeug Beta im Landeanflug durch die Punkte C(13|-5|5) und D(-7|7|3). (Angaben in km)
> Weisen Sie nach, dass die Flugbahnen beider Flugzeuge parallel verlaufen, und berechnen Sie den Abstand der Flugbahnen.

Lösung:
Die nebenstehende Gerade g beschreibt die Flugbahn von Flugzeug A, die Gerade h beschreibt die Flugbahn von Flugzeug B. Die Geraden g und h sind parallel, da die Richtungsvektoren kollinear sind. Wie man leicht sieht, ist der Kollinearitätsfaktor -2.

Gerade g: $\vec{x} = \begin{pmatrix} -8 \\ 5 \\ 1 \end{pmatrix} + r \cdot \begin{pmatrix} 10 \\ -6 \\ 1 \end{pmatrix}$

Gerade h: $\vec{x} = \begin{pmatrix} 13 \\ -5 \\ 5 \end{pmatrix} + s \cdot \begin{pmatrix} -20 \\ 12 \\ -2 \end{pmatrix}$

Hilfsebene H: $\left[\vec{x} - \begin{pmatrix} 13 \\ -5 \\ 5 \end{pmatrix} \right] \cdot \begin{pmatrix} 10 \\ -6 \\ 1 \end{pmatrix} = 0$

H: $10x - 6y + z = 165$

Zur Abstandsberechnung der beiden Geraden wird der Abstand des Punktes C von der Geraden g berechnet.

Die Hilfsebene H enthält den Punkt C und ist orthogonal zur Gerade g. Der Schnittpunkt F von g und H ist der Fußpunkt des Lotes von Punkt C auf die Gerade g. Der Abstand der Punkte C und F ist damit gleich dem Abstand der Geraden g und h.
Er beträgt 3 km.

Schnittpunkt von g und H:
$10(-8 + 10r) - 6(5 - 6r) + 1 + r = 165$
$\qquad\qquad\qquad 137r - 109 = 165$
$\qquad\qquad\qquad\qquad\qquad r = 2$

Schnittpunkt: F(12|-7|3)

Abstand: $d = |\overrightarrow{CF}| = \sqrt{1 + 4 + 4} = 3$

Übung 6

a) Zeigen Sie, dass die Gerade durch A und B parallel ist zur Geraden durch C und D.
I: A(-1|6|4), B(5|-2|4), C(3|9|4), D(9|1|4)
II: A(0|0|6), B(2|4|2), C(3|-6|6), D(7|2|-2)
b) Zeigen Sie, dass das Viereck ABCD mit A(5|0|0), B(9|6|1), C(7|7|3), D(3|1|2) ein Parallelogramm ist, und berechnen Sie seinen Flächeninhalt.

Übungen

7. Dreiseitige Pyramide

Das Dreieck ABC mit A $(6|0|0)$, B $(6|4|2)$ und C $(0|2|2)$ bildet die Grundfläche einer dreiseitigen Pyramide. Die Spitze der Pyramide liegt im Punkt S $(4|-4|6)$.

a) Zeichnen Sie ein Schrägbild der Pyramide.

b) Ermitteln Sie eine Gleichung der Grundebene der Pyramide in Parameter- und in Koordinatenform.

c) Berechnen Sie die Höhe der Pyramide und ihr Volumen.

8. Parallele Ebenen

Die Ebene E enthält die Punkte A $(3|0|0)$, B $(0|2|-2)$ und C $(1|-1|-6)$.

Weiterhin ist die Ebene F: $2x + 2y - z = 15$ gegeben.

a) Ermitteln Sie Gleichungen der Ebene E in Parameter- und in Koordinatenform.

b) Prüfen Sie, ob die beiden Ebenen E und F parallel sind. Berechnen Sie ggf. den Abstand der beiden Ebenen.

c) Die Ebene E wird an der Ebene F gespiegelt. Bestimmen Sie die Gleichung der Spiegelebene E'.

9. Berghang

Ein Berghang enthält die Punkte A $(8|0|3)$, B $(8|6|5)$ und C $(0|6|5)$. Ein Segelflugzeug fliegt auf der Geraden durch die Punkte P $(2|-5|8)$ und Q $(6|1|10)$. Die Einheit beträgt 100 m.

a) Ermitteln Sie eine Gleichung der Ebene E des Berghangs in Normalen- und in Koordinatenform.

b) Geben Sie die Gerade der Flugbahn des Segelflugzeugs an.

c) Weisen Sie nach, dass das Segelflugzeug parallel zum Berghang fliegt und ermitteln Sie den Abstand zum Berghang.

10. Parallele Geraden

a) Weisen Sie nach, dass die Gerade g durch die Punkte P $(1|-1|2)$ und Q $(2|1|4)$ und die Gerade h durch die Punkte A $(4|3|1)$ und B $(6|7|5)$ parallel sind.

b) Begründen Sie, dass die Geraden g und h die Ebene E: $x + 2y + 2z = 3$ orthogonal schneiden.

c) Ermitteln Sie den Abstand der Geraden g und h.

11. Quadratische Pyramide

a) Ergänzen Sie die Punkte A $(1|3|2)$, B $(5|7|4)$, D $(3|-1|6)$ durch einen Punkt C so, dass ein Quadrat ABCD entsteht. Weisen Sie nach, dass das Viereck ABCD ein Quadrat ist.

b) Bestimmen Sie den Mittelpunkt M des Quadrates.

c) Ermitteln Sie eine Koordinatenform der Ebene E, welche das Quadrat ABCD enthält.

d) ABCD sei die Grundfläche einer Pyramide mit der Spitze S. S liegt senkrecht zur Ebene E über dem Punkt M und hat von diesem den Abstand 9. Berechnen Sie die Koordinaten des Punktes S (Hinweis: 2 Lösungen sind möglich.).

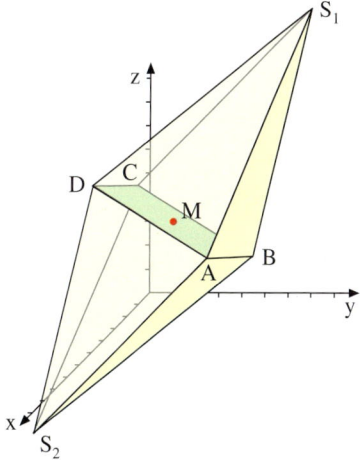

Übungen

12. Drachenprisma

Die Punkte A(8|1|0), B(5|5|2), C(2|4|3) und D(3|1|2) sind die
Eckpunkte der Grundfläche eines Prismas ABCDEFGH. Wei-
terhin sei der Punkt E(10|2|2) der Deckfläche bekannt.

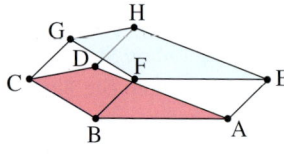

a) Bestimmen Sie die Eckpunkte F, G und H.
b) Weisen Sie nach, dass ABCD ein Drachenviereck ist.
c) Stellen Sie die Gleichung der Ebene T durch die Punkte A,
   C und H in Koordinatenform auf.
d) Bestimmen Sie den Abstand des Punktes F zur Ebene T.
e) Prüfen Sie, ob der Winkel zwischen den Kanten $\overline{AE}$ und $\overline{AB}$ ein rechter Winkel ist.

13. Quadratische Pyramide

Die Punkte A(0|0|0), B(8|0|0), C(8|8|0) und D(0|8|0) sind die Eckpunkte der Grundfläche
einer geraden quadratischen Pyramide ABCDS mit der Höhe h = 6. M ist der Mittelpunkt der
Kante $\overline{CS}$, N der Mittelpunkt von $\overline{DS}$. Die Ebene E enthält die Punkte A, B, M, N.

a) Zeichnen Sie die Pyramide und die Ebene E im kartesischen Koordinatensystem.
b) Geben Sie eine Gleichung der Ebene E in Koordinatenform an.
c) Prüfen Sie, ob alle Eckpunkte der Pyramide, die nicht in der Ebene E liegen, zu E den
   gleichen Abstand haben.
d) Zeigen Sie, dass das Viereck CDNM ein Trapez ist.

14. Dreieckspyramide

Die Punkte A(7|3|1), B(11|1|4) und C(8|5|3) sind die Eckpunkte der Grundfläche einer
Pyramide mit der Spitze S(5|1|7).

a) Zeichnen Sie die Pyramide im kartesischen Koordinatensystem.
b) Die Grundfläche der Pyramide liegt in der Ebene E. Geben Sie eine Gleichung der Ebene
   E in Parameter- und in Koordinatenform an.
c) Berechnen Sie den Fußpunkt F des Lotes von S auf E und die Höhe der Pyramide.
d) Ermitteln Sie das Volumen der Pyramide.

15. Würfel

A(3|4|6), B(7|8|8), D(7|2|2) und E(5|0|10) sind Eck-
punkte des Würfels ABCDEFGH.

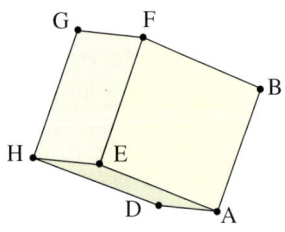

a) Bestimmen Sie die fehlenden Eckpunkte.
b) Die Ebene T enthalte die Punkte B, D und E. Ermitteln
   Sie die Gleichung der Ebene T in Koordinatenform und
   die Gleichung der Ebene S durch die Punkte A, F und
   G in Parameterform.
c) Berechnen Sie die Schnittgerade der Ebenen S und T.
d) Welchen Abstand hat der Punkt B zur Geraden durch die Punkte D und E?

16. Einparkhilfe

Bei der Entwicklung der KFZ-Einpark-
hilfe haben Bionikforscher das Or-
tungssystem der Fledermaus kopiert
und entsprechende Sensoren in die
hintere Stoßstange integriert. Die
Sensoren sind so eingestellt, dass sie
eine Abstandsunterschreitung von
$0{,}3\,\mathrm{m}$ anzeigen.

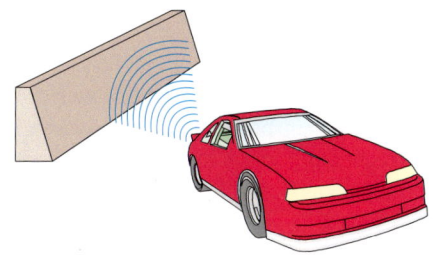

Ein Autofahrer fährt geradlinig rück-
wärts auf eine schräge Ebene zu, die durch E: $6x + 2y + 3z = 49$ beschrieben wird.

a) Der der Ebene nächste Sensor befindet sich zunächst im Punkt $P(6|3|1)$. Zeigen Sie, dass
   der Sensor noch keinen Alarm gegeben hat. Wenig später ist der Sensor im Punkt $Q(6|4|1)$
   angelangt. Ist inzwischen ein Alarm erfolgt?

b) An welchem Punkt R zwischen P und Q muss der Sensor Alarm geben?

17. Echolot (Tiefenmessung)

Ein Motorboot bewegt sich in einem
Gewässer mit ebenem, aber leicht an-
steigendem Grund. $P(0|0|-20)$,
$Q(50|50|-15)$ und $R(0|50|-15)$
sind Punkte der Grundebene. Das Boot
besitzt einen Echolotsensor in Höhe der
Wasseroberfläche.

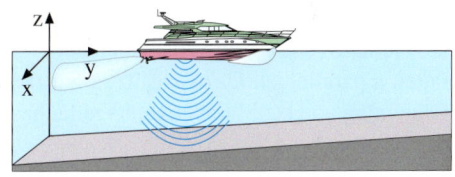

a) Erstellen Sie eine Koordinatengleichung der Grundebene.

b) Welcher Abstand zur Grundebene wird gemessen, wenn der Sensor sich im Punkt
   $A(50|50|0)$ befindet?

c) Wie tief ist das Wasser senkrecht unter dem Sensor im Punkt $B(75|75|0)$?

d) Welcher Abstand zur Grundebene wird gemessen, wenn sich der Sensor im Punkt
   $C(50|99|0)$ befindet?

18. Radar (Höhenmessung)

Ein Helikopter fliegt bei schlechter
Sicht auf ein eben ansteigendes Berg-
massiv zu, welches durch die Punkte
$P(0|5|0)$, $Q(5|10|2)$, $R(10|10|2)$
beschrieben wird. Der Helikopter
durchfliegt die Punkte $A(1|6|1)$ und
$B(2|7|1)$ (Angaben in km).

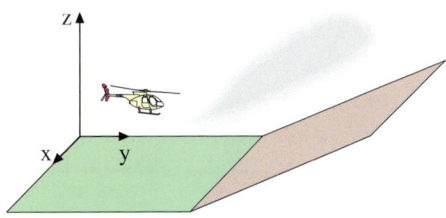

a) Erstellen Sie eine Parameter- und eine Koordinatengleichung des Berghangs.

b) In welchem Punkt würde der Hubschrauber auf den Berghang stoßen, wenn er seine Flug-
   richtung beibehält?

c) Um einen Unfall zu vermeiden, geht der Pilot im Punkt B unter Beibehaltung seiner
   x-y-Richtung in einen Steigflug über, der parallel zum Berghang verläuft. Wie lautet der
   neue Kurs?

d) Um welchen Winkel hat der Pilot im Punkt B seinen Kurs geändert?

F.   Der Abstand windschiefer Geraden

Der Abstand d zweier windschiefer Geraden
g und h ist die kürzeste Entfernung zwischen
g und h. Die entsprechende Lotstrecke steht
senkrecht auf g und h und wird durch zwei
Lotfußpunkte F_g und F_h begrenzt.

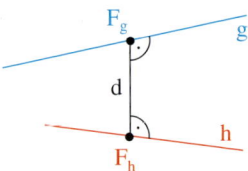

Im folgenden Beispiel wird dieser Abstand mit einem operativen Verfahren bestimmt. Die Lotfußpunkte F_g und F_h werden dabei allerdings nicht bestimmt (vgl. S. 209).

▶ **Beispiel: Der Abstand windschiefer Geraden**
Berechnen Sie den Abstand der windschiefen Geraden g und h.

$$g: \vec{x} = \begin{pmatrix} 2 \\ 3 \\ 0 \end{pmatrix} + r \cdot \begin{pmatrix} 1 \\ 2 \\ -2 \end{pmatrix}, \quad h: \vec{x} = \begin{pmatrix} 1 \\ 6 \\ 4 \end{pmatrix} + r \cdot \begin{pmatrix} -1 \\ 2 \\ 0 \end{pmatrix}$$

Lösung:
Wir stellen eine Hilfsebene H auf, welche
die Gerade h enthält und zusätzlich zur Ge-
raden g parallel ist. Dazu ergänzen wir die
Gleichung von h einfach um ein Vielfaches
des Richtungsvektors von g.
Diese Hilfsebene stellen wir anschließend
in Koordinatenform dar, um folgende
Rechnungen zu vereinfachen:
Resultat: H: $2x + y + 2z = 16$

Die Hilfsebene H:

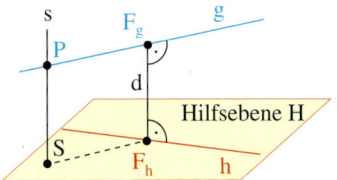

$$H: \vec{x} = \begin{pmatrix} 1 \\ 6 \\ 4 \end{pmatrix} + s \cdot \begin{pmatrix} -1 \\ 2 \\ 0 \end{pmatrix} + t \cdot \begin{pmatrix} 1 \\ 2 \\ -2 \end{pmatrix}$$

Gerade h   Richtungs-
vektor von g

H: $2x + y + 2z = 16$

Anschließend stellen wir die Gleichung einer Lotgeraden s auf, die durch den Stützpunkt P der Geraden g geht und senkrecht
auf H steht. Ihr Richtungsvektor ist der
Normalenvektor von H.

Resultat: $s: \vec{x} = \begin{pmatrix} 2 \\ 3 \\ 0 \end{pmatrix} + u \cdot \begin{pmatrix} 2 \\ 1 \\ 2 \end{pmatrix}$

Die Lotgerade s von P auf H:

$$s: \vec{x} = \begin{pmatrix} 2 \\ 3 \\ 0 \end{pmatrix} + u \cdot \begin{pmatrix} 2 \\ 1 \\ 2 \end{pmatrix}$$

Nun berechnen wir den Schnittpunkt S der
Lotgeraden s mit der Hilfsebene H. Dieser
Punkt ist der Fußpunkt des Lotes vom Punkt
P auf die Hilfsebene H.
Resultat: $S(4|4|2)$

Der Schnittpunkt S von s und H:

$$2(2 + 2u) + 1(3 + u) + 2(0 + 2u) = 16$$
$$9u + 7 = 16$$
$$u = 1$$
$$\Rightarrow S(4|4|2)$$

Abschließend bestimmen wir den Abstand
d der windschiefen Geraden, indem wir den
Abstand der Punkte P und S berechnen.
▶ Endresultat: $d = |\overrightarrow{PS}| = 3$

Der Abstand von g und h:

$$d = |\overrightarrow{PS}| = \left\| \begin{pmatrix} 4-2 \\ 4-3 \\ 2-0 \end{pmatrix} \right\| = \left\| \begin{pmatrix} 2 \\ 1 \\ 2 \end{pmatrix} \right\| = 3$$

Die Abstandsformel für windschiefe Geraden

Im Streifzug auf den Seiten 198–200 wird die sog. Hessesche Normalenform der Ebenengleichung behandelt, mit der man den Abstand eines Punktes von einer Ebene berechnen kann. Diese Methode lässt sich auch zur Berechnung des Abstandes windschiefer Geraden g und h anwenden.

Dazu bildet man eine Hilfsebene H, welche die Gerade h enthält und zur Geraden g parallel verläuft (s. Abb.).
Der Abstand d der Geraden g und h entspricht dann dem Abstand des Stützpunktes P der Gerade g zur Hilfsebene H.

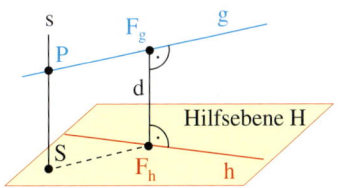

d kann laut Streifzug mit der rechts aufgeführten Formel berechnet werden.

Dabei ist die einzige Schwierigkeit die Bestimmung des Vektors $\vec{n}_0$.
Dieser kann sowohl mit dem Skalarprodukt als auch mit dem Vektorprodukt bestimmt werden.
Interessanterweise gilt die Formel nicht nur für windschiefe Geraden, sondern auch für parallele oder sich schneidende Geraden.

Abstandsformel für windschiefe Geraden

$g: \vec{x} = \vec{p} + r\,\vec{m}_g$ und $h: \vec{x} = \vec{q} + s\,\vec{m}_h$ seien zwei (windschiefe) Geraden.
$\vec{n}_0$ sei ein zu den Richtungsvektoren $\vec{m}_g$ und $\vec{m}_h$ orthogonaler Einheitsvektor.
Dann besitzen g und h den Abstand
$d = |(\vec{p} - \vec{q}) \cdot \vec{n}_0|$.

▶ **Beispiel: Abstand windschiefer Geraden**
Gesucht ist der Abstand der beiden windschiefen Geraden g und h.

$$g: \vec{x} = \begin{pmatrix} 2 \\ 3 \\ 0 \end{pmatrix} + r \begin{pmatrix} 1 \\ 2 \\ -2 \end{pmatrix}, \quad h: \vec{x} = \begin{pmatrix} 1 \\ 6 \\ 4 \end{pmatrix} + s \begin{pmatrix} -1 \\ 2 \\ 0 \end{pmatrix}$$

Lösung:
Wir bestimmen zunächst mit Hilfe des Skalarproduktes einer Vektor $\vec{n}$, der zu $\vec{m}_1$ und $\vec{m}_2$ orthogonal ist.
Sein Skalarprodukt mit den beiden Richtungsvektoren ist also jeweils null.
Dies führt auf ein lineares Gleichungssystem mit zwei Gleichungen und drei Variablen. Wir wählen x = 2 frei und errechnen y = 1 und z = 2 durch Einsetzen.

Der Normalenvektor $\vec{n}$, der sich so ergibt, wird normiert, indem er durch seinen Betrag dividiert wird.
Zur Abstandsberechnung setzen wir nun $\vec{n}_0$, $\vec{p}$ und $\vec{q}$ in die Abstandsformel
▶ $d = |(\vec{p} - \vec{q}) \cdot \vec{n}_0|$ ein. Resultat: d = 3

1. Bestimmung von $\vec{n}$:
$$\vec{n} \cdot \vec{m}_g = 0, \quad \vec{n} \cdot \vec{m}_h = 0$$

$$I: \begin{pmatrix} x \\ y \\ z \end{pmatrix} \cdot \begin{pmatrix} 1 \\ 2 \\ -2 \end{pmatrix} = 0 \quad II: \begin{pmatrix} x \\ y \\ z \end{pmatrix} \cdot \begin{pmatrix} -1 \\ 2 \\ 0 \end{pmatrix} = 0$$

$$\Rightarrow \begin{matrix} I: x + 2y - 2z = 0 \\ II: \quad -x + 2y = 0 \end{matrix} \Rightarrow \begin{matrix} x = 2 \\ y = 1 \\ z = 2 \end{matrix}$$

2. Abstandsberechnung:
$$d = |(\vec{p} - \vec{q}) \cdot \vec{n}_0| = \left| \left[\begin{pmatrix} 2 \\ 3 \\ 0 \end{pmatrix} - \begin{pmatrix} 1 \\ 6 \\ 4 \end{pmatrix} \right] \cdot \begin{pmatrix} 2/3 \\ 1/3 \\ 2/3 \end{pmatrix} \right| = 3$$

Übung 19 Operatives Verfahren zur Abstandsbestimmung

Bestimmen Sie den Abstand der Geraden g und h mit dem operativen Verfahren auf S. 206.

a) $g\colon \vec{x} = \begin{pmatrix} 9 \\ 3 \\ 6 \end{pmatrix} + r\begin{pmatrix} -6 \\ 2 \\ 1 \end{pmatrix}$

    $h\colon \vec{x} = \begin{pmatrix} 2 \\ 0 \\ 18 \end{pmatrix} + s\begin{pmatrix} 3 \\ -4 \\ 1 \end{pmatrix}$

b) $g\colon \vec{x} = \begin{pmatrix} -1 \\ 1 \\ 3 \end{pmatrix} + r\begin{pmatrix} 4 \\ 1 \\ -1 \end{pmatrix}$

    $h\colon \vec{x} = \begin{pmatrix} 1 \\ -1 \\ 6 \end{pmatrix} + s\begin{pmatrix} 0 \\ -2 \\ 1 \end{pmatrix}$

c) $g\colon \vec{x} = \begin{pmatrix} 9 \\ 3 \\ 8 \end{pmatrix} + r\begin{pmatrix} -6 \\ 2 \\ 1 \end{pmatrix}$

    $h\colon \vec{x} = \begin{pmatrix} 4 \\ 2 \\ 1 \end{pmatrix} + s\begin{pmatrix} 4 \\ 1 \\ -3 \end{pmatrix}$

d) $g\colon \vec{x} = \begin{pmatrix} 0 \\ 3 \\ 1 \end{pmatrix} + r\begin{pmatrix} -3 \\ -2 \\ 0 \end{pmatrix}$

    $h\colon \vec{x} = \begin{pmatrix} 4 \\ 6 \\ 9 \end{pmatrix} + s\begin{pmatrix} -3 \\ 2 \\ -2 \end{pmatrix}$

Übung 20 Formel zur Abstandsbestimmung

Bestimmen Sie den Abstand der Geraden g und h aus Übung 19 mit der Formel auf S. 207.

Übung 21 Rohrisolation

Über zwei Kupferrohre AB und CD, die sich windschief passieren, sollen wie abgebildet isolierende Schaumstoffumhüllungen geschoben werden.

Ist zwischen den Kupferrohren genügend Platz vorhanden, wenn die Isolationsrohre einen Außendurchmesser von 8 cm besitzen?

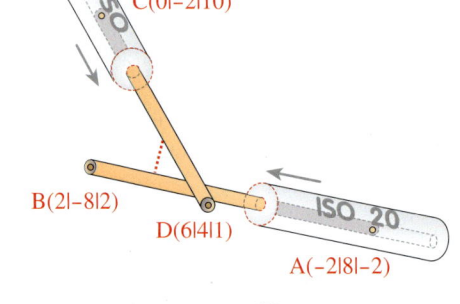

Übung 22 Hubschrauberflug

Ein Hubschrauber passiert auf der Bahn CD einen Wasserturm. Sein Rotor hat einen Durchmesser von ca. 10 m.

Besteht Kollisionsgefahr mit der Turmstrebe AB?

A (4|4|0), B (0|0|16)   Turmstrebe
C (21|−3|25), D (16|7|15)   Flugbahn

Übung 23 Abstand Punkt/Gerade, Gerade/Gerade

Berechnen Sie für die abgebildete Pyramide

a) die eingezeichnete Seitenhöhe h,

b) den Abstand der Kanten AC und BS.

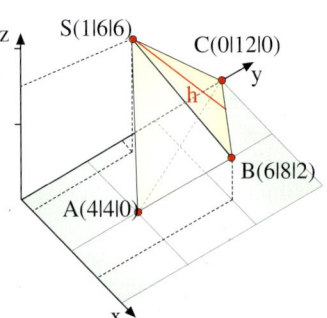

Exkurs: Die Lotfußpunkte windschiefer Geraden
Sollen bei windschiefen Geraden die Fußpunkte der Lotstrecken berechnet werden, so verwendet man das folgende Verfahren.

> **Beispiel: Lotfußpunkte und Abstand windschiefer Geraden**
> Bestimmen Sie die beiden Fußpunkte des Lotes der windschiefen Geraden g und h.
>
> $$g: \vec{x} = \begin{pmatrix} 2 \\ 3 \\ 0 \end{pmatrix} + r \begin{pmatrix} 1 \\ 2 \\ -2 \end{pmatrix}, \quad h: \vec{x} = \begin{pmatrix} 1 \\ 6 \\ 4 \end{pmatrix} + s \begin{pmatrix} -1 \\ 2 \\ 0 \end{pmatrix}$$

Lösung:
Die Lotstrecke d, d. h. die kürzeste Strecke zwischen den Geraden g und h, steht sowohl auf g als auch auf h senkrecht.
Ihre Fußpunkte F_g und F_h werden mit einem *Lotfußpunktverfahren* bestimmt, das sich an der Abbildung rechts orientiert.

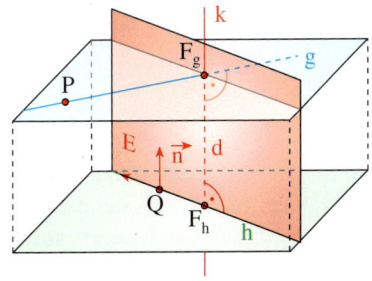

Wir ermitteln zunächst einen Normalenvektor $\vec{n}$ der auf den Richtungsvektoren $\vec{m}_g$ und $\vec{m}_h$ der beiden Geraden senkrecht steht. Sein Skalarprodukt mit den Richtungsvektoren ist Null.

1. Normalenvektor der Richtungsvektoren:
$\vec{n} \cdot \vec{m}_g = 0 \Rightarrow x \cdot 1 + y \cdot 2 + z \cdot (-2) = 0$
$\vec{n} \cdot \vec{m}_h = 0 \Rightarrow x \cdot (-1) + y \cdot 2 + z \cdot 0 = 0$
Wir wählen $x = 2$; damit: $y = 1$, $z = 2$,

also: $\vec{n} = \begin{pmatrix} 2 \\ 1 \\ 2 \end{pmatrix}$.

Wir verwenden eine Hilfsebene E, welche die Gerade h enthält und als weiteren Richtungsvektor den oben bestimmten Normalenvektor n, der parallel zur Lotstrecke d ist. Aus der Parametergleichung von E entwickeln wir dann die Koordinatenform.

2. Hilfsebene E:
$E: 4x + 2y - 5z = -4$

3. Schnittpunkt von g und E:
$4(2 + r) + 2(3 + 2r) - 5(0 - 2r) = -4$
$18r + 14 = -4$
$r = -1$
$\Rightarrow F_g(1|1|2)$

Die Gerade g schneidet die Hilfsebene E in gesuchten Lotfußpunkt F_g. Wir berechnen den Schnittpunkt. Er lautet $F_g(1|1|2)$.

4. Lotgerade k:
$k: \vec{x} = \begin{pmatrix} 1 \\ 1 \\ 2 \end{pmatrix} + t \begin{pmatrix} 2 \\ 1 \\ 2 \end{pmatrix}$

Mit Hilfe des berechneten Fußpunktes F_g bestimmen wir nun die Gleichung einer Lotgeraden k, die F_g enthält und senkrecht ist zu g und h.
Den zweiten Lotfußpunkt $F_h(3|2|4)$ erhalten wir dann als Schnittpunkt von k und h.

5. Schnittpunkt von k und h:
$$\begin{pmatrix} 1 \\ 1 \\ 2 \end{pmatrix} + t \begin{pmatrix} 2 \\ 1 \\ 2 \end{pmatrix} = \begin{pmatrix} 1 \\ 6 \\ 4 \end{pmatrix} + s \begin{pmatrix} -1 \\ 2 \\ 0 \end{pmatrix}$$
$\Rightarrow t = 1, s = -2 \Rightarrow F_h(3|2|4)$

Der Abstand d der Geraden g und h ist der Abstand der Lotfußpunkte F_g und F_h.
▶ Wir erhalten $d = |F_g F_h| = 3$

6. Abstand der Lotfußpunkte:
$$d = |\overrightarrow{F_g F_h}| = \left\| \begin{pmatrix} 3 \\ 2 \\ 4 \end{pmatrix} - \begin{pmatrix} 1 \\ 1 \\ 2 \end{pmatrix} \right\| = \left\| \begin{pmatrix} 2 \\ 1 \\ 2 \end{pmatrix} \right\| = 3$$

Übung 24 **Lotfußpunkte**
Bestimmen Sie die Fußpunkte der Lotstrecke der windschiefen Geraden g und h aus Übung 19 a), b), S. 208. Berechnen Sie zusätzlich den Abstand der Geraden.

Übungen

25. Schlechtwetterfront

Die vordere Begrenzung einer 4,5 km dicke Schlechtwetterfront wird beschrieben durch die Ebene E:
$2x + 2y + z = 6$ (LE: 1 km).

a) Ein Flugzeug fliegt längs der Geraden

$$g: \vec{x} = \begin{pmatrix} 3 \\ 1 \\ 1 \end{pmatrix} + s \begin{pmatrix} 1 \\ -2 \\ 2 \end{pmatrix}.$$ Weisen Sie

nach, dass seine Flugbahn parallel zur Schlechtwetterfront liegt. Berechnen Sie den Abstand der Flugbahn zur Schlechtwetterfront.

b) Ein Meteorologe befindet sich mit seinem Flugzeug im Punkt $P(5|5|4)$. Er möchte zu Forschungszwecken die Schlechtwetterfront orthogonal durchfliegen. In welchem Punkt A tritt sein Flugzeug in die Schlechtwetterfront ein?

c) In welchem Punkt B verlässt das Flugzeug des Meteorologen die Schlechtwetterfront? Welche Ebene F beschreibt die hintere Begrenzung der Schlechtwetterfront?

d) Zeigen Sie, dass sich die Flugbahnen der beiden Flugzeuge nicht kreuzen. Ermitteln Sie den Abstand der beiden Flugbahnen.

26. Tanne am Abhang

Ein Abhang wird beschrieben durch die Ebene E: $2x + 3y + 6z = 35$. Auf dem Abhang steht eine senkrechte Tanne, deren Spitze der Punkt $S(5|7|26)$ ist. (LE: 1 m)

a) Wie hoch ist die Tanne?

b) Zur Sicherung der Tanne wird im Punkt $Q(5|7|17)$ ein Sicherungsseil angebracht, dass am Abhang senkrecht zu diesem verankert werden soll. Ermitteln Sie den Punkt P der Verankerung.

c) Auf dem Abhang soll in 30 m Höhe ein Wanderweg angelegt werden. Geben Sie die Gleichung der Geraden an, welche den Verlauf dieses Weges beschreibt.

d) Ein Blitz trifft die Tanne, worauf diese zerbricht. Ihre Spitze fällt auf den Abhang im Punkt $A(1|-1|6)$. In welcher Höhe ist die Tanne abgeknickt?

2. Schnittwinkel

Im Anschluss an die Einführung des Skalarprodukts wurde die Kosinusformel zur Bestimmung des Winkels zwischen zwei Vektoren hergeleitet (s. S. 83).
Hiervon ausgehend lassen sich vergleichbare Formeln für den Schnittwinkel zweier Geraden bzw. einer Geraden und einer Ebene bzw. zweier Ebenen entwickeln.

A. Der Schnittwinkel von zwei Geraden

Der Schnittwinkel γ von Geraden wurde bereits behandelt (s. S. 111), wird aber hier zur Vervollständigung noch einmal kurz angesprochen. Er wird mit der rechts dargestellten Formel errechnet. Das Betragszeichen im Zähler sichert, dass der Winkel stets zwischen 0° und 90° liegt.

> **Schnittwinkel Gerade/Gerade**
>
> Schneiden sich zwei Geraden g und h mit den Richtungsvektoren $\vec{m}_1$ und $\vec{m}_2$, dann gilt für ihren Schnittwinkel γ:
>
> $$\cos\gamma = \frac{|\vec{m}_1 \cdot \vec{m}_2|}{|\vec{m}_1| \cdot |\vec{m}_2|}.$$

Übung 1
Errechnen Sie den Schnittpunkt und den Schnittwinkel der Geraden g und h.

$$g: \vec{x} = \begin{pmatrix} 0 \\ 0 \\ 1 \end{pmatrix} + r\begin{pmatrix} 1 \\ 2 \\ 2 \end{pmatrix}, \ h: \vec{x} = \begin{pmatrix} 2 \\ 0 \\ 2 \end{pmatrix} + s\begin{pmatrix} -1 \\ 2 \\ 1 \end{pmatrix}$$

Übung 2
Bestimmen Sie den Schnittwinkel γ der rechts dargestellten Geraden g und h.

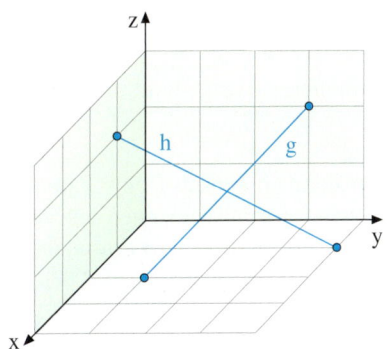

B. Der Schnittwinkel von Gerade und Ebene

Unter dem Schnittwinkel γ einer Geraden g und einer Ebene E versteht man den Winkel zwischen der Geraden g und der Geraden s, welche durch senkrechte Projektion der Geraden g auf die Ebene E entsteht. Er liegt zwischen 0° und 90°.

Winkel zwischen g und E

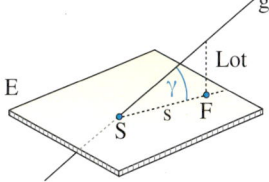

Man kann den Winkel γ bestimmen, indem man zunächst die Gleichung der Projektionsgeraden s ermittelt und anschließend den Winkel zwischen g und s errechnet. Es geht aber noch einfacher, wenn man einen Normalenvektor der Ebene verwendet, wie im Folgenden dargestellt.

Wir denken uns wie rechts abgebildet eine Hilfsebene H errichtet, die g enthält und senkrecht auf E steht. Sie schneidet E in der Geraden s.

Der Schnittwinkel γ von g und E ist der Winkel zwischen g und s.

Der Winkel $90° - \gamma$ lässt sich mit der Kosinusformel als Winkel zwischen dem Richtungsvektor $\vec{m}$ von g und dem Normalenvektor $\vec{n}$ von E errechnen, da beide Vektoren ebenfalls in der Hilfsebene liegen und $\vec{n}$ senkrecht auf s steht:

$$\cos(90° - \gamma) = \frac{|\vec{m} \cdot \vec{n}|}{|\vec{m}| \cdot |\vec{n}|}.$$

Da $\cos(90° - \gamma) = \sin\gamma$ gilt, erhalten wir die rechts dargestellte Formel für den Schnittwinkel von Gerade und Ebene.

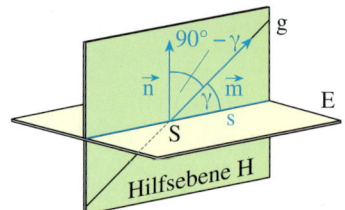

Schnittwinkel Gerade/Ebene

Die Gerade g: $\vec{x} = \vec{a} + r \cdot \vec{m}$ schneidet die Ebene E: $(\vec{x} - \vec{a}) \cdot \vec{n} = 0$.
Dann gilt für den Schnittwinkel γ von g und E die Formel

$$\sin\gamma = \frac{|\vec{m} \cdot \vec{n}|}{|\vec{m}| \cdot |\vec{n}|}.$$

▶ Beispiel: Schnittwinkel Gerade/Ebene

Die Gerade g durch A $(2|1|3)$ und B $(4|2|1)$ schneidet die Ebene E: $\left[\vec{x} - \begin{pmatrix} 3 \\ 5 \\ 1 \end{pmatrix} \right] \cdot \begin{pmatrix} 3 \\ 1 \\ 2 \end{pmatrix} = 0$.

Bestimmen Sie den Schnittpunkt S und den Schnittwinkel γ von g und E.

Lösung:
Wir bestimmen zunächst eine Parametergleichung von g und berechnen den Schnittpunkt S von g und E durch Einsetzung des allgemeinen Vektors von g in die Gleichung von E.
Resultat: S $(4|2|1)$

Parametergleichung von g:

$$g: \vec{x} = \begin{pmatrix} 2 \\ 1 \\ 3 \end{pmatrix} + r \cdot \begin{pmatrix} 2 \\ 1 \\ -2 \end{pmatrix}$$

Schnittpunkt von g und E: S $(4|2|1)$

Anschließend setzen wir den Richtungsvektor $\vec{m}$ von g und den Normalenvektor $\vec{n}$ von E in die Sinusformel für den Winkel zwischen Gerade und Ebene ein.
Wir erhalten $\sin\gamma \approx 0{,}2673$, woraus wir mit Hilfe des Taschenrechners das Resultat
▶ $\gamma \approx 15{,}50°$ erhalten.

Schnittwinkel von g und E:

$$\sin\gamma = \frac{|\vec{m} \cdot \vec{n}|}{|\vec{m}| \cdot |\vec{n}|} = \frac{\left| \begin{pmatrix} 2 \\ 1 \\ -2 \end{pmatrix} \cdot \begin{pmatrix} 3 \\ 1 \\ 2 \end{pmatrix} \right|}{\left| \begin{pmatrix} 2 \\ 1 \\ -2 \end{pmatrix} \right| \cdot \left| \begin{pmatrix} 3 \\ 1 \\ 2 \end{pmatrix} \right|} = \frac{3}{\sqrt{9} \cdot \sqrt{14}}$$

$\sin\gamma \approx 0{,}2673 \Rightarrow \gamma \approx 15{,}50°$

Übung 3   Schnittwinkel Gerade/Ebene

Bestimmen Sie den Schnittwinkel der Geraden g durch A $(1|0|-2)$ und B $(-2|3|1)$ mit der Ebene E.

a) E: $\left[\vec{x} - \begin{pmatrix} 1 \\ 0 \\ 1 \end{pmatrix} \right] \cdot \begin{pmatrix} 3 \\ -2 \\ 2 \end{pmatrix} = 0$

b) $x + 2y + 2z = 6$

c) E: $\vec{x} = \begin{pmatrix} 1 \\ 2 \\ 1 \end{pmatrix} + s \cdot \begin{pmatrix} 2 \\ -1 \\ -3 \end{pmatrix} + t \cdot \begin{pmatrix} 1 \\ -4 \\ -3 \end{pmatrix}$

d) E ist die x-y-Ebene.

e) E ist die x-z-Ebene.

f) E ist die y-z-Ebene.

C. Der Schnittwinkel von zwei Ebenen

Wir untersuchen zwei Ebenen E_1 und E_2, die sich in einer Geraden s schneiden.

Dann bilden zwei Geraden g_1 und g_2, die senkrecht auf s stehen und sich wie abgebildet schneiden, den Winkel $\gamma \leq 90°$.

Man bezeichnet diesen Winkel als *Schnittwinkel der Ebenen* E_1 und E_2.

Die Normalenvektoren $\vec{n}_1$ und $\vec{n}_2$ der Ebenen E_1 und E_2 bilden miteinander exakt den gleichen Winkel, denn sie stehen jeweils senkrecht auf den Geraden g_1 und g_2, so dass sich der Winkel γ überträgt.

Daher lässt sich der Schnittwinkel γ zweier Ebenen nach der rechts aufgeführten Kosinusformel mit Hilfe der Normalenvektoren der beiden Ebenen berechnen.

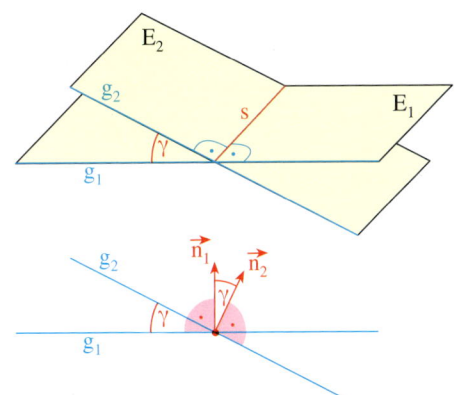

Schnittwinkel Ebene/Ebene
Schneiden sich zwei Ebenen E_1 und E_2 mit den Normalenvektoren $\vec{n}_1$ und $\vec{n}_2$, so gilt für ihren Schnittwinkel γ:
$$\cos\gamma = \frac{|\vec{n}_1 \cdot \vec{n}_2|}{|\vec{n}_1| \cdot |\vec{n}_2|}.$$

▶ **Beispiel: Schnittwinkel Ebene/Ebene**
Die Ebenen E_1: $4x + 3y + 2z = 12$ und E_2: $\left[\vec{x} - \begin{pmatrix} 0 \\ 0 \\ 6 \end{pmatrix}\right] \cdot \begin{pmatrix} 0 \\ 3 \\ 2 \end{pmatrix} = 0$ schneiden sich.
Berechnen Sie den Schnittwinkel γ.

Lösung:
Wir bestimmen zunächst Normalenvektoren von E_1 und E_2.
Die Koeffizienten in der Koordinatengleichung von E_1 (4, 3 und 2) sind die Koordinaten eines Normalenvektors von E_1. Ein Normalenvektor von E_2 kann aus der gegebenen Normalenform ebenfalls direkt entnommen werden.

Normalenvektoren:

$$\vec{n}_1 = \begin{pmatrix} 4 \\ 3 \\ 2 \end{pmatrix}, \quad \vec{n}_2 = \begin{pmatrix} 0 \\ 3 \\ 2 \end{pmatrix}$$

Schnittwinkel:

$$\cos\gamma = \frac{|\vec{n}_1 \cdot \vec{n}_2|}{|\vec{n}_1| \cdot |\vec{n}_2|} = \frac{\left|\begin{pmatrix} 4 \\ 3 \\ 2 \end{pmatrix} \cdot \begin{pmatrix} 0 \\ 3 \\ 2 \end{pmatrix}\right|}{\left|\begin{pmatrix} 4 \\ 3 \\ 2 \end{pmatrix}\right| \cdot \left|\begin{pmatrix} 0 \\ 3 \\ 2 \end{pmatrix}\right|} = \frac{13}{\sqrt{29} \cdot \sqrt{13}}$$

▶ Mit Hilfe der Schnittwinkelformel erhalten wir $\cos\gamma \approx 0{,}6695$ und daher $\gamma \approx 47{,}97°$.

$\cos\gamma \approx 0{,}6695 \Rightarrow \gamma \approx 47{,}97°$

Übung 4   Schnittwinkel Ebene/Ebene
Bestimmen Sie den Schnittwinkel der Ebenen E_1 und E_2 sowie die Gleichung der Schnittgeraden.

a) E_1: $\left[\vec{x} - \begin{pmatrix} 1 \\ 0 \\ 1 \end{pmatrix}\right] \cdot \begin{pmatrix} 3 \\ -2 \\ 2 \end{pmatrix} = 0$

E_2 ist die x-y-Ebene.

b) E_1: $x + 2y + 2z = 6$

E_2: $x - y = 0$

c) E_1: $\vec{x} = \begin{pmatrix} 1 \\ 2 \\ 1 \end{pmatrix} + s \cdot \begin{pmatrix} 2 \\ -1 \\ -3 \end{pmatrix} + t \cdot \begin{pmatrix} 1 \\ -4 \\ -3 \end{pmatrix}$

E_2: $x + 3z = 4$

Übungen

5. Schnittwinkel Gerade/Gerade

Zeigen Sie, dass die Raumgeraden g und h sich schneiden, und berechnen Sie den Schnittpunkt S und den Schnittwinkel γ.

a) g: $\vec{x} = \begin{pmatrix} 2 \\ 2 \\ 2 \end{pmatrix} + r \cdot \begin{pmatrix} 1 \\ 1 \\ -1 \end{pmatrix}$, h: $\vec{x} = \begin{pmatrix} 3 \\ 1 \\ 2 \end{pmatrix} + s \cdot \begin{pmatrix} 2 \\ 0 \\ -1 \end{pmatrix}$
b) g: $\vec{x} = \begin{pmatrix} 2 \\ 2 \\ 2 \end{pmatrix} + r \cdot \begin{pmatrix} 1 \\ 1 \\ 1 \end{pmatrix}$, h: $\vec{x} = \begin{pmatrix} 2 \\ 5 \\ 2 \end{pmatrix} + s \cdot \begin{pmatrix} 2 \\ -1 \\ 2 \end{pmatrix}$

c) g: $\vec{x} = \begin{pmatrix} 4 \\ 4 \\ 1 \end{pmatrix} + r \cdot \begin{pmatrix} 2 \\ 2 \\ -1 \end{pmatrix}$, h: $\vec{x} = \begin{pmatrix} 10 \\ 10 \\ 2 \end{pmatrix} + s \cdot \begin{pmatrix} 2 \\ 2 \\ 1 \end{pmatrix}$
d) g durch A$(0|6|0)$, B$(0|0|3)$
h durch C$(4|2|0)$, D$(2|2|1)$

6. Schnittwinkel Gerade/Ebene

Die Gerade g schneidet die Ebene E. Berechnen Sie den Schnittpunkt S und den Schnittwinkel γ:

a) g: $\vec{x} = \begin{pmatrix} 0 \\ 0 \\ 2 \end{pmatrix} + r \cdot \begin{pmatrix} 1 \\ 1 \\ 1 \end{pmatrix}$, E: $\left[\vec{x} - \begin{pmatrix} 2 \\ 0 \\ 3 \end{pmatrix} \right] \cdot \begin{pmatrix} 3 \\ 3 \\ 2 \end{pmatrix} = 0$
b) g: $\vec{x} = \begin{pmatrix} 0 \\ 2 \\ 4 \end{pmatrix} + r \cdot \begin{pmatrix} 1 \\ 1 \\ 2 \end{pmatrix}$, E: $-x + y + 2z = 6$

c) g: $\vec{x} = \begin{pmatrix} 2 \\ 2 \\ 1 \end{pmatrix} + r \cdot \begin{pmatrix} 1 \\ 1 \\ 1 \end{pmatrix}$, E: $\vec{x} = \begin{pmatrix} 1 \\ 0 \\ 2 \end{pmatrix} + s \cdot \begin{pmatrix} 2 \\ 0 \\ -4 \end{pmatrix} + t \cdot \begin{pmatrix} 0 \\ -1 \\ 2 \end{pmatrix}$

7. Schnittwinkel Gerade/Koordinatenebene

In welchen Punkten und unter welchen Winkeln durchdringt die Gerade g die angegebenen Koordinatenebenen? Fertigen Sie ein Schrägbild an.

a) g: $\vec{x} = \begin{pmatrix} 4 \\ 1 \\ 2 \end{pmatrix} + r \cdot \begin{pmatrix} 0 \\ 1 \\ -1 \end{pmatrix}$
b) g: $\vec{x} = \begin{pmatrix} 2 \\ 3 \\ 2 \end{pmatrix} + r \cdot \begin{pmatrix} -2 \\ 1 \\ 2 \end{pmatrix}$
c) g: $\vec{x} = \begin{pmatrix} 2 \\ 2 \\ 3 \end{pmatrix} + r \cdot \begin{pmatrix} -2 \\ 1 \\ -1 \end{pmatrix}$

E: x-y-Ebene   E: x-y-Ebene   E: x-z-Ebene

F: x-z-Ebene   F: y-z-Ebene   F: y-z-Ebene

8. Schnittwinkel Ebene/Ebene

Die Ebenen E_1 und E_2 schneiden sich. Bestimmen Sie den Schnittwinkel γ.

a) E_1: $2x - y + 3z = 6$ b) E_1: $x + y = 3$ c) E_1: $2x + z = 1$
E_2: $x - y - z = 3$ E_2: $\phantom{x + {}}y = 1$ E_2: $x - z = 0$

9. Schnittwinkel Gerade/Ebene und Vektoren

Exakt in der Mitte der rechten Dachfläche der abgebildeten Halle tritt eine 12 m hohe Antenne aus, die durch einen Stahlstab fixiert wird, der 4 m unterhalb der Antennenspitze sowie in der Mitte am Dachfirst verschraubt ist.

a) Welchen Winkel bildet die Antenne mit der Dachfläche?

b) Welchen Winkel bildet der Stahlstab mit der Antenne bzw. mit der Dachfläche?

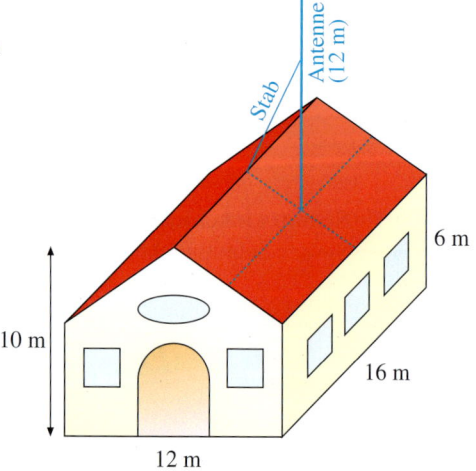

3. Untersuchung geometrischer Objekte im Raum

A. Würfel, Pyramiden und Quader

▶ **Beispiel: Ebenen und Geraden in einem Würfel**

Auf einem Würfel der Kantenlänge 6 liegen die Punkte P(6|0|4), Q(6|4|0) und R(0|2|6).

a) Ermitteln Sie die Gleichung der Ebene E durch die Punkte P, Q und R, die Gleichung der Geraden g durch die Punkte O(0|0|0) und G(6|6|6), sowie den Schnittpunkt S von E und g.

b) Bestimmen Sie die Größe des Winkels QPR und den Flächeninhalt des Dreiecks PQR.

c) Leiten Sie die Koordinatenform der Ebene E her und weisen Sie nach, dass die Gerade h: $\vec{x} = \begin{pmatrix} 3 \\ 3 \\ 3 \end{pmatrix} + t \cdot \begin{pmatrix} 3 \\ -1 \\ -1 \end{pmatrix}$ ganz in E liegt.

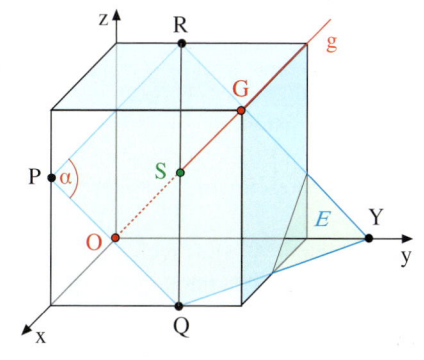

d) In welchem Punkt Y schneidet die Ebene E die y-Achse?

e) Bestimmen Sie den Abstand der Geraden QP und RY.

Lösung zu a:

Für die Gleichung der Ebene E wählen wir den Punkt P als Stützpunkt und die Vektoren $\overrightarrow{PQ}$ und $\overrightarrow{PR}$ als Richtungsvektoren.

Die Gleichung der Ursprungsgeraden g wird mit Hilfe der Zweipunkteform aus den Punkten O (Ursprung) und G gewonnen.

1. Gleichungen von E und g:

$$\underbrace{\overrightarrow{OP} + r \cdot \overrightarrow{PQ} + s \cdot \overrightarrow{PR}}_{\text{Ebene}} = \underbrace{t \cdot \overrightarrow{OG}}_{\text{Gerade}}$$

$$\begin{pmatrix} 6 \\ 0 \\ 4 \end{pmatrix} + r \cdot \begin{pmatrix} 0 \\ 4 \\ -4 \end{pmatrix} + s \cdot \begin{pmatrix} -6 \\ 2 \\ 2 \end{pmatrix} = t \cdot \begin{pmatrix} 6 \\ 6 \\ 6 \end{pmatrix}$$

Dann setzen wir die rechten Seiten von Ebenen- und Geradengleichung gleich.

Wir erhalten in der Folge ein lineares (3; 3)-Gleichungssystem.

2. Gleichungssystem und Lösung:

$$-6s - 6t = -6$$
$$4r + 2s - 6t = 0$$
$$-4r + 2s - 6t = -4$$

Dieses können wir sowohl manuell als auch mit dem Taschenrechner oder einem Computerprogramm lösen.

Rechts wurde ein Taschenrechner eingesetzt. Man ruft das Menü für lineare Gleichungssysteme auf, wählt die Dimension des Systems (3×3) und gibt die Koeffizienten in das angebotene Raster ein.

3. Lösung des Gleichungssystems:

Daraufhin wird die Lösung in drei Schritten angezeigt (rechts verkürzt dargestellt).

Aus dem Resultat r = s = t = $\frac{1}{2}$ ergibt sich der Geradenparameterwert t = $\frac{1}{2}$.
Dieser liefert durch Einsetzen in die Gleichung von g den Schnittpunkt S (3|3|3) von E und g.

t = $\frac{1}{2}$ ⇒ Schnittpunkt S (3|3|3)

Lösung zu b:
Das Skalarprodukt der Richtungsvektoren $\overrightarrow{PQ}$ und $\overrightarrow{PR}$ ist gleich null.
Die Vektoren sind daher orthogonal. Das Dreieck PQR ist rechtwinklig bei P.

Der Flächeninhalt A eines rechtwinkligen Dreiecks kann stets elementargeometrisch mit Hilfe seiner beiden Kantenlängen ermittelt werden. Resultat: A ≈ 18,76

4. Rechtwinkligkeitsnachweis:
$$\overrightarrow{QP} \cdot \overrightarrow{QR} = \begin{pmatrix} 0 \\ 4 \\ -4 \end{pmatrix} \cdot \begin{pmatrix} -6 \\ 2 \\ 2 \end{pmatrix} = 0 + 8 - 8 = 0$$

5. Flächeninhalt des Dreiecks PQR:
$$A = \frac{1}{2} \cdot |\overrightarrow{PQ}| \cdot |\overrightarrow{PR}| = \frac{1}{2} \cdot \sqrt{32} \cdot \sqrt{44} \approx 18,76$$

Lösung zu c:
Zunächst bestimmen wir einen Normalenvektor der Ebene E, der zu beiden Richtungsvektoren senkrecht steht.

Die Koeffizienten der linken Seite der Koordinatengleichung sind die Koordinaten des Normalenvektors.
Die rechte Seite der Koordinatengleichung erhalten wir durch Einsetzen des Punktes P in diese Gleichung.

Beim Einsetzen der Koordinaten von h in E ergibt sich eine Identität. Damit erfüllen alle Punkte der Gerade h die Gleichung von E, d. h. die Gerade h liegt in der Ebene E.

6. Normalenvektor der Ebene E:
$$\vec{n} \cdot \begin{pmatrix} 0 \\ -4 \\ 4 \end{pmatrix} = 0, \vec{n} \cdot \begin{pmatrix} -6 \\ 2 \\ 2 \end{pmatrix} = 0, \vec{n} = \begin{pmatrix} 2 \\ 3 \\ 3 \end{pmatrix}$$

7. Koordinatengleichung von E:
E: 2 x + 3 y + 3 z = d

Einsetzen des Punktes P: d = 24
E: 2 x + 3 y + 3 z = 24

8. Einsetzen von h in E:
2 (3 + 3 t) + 3 (3 − t) + 3 (3 − t) = 24
6 + 6 t + 9 − 3 t + 9 − 3 t = 24
24 = 24

Lösung zu d:
Im Schnittpunkt der Ebene E mit der y-Achse gilt x = 0 und z = 0. Damit erhalten wir aus der Koordinatenform y = 8, d. h. Y (0|8|0).

9. Schnittpunkt mit der y-Achse:
x = 0, z = 0 ⇒ 3y = 24
y = 8 ⇒ Y (0|8|0)

Lösung zu e:
Wir prüfen zunächst die Kollinearität der Richtungsvektoren $\overrightarrow{PQ}$ und $\overrightarrow{RY}$. Sie sind kollinear, somit sind die Geraden parallel.
Nach b) sind $\overrightarrow{PQ}$ und $\overrightarrow{PR}$ orthogonal.
▶ |PR| = $\sqrt{44}$ ist der gesuchte Abstand.

10. Kollinearität von $\overrightarrow{PQ}$ und $\overrightarrow{RY}$:
$$\overrightarrow{PQ} = \begin{pmatrix} 0 \\ 4 \\ -4 \end{pmatrix}, \overrightarrow{RY} = \begin{pmatrix} 0 \\ 6 \\ -6 \end{pmatrix} = 1,5 \begin{pmatrix} 0 \\ 4 \\ -4 \end{pmatrix}$$

11. Abstand |PR|:
|PR| = $\sqrt{44}$ ≈ 6,63

Übung 1 Quader

Im rechts abgebildeten $6 \times 4 \times 5$-Quader sind die Punkte R $(6|0|2)$, S $(6|4|4)$ und T $(2|0|5)$ bekannt.

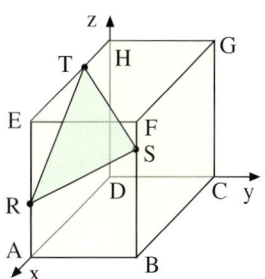

a) Bestimmen Sie eine Parameter- und eine Normalenform der Ebene E, welche die Punkte R, S und T enthält.
b) Berechnen Sie die Größe des Winkels $\sphericalangle$ RST.
c) Berechnen Sie den Abstand des Punktes B von der Ebene E.
d) Berechnen Sie den Abstand des Koordinatenursprungs O $(0|0|0)$ zur Geraden RS.

▶ **Beispiel: Schräge Pyramide**

Die Punkte A $(8|0|0)$, B $(8|8|0)$, C $(0|8|0)$ und D $(0|0|0)$ sind die Eckpunkte der Grundfläche einer quadratischen Pyramide, deren Spitze im Punkt S $(2|2|6)$ liegt.

a) Geben Sie eine Gleichung der Ebene E, in der das Dreieck BCS liegt, in Parameter- und in Koordinatenform an.
b) Berechnen Sie die Größe des Winkels SBC.
c) Ein Lichtstrahl durch den Punkt P $(-2|11|6)$ in Richtung $\vec{v} = \begin{pmatrix} 2 \\ -2 \\ -1 \end{pmatrix}$ trifft die Ebene E im Punkt T. Ermitteln Sie die Koordinaten von T. Liegt der Punkt T im Dreieck BCS?

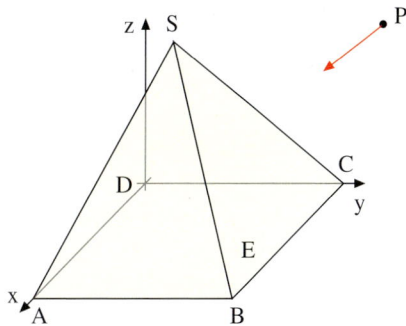

d) Stellen Sie eine Gleichung der Ebene F durch die Punkte A, B und T auf. Ermitteln Sie eine Gleichung der Schnittgeraden der Ebenen E und F.

Lösung zu a:
Als Stützvektor wählen wir den Ortsvektor zum Punkt B und als Richtungsvektoren $\overrightarrow{BC}$ und $\overrightarrow{BS}$. Damit erhalten wir die nebenstehende Parameterform von E.
Einen Normalenvektor für E kann man direkt erkennen oder mit dem nebenstehenden LGS schnell berechnen.
Durch den Normalenvektor sind die Koeffizienten der linken Seite der Koordinatengleichung festgelegt.
Durch Einsetzen eines der drei bekannten Ebenenpunkte, z.B. A $(8|8|0)$ ergibt sich der Wert 8 für die rechte Seite.

1. Parametergleichung für E:

$$E: \vec{x} = \begin{pmatrix} 8 \\ 8 \\ 0 \end{pmatrix} + r \begin{pmatrix} -8 \\ 0 \\ 0 \end{pmatrix} + s \begin{pmatrix} -6 \\ -6 \\ 6 \end{pmatrix}.$$

2. Koordinatengleichung für E:

$$\begin{pmatrix} -8 \\ 0 \\ 0 \end{pmatrix} \cdot \vec{n} = 0 \Rightarrow -8 n_1 = 0 \Rightarrow n_1 = 0$$

$$\begin{pmatrix} -6 \\ -6 \\ 6 \end{pmatrix} \cdot \vec{n} = 0 \Rightarrow -6 n_2 + 6 n_3 = 0 \Rightarrow n_2 = n_3$$

Mögliche Lösung: $n_1 = 0$, $n_2 = n_3 = 1$
Koordinatengleichung: E: $y + z = 8$

Lösung zu b:
Der Winkel bei B im Dreieck BCS wird mit der Kosinusformel berechnet.

3. Winkel SBC:

$$\cos\alpha = \frac{\overrightarrow{BC}\cdot\overrightarrow{BS}}{|\overrightarrow{BC}|\cdot|\overrightarrow{BS}|} = \frac{(-8)\cdot(-6)}{8\cdot 6\sqrt3} = \frac{1}{\sqrt3} \approx 0{,}577$$

$$\alpha \approx 54{,}7°$$

Lösung zu c:
Die Geradengleichung für g kann direkt aufgestellt werden, da ein Punkt und ihre Richtung bekannt sind.

4. Gleichung von g:

$$g:\ \vec{x} = \begin{pmatrix}-2\\11\\6\end{pmatrix} + t\cdot\begin{pmatrix}2\\-2\\-1\end{pmatrix}$$

Der Schnittpunkt von E und g wird ermittelt durch Einsetzen der Gleichung von g in die Koordinatenform von E.

5. Schnittpunkt von E und g:

$$(11 - 2\,t) + (6 - t) = 8$$
$$17 - 3\,t = 8$$
$$t = 3 \Rightarrow T(4|5|3)$$

Nun ist zu prüfen, ob der Punkt T im Dreieck BCS liegt. Dazu setzen wir die Koordinaten von T in die Parametergleichung für E ein. Die Gleichung wird erfüllt für $r = \frac{1}{8}$ und $s = 0{,}5$. Beide Werte liegen zwischen 0 und 1 und sind in Summe kleiner 1. Damit liegt T im Dreieck BCS.

6. Nachweis: T liegt im Dreieck BCS:

$$\begin{pmatrix}4\\5\\3\end{pmatrix} = \begin{pmatrix}8\\8\\0\end{pmatrix} + r\begin{pmatrix}-8\\0\\0\end{pmatrix} + s\begin{pmatrix}-6\\-6\\6\end{pmatrix}$$

z-Koordinate: $2 = 6\,s \qquad \Rightarrow s = 0{,}5$

x-Koordinate: $4 = 8 - 8\,r - 3 \Rightarrow r = \frac{1}{8}$

Lösung zu d:
Zunächst wird ein Normalenvektor der Ebene F bestimmt.
Mit Hilfe des Punktes A erhalten wir dann die Koordinatengleichung von F.

7. Koordinatengleichung von F:

$$\vec{u} = \begin{pmatrix}0\\8\\0\end{pmatrix},\ \vec{v} = \begin{pmatrix}-4\\5\\3\end{pmatrix} \Rightarrow \vec{n} = \begin{pmatrix}3\\0\\4\end{pmatrix}$$

Koordinatengleichung F: $3\,x + 4\,z = 24$

Die Schnittgerade h der Ebenen E und F ergibt sich am einfachsten aus der Überlegung, dass die Punkte B und T in beiden Ebenen liegen. h ist die Gerade BT.

8. Schnittgerade h von E und F:

$$h:\ \vec{x} = \begin{pmatrix}8\\8\\0\end{pmatrix} + t\cdot\begin{pmatrix}-4\\-3\\3\end{pmatrix}$$

Übung 2   Pyramiden und Geraden

Die Ebene E schneidet die Koordinatenachsen in den Punkten A(12|0|0), B(0|6|0) und C(0|0|6).
a) Fertigen Sie ein Schrägbild der Ebene E an.
b) Geben Sie eine Parametergleichung und eine Normalengleichung für die Ebene E an.
c) Weisen Sie nach, dass der Punkt P(2|3|2) in der Ebene E liegt.
d) Wie groß ist der Winkel zwischen den Kanten AB und AC?
e) Wie lautet die Gleichung der Spurgeraden von E in der x-y-Ebene?
f) Punkt C der Ebene E wird verschoben nach $C_a(0|0|a)$. Wie muss a gewählt werden, damit der Abstand $|AC_a|$ gleich 13 ist?
g) Wie muss a gewählt werden, damit das Volumen der Pyramide ABC_aO (O: Koordinatenursprung) gleich 36 ist?
h) Weisen Sie nach, dass die Gerade g für jede Wahl von C_a einen Schnittpunkt mit der Ebene ABC_a hat. $\quad g:\ \vec{x} = \begin{pmatrix}12\\-1\\-2\end{pmatrix} + t\cdot\begin{pmatrix}-2\\1\\1\end{pmatrix}$
   Ermitteln Sie die Koordinaten des Schnittpunktes.

Übungen

3. Schiefe Pyramide mit rechteckiger Grundfläche
Die Punkte $A(-4|-2|0)$, $B(3|-2|0)$, $C(3|3|0)$ und $D(-4|3|0)$ sind die Eck-
punkte der Grundfläche einer Pyramide, deren Spitze der Punkt $S(0|0|6)$ ist.
a) Zeichnen Sie ein Schrägbild der Pyramide.
b) Weisen Sie nach, dass der Punkt $P(1|1|4)$ auf der Kante CS liegt.
   Ergänzen Sie die Zeichnung um den Punkt P.
c) Die Ebene E enthält die Kante AB sowie den Punkt P.
   Wie lautet die Ebenengleichung in Parameterform und in
   Koordinatenform?
d) Ermitteln Sie den Schnittpunkt Q der Ebene E mit der Geraden DS.
e) M_1 sei der Mittelpunkt der Strecke $\overline{AB}$. Begründen Sie, dass der Punkt $M_2(-0,5|1|4)$ auf
   der Strecke $\overline{PQ}$ liegt. Weisen Sie nach, dass $\overline{M_1M_2}$ orthogonal zu $\overline{AB}$ liegt.
f) Begründen Sie, dass das Viereck ABPQ ein Trapez ist. Ermitteln Sie den Flächeninhalt des
   Trapezes.

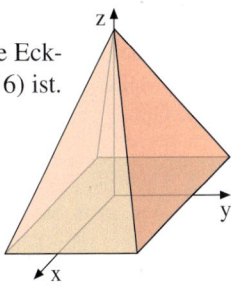

4. Pyramide
Die Punkte $A(12|0|0)$, $B(12|12|0)$, $C(0|12|0)$ und $D(0|0|0)$ sind die Eckpunkte der Grund-
fläche einer Pyramide mit der Ecke $S(0|0|12)$ als Spitze. Die Ebene E enthält die Punkte
$F(6|0|6)$, $G(0|6|6)$ und $H(0|0|3)$.
a) Zeichnen Sie ein Schrägbild der Pyramide sowie der Ebene E.
b) Bestimmen Sie eine Gleichung der Ebene E.
   Ermitteln Sie eine Geradengleichung für die Gerade BS.
c) In welchem Punkt I schneiden sich die Ebene E und die Gerade BS?
d) Weisen Sie nach, dass FG und HI orthogonal zueinander liegen.
   Ermitteln Sie den Schnittpunkt T der Geraden FG und HI.
   Welchen Flächeninhalt hat das Viereck GHFI?
e) Welchen Abstand hat der Punkt S von der Geraden FG?
f) Die Gerade g schneidet die Grundfläche der Pyramide senkrecht in ihrem Mittelpunkt.
   Welcher Punkt der Geraden g hat von allen Eckpunkten der Pyramide den gleichen Abstand?

5. Quader mit aufgesetzter Pyramide
Die Punkte $A(4|-4|4)$, $B(4|4|4)$, $C(0|4|4)$ und $D(0|-4|4)$ bilden die Deck-
fläche eines Quaders, dessen Grundfläche in der x-y-Ebene liegt. Die Deckfläche des Quaders ist gleichzeitig die Grundfläche einer Pyramide mit
der Spitze im Punkt $S(2|0|10)$.
a) Zeichnen Sie ein Schrägbild des Quaders mit der aufgesetzten
   Pyramide.
b) M_1 sei der Mittelpunkt der Kante $\overline{AS}$, M_2 der Mittelpunkt der
   Kante $\overline{CS}$. Ermitteln Sie die Koordinaten von M_1 und M_2 und
   geben Sie eine Gleichung der Ebene E_1 an, welche die Punkte M_1, M_2 und B enthält.
   Zeichnen Sie die Ebene E_1 in das Schrägbild ein.
c) Die Gerade g enthält die Pyramidenkante DS. In welchem Punkt schneiden sich E_1 und g?
d) Die Ebene E_2 enthält die Punkte A, B und S. Wie lautet eine Ebenengleichung von E_2?
   Zeigen Sie, dass der Punkt $P(3|1|7)$ in E_2 liegt.
e) Weisen Sie nach, dass das Dreieck ABS gleichschenklig ist.
   Wie groß ist der Winkel α bei A im Dreieck ABS?
   Welchen Flächeninhalt hat das Dreieck ABS?

6. Haus mit Walmdach

Betrachtet wird das rechts dargestellte Haus mit Walmdach.

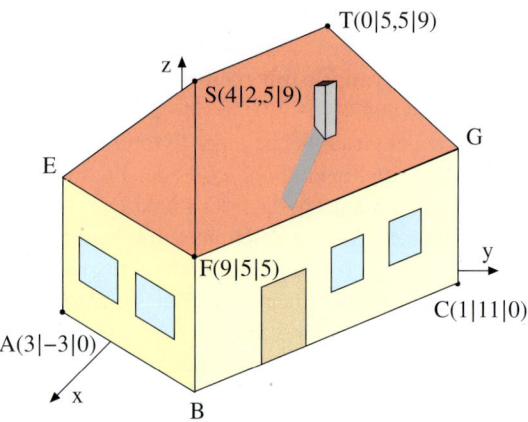

a) Ermitteln Sie die Koordinaten der fehlenden Eckpunkte des Hauses. (Maße in Metern)

b) Geben Sie eine Gleichung der Ebene FGS an. Begründen Sie, dass die Dachfläche FGTS ein Trapez ist.

c) Wie groß sind die Innenwinkel der dreieckigen Dachfläche EFS?

d) Bestimmen Sie den Mittelpunkt M der Strecke $\overline{EF}$. Weisen Sie nach, dass die Strecken $\overline{EF}$ und $\overline{MS}$ orthogonal sind. Welchen Flächeninhalt hat das Dreieck EFS?

e) Der Schornstein des Hauses hat seinen Fußpunkt in P(3|7|0). Der Schornsteinfeger hat die Auflage gemacht, dass er die Dachfläche, die er durchbricht, um 2 m überragen muss. In welchem Punkt Q durchstößt er die Dachfläche FGST? Wie hoch muss der Schornstein sein?

f) Wie lang ist der Schatten eines 9 m hohen Schornsteins, wenn ihn Sonnenlicht trifft, welches in Richtung des Vektors $\vec{v} = \begin{pmatrix} 5 \\ 0 \\ -6 \end{pmatrix}$ verläuft?

7. Pyramidenstumpf

Die Punkte A(0|0|0), B(12|0|0), C(12|12|0) und D(0|12|0) sind die Eckpunkte der Grundfläche eines gläsernen Pyramidenstumpfes (s. Schemabild rechts).

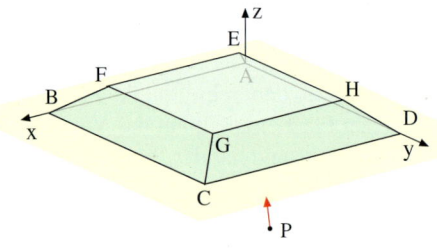

Die Eckpunkte der Deckfläche sind E(2|2|3), F(10|2|3), G(10|10|3) und H(2|10|3).

Teil 1:

a) Ermitteln Sie die Koordinaten der Pyramidenspitze S.

b) Bestimmen Sie eine Gleichung der Ebene CDH, in der die Seitenfläche CDHG des Pyramidenstumpfs liegt.

c) Im Punkt P(14|20|0) steht ein Laser, der in Richtung des Vektors $\vec{v} = \begin{pmatrix} -3 \\ -3 \\ 0{,}5 \end{pmatrix}$ leuchtet. In welchem Punkt trifft der Laserstrahl die Ebene CDH?

d) Begründen Sie, dass der Strahl den Pyramidenstumpf nicht über die Deckfläche verlässt.

e) Welchen Inhalt hat die Seitenfläche CDHG?

Teil 2:

Im Mittelpunkt M(6|6|3) der Deckfläche wird ein 5 m hoher senkrechter Mast errichtet.

Sonnenlicht fällt in Richtung des Vektors $\vec{u} = \begin{pmatrix} 2 \\ 1 \\ -2 \end{pmatrix}$ auf den Pyramidenstumpf mit Mast.

f) Gesucht ist der Schattenpunkt P der Mastspitze S(6|6|8) in der x-y-Ebene.

g) Bestimmen Sie den Punkt Q des Mastes, dessen Schattenpunkt auf der Kante $\overline{FG}$ liegt.

h) Weisen Sie nach, dass der Mast keinen Schatten auf der Fläche BCFG hinterlässt.

i) Ermitteln Sie die Gesamtlänge des Mastschattens.

8. Turm am Deich

Der abgebildete Deich besitzt das Profil eines gleichschenkligen, symmetrischen Trapezes. Die Sohle ist 20 m und die Krone ist 4 m breit. Die Höhe beträgt 8 m.
Am Vorderhang des Deiches steht ein 16-m-Turm mit quadratischem Querschnitt (8 m × 8 m), der von einem 8 m hohen Dach in Form einer quadratischen Pyramide gekrönt wird.

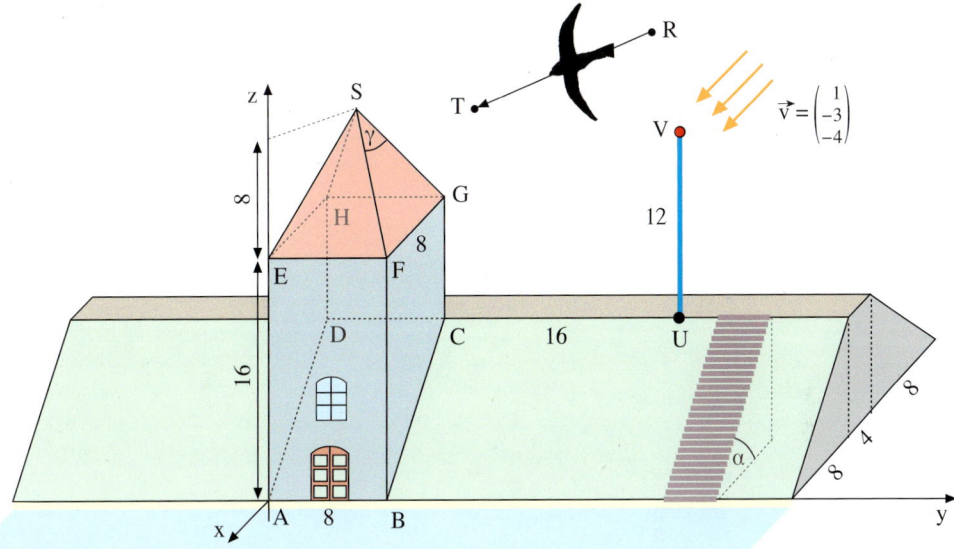

Teil 1:
a) Ermitteln Sie die Koordinaten der Turmecken A bis F. Wo liegt die Dachspitze S?
b) In welchem Winkel γ treffen sich die Dachbalken FS und GS bei S?
c) Wie viele Quadratmeter Ziegeln werden für das Eindecken des Daches benötigt?
d) Wie lautet die Gleichung der Ebene K, in der die vordere Hangfläche liegt?
e) Welche Steigung und welchen Steigungswinkel hat die Treppe, die auf die Krone führt?

Teil 2:
f) Welches Außenvolumen besitzt der sichtbare Teil des Turmes?
g) Wie groß ist das Volumen eines 100 m langen Deichabschnitts?
h) Wie viele Kubikmeter Putz werden benötigt, um die Seitenwand BCGF des Turmes mit einer 2 cm dicken Putzschicht zu versehen?
i) Sonnenlicht fällt in Richtung des eingezeichneten Vektors $\vec{v}$ ein. Wo trifft der Schatten der Mastspitze V auf den vorderen Deichhang? Wie lang ist der Schatten des Mastes?
j) Ein Mauersegler durchfliegt im geradlinigen Anflug kurz hintereinander die Positionen R(−13|17|25) und T(−9|9|23). Erreicht er sein Ziel, die Dachfläche GHS?

Teil 3:
k) Welchen Abstand hat der Punkt F von der Geraden ES?
l) Ermitteln Sie eine Koordinatengleichung der Ebene EFS.
m) Welchen Abstand hat der Punkt G von der Ebene EFS?

B. Bewegte Objekte

Nun werden Aufgabenstellungen angesprochen, bei denen vektorgeometrische Methoden im Zusammenhang mit bewegten Objekten wie z. B. Flugbahnen zum Einsatz kommen.
Die folgenden drei Beispiele sprechen typische Problemstellungen an.

▶ Beispiel: Steigflug

Das Flugzeug F befindet sich im Steigflug, als es vom Kontrollturm T$(-10|10|0)$ um 14.00 Uhr in A$(8|8|4)$ und noch einmal um 14.02 Uhr in B$(4|12|6)$ gesichtet wird. Später verschwindet es in der horizontalen Wolkenschicht, die in 9 km Höhe beginnt und in 10 km Höhe endet. Direkt beim Austritt aus der Wolkenschicht geht das Flugzeug vom Steigflug in den Horizontalflug über, ohne weitere Richtungsänderungen vorzunehmen (Angaben in km).
Es wird angenommen, dass die Ebene, in der gestartet wird, auf der Höhe null befindet.

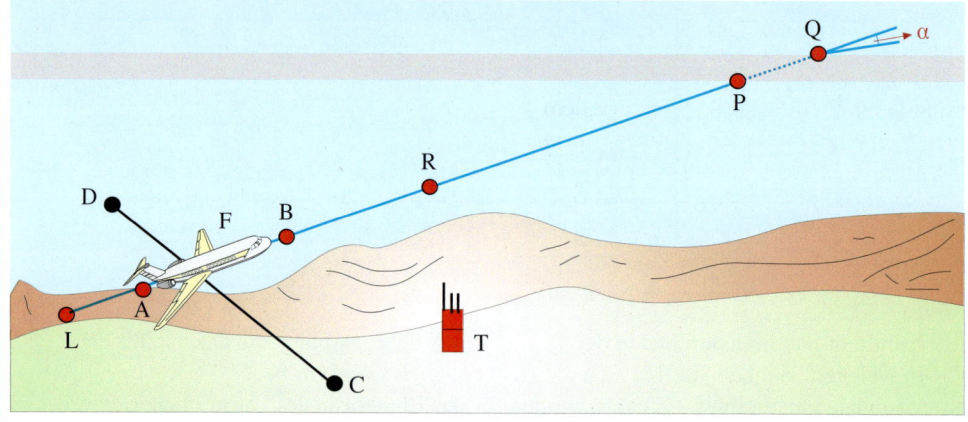

a) Bestimmen Sie eine Parametergleichung der Flugbahn f des Flugzeuges.
b) In welchem Punkt L ist das Flugzeug gestartet?
c) Berechnen Sie die Fluggeschwindigkeit in km/min und in km/h.
d) In welcher Positionen P und Q wird die Wolkendecke erreicht und wieder verlassen?
e) Wie groß ist der Korrekturwinkel α beim Einschwenken in den Horizontalflug?

Lösung zu a:
Die Geradengleichung von f erhalten wir mit Hilfe der Zweipunkteform.

1. Gleichung von f

$$f: \vec{x} = \begin{pmatrix} 8 \\ 8 \\ 4 \end{pmatrix} + r \begin{pmatrix} -4 \\ 4 \\ 2 \end{pmatrix}$$

Lösung zu b:
Das Flugzeug ist offensichtlich auf der Nullhöhe $z = 0$ gestartet. Wir setzen daher die z-Koordinate in der Geradengleichung von f gleich 0, d.h. $4 + 2r = 0$. Daraus folgt $r = -2$, woraus sich der Startpunkt L$(16|0|0)$ ergibt.

2. Startpunkt

$z = 0$
$4 + 2r = 0$
$r = -2$
L$(16|0|0)$

Lösung zu c:
Die Strecke von A nach B hat die Länge $|AB| = 6$ km. Diese Strecke wird in zwei Minuten zurückgelegt. Die Geschwindigkeit beträgt also 3 km/min, d. h. 180 km/h.

Lösung zu d:
Die Wolkendecke wird erreicht in der Höhe $z = 9$. Setzen wir die z-Koordinate der Geradengleichung gleich 9, so erhalten wir den unteren Durchstoßungspunkt $P(-2|18|9)$. Setzen wir sie gleich 10, so erhalten wir den oberen Durchstoßungspunkt $Q(-4|20|10)$.

Lösung zu e:
Die Korrekturwinkel α ist – wie die Abbildung zeigt, der Winkel zwischen dem ursprünglichen Richtungsvektor $\vec{m}_1$ und dem neuen Richtungsvektor $\vec{m}_2$, die sich nur in der z-Koordinate unterscheiden.
Wir berechnen α mit der Kosinusformel.
Resultat: $\alpha \approx 19{,}47°$.
Um diesen Winkel muss der Steigflug abgesenkt werden.

3. Fluggeschwindigkeit

$$\overrightarrow{AB} = \left| \begin{pmatrix} -4 \\ 4 \\ 2 \end{pmatrix} \right| = \sqrt{36} = 6$$

$$v = \frac{s}{t} = \frac{6\,\text{km}}{2\,\text{min}} = 3\,\frac{\text{km}}{\text{min}} = 180\,\frac{\text{km}}{\text{h}}$$

4. Durchstoßung der Wolkendecke

$z = 9$	$z = 10$
$4 + 2r = 9$	$4 + 2r = 10$
$r = 2{,}5$	$r = 3$
$P(-2|18|9)$	$Q(-4|20|10)$

5. Korrekturwinkel α

$$\cos\alpha = \frac{\vec{m}_1 \cdot \vec{m}_2}{|\vec{m}_1| \cdot |\vec{m}_2|} = \frac{\begin{pmatrix} -4 \\ 4 \\ 2 \end{pmatrix} \cdot \begin{pmatrix} -4 \\ 4 \\ 0 \end{pmatrix}}{\left|\begin{pmatrix} -4 \\ 4 \\ 2 \end{pmatrix}\right| \cdot \left|\begin{pmatrix} -4 \\ 4 \\ 0 \end{pmatrix}\right|} = \frac{32}{\sqrt{36} \cdot \sqrt{32}} \approx 0{,}9428$$

$$\Rightarrow \alpha \approx \arccos 0{,}9428 \approx 19{,}47°$$

▶ **Beispiel: Minimaler Abstand**
Wir untersuchen die Flugbewegung aus dem vorhergehenden Beispiel weiter. In welchem Punkt R seiner Flugbahn f kommt das Flugzeug dem Kontrollturm $T(-10|10|0)$ am nächsten? Wie groß ist die minimale Entfernung?

$$f: \vec{x} = \begin{pmatrix} 8 \\ 8 \\ 4 \end{pmatrix} + r \begin{pmatrix} -4 \\ 4 \\ 2 \end{pmatrix}$$

Lösung zu f:
In der nebenstehenden Zeichnung ist das Lot von T auf die Fluggerade g als rote Strecke eingezeichnet.
Gesucht ist der Fußpunkt R des Lotes auf der Flugbahngeraden f. Wir wenden das Lotfußpunktverfahren zur Bestimmung des Abstandes Punkt/Gerade an.
Wir bestimmen die Gleichung einer Hilfsebene H, die den Punkt T enthält und senkrecht zu f steht. Sie hat also den Punkt T als Stützpunkt und wir können den Richtungsvektor $\vec{m}$ von f als Normalenvektor von H verwenden.
Die Gleichung von H in Koordinatenform lautet H: $-4x + 4y + 2z = 80$.

1. Fußpunkt des Lotes von T auf f

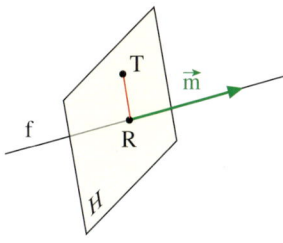

Bestimmung der Hilfsebene H:

H: $[\vec{x} - \vec{a}] \cdot \vec{n} = 0$

H: $\left[\begin{pmatrix} x \\ y \\ z \end{pmatrix} - \begin{pmatrix} -10 \\ 10 \\ 0 \end{pmatrix} \right] \cdot \begin{pmatrix} -4 \\ 4 \\ 2 \end{pmatrix} = 0$

H: $-4x + 4y + 2z = 80$

Nun bestimmen wir den gesuchten Lotfußpunkt R als Schnittpunkt von f und H, indem wir die Koordinaten von f in die Gleichung von H einsetzen.
Resultat: R = R (0|16|8).

Schnittpunkt von H und f:
$$-4(8-4r)+4(8+4r)+2(4+2r)=80$$
$$8+36r=80$$
$$r=2$$
$$\Rightarrow R = R(0|16|8)$$

Der Abstand von R und T wird nach der Abstandsformel für Punkte errechnet. Er ► beträgt ca. 14,14 km.

2. Abstand von T und R
$$d_{min} = |\overrightarrow{TR}| = \left\| \begin{pmatrix} 10 \\ 6 \\ 8 \end{pmatrix} \right\| = \sqrt{200} \approx 14,14\,km$$

► **Beispiel: Auf Kollisionskurs?**

Im Bild auf Seite 222 ist die Flugbahn eines Hubschraubers H eingezeichnet.
Er startet um 13.59 Uhr in C (8|11|0) mit Kurs auf das Ziel D (8|2|12). Seine Geschwindigkeit beträgt durchschnittlich 150 km/h.
Kann es zu einer Kollision mit dem Flugzeug F kommen, das um 14.00 in A (8|8|4) erwartet wird und um 14.02 Punkt B (4|12|6) erreicht haben soll?

Lösung:
Wir bestimmen zunächst die Gleichungen der Flugbahnen f und h (siehe rechts).
Dann untersuchen wir, ob diese sich schneiden, indem wir die rechten Seiten der beiden Bahnen f und h gleichsetzen.
Wir erhalten so ein relativ einfaches lineares Gleichungssystem, das wir manuell oder mit einem Rechner lösen.
Die Lösung r = 0 bzw. s = $\frac{1}{3}$ führt auf den Schnittpunkt S (8|8|4). Es gibt also einen theoretischen Kollisionspunkt. Es ist der Punkt A, an dem sich Flugzeug F um 14.00 Uhr befinden soll.

1. Schnittpunkt von f und h
Gleichungen von f und h:
$$f: \vec{x} = \begin{pmatrix} 8 \\ 8 \\ 4 \end{pmatrix} + r \begin{pmatrix} -4 \\ 4 \\ 2 \end{pmatrix}; \ h: \vec{x} = \begin{pmatrix} 8 \\ 11 \\ 0 \end{pmatrix} + s \begin{pmatrix} 0 \\ -9 \\ 12 \end{pmatrix}$$

Schnittuntersuchung:
I: $8-4r=8$
II: $8+4r=11-9s$
III: $4+2r=\quad 12s$

Aus I: $r=0$
In II: $8=11-9s \Rightarrow s=\frac{1}{3}$
Probe in III: $4=4$

$$\Rightarrow \text{Schnittpunkt } S(8|8|4)$$

Ob tatsächlich Kollisionsgefahr besteht, hängt nun noch davon ab, wann der Hubschrauber H den Punkt S erreicht.
Seine Entfernung von S ist gleich dem Abstand $|\overrightarrow{CS}|$. Wir errechnen mit der Abstandsformel 5 km.

2. Entfernung von C nach S
$$d = |\overrightarrow{CS}| = \left\| \begin{pmatrix} 0 \\ -3 \\ 4 \end{pmatrix} \right\| = \sqrt{25} = 5\,km$$

Da der Hubschrauber mit einer Geschwindigkeit von 150 km/h fliegt, d.h. mit exakt 2,5 km/min, benötigt er 2 Minuten bis zum Punkt S. Er kommt also um 14.01 Uhr dort an. Da Flugzeug F den Punkt S = A bereits um 14.00 Uhr erreicht hat, kommt es nicht ► zur Kollision.

3. Flugzeit von C nach S
$$v = \frac{s}{t} \Rightarrow t = \frac{s}{v} = \frac{5\,km}{150\,km/h} = \frac{1}{30}h = 2\,min$$

Übungen

9. Segelflugmanöver

Ein Segelflieger bewegt sich auf geradliniger Bahn f im Sinkflug mit 2 km/min auf den Tafelberg mit dem Grat $\overline{PQ}$ zu.

Im Punkt S erreicht er eine senkrechte Ebene E, in der Auftrieb herrscht. Der Segelflieger
nutzt diesen Auftrieb. Er schraubt sich beim Erreichen der Ebene E im Punkt S mit einer
Steiggeschwindigkeit von 100 m/min zehn Minuten lang nach oben bis zum Punkt T, der
exakt senkrecht über S liegt.

Dort verlässt er die Auftriebsebene E und fliegt mit 1 km/min in Richtung des neuen Ziel-
punktes Z (Koordinatenangaben in km).

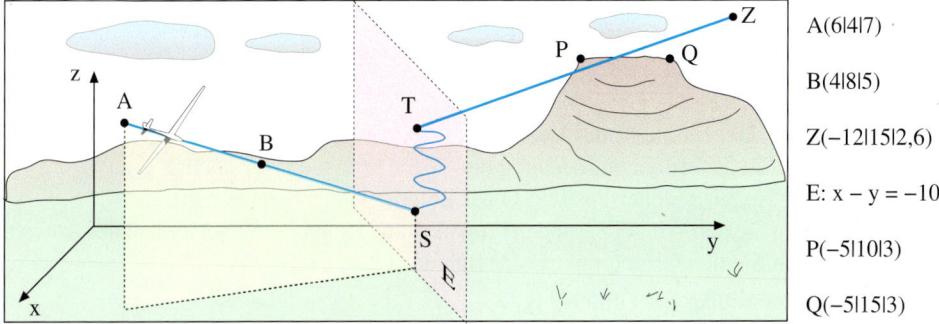

A(6|4|7)

B(4|8|5)

Z(−12|15|2,6)

E: x − y = −10

P(−5|10|3)

Q(−5|15|3)

a) Stellen Sie die Gleichung der Flugbahn f auf.
b) Wo liegen die Punkte S und T?
c) Wie lautet die Gleichung der Route h von T nach Z?
d) Gelingt es dem Flieger, den Tafelberg zu überfliegen?
e) Wie dicht kommt er an den Grat $\overline{PQ}$ heran?
f) Wie lange dauert das gesamte Flugmanöver?

10. Ein Flugzeug startet im Punkt A (0|0|0) und fliegt mit 324 km/h geradlinig in Richtung $\vec{v} = \begin{pmatrix} 84 \\ 30 \\ 12 \end{pmatrix}$.

Gleichzeitig befindet sich ein Heißluft-
ballon im Punkt B (10 180|3400|1240).
Es herrscht Windstille, so dass der Bal-
lonfahrer seine Position exakt halten
kann, um seinen Passagieren Gelegen-
heit zur Beobachtung der Landschaft zu
geben. (Alle Längenangaben in m)

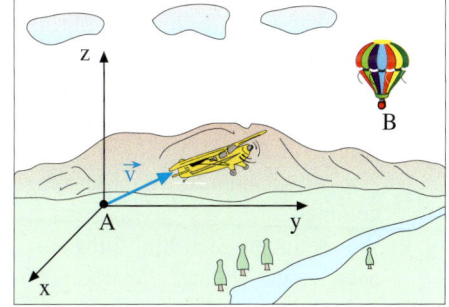

a) Rechnen Sie die Geschwindigkeit
des Flugzeugs in m/s um.
b) Welche Bedeutung hat $|\vec{v}|$?
c) An welcher Flugposition F kommt
das Flugzeug dem Ballon am nächsten? Wie groß ist der dann erreichte
minimale Abstand d_{min}?
d) Wie lange nach dem Start wird der minimale Abstand aus b) erreicht?
e) Der Ballon driftet durch aufkommenden Wind in Richtung des Vektors $\vec{w} = \begin{pmatrix} -16 \\ -230 \\ 212 \end{pmatrix}$ ab.
Besteht nun eine theoretische Kollisionsgefahr?

11. Golf

Auf einem Golfplatz gibt es einen Hang H mit der Gleichung H: $\vec{x} = \begin{pmatrix} 0 \\ 40 \\ 0 \end{pmatrix} + r\begin{pmatrix} 1 \\ 0 \\ 0 \end{pmatrix} + s\begin{pmatrix} 0 \\ 2 \\ 1 \end{pmatrix}$ und eine Hochebene E.

Ein Golfspieler schlägt im Punkt P(60|0|0) ab, um das Loch L(60|120|30) zu treffen.

Die Flugbahn des Balles wird durch die Funktion $z(y) = -\frac{1}{80}y^2 + \frac{5}{4}y$ beschrieben, wobei die Bahnebene parallel zur y-z-Ebene steht. Die x-Koordinate beträgt also konstant 60.

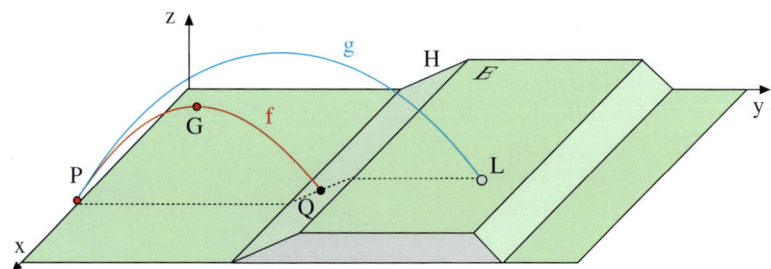

a) Zeigen Sie: Der Ball trifft das Loch nicht.

b) Geben Sie die Koordinatengleichung der Ebene E an.

c) Ermitteln Sie, an welcher Position Q der Ball die Hangebene H trifft.

d) Berechnen Sie den Winkel zwischen Flugbahn und Hangebene im Moment des Aufschlags.

e) Berechnen Sie den Gipfelpunkt G der Bahnkurve.

f) Ein zweiter Schlag wird durch $z(y) = -\frac{1}{80}y^2 + ay$ beschrieben.

   Ermitteln Sie, wie a gewählt werden muss, damit das Loch L getroffen wird.

   Ermitteln Sie, unter welchem Winkel er in das Loch trifft.

   Ermitteln Sie, in welcher Höhe er die Schnittkante der beiden Ebenen H und E überfliegt.

12. Zwei Flugzeuge

Flugzeug F fliegt geradlinig im Sekundentakt durch die Punkte
A(1200|1200|1200) und
B(1236|1260|1202), während Fluzeug G gleichzeitig ebenfalls geradlinig die Punkte C(1170|2650|1380) und D(1206|2686|1383) passiert (Ang. in m).

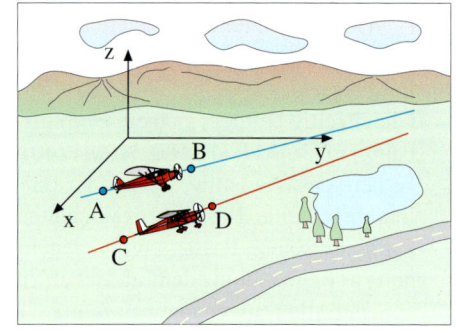

a) Mit welchen Geschwindigkeiten fliegen die Flugzeuge?

b) Wie nah könnten sich die Flugzeuge kommen?

c) Wo befinden sich die Flugzeuge nach einer Minute? Welchen Abstand haben sie dann?

Die folgende Aufgabe steht stellvertretend für komplexe Anwendungssituationen in realen räumlichen Umgebungen und für Bewegungsaufgaben im Raum.

> **Beispiel: Fußball**
> Bei einem Fußballspiel wird ein Freistoß gegeben. Es liegen folgende Daten vor:
> Länge des Platzes 100 m, Breite 60 m.
> Breite des Tores 7,2 m, Höhe 2,4 m.
> Durchmesser des Balles 0,2 m.
>
>
>
> Der Ball berührt den Boden beim Freistoß – bezogen auf das eingezeichnete Koordinatensystem – im Punkt R(10|40|0).
> a) Bestimmen Sie die Koordinaten der vier Eckpunkte A, B und P, Q des Tores.
> b) Der Spieler, der den Freistoß ausführt, möchte exakt in den rechten oberen Eckwinkel des Tores treffen. Wie lautet die Gleichung der als geradlinig angenommenen Flugbahn g des Ballmittelpunktes S? Welche Flugbahn würde sich bei einem Schuss in die rechte untere Ecke bzw. in die linke untere Ecke ergeben?
> c) Wie groß ist der Anstiegswinkel der Fluggeraden g gegenüber dem Boden?
> d) Welche Zeit bleibt dem Tormann für seine Reaktion, wenn der Ball mit 30 m/s fliegt?
> e) Wie groß ist die Teilstrecke der 16-m-Linie, welche die auf der 16 m-Linie aufgestellte Verteidigungsmauer abdecken muss, um das zu verhindern?

Lösung zu a:
Die rechte obere Eckfahne steht im Ursprung O(0|0|0). Die Mitte der Grundlinie und der Torlinie ist also bei M(30|0|0). Die unteren Eckpunkte A und B liegen 3,6 m weiter links bzw. rechts, die oberen Eckpunkte zusätzlich 2,4 m hoch.

Punktkoordinaten:
Ursprung O(0|0|0),
Grundlinienmitte: M(30|0|0)
Untere Torecken: A(33,6|0|0), B(26,4|0|0)
Obere Torecken: P(33,6|0|2,4), Q(26,4|0|2,4)

Lösung zu b:
Der Ball berührt den Rasen im Punkt R(10|40|0). Er hat einen Durchmesser von 20 cm. Sein Mittelpunkt S befindet sich also 10 cm höher bei S(10|40|0,1). Sein Zielpunkt T liegt 10 cm links und 10 cm unterhalb der Torecke Q(26,4|0|2,4), d.h. es gilt T(26,5|0|2,3).
Mit Hilfe der Zweipunkteform ergibt sich nun die rechts dargestellte Flugbahn g.

Bei einem Schuss in die rechte untere Ecke müsste man als Zielpunkt U(26,5|0|0,1) verwenden. Dann ergibt sich die Gerade h. Bei einem Schuss in die linke untere Ecke V(33,5|0|0,1) ergibt sich die Gerade k.

Gleichung der Fluggeraden g des Balles:
Startpunkt: S(10|30|0,1)
Zielpunkt: T(26,5|0|2,3)
Flugbahn: $\quad$ g: $\vec{x} = \begin{pmatrix} 10 \\ 30 \\ 0,1 \end{pmatrix} + r \cdot \begin{pmatrix} 16,5 \\ -30 \\ 2,2 \end{pmatrix}$

Gleichung der Fluggeraden h und k:
Start: S(10|30|0,1) $\quad$ Ziel: U(26,5|0|0,1)

Flugbahn: $\quad$ h: $\vec{x} = \begin{pmatrix} 10 \\ 30 \\ 0,1 \end{pmatrix} + r \cdot \begin{pmatrix} 16,5 \\ -30 \\ 0 \end{pmatrix}$

Start: S(10|30|0,1) $\quad$ Ziel: V(33,5|0|0,1)

Flugbahn: $\quad$ k: $\vec{x} = \begin{pmatrix} 10 \\ 30 \\ 0,1 \end{pmatrix} + r \cdot \begin{pmatrix} 23,3 \\ -30 \\ 0 \end{pmatrix}$

Lösung zu c:

Das Bild zeigt, dass der Anstiegswinkel α der Winkel zwischen den Vektoren $\overrightarrow{ST}$ und $\overrightarrow{SU}$ ist, wobei $U(26,5|0|0,1)$ der Zielpunkt für einen Schuss in die untere rechte Ecke ist.

Wir verwenden die Kosinusformel:

$$\cos\alpha = \frac{|\overrightarrow{ST}\cdot\overrightarrow{SU}|}{|\overrightarrow{ST}|\cdot|\overrightarrow{SU}|} \approx \frac{1172,25}{34,31\cdot34,24} \approx 0,9979$$

$$\Rightarrow \alpha = \arccos 0,9979 \approx 3,7°$$

Lösung zu d:

Wir berechnen die Länge der Flugstrecke $\overline{ST}$ als Abstand der Punkte S und T. Wir erhalten $|\overline{ST}| = 34,31\,\text{m}$.

Eine Strecke von 34,31 m wird bei einer Geschwindigkeit von 30 m/s in ca. 1,14 s zurückgelegt. Nur diese kurze Zeitspanne bleibt dem Tormann für seine Reaktion.

Lösung zu e:

Wir berechnen die Punkte U' und V' der Geraden h und k aus Aufgabenteil b), welche die y-Koordinate 16 besitzen, also exakt über der 16-m-Linie liegen. Der Ansatz y = 16 liefert uns $U'(17,7|16|0,1)$ und $V'(20,97|16|0,1)$. Die x-Koordinaten von A und B haben den Abstand d = 3,27 m.
▶ Diese Länge muss abgedeckt werden.

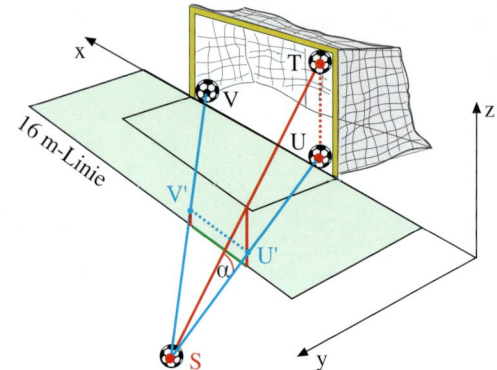

Länge der Flugstrecke $\overline{ST}$:

$$|\overline{ST}| = \sqrt{(26,5-10)^2+(0-30)^2+(2,3-0,1)^2}$$
$$= \sqrt{1177,09} \approx 34,31\,\text{m}$$

Dauer des Fluges:

Flugdauer : $t \approx 34,31\,\text{m} : 30\,\text{m/s} \approx 1,14\,\text{s}$

Berechnung der Abwehrstrecke über der 16 m-Linie:

Ansatz für U':	Ansatz für V':
y = 0 (Gerade h)	y = 0 (Gerade k)
30 − 30r = 16	30 − 30r = 16
r = 7/15	r = 7/15
U'(17,7|16|0,1)	V'(20,97|16|0,1)

Länge: d = 20,97 m − 17,7 m = 3,27 m

Übung 13　Flugbahnen

Ein Luftschiff l startet auf dem Flughafen $L(24|52|0)$ und wird kurz danach in $P(20|42|2)$ geortet.

Ein Hubschrauber h bewegt sich etwa zur gleichen Tageszeit in geradlinigem Steigflug vom Fliegerhorst $F(20|-8|0)$ in Richtung der Bergspitze $S(-4|32|16)$.

Die Front einer Nebelwand wird durch die Ebene E_{ABC} mit $A(16|0|0)$, $B(0|16|0)$, $C(0|0|16)$ beschrieben

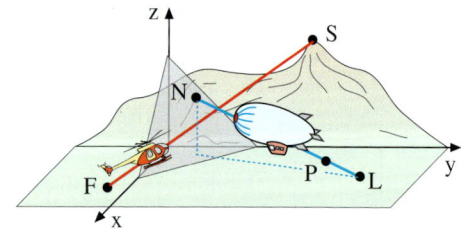

a) Gibt es eine mögliche Kollisionsposition T der Bahnen von Luftschiff und Hubschrauber? Wie groß ist der Schnittwinkel der Flugbahnen von l und h in dieser Position T?

b) Im weiteren Flugverlauf tritt das Luftschiff bei N in die Nebelwand ein. Bestimmen Sie N.

c) Fertigen Sie eine genaue Zeichnung der Objekte und Flugbahnen im Schrägbild an.

Übungen

14. Die Bahnen zweier Flugzeuge werden als geradli-
nig angenommen, die
Flugzeuge werden als
Punkte angesehen. Das
erste Flugzeug bewegt
sich von A(0|−50|20)
nach B(0|50|20). Das
zweite Flugzeug nimmt
den Kurs von Punkt
C(−14|46|32) auf Punkt
D(50|−18|0). Eine Ein-
heit entspricht 1 km.

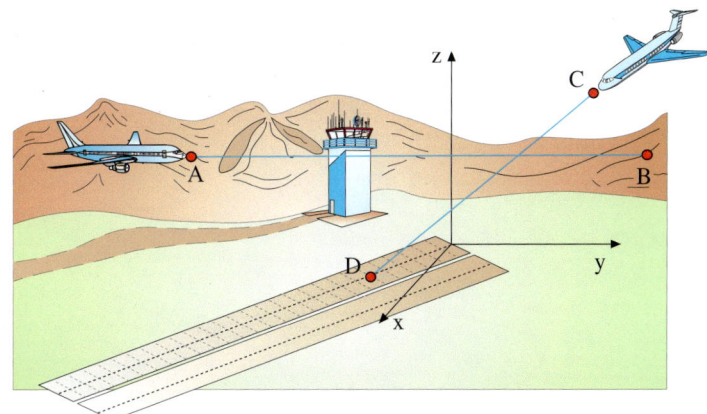

a) Untersuchen Sie, ob die beiden Flugzeuge bei gleichbleibenden Kursen zusammenstoßen
   könnten. (Die Geschwindigkeiten der Flugzeuge bleiben unberücksichtigt.)

b) Das 2. Flugzeug ändert nach der Hälfte der Strecke $\overline{CD}$, in dem Punkt M, seinen Kurs, da
   ein Nebel aufkommt. Das 2. Flugzeug fliegt nun von M aus über T(0|25|20) nach D. Be-
   rechnen Sie die Länge des durch den neuen Kurs entstandenen Umweges.

c) Untersuchen Sie, ob die beiden Flugzeuge auf dem neuen Kurs zusammenstoßen könnten
   (ohne Berücksichtigung der Geschwindigkeiten).

d) Untersuchen Sie, ob es dem 2. Flugzeug gelungen ist, rechtzeitig vor der schmalen Nebelfront, die sich durch die Ebene E: $2x − 2y − z = 20{,}8$ beschreiben lässt, seinen Kurs zu
   ändern.

15. Drachenflug

Ein von der Flugüberwachung kon-
trollierter Luftraum wird von einer
Ebene E begrenzt. Sie enthält die
Punkte A(0|500|0), B(100|500|0)
und C(0|600|100) (alle Angaben in
m). Die Erdoberfläche liegt in der x-
y-Ebene.

a) Bestimmen Sie eine Ebenengleichung von E in Normalenform.

b) Welchen Winkel schließt die Ebene
   E mit der Erdoberfläche ein?

c) In einem Punkt P(2500|750|25) knapp außerhalb des überwachten Flugraums befinden
   sich Kinder, die einen Drachen aufsteigen lassen. Durch den Wind stellt sich die Schnur
   in Richtung des Vektors $\vec{w} = \begin{pmatrix} -10 \\ -50 \\ 25 \end{pmatrix}$. Ab welcher Schnurlänge gelangt der Drachen in den
   überwachten Flugraum?

d) Der Wind dreht, so dass sich die Schnur in Richtung $\vec{u} = \begin{pmatrix} 10 \\ 50 \\ z \end{pmatrix}$ stellt und mit der Erde einen
   Winkel von 45° bildet. Berechnen Sie zunächst den Wert des Parameters z. Bestimmen Sie
   dann den Winkel zwischen der alten und der neuen Lage der Drachenschnur.

16. Einflugschneise

Ein Flugzeug befindet sich im Landeanflug. Es bewegt sich auf einer geraden Flugbahn g durch die Punkte A (25|2|5) und B (15|7|3). Die Einflugschneise wird durch zwei Geraden g_1 und g_2 begrenzt, welche durch die Punkte C (10|4|2) und D (0|10|0) bzw. E (10|20|2) und F (0|14|0) gehen (Angabe in km).

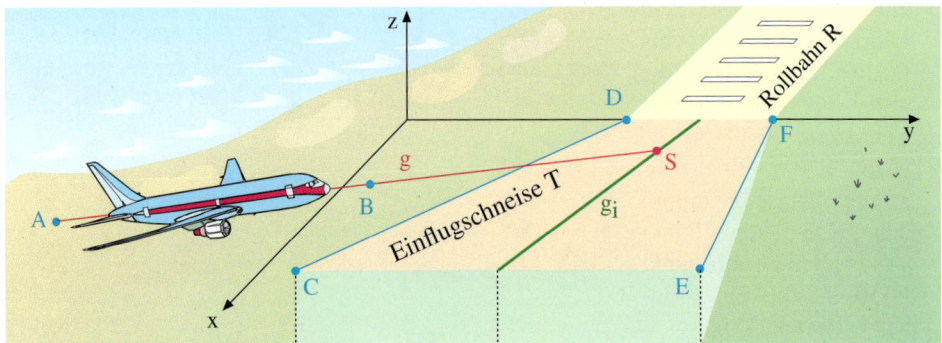

a) Bestimmen Sie die Gleichungen der beiden Begrenzungsgeraden g_1 und g_2. Zeigen Sie, dass diese eine Ebene T aufspannen. Wie lautet die Gleichung der Ebene T?

b) Welchen Winkel bildet die Ebene T (Einflugschneisenebene) mit der Rollbahnebene R, welche wie abgebildet in der x-y-Ebene liegt?

c) Wie lautet die Gleichung der Flugbahngeraden g des Flugzeugs?

d) Die in der Mitte der Einflugschneise verlaufende Gerade g_i ist die ideale Linie für den Landeanflug. Wie lautet die Gleichung der Geraden g_i? Zeigen Sie, dass die Bahn g des Flugzeugs die Ideallinie g_i schneidet. Wo liegt der Schnittpunkt S?

e) Berechnen Sie, um welchen Winkel der Pilot den Kurs in S korrigieren muss, um auf die Ideallinie g_i einzuschwenken.

f) Das Flugzeug hat eine Geschwindigkeit von 500 $\frac{km}{h}$. Wie lange dauert der Landeanflug von Punkt A bis zum Aufsetzen am Beginn der Rollbahn?

17. Hubschrauberkurs

Ein Hubschrauber fliegt einen geradlinigen horizontalen Kurs, der durch die Punkte A (7|2|0,1) und B (11|3|0,1) führt. Eine Einheit im Koordinatensystem sind 10 km.

a) Welchen Abstand hat der Hubschrauber im Punkt B von einer Gewitterfront, die durch die Ebene E: x + 2 y − 2 z − 40,8 = 0 im Koordinatensystem beschrieben wird?

b) In welchem Punkt P würde der Hubschrauber die Gewitterfront erreichen?

c) Weisen Sie nach, dass der Punkt Q (23|6|0,1) auf der Flugbahn des Hubschraubers liegt und von diesem vor Erreichen der Gewitterfront passiert wird.

d) Im Punkt Q ändert der Pilot den Kurs, indem er unter Beibehaltung seiner Horizontalrichtung in einen Steigflug übergeht, der ihn parallel zur Gewitterfront fliegen lässt. Geben Sie die Gerade an, welche die Bahn des Hubschraubers nach der Kurskorrektur beschreibt. Berechnen Sie den Winkel der Richtungsänderung.

e) Welchen Abstand zur Gewitterfront hat der Hubschrauber nach der Kursänderung?

f) Die Gewitterfront erstreckt sich bis in 4 km Höhe. In welchem Punkt kann der Hubschrauberpilot frühestens wieder in einen Horizontalflug übergehen, wenn er nicht in die Gewitterfront fliegen will?

18. U-Boot

Ein Forschungs-U-Boot wird vermisst. Zwei Such-
schiffe orten das Boot zeitgleich. Schiff 1 ortet das
Boot in Richtung des Vektors $\vec{v}_1$. Schiff 2 ortet das
Boot gleichzeitig in Richtung des Vektors $\vec{v}_2$. Schiff
1 befindet sich dabei an der Position P(6|2|0), wäh-
rend Schiff 2 an der Position Q(−4|4|0) vor Anker
liegt. Vier Minuten später nehmen die Schiffe noch
eine Peilung vor. Ihre Auswertung ergibt, dass das
U-Boot nun an der Position B(6|10|−1) ist
(1 LE = 100 m).

$$\vec{v}_1 = \begin{pmatrix} -1 \\ 3 \\ -1 \end{pmatrix}, \quad \vec{v}_2 = \begin{pmatrix} 4 \\ 2 \\ -1 \end{pmatrix}$$

a) Bestimmen Sie die Position A, an der das U-Boot
   zuerst geortet wird.
b) Berechnen Sie seine Geschwindigkeit während der vierminütigen Fahrt von A nach B.
c) Wie groß ist die Steiggeschwindigkeit des U-Bootes während der Fahrt von A nach B?
d) Das U-Boot setzt die Fahrt von A nach B geradlinig fort. Bestimmen Sie die Position W,
   an der es schließlich die Wasseroberfläche (Höhe z = 0) erreicht. Berechnen Sie außerdem
   die Dauer der Fahrt von der zweiten Ortungsposition B bis nach W.
e) Zum Zeitpunkt der zweiten Peilung steigt ein Hubschrauber von Schiff 1 senkrecht in
   1100 m Höhe auf (Position R) und fliegt dann in Richtung der errechneten Auftauchposition W des U-Boots. Seine Geschwindigkeit beträgt dabei 20 m/s. Nach welcher Flugzeit
   erreicht er die Auftauchposition W des U-Bootes?
f) Eine Schlechtwetterfront E wird durch die Gleichung E: x + 2 y = 21 erfasst.
   Untersuchen Sie, ob die Front vom Hubschrauber noch vor dem Erreichen der Auftauchposition W passiert wird.

19. Flugverkehr

Ein Flugzeug wird vom Radar um 12.30 Uhr an der
Position A(0|0|10) geortet (1 LE = 1 km). Als Flug-
bahn wird die Gerade g errechnet, wobei der Parameter t die Zeit in Minuten darstellt.

$$g: \vec{x} = \begin{pmatrix} 0 \\ 0 \\ 10 \end{pmatrix} + t \begin{pmatrix} 0,8 \\ 3,2 \\ -0,1 \end{pmatrix}$$

a) Begründen Sie: Das Flugzeug befindet sich im
   Sinkflug.
b) Wie groß ist die Geschwindigkeit des Flugzeugs?
   Wie groß ist seine Sinkgeschwindigkeit in km/
   min?
c) An welcher Position war das Flugzeug um
   12.15 Uhr?

d) Bestimmen Sie die Position L, an der das Flugzeug den Boden erreichen wird, wenn es
   der Flugbahn g weiter folgt.
e) Wie groß ist der Winkel der Flugbahn g gegen die Horizontale beim Anflug (Sinkwinkel)?
f) Das Flugzeug geht ohne weitere Richtungsänderung in den Horizontalflug über, sobald es
   eine Höhe von 1000 m erreicht. Berechnen Sie, wann diese Höhe erreicht wird. Geben Sie
   die Gleichung h der neuen Flugbahn an.
g) Ein zweites Flugzeug wird um 12.21 Uhr an der Position Q_1(32|8|7) geortet und um
   12.31 Uhr an der Position Q_2(20|20|8). Stellen Sie die Flugbahngerade h des zweiten
   Flugzeugs auf.
   Untersuchen Sie, ob die Gefahr einer Kollision beider Flugzeuge besteht.

Übungen

Die folgenden Übungen können ohne Hilfsmittel gelöst werden, soweit nichts anderes angegeben ist.

1. Parallele und orthogonale Geraden
Prüfen Sie, welche der Geraden parallel und welche orthogonal zueinander verlaufen.

$$g_1: \vec{x} = \begin{pmatrix} 1 \\ 2 \\ 1 \end{pmatrix} + r \cdot \begin{pmatrix} 3 \\ -2 \\ -1 \end{pmatrix}, \quad g_2: \vec{x} = \begin{pmatrix} 0 \\ 0 \\ 3 \end{pmatrix} + r \cdot \begin{pmatrix} -6 \\ 4 \\ 2 \end{pmatrix}, \quad g_3: \vec{x} = \begin{pmatrix} 1 \\ 2 \\ 1 \end{pmatrix} + r \cdot \begin{pmatrix} 0 \\ 4 \\ -2 \end{pmatrix}$$

$$g_4: \vec{x} = \begin{pmatrix} 0 \\ 0 \\ 3 \end{pmatrix} + r \cdot \begin{pmatrix} 3 \\ 4 \\ 1 \end{pmatrix}, \quad g_5: \vec{x} = \begin{pmatrix} 1 \\ 2 \\ 1 \end{pmatrix} + r \cdot \begin{pmatrix} 4 \\ 6 \\ 0 \end{pmatrix}, \quad g_6: \vec{x} = \begin{pmatrix} 1 \\ 2 \\ 1 \end{pmatrix} + r \cdot \begin{pmatrix} 1,5 \\ -1 \\ -0,5 \end{pmatrix}$$

2. Geradengleichungen
Im abgebildeten Quader sind vier Geraden eingezeichnet.

a) Stellen Sie die Gleichungen der abgebildeten Geraden auf.
b) Begründen Sie, dass nur eine der Geraden keinen Schnittpunkt mit einer der anderen Geraden hat.
Um welche Gerade handelt es sich?

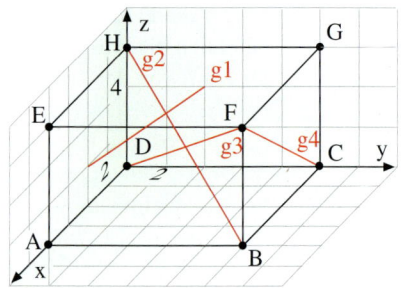

3. Pyramide
Die Abbildung zeigt eine Pyramide mit der rechteckigen Grundfläche ABCD und der Spitze S. F liegt auf der Grundfläche der Pyramide. Alle Koordinaten kann man der Graphik entnehmen.
a) Zeigen Sie, dass der Vektor $\overrightarrow{FS}$ senkrecht auf der Grundfläche ABCD steht.
b) Berechnen Sie das Volumen der Pyramide.

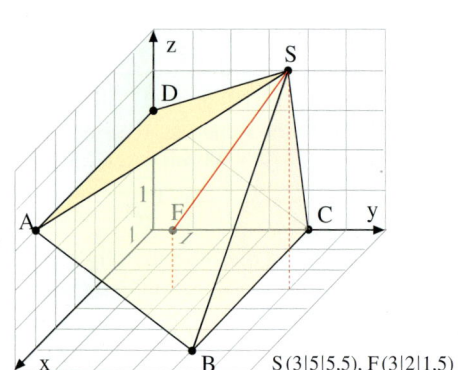

S (3|5|5,5), F (3|2|1,5)

4. Achsenabschnitte einer Ebene
Gegeben ist die Ebene E. Bestimmen Sie die Schnittpunkte von E mit den Koordinatenachsen und zeichnen Sie damit ein Schrägbild von E.

$$E: \vec{x} = \begin{pmatrix} 3 \\ 4 \\ 0 \end{pmatrix} + r \cdot \begin{pmatrix} -3 \\ 4 \\ 0 \end{pmatrix} + s \cdot \begin{pmatrix} -3 \\ 0 \\ 2 \end{pmatrix}$$

5. Ebenengleichung

E sei eine Ebene durch die drei Punkte A $(2|2|1)$, B $(1|4|1)$ und C $(0|4|2)$.

a) Stellen Sie eine Parametergleichung von E auf.

b) Bestimmen Sie eine Koordinatengleichung von E.

c) Berechnen Sie die Achsenabschnittspunkte von E.

d) Stellen Sie E im Schrägbild dar.

6. Die relative Lage von Gerade und Ebene

Gegeben sind die Gerade g: x $= \begin{pmatrix} -1 \\ -1 \\ -1 \end{pmatrix} + r \cdot \begin{pmatrix} 4 \\ 3 \\ 3 \end{pmatrix}$ und die Ebene E: $4x + 3y + 3z = 24$.

a) Untersuchen Sie, welche relative Lage g und E zueinander einnehmen.
   Bestimmen Sie ggf. den Schnittpunkt S.

b) Zeigen Sie, dass die Gerade g senkrecht auf der Ebene E steht.

c) Geben Sie die Gleichung einer Geraden h an, die echt parallel zur Ebene E verläuft.

7. Der Abstand von Punkt und Ebene

Gegeben ist die Ebene E: $2x + y + 2z = 8$.

a) Zeigen Sie, dass der Punkt P $(8|5|7)$ nicht auf der Ebene E liegt.

b) Bestimmen Sie den Fußpunkt F des Lotes vom Punkt P auf die Ebene E.
   Berechnen Sie anschließend den Abstand von P zur Ebene E.

c) Bestimmen Sie den Abstand des Punktes Q $(3|2|0)$ zur Ebene E.

d) Bestimmen Sie einen Punkt R, welcher von der Ebene E den Abstand 15 hat.

8. Ebene und parallele Gerade

Gegeben sind die Ebene E: $2x + 3y + 6z = 22$ und die Gerade g: $\vec{x} = \begin{pmatrix} 7 \\ 5 \\ 7 \end{pmatrix} + r \cdot \begin{pmatrix} 3 \\ -4 \\ 1 \end{pmatrix}$.

a) Zeigen Sie, dass die Gerade g echt parallel zur Ebene E ist.

b) Bestimmen Sie den Abstand der Geraden g von der Ebene E.

c) Geben Sie einen Punkt P an, der von g und E gleich weit entfernt ist.

9. Spiegelung

Gegeben ist die Ebene E: $-x + y = 4$ und der Punkt P $(2|4|2)$.

a) Zeigen Sie, dass der Punkt P nicht in der Ebene E liegt.

b) Der Punkt P $(2|4|2)$ soll an der Ebene E gespiegelt werden.
   Berechnen Sie den Spiegelpunkt P'.

c) Bestimmen Sie die Achsenabschnittspunkte von E. Beschreiben Sie die besondere Lage der
   Ebene E im Koordinatensystem.
   Fertigen Sie unter Verwendung der Achsenabschnittspunkte ein Schrägbild der Ebene und
   der Punkte P und P' an.

Überblick

Hessesche Normalen-gleichung einer Ebene:

$E: (\vec{x} - \vec{a}) \cdot \vec{n}_0 = 0$
$\vec{x}$: allgemeiner Ortsvektor der Ebene E
$\vec{a}$: Stützvektor der Ebene E
$\vec{n}_0$: Normalenvektor der Ebene E mit $|\vec{n}_0| = 1$.

Abstand Punkt-Ebene:

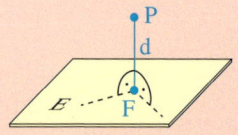

Man verwendet das **Lotfußpunktverfahren**.
1. Man stellt die Gleichung der Geraden g auf, die senkrecht zur Ebene E durch den Punkt P verläuft.
2. Man berechnet den Schnittpunkt F der Geraden g und der Ebene E, den sogenannten **Lotfußpunkt**.
3. Der Abstand des Punktes P zur Ebene E ist gleich $|\overrightarrow{PF}|$.

Abstandsformel Punkt-Ebene:

Man verwendet die **Hessesche Normalenform**.
Der Punkt P mit dem Ortsvektor $\vec{p}$ hat von der Ebene E mit der Hesseschen Normalenform $E: (\vec{x} - \vec{a}) \cdot \vec{n}_0 = 0$ den Abstand
$d = |(\vec{p} - \vec{a}) \cdot \vec{n}_0|$.

Abstand Gerade-Ebene und Ebene-Ebene:

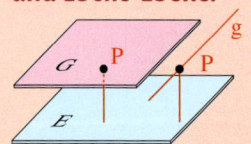

Der Abstand einer Geraden g zu einer parallelen Ebene E ist gleich dem Abstand eines beliebigen Geradenpunktes P (z. B. des Stützpunktes) zur Ebene E.

Der Abstand einer Ebene G zu einer parallelen Ebene E ist gleich dem Abstand eines beliebigen Punktes P der Ebene G (z. B. des Stützpunktes) zur Ebene E.

Abstand Punkt-Gerade:

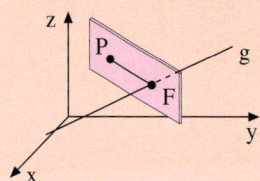

Der Abstand eines Punktes P zu einer Geraden $g: \vec{x} = \vec{a} + r \cdot \vec{m}$ wird mit einem operativen Lotfußpunktverfahren berechnet.
1. Man stellt die Gleichung einer Hilfsebene H auf, die ortho-gonal zu g ist und den Punkt P als Stützpunkt enthält.
   $H: (\vec{x} - \vec{p}) \cdot \vec{m} = 0$
2. Man berechnet den Schnittpunkt F von g und H.
3. Man berechnet den gesuchten Abstand als Abstand von P und F.

Abstand windschiefer Geraden:

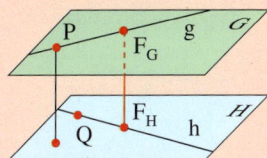

Sind g: $\vec{x} = \vec{p} + r \cdot \vec{m}_g$ und h: $\vec{x} = \vec{q} + s \cdot \vec{m}_h$ windschiefe Geraden und $\vec{n}_0$ ein zu beiden Richtungsvektoren $\vec{m}_g$ und $\vec{m}_h$ orthogonaler Einheitsvektor, dann besitzen g und h den Abstand $d = |(\vec{p} - \vec{q}) \cdot \vec{n}_0|$.

Schnittwinkel zweier Geraden:

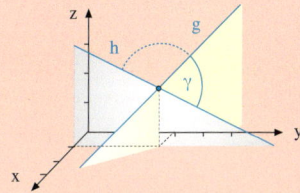

Schneiden sich die beiden Geraden mit den Richtungsvektoren $\vec{m}_1$ und $\vec{m}_2$, so gilt für den Schnittwinkel γ der Geraden:

$$\cos\gamma = \frac{|\vec{m}_1 \cdot \vec{m}_2|}{|\vec{m}_1| \cdot |\vec{m}_2|}$$

Schnittwinkel von Gerade und Ebene:

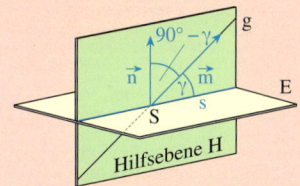

Schneidet die Gerade mit dem Richtungsvektor $\vec{m}$ die Ebene mit dem Normalenvektor $\vec{n}$, so gilt für den Schnittwinkel γ von Gerade und Ebene:

$$\sin\gamma = \frac{|\vec{m} \cdot \vec{n}|}{|\vec{m}| \cdot |\vec{n}|} \quad \text{bzw.} \quad \cos(90° - \gamma) = \frac{|\vec{m} \cdot \vec{n}|}{|\vec{m}| \cdot |\vec{n}|}$$

Schnittwinkel zweier Ebenen:

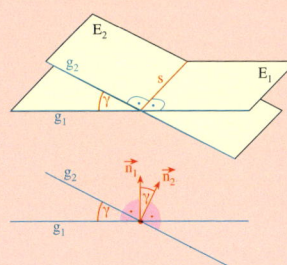

Schneiden sich die beiden Ebenen mit den Normalenvektoren $\vec{n}_1$ und $\vec{n}_2$, so gilt für den Schnittwinkel γ der Ebenen:

$$\cos\gamma = \frac{|\vec{n}_1 \cdot \vec{n}_2|}{|\vec{n}_1| \cdot |\vec{n}_2|}$$

Test

Abstände und Winkel

1. Punkt/Ebene und Gerade/Ebene

Gegeben sind die Ebene E: $x + 2y - 2z = 5$ sowie die Gerade g: $\vec{x} = \begin{pmatrix} 5 \\ 6 \\ -3 \end{pmatrix} + r \cdot \begin{pmatrix} 2 \\ 1 \\ 2 \end{pmatrix}$.

a) Berechnen Sie den Abstand des Punktes $P(6|-2|12)$ von der Ebene E mit Hilfe des Lotfußpunktverfahrens.

b) Der Punkt P wird an der Ebene E gespiegelt. Berechnen Sie die Koordinaten des Spiegelpunktes P′.

c) Weisen Sie nach, dass die Gerade g parallel zur Ebene E verläuft. Bestimmen Sie den Abstand von g und E mit der Hesseschen Normalenform.

d) Geben Sie alle Geraden an, die den Punkt $Q(5|6|-3)$ enthalten und parallel zur Ebene E verlaufen.

2. Abstand Punkt/Gerade

a) Berechnen Sie den Abstand des Punktes $P(6|3|5)$ von der Geraden g: $\vec{x} = \begin{pmatrix} 1 \\ 3 \\ 4 \end{pmatrix} + r \cdot \begin{pmatrix} 3 \\ 2 \\ -1 \end{pmatrix}$.

b) Ermitteln Sie den Spiegelpunkt P′ des Punktes P bei Spiegelung an der Geraden g.

3. Winkelberechnungen

Gegeben sind die Ebenen E_1: $\vec{x} = \begin{pmatrix} 1 \\ 1 \\ 2 \end{pmatrix} + r \cdot \begin{pmatrix} -4 \\ 1 \\ 3 \end{pmatrix} + s \cdot \begin{pmatrix} 4 \\ 2 \\ -3 \end{pmatrix}$ und E_2: $x - 2y + z = 4$.

a) Weisen Sie nach, dass E_1: $\left[\vec{x} - \begin{pmatrix} 1 \\ 1 \\ 2 \end{pmatrix} \right] \cdot \begin{pmatrix} 3 \\ 0 \\ 4 \end{pmatrix} = 0$ eine Normalenform der Ebene E_1 ist.

b) Ermitteln Sie den Winkel zwischen den Ebenen E_1 und E_2.

c) Bestimmen Sie den Schnittpunkt und den Schnittwinkel der Gerade g: $\vec{x} = \begin{pmatrix} 5 \\ -3 \\ 3 \end{pmatrix} + t \cdot \begin{pmatrix} 2 \\ -1 \\ 1 \end{pmatrix}$ mit der Ebene E_2.

4. Tribüne

Für ein Formel-1-Rennen wird eine Zuschauertribühne errichtet.

a) Stellen Sie für die Tribüne eine Ebenengleichung in Koordinatenform auf.

b) Zur Beobachtung des Rennens befindet sich im Punkt $P(40|20|65)$ eine Drohne. Berechnen Sie ihre Entfernung zur Bühne.

c) Die Drohne bewegt sich vom Punkt

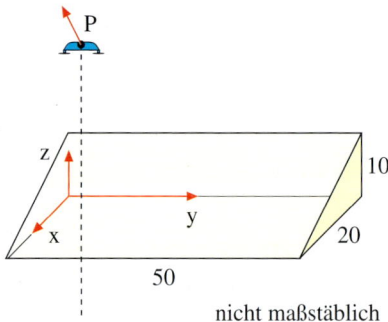

nicht maßstäblich

P in Richtung $\vec{v} = \begin{pmatrix} 1 \\ 0,5 \\ 2 \end{pmatrix}$. Ermitteln Sie den Punkt Q, in dem sich der Abstand verdoppelt hat.

Lösungen: S. 371

IV. Matrizen zur Beschreibung von Übergangsprozessen

1. Matrizen

A. Der Begriff der Matrix

Wirtschaftliche und technische Prozesse lassen sich oft durch rechteckige Tabellen, die sogenannten Matrizen, erfassen.
Diese sind uns schon bei den linearen Gleichungssystemen in Gestalt der Koeffizientenmatrix begegnet.

Wir verdeutlichen nun den Begriff zunächst am Beispiel und behandeln dann die Matrizenrechnung, d.h. das Rechnen mit Tabellen, das viele Vorteile bringt.

Beispiel: Entfernungsmatrix

Die rechts dargestellte Entfernungstabelle enthält in übersichtlicher Weise die Entfernungsinformationen zu vier großen Städten. Verzichtet man auf die Angabe der Start- und Zielstädte, so vereinfacht sich die Tabelle auf ein rechteckiges Zahlenschema A, das man als *Matrix* bezeichnet.

VON NACH	Berlin	Hamburg	Hannover	München
Berlin	0	292	282	586
Hamburg	292	0	164	776
Hannover	282	164	0	638
München	586	776	638	0

Die Matrix A besteht in diesem Beispiel aus vier Zeilen (horizontal) und vier Spalten (vertikal) mit insgesamt sechzehn Elementen (Zellen). Man spricht hier von einer quadratischen 4 × 4-Matrix.
Die einzelnen Elemente der Matrix A werden mit a_{ij} bezeichnet. Der erste Index i gibt die Zeile an, in der das Element steht, der zweite Index j gibt die Spalte an.
In diesem Beispiel dient die Matrix nur als besonders übersichtliches und auf das Wesentliche reduziertes Darstellungselement. Gerechnet wird damit noch nicht.

$$A = \begin{pmatrix} 0 & 292 & 282 & 586 \\ 292 & 0 & 164 & 776 \\ 282 & 164 & 0 & 638 \\ 586 & 776 & 638 & 0 \end{pmatrix}$$

a_{ij}: Element in Zeile i, Spalte j

Im Beispiel: $a_{23} = 164$

Definition IV.1: Der Begriff der Matrix

Eine rechteckige Zahlentabelle der rechts dargestellten Form wird als Matrix A mit m Zeilen und n Spalten bezeichnet. Man spricht dann auch von einer m × n-Matrix.
Kurzschreibweise:
$A = (a_{ij})$ mit i = 1, …, m und j = 1, …, n.
Ist m = n, so bezeichnet man A als quadratische Matrix.

$$A = \begin{pmatrix} a_{11} & a_{12} & \cdots & a_{1n} \\ a_{21} & a_{22} & \cdots & a_{2n} \\ \vdots & \vdots & \vdots & \vdots \\ a_{m1} & a_{m2} & \cdots & a_{mn} \end{pmatrix}$$

(a_{ij}): Kurzschreibweise für A

a_{ij} : Element in Zeile i und Spalte j

B. Die Addition von Matrizen

Beispiel: Absatzmatrix

Ein Unternehmen stellt an zwei Fabrikationsorten U und V Bagger her. Es liefert die Maschinen nach Frankreich (F), Italien (I) und Holland (H).

Die monatlichen Absatzzahlen können als Tabellen bzw. Matrizen dargestellt werden. In diesem Beispiel kann man im Gegensatz zum ersten Beispiel mit den Matrizen rechnen. So erhält man z. B. durch elementeweise Addition der Matrizen für Januar und Februar den Gesamtabsatz für die beiden Monate.

Januar

	F	H	I
U	6	3	2
V	8	2	4

Februar

	F	H	I
U	5	3	4
V	7	5	2

$$A = \begin{pmatrix} 6 & 3 & 2 \\ 8 & 2 & 4 \end{pmatrix} \qquad B = \begin{pmatrix} 5 & 3 & 4 \\ 7 & 5 & 2 \end{pmatrix}$$

$$A + B = \begin{pmatrix} 6 & 3 & 2 \\ 8 & 2 & 4 \end{pmatrix} + \begin{pmatrix} 5 & 3 & 4 \\ 7 & 5 & 2 \end{pmatrix} = \begin{pmatrix} 11 & 6 & 6 \\ 15 & 7 & 6 \end{pmatrix}$$

Definition IV.2: Addition von Matrizen

Man kann Matrizen addieren, wenn sie vom gleichen Typ sind, d. h. wenn sowohl ihre Zeilenzahl als auch ihre Spaltenzahl übereinstimmt.
Man addiert zwei Matrizen A und B elementeweise.

$A = (a_{ij})$ und $B = (b_{ij})$ seien $m \times n$-Matrizen. Dann gilt für ihre Summe:

$$A + B = (a_{ij} + b_{ij}).$$

C. Skalare Multiplikation

Addiert man die gleiche Matrix mehrfach, so kommt es zu einer *Vervielfachung* der Matrix. Man spricht auch von der Multiplikation der Matrix mit einem *Skalar*.
Dabei muss der Skalar nicht ganzzahlig sein, er kann beliebig reell gewählt werden.

Vervielfachung:

$$A = \begin{pmatrix} 6 & 3 & 2 \\ 8 & 2 & 4 \end{pmatrix} \Rightarrow 3 \cdot A = \begin{pmatrix} 18 & 9 & 6 \\ 24 & 6 & 12 \end{pmatrix}$$

Definition IV.3: Skalare Multiplikation

Man multipliziert eine Matrix A mit einem Skalar r, indem man jedes Matrixelement mit r multipliziert.

$A = (a_{ij})$ sei eine $m \times n$-Matrix, r eine reelle Zahl. Dann ist

$$r \cdot A = (r \cdot a_{ij}).$$

Übung 1 Addition und skalare Multiplikation

Gegeben sind die Matrizen A und B. Berechnen Sie die Matrix X.

a) $X = A + B$ c) $X = 4A$
b) $X = 2A + B$ d) $X = 4A + 0,5B$

(I) $A = \begin{pmatrix} -2 & 4 & 2 \\ 8 & 2 & 4 \end{pmatrix}$ $B = \begin{pmatrix} 6 & 2 & -2 \\ 8 & 4 & 0 \end{pmatrix}$

(II) $A = \begin{pmatrix} 1 & 2 & 0 \\ 2 & 3 & 0 \\ 3 & 4 & 1 \end{pmatrix}$ $B = \begin{pmatrix} -3 & 2 & 0 \\ 2 & -1 & 0 \\ 1 & -2 & 1 \end{pmatrix}$

D. Nullmatrix und Gegenmatrix

Zur Matrizenaddition existiert ein neutrales Element, die sogenannte *Nullmatrix* O. Addiert man zu einer in m × n-Matrix A
die typengleiche Matrix O, erhält man als Ergebnis wieder die
Matrix A. Die Nullmatrix enthält daher nur Nullen.

2 x 3-Nullmatrix:

$$O = \begin{pmatrix} 0 & 0 & 0 \\ 0 & 0 & 0 \end{pmatrix}$$

Definition IV.4: Nullmatrix

Die *Nullmatrix* O hat die Eigenschaft:
Addiert man zu einer in m × n-Matrix A
die typengleiche Nullmatrix O, ist die
Summe A + O gleich A.

$A = (a_{ij})$

$A + O = (a_{ij} + 0) = (a_{ij}) = A$

Die *Gegenmatrix* −A zu einer in m × n-
Matrix A erhält man, indem man bei allen
Matrixelementen das Vorzeichen ändert.

$$A = \begin{pmatrix} 6 & -3 & 2 \\ 8 & 2 & -4 \end{pmatrix} \Rightarrow -A = \begin{pmatrix} -6 & 3 & -2 \\ -8 & -2 & 4 \end{pmatrix}$$

Definition IV.5: Gegenmatrix

Die *Gegenmatrix* −A einer Matrix A hat
die Eigenschaft:
Addiert man die Matrix A und ihre Gegenmatrix −A, erhält man als Summe die
Nullmatrix O.

$A = (a_{ij})$ $-A = (-a_{ij})$

$A + (-A) = O$

E. Subtraktion von Matrizen

Mit Hilfe der Gegenmatrix kann man die Subtraktion zweier Matrizen gleicher Ordnung definieren.

Definition IV.6: Subtraktion von Matrizen

Man subtrahiert eine Matrix B von einer
typengleichen Matrix A, indem man zur
Matrix A die Gegenmatrix von B addiert.

$A = (a_{ij})$ $B = (b_{ij})$

$A - B = A + (-B) = (a_{ij} - b_{ij})$

Übung 2 Matrizengleichungen

Gegeben sind die Matrizen A und B.
Berechnen Sie die Matrix X, welche die
gegebene Gleichung erfüllt:

a) $X = 3A + B$ c) $X + 0,5A = B - 3X$

b) $2X - 4A = -2B$ d) $A - X = 3(B - X)$

(I) $A = \begin{pmatrix} -2 & 4 & 2 \\ 8 & 2 & 4 \end{pmatrix}$ $B = \begin{pmatrix} 6 & 2 & -2 \\ 8 & 4 & 0 \end{pmatrix}$

(II) $A = \begin{pmatrix} -4 & 2 & 0 \\ 2 & 6 & 0 \\ 2 & 4 & 2 \end{pmatrix}$ $B = \begin{pmatrix} -4 & 2 & 0 \\ 2 & -1 & 0 \\ 1 & -2 & 1 \end{pmatrix}$

Übung 3 Gegenmatrix, Nullmatrix

Gegeben sind die Matrizen A und B aus Übung 2, Teil I.
a) Geben Sie die 3 × 2-Nullmatrix an.
b) Geben Sie die Gegenmatrizen der Matrizen A und B aus Übung 2 an.

F. Multiplikation einer Matrix mit einem Vektor

Beispiel: Berechnung des Umsatzes

Ein Händler bietet einen PC, einen Laptop und ein Tablet an. Die Verkaufszahlen für die Monate Januar bis März stehen in der Tabelle, die auch als Absatzmatrix interpretiert werden kann.
Die Verkaufspreise lauten:
PC: 400 € Laptop: 950 € Tablet: 550 €

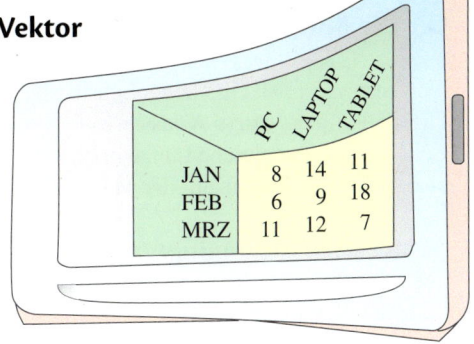

Man kann die Umsätze des Händlers für das erste Quartal berechnen, indem man die abgesetzten Stückzahlen mit den zugehörigen Preisen multipliziert und aufaddiert.

Interpretieren wir die monatlichen Absätze als Zeilenvektoren der Absatzmatrix A und fassen die Verkaufspreise in einem Preisvektor zusammen, so läßt sich der Umsatz im Januar als das Skalarprodukt des Absatzvektors für Januar mit dem Preisvektor interpretieren und berechnen.

Der Februar- bzw. Märzumsatz ergibt sich analog durch Multiplikation des Zeilenvektors der zweiten bzw. der dritten Zeile der Absatzmatrix mit dem Preisvektor.

Insgesamt kann man feststellen: Wenn man die Matrix A zeilenweise mit dem Preisvektor multipliziert, so erhält man den Umsatzvektor des ersten Quartals.

Berechnung der Umsätze:

Jan: $8 \cdot 400 + 14 \cdot 950 + 11 \cdot 550 = 22\,550$
Feb: $6 \cdot 400 + 9 \cdot 950 + 18 \cdot 550 = 20\,850$
Mrz: $11 \cdot 400 + 12 \cdot 950 + 7 \cdot 550 = 19\,650$

Absatzvektoren   Preisvektor

$$\vec{j} = (\,8 \quad 14 \quad 11)$$
$$\vec{f} = (\,6 \quad 9 \quad 18) \qquad \vec{p} = \begin{pmatrix} 400 \\ 950 \\ 550 \end{pmatrix}$$
$$\vec{m} = (11 \quad 12 \quad 7)$$

Umsätze für Januar:

$$\vec{j} \cdot \vec{p} = (8 \quad 14 \quad 11) \cdot \begin{pmatrix} 400 \\ 950 \\ 550 \end{pmatrix}$$
$$= 8 \cdot 400 + 14 \cdot 950 + 11 \cdot 550$$
$$= 22\,550$$

Umsätze im ersten Quartal:

$$A \cdot \vec{p} = \begin{pmatrix} 8 & 14 & 11 \\ 6 & 9 & 18 \\ 11 & 12 & 7 \end{pmatrix} \cdot \begin{pmatrix} 400 \\ 950 \\ 550 \end{pmatrix}$$
$$= \begin{pmatrix} 8 \cdot 400 + 14 \cdot 950 + 11 \cdot 550 \\ 6 \cdot 400 + 9 \cdot 950 + 18 \cdot 550 \\ 11 \cdot 400 + 12 \cdot 950 + 7 \cdot 550 \end{pmatrix} = \begin{pmatrix} 22\,550 \\ 20\,850 \\ 19\,650 \end{pmatrix}$$

Definition IV.7: Multiplikation einer Matrix A mit einem Vektor $\vec{v}$:

Man kann eine Matrix A und einen Vektor $\vec{v}$ nur dann multipizieren, wenn gilt:

Spaltenzahl von A = Zeilenzahl von $\vec{v}$.

Das Ergebnis der Multiplikation ist wieder ein Spaltenvektor.

$A = (a_{ij})$ sei eine m×n-Matrix,
$\vec{v}$ sei ein Vektor mit n Zeilen.
Dann gilt für das Produkt $\vec{w} = A \cdot \vec{v}$:

$$\begin{pmatrix} w_1 \\ \vdots \\ w_m \end{pmatrix} = (a_{ij}) \cdot \begin{pmatrix} v_1 \\ \vdots \\ v_n \end{pmatrix} = \begin{pmatrix} a_{11} \cdot v_1 + \ldots + a_{1n} \cdot v_n \\ \vdots \\ a_{m1} \cdot v_1 + \ldots + a_{mn} \cdot v_n \end{pmatrix}$$

G. Die Multiplikation von Matrizen

Nun ist es nur noch ein kleiner Schritt, der zur Multiplikation zweier vollständiger Matrizen führt. Die Zeilen der Matrix A lassen sich mit den Spalten einer Matrix B multiplizieren, wenn die Zeilen von A die gleiche Länge haben wie die Spalten von B. Die Spaltenzahl der Matrix A muss also gleich der Zeilenzahl der Matrix B sein.

Definition IV.8: Multiplikation von Matrizen

Man kann zwei Matrizen A und B nur dann multiplizieren, wenn gilt:

Spaltenzahl von A = Zeilenzahl von B

Das Produkt der $m \times n$-Matrix A mit der $n \times k$-Matrix B ist eine $m \times k$-Matrix C.

Das Element c_{ij} der Matrix C ist das Skalarprodukt des i-ten Zeilenvektors der Matrix A mit dem j-ten Spaltenvektor von B (siehe Merkschema rechts).

A sei eine $m \times n$-Matrix.
B sei eine $n \times k$-Matrix.
Es sei C = A · B.
Dann gelte:

$$c_{ij} = (a_{i1} \ldots a_{in}) \cdot \begin{pmatrix} b_{1j} \\ \vdots \\ b_{nj} \end{pmatrix} = a_{i1}b_{1j} + \ldots + a_{in}b_{nj}$$

▶ ### Beispiel: Produkt von Matrizen

Gegeben sind die Matrizen A und B. Berechnen Sie das Produkt C = A · B.

$$A = \begin{pmatrix} 2 & 4 & 3 \\ 1 & 2 & 5 \end{pmatrix} \qquad B = \begin{pmatrix} 2 & -1 \\ 3 & 2 \\ -2 & 4 \end{pmatrix}$$

Lösung:
Die Spaltenzahl von A ist gleich der Zeilenzahl von B. Daher ist die Multiplikation durchführbar.

Die Multiplikation der 2×3-Matrix A mit der 3×2-Matrix B führt auf eine 2×2-Matrix C.

c_{11} erhält man durch das Skalarprodukt der ersten Zeile von A mit der ersten Spalte von B.

c_{12} ergibt sich durch Multiplikation der ersten Zeile von A mit der zweiten Spalte von B.

Analog ergeben sich c_{21} und c_{22} durch Multiplikation der zweiten Zeile von A mit der
▶ ersten bzw. der zweiten Spalte von B.

$$c_{11} = a_{11} \cdot b_{11} + a_{12} \cdot b_{21} + a_{13} \cdot b_{31}$$
$$= 2 \cdot 2 + 4 \cdot 3 + 3 \cdot (-2) = 10$$

$$c_{12} = a_{11} \cdot b_{12} + a_{12} \cdot b_{22} + a_{13} \cdot b_{32}$$
$$= 2 \cdot (-1) + 4 \cdot 2 + 3 \cdot 4 = 18$$

$$c_{21} = a_{21} \cdot b_{11} + a_{22} \cdot b_{21} + a_{23} \cdot b_{31}$$
$$= 1 \cdot 2 + 2 \cdot 3 + 5 \cdot (-2) = -2$$

$$c_{22} = a_{21} \cdot b_{12} + a_{22} \cdot b_{22} + a_{23} \cdot b_{32}$$
$$= 1 \cdot (-1) + 2 \cdot 2 + 5 \cdot 4 = 23$$

$$C = A \cdot B = \begin{pmatrix} 10 & 18 \\ -2 & 23 \end{pmatrix}$$

Übung 4 Multiplikationen

Gegeben seien die Matrizen A, B, C sowie der Vektor $\vec{v}$.

a) Berechnen Sie A · B und A · C.
b) Ist B · A oder B · C berechenbar?
c) Berechnen Sie A · $\vec{v}$ und C · $\vec{v}$.

$$A = \begin{pmatrix} 2 & 3 & -1 \\ 4 & -2 & 1 \end{pmatrix} \qquad B = \begin{pmatrix} 1 & 2 & -2 & 3 \\ -1 & 3 & 2 & 0 \\ 2 & 0 & 4 & 1 \end{pmatrix}$$

$$C = \begin{pmatrix} 1 & 2 & 0 \\ 2 & 3 & 0 \\ 3 & 4 & 1 \end{pmatrix} \qquad \vec{v} = \begin{pmatrix} 1 \\ 2 \\ 3 \end{pmatrix}$$

H. Rechengesetze für Matrizen

Für die Addition und Multiplikation von Matrizen gelten einige Rechengesetze, die in der Regel auf den entsprechenden Rechengesetzen für reelle Zahlen beruhen.

Für die Addition, die nur für Matrizen gleichen Typs möglich ist, gelten die üblichen Rechengesetze Assoziativität und Kommutativität uneingeschränkt. Es gibt ein neutrales Element der Addition (die Nullmatrix 0) sowie zu jeder Matrix A ein additives Inverses −A.

Für die Multiplikation und die Verbindung von Multiplikation und Addition gelten die folgenden Rechengesetze.

Satz IV.1: Rechengesetze für Matrizen

(1)	$(A \cdot B) \cdot C = A \cdot (B \cdot C)$	Assozativgesetz
(2)	$(rA)(sB) = rs(A \cdot B)$	Assozativgesetz
(3)	$(A + B) \cdot C = A \cdot C + B \cdot C$	Distributivgesetz
(4)	$A \cdot (B + C) = A \cdot B + A \cdot C$	Distributivgesetz
(5)	Im Allg. gilt: $A \cdot B \neq B \cdot A$	Kommutativgesetz gilt nicht allgemein!

I. Matrizenpotenzen

Operationen wie das Quadrieren oder das Potenzieren einer Matrix A erfordern die Multiplikation der Matrix A mit sich selbst. Das ist nur dann möglich, wenn die Zeilenzahl von A mit der Spaltenzahl übereinstimmt. Eine Matrix, die dies erfüllt, heißt *quadratische Matrix*. Quadratische Matrizen haben viele Anwendungen und sind daher besonders wichtig.

In den folgenden Abschnitten werden wir oft Potenzen von Matrizen verwenden. Die k-te Potenz A^k (k > 0) einer Matrix A wird durch k sukzessive Multiplikationsschritte gewonnen. Das geht natürlich nur, wenn A eine quadratische Matrix ist.

Die Potenzen einer Matrix A

$$A^1 = A$$
$$A^2 = A \cdot A$$
$$A^3 = A^2 \cdot A$$
$$\dots$$

▶ **Beispiel: Potenzierung einer Matrix**
Berechnen Sie für die gegebene Matrix A die Potenz A^3.

$$A = \begin{pmatrix} 1 & 2 \\ -1 & 3 \end{pmatrix}$$

Lösung:
Wir berechnen zunächst $A^2 = A \cdot A$.

Berechnung von A^2:

$$A^2 = A \cdot A = \begin{pmatrix} 1 & 2 \\ -1 & 3 \end{pmatrix} \cdot \begin{pmatrix} 1 & 2 \\ -1 & 3 \end{pmatrix} = \begin{pmatrix} -1 & 8 \\ -4 & 7 \end{pmatrix}$$

Anschließend multiplizieren wir das Ergebnis noch einmal von rechts mit A, um A^3 zu erhalten.

Berechnung von A^3:

$$A^3 = A^2 \cdot A = \begin{pmatrix} -1 & 8 \\ -4 & 7 \end{pmatrix} \cdot \begin{pmatrix} 1 & 2 \\ -1 & 3 \end{pmatrix} = \begin{pmatrix} -9 & 22 \\ -11 & 13 \end{pmatrix}$$

Erfolgt die Multiplikation mit A von der linken Seite aus, so erhalten wir das gleiche
▶ Ergebnis.

$$A^3 = A \cdot A^2 = \begin{pmatrix} 1 & 2 \\ -1 & 3 \end{pmatrix} \cdot \begin{pmatrix} -1 & 8 \\ -4 & 7 \end{pmatrix} = \begin{pmatrix} -9 & 22 \\ -11 & 13 \end{pmatrix}$$

J.   Potenzierung einer Matrix mit digitalen Hilfsmitteln

Die manuelle Potenzierung einer Matrix ist für Potenzen mit höherer Ordnung als 2 relativ rechenaufwendig. Hier empfiehlt es sich, den Taschenrechner für Matrizen bis zur Ordnung 3 oder 4 (je nach Modell) oder ein Computerprogramm einzusetzen.

▶ **Beispiel: Potenzierung einer Matrix**
Gegeben ist die rechts dargestellte Matrix A.
Bestimmen Sie die Matrixpotenzen A^3 und A^{10}.

$$A = \begin{pmatrix} 1 & -1 & 0 \\ 1 & 2 & 1 \\ -2 & 0 & 1 \end{pmatrix}$$

Lösung mit dem Taschenrechner:
Wir schildern zunächst den Grobablauf der Bearbeitung mit einem Taschenrechner. Wir rufen die Routine zur Matrizenrechnung auf. Wir geben dann im Editiermodus die Ordnung der Matrix ein (Zeilenzahl 3, Spaltenzahl 3).
Danach erscheint ein (3×3)-Rechteckschema, in das wir die Elemente der Matrix eingeben, z.B. zeilenweise.
Anschließend gehen wir in den Berechnungsmodus, geben den Term A^3 ein und starten die Berechnung.

Potenz A^3 mit Hilfe eines Rechners:

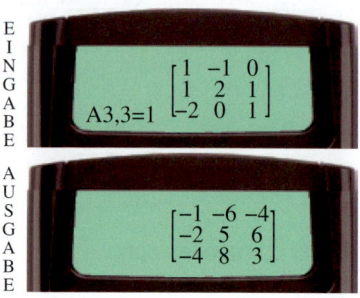

Lösung mit einem Computerprogramm:
Wir rufen z.B. den Matrixcalculator auf und geben nach Einstellung der Ordnung in das (3×3)-Rechtecksschema die Elemente der Matrix A ein.
Dann wählen wir die Operation „In die Potenz erheben" aus und geben den Exponenten 3 der Potenz ein.
Durch Anklicken der gleichnamigen Schaltfläche starten wir die Berechnung und erhalten das rechts angezeigte Resultat.

A^{10} wäre manuell kaum noch zu berechnen.
Mit dem Taschenrechner oder einem Programm erhalten wir sofort das rechts abgebildetes Resultat.

Potenz A^3 mit Hilfe eines Programms:

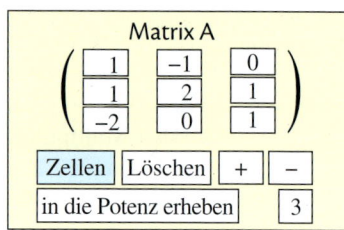

$$\begin{pmatrix} 1 & -1 & 0 \\ 1 & 2 & 1 \\ -2 & 0 & 1 \end{pmatrix}^3 = \begin{pmatrix} -1 & -6 & -4 \\ -2 & 5 & 6 \\ -4 & 8 & 3 \end{pmatrix}$$

Potenz A^{10} mit TR oder Programm:

$$\begin{pmatrix} 1 & -1 & 0 \\ 1 & 2 & 1 \\ -2 & 0 & 1 \end{pmatrix}^{10} = \begin{pmatrix} 621 & -1871 & -1390 \\ -909 & 2492 & 1871 \\ -962 & 2780 & 2011 \end{pmatrix}$$

Übung 5   Matrixpotenzen

Bestimmen Sie die Matrixpotenzen A^4, A^9 und A^{-1} mit dem Rechner oder mit einem Programm.

a) $A = \begin{pmatrix} 1 & 2 & 1 \\ 1 & 1 & 0 \\ 1 & 1 & -1 \end{pmatrix}$,   b) $A = \begin{pmatrix} 2 & 1 & 2 & 1 \\ 2 & 0 & 2 & 0 \\ 1 & 2 & 2 & 1 \\ 0 & 2 & 0 & 1 \end{pmatrix}$

Übungen

6. Addition und Vervielfachung

Gegeben sind die Matrizen A, B und C.
Berechnen Sie folgende Terme.

a) $A + B$ b) $A - B$ c) $A - 2 \cdot C$

d) $0{,}5 \cdot A + B - 4 \cdot C$

e) $2 \cdot A - 4 \cdot (C - B)$

$$A = \begin{pmatrix} 2 & -6 & 4 \\ 6 & -2 & 2 \\ 4 & 8 & 2 \end{pmatrix} \qquad B = \begin{pmatrix} -1 & -9 & 6 \\ 9 & 1 & 3 \\ -2 & 4 & 3 \end{pmatrix}$$

$$C = \begin{pmatrix} 0 & -3 & 2 \\ 3 & 0 & 1 \\ -2 & 4 & 1 \end{pmatrix}$$

7. Multiplikation und Potenzierung

Berechnen Sie die Terme, sofern dies
möglich ist.

a) $A \cdot B$ b) $B \cdot A$ c) $A \cdot C$

d) $C \cdot E$ e) $D \cdot E$ f) $C \cdot D$

g) $A \cdot A$ h) $E \cdot E$ i) $C \cdot C \cdot C$

j) F^6

$$A = \begin{pmatrix} 2 & -6 & 4 \\ 4 & 8 & 2 \end{pmatrix} \qquad B = \begin{pmatrix} 1 & 2 \\ 3 & -1 \\ 2 & 4 \end{pmatrix}$$

$$C = \begin{pmatrix} 1 & 1 & 1 \\ 2 & 1 & 2 \\ 1 & 2 & 2 \end{pmatrix} \qquad D = \begin{pmatrix} 2 & 0 & -1 \\ 2 & -1 & 0 \\ -3 & 1 & 1 \end{pmatrix}$$

$$E = \begin{pmatrix} 1 & 0 & 0 \\ 0 & 1 & 0 \\ 0 & 0 & 1 \end{pmatrix} \qquad F = \begin{pmatrix} 1 & 0 & 0 \\ 0 & 1 & 0 \\ 1 & 0 & 0 \end{pmatrix}$$

8. Besondere Multiplikation

Berechnen Sie die Produkte $A \cdot C$ und
$B \cdot C$. Beschreiben Sie, wie sich diese
Multiplikationen auswirken.

$$A = \begin{pmatrix} 1 & 0 & 0 \\ 0 & 1 & 0 \\ 0 & 0 & 1 \end{pmatrix} \qquad B = \begin{pmatrix} 0 & 1 & 0 \\ 0 & 0 & 1 \\ 1 & 0 & 0 \end{pmatrix}$$

$$C = \begin{pmatrix} 1 & 3 & 4 & 1 \\ 2 & 6 & 3 & 5 \\ 4 & 9 & 2 & 6 \end{pmatrix}$$

9. Gewinnberechnung

Eine Drogeriekette hat einen größeren
Posten Kosmetikprodukte eingekauft:
Lippenstift (L), Eyeshadow (E),
Nagellack (N) sowie Rouge (R).
Vier Filialen ordern die angebotenen
Produkte wöchentlich gemäß der Ta-
belle.
Die Lieferpreise bzw. die Verkaufsprei-
se pro Stück sind:

L: 2 €/5 €   E: 3 €/8 €

N: 5 €/9 €   R: 6 €/9 €

Berechnen Sie den wöchentlichen Gewinn der einzelnen Filialen.

Produkt / Filiale	L	E	N	R
1	100	150	80	40
2	150	90	110	60
3	70	20	20	30
4	220	120	150	50

10. Richtig oder falsch?

a) Die Multiplikation von Matrizen ist
eine kommutative Operation.

b) Die Multiplikation von quadratischen Matrizen ist kommutativ.

c) Kürzen erlaubt:
Aus $A \cdot C = B \cdot C$ folgt $A = B$.

d) Man kann nur Matrizen gleicher Ordnung multiplizieren.

K. Die inverse Matrix

Quadratische Matrizen lassen sich addieren, multiplizieren und potenzieren.

Es gibt ein neutrales Element der Addition, die *Nullmatrix* **O**, sowie zu jeder Matrix A ein additives Inverses −A, für das gilt A + (−A) = O.

Quadratische Matrizen

$$A = \begin{pmatrix} a_{11} & \cdots & a_{1n} \\ \vdots & & \vdots \\ a_{n1} & \cdots & a_{nn} \end{pmatrix} \quad O = \begin{pmatrix} 0 & \cdots & 0 \\ \vdots & & \vdots \\ 0 & \cdots & 0 \end{pmatrix}$$

n × n-Matrix   Nullmatrix

Es gibt auch ein neutrales Element der Multiplikation, die *Einheitsmatrix* **E**, die in der Hauptdiagonalen mit Einsen und sonst nur mit Nullen besetzt ist. In manchen Fällen existiert zur Matrix A auch ein inverses Element A^{-1} der Multiplikation.

$$-A = \begin{pmatrix} -a_{11} & \cdots & -a_{1n} \\ \vdots & & \vdots \\ -a_{n1} & \cdots & -a_{nn} \end{pmatrix} \quad E = \begin{pmatrix} 1 & \cdots & 0 \\ \vdots & 1 & \vdots \\ 0 & \cdots & 1 \end{pmatrix}$$

additive Inverse −A   Einheitsmatrix

Definition IV.9: Inverse Matrix A^{-1}
Die zu A bezüglich der Multiplikation inverse Matrix wird mit A^{-1} bezeichnet. Es gilt $A \cdot A^{-1} = E$ und $A^{-1} \cdot A = E$.

$$A \cdot A^{-1} = E$$

Matrix · inverse Matrix = Einheitsmatrix

Elementare Berechnung der inversen Matrix A^{-1}

▶ **Beispiel: Inverse Matrix A^{-1}**
Gegeben ist die Matrix A. Gesucht ist die inverse Matrix A^{-1} von A.

$$A = \begin{pmatrix} 2 & 3 \\ 1 & 1 \end{pmatrix}$$

Lösung:
Wir verwenden für die inverse Matrix A^{-1} einen Ansatz mit den vier Variablen a, b, c und d als Elementen.

Ansatz:

$$\begin{pmatrix} 2 & 3 \\ 1 & 1 \end{pmatrix} \cdot \begin{pmatrix} a & b \\ c & d \end{pmatrix} = \begin{pmatrix} 1 & 0 \\ 0 & 1 \end{pmatrix}$$

$$A \quad \cdot \quad A^{-1} = \quad E$$

Die Gleichung $A \cdot A^{-1} = E$ führt nach Durchführung der Multiplikation auf ein lineares 4 × 4-Gleichungssystem.

Lineares 4 × 4-Gleichungssystem:
I   2a + 3c = 1
II: 2b + 3d = 0
III: a + c   = 0
IV: b + d   = 1

Dieses lässt sich in zwei 2 × 2-Systeme aufspalten, die getrennt gelöst werden können, simultan sozusagen.

Aufspalten in zwei 2 × 2-Systeme:
I: 2a + 3c = 1   II: 2b + 3d = 0
III: a + c   = 0   IV: b + d   = 1
_____   _____
     a = −1, c = 1   b = 3, d = −2

Die Lösungen lauten a = −1, b = 3; c = 1 und d = −2.

Die zu A inverse Matrix lautet also:

▶ $$A^{-1} = \begin{pmatrix} -1 & 3 \\ 1 & -2 \end{pmatrix}.$$

L.   Berechnung der inversen Matrix mit digitalen Hilfsmitteln

Die manuelle Berechnung der Inversen einer Matrix ist schwierig und zeitaufwendig. Hier emp-fiehlt es sich, den Taschenrechner oder ab Ordnung 4 ein Computerprogramm einzusetzen. Dabei können wir auf die bereits behandelte Potenzierung von Matrizen zurückgreifen.

> **Beispiel: Inverse**
> Gegeben ist die rechts dargestellte Matrix A.
> Bestimmen Sie die inverse Matrix A^{-1}.
>
> $$A = \begin{pmatrix} 1 & 1 & 2 \\ 0 & 1 & 1 \\ 2 & 0 & 1 \end{pmatrix}$$

Lösung mit dem Taschenrechner:
Wir schildern zunächst die Bearbeitung mit einem Taschenrechner.
Wir rufen die Routine zur Matrizenrech-nung auf, definieren im Edit-Modus die Ordnung der Matrix (hier: 3 Zeilen, 3 Spal-ten) und geben dann die Elemente der Matrix zeilenweise in das angebotene Rechteckschema ein.
Anschließend geben wir im Berechnungs-modus den Term A^{-1} ein und starten die Berechnung, worauf die inverse Matrix an-gezeigt wird.
Das Ergebnis ist rechts dargestellt.

Inverse A^{-1} mit Hilfe eines Rechners:

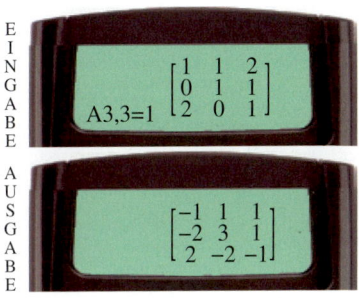

Lösung mit einem Computerprogramm:
Wir rufen z. B. den Matrixcalculator auf, geben nach Einstellung der Ordnung in das (3 × 3)-Rechteckschema die Elemente der Matrix A ein und klicken dann die Option „Berechnen Kehrmatrix" an, worauf die Inverse A^{-1} sofort angezeigt wird, sofern sie existiert.
Alternativ können wir aber auch die Option „In die Potenz erheben" auswählen, wobei als Exponent −1 eingegeben wird.

Sollte keine Inverse existieren, kommt die Meldung „Die Kehrmatrix existiert nicht".
▶ Kehrmatrix ist das Synonym für Inverse.

Inverse A^{-1} mit Hilfe eines Programms:

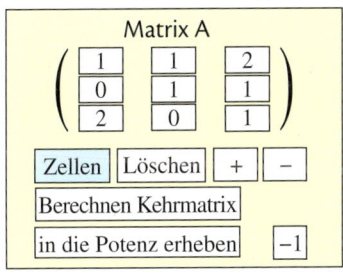

$$\begin{pmatrix} 1 & 1 & 2 \\ 0 & 1 & 1 \\ 2 & 0 & 1 \end{pmatrix}^{(-1)} = \begin{pmatrix} -1 & 1 & 1 \\ -2 & 3 & 1 \\ 2 & -2 & -1 \end{pmatrix}$$

Übung 11 Die inverse Matrix
Bestimmen Sie die Inversen der angege-benen Matrizen, sofern diese existieren.

$$A = \begin{pmatrix} 5 & -1 & 2 \\ 0 & 1 & 2 \\ 1 & 1 & 3 \end{pmatrix} \quad B = \begin{pmatrix} 1 & -1 & 2 \\ 1 & -1 & 2 \\ 1 & -2 & 1 \end{pmatrix} \quad C = \begin{pmatrix} 1 & 2 & 1 \\ 2 & 1 & 1 \\ 2 & 1 & 2 \end{pmatrix}$$

$$D = \begin{pmatrix} 5 & 7 \\ 7 & 10 \end{pmatrix} \quad E = \begin{pmatrix} -1 & 1 & 0 & -2 \\ 1 & 1 & 2 & 1 \\ 1 & 0 & 1 & 1 \\ 2 & -1 & 0 & 2 \end{pmatrix}$$

M. Exkurs: Das Lösen linearer Gleichungssysteme mit Matrizen

Lineare Gleichungssysteme lassen sich mit Hilfe der Matrizenrechnung darstellen und eindeutig lösen, falls ihre Koeffizientenmatrix A eine Inverse besitzt.

> **Beispiel: Lösung eines LGS mit Hilfe der Matrizenrechnung**
> Lösen Sie das lineare Gleichungssystem, indem Sie es als Matrizengleichung dar-stellen und diese Gleichung durch Inver-senbestimmung lösen.
>
> $$3x + 5x + \ z = 0$$
> $$2x + 4y + 5z = 8$$
> $$\ x + 2y + 2z = 3$$

Lösung:

Das lineare Gleichungssystem lässt sich mit Hilfe seiner Koeffizientenmatrix A wie rechts aufgeführt als Matrizengleichung der Form $A \cdot \vec{x} = \vec{b}$ darstellen, wobei $\vec{b}$ der Vektor der rechten Seite des Systems ist.

1. Darstellung des LGS mit Matrizen

$$\begin{pmatrix} 3 & 5 & 1 \\ 2 & 4 & 5 \\ 1 & 2 & 2 \end{pmatrix} \cdot \begin{pmatrix} x \\ y \\ z \end{pmatrix} = \begin{pmatrix} 0 \\ 8 \\ 3 \end{pmatrix}$$

$$A \quad \cdot \ \vec{x} = \vec{b}$$

Mit Hilfe einer Methode zur Inversenbe-stimmung (manuelle Rechnung oder mit digitalen Hilfsmitteln) bestimmen wir die inverse Matrix, sofern sie existiert. Nur dann funktioniert dieses Verfahren zum Lö-sen von Gleichungen.

2. Berechnung der inversen Matrix A^{-1}

$$A^{-1} = \begin{pmatrix} 2 & 8 & -21 \\ -1 & -5 & 13 \\ 0 & 1 & -2 \end{pmatrix}$$

Um die Matrizengleichung $A \cdot \vec{x} = \vec{b}$ nach der Lösungsvariablen $\vec{x}$ aufzulösen, multi-plizieren wir die Gleichung zunächst von links mit A^{-1}. Wir erhalten die Gleichung $A^{-1} \cdot A \cdot \vec{x} = A^{-1} \cdot \vec{b}$, also $E \cdot \vec{x} = A^{-1} \cdot \vec{b}$, d.h. $\vec{x} = A^{-1} \cdot \vec{b}$.

3. Lösung des LGS

$$A \cdot \vec{x} = \vec{b} \qquad \begin{array}{l}\text{von links mit } A^{-1} \\ \text{multiplizieren}\end{array}$$

$$\vec{x} = A^{-1} \cdot \vec{b}$$

Durch Einsetzen von A^{-1} und $\vec{b}$ sowie Aus-führung der Multiplikation erhalten wir die Lösung $x = 1$, $y = -1$, $z = 2$.

$$\vec{x} = \begin{pmatrix} 2 & 8 & -21 \\ -1 & -5 & 13 \\ 0 & 1 & -2 \end{pmatrix} \cdot \begin{pmatrix} 0 \\ 8 \\ 3 \end{pmatrix} = \begin{pmatrix} 1 \\ -1 \\ 2 \end{pmatrix}$$

$$x = 1, \quad y = -1, \quad z = 2$$

Übung 12 Lineare Gleichungssysteme

Die folgenden linearen Gleichungssysteme sind eindeutig lösbar. Bestimmen Sie die Lösung mit Hilfe der Matrizenrechnung.

a)
$$x - 2y = \ 0$$
$$-x + 3y = -1$$

b)
$$2x + \ y + \ z = 12$$
$$x + \ y + 2z = 13$$
$$3x + 2y + 2z = 21$$

c)
$$3x + 2y + 6z = 1$$
$$x + \ y + 3z = -1$$
$$-3x - 2y - 5z = -3$$

Übungen

13. Inverse Matrizen
Untersuchen Sie, ob die Matrizen A, B und C zueinander invers sind.

a) $A \begin{pmatrix} 1 & 1 \\ 3 & 4 \end{pmatrix}$, $B = \begin{pmatrix} -1 & 4 \\ 1 & -3 \end{pmatrix}$, $C = \begin{pmatrix} 4 & -1 \\ -3 & 1 \end{pmatrix}$

b) $A = \begin{pmatrix} -1 & -1 & -2 \\ 4 & 1 & 4 \\ 2 & -2 & -1 \end{pmatrix}$, $B = \begin{pmatrix} 7 & 3 & -2 \\ 12 & 5 & -4 \\ -10 & -4 & 3 \end{pmatrix}$

14. Bestimmung der Inverse
Berechnen Sie die Inverse von A manuell mit dem Ansatz $A^{-1} = \begin{pmatrix} a & b \\ c & d \end{pmatrix}$

a) $A = \begin{pmatrix} 1 & 1 \\ 3 & 4 \end{pmatrix}$ b) $A = \begin{pmatrix} 0 & 1 \\ 1 & 0 \end{pmatrix}$ c) $A = \begin{pmatrix} 1 & 1 \\ 1 & 1 \end{pmatrix}$

15. Richtig oder Falsch?
a) Nur quadratische Matrizen können eine Inverse besitzen.
b) Jede quadratische Matrix besitzt eine Inverse.
c) Keine Matrix kann zwei verschiedene Inverse besitzen.

d) Die Inverse der Inversen einer Matrix ist die Matrix selbst.
e) Eine Matrix kann nicht Inverse von sich selbst sein.

16. LGS
Stellen Sie das lineare Gleichungssystem als Matrizengleichung dar und lösen Sie diese mit Hilfe der Inversen der Koeffizientenmatrix A.

System a)
$$x + + z = 1$$
$$-2x + 5y - 4z = 1$$
$$5x + 8y + 2z = 12$$

System b)
$$2x + y + z = 1$$
$$3y - z = 2$$
$$5x + 5y + 2z = 3$$

17. Historisches Gleichungssystem
Aus „Vollständige Anleitung zur Algebra" von Leonhard Euler (1707–1783):
Zwei Personen sind 29 Rubel schuldig; nun hat zwar jeder Geld, doch nicht so viel, dass er diese gemeinsame Schuld allein bezahlen könnte; drum sagt der Erste zum anderen: Gibst du mir zwei Drittel deines Geldes, so kann ich die Schuld allein bezahlen. Der andere antwortet dagegen: Gibst du mir drei Viertel deines Geldes, so kann ich die Schuld allein bezahlen. Wie viel Geld hat jeder?

18. Potenzen von Matrizen
Berechnen Sie mit Hilfe des Rechners die folgenden Terme.

a) A^4 b) B^3

c) $(A + B)^3$ d) $A^2 \cdot B^3$

e) C^3 f) C^{100}

g) $A \cdot D$ h) D^5

$A = \begin{pmatrix} 1 & 0 & 2 \\ 3 & -4 & 1 \\ 6 & 5 & 3 \end{pmatrix}$, $B = \begin{pmatrix} 3 & 2 & -1 \\ 6 & 1 & 4 \\ 5 & -3 & 8 \end{pmatrix}$

$C = \begin{pmatrix} 0{,}1 & 0{,}2 & 0{,}5 \\ 0{,}7 & 0{,}5 & 0{,}3 \\ 0{,}2 & 0{,}3 & 0{,}2 \end{pmatrix}$, $D = \begin{pmatrix} 1 & 0 & 0 \\ 0 & 1 & 0 \\ 0 & 0 & 1 \end{pmatrix}$

2. Übergangsprozesse

Im Folgenden geht es um Prozesse, die durch eine Anzahl von Zuständen beschrieben werden können. Der Übergang zwischen den Zuständen erfolgt dabei mehr oder weniger zufällig und kann mit Hilfe einer Matrix erfasst werden. Die Prozesse sind in der Regel unbegrenzt und daher durch klassische endliche Baumdiagramme nicht zu erfassen.

A. Die Übergangsmatrix

Das Übergangsverhalten von Käufern, die einem Produkt treu bleiben oder zu einem Konkurrenzprodukt überwechseln oder zu Nichtkäufern werden, ist Gegenstand von Untersuchungen, welche von Marktforschungsinstituten vorgenommen werden, um zukünftige Marktentwicklungen im Voraus prognostizieren zu können. Wir konkretisieren dies an einem Beispiel.

▶ **Beispiel: Die Marktübergangsmatrix**   *Übergangsgraph*

Zwei Monatsmagazine S und F konkurrieren um die Gunst der Leser und der Nichtleser N. Im Januar lauten die Marktanteile:

   S: 60%   **F**: 20%   **N**: 20%

Das Übergangsverhalten der Verbraucher geht aus dem Übergangsgraphen hervor.
a) Erläutern Sie den Prozess.
b) Welche Marktanteile werden in den nächsten drei Monaten vorliegen?

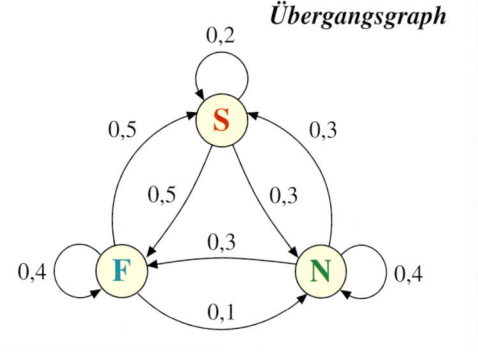

Lösung zu a:
Dieser stochastische Prozess wird durch den *Übergangsgraphen** erfasst, der drei *Zustände* S, F und N enthält.

Die Verbraucher wechseln mit bestimmten *Übergangswahrscheinlichkeiten* von einem Zustand in den anderen. Sie können aus dem Übergangsgraphen abgelesen und in eine übersichtliche Tabelle übertragen werden. Das Weglassen der Tabelleneingänge führt zur *Übergangsmatrix* M.

Übergangstabelle

nach \ von	S	F	N
S	0,2	0,5	0,3
F	0,5	0,4	0,3
N	0,3	0,1	0,4

Übergangsmatrix

$$M = \begin{pmatrix} 0,2 & 0,5 & 0,3 \\ 0,5 & 0,4 & 0,3 \\ 0,3 & 0,1 & 0,4 \end{pmatrix}$$

Es gibt eine *Anfangsverteilung* der Verbraucher auf die Zustände. Ersetzen wir die Prozentzahlen (60%, 20%, 20%) durch Anteile (0,60; 0,20; 0,20), so lautet sie:

   S: 0,6   **F**: 0,2   **N**: 0,2

▼ Sie wird durch den *Startvektor* $\vec{v}_0$ erfasst.

Anfangsverteilung/Startvektor

$$\vec{v}_0 = \begin{pmatrix} 0,60 \\ 0,20 \\ 0,20 \end{pmatrix}$$

* Anderer Name: Prozessdiagramm

Lösung zu b:
Die Marktanteile nach einem Monat sind:

$S = 0{,}2 \cdot 0{,}60 + 0{,}5 \cdot 0{,}20 + 0{,}3 \cdot 0{,}20 = 0{,}28$
$F = 0{,}5 \cdot 0{,}60 + 0{,}4 \cdot 0{,}20 + 0{,}3 \cdot 0{,}20 = 0{,}44$
$N = 0{,}3 \cdot 0{,}60 + 0{,}1 \cdot 0{,}20 + 0{,}4 \cdot 0{,}20 = 0{,}28$

Diese neue Verteilung kann wieder durch einen *Verteilungsvektor* $\vec{v}_1$ erfasst werden, der auch *Zustandsvektor* genannt wird. Er hat die Koordinaten 0,28; 0,44; 0,28.
Man erkennt: Der neue Verteilungssvektor $\vec{v}_1$ ist das **Produkt** aus der Übergangsmatrix M und dem alten Verteilungsvektor $\vec{v}_0$, d. h. $\vec{v}_1 = M \cdot \vec{v}_0$.

Die Marktanteile im März erhalten wir auf die gleiche Weise, indem wir den aktuellen Verteilungssvektor für Februar mit der Übergangsmatrix M multiplizieren.

Nochmalige Wiederholung führt auf die gesuchten Marktanteile im April:
S: 34,4 %   F: 41,2 %   N: 24,4 %
Interpretation: Das Magazin S verliert Anteile, das Magazin M gewinnt Anteile, der
▶ Nichtleseranteil N steigt geringfügig.

Vereinfachung mit dem WTR/Computer

Obige Ergebnisse können wir schneller erzielen, wenn wir den Rechner oder ein Computerprogramm einsetzen.
Mit dem Taschenrechner geben wir im Matrixeditor die Übergangsmatrix M (Rechnerschreibweise A) und im Vektoreditor den Verteilungsvektor $\vec{v}$ ein.
Dann geben wir im Berechnungsmodus den Term $A \cdot \vec{v}$ ein und starten die Berechnung. So erhalten wir das Februarresultat.
Wenn wir den Term $A^3 \cdot \vec{v}$ eingeben und berechnen, erhalten wir das Aprilresultat.
Rechts sind nur die Berechnungszeilen dargestellt.
Ähnlich einfach gestalten sich die Berechnungen mit einem Computerprogramm zur Matrizenrechnung (z. B. Matrixcalculator).

Marktanteile im Januar
Anfangsverteilung

$$\vec{v}_0 = \begin{pmatrix} 0{,}60 \\ 0{,}20 \\ 0{,}20 \end{pmatrix}$$

Marktanteile im Februar
Folgeverteilung

$$\begin{pmatrix} 0{,}2 & 0{,}5 & 0{,}3 \\ 0{,}5 & 0{,}4 & 0{,}3 \\ 0{,}3 & 0{,}1 & 0{,}4 \end{pmatrix} \cdot \begin{pmatrix} 0{,}60 \\ 0{,}20 \\ 0{,}20 \end{pmatrix} = \begin{pmatrix} 0{,}28 \\ 0{,}44 \\ 0{,}28 \end{pmatrix}$$
$$M \qquad \cdot \quad \vec{v}_0 \quad = \quad \vec{v}_1$$

Marktanteile im März

$$\begin{pmatrix} 0{,}2 & 0{,}5 & 0{,}3 \\ 0{,}5 & 0{,}4 & 0{,}3 \\ 0{,}3 & 0{,}1 & 0{,}4 \end{pmatrix} \cdot \begin{pmatrix} 0{,}28 \\ 0{,}44 \\ 0{,}28 \end{pmatrix} = \begin{pmatrix} 0{,}36 \\ 0{,}40 \\ 0{,}24 \end{pmatrix}$$
$$M \qquad \cdot \quad \vec{v}_1 \quad = \quad \vec{v}_2$$

Marktanteile im April

$$\begin{pmatrix} 0{,}2 & 0{,}5 & 0{,}3 \\ 0{,}5 & 0{,}4 & 0{,}3 \\ 0{,}3 & 0{,}1 & 0{,}4 \end{pmatrix} \cdot \begin{pmatrix} 0{,}36 \\ 0{,}40 \\ 0{,}24 \end{pmatrix} = \begin{pmatrix} 0{,}344 \\ 0{,}412 \\ 0{,}244 \end{pmatrix}$$
$$M \qquad \cdot \quad \vec{v}_2 \quad = \quad \vec{v}_3$$

Berechnung mit dem WTR/Computer:

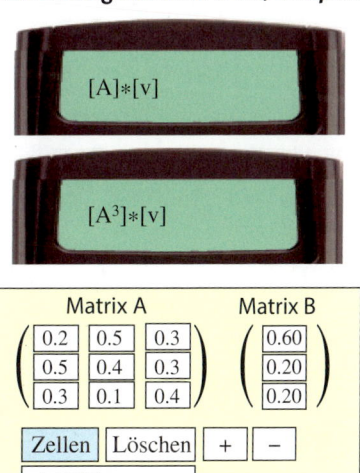

Übung 1 Mineralwasser

Drei Firmen M, L und B teilen sich den Mineralwassermarkt einer Region. Bekannt sind das Übergangsverhalten der Käufer und die Anfangsverteilung der Marktanteile.

a) Stellen Sie eine Übergangstabelle auf.
b) Wie lautet die Übergangsmatrix M?
c) Berechnen Sie den Marktanteil nach einem Monat.
d) Wie groß werden die Marktanteile nach zwei bzw. drei Monaten sein?

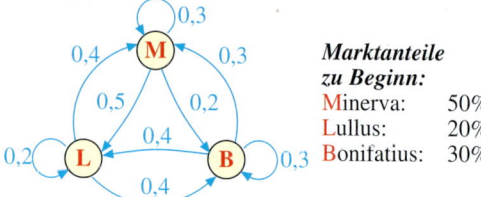

Marktanteile zu Beginn:
Minerva: 50%
Lullus: 20%
Bonifatius: 30%

Im vorhergehenden Beispiel wurde ein *stochastischer Prozess* untersucht. Wir systematisieren und präzisieren nun die dabei gemachten Erfahrungen.

Ein solcher Prozess ist durch seine *Zustände*, deren *Übergangswahrscheinlichkeiten* und den *Verteilungsvektor* gekennzeichnet. Die Übergangswahrscheinlichkeiten können im Übergangsgraphen – auch Prozessdiagramm genannt – oder in der Übergangsmatrix M dargestellt werden.

Diese Matrix M ist eine sog. *stochastische Matrix*. Das ist eine quadratische Matrix, deren Elemente reelle Zahlen zwischen 0 und 1 sind (Wahrscheinlichkeiten), und deren Spaltensummen alle gleich 1 sind.

Dabei wird der Übergang durch Multiplikation einer Anfangsverteilung $\vec{a}$ mit der Übergangsmatrix M beschrieben.
Das Ergebnis ist die Folgeverteilung $\vec{b}$.

Definition IV.10:
Stochastische Matrix
Eine Matrix $M = (a_{ij})$ bezeichnet man als *stochastische Matrix*, wenn gilt:

1. M ist eine quadratische Matrix.

2. Die Elemente vom M sind reelle Zahlen zwischen 0 und 1 ($0 \le a_{ij} \le 1$).

3. Alle Spaltensummen von M sind 1 ($a_{1j} + a_{2j} + \ldots + a_{nj} = 1$ für $1 \le j \le n$).

Verlauf eines Übergangsprozesses:

$$M \cdot \vec{a} = \vec{b}$$

Übergangs-   Anfangsver-   Folge-
matrix   teilung   verteilung

Übung 2 Stochastische Matrizen

Prüfen Sie, ob die Matrix M eine stochastische Matrix ist.

a) $M = \begin{pmatrix} 0 & 0,6 \\ 1 & 0,4 \end{pmatrix}$
b) $M = \begin{pmatrix} 0,4 & 0,7 \\ 0,6 & 0,2 \end{pmatrix}$
c) $M = \begin{pmatrix} 0,1 & 0,6 & 0 \\ 0,8 & 0,4 & 0,5 \\ 0,1 & 0 & 0,5 \end{pmatrix}$
d) $M = \begin{pmatrix} 0,4 & 0,3 & 0,2 \\ 0,2 & 0,3 & -0,1 \\ 0,4 & 0,3 & 0,7 \end{pmatrix}$

Übung 3 Die Übergangsmatrix

Rechts ist das Prozessdiagramm eines stochastischen Prozesses dargestellt. Es ist nicht ganz vollständig, denn es fehlen Übergangswahrscheinlichkeiten.
a) Vervollständigen Sie das Diagramm.
b) Stellen Sie die Übergangsmatrix M auf.

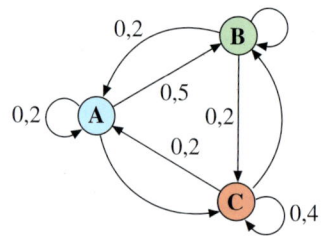

Übung 4 Urlaubsplanung

Im Übergangsgraphen rechts ist die Urlaubsplanung der Deutschen dargestellt. Dabei
bedeutet

H: Urlaub zu Hause

D: Urlaub in Deutschland

A: Urlaub im Ausland

Es wird angenommen, dass das Übergangsverhalten langfristig konstant bleibt.

a) Bestimmen Sie die Übergangsmatrix M.

b) Die Verteilung im Jahr 2018 war:
   H: 25%, D: 40%, A: 35%.
   Mit welcher Verteilung können die
   Reiseveranstalter für 2019 rechnen?

c) Berechnen Sie die Verteilung in den Jahren
   2020, 2021 und 2022.

d) Wie würde sich die Verteilung für 2022
   ändern, wenn ab 2018 weitere 10% der Deutschlandurlauber statt eines Folgeurlaubs in
   Deutschland einen solchen im Ausland vorziehen?

Übung 5 Carsharing

Ein Carsharingunternehmen bietet seine
Dienste in einer Großstadt an. Dazu wurde
das Stadtgebiet in drei Bereiche eingeteilt.
Das Prozessdiagramm gibt an, wie sich die
Verteilung der Autos auf die drei Bereiche A,
B und C im Tagestakt ändert.

a) Wie lautet die Übergangsmatrix M?

b) An einem Tag befinden sich von den 100 vorhandenen Autos 30 im Bereich A, 25 im Bereich
   B und 45 im Bereich C. Mit welcher Verteilung ist am nächsten Tag zu rechnen?

c) Wie lautet die Verteilung eine Woche später?

d) Wie lautet die Verteilung 3 Wochen später?

e) Wann fällt die Anzahl der verfügbaren Autos im Bereich A erstmals unter 30?

Übung 6 Shopping-Center

Drei Einkaufszentren A, B und C stehen den 50 000 Kunden eines Gebie-
tes zur Verfügung. Das monatliche Wechselverhalten wird durch die Übergangsmatrix M beschrieben.

$$M = \begin{pmatrix} 0{,}86 & 0{,}03 & 0{,}07 \\ 0{,}09 & 0{,}91 & 0{,}05 \\ 0{,}05 & 0{,}06 & 0{,}88 \end{pmatrix}$$

a) Ist M eine stochastische Matrix?

b) Stellen Sie das Übergangsverhalten im Prozessdiagramm dar.

c) Im Monat Mai hatte A 19 000 Kunden, B hatte 15 000 Kunden und C 16 000 Kunden. Ermitteln
   Sie die Verteilungen für die nächsten drei Monate.

d) Mit welcher Verteilung ist nach einem Jahr zu rechnen?

e) Nach welcher Zeit fällt die Kundenzahl in A erstmals unter 15 000?

B. Wählerverhalten

Das Wählerverhalten bleibt selten über einen längeren Zeitraum stabil. Da Wahlen nur im Abstand eines oder mehrerer Jahre durchgeführt werden, kann daher nur vom Istzustand auf den direkten Folgezustand durch Ermittlung des Wechselverhaltens der Wähler geschlossen werden.

▶ Beispiel: Bürgermeisterwahl

Bei der letzten Wahl zum Bürgermeisteramt traten die drei Kandidaten Arnold (A), Bitter (B) und Calil (C) an. A erhielt 25 %, B 40 % und C 35 % der Stimmen.
Für die anstehende Neuwahl, bei der sich die Kandidaten A, B und C wieder zur Wahl stellen, wird in einer Umfrage das Wechselverhalten der Wähler erfragt.
Das Ergebnis der Umfrage ist in nebenstehender Übergangstabelle erfasst.

a) Stellen Sie die Übergangsmatrix M auf.
b) Geben Sie die Anfangsverteilung $\vec{v_0}$ an.
c) Entscheiden Sie, welcher Kandidat dem Ergebnis der Umfrage folgend die größten Siegchancen hat.

Übergangstabelle

von / nach	A	B	C
A	0,8	0,3	0,2
B	0,1	0,6	0,3
C	0,1	0,1	0,5

Lösung zu a:
Die Übergangsmatrix M entspricht der Übergangstabelle.

Übergangsmatrix M:

$$M = \begin{pmatrix} 0,8 & 0,3 & 0,2 \\ 0,1 & 0,6 & 0,3 \\ 0,1 & 0,1 & 0,5 \end{pmatrix}$$

Lösung zu b:
Die Anfangsverteilung, d.h. der Startvektor $\vec{v_0}$ entspricht dem Ergebnis der ersten Wahl.

Anfangsverteilung/Startvektor:

$$\vec{v}_0 = \begin{pmatrix} 0,25 \\ 0,40 \\ 0,35 \end{pmatrix}$$

Lösung zu c:
Durch Multiplikation der Matrix M mit dem Startvektor $\vec{v_0}$ erhalten wir die Prognose für die anstehende Wahl.

Prognose zur Neuwahl:

$$M \cdot \vec{v_0} = \begin{pmatrix} 0,8 & 0,3 & 0,2 \\ 0,1 & 0,6 & 0,3 \\ 0,1 & 0,1 & 0,5 \end{pmatrix} \cdot \begin{pmatrix} 0,25 \\ 0,40 \\ 0,35 \end{pmatrix} = \begin{pmatrix} 0,39 \\ 0,37 \\ 0,24 \end{pmatrix}$$

Die prognostizierten Stimmanteile sind:
Arnold: 39 %, Bitter: 37 %, Calil: 24 %
▶ Kandidat Arnold hat die größten Chancen.

Resultat:
Arnold: 39 %   Bitter: 37 %   Calil: 24 %

Übung 7 Stichwahl

In manchen Ländern wird eine Stichwahl abgehalten, in der die beiden Kandidaten, die im 1. Wahlgang die meisten Stimmen erhalten haben, erneut gegeneinander antreten.
Wir nehmen an, dass das auch nach der zweiten Wahl im Beispiel oben der Fall ist.
Man geht davon aus, dass alle Wähler, welche im 1. Wahlgang Kandidat A oder Kandidat B gewählt hatten, diesem auch in der Stichwahl ihre Stimme geben. Von den Stimmen des ausgeschiedenen Kandidaten C gehen 40 % zu Kandidat A und 60 % zu Kandidat B.
Stellen Sie die Übergangsmatrix für diese Stichwahl auf und ermitteln Sie den Gewinner der Wahl.

Übung 8 Wahlen

In einem Land gibt es drei politische Parteien. Der abgebildete Graph zeigt das Wechselverhalten der Wähler bei den monatlichen Umfragen vor der nächsten Wahl.

a) Vervollständigen Sie den Übergangsgraphen.

b) Stellen Sie die Übergangsmatrix M auf.

c) Die Umfrageergebnisse der Parteien betragen aktuell:
   A: 20 %, B: 35 %, C: 45 %. Berechnen Sie die Stimmenanteile, die die Parteien erwarten können, wenn im nächsten Monat Wahl ist.

d) Berechnen Sie, welche Wahlprognose sich bei der folgenden Ausgangslage ergäbe:
   A: 5 %, B: 35 %, C: 60 %?

Übung 9 Vereinsvorsitz

Bei der letzten Wahl zum Vereinsvorsitz erhielt Kandidat A 30 %, Kandidat B 50 % und Kandidat C 20 % der Stimmen. Zur bevorstehenden Neuwahl wurde das Übergangsverhalten der Vereinsmitglieder erfragt. Das Ergebnis ist in der nebenstehenden Tabelle erfasst.

	A	B	C
A	60 %	40 %	10 %
B	10 %	50 %	20 %
C	30 %	10 %	70 %

a) Zeichnen Sie den Übergangsgraphen.

b) Geben Sie eine Prognose für die Wahl ab.

c) Kurz vor der Wahl wirbt Kandidat B offensiv bei den Vereinmitgliedern, die ihn bisher nicht gewählt haben. Berechnen Sie den Stimmenanteil von B, wenn er die Wiederwahlanteile von A und C (s. Tabelle) um jeweils 5 Prozentpunkte zu seinen Gunsten verringern könnte?

d) Wie in Aufgabenteil b) zieht Kandidat B nun jeweils p Prozentpunkte von den Kandidaten A und C zu seinen Gunsten ab.
   Untersuchen Sie, wie groß p werden muss, damit Kandidat B die Neuwahl gewinnt.

Übung 10 Radwege

Die Einwohner einer Großstadt wurden vor einiger Zeit befragt, ob sie für den Ausbau bestehender Radwege und das Anlegen neuer Radwege sind. Die Umfrage ergab, dass 40 % das Anliegen ablehnen (A), 35 % befürworten (B) und 25 % unentschieden sind (U).
Die Übergangstabelle gibt an, wie sich die Befragten in Zukunft verhalten werden.

a) Zeichnen Sie den Übergangsgraphen.

b) Berechnen Sie die erwarteten Anteile der Befürworter und Ablehner in der nächsten Umfrage.

c) Der Anteil der Unentschiedenen, die zu den Befürwortern wechseln, beträgt laut Tabelle 0,50. Er soll nun auf den unbekannten Anteil p erhöht werden, so dass die Befürworter in der nächsten Umfrage die absolute Mehrheit (50 %) erreichen. Wie muss man p wählen?

	A	B	U
A	0,60	0,10	0,30
B	0,30	0,70	0,50
U	0,10	0,20	0,20

d) Die Umfrage wird monatlich wiederholt. Untersuchen Sie, nach welcher Wiederholung die Befürworter über 55 % erhalten.

C. Populationsdynamik bei stochastischer Übergangsmatrix

Bei der Beobachtung von Populationen kommt es zu Umschichtungsprozessen, beispielsweise beim Revierwechselverhalten wie im folgenden Beispiel oder beim Generationenwechsel wie im folgenden Abschnitt. Wir behandeln hierzu einige typische Fragestellungen.

▶ **Beispiel: Rentiere**

Im Norden Finnlands verteilt sich eine Rentierpopulation auf drei Reviere: Ein tiefes Waldgebiet, ein Bergland und ein ausgedehntes Flusstal. Zu Beginn der Beobachtung leben 60 % der Rentiere im Waldrevier und jeweils 20 % in den beiden anderen Revieren. Jährlich wechselt ein Teil der Rentierbestände das Revier. Die Tabelle gibt die Übergangswahrscheinlichkeiten an.

a) Zeichnen Sie den Übergangsgraphen des Prozesses. Geben Sie Übergangsmatrix M und Startvektor $\vec{v}_0$ an.
b) Berechnen Sie die Belegung der Reviere in den beiden Folgejahren.
c) Nun soll zurückgerechnet werden in die Vergangenheit. Wie war die Verteilung auf die drei Reviere im Vorjahr?

	W	B	F
W	0,6	0,4	01
B	0,2	0,4	0,3
F	0,2	0,2	0,6

Lösung zu a:

Der Übergangsgraph ist rechts abgebildet. Die Übergangsmatrix entspricht der Tabelle. Die Daten des Startvektors ergeben sich aus dem Text.

Übergangsgraph:

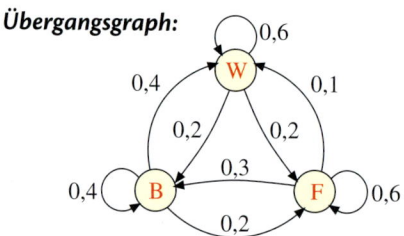

$$M = \begin{pmatrix} 0,6 & 0,4 & 0,1 \\ 0,2 & 0,4 & 0,3 \\ 0,2 & 0,2 & 0,6 \end{pmatrix} \quad \vec{v}_0 = \begin{pmatrix} 0,6 \\ 0,2 \\ 0,2 \end{pmatrix}$$

Lösung zu b:

Wir berechnen manuell oder mit dem Taschenrechner bzw. mit einem Programm die Zustandsvektoren $\vec{v}_1$ und $\vec{v}_2$ der beiden Folgejahre.

Es gilt $\vec{v}_1 = M \cdot \vec{v}_0$ und $\vec{v}_2 = M \cdot \vec{v}_1$*.

Wir erhalten als neue Revierverteilungen nach einem Jahr bzw. nach zwei Jahren:

W: 46 %   B: 26 %   F: 28 %
W: 40,8 %   B: 28 %   F: 31,2 %

Berechnung der Folgezustände $\vec{v}_1$, $\vec{v}_2$:

$$\vec{v}_1 = M \cdot \vec{v}_0 = \begin{pmatrix} 0,6 & 0,4 & 0,1 \\ 0,2 & 0,4 & 0,3 \\ 0,2 & 0,2 & 0,6 \end{pmatrix} \cdot \begin{pmatrix} 0,6 \\ 0,2 \\ 0,2 \end{pmatrix} = \begin{pmatrix} 0,46 \\ 0,26 \\ 0,28 \end{pmatrix}$$

$$\vec{v}_2 = M \cdot \vec{v}_1 = \begin{pmatrix} 0,6 & 0,4 & 0,1 \\ 0,2 & 0,4 & 0,3 \\ 0,2 & 0,2 & 0,6 \end{pmatrix} \cdot \begin{pmatrix} 0,46 \\ 0,26 \\ 0,28 \end{pmatrix} = \begin{pmatrix} 0,408 \\ 0,28 \\ 0,312 \end{pmatrix}$$

Lösung zu c:

$\vec{v}_{-1}$ sei der gesuchte Zustandsvektor des vorherigen Jahres. Es muss also der Ansatz $M \cdot \vec{v}_{-1} = \vec{v}_0$ gelten.

▼ $\vec{v}_{-1}$ setzen wir an in der Form $\vec{v}_{-1} = \begin{pmatrix} x \\ y \\ z \end{pmatrix}$.

Berechnung des vorherigen Zustandes $\vec{v}_{-1}$:

Ansatz: $M \cdot \vec{v}_{-1} = \vec{v}_0$

$$\begin{pmatrix} 0,6 & 0,4 & 0,1 \\ 0,2 & 0,4 & 0,3 \\ 0,2 & 0,2 & 0,6 \end{pmatrix} \cdot \begin{pmatrix} x \\ y \\ z \end{pmatrix} = \begin{pmatrix} 0,6 \\ 0,2 \\ 0,2 \end{pmatrix}$$

---

* Man kann $\vec{v}_2$ auch durch Matrixpotenzierung berechnen: $\vec{v}_2 = M^2 \cdot \vec{v}_0$

Durch Ausmultiplikation der linken Seite ergibt sich das rechts aufgeführte lineare Gleichungssystem.

I: $0{,}6\,x + 0{,}4\,y + 0{,}1\,z = 60$
II: $0{,}2\,x + 0{,}4\,y + 0{,}3\,z = 20$
III: $0{,}2\,x + 0{,}2\,y + 0{,}6\,z = 20$

Es kann manuell oder mit dem Rechner gelöst werden. Das Resultat $x = 100$, $y = 0$ und $z = 0$ bedeutet, dass im Vorjahr alle Rentiere im Waldgebiet lebten.

Lösung: $x = 100$, $y = 0$, $z = 0$

Weiter zurückrechnen kann man allerdings nicht, weil sich dann z. T. negative Werte für x, y bzw. z ergeben würden. Das heißt, dass die gegebenen Übergangswahrscheinlichkeiten in der Vergangenheit nicht gültig gewesen sein können.

Interpretation:
Im Vorjahr lebten 100 % der Rentiere im Waldgebiet W, aber keine im Bergland B und im Flusstal F.

Wir setzen nun unser Beispiel mit einer Variation der Fragestellung fort.

> **Beispiel: Verdrängung durch Wölfe (Fortsetzung des vorherigen Beispiels)**
> In das Waldrevier sind Wölfe vorgestoßen, die einen Vertreibungsdruck auf die Rentiere ausüben, so dass die Tiere nur noch mit 40 % Wahrscheinlichkeit im Waldgebiet verbleiben.
> Anteil a wechselt vom Wald ins Bergland und 60 % − a wechseln vom Wald ins Flusstal. Das Wechselverhalten der Tiere in den anderen Revieren bleibt gleich, da diese von den Wölfen nichts wissen. Bestimmen Sie denjenigen Wert des Parameters a, für den der Bestand im Bergland im Folgejahr auf 32 % steigt.
> Wie ist die neue Revierverteilung im Folgejahr?

Lösung:
Wir erstellen zunächst eine revidierte Übergangstabelle und die zugehörige Übergangsmatrix M auf.

Übergangstabelle und Übergangsmatrix:

	W	B	F
W	0,4	0,4	0,1
B	a	0,4	0,3
F	0,6 − a	0,2	0,6

$$M = \begin{pmatrix} 0{,}4 & 0{,}4 & 0{,}1 \\ a & 0{,}4 & 0{,}3 \\ 0{,}6-a & 0{,}2 & 0{,}6 \end{pmatrix}$$

Dann berechnen wir den Zustandsvektor $\vec{v}_1$ nach der Gleichung $\vec{v}_1 = M \cdot \vec{v}_0$.
Er hat nach nebenstehender Rechnung die Bergland-Koordinate $y = 60\,a + 14$.

Folgezustand $\vec{v}_1$:

$\vec{v}_1 = M \cdot \vec{v}_0$

$$\vec{v}_1 = \begin{pmatrix} 0{,}4 & 0{,}4 & 0{,}1 \\ a & 0{,}4 & 0{,}3 \\ 0{,}6-a & 0{,}2 & 0{,}6 \end{pmatrix} \cdot \begin{pmatrix} 60 \\ 20 \\ 20 \end{pmatrix} = \begin{pmatrix} 34 \\ 60\,a+14 \\ -60\,a+52 \end{pmatrix}$$

Wir setzen also $60\,a + 14 = 32$, woraus unmittelbar folgt: $a = 0{,}30$.
Setzen wir diesen Wert in den für $\vec{v}_1$ errechneten Term ein, so erhalten wir $x = 34$, $y = 32$ und $z = 34$.

Berechnung von a:
Ansatz: $y = 60\,a + 14 = 32 \Rightarrow a = 0{,}30$

Berechnung des Folgezustands $\vec{v}_1$:

$$\vec{v}_1 = \begin{pmatrix} 34 \\ 60\,a+14 \\ -60\,a+52 \end{pmatrix} = \begin{pmatrix} 34 \\ 60 \cdot 0{,}30 + 14 \\ -60 \cdot 0{,}30 + 52 \end{pmatrix} = \begin{pmatrix} 34 \\ 32 \\ 34 \end{pmatrix}$$

Der Bestand in den drei Revieren hat nach einem Jahr folgende Werte:
> Wald: 34 % Bergland: 32 % Flusstal: 34 %

11. Bevölkerungsaufbau

Die Bevölkerung eines fernen Landes gliedert sich in drei Kasten, Ober-, Mittel- und Unterkaste. Beim Wechsel zur nächsten Generation, d. h. von der Eltern- zur Kindergeneration, finden Übergänge zwischen den Kasten statt, die modellhaft durch die abgebildete Tabelle beschrieben werden. Die Erwachsenen der aktuellen Generation gehören zu

	O	M	U
O	0,2	0,2	0,1
M	0,6	0,5	0,4
U	0,2	0,3	0,5

14% der Ober-, zu 45% der Mittel- und zu 41% der Unterkaste an.

a) Stellen Sie die Übergangsmatrix auf und zeichnen Sie den Übergangsgraphen.

b) Eine Kleinstadt hat 10 000 Einwohner. Für eine Modellrechnung wird angenommen, dass die Bevölkerungszahl auch langfristig konstant bei 10 000 Personen bleibt. Wie viele Personen gehören aktuell den einzelnen Kasten an? Welche Zahlen ergeben sich für die Folgegeneration der Kinder?

c) Nun soll zurückgerechnet werden in die Vergangenheit, also auf die vorherige Generation. Wie war die Verteilung in der Generation der Großeltern, wenn man annimmt, dass die Übergangswahrscheinlichkeiten konstant geblieben sind?

12. Bevölkerungswanderung

In einem Land leben insgesamt 85 Millionen Menschen. Es hat zwei Provinzen, Nord und Süd. Die Nordprovinz wird von 15 Millionen Menschen bewohnt. Während eines Jahres ziehen 5% der Bevölkerung der Nordprovinz in die Südprovinz um, während 0,5% der Bevölkerung der Südprovinz in den Norden ziehen.

a) Zeichnen Sie den Übergangsgraphen und stellen Sie die Übergangsmatrix M auf.

b) Stellen Sie Prognosen für die Bevölkerungszahl der Nordprovinz bzw. der Südprovinz für die beiden folgenden Jahre auf.

c) Welche Bevölkerungszahlen sind nach 20 Jahren zu erwarten?

d) Welche Bevölkerungszahlen hatten die Provinzen im letzten Jahr bzw. im vorletzten Jahr unter der Voraussetzung, dass das Übergangsverhalten konstant war.

e) Berechnen Sie, welchen Wert die Abwanderungsquote x der Nordprovinz nicht überschreiten darf, wenn die Bevölkerung dort nicht unter 10 Millionen fallen soll.
Hinweis: Beim Vorliegen einer Nordbevölkerung von 10 Millionen darf sich die Bevölkerung beim Übergangsprozess nicht mehr verändern.

13. Die Grenzverteilung

Die Wildschweine haben als Revier die drei Waldstücke A, B und C. In jeder Nacht wechseln sie den Aufenthaltsort anhand des abgebildeten Übergangsgraphen. Zu Beginn verteilen sich die Tiere folgendermaßen: A: 30%, B: 60%, C: 10%. Welche Verteilung auf die Standorte stellt sich langfristig ein? Berechnen Sie dazu mit dem Rechner $M^n \cdot \vec{v}_0$ für einige große Werte von n.

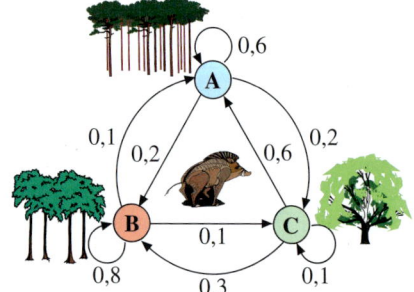

D. Zyklische Prozesse

Die Entwicklung von Populationen, die mehrere Entwicklungsstadien aufweisen, kann im Modell ebenfalls mit Übergangsmatrizen erfasst werden. Allerdings handelt es sich wegen der zusätzlich einfließenden Reproduktionsvorgänge nicht mehr um stochastische Matrizen mit Fixvektoren, sondern es kommt hier oft zu zyklischen oder nahezu zyklischen Schwankungen.

▶ **Beispiel: Wüstenspringmaus**
Bei einer Untersuchung der Wüstenspringmaus werden junge (J), erwachsene (E) und alte Tiere (A) unterschieden.
Am Ende einer Entwicklungsperiode werden 50 % der Jungtiere zu erwachsenen Tieren, 50 % sterben. Erwachsene Tiere werden zu 80 % zu alten Tieren, 20 % sterben. Alle Alttiere sterben. Die erwachsenen Tiere haben eine Reproduktionsrate von 200 %, die für neue Jungtiere sorgt.

a) Zeichnen Sie den Übergangsgraphen, stellen Sie die Übergangsmatrix M auf. Begründen Sie, dass M keine stochastische Matrix ist.
b) Wie entwickelt sich der Bestand im Laufe von drei Jahren, wenn der Anfangsbestand gegeben ist durch den Startvektor mit den Koordinaten Junge = 40, Erwachsene = 100, Alte = 20? Welche Beobachtung ergibt sich insgesamt?

Lösung zu a):
Die Übergangsmatrix ist *keine stochastische Matrix*, weil die Spaltensummen nicht gleich 1 sind. Dies liegt einerseits daran, daß die Gruppe der nicht mehr lebenden Tiere fehlt, andererseits an der Reproduktionsrate, die mit 2 beim Übergang von E zu J erscheint.

Übergangsmatrix und Startvektor:

von nach	J	E	A
J	0	2	0
E	0,5	0	0
A	0	0,8	0

$$M = \begin{pmatrix} 0 & 2 & 0 \\ 0,5 & 0 & 0 \\ 0 & 0,8 & 0 \end{pmatrix}$$

$$\vec{a} = \begin{pmatrix} 40 \\ 100 \\ 20 \end{pmatrix}$$

Lösung zu b):
Wir wenden die Matrizen M, M^2 und M^3 der Reihe nach auf den Startvektor $\vec{a}$ des Bestandes an, der die Koordinaten 40, 100, 20 hat. Da $M^3 = M$ gilt, kommt es zur Wiederholung von Zuständen.
Es ist ein *zyklischer Prozess* entstanden. Nach einer, drei, fünf Perioden bzw. nach zwei vier, sechs Peroden liegt jeweils der gleiche Zustand vor.

Bestandsentwicklung:

$$M^2 = \begin{pmatrix} 1 & 0 & 0 \\ 0 & 1 & 0 \\ 0,4 & 0 & 0 \end{pmatrix}, \quad M^3 = \begin{pmatrix} 0 & 2 & 0 \\ 0,5 & 0 & 0 \\ 0 & 0,8 & 0 \end{pmatrix}$$

$$M \cdot \vec{a} = \begin{pmatrix} 200 \\ 20 \\ 80 \end{pmatrix}, M^2 \cdot \vec{a} = \begin{pmatrix} 40 \\ 100 \\ 16 \end{pmatrix}, M^3 \cdot \vec{a} = \begin{pmatrix} 200 \\ 20 \\ 80 \end{pmatrix}$$

Zyklischer Prozess der Länge 2 (Es gilt: $M = M^3 = M^5 = \ldots$ sowie $M^2 = M^4 = M^6 = \ldots$)

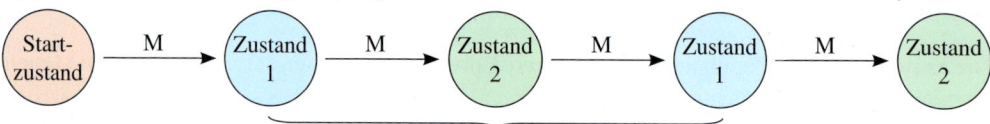

Zyklus der Länge 2

Unter welchen Bedingungen wird ein Prozess eigentlich zyklisch? Wir klären diese Frage exemplarisch an der Matrix des vorhergehenden Beispiels.

▶ **Beispiel: Bedingung für einen Zyklus**

Die Matrix M stellt eine Verallgemeinerung der Übergangsmatrix aus dem vorhergehenden Beispiel dar. Welche Bedingung müssen a, b und c erfüllen, damit M einen Zyklus der Länge 2 besitzt?

$$M = \begin{pmatrix} 0 & a & 0 \\ b & 0 & 0 \\ 0 & c & 0 \end{pmatrix}$$

Lösung:

Für einen Zyklus der Länge 2 muss gelten: $M^3 = M$. Dies führt auf die Gleichungen $a^2b = a$, $ab^2 = b$ und $abc = c$.

Alle drei Gleichungen führen auf $a \cdot b = 1$. Dies ist die Bedingung für einen Zyklus der Länge 2. Im vorigen Beispiel war die Be-
▶ dingung mit $a = 2$ und $b = 0{,}5$ erfüllt.

Potenzen von M

$$M^2 = \begin{pmatrix} ab & 0 & 0 \\ 0 & ab & 0 \\ bc & 0 & 0 \end{pmatrix} \qquad M^3 = \begin{pmatrix} 0 & a^2b & 0 \\ ab^2 & 0 & 0 \\ 0 & abc & 0 \end{pmatrix}$$

Bedingung für den Zyklus

$$\begin{pmatrix} 0 & a^2b & 0 \\ ab^2 & 0 & 0 \\ 0 & abc & 0 \end{pmatrix} = \begin{pmatrix} 0 & a & 0 \\ b & 0 & 0 \\ 0 & c & 0 \end{pmatrix} \Rightarrow \begin{matrix} a^2b = a \\ ab^2 = b \\ abc = c \end{matrix} \Rightarrow ab = 1$$

E.   Prozesse ohne stabilen Zyklus

Was geschehen kann, wenn die Bedingungen für einen stabilen zyklischen Prozess nicht vorliegen, zeigen die folgenden Zusatzaufgaben zu unserem Musterbeispiel.

▶ **Beispiel: Instabile Entwicklung (fallend)**

Die Wüstenspringmäuse aus dem obigen Beispiel werden in einem Tierpark gehalten. Aufgrund des Fehlens natürlicher Feinde erreichen alle erwachsenen Tiere das Alttierstadium und 60 % der Jungtiere das Erwachsenenstadium. Allerdings sinkt die Reproduktionsquote der erwachsenen Tiere aufgrund der künstlichen, stressbeladenen Umgebung auf 150 %. Wie verläuft die Populationsentwicklung nun?

Lösung:

Hier gilt mit Bezug auf die oben betrachtete allgemeinere Übergangsmatrix $a = 1{,}5$, $b = 0{,}6$ und $c = 1$. Die Bedingung für einen zyklischen Prozess wird unterschritten. Es
▼ gilt $a \cdot b = 0{,}9 < 1$.

Übergangsmatrix

$$M = \begin{pmatrix} 0 & 1{,}5 & 0 \\ 0{,}6 & 0 & 0 \\ 0 & 1 & 0 \end{pmatrix}$$

Bilden wir die Potenzen von M, so erkennen wir, dass die Elemente von M mit steigendem Exponenten unter zyklischen instabilen Schwankungen kleiner werden.

Potenzen von M

$$M^2 = \begin{pmatrix} 0,9 & 0 & 0 \\ 0 & 0,9 & 0 \\ 0,6 & 0 & 0 \end{pmatrix} \qquad M^3 = \begin{pmatrix} 0 & 1,35 & 0 \\ 0,54 & 0 & 0 \\ 0 & 0,9 & 0 \end{pmatrix}$$

$$M^4 = \begin{pmatrix} 0,81 & 0 & 0 \\ 0 & 0,81 & 0 \\ 0,54 & 0 & 0 \end{pmatrix} \qquad M^5 = \begin{pmatrix} 0 & 1,215 & 0 \\ 0,486 & 0 & 0 \\ 0 & 0,81 & 0 \end{pmatrix}$$

Für die Population bedeutet dies, dass der Bestand langsam schrumpft und die Kolonie schließlich sogar ausstirbt.

Populationsentwicklung: a = 1,5, b = 0,6

$$\begin{pmatrix} 40 \\ 100 \\ 20 \end{pmatrix} \rightarrow \begin{pmatrix} 150 \\ 24 \\ 100 \end{pmatrix} \rightarrow \begin{pmatrix} 36 \\ 90 \\ 24 \end{pmatrix} \rightarrow \begin{pmatrix} 135 \\ 21,6 \\ 90 \end{pmatrix} \rightarrow \begin{pmatrix} 32,4 \\ 81 \\ 21,6 \end{pmatrix}$$

$$\underline{160} \qquad \underline{274} \qquad \underline{150} \qquad \underline{247} \qquad \underline{135}$$

Durch eine verbesserte Gesundheitspflege für die Jungtiere könnte man die Steuergröße a · b · c wieder auf den für stabiles zyklisches Wachstum nötigen Wert von 1 anheben. Im folgenden Beispiel wird dies durchgeführt.

> **Beispiel: Instabile Entwicklung (steigend)**
> Untersuchen Sie die Entwicklung der Population der Wüstenspringmäuse, wenn bei sonst unveränderten Bedingungen statt 60% sogar 80% der Jungtiere das Erwachsenenstadium erreichen.
> $$M = \begin{pmatrix} 0 & 1,5 & 0 \\ 0,8 & 0 & 0 \\ 0 & 1 & 0 \end{pmatrix}$$

Lösung:
Die Steuergröße a · b hat nun den Zahlenwert 1,5 · 0,8 = 1,2 > 1.

Potenzen von M:

$$M^2 = \begin{pmatrix} 1,2 & 0 & 0 \\ 0 & 1,2 & 0 \\ 0,8 & 0 & 0 \end{pmatrix} \qquad M^3 = \begin{pmatrix} 0 & 1,8 & 0 \\ 0,96 & 0 & 0 \\ 0 & 1,2 & 0 \end{pmatrix}$$

Wir bilden wieder die Potenzen von M und erkennen, dass die Elemente von M nun mit steigenden Exponenten unter zyklischen Schwankungen immer größer werden.

$$M^4 = \begin{pmatrix} 1,44 & 0 & 0 \\ 0 & 1,44 & 0 \\ 0,96 & 0 & 0 \end{pmatrix} \qquad M^5 = \begin{pmatrix} 0 & 2,16 & 0 \\ 1,152 & 0 & 0 \\ 0 & 1,44 & 0 \end{pmatrix}$$

Populationsentwicklung: a = 1,5, b = 0,8

Daher kommt es unter instabilen Schwankungen zu einem immer größer werdenden Populationszuwachs.

$$\begin{pmatrix} 40 \\ 100 \\ 20 \end{pmatrix} \rightarrow \begin{pmatrix} 150 \\ 32 \\ 100 \end{pmatrix} \rightarrow \begin{pmatrix} 48 \\ 120 \\ 32 \end{pmatrix} \rightarrow \begin{pmatrix} 180 \\ 38,4 \\ 120 \end{pmatrix} \rightarrow \begin{pmatrix} 57,6 \\ 144 \\ 38,4 \end{pmatrix}$$

$$\underline{160} \qquad \underline{282} \qquad \underline{200} \qquad \underline{338} \qquad \underline{240}$$

Übung 14 **Entwicklung von Wüstenspringmäusen**
Untersuchen Sie die Entwicklung der Population mit folgendem Anfangsbestand:
Junge: 40, Erwachsene: 100, Alte: 20. M sei die Übergangsmatrix des Prozesses.

a) $M = \begin{pmatrix} 0 & 1,3 & 0 \\ 0,75 & 0 & 0 \\ 0 & 1 & 0 \end{pmatrix}$

b) $M = \begin{pmatrix} 0 & 1,4 & 0 \\ 0,8 & 0 & 0 \\ 0 & 1 & 0 \end{pmatrix}$

c) $M = \begin{pmatrix} 0 & 2,5 & 0 \\ 0,4 & 0 & 0 \\ 0 & 1 & 0 \end{pmatrix}$

Nun soll noch die Frage geklärt werden, wie man überschießendes Wachstum in den Griff bekommt. Hierzu muss die Population regelmäßig verringert werden.

▶ **Beispiel: Korrektur eines instabilen Prozesses**

Das Populationswachstum der Wüstenspringmäuse aus den obigen Bespielen droht aufgrund der guten Pflege außer Kontrolle zu geraten. Es wird durch die Matrix M beschrieben. Wie kann man das Wachstum dennoch in Grenzen halten?

$$M = \begin{pmatrix} 0 & 1{,}5 & 0 \\ 0{,}8 & 0 & 0 \\ 0 & 1 & 0 \end{pmatrix}$$

Lösung:

Aus der vorhergehenden Aufgabe ist schon bekannt, daß die Übergangsmatrix M zu steigenden Populationszahlen führt.

Die Zooleitung beschließt, pro Entwicklungsperiode einen bestimmten Anteil der Population an Tierfreunde zu verkaufen. Von jeder der drei Teilpopulationen werden 10 % verkauft, 90 % bleiben erhalten. Nun wird die Populationsentwicklung beschrieben durch die Matrix N = 0,9 M. Für diese gilt a · b < 1, so dass schwach fallendes Wachstum entsteht. Dies kann dadurch korrigiert werden, dass gelegentlich der
▶ Verkauf reduziert wird.

Wir fassen die Ergebnisse zusammen:
Die nebenstehende Übergangsmatrix M hat eine ganz spezielle Form und beschreibt die Entwicklung einer speziellen Population.

Das Produkt a · b bildet die Steuergröße des Prozesses, was bereits auf Seite 260 gezeigt wurde.

Ist das Produkt a · b gleich 1, liegt eine exakt stabile, gleichbleibende zyklische Entwicklung mit einem Zyklus der Länge 2 vor.

Ist das Produkt a · b nahe bei 1, entwickelt sich die Population nahezu zyklisch mit einem Zyklus der Länge 2.

Je größer der Abstand des Produktes a · b von 1 ist, desto größer ist die Abnahme (a · b < 1) bzw. das Wachstum (a · b > 1) der Population.

Revidierte Übergangsmatrix

$$N = M \cdot 0{,}9 = \begin{pmatrix} 0 & 1{,}35 & 0 \\ 0{,}72 & 0 & 0 \\ 0 & 0{,}9 & 0 \end{pmatrix}$$

$$a \cdot b = 1{,}35 \cdot 0{,}72 = 0{,}972 < 1$$

Populationsentwicklung:

$$\begin{pmatrix} 40 \\ 100 \\ 20 \end{pmatrix} \rightarrow \begin{pmatrix} 135 \\ 28{,}8 \\ 90 \end{pmatrix} \rightarrow \begin{pmatrix} 38{,}9 \\ 97{,}2 \\ 25{,}9 \end{pmatrix} \rightarrow \begin{pmatrix} 131 \\ 28 \\ 87{,}5 \end{pmatrix} \rightarrow \begin{pmatrix} 37{,}8 \\ 94{,}5 \\ 25{,}2 \end{pmatrix}$$

$$160 \qquad 254{,}3 \qquad 162 \qquad 246{,}5 \qquad 157{,}5$$

Beurteilung:

Es liegt eine schwach fallende, nahezu zyklische Entwicklung vor. Zykluslänge: 2

Populationsentwicklung

Ein Populationswachstum werde durch die Übergangsmatrix M erfasst:

$$M = \begin{pmatrix} 0 & a & 0 \\ b & 0 & 0 \\ 0 & c & 0 \end{pmatrix}$$

Dann ist das Produkt a · b die Steuergröße des Prozesses. Es gibt drei typische Fälle:

a · b = 1:
Exakte stabile zyklische Entwicklung mit einem Zyklus der Länge 2.

a · b < 1:
Instabile Populationsabnahme

a · b > 1:
Instabile Populationszunahme

Je näher a · b bei 1 liegt, desto stabiler ist der zyklische Prozess.

Übungen

15. Zyklische Matrizen

Prüfen Sie, ob die Matrix M einen stabilen zyklischen Prozess darstellt.

a) $M = \begin{pmatrix} 0 & 0,5 & 0 \\ 2 & 0 & 0 \\ 0 & 0 & 1 \end{pmatrix}$ b) $M = \begin{pmatrix} 0 & 0,1 & 0 \\ 0 & 0 & 0 \\ 5 & 0 & 2 \end{pmatrix}$ c) $M = \begin{pmatrix} 0 & 4 & 0 & 0 \\ 0,25 & 0 & 0 & 0 \\ 0 & 0 & c & 0 \\ 0 & 0 & 0 & 0 \end{pmatrix}$ d) $M = \begin{pmatrix} 0 & 0,5 & 0 & 0 \\ 2 & 0 & 0 & 0 \\ 0 & 0 & 2 & 0 \\ 0 & 0 & 0 & 0 \end{pmatrix}$

16. Zyklische Matrizen

Untersuchen Sie, welche Bedingungen a, b, c und d erfüllen müssen, damit die Matrix M einen stabilen zyklischen Prozess der Länge 2 bzw. 3 darstellt.

a) $M = \begin{pmatrix} 0 & a & 0 \\ b & 0 & 0 \\ 0 & 0 & c \end{pmatrix}$ b) $M = \begin{pmatrix} 0 & 0 & a \\ b & 0 & 0 \\ 0 & c & 0 \end{pmatrix}$ c) $M = \begin{pmatrix} a & 0 & 0 & 0 \\ 0 & 0 & b & 0 \\ 0 & c & 0 & 0 \\ 0 & 0 & 0 & d \end{pmatrix}$ d) $M = \begin{pmatrix} 0 & a & 0 & 0 \\ b & 0 & 0 & 0 \\ 0 & 0 & 0 & c \\ 0 & 0 & d & 0 \end{pmatrix}$

17. Schmetterlinge

Die Entwicklung einer Schmetterlingsart: Aus den gelegten Eiern entwickeln sich zunächst Raupen, die nach Verpuppung zu Schmetterlingen werden, die wiederum Eier legen.

Innerhalb eines Monats entwickeln sich 10 % der Eier zu Raupen, welche sich wiederum im Folgemonat zu 25 % zu Schmetterlingen entwickeln (die anderen Anteile sterben oder werden gefressen). Ein Schmetterling legt ca. 60 Eier.

a) Stellen Sie Übergangsgraphen und Übergangsmatrix dar.

b) Zu Beginn sind 160 Eier, 80 Raupen und 10 Schmetterlinge vorhanden. Untersuchen Sie die Entwicklung der Population für die nächsten vier Monate.

c) Untersuchen Sie, ob bei einer anderen Anzahl von Eiern, die ein Schmetterling ablegt, ein stabiler Zyklus entstehen kann, der sich regelmäßig wiederholt. Verwenden Sie das Matrixmodell aus Übung 16b.

18. Fröschlein

Ein Froschweibchen legt durchschnittlich 2500 Eier und stirbt danach. Hieraus entwickeln sich zu 2 % Kaulquappen der 1. Art. Diese entwickeln sich zu 20 % weiter zu Kaulquappen der 2. Art, indem ihnen Extremitäten wachsen und sie sich auf das Leben außerhalb des Wassers vorbereiten. Aus ihnen entwickeln sich zu 10 % wieder Froschweibchen.

a) Stellen Sie das Entwicklungsverhalten der Weibchenpopulation durch einen Graphen, eine Tabelle und eine Matrix dar.

b) Berechnen Sie die Entwicklung über zwei Zeitperioden, wenn zu Beobachtungsbeginn 20 Froschweibchen, 5000 Eier, 1000 Kaulquappen der 1. Art und 250 Kaulquappen der 2. Art vorhanden sind.

c) Zeigen Sie, dass ein zyklischer Prozess der Länge 4 vorliegt.

d) Wie verändert sich der Prozess, wenn nur 2000 Eier gelegt werden?

e) Wir verallgemeinern nun: Ein Froschweibchen legt a Eier. Die Variablen b, c und d sind die drei Übergangswahrscheinlichkeiten Ei → Kaulquappe 1. Art → Kaulquappe 2. Art → Weibchen.
Welche Bedingung müssen die vier Variablen erfüllen, damit ein zyklischer Prozess der Länge 4 entsteht?

Im vorhergehenden Beispiel traten zyklische Entwicklungen mit der Zykluslänge 2 auf. Es sind aber auch andere Zykluslängen möglich, je nach Aufbau der Übergangsmatrix.

► Beispiel: Schmetterlinge

Eine Schmetterlingsart entwickelt sich aus Eiern über Larven zu fertigen Schmetterlingen. Die Eier entwickeln sich im ersten Monat zu 50 % zu Larven. Die verbleibenden Eier sterben ab. 40 % der Larven entwickeln sich in einem Monat zu Schmetterlingen, die restlichen Larven fallen Fressfeinden zum Opfer. Die Schmetterlinge legen im Verlauf eines Monats jeweils 5 Eier. Dann sterben sie ebenfalls. Zu Beobachtungsbeginn gibt es 100 Eier, 40 Larven und 20 Schmetterlinge.

a) Stellen Sie den Übergangsgraphen und die Übergangsmatrix auf.
b) Legen Sie eine Tabelle an, welche den Populationsbestand über 6 Monate protokolliert. Interpretieren Sie die Tabelle.

Lösung zu a:
Wir erstellen zunächst den Übergangsgraphen und daraus die Übergangsmatrix M.

Lösung zu b:
Nun berechnen wir den Folgezustand $\vec{v}_1$ nach der Gleichung $\vec{v}_1 = M \cdot \vec{v}_0$, ausgehend vom Startzustand $\vec{v}_0$ wie rechts aufgeführt.

Analog berechnen wir die Folgezustände $\vec{v}_2$ bis $\vec{v}_6$. Dabei können wir sukzessive rechnen ($\vec{v}_2 = M \cdot \vec{v}_1$, $\vec{v}_3 = M \cdot \vec{v}_2$ usw.) oder wir verwenden Matrixpotenzen. ($\vec{v}_2 = M^2 \cdot \vec{v}_0$, $\vec{v}_3 = M^3 \cdot \vec{v}_0$ usw.).

Wir können unabhängig von der Berechnungsart erkennen, dass die Entwicklung exakt zyklisch verläuft.
Die Zykluslänge beträgt 3.

Bei der Verwendung von Matrixpotenzen erkennen wir das auch daran, dass $M^3 = E$ gilt, wobei E die Einheitsmatrix ist.

Die Population bleibt also langfristig unter den zyklische Schwankungen stabil.

Legen wir dazu eine Graphik an, wird dies
► auch optisch verdeutlicht.

Übergangsgraph und Übergangsmatrix:

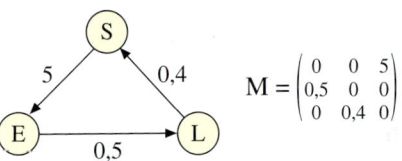

$$M = \begin{pmatrix} 0 & 0 & 5 \\ 0,5 & 0 & 0 \\ 0 & 0,4 & 0 \end{pmatrix}$$

Folgezustände $\vec{v}_1$ bis $\vec{v}_6$:

$$\vec{v}_1 = M \cdot \vec{v}_0$$

$$\vec{v}_1 = \begin{pmatrix} 0 & 0 & 5 \\ 0,5 & 0 & 0 \\ 0 & 0,4 & 0 \end{pmatrix} \cdot \begin{pmatrix} 100 \\ 40 \\ 20 \end{pmatrix} = \begin{pmatrix} 100 \\ 50 \\ 16 \end{pmatrix}$$

Monat	E	L	S
0	100	40	20
1	100	50	16
2	80	50	20
3	100	40	20
4	100	50	16
5	80	50	20
6	100	40	20

Anzahl

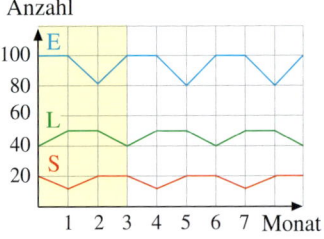

Wir verändern nun im vorhergehenden Beispiel die Reproduktionsrate und überprüfen, welche Konsequenzen sich daraus ergeben.

> **Beispiel: Schmetterlinge**
> Die Daten des vorhergehenden Beispiels werden beibehalten. Lediglich geändert wird, dass jeder Schmetterling im Entwicklungszyklus nur noch vier statt fünf Eier produziert.
> Wie verläuft nun die Populationsentwicklung im Verlauf von sechs Monaten?
> Welches Ergebnis wäre bei sechs statt fünf Eiern pro Schmetterling zu erwarten?

Lösung:
Die Übergangsmatrix M lautet nun:

$$M = \begin{pmatrix} 0 & 0 & 4 \\ 0,5 & 0 & 0 \\ 0 & 0,4 & 0 \end{pmatrix}$$

Diese führt auf die rechts berechneten und auch graphisch dargestellten Folgezustände. Es kommt nicht mehr zu einer zyklischen Wiederholung, sondern man kann erkennen, dass die Population nun beständig abnimmt. Dabei treten allerdings gewisse periodische Schwankungen auf, wobei die Periode anscheinend die Länge 3 hat.

Würde man pro Schmetterling sechs statt fünf Eier voraussetzen, so käme eine zunehmende Population zustande.

Folgezustände $\vec{v}_1$ bis $\vec{v}_6$:

Monat	E	L	S
0	100	40	20
1	80	50	16
2	64	40	20
3	80	32	16
4	64	40	12,8
5	51,2	32	16
6	64	25,6	12,8

Anzahl

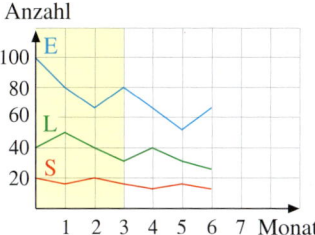

Man kann allgemein zeigen, dass für eine Übergangsmatrix der im obigen Beispiel verwendeten Struktur der folgende Zusammenhang zwischen den drei von null verschiedenen Matrixelementen – im Folgenden mit a, b und c bezeichnet – und dem Wachstum der Population gilt.

Die Übergangsmatrix $M = \begin{pmatrix} 0 & 0 & c \\ a & 0 & 0 \\ 0 & b & 0 \end{pmatrix}$

beschreibe eine Populationsentwicklung. a und b seien dabei Überlebensraten und c eine Vermehrungsrate. Dann wirkt das Produkt a · b · c als Steuergröße und es gilt der rechts dargestellte Zusammenhang.

abc < 1 ⇒ Population schrumpft

abc = 1 ⇒ $\begin{cases} \text{Population stabil} \\ \text{oder} \\ \text{Population zyklisch} \\ \text{mit der Zykluslänge 3} \end{cases}$

abc > 1 ⇒ Population wächst

Übung 19 Dreitagefliege
Die Dreitagefliege durchlebt drei Tageszyklen: Den ersten Tag existiert sie als Ei. Aus einem Drittel der Eier schlüpfen Jungfliegen, die so den zweiten Tag durchleben. Die Hälfte der Jungfliegen erreicht den dritten Tag, legt jeweils sechs Eier und stirbt dann. Zu Beginn existieren 30 Eier, 12 Jung- und 8 Altfliegen.
Begründen Sie, dass ein stabiler Zyklus vorliegt, und berechnen Sie dessen Länge.
Welche besondere Situation liegt vor, wenn zu Beginn 30 Eier, 10 Jung- und 5 Altfliegen existieren?

Übungen

20. Populationsentwicklung

Die jährliche Entwicklung einer Population (Jungtiere, erwachsene Tiere, Alttiere) wird durch die nebenstehende Matrix M beschrieben. Zu Beginn der Beobachtung gibt es 120 Jungtiere, 40 erwachsene Tiere und 80 Alttiere.

$$M = \begin{pmatrix} 0 & 0 & 8 \\ 0{,}25 & 0 & 0 \\ 0 & 0{,}5 & 0 \end{pmatrix}$$

a) Begründen Sie, dass die Populationsentwicklung zyklisch mit der Zykluslänge 3 erfolgt.
b) Berechnen Sie die Populationsentwicklung über 4 Jahre.
c) Ermitteln Sie, welchen Höchstwert die Gesamtpopulation (Summe von Jungtieren, erwachsenen Tieren und Alttieren) annimmt.

21. Insekten

Bei einer Insektenart entwickeln sich jährlich aus 60 % der Eier Larven. Ein Drittel der Larven entwickelt sich schließlich zu Insekten. Nach der Befruchtung legt ein Insekt a Eier. Der Anfangsbestand beträgt: 480 Eier, 300 Larven, 240 Insekten.

a) Entwickeln Sie den Übergangsgraphen und die Übergangsmatrix.
b) Ermitteln Sie den Wert von a, für den die Entwicklung der Population zyklisch erfolgt. Geben Sie die Populationsentwicklung für diesen Fall für drei Jahre an.
c) Nun sei a = 6. Berechnen Sie die Populationsentwicklung für drei Jahre. Ermitteln Sie, nach wie vielen Jahren die Zahl der Insekten ertsmals über 2000 liegt.

22. Schmetterlinge

Eine Schmetterlingspopulation entwickelt sich im Jahresrhythmus nach dem nebenstehenden Übergangsgraphen.

a) Geben Sie die Übergangsmatrix M an.
b) Die Anfangspopulation beträgt: 100 Eier, 120 Larven, 40 Schmetterlinge. Berechnen Sie die Populationsentwicklung über 6 Jahre.
c) Ermitteln Sie eine Startpopulation, bei der sich die Anzahl der Individuen der drei Entwicklungsstufen nicht ändert.
d) Berechnen Sie die Entwicklung der Population über 6 Jahre, wenn die Schmetterlinge 6 statt 5 Eier legen.

23. Frösche

Ein Frosch legt nach der Befruchtung 80 Eier. Pro Zeitschritt überleben nur 5 % der Eier und entwickeln sich zu Kaulquappen, von denen sich wiederum 25 % zu Fröschen entwickeln. Zu Beginn der Beobachtung gibt es 800 Eier, 40 Kaulquappen und 20 Frösche.

a) Zeichnen Sie den Übergangsgraphen und bestimmen Sie die Übergangsmatrix M.
b) Begründen Sie, dass die Population sich zyklisch entwickelt. Wie groß ist die Zykluslänge?
c) Berechnen Sie die Populationsentwicklung über 5 Zeitschritte.
d) Gibt es eine Anfangspopulation, bei der sich die Anzahl der Eier, Kaulquappen und Frösche nicht ändert?
e) Bestimmen Sie die Entwicklung der Population bei unverändertem Anfangsbestand über 6 Zeitschritte, wenn sich aus 50 % der Eier Kaulquappen entwickeln, von denen jedoch nur 10 % sich zu Fröschen entwickeln.
f) Wann existieren bei der Konstellation aus e) erstmals mehr als 1000 Frösche?
g) Beurteilen Sie, wie gut die zur Modellierung verwendete Matrix den Gegebenheiten in der Natur entspricht.

3. Markov-Ketten

A. Stochastische Prozesse

Ein *Zufallsexperiment*, z. B. ein Würfelwurf, wird einmal durchgeführt und ist dann abgeschlossen. Es handelt sich also um ein einmaliges Ereignis.

Wenn man das Experiment mehrfach durchführt, kann es durch ein Baumdiagramm beschrieben werden. Ein Baumdiagramm beschreibt eine Anordnung. Der Ablauf der Zeit spielt dabei keine Rolle. Insofern handelt es sich um eine statische Angelegenheit ohne zeitliche Dynamik.

Zufallsexperiment (statisch)

Ein *stochastischer Prozess* verläuft im Gegensatz dazu dynamisch in der Zeit. Eine Fliege in einem Raum verändert permanent ihre Position. Sie wechselt von einem Augenblick auf den anderen von einer Position in die nächste Position. So entsteht eine unendliche Abfolge des Übergangs von einem Zustand (Position) der Fliege in den nächsten Zustand (Position).

Da zwischen zwei Zeitpunkten aber unendlich viele weitere Zeitpunkte und Zustände (Positionen) der Fliege liegen, ist dieses Modell viel zu kompliziert.

Dynamischer stochastischer Prozess, kontinuierliche Zeit und Zustände

Um die Situation zu vereinfachen, kann man den Raum in würfelförmige Bereiche einteilen und die Zeit nicht mehr kontinuierlich voranschreiten lassen, sondern nur noch schrittweise, z. B. sekundenweise.

Es gibt dann nur noch endlich viele Zustände der Fliege, nämlich die kleinen Aufenthaltswürfel. Außerdem gibt es einen festen Zeittakt, z. B. den Sekundentakt.

Auf diese Weise vereinfachte stochastische Prozesse bezeichnet man auch als *diskrete Prozesse*. Um solche Prozesse geht es im Folgenden.

Dynamischer stochastischer Prozess, diskrete Zeit und Zustände

B. Der Begriff der Markov-Kette

Bei Prozessen, die vom Zufall gesteuert werden, versucht man mit den Methoden der Wahrscheinlichkeitsrechnung Aussagen über die zukünftige Prozessentwicklung zu gewinnen. Das kann recht kompliziert werden.

Der russische Mathematiker *Andrei Markov (1856–1922)* hat ein einfaches Modell zur effizienten Erfassung solcher Prozesse gefunden, mit dessen Hilfe Prognosen für die zukünftige Prozessentwicklung auch über längere Zeiträume möglich sind. Es handelt sich um die sog. *Markov-Kette.*

Eine Markov-Kette im engeren Sinne ist ein diskreter stochastischer Prozess. Es gibt einen gleichmäßigen Zeittakt und die Menge der möglichen Zustände ist abzählbar. Das Besondere daran ist, dass es sich um einen *Prozess ohne Gedächtnis* handelt.
Das bedeutet, dass der Übergang zum Zustand $\vec{v}_{n+1}$ nur vom vorherigen Zustand $\vec{v}_n$ abhängt, nicht aber von den früheren Zuständen $\vec{v}_0, \vec{v}_1, \ldots, \vec{v}_{n-1}$.

Bei den bisher in diesem Kapitel betrachteten Übergangsprozessen handelte es sich überwiegend auch um Markov-Ketten.

> **Definition IV.11: Markov-Kette**
> Eine Markov-Kette ist ein stochastischer Prozess, der kein Gedächtnis hat. Die Wahrscheinlichkeit eines Folgezustandes hängt nur vom vorherigen Zustand ab, nicht von früheren Zuständen.
> Die Übergänge erfolgen in einem festen Zeittakt (z. B. Tag 1, Tag 2, Tag 3 …).
> Der Prozess verläuft also nicht kontinuierlich, sondern diskret.
> Die Menge der möglichen Zustände ist abzählbar. Die Übergangsmatrix ist eine stochastische Matrix.

▶ **Beispiel: Wanderung eines Käfers**
Ein Käfer sitzt auf Position 1 des abgebildeten Wegenetzes und wandert nun zwischen den vier Positionen im Sekundentakt hin und her. An jeder Kreuzung folgt er den Pfeilen zufällig mit den angegebenen Wahrscheinlichkeiten. Bestimmen Sie seine Aufenthaltswahrscheinlichkeiten nach einer, zwei und drei Sekunden.

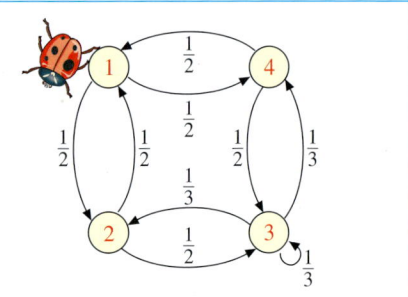

Lösung:
Wir stellen zunächst anhand des Übergangsgraphen die Übergangstabelle auf.

Aus der Übergangstabelle ergibt sich unmittelbar die Übergangsmatrix M.

Übergangstabelle und Übergangsmatrix:

von / nach	1	2	3	4
1	0	$\frac{1}{2}$	0	$\frac{1}{2}$
2	$\frac{1}{2}$	0	$\frac{1}{3}$	0
3	0	$\frac{1}{2}$	$\frac{1}{3}$	$\frac{1}{2}$
4	$\frac{1}{2}$	0	$\frac{1}{3}$	0

$$M = \begin{pmatrix} 0 & \frac{1}{2} & 0 & \frac{1}{2} \\ \frac{1}{2} & 0 & \frac{1}{3} & 0 \\ 0 & \frac{1}{2} & \frac{1}{3} & \frac{1}{2} \\ \frac{1}{2} & 0 & \frac{1}{3} & 0 \end{pmatrix}$$

Wir gehen vom Startzustand $\vec{v}_0$ aus. Der Käfer sitzt mit Sicherheit auf Position 1 (Wahrscheinlichkeit 1) und mit Sicherheit nicht auf den Positionen 2, 3 und 4 (Wahrscheinlichkeit 0).

Nun berechnen wir durch Multipikation mit der Übergangsmatrix M den Folgezustand $\vec{v}_1$: $\vec{v}_1 = M \cdot \vec{v}_0$. Nach dem ersten Zeittakt sitzt der Käfer mit 50% Wahrscheinlichkeit auf Position 2 oder Position 4, was anschaulich auch völlig klar ist.

Analog erhalten wir die Folgezustände $\vec{v}_2$ und $\vec{v}_3$: $\vec{v}_2 = M \cdot \vec{v}_1$, $\vec{v}_3 = M \cdot \vec{v}_2$

Man könnte sie auch mit Potenzen von M direkt aus dem Startzustand $\vec{v}_0$ berechnen: $\vec{v}_2 = M^2 \cdot \vec{v}_0$, $\vec{v}_3 = M^3 \cdot \vec{v}_0$

Insgesamt zeigt sich ein recht interessantes Wechselverhalten.
Nach drei Übergangstakten gelten für den Aufenthaltsort des Käfers die rechts aufgeführten Aufenthaltswahrscheinlichkeiten.
Mit einem Baumdiagramm wäre das Ergebnis nicht so leicht zu erzielen.

Startzustand $\vec{v}_0$:

$$\vec{v}_0 = \begin{pmatrix} 1 \\ 0 \\ 0 \\ 0 \end{pmatrix}$$

Folgezustände $\vec{v}_1$, $\vec{v}_2$, $\vec{v}_3$:

$$\vec{v}_1 = M \cdot \vec{v}_0 = \begin{pmatrix} 0 & \frac{1}{2} & 0 & \frac{1}{2} \\ \frac{1}{2} & 0 & \frac{1}{3} & 0 \\ 0 & \frac{1}{2} & \frac{1}{3} & \frac{1}{2} \\ \frac{1}{2} & 0 & \frac{1}{3} & 0 \end{pmatrix} \cdot \begin{pmatrix} 1 \\ 0 \\ 0 \\ 0 \end{pmatrix} = \begin{pmatrix} 0 \\ \frac{1}{2} \\ 0 \\ \frac{1}{2} \end{pmatrix}$$

$$\vec{v}_2 = M \cdot \vec{v}_1 = \begin{pmatrix} 0 & \frac{1}{2} & 0 & \frac{1}{2} \\ \frac{1}{2} & 0 & \frac{1}{3} & 0 \\ 0 & \frac{1}{2} & \frac{1}{3} & \frac{1}{2} \\ \frac{1}{2} & 0 & \frac{1}{3} & 0 \end{pmatrix} \cdot \begin{pmatrix} 0 \\ \frac{1}{2} \\ 0 \\ \frac{1}{2} \end{pmatrix} = \begin{pmatrix} \frac{1}{2} \\ 0 \\ \frac{1}{2} \\ 0 \end{pmatrix}$$

$$\vec{v}_3 = M \cdot \vec{v}_2 = \begin{pmatrix} 0 & \frac{1}{2} & 0 & \frac{1}{2} \\ \frac{1}{2} & 0 & \frac{1}{3} & 0 \\ 0 & \frac{1}{2} & \frac{1}{3} & \frac{1}{2} \\ \frac{1}{2} & 0 & \frac{1}{3} & 0 \end{pmatrix} \cdot \begin{pmatrix} \frac{1}{2} \\ 0 \\ \frac{1}{2} \\ 0 \end{pmatrix} = \begin{pmatrix} 0 \\ \frac{5}{12} \\ \frac{2}{12} \\ \frac{5}{12} \end{pmatrix}$$

Aufenthaltswahrscheinlichkeiten nach drei Übergängen:
Position 1: 0   %
Position 2: 41,67%
Position 3: 16,67%
Position 4: 41,67%

Übung 1   Fortsetzung des Beispiels: Wanderung des Käfers
Der Käfer aus dem obigen Beispiel entscheidet sich nun am Anfang im Gegensatz zum Beispiel, wo er an Position 1 startete, rein zufällig für eine der Startpositionen 1 oder 3.
a) Geben Sie unter dieser Annahme den Startvektor $\vec{v}_0$ an.
b) Bestimmen Sie den Zustandsvektor nach drei Übergangstakten. Welche Aufenthaltswahrscheinlichkeiten hat der Käfer dann?

Übung 2   Vogelkolonie
Die 1000 Vögel einer Kolonie wechseln täglich mit den angegebenen Wahrscheinlichkeiten zwischen drei Standorten.
Zu Beginn sind alle Vögel am Standort B.
a) Wie viele Vögel sind 2 Tage später am Standort B zu erwarten?
b) Wie verteilten sich die Vögel am vorherigen Tag?

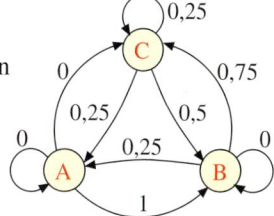

Treten lange Kettenteile der Markov-Kette auf, ist es von Vorteil, Matrixpotenzen zu verwenden. Diese können mit dem Taschenrechner oder einem Computerprogramm berechnet werden.

▶ **Beispiel: Übermittlung einer Botschaft**

Der Vereinspräsident will bekanntgeben, dass er bei der nächsten Wahl wieder antreten wird. Seine Nachricht wird durch eine Kette von zehn Personen zu einem Reporter übermittelt.
Alle zehn Personen geben die ihnen übergebene Botschaft mit der Wahrscheinlichkeit $\frac{1}{10}$ wahrheitsgemäß weiter. Mit der Wahrscheinlichkeit $\frac{9}{10}$ verdrehen sie die übergebene Botschaft bei der Weitergabe in das genaue Gegenteil. Mit welcher Wahrscheinlichkeit erhält der Reporter die korrekte Nachricht?

Lösung:
Wir verwenden eine Markov-Kette mit dem rechts abgebildeten Übergangsgraphen.
Im nächsten Schritt stellen wir die Übergangsmatrix M auf.

Als Startzustand verwenden wir $\vec{v}_0 = \begin{pmatrix} 1 \\ 0 \end{pmatrix}$, da die Angabe des Präsidenten wahr sein soll.

Der Endzustand nach zehn Übergängen ist $\vec{v}_{10}$. Es wäre zu umständlich, die zehn Übergänge durch schrittweise Multiplikationen mit der Matrix M einzeln durchzuführen.
Einfacher ist es, Matrixpotenzen zu verwenden, die mit dem Taschenrechner errechnet werden können: $\vec{v}_{10} = M^{10} \cdot \vec{v}_0$

Resultat: Die Botschaft kommt mit einer Wahrscheinlichkeit von ca. 55 % korrekt an.

Interpretation: Das Resultat ist nicht weiter verwunderlich, denn fast das gleiche Ergebnis – nämlich 50 % – hätte der Reporter auch
▶ durch reines Raten erzielen können.

Übergangsgraph:
R: Die Nachricht ist richtig.
F: Die Nachricht ist falsch.

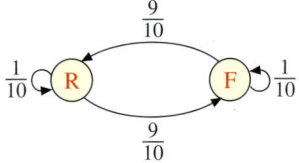

Übergangsmatrix und Startzustand:

$$M = \begin{pmatrix} \frac{1}{10} & \frac{9}{10} \\ \frac{9}{10} & \frac{1}{10} \end{pmatrix} \qquad \vec{v}_0 = \begin{pmatrix} 1 \\ 0 \end{pmatrix}$$

Endzustand $\vec{v}_{10}$:

$$\vec{v}_{10} = M^{10} \cdot \vec{v}_0 = \begin{pmatrix} \frac{1}{10} & \frac{9}{10} \\ \frac{9}{10} & \frac{1}{10} \end{pmatrix}^{10} \cdot \begin{pmatrix} 1 \\ 0 \end{pmatrix}$$

$$\approx \begin{pmatrix} 0,55 & 0,45 \\ 0,45 & 0,55 \end{pmatrix} \cdot \begin{pmatrix} 1 \\ 0 \end{pmatrix} = \begin{pmatrix} 0,55 \\ 0,45 \end{pmatrix}$$

Resultat:
Die Botschaft kommt mit einer Wahrscheinlichkeit von 55 % korrekt an.

Übung 3 Matrixpotenzen

Gegeben ist der abgebildete Übergangsprozess. Die Startverteilung sei $\vec{v}_0$.
Bestimmen Sie die Folgeverteilungen $\vec{v}_1$, $\vec{v}_2$ und $\vec{v}_{10}$.

a) 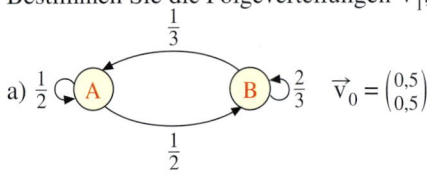 $\vec{v}_0 = \begin{pmatrix} 0,5 \\ 0,5 \end{pmatrix}$

b) 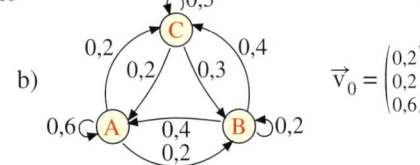 $\vec{v}_0 = \begin{pmatrix} 0,2 \\ 0,2 \\ 0,6 \end{pmatrix}$

C. Die langfristige Entwicklung von Markov-Ketten

Markov-Ketten gestatten häufig die langfristige Beobachtung von stochastischen Prozessen und damit Prognosen für die Zukunft. Wir zeigen das an einem Beispiel zur Schulbildung.

Beispiel: Schulbildung

Es ist bekannt, dass die Schulbildung von Kindern wesentlich von der Schulbildung der Eltern abhängt.

Die Tabelle rechts zeigt die Übergänge von einer Generation zur nächsten Generation in einem utopischen Land, dessen erwachsene Bevölkerung zu Beobachtungsbeginn folgende Anfangsverteilung aufweist:

Hauptschule: 35%
Realschule: 40%
Gymnasium: 25%

a) Protokollieren Sie die Verteilung der Schulabschlüsse für 8 Generationen.
b) Welche Verteilung erfolgt langfristig?

Nächste Generation	Jetzige Generation		
	H	R	G
H	0,55	0,25	0,05
R	0,35	0,60	0,25
G	0,10	0,15	0,70

Lösung zu a:
Wir stellen zunächst die Übergangsmatrix M und den Startvektor $\vec{v}_0$ auf.

Dann berechnen wir der Reihe nach $\vec{v}_1 = M \cdot \vec{v}_0$, $\vec{v}_2 = M \cdot \vec{v}_1$ bis $\vec{v}_8 = M \cdot \vec{v}_7$.

Man erkennt, dass die Verteilung sich zunächst noch relativ deutlich, dann aber zunehmend langsamer ändert.

Langfristig scheint es zu der Annäherung an eine *Grenzverteilung* zu kommen.

Lösung zu b:
Die Grenzverteilung können wir durch die Berechnung von $\vec{v}_n$ für einen sehr großen Wert von n angenähert bestimmen, z. B. für n = 50.
Wir berechnen also $M^{50} \cdot \vec{v}_0$ und erhalten angenähert folgende Grenzverteilung:
Hauptschule: 27,05%
Realschule: 42,62%
Gymnasium: 30,33%

Übergangsmatrix und Startverteilung:

$$M = \begin{pmatrix} 0,55 & 0,25 & 0,05 \\ 0,35 & 0,60 & 0,25 \\ 0,10 & 0,15 & 0,70 \end{pmatrix} \qquad \vec{v}_0 = \begin{pmatrix} 0,35 \\ 0,40 \\ 0,25 \end{pmatrix}$$

Folgeverteilungen $\vec{v}_1$ bis $\vec{v}_8$:

$\vec{v}_1$: H: 30,50% R: 42,50% G: 27,00%
$\vec{v}_2$: H: 28,75% R: 42,93% G: 28,33%
$\vec{v}_3$: H: 27,96% R: 42,90% G: 29,14%
$\vec{v}_4$: H: 27,56% R: 42,81% G: 29,63%
$\vec{v}_5$: H: 27,34% R: 42,74% G: 29,92%
$\vec{v}_6$: H: 27,22% R: 42,69% G: 30,09%
$\vec{v}_7$: H: 27,15% R: 42,66% G: 30,19%
$\vec{v}_8$: H: 27,11% R: 42,65% G: 30,25%

Grenzverteilung:

$$M^{50} \cdot \vec{v}_0 = \begin{pmatrix} 0,55 & 0,25 & 0,05 \\ 0,35 & 0,60 & 0,25 \\ 0,10 & 0,15 & 0,70 \end{pmatrix}^{50} \cdot \begin{pmatrix} 0,35 \\ 0,40 \\ 0,25 \end{pmatrix} \approx \begin{pmatrix} 0,2705 \\ 0,4262 \\ 0,3033 \end{pmatrix}$$

$$\Rightarrow \lim_{n \to \infty} (M^n \cdot \vec{v}_0) \approx \begin{pmatrix} 0,2705 \\ 0,4262 \\ 0,3033 \end{pmatrix}$$

D. Stationäre Zustände einer Markovkette/Fixvektoren

▶ **Beispiel: Nachweis eines stationären Zustandes**

In einem evakuierten Behälter befinden sich Moleküle eines Gases. Der Behälter besteht aus zwei Räumen A und B, die durch eine durchlässige Membran getrennt sind. Pro Sekunde wechselt die Hälfte der in A befindlichen Moleküle nach B, aber nur ein Sechstel der in B befindlichen Moleküle wechselt nach A.

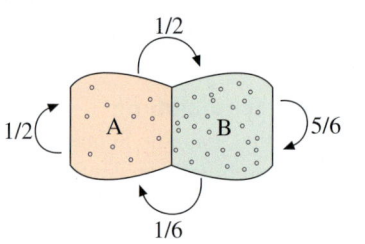

Zeigen Sie: Sollten sich einmal 25 % der Moleküle in A befinden und 75 % in B, so ändert sich diese Verteilung bei den folgenden Übergängen nicht mehr.

Lösung:

Wir stellen zunächst die Übergangsmatrix M auf und errechnen die Folgeverteilung $\vec{v}_1$, indem wir die gegebene Startverteilung $\vec{v}_0$ (A: 25 %, B: 75 %) mit M multiplizieren.

Erstaunlicherweise stimmt die Folgeverteilung $\vec{v}_1$ mit der Startverteilung $\vec{v}_0$ überein. Auch bei weiteren Übergängen ändert sich diese Verteilung nicht mehr. Der Startzustand $\vec{v}_0$ ist also ein *stationärer Zustand*.

Übergangsmatrix M und Startzustand $\vec{v}_0$:

$$M = \begin{pmatrix} 1/2 & 1/6 \\ 1/2 & 5/6 \end{pmatrix}, \quad \vec{v}_0 = \begin{pmatrix} 0{,}25 \\ 0{,}75 \end{pmatrix}$$

Berechnung der Folgeverteilung:

$$\vec{v}_1 = M \cdot \vec{v}_0 = \begin{pmatrix} 1/2 & 1/6 \\ 1/2 & 5/6 \end{pmatrix} \cdot \begin{pmatrix} 0{,}25 \\ 0{,}75 \end{pmatrix}$$
$$= \begin{pmatrix} 1/2 \cdot 0{,}25 + 1/6 \cdot 0{,}75 \\ 1/2 \cdot 0{,}25 + 5/6 \cdot 0{,}75 \end{pmatrix} = \begin{pmatrix} 0{,}25 \\ 0{,}75 \end{pmatrix}$$

Im obigen Beispiel wurde für einen vorgegebenen Zustand $\vec{v}_0$ nachgewiesen, dass es sich um einen stationären Zustand handelt. Im folgenden Beispiel ist der stationäre Zustand zunächst unbekannt. Er muss rechnerisch bestimmt werden.

▶ **Beispiel: Bestimmung eines stationären Zustandes**

Die Übergangstabelle zeigt das monatliche Übergangsverhalten der Käufer dreier konkurrierender Monatsmagazine. Bestimmen Sie den stationären Zustand des Prozesses.

	A	B	C
A	0,5	0,4	0,2
B	0	0,4	0,2
C	0,5	0,2	0,6

Lösung:

$\vec{v}$ sei der gesuchte stationäre Zustand. Dann gilt: $M \cdot \vec{v} = \vec{v}$. Diese Ansatzgleichung führt auf ein lineares Gleichungssystem mit den Gleichungen I, II und III. Zusätzlich muss *unbedingt beachtet* werden, dass die Summe der Koordinaten x, y und z des Zustandsvektors $\vec{v}$ immer gleich 1 sein muss. Das führt stets auf die weitere Gleichung IV: x + y + z = 1,

Bestimmung des stationären Zustandes:

Ansatz: $M \cdot \vec{v} = \vec{v}$

$$\begin{pmatrix} 0{,}5 & 0{,}4 & 0{,}2 \\ 0 & 0{,}4 & 0{,}2 \\ 0{,}5 & 0{,}2 & 0{,}6 \end{pmatrix} \cdot \begin{pmatrix} x \\ y \\ z \end{pmatrix} = \begin{pmatrix} x \\ y \\ z \end{pmatrix}$$

I: $0{,}5\,x + 0{,}4\,y + 0{,}2\,z = x$

II: $0{,}4\,y + 0{,}2\,z = y$

III: $0{,}5\,x + 0{,}2\,y + 0{,}6\,z = z$

IV: $x + \quad y + \quad z = 1$

Dafür können wir aber Gleichung III streichen, da diese sich stets als Kombination der Gleichungen I und II darstellen lässt und somit keine eigenen Informationen enthält.

I:	$0,5\,x + 0,4\,y + 0,2\,z = x$
II:	$0,4\,y + 0,2\,z = y$
IV:	$x + \quad y + \quad z = 1$

Danach formen wir das verbleibende Gleichungssystem aus I, II und IV so um, dass alle Variablen links stehen.

I:	$-0,5\,x + 0,4\,y + 0,2\,z = 0$
II:	$-0,6\,y + 0,2\,z = 0$
IV:	$x + \quad y + \quad z = 1$

Man kann es nun manuell oder mit dem Rechner lösen.

Die Lösung stellt die gesuchte stationäre Verteilung des Prozesses dar.

Lösung: $x = \frac{1}{3}$, $y = \frac{1}{6}$, $z = \frac{1}{2}$

Interpretation: Beträgt der Anteil von A 33,33 %, der von B 16,67 % und der von C 50 %, so bleibt die Verteilung bei den Folge-
▶ übergängen fest erhalten.

Stationäre Verteilung:
A: 33,33 %   B: 16,67 %   C: 50 %

Übung 4 Nachweis einer stationären Verteilung
Zeigen Sie, dass der durch die Übergangstabelle beschriebene stochastische Prozess die folgende stationäre Verteilung besitzt.
A: $\frac{4}{9}$, B: $\frac{4}{9}$, C: $\frac{1}{9}$

	A	B	C
A	0,5	0,4	0,4
B	0,4	0,5	0,4
C	0,1	0,1	0,2

Übung 5 Bestimmung einer stationären Verteilung
Bestimmen Sie die stationäre Verteilung des durch die Matrix M beschriebenen Übergangprozesses.

$$M = \begin{pmatrix} 0,2 & 0,4 & 0,4 \\ 0,4 & 0,5 & 0,4 \\ 0,4 & 0,1 & 0,2 \end{pmatrix}$$

Zur theoretischen Vertiefung benötigen wir einige Begriffe. Zunächst definieren wir den Begriff des *Fixvektors* $\vec{v}$.

Dies ist ein Vektor, der sich bei Matrizenmultiplikation mit der Übergangsmatrix M nicht ändert. Seine Bedeutung liegt darin, dass er die *stationäre Verteilung* des Prozesses beschreibt.

Hat eine Matrix M oder irgendeine Potenz von M nur positive Elemente, so besitzt M einen eindeutigen Fixvektor.

Dieser Fixvektor bestimmt das Langzeitverhalten der Kette. Langfristig nämlich nähert sich der Zustandsvektor der Kette dem Fixvektor immer weiter an.

Der Fixvektor eines Prozesses
Ein Zustandsvektor $\vec{v} \neq \vec{0}$ eines stochastischen Prozesses mit der Übergangsmatrix M heißt *Fixvektor* des Prozesses, wenn gilt: $M \cdot \vec{v} = \vec{v}$.
Die durch $\vec{v}$ beschriebene Verteilung wird als *stationäre Verteilung* bezeichnet.

Satz vom eindeutigen Fixvektor
M sei eine stochastische Matrix.
Alle Elemente von M oder mindestens einer Potenz von M seien positiv.
Dann gibt es genau einen vom Nullvektor verschiedenen Fixvektor $\vec{v}$ von M. Es gilt: $M \cdot \vec{v} = \vec{v}$.

▶ **Beispiel: Eindeutiger Fixvektor**
Weisen Sie nach, dass die Matrix M nur den Vektor $\vec{v}$ als Fixvektor besitzt.

$$M = \begin{pmatrix} 0,2 & 0,4 & 0,4 \\ 0,8 & 0,4 & 0 \\ 0 & 0,2 & 0,6 \end{pmatrix}, \quad \vec{v} = \frac{1}{9}\begin{pmatrix} 3 \\ 4 \\ 2 \end{pmatrix}$$

Lösung:
M besitzt Elemente, die null sind, d. h. nicht positiv. Daher bilden wir Potenzen von M. Schon M^2 besitzt nur positive Elemente. Daher ist M eine reguläre Matrix. Sie besitzt genau einen Fixvektor.

Untersuchung von M:

$$M^2 = \begin{pmatrix} 0,36 & 0,32 & 0,32 \\ 0,48 & 0,48 & 0,32 \\ 0,16 & 0,20 & 0,36 \end{pmatrix}$$

Alle Elemente von M^2 sind positiv.

Wir zeigen nun, dass dies der Vektor $\vec{v}$ ist.

Fixvektor:

Die nebenstehende Rechnung zeigt die
▶ Gültigkeit der Gleichung $M \cdot \vec{v} = \vec{v}$.

$$M \cdot \vec{v} = \frac{1}{9}\begin{pmatrix} 0,6+1,6+0,8 \\ 2,4+1,6+0 \\ 0+0,8+1,2 \end{pmatrix} = \frac{1}{9}\begin{pmatrix} 3 \\ 4 \\ 2 \end{pmatrix} = \vec{v}$$

Wir benötigen noch einen weiteren Begriff: Eine Matrix M heißt *regulär*, wenn irgendeine der Matrizenpotenzen $M, M^2, M^3, \ldots$ nur positive Elemente besitzt.
Eine *reguläre Markov-Kette* liegt vor, wenn die Übergangsmatrix M der Kette regulär ist.

▶ **Beispiel: Nicht-reguläre Matrix**
Untersuchen Sie, ob die Matrix M regulär ist.

$$M = \begin{pmatrix} 1 & 0 & 0 \\ 0 & 0,4 & 0 \\ 0 & 0,6 & 1 \end{pmatrix}$$

Lösung:
Die Matrix M ist nicht regulär, da in den Potenzen von M an typischen Stellen regelmäßig Nullen auftreten, die auch bei allen Potenzen von M erhalten bleiben (vgl. auch
▶ Übung 9, S. 277).

Untersuchung von M:

$$M^2 = \begin{pmatrix} 1 & 0 & 0 \\ 0 & 0,16 & 0 \\ 0 & 0,84 & 1 \end{pmatrix}, \quad M^3 = \begin{pmatrix} 1 & 0 & 0 \\ 0 & 0,064 & 0 \\ 0 & 0,936 & 1 \end{pmatrix}$$

▶ **Beispiel: Fixvektor bei nicht-regulärer Matrix**
Zeigen Sie, dass die Matrix M den angegebenen Fixvektor $\vec{v}$ hat.

$$M = \begin{pmatrix} 1 & 0 & 0 \\ 0 & 0,4 & 0 \\ 0 & 0,6 & 1 \end{pmatrix} \quad \vec{v} = \begin{pmatrix} x \\ 0 \\ 1-x \end{pmatrix}$$

Lösung:
Wir berechnen das Produkt $M \cdot \vec{v}$ und erhalten als Resultat wieder den Vektor $\vec{v}$.
Also ist $\vec{v}$ ein Fixvektor von M.

Nachweis des Fixvektors $\vec{v}$:

$$M \cdot \vec{v} = \begin{pmatrix} 1 & 0 & 0 \\ 0 & 0,4 & 0 \\ 0 & 0,6 & 1 \end{pmatrix} \cdot \begin{pmatrix} x \\ 0 \\ 1-x \end{pmatrix} = \begin{pmatrix} x \\ 0 \\ 1-x \end{pmatrix}$$

Übung 6 Untersuchung von Matrizen auf Regularität
Untersuchen Sie, ob die Matrix M regulär ist.

a) $M = \begin{pmatrix} 0,3 & 0,2 & 0,4 \\ 0 & 0,3 & 0 \\ 0,7 & 0,5 & 0,6 \end{pmatrix}$
b) $M = \begin{pmatrix} 0,5 & 0 & 0,4 \\ 0,5 & 0 & 0,6 \\ 0 & 1 & 0 \end{pmatrix}$
c) $M = \begin{pmatrix} 0 & 0,2 & 0,4 \\ 0 & 0,3 & 0,6 \\ 1 & 0,5 & 0 \end{pmatrix}$

Wir untersuchen nun den Zusammenhang zwischen den Potenzen einer regulären Übergangs-matrix und ihrem Fixvektor genauer.

▶ **Beispiel: Matrizenpotenzen und Fixvektor**

Die Abbildung zeigt den Übergangsgraphen eines stochastischen Prozesses.

a) Geben Sie die Übergangsmatrix M an.
b) Wie lautet der Fixvektor $\vec{v}$ von M?
c) Bestimmen Sie die Matrizenpotenzen M^2, M^3 und M^{10}.
d) Bestimmen Sie die Grenzmatrix M^∞.

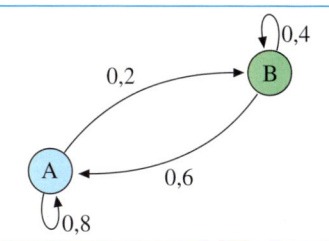

Lösung zu a:

Die Elemente der Übergangsmatrix M können direkt aus dem Übergangsgraphen abgelesen werden.

Übergangsmatrix M:

$$M = \begin{pmatrix} 0{,}8 & 0{,}6 \\ 0{,}2 & 0{,}4 \end{pmatrix}$$

Lösung zu b:

Der eindeutige Fixvektor $\vec{v}$ erfüllt die Gleichung $M \cdot \vec{v} = \vec{v}$. Daraus ergeben sich die Gleichungen I und II, die aber zur eindeutigen Lösung nicht ausreichen. Die Zusatz-information, dass die Koordinatensumme des Verteilungsvektors $\vec{v}$ stets 1 ergibt, liefert Gleichung III. Nun lösen wir das LGS mit den Gleichungen I und III. Resultat: Der Fixvektor $\vec{v}$ hat die Koordinaten x = 0,75 und y = 0,25.

Fixvektor:

$$M \cdot \vec{x} = \vec{x}$$

$$\begin{pmatrix} 0{,}8 & 0{,}6 \\ 0{,}2 & 0{,}4 \end{pmatrix} \cdot \begin{pmatrix} x \\ y \end{pmatrix} = \begin{pmatrix} x \\ y \end{pmatrix}$$

I : $0{,}8\,x + 0{,}6\,y = x$
II : $0{,}2\,x + 0{,}4\,y = y$
III: $\quad x + \quad y = 1$

Lösung: x = 0,75, $\Rightarrow$ $\vec{v} = \begin{pmatrix} 0{,}75 \\ 0{,}25 \end{pmatrix}$
y = 0,25

Lösung zu c:

Durch Matrizenmultiplikation erhalten wir die gesuchten Potenzen. Einfacher ist die direkte Potenzierung von M mit dem WTR.

Matrizenpotenzen:

$$M^2 = \begin{pmatrix} 0{,}76 & 0{,}72 \\ 0{,}24 & 0{,}28 \end{pmatrix}, \quad M^3 = \begin{pmatrix} 0{,}752 & 0{,}744 \\ 0{,}248 & 0{,}256 \end{pmatrix}$$

$$M^{10} = \begin{pmatrix} 0{,}75000003 & 0{,}74999992 \\ 0{,}24999997 & 0{,}25000007 \end{pmatrix}$$

Lösung zu d:

Die Spalten von M^{10} sind fast identisch mit dem Fixvektor $\vec{v}$. Bilden wir den Grenz-fall $\lim\limits_{n \to \infty} M^n$, erhalten wir die Grenzmatrix M^∞, deren Spalten alle exakt mit dem Fix-vektor identisch sind.

Grenzmatrix:

$$M^{10} = \begin{pmatrix} 0{,}75000003 & 0{,}74999992 \\ 0{,}24999997 & 0{,}25000007 \end{pmatrix} \approx \begin{pmatrix} 0{,}75 & 0{,}75 \\ 0{,}25 & 0{,}25 \end{pmatrix}$$

$$\vec{v} = \begin{pmatrix} 0{,}75 \\ 0{,}25 \end{pmatrix} \Rightarrow M^\infty = \lim\limits_{n \to \infty} M^n = \begin{pmatrix} 0{,}75 & 0{,}75 \\ 0{,}25 & 0{,}25 \end{pmatrix}$$

Grenzmatrix und Fixvektor

M sei eine stochastische Matrix, deren Elemente alle positiv* sind. Dann gelten (1)–(4).

(1) Es gibt *genau einen* vom Nullvektor verschiedenen Fixvektor $\vec{v}$ von M.

(2) Die Matrixpotenzen M, M^2, M^3, ... streben mit wachsendem Exponenten gegen die sog. Grenzmatrix M^∞.

(3) Die Spalten der Grenzmatrix M^∞ sind mit dem Fixvektor $\vec{v}$ identisch.

(4) Die Folgeverteilungen $\vec{v}_1 = M \cdot \vec{v}_0$, $\vec{v}_2 = M^2 \cdot \vec{v}_0$, $\vec{v}_3 = M^3 \cdot \vec{v}_0$, ... streben für jede An-fangsverteilung $\vec{v}_0 \neq \vec{0}$ gegen den Fixvektor $\vec{v}$ von M. Es gilt $M^\infty \cdot \vec{v}_0 = \vec{v}$.

---

* Es reicht schon aus, wenn die Elemente *irgendeiner Matrixpotenz* M^k (k $\in$ ℕ) positiv ($a_{ij} > 0$) sind.

Wir untersuchen nun die Bedeutung der eingeführten Begriffe im Anwendungszusammenhang.

► **Beispiel: Anwendung Tischtennis**

Zwei Tischtennisspieler A und B beschließen, täglich eine Partie gegeneinander zu spielen.

Das Übergangsdiagramm zeigt, wie der Ausgang des Folgespiels vom Ausgang des aktuellen Spiels abhängt.

Das Auftaktspiel gewinnt Spieler B.

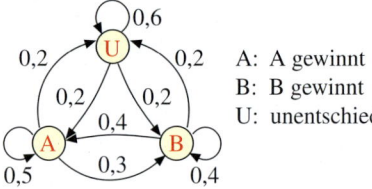

A: A gewinnt
B: B gewinnt
U: unentschieden

a) Begründen Sie, dass A der bessere Spieler ist.
b) Welche Verteilung der Gewinnchancen ergibt sich nach einem weiteren Tag?
c) Bestimmen Sie die stationäre Verteilung des Prozesses.
d) Bestimmen Sie mit Hilfe von Matrizenpotenzen die Verteilung nach fünf Tagen und vergleichen Sie diese mit der stationären Verteilung.

Lösung zu a:

Spieler A schneidet im Übergangsverhalten besser ab, da er nach einem Sieg diesen in 50 % der Fälle wiederholen kann. Bei B sind es nur 40 %.

Vergleich der Spieler:

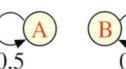

A gewinnt nach einem Sieg häufiger das nächste Spiel.

Lösung zu b:

Da B das erste Spiel gewonnen hat, lautet die Startverteilung $\vec{v}_0$:

A: 0 %, B: 100 %, U: 0 %

Wir erhalten die Folgeverteilung $\vec{v}_1$ durch Multiplikation der Startverteilung $\vec{v}_0$ mit der Übergangsmatrix M: $\vec{v}_1 = M \cdot \vec{v}_0$. Die Verteilung $\vec{v}_1$ lautet daher:

A: 40 %, B: 40 %, U: 20 %.

Spieler A hat am zweiten Tag die gleichen Gewinnchancen wie Spieler B.

Lösung zu c:

Wir berechnen den Fixvektor $\vec{v}$ mit Hilfe des Ansatzes $M = \vec{v} \cdot \vec{v}$.

Wir erhalten ein lineares Gleichungssystem mit den Gleichungen I, II und III, dem wir die Gleichung IV: $x + y + z = 1$ hinzufügen.

Nach Weglassen von Gleichung III und Überführung in die Normalform (Variable links) lösen wir das System und erhalten die folgende stationäre Verteilung:

A: ca. 37 %, B: ca. 30 %, U: ca. 33 %.

Folgeverteilung $\vec{v}_1$:

Startverteilung: $\vec{v}_0 = \begin{pmatrix} 0 \\ 1 \\ 0 \end{pmatrix}$

$$\vec{v}_1 = M \cdot \vec{v}_0 = \begin{pmatrix} 0,5 & 0,4 & 0,2 \\ 0,3 & 0,4 & 0,2 \\ 0,2 & 0,2 & 0,6 \end{pmatrix} \cdot \begin{pmatrix} 0 \\ 1 \\ 0 \end{pmatrix} = \begin{pmatrix} 0,40 \\ 0,40 \\ 0,20 \end{pmatrix}$$

A: 40 %, B: 40 %, U: 20 %.

Berechnung des Fixvektors $\vec{v}$:

$$M \cdot \vec{v} = \begin{pmatrix} 0,5 & 0,4 & 0,2 \\ 0,3 & 0,4 & 0,2 \\ 0,2 & 0,2 & 0,6 \end{pmatrix} \cdot \begin{pmatrix} x \\ y \\ z \end{pmatrix} = \begin{pmatrix} x \\ y \\ z \end{pmatrix}$$

I: $0,5\,x + 0,4\,y + 0,2\,z = x$
II: $0,3\,x + 0,4\,y + 0,2\,z = y$
III: $0,2\,x + 0,2\,y + 0,6\,z = z$
IV: $x + y + z = 1$

I: $-0,5\,x + 0,4\,y + 0,2\,z = 0$
II: $0,3\,x - 0,6\,y + 0,2\,z = 0$
IV: $x + y + z = 1$

Lösung: $x \approx 0,37$, $y \approx 0,30$, $z \approx 0,33$

Stationäre Verteilung:

A: ca. 37 %   B: ca. 30 %   U: ca. 33 %

Lösung zu d:
Nach fünf Tagen lautet die Verteilung $\vec{v}_5 = M^5 \cdot \vec{v}_0$. Die Berechnung erfolgt mit dem Taschenrechner. Sie ergibt:
A: ca. 37%, B: ca. 30%, U: ca. 33%.
Dies entspricht nahezu der stationären Verteilung. Diese wird also langfristig als
▶ Gleichgewichtszustand angenommen.

Verteilung nach 5 Tagen:

$$\vec{v}_5 = M^5 \cdot \vec{v}_0 = \begin{pmatrix} 0,5 & 0,4 & 0,2 \\ 0,3 & 0,4 & 0,2 \\ 0,2 & 0,2 & 0,6 \end{pmatrix}^5 \cdot \begin{pmatrix} 0 \\ 1 \\ 0 \end{pmatrix}$$

$$= \begin{pmatrix} 0,37 \\ 0,30 \\ 0,33 \end{pmatrix}$$

$$A \approx 37\%, \; B \approx 30\%, \; U \approx 33\%$$

Übungen

7. Nachweis eines Fixvektors
Zeigen Sie, dass der Vektor $\vec{v}$ ein Fixvektor der Übergangsmatrix M ist.

a) $M = \begin{pmatrix} 0,2 & 0,4 & 0,5 \\ 0,8 & 0,6 & 0 \\ 0 & 0 & 0,5 \end{pmatrix}$, $\quad \vec{v} = \begin{pmatrix} 1/3 \\ 2/3 \\ 0 \end{pmatrix}$
b) $M = \begin{pmatrix} 1 & 0,5 & 0 \\ 0 & 0 & 0,5 \\ 0 & 0,5 & 0,5 \end{pmatrix}$, $\quad \vec{v} = \begin{pmatrix} 1 \\ 0 \\ 0 \end{pmatrix}$

8. Berechnung des Fixvektors
Bestimmen Sie den Fixvektor $\vec{v}$ der Matrix M mit dem Ansatz $M \cdot \vec{v} = \vec{v}$ rechnerisch.

a) $M = \begin{pmatrix} 0,6 & 0,5 \\ 0,4 & 0,5 \end{pmatrix}$
b) $M = \begin{pmatrix} 0,4 & 0,5 & 0,4 \\ 0,4 & 0 & 0,4 \\ 0,2 & 0,5 & 0,2 \end{pmatrix}$
c) $M = \begin{pmatrix} 0,5 & 0,5 & 0,4 \\ 0,5 & 0 & 0,4 \\ 0 & 0,5 & 0,2 \end{pmatrix}$
d) $M = \begin{pmatrix} 0,1 & 0 & 0,4 \\ 0 & 0,8 & 0,6 \\ 0,9 & 0,2 & 0 \end{pmatrix}$

9. Nachweismethode für die Nichtregularität einer Matrix
Mit dem folgenden Kriterium kann man Nichtregularität einer Matrix oft einfach nachweisen:
M sei eine Übergangsmatrix. Haben dann M und M^2 an der gleichen Stelle eine Null, so haben auch alle anderen Potenzen von M dort eine Null und M ist dann nicht regulär.
Zeigen Sie mit diesem Kriterium, dass die folgenden Matrizen nicht regulär sind.

a) $M = \begin{pmatrix} 0,5 & 0 \\ 0,5 & 1 \end{pmatrix}$
b) $M = \begin{pmatrix} a & 0 \\ 1-a & 1 \end{pmatrix}$
c) $M = \begin{pmatrix} 0,2 & 0,5 & 0 \\ 0,2 & 0,3 & 0 \\ 0,6 & 0,2 & 1 \end{pmatrix}$
d) $M = \begin{pmatrix} a & 0 & c \\ d & 1 & f \\ g & 0 & i \end{pmatrix}$

10. Auswilderung und Revierwechsel*

In einem Waldgebiet W werden 180 mit Sendern ausgestattete Wildziegen ausgesetzt. Man stellt fest, dass sie zum Teil in ein benachbartes Tal T und in eine Hügellandschaft H wechseln. Die jährlichen Revierwechsel werden durch die Tabelle rechts beschrieben.

	W	T	H
W	0,8	0,2	0,2
T	0,1	0,2	0,4
H	0,1	0,6	0,4

a) Berechnen Sie die Verteilung der Tiere auf die Reviere nach einem bzw. nach zwei Jahren.
b) Bestimmen Sie den Fixvektor $\vec{v}$ des Prozesses (Ansatz: $M \cdot \vec{v} = \vec{v}$).
c) Bestimmen Sie die Revierverteilung nach zehn Jahren.
   Vergleichen Sie mit der stationären Verteilung aus Aufgabenteil b).
d) Bestimmen Sie die Revierverteilung nach zehn Jahren unter der Annahme, dass die Ziegen gleich zu Beginn gleichmäßig auf die Reviere verteilt werden. Vergleichen Sie mit dem Resultat von b) und begründen Sie das Ergebnis anschließend.

---

* Rechnet man im Zustandsvektor mit Anzahlen anstelle der Wahrscheinlichkeiten, so liefern folgende Revierverteilungen die im Mittel zu erwartenden Anzahlen, die jedoch nicht exakt eintreten müssen.

11. Wetter

Ein Hotel im Freizeitpark Sun City gibt seinen Gästen jeden Morgen Informationen zur Wetterentwicklung. Dabei wird unterschieden zwischen den Wetterlagen Sonnenschein (S), Wolken (W), Regen (R). Die Wetterentwicklung der Region ist im rechts angegebenen Übergangsgraphen dargestellt.

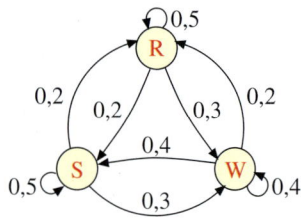

a) Am Sonntag scheint die Sonne. Mit welcher Wahrscheinlichkeit ist es am Dienstag wolkig?

b) Am Sonntag regnet es. Ermitteln Sie unter dieser Voraussetzung die Wahrscheinlichkeiten für die drei Wetterlagen am folgenden Sonntag.

12. Münzwanderung*

Im Jahr 2016 wurden in Deutschland (D) 1,2 Milliarden Euromünzen geprägt, in Italien (I) 800 Mio. und in den übrigen Eurostaaten (S) 2 Milliarden.

Durch Reisende kommen die in einem Land geprägten Euromünzen auch in die anderen Länder.

von / nach	D	I	S
D	0,8	0,2	0,1
I	0,15	0,7	0,05
S	0,05	0,1	0,85

a) Bestimmen Sie die Verteilung der in Deutschland im Jahr 2016 geprägten Euromünzen nach einem Jahr, nach zwei Jahren und nach fünf Jahren.

b) Wie viele der 2016 in Europa geprägten Euromünzen werden im Jahr 2019 in Deutschland im Umlauf sein?

c) Wie viele der im Jahr 2016 geprägten Euromünzen sind in Deutschland, Italien und den übrigen Eurostaaten langfristig zu erwarten?

13. Münzspiel

Eine Spielfigur wird auf einem kreisförmigen Spielfeld mit fünf Feldern (Nr. 1 bis 5) bewegt. Im Spiel werden zwei Münzen gleichzeitig geworfen.

Zeigen beide Münzen Kopf an, wird die Spielfigur um zwei Felder im Uhrzeigersinn versetzt. Zeigen beide Münzen Zahl an, wird die Spielfigur um zwei Felder entgegen dem Uhrzeigersinn versetzt. Bei unterschiedlicher Anzeige der beiden Münzen (Z, K oder K, Z) bleibt die Spielfigur auf ihrem Feld stehen.

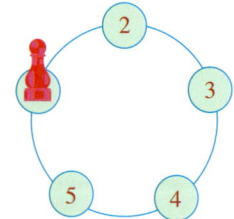

Übergangsmatrix:

$$M = \begin{pmatrix} 0,5 & 0 & 0,25 & 0,25 & 0 \\ 0 & 0,5 & 0 & 0,25 & 0,25 \\ 0,25 & 0 & 0,5 & 0 & 0,25 \\ 0,25 & 0,25 & 0 & 0,5 & 0 \\ 0 & 0,25 & 0,25 & 0 & 0,5 \end{pmatrix}$$

a) Begründen Sie, dass die Matrix M den Spielfortgang beschreibt.

b) Die Spielfigur steht auf Feld Nr. 3. Berechnen Sie die Wahrscheinlichkeit, dass nach zwei Würfen beider Münzen die Spielfigur wieder auf Feld Nr. 3 steht. Auf welchem Spielfeld steht die Spielfigur nach drei Münzwürfen mit der geringsten Wahrscheinlichkeit?

c) Berechnen Sie, mit welchen Wahrscheinlichkeiten die Spielfigur langfristig auf den Feldern 1 bis 5 stehen wird, wenn sie auf Feld Nr. 1 startet.

---

* Rechnet man im Zustandsvektor mit Anzahlen anstelle der Wahrscheinlichkeiten, so liefern folgende Zustandsvektoren die im Mittel zu erwartenden Anzahlen, die jedoch nicht exakt eintreten müssen.

14. Idyll

In einem Naturschutzgebiet gibt es Teile, die mit Wiese, Gestrüpp und Sumpf bedeckt sind. Jährlich geht ein Teil des Wiesenlandes in Gestrüpp über, Sumpf wird zu Wiese usw. Die Tabelle zeigt die jährlichen Übergangswahrscheinlichkeiten.

a) Begründen Sie: Die Übergangsmatrix M ist eine stochastische Matrix.

b) Die Startanteile lauten:
W: 60%, G: 30%, S: 10%.
Welche Anteile findet man nach einem Jahr, nach zwei Jahren, nach fünf Jahren?

nach \ von	W	G	S
W	0,7	0,2	0,2
G	0,2	0,8	0,0
S	0,1	0,0	0,8

c) Welche Anteile sind langfristig zu erwarten, wenn die Übergänge konstant bleiben?

d) Durch Mähen der Wiesen wird der Übergang zu Gestrüpp auf 10% verringert. Durch Bewässerungsmaßnahmen wird das Umwandeln des Sumpfes in Wiese ebenfalls auf 10% verringert. Wie entwickelt sich das Gebiet nun nach 5 Jahren bzw. nach 10 Jahren bzw. langfristig? Interpretieren Sie das Ergebnis anschaulich.

15. Banken

Drei Bankhäuser konkurrieren um ihre Kunden. Der Übergangsgraph zeigt die jährlichen Kundenströme.

a) Stellen Sie die Übergangstabelle und die Übergangsmatrix M auf.

b) Die aktuellen Marktanteile lauten:
DD: 43%, DB: 22%, BE: 35%.
Wie lauten die Anteile in einem Jahr, in drei Jahren, in 5 Jahren? Welche Vermutung liegt nahe?

c) Wie lauten die stabilen Anteile, auf die sich der Markt langfristig einpegelt?

d) Wie würde sich das Ergebnis von c) ändern, wenn es der BE durch Sofortmaßnahmen gelänge, ihre Kundenabgänge jeweils zu halbieren?

e) Zeigen Sie, dass die Marktanteile vor einem Jahr folgendermaßen lauteten:
DD: 20%, DB: 30%, BE: 50%.

f) Die BE geht pleite. Dadurch steigen die Marktanteile von DD und DB auf 60% bzw. 40%. Die Markentreue der Kunden von DD und DB bleibt unverändert. Lösen Sie die Fragestellungen a) bis c) nun für die neue Konstellation.

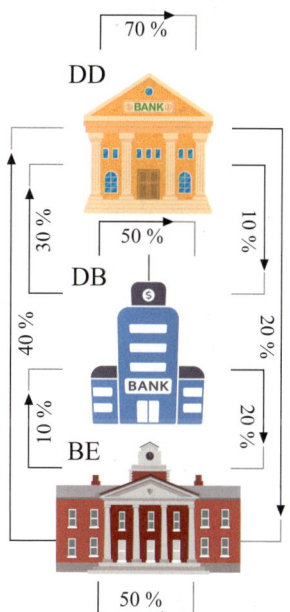

16. Restaurant

Das Restaurant LaFille verliert monatlich 30 % der Stammkunden an das Restaurant McHunger. 70 % der Kunden bleiben. Umgekehrt verliert McHunger 20 % an LaFille, 80 % bleiben.

a) Lafille hat aktuell 60 Stammgäste, McHunger 40. Wie lauten die Gästeanteile im Folgemonat? Welche Aufteilung ergibt sich langfristig?

b) Sechs Monate später eröffnet das Restaurant PizAria in der Nähe. Es nimmt den Alteingesessenen jeweils 10 Prozentpunkte ihrer Stammgäste aus deren Bleiberquote. PizAria hält 60 % seiner Gäste, verliert aber 10 % an LaFille und 30 % an McHunger. Welche Verteilung ergibt sich nun langfristig? Wer ist von der Neueröffnung stärker betroffen?

17. Farbwechsel

In der Landwirtschaftlichen Versuchsanstalt Eichhof werden auf einem Feld rote, gelbe und blaue Blumen gezüchtet (R, G, B), die eine erstaunliche Eigenschaft haben. Sie können bei jedem Generationenwechsel ihre Farbe wechseln. Eine Auszählung ergibt, dass der Farbwechsel nach der abgebildeten Tabelle erfolgt.

nach \ von	R	G	B
R	0,5	0,2	0,3
G	0,2	0,6	0,3
B	0,3	0,2	0,4

a) Erläutern Sie das Übergangsverhalten. Stellen Sie die Übergangsmatrix M auf. Welche Eigenschaften hat eine stochastische Matrix? Begründen Sie, dass M eine solche Matrix ist.

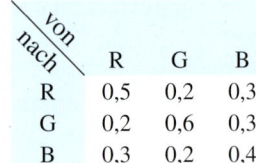

b) Anfangs lag folgende Verteilung vor: R: 50 %, G: 30 %, B: 20 %.
Berechnen Sie die Verteilung in den beiden Folgegenerationen.

c) Welche Verteilung der Farben R, G, B stellt sich langfristig ein? (Hinweis: Berechnen Sie den Fixvektor von M)

d) In einer bestimmten Generation gilt:
ROT: 35 %, GELB: 35 %, BLAU: 30 %.
Zeigen Sie, dass 2 Jahre zuvor folgende Verteilung vorlag:
ROT: 60 %, GELB: 20 %, BLAU: 20 %.

e) Nach einiger Zeit ändern die gelben Blumen plötzlich ihr Übergangsverhalten. Sie behalten beim Generationenwechsel ihre Farbe nur noch in 20 % der Fälle. Zur roten Farbe wechseln sie überhaupt nicht mehr. Stellen Sie die neue Übergangsmatrix N auf. Ist die Befürchtung gerechtfertigt, dass die gelben Blumen ganz vom Feld verschwinden könnten?

E. Absorbierende Markov-Ketten

Nicht alle Markov-Ketten sind regulär. In vielen Anwendungen treten nicht-reguläre Übergangs-matrizen auf. Ein besonders wichtiger Typ dieser Art ist die absorbierende Markov-Kette. Man trifft sie z. B. bei Spielen und Populationsprozessen an. Dabei kommen als Zustände auch das Spielende oder der Tod vor. Aus beiden gibt es aber bekanntlich kein Entkommen. Es sind sog. absorbierende Zustände.

Einen *absorbierenden Zustand* erkennt man daran, dass die Übergangswahrschein-lichkeit, dass der Zustand in sich selbst übergeht, 1 beträgt.
In der Übergangsmatrix bedeutet dies das Vorkommen einer 1 in der Haupdiagonalen.

Absorbierender Zustand:

	A	B	C
A	0,1	0	0,2
B	0	1	0,3
C	0,9	0	0,5

Zustand B ist absorbierend.

Eine *absorbierende Markov-Kette* liegt vor, wenn zwei Bedingungen erfüllt sind. Es muss mindestens einen absorbierenden Zustand geben und von jedem nichtabsor-bierenden Zustand muss mindestens ein absorbierender Zustand erreichbar sein.
Die erste Bedingung überprüft man durch Ansehen der Übergangsmatrix.
Die zweite Bedingung überprüft man am einfachsten anhand des Übergangsgraphen.

Absorbierende Markov-Kette
Eine Markov-Kette wird als absorbie-rend bezeichnet, wenn (1) und (2) gelten.

1. Die Kette besitzt mindestens einen absorbierenden Zustand.

2. Von jedem nichtabsorbierenden Zu-stand kann mindestens ein absorbieren-der Zustand erreicht werden.

> **Beispiel: Absorbierende Markov-Kette**
> Untersuchen Sie, ob die durch die Übergangs-tabellen definierten Markov-Ketten absorbie-rend sind.

	A	B	C
A	1	0	0
B	0	0,4	0
C	0	0,6	1

	A	B	C	D
A	0,4	0	0,2	0
B	0	1	0	0
C	0,6	0	0,8	0
D	0	0	0	1

Lösung:
Beide Übergangstabellen enthalten in der Diagonalen Einsen und damit absorbierende Zu-stände. Tabelle 1 hat die absorbierenden Zustände A und C, bei Tabelle 2 sind es B und D. Nun müssen wir anhand der Übergangsgraphen die Erreichbarkeit dieser Zustände prüfen.

Tabelle 1:

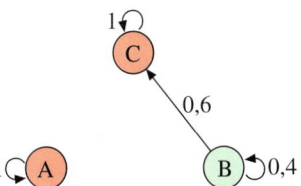

Tabelle 2:

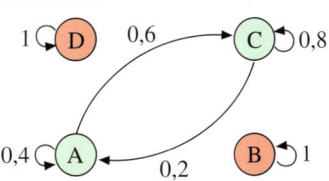

Von B aus ist C erreichbar.
► Es ist eine absorbierende Markov-Kette.

Von A aus ist weder B noch D erreichbar.
Es ist keine absorbierende Markov-Kette.

Bevor wir nun zu einigen Beispielen kommen, wollen wir einige wichtige Eigenschaften einer absorbierenden Markov-Kette besprechen.

Zunächst noch ein nützlicher Begriff: Es ist günstig, den *Rand der Markov-Kette* zu definieren: Er besteht aus allen absorbierenden Zuständen.
In einer absorbierenden Markov-Kette ist der Rand von jedem Zustand aus erreichbar. Die nicht absorbierenden Zustände werden als *innere Zustände* der Kette bezeichnet.

Bedeutsam ist die Eigenschaft*, dass eine absorbierende Markov-Kette mit der Wahrscheinlichkeit 1 nach endlich vielen Schritten mit dem Erreichen des Randes abbricht.

Bemerkenswert ist auch, dass das Langzeitverhalten bei dieser Art von Kette vom Startzustand abhängen kann. Je nach Startzustand kann ein anderes Randelement erreicht werden, bei dem die Kette abbricht.

Der Rand einer Markov-Kette
Der **Rand** einer Markov-Kette bezeichnet die Menge aller absorbierenden Zustände. Alle anderen Zustände heißen *innere Zustände* der Kette.

Wichtige Eigenschaften einer absorbierenden Markov-Kette
1. Unabhängig vom Startzustand erreicht eine absorbierende Markov-Kette den Rand mit der Wahrscheinlichkeit 1 nach endlich vielen Schritten und verbleibt dann dort.

2. Das Langzeitverhalten einer absorbierenden Markov-Kette kann im Gegensatz zu einer regulären Markov-Kette vom Startzustand abhängen.

▶ **Beispiel: Eigenschaften einer absorbierenden Markov-Kette**

a) Zeigen Sie, dass die durch M definierte Markov-Kette absorbierend ist.
b) Mit welcher Wahrscheinlichkeit findet die Absorption in B bzw. in C statt, wenn der Startzustand $\vec{v}_0$ gegeben ist?

Übergangstabelle M

	A	B	C
A	0,2	0	0
B	0,3	1	0
C	0,5	0	1

Startzustand

$$\vec{v}_0 = \begin{pmatrix} 1 \\ 0 \\ 0 \end{pmatrix}$$

Lösung zu a:
A ist innerer Zustand, B und C sind absorbierende Zustände und bilden den Rand.
Da der Rand von A erreicht werden kann, ist die Kette absorbierend.

Lösung zu b:
Wir prüfen den Zustand nach dem Durchlaufen eines langen Teils der Kette, indem wir z. B. den Zustand $\vec{v}_{100} = M^{100} \cdot \vec{v}_0$ berechnen (Zustand nach 100 Übergängen). Wir erhalten den Vektor $\vec{v}_{100}$. Er besagt, dass die Absorption mit 37,5 % Wahrscheinlichkeit in B erfolgt und mit 62,5 % in C.

Übergangsgraph:

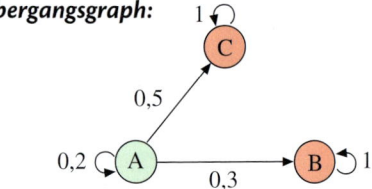

Zustand nach 100 Übergängen:

$$\vec{v}_{100} = M^{100} \cdot \vec{v}_0 = \begin{pmatrix} 0,2 & 0 & 0 \\ 0,3 & 1 & 0 \\ 0,5 & 0 & 1 \end{pmatrix}^{100} \cdot \begin{pmatrix} 1 \\ 0 \\ 0 \end{pmatrix} = \begin{pmatrix} 0,00 \\ 0,375 \\ 0,625 \end{pmatrix}$$

⇒ Absorption in B: 37,5 %
  Absorption in C: 62,5 %

---

* Genauer: Die Wahrscheinlichkeit für das Erreichen des Randes **strebt** mit zunehmender Kettenlänge gegen 1.

Es ist klar, dass bei einem anderen Startzustand das Ergebnis anders ausgesehen hätte. Bei einem Start in B z. B. findet die Absorption z. B. zu 100 % in B statt. Das Endverhalten dieser absorbierenden Markov-Kette ist also ganz klar vom Startzustand abhängig.

Absorbierende Markov-Ketten kommen häufig bei Spielen vor, wobei die absorbierenden Zustände das Spielende bedeuten, entweder als Sieg oder als Niederlage.

Beispiel: Münzwurfspiel

Ein Spiel beginnt mit einer Punktezahl von null. Dann wird eine Münze geworfen. Kommt Kopf, so erhält man einen Punkt gutgeschrieben. Bei Zahl erhält man keinen Punkt. Wenn zwei Punkte erreicht sind, ist das Spiel zu Ende.
a) Es gibt die Zustände 0, 1 und 2, die für die erreichte Punktezahl stehen. Zeichnen Sie den Übergangsgraphen und stellen Sie die Übergangsmatrix auf.
b) Wie lautet die Startverteilung $\vec{v}_0$ bei diesem Spiel? Welche Verteilung liegt nach zwei Spielzügen vor? Mit welcher Wahrscheinlichkeit ist das Spiel nach 10 Zügen beendet?

Lösung zu a:
Wir erhalten den rechts abgebildeten Übergangsgraphen. Es gibt einen absorbierenden Zustand, nämlich Zustand 2, der das Spielende anzeigt.
Die beiden Zustände 0 und 1 sind nicht absorbierend. Von ihnen aus kann Zustand 2 erreicht werden. Aus dem Graphen ergeben sich unmittelbar die Übergangstabelle und die Übergangsmatrix M.

Übergangsgraph/Übergangsmatrix:

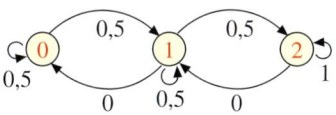

	0	1	2
0	0,5	0	0
1	0,5	0,5	0
2	0	0,5	1

$$M = \begin{pmatrix} 0,5 & 0 & 0 \\ 0,5 & 0,5 & 0 \\ 0 & 0,5 & 1 \end{pmatrix}$$

Lösung zu b:
Die Startverteilung $\vec{v}_0$ kann hier nur so beschaffen sein, dass der Start im Zustand 0 erfolgt (Punktestand 0).

Startverteilung:

$$\vec{v}_0 = \begin{pmatrix} 1 \\ 0 \\ 0 \end{pmatrix}$$

Nach zwei Spielzügen liegt die Verteilung $\vec{v}_2 = M^2 \cdot \vec{v}_0$ vor, die wir manuell oder mittels Rechner bestimmen können.
Nach zehn Spielzügen liegt die Verteilung $\vec{v}_{10} = M^{10} \cdot \vec{v}_0$ vor (Rechner verwenden).
Sie zeigt an, dass das Spiel nach 10 Spielzügen mit 99 % Wahrscheinlichkeit mit dem Erreichen der Punktzahl 2 beendet ist.

Folgeverteilungen $\vec{v}_2$ und $\vec{v}_{10}$:

$$\vec{v}_2 = M^2 \cdot \vec{v}_0 = \begin{pmatrix} 0,5 & 0 & 0 \\ 0,5 & 0,5 & 0 \\ 0 & 0,5 & 1 \end{pmatrix}^2 \cdot \begin{pmatrix} 1 \\ 0 \\ 0 \end{pmatrix} = \begin{pmatrix} 0,25 \\ 0,50 \\ 0,25 \end{pmatrix}$$

$$\vec{v}_{10} = M^{10} \cdot \vec{v}_0 = \begin{pmatrix} 0,5 & 0 & 0 \\ 0,5 & 0,5 & 0 \\ 0 & 0,5 & 1 \end{pmatrix}^{10} \cdot \begin{pmatrix} 1 \\ 0 \\ 0 \end{pmatrix} \approx \begin{pmatrix} 0,00 \\ 0,01 \\ 0,99 \end{pmatrix}$$

Übungen

18. Absorbierende Zustände

Gegeben ist die Übergangstabelle einer Markov-Kette. Ein absorbierender Zustand ist dadurch gekennzeichnet, dass er nicht mehr verlassen werden kann.

a) Beschreiben Sie, wie man einen absorbierenden Zustand in der Übergangstabelle erkennen kann.

b) Prüfen Sie, ob es absorbierende Zustände gibt. Um welche Zustände handelt es sich?

I.

	A	B
A	0,2	0,5
B	0,8	0,5

II.

	A	B	C
A	0,4	0	0,2
B	0,1	1	0,7
C	0,5	0	0,1

III.

	A	B	C
A	1	0,5	0
B	0	0,3	0
C	0	0,2	1

IV.

	A	B	C
A	0	0,5	1
B	0	0,1	0
C	1	0,4	0

19. Der Rand einer Markov-Kette

Gegeben ist die Übergangstabelle einer Markov-Kette.

Die Menge R aller absorbierenden Zustände einer Markov-Kette bezeichnet man als Rand der Kette. Die restlichen Zustände bezeichnet man als innere Zustände der Kette.

Geben Sie den Rand R der Kette sowie die Menge I der inneren Zustände an.

a)

	A	B
A	0	0
B	1	1

b)

	A	B	C
A	0,2	0	0
B	0,8	0	0
C	0	1	1

c)

	A	B	C
A	0,3	0	0
B	0,3	1	0
C	0,4	0	1

d)

	A	B	C
A	1	0,5	1
B	0	0,3	0
C	0	0,2	0

20. Absorbierende Markov-Ketten

Eine Markov-Kette wird als absorbierende Markov-Kette bezeichnet, wenn der Rand der Kette von jedem inneren Zustand aus erreichbar ist.

a) Beschreiben Sie, wie man am Übergangsgraphen einer Markov-Kette erkennen kann, ob eine absorbierende Markov-Kette vorliegt.

b) Wie kann man eine absorbierende Markov-Kette an ihrer Übergangsmatrix erkennen?

21. Absorbierende Markov-Kette

Gegeben ist die Übergangstabelle einer Markov-Kette.

Eine Markov-Kette wird als absorbierende Markov-Kette bezeichnet, wenn der Rand der Kette von jedem inneren Zustand aus erreichbar ist. Überprüfen Sie, ob es sich bei der vorliegenden Kette um eine absorbierende Markov-Kette handelt. Verwenden Sie für diese Überprüfung den Übergangsgraphen der Kette.

a)

	A	B	C
A	0,2	0	0
B	0,8	0	0
C	0	1	1

b)

	A	B	C
A	0,3	0,5	0
B	0,7	0,5	0
C	0	0	1

c)

	A	B	C	D
A	0,5	0	0	0,2
B	0	1	0	0,3
C	0	0	1	0,5
D	0,5	0	0	0

d)

	A	B	C	D
A	0,5	0,5	0,5	0
B	0,2	0,2	0	0
C	0,1	0,3	0	0
D	0,2	0	0,5	1

22. Absorptionsort

Bestimmen Sie die Wahrscheinlichkeit für die Absorption in C, wenn $\vec{v}_0$ der Startvektor ist.

a)

	A	B	C
A	1	0,4	0
B	0	0,4	0
C	0	0,2	1

$\vec{v}_0 = \begin{pmatrix} 0 \\ 1 \\ 0 \end{pmatrix}$

c)

	A	B	C	D
A	0,2	0,2	0	0
B	0,2	0,4	0	0
C	0,3	0,2	1	0
D	0,3	0,2	0	1

$\vec{v}_0 = \begin{pmatrix} 0,5 \\ 0,3 \\ 0,1 \\ 0,1 \end{pmatrix}$

F. Anwendungen zu absorbierenden Markov-Ketten

Wir behandeln abschließend eine Anwendungsaufgabe zu absorbierenden Markovkette. Dabei wird noch einmal deutlich, dass das Langzeitverhalten einer solchen Kette im Gegensatz zur regulären Markov-Kette entscheidend vom Startzustand abhängt. Der Startzustand entscheidet also, mit welchen Wahrscheinlichkeiten die Kette in den absorbierenden Zuständen endet.

▶ **Beispiel: Spiel**

Bei dem Spiel Blackhole kann der Spieler zu Beginn wählen, auf welcher der Positionen 2, 3 oder 4 er beginnen möchte. Dann wirft er bei jedem Zug eine Münze.

Kommt Kopf, erhält er einen Euro und rückt eine Position nach rechts.

Kommt Zahl, muss er einen Euro bezahlen und rückt eine Position nach links.

Erreicht er die Position 1 (Blackhole) so hat er verloren. Erreicht er die Position 5 (Erde), so hat er gewonnen. Das Spiel ist in diesen Fällen zu Ende.

a) Zeichnen Sie den Übergangsgraphen und stellen Sie die Übergangsmatrix M auf.

b) Welche Siegeschance hat der Spieler, wenn er Startposition 2 wählt?

c) Wie ändern sich seine Siegeschancen, wenn er auf einer der Positionen 3 und 4 startet?

d) Vergleichen Sie die drei Startpositionen in Bezug auf den zu erwartenden Geldgewinn. Betrachten Sie dazu für jede der drei Startpositionen den Ausgang von vier Spielen.

Lösung zu a:

Das Prozessdiagramm, d. h. der Übergangsgraph, besitzt fünf Zustände, die den möglichen Positionen des Spielers entsprechen. Die Übergangswahrscheinlichkeiten zwischen den Zuständen 2 und 3 bzw. 3 und 4 sind jeweils 0,5. Hat man Zustand 1 erreicht, gibt es kein Entkommen mehr. Die Übergangswahrscheinlichkeit dieses Zustandes zu sich selbst wird daher 1 gesetzt. Genauso ist es bei Zustand 5, allerdings aus erfreulicherem Grund. Nicht eingezeichnete Pfeile bedeuten, dass die Übergangswahrscheinlichkeit 0 ist.

Aus dem Prozessdiagramm entwickeln wir wie üblich die Übergangsmatrix M. Es ist eine stochastische Matrix.

Die Zustände 1 und 5 sind hier die beiden *absorbierenden Zustände*. Die Zustände 2 bis 4 sind die *inneren Zustände*.

Übergangsgraph

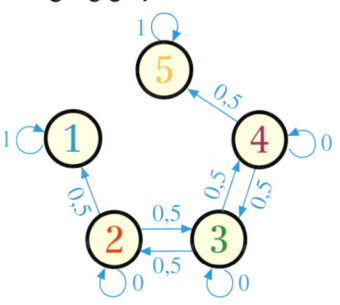

Übergangsmatrix

$$M = \begin{pmatrix} 1 & 0{,}5 & 0 & 0 & 0 \\ 0 & 0 & 0{,}5 & 0 & 0 \\ 0 & 0{,}5 & 0 & 0{,}5 & 0 \\ 0 & 0 & 0{,}5 & 0 & 0 \\ 0 & 0 & 0 & 0{,}5 & 1 \end{pmatrix}$$

Lösung zu b:
Beim Starten auf Position 2 hat der Startvektor $\vec{v}_0$ die Koordinaten 0, 1, 0, 0, 0.

Wir könnten nun mühselig die Folgezustände berechnen: $\vec{v}_1 = M \cdot \vec{v}_0$, $\vec{v}_2 = M \cdot \vec{v}_1$ usw. Sinnvoller ist es, mit Hilfe einer hohen Matrixpotenz gleich das Langzeitverhalten festzustellen. Also berechnen wir zum Beispiel $\vec{v}_{100} = M^{100} \cdot \vec{v}_0$ mit Hilfe eines Computerprogramms.
Das Resultat ist rechts dargestellt.
Die Wahrscheinlichkeit, im schwarzen Loch zu enden, beträgt 75 %, und nur 25 % verbleiben für das Loch Erde, mit dem man gewinnt.

Startvektor $\vec{v}_0$ bei Start auf Position 2:

$$\vec{v}_0 = \begin{pmatrix} 0 \\ 1 \\ 0 \\ 0 \\ 0 \end{pmatrix}$$

Folgezustand $\vec{v}_{100}$ bei Start in Pos. 2:

$$\vec{v}_{100} = M^{100} \cdot \vec{v}_0 = \begin{pmatrix} 0{,}75 \\ 0 \\ 0 \\ 0 \\ 0{,}25 \end{pmatrix}$$

Für Startposition 2 gilt:
Spiel wird verloren: 75 %
Spiel wird gewonnen: 25 %

Lösung zu c:
Wir gehen hier analog zu Teil b) vor.

Bei Startposition 3 hat $\vec{v}_0$ die Koordinaten 0,0,1,0,0. Die Wahrscheinlichkeit, im schwarzen Loch zu enden, beträgt 50 %, und nun verbleiben 50 % für den Gewinn.

Bei Startposition 4 hat $\vec{v}_0$ die Koordinaten 0,0,0,1,0. Die Wahrscheinlichkeit, im schwarzen Loch zu enden, beträgt nur noch 25 %, und 75 % verbleiben für das Loch Erde, mit dem man gewinnt.

Folgezustand $\vec{v}_{100}$ bei Start in Pos. 3:

$$\vec{v}_{100} = M^{100} \cdot \begin{pmatrix} 0 \\ 0 \\ 1 \\ 0 \\ 0 \end{pmatrix} = \begin{pmatrix} 0{,}50 \\ 0 \\ 0 \\ 0 \\ 0{,}50 \end{pmatrix} \begin{array}{l} \text{Verlust: } 50\,\% \\ \text{Gewinn: } 50\,\% \end{array}$$

Folgezustand $\vec{v}_{100}$ bei Start in Pos. 4:

$$\vec{v}_{100} = M^{100} \cdot \begin{pmatrix} 0 \\ 0 \\ 0 \\ 1 \\ 0 \end{pmatrix} = \begin{pmatrix} 0{,}25 \\ 0 \\ 0 \\ 0 \\ 0{,}75 \end{pmatrix} \begin{array}{l} \text{Verlust: } 25\,\% \\ \text{Gewinn: } 75\,\% \end{array}$$

Lösung zu d:
Wir betrachten hier der Einfachheit halber 12 Spiele, von denen wir jeweils vier Spiele auf den Positionen 2, 3 und 4 beginnen.

Bei Startposition 2 zieht man bei jedem der drei Verlustspiele einen Zug mehr rückwärts als vorwärts und hat dann jeweils 1 € verloren, also insgesamt 3 €.
Bei dem einen Gewinnspiel zieht man drei Felder mehr vorwärts als rückwärts und hat 3 € gewonnen. Insgesamt ist die Bilanz ausgeglichen.
Dies gilt auch für die Startpositionen 3 und
▶ 4, so dass das Spiel insgesamt fair ist.

Bilanz:
4 Spiele starten in Position 2:
3 Spiele gehen verloren.   Verlust: 3 €
1 Spiel wird gewonnen.   Gewinn: 3 €

4 Spiele starten in Position 3:
2 Spiele gehen verloren.   Verlust: 4 €
2 Spiele werden gewonnen. Gewinn: 4 €

4 Spiele starten in Position 4:
1 Spiel geht verloren.   Verlust: 3 €
3 Spiele werden gewonnen. Gewinn: 3 €

Gesamtbilanz: 10 € Verlust, 10 € Gewinn
Ausgeglichen

G. Die Grenzmatrix

Die Potenzen M^n der Übergangsmatrix M einer Markovkette nähern sich mit wachsendem Exponenten n immer mehr der sogenannten *Grenzmatrix* M^∞ an. Diese beschreibt das langfristige Grenzverhalten des zugehörigen Übergangsprozesses.

Grenzmatrix
M sei die Übergangsmatrix einer Markovkette. Dann bezeichnet man die Matrix $M^\infty = \lim\limits_{n \to \infty} M^n$ als Grenzmatrix des Prozesses.

Zwischen der Grenzmatrix M^∞ und dem Fixvektor $\vec{v}$ einer regulären Markovkette bzw. zwischen der Grenzmatrix M^∞ und den verschiedenen Endzuständen einer absorbierenden Markov-Kette besteht ein Zusammenhang, den wir nun genauer untersuchen.

▶ **Beispiel: Urbanisierung (Grenzmatrix einer regulären Markovkette)**

Die Stadtplaner einer Großstadt untersuchen die Entwicklung der Bevölkerung in der Stadt und ihrer Umgebung. Dazu erfragen sie die Umzugspläne der Bewohner der Stadt (S), der Umgebung (U) und der weiter entfernten Regionen (W).

	S	U	W
S	0,9	0,2	0,2
U	0,05	0,7	0,2
W	0,05	0,1	0,6

Die Tabelle rechts zeigt die Ergebnisse der Umfrage an.

a) Ermitteln Sie die Grenzmatrix M^∞ des Übergangsprozesses.
b) Weisen Sie nach, dass $\vec{v}$ ein Fixvektor von M ist.
c) Beschreiben Sie den Zusammenhang zwischen dem Fixvektor $\vec{v}$ und der Grenzmatrix M^∞.

$$\vec{v} = \begin{pmatrix} \frac{2}{3} \\ \frac{1}{5} \\ \frac{2}{15} \end{pmatrix}$$

Lösung zu a:
Hier liegt eine reguläre Markovkette vor, da alle Matrixelemente positiv sind. Wir ermitteln die Grenzmatrix näherungsweise, indem wir die Matrixpotenz M^{100} mit dem Taschenrechner berechnen.
Dabei stellen wir fest, dass alle Spalten der Grenzmatrix identisch sind.

$$M^{100} = \begin{pmatrix} 0,666 & 0,666 & 0,666 \\ 0,2 & 0,2 & 0,2 \\ 0,133 & 0,133 & 0,133 \end{pmatrix} = \begin{pmatrix} \frac{2}{3} & \frac{2}{3} & \frac{2}{3} \\ \frac{1}{5} & \frac{1}{5} & \frac{1}{5} \\ \frac{2}{15} & \frac{2}{15} & \frac{2}{15} \end{pmatrix}$$

Lösung zu b:
Man rechnet manuell oder mit dem Taschenrechner leicht nach, dass die Gleichung $M \cdot \vec{v} = \vec{v}$ richtig ist. Daher ist $\vec{v}$ der Fixvektor des Prozesses.

$$M \cdot \vec{v} = \begin{pmatrix} 0,9 & 0,2 & 0,2 \\ 0,05 & 0,7 & 0,2 \\ 0,05 & 0,1 & 0,6 \end{pmatrix} \cdot \begin{pmatrix} \frac{2}{3} \\ \frac{1}{5} \\ \frac{2}{15} \end{pmatrix}$$

$$= \begin{pmatrix} \frac{9}{10} \cdot \frac{2}{3} + \frac{1}{5} \cdot \frac{1}{5} + \frac{1}{5} \cdot \frac{2}{15} \\ \frac{1}{20} \cdot \frac{2}{3} + \frac{7}{10} \cdot \frac{1}{5} + \frac{1}{5} \cdot \frac{2}{15} \\ \frac{1}{20} \cdot \frac{2}{3} + \frac{1}{10} \cdot \frac{1}{5} + \frac{3}{5} \cdot \frac{2}{15} \end{pmatrix} = \begin{pmatrix} \frac{2}{3} \\ \frac{1}{5} \\ \frac{2}{15} \end{pmatrix}$$

Lösung zu c:
Man erkennt, dass die Spalten der Grenzmatrix M^∞ mit dem Fixvektor $\vec{v}$ übereinstimmen.
Daher kann man mit Hilfe der Grenzmatrix den Fixvektor eines stochastischen Prozesses ermitteln, ohne ein lineares Gleichungssystem lösen zu müssen.

Grenzmatrix und Fixvektor bei einer regulären Markovkette
Die Spalten der Grenzmatrix M^∞ eines regulären stochastischen Prozesses sind identisch mit dem Fixvektor $\vec{v}$ der Matrix M.

Nun untersuchen wir die Grenzmatrix bei absorbierenden Markov-Prozessen. Dazu betrachten wir noch einmal das Spiel Blackhole von Seite 285.

▶ **Beispiel: Grenzmatrix eines Prozesses mit absorbierenden Zuständen**
Die nebenstehende Matrix M ist die Übergangsmatrix beim Spiel Blackhole (Seite 285).
a) Berechnen Sie die Grenzmatrix M^∞ der Kette.
b) Untersuchen Sie den Zusammenhang zwischen der Grenzmatrix und den Gewinnchancen des Spielers.

Übergangsmatrix Blackhole:

$$M = \begin{pmatrix} 1 & 0{,}5 & 0 & 0 & 0 \\ 0 & 0 & 0{,}5 & 0 & 0 \\ 0 & 0{,}5 & 0 & 0{,}5 & 0 \\ 0 & 0 & 0{,}5 & 0 & 0 \\ 0 & 0 & 0 & 0{,}5 & 1 \end{pmatrix}$$

Lösung zu a:
Wir bestimmen auch hier die Grenzmatrix näherungsweise, indem wir eine hohe Potenz der Matrix M berechnen, z. B. M^{100}.
Wir erhalten eine Grenzmatrix, die unterschiedliche Spaltenvektoren hat. Es gibt also nun keinen eindeutigen Fixvektor mehr.

Bestimmung der Grenzmatrix:

$$M^\infty \approx M^{100} = \begin{pmatrix} 1 & 0{,}75 & 0{,}5 & 0{,}25 & 0 \\ 0 & 0 & 0 & 0 & 0 \\ 0 & 0 & 0 & 0 & 0 \\ 0 & 0 & 0 & 0 & 0 \\ 0 & 0{,}25 & 0{,}5 & 0{,}75 & 1 \end{pmatrix}$$

Lösung zu b:
Wir hatten schon festgestellt (vgl. S. 286), dass der Endzustand in diesem Spiel und damit die Gewinnchancen von der Startposition abhängen.
Beim Vergleich mit der Grenzmatrix zeigt sich, das deren Spaltenvektoren exakt mit den möglichen Endzuständen (Gewinn- bzw. Verlustchancen) übereinstimmen. Beim Start in Position 1 gibt die 1. Spalte der Grenzmatrix den Endzustand an, beim Start in Position 2 ist es die 2. Spalte usw.
Die Berechnung der Grenzmatrix liefert uns also in einfacher Weise die Endzustände in Abhängigkeit vom Startzustand.

Folgezustand $\vec{v}_{100}$ bei Start in Pos. 2:

$$\vec{v}_{100} = M^{100} \cdot \vec{v}_0 = \begin{pmatrix} 0{,}75 \\ 0 \\ 0 \\ 0 \\ 0{,}25 \end{pmatrix}$$

$$= 2. \text{ Spalte von } M^\infty$$

Grenzmatrix und Endzustände bei einer absorbierenden Markovkette
Die Spalten der Grenzmatrix M^∞ einer absorbierenden Markovkette entsprechen den Endzuständen in Abhängigkeit vom jeweiligen Startzustand.

Übung 23 Grenzmatrix
Ermitteln Sie die Grenzmatrix M^∞ des Prozesses mit der Übergangsmatrix M.

a) $M = \begin{pmatrix} 0{,}3 & 0 & 0{,}4 \\ 0{,}2 & 1 & 0{,}4 \\ 0{,}5 & 0 & 0{,}2 \end{pmatrix}$

b) $M = \begin{pmatrix} 0{,}2 & 0 & 0 & 0{,}5 \\ 0 & 1 & 0 & 0 \\ 0{,}8 & 0 & 1 & 0 \\ 0 & 0 & 0 & 0{,}5 \end{pmatrix}$

c) $M = \begin{pmatrix} 1 & 0{,}4 & 0 & 0 & 0 \\ 0 & 0 & 0{,}3 & 0 & 0 \\ 0 & 0 & 0{,}3 & 0{,}5 & 0 \\ 0 & 0{,}6 & 0{,}4 & 0 & 0 \\ 0 & 0 & 0 & 0{,}5 & 1 \end{pmatrix}$

Übung 24 Münzspiel
Das Spielfeld hat die Felder 1 bis 4. Der Spieler wirft zwei Münzen. Zeigen beide Münzen Kopf oder Zahl, rückt der Spieler ein Feld nach links. Zeigen die Münzen Kopf und Zahl, rückt der Spieler ein Feld nach rechts. Erreicht der Spieler das Feld 1, gewinnt er die beiden Münzen. Falls er auf Feld 4 gelangt, verliert er die Münzen. Ermitteln Sie mit Hilfe der Grenzmatrix M^∞ die Gewinnchancen des Spielers, wenn er auf Feld 2 bzw. auf Feld 3 startet.

Übung 25 Ameisen in Gefahr
Eine Ameise bewegt sich im Minutentakt im abgebildeten Wegenetz. Die Übergangswahrscheinlichkeiten werden der abgebildeten Tabelle entnommen.
In D und E lauern zwei Ameisenbären, um die Ameise gefangen zu nehmen.

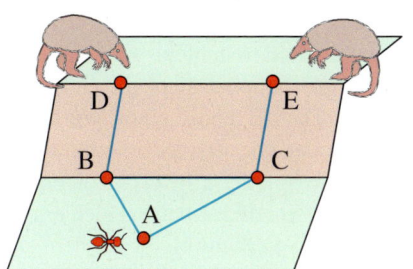

a) Geben sie die absorbierenden Zustände an.
b) Die Ameise startet in A. Mit welcher Wahrscheinlichkeit wird sie nach 5 Minuten vom Bär in D
   gefangen? Wie groß ist diese Wahrscheinlichkeit
   beim Start in B?
c) Die Ameise startet mit jeweils gleicher Wahrscheinlichkeit in A, B oder C.
   Wie lautet der Startvektor in diesem Fall? Mit welcher Wahrscheinlichkeit ist die Ameise nach 5
   Minuten noch frei?
d) Welcher der beiden Bären hat langfristig die besseren Chancen, die Ameise zu fangen, wenn diese
   mit gleicher Wahrscheinlichkeit in A, B oder C startet?
   Bestimmen Sie dazu die Grenzmatrix M^∞.

	A	B	C	D	E
A	0,2	0,5	0,4	0	0
B	0,3	0,2	0,3	0	0
C	0,5	0,2	0,2	0	0
D	0	0,1	0	1	0
E	0	0	0,1	0	1

Übung 26 Chronische Erkrankung
Eine seltene Erkrankung besitzt drei Stadien, ein akutes Stadium (A) und zwei chronische Stadi-
en (B und C).
Das akute Stadium (A) führt innerhalb eines Jahres mit einer Wahrscheinlichkeit von 10 % zum
Tod (T). Eine Heilung ist nicht möglich. Mit Wahrscheinlichkeiten von 30 % und 50 % geht das
akute Stadium in diesem Zeitraum in die chronischen Stadien B und C über. Mit einer Wahrscheinlichkeit von 10 % bleibt es akut.
Das chronische Stadium B bleibt im Jahresverlauf mit einer Wahrscheinlichkeit von 40 % erhalten
bzw. geht mit einer Wahrscheinlichkeit von 60 % in das weitere chronische Stadium C über.
Stadium C bleibt zu 50 % erhalten und geht mit 50 % in Stadium B über.
a) Stellen Sie eine Übergangstabelle mit den vier Zuständen A, B, C und T auf.
b) Zeichnen Sie den Übergangsgraphen.
c) Geben Sie die absorbierenden Zustände an.
d) Prüfen Sie, ob von jedem nicht absorbierenden Zustand aus mindestens ein absorbierender
   Zustand erreicht werden kann.
e) Welches Risiko trägt ein akut Erkrankter, innerhalb der nächsten fünf Jahre zu sterben?
f) Wie groß ist das Risiko, innerhalb der nächsten 5 Jahre zu sterben, für einen im Stadium B
   chronisch Erkrankten?
g) In einer Studie werden 100 chronisch Erkrankte beobachtet (50 im Stadium B, 50 im Stadium
   C). Wie viele dieser Personen befinden sich nach 5 Jahren durchschnittlich im Stadium B?
h) Entscheiden Sie, ob sich langfristig mehr Personen im Stadium B oder im Stadium C befinden
   werden. Bestimmen Sie dazu die Grenzmatrix M^∞.

Übung 27 Würfelspiel

Das Spielfeld besteht aus fünf Feldern. Die Spielfigur befindet sich auf einem dieser Felder. Das Ergebnis eines Würfelwurfes entscheidet, wie sich die Spielfigur bewegt.

1: Die Spielfigur bewegt sich ein Feld nach links.

6: Die Spielfigur bewegt sich ein Feld nach rechts.

2–5: Die Spielfigur bleibt auf dem aktuellen Feld stehen.

Erreicht die Spielfigur das Feld 1 oder das Feld 5, so ist sie gefangen und das Spiel ist zu Ende.

a) Bestimmen Sie die Übergangsmatrix M.

b) Die Spielfigur startet auf Feld Nr. 3. Wie lautet die Anfangsverteilung?

c) Wie lautet die Verteilung nach zwei Spielzügen?

d) Wie lautet die Verteilung nach zehn Spielzügen?

e) Welche Grenzverteilung ergibt sich?

f) Welche Grenzverteilung $\vec{v}$ ergibt sich, wenn der Spielstein zu Beginn auf Feld Nr. 2 steht?

g) Welche Grenzverteilung $\vec{v}$ ergibt sich, wenn der Spielstein zu Beginn auf Feld Nr. 4 steht?

h) Wie lautet die Grenzmatrix M^{∞}?

Übung 28 Glücksrad

Das nebenstehende Glücksrad (Sektoren ROT: 120°, GRÜN: 240°) wird gedreht. Der Einsatz pro Dreh beträgt 1 €.

Steht nach dem Drehen der Zeiger auf ROT, so erhält der Spieler 2 €. Sein Gewinn beträgt 1 €. Steht der Zeiger auf GRÜN, so ist der Einsatz verloren.

Das Spiel endet, wenn der Spieler entweder 4 € erreicht oder kein Geld mehr hat.

a) Erstellen Sie ein Prozessdiagramm.

b) Wie lautet die Übergangsmatrix M?

c) Der Spieler beginnt mit 3 €. Wie lautet die Verteilung des Spielers auf die verschiedenen Vermögenszustände (seine Aufenthaltswahrscheinlichkeit) nach dem ersten Dreh? Wie lautet die langfristige Entwicklung?

d) Der Spieler startet mit 2 €. Wie lautet die Verteilung nach dem zweiten Dreh? Welche langfristige Entwicklung kann der Spieler jetzt erwarten?

e) Der Spieler besitzt nur einen Euro. Wie lautet die Verteilung nach dem fünften Dreh? Welche langfristige Entwicklung erwartet der Spieler nun?

f) Wie lautet die Grenzmatrix M^{∞}?

g) Formulieren Sie ein zusammenfassendes Ergebnis, indem Sie die Ergebnisse der Aufgabenteile c) bis f) miteinander vergleichen.

Übung 29 Ameisenfalle

Eine Ameise wandert im festen Zeittakt
zwischen den Positionen 1 und 5.
1, 2 und 3 sind Ameisenhaufen, 4 und 5
sind Fallen der Ameisenbären.
Einmal dort in die Falle gegangen, gibt es
kein Entkommen mehr.

a) Bestimmen sie die Übergangsmatrix M
   des Prozesses.
b) Mit welcher Wahrscheinlichkeit übersteht die
   Ameise die ersten drei Übergänge, wenn sie in
   Position 1 startet? Mit welcher Wahrscheinlichkeit
   gelingt ihr dies, wenn sie in Position 2 startet?
c) Bestimmen Sie angenähert die Wahrscheinlichkeiten, mit denen die Ameise vom Bären in
   Falle 4 bzw. vom Bären in Falle 5 gefangengenommen wird, wenn sie in Position 1 startet?
d) Berechnen Sie mit einem Computerprogramm die Matrixpotenz M^{2000} und interpretieren Sie
   deren Spalten.

Übung 30 Kühne Strategie

Ein Spieler nimmt an einem Spiel teil, bei dem man seinen Einsatz
pro Zug frei wählen kann. Es wird eine Münze geworfen. Man verliert
den Einsatz bei Zahl und erhält das Doppelte zurück bei Kopf.
Der Spieler besitzt 2 Euro und hat das Ziel, 10 Euro zu erreichen.
Er hat folgende Strategie: Solange sein Besitz 5 Euro nicht überschreitet, setzt er sein ganzes
Geld. Hat er mehr als 5 Euro, so setzt er exakt den noch fehlenden Differenzbetrag zu 10 Euro.
Das Spiel ist zu Ende, wenn er alles verloren hat oder 10 Euro erreicht hat.

a) Man kann als Zustände die erreichbaren Eurobeträge verwenden. Ergänzen Sie das folgende
   Diagramm im Heft zu einem passenden Prozessdiagramm, indem Sie die möglichen Pfeile und
   die Übergangswahrscheinlichkeiten eintragen. Denken Sie auch an die Wahrscheinlichkeiten,
   mit welchen ein Zustand zu sich selbst übergeht. Ist kein Übergang möglich, kann auf den Pfeil
   verzichtet werden.

b) Stellen Sie die Übergangsmatrix M auf. Wie lautet die Startverteilung $\vec{v}_0$?
c) Berechnen Sie die Folgeverteilungen $\vec{v}_1$, $\vec{v}_2$, $\vec{v}_3$, $\vec{v}_4$ und $\vec{v}_{10}$.
d) Wie groß ist die Wahrscheinlichkeit, spätestens im zweiten Zug zu verlieren?
   Wie wahrscheinlich ist es, spätestens im dritten Zug zu verlieren?
   Hinweis: Verwenden Sie ein Baumdiagramm.
e) Welche Zugzahl benötigt man für den Gewinn im Spiel am wahrscheinlichsten?
f) Bestimmen Sie die Grenzverteilung $\vec{v}$ und interpretieren Sie diese Verteilung.
g) Berechnen Sie die Grenzmatrix M^∞ und interpretieren Sie deren Spalten.
h) Ist das Spiel fair, wenn der Spieler mit 2 Euro startet?
   Wie ist die Lage bei einem Start mit 8 Euro?
i) Welche Siegchance hat der Spieler, wenn er seine Strategie ändert und stets 2 Euro setzt?

Übungen

Die folgenden Übungen können ohne Hilfsmittel gelöst werden, soweit nichts anderes angegeben ist.

1. Produkt von Matrizen

Berechnen Sie das Produkt der Matrizen A und B, sofern dies möglich ist.

a) $A = \begin{pmatrix} 1 & -2 & 3 \\ 1 & -1 & 0 \\ -2 & 1 & 2 \end{pmatrix}$, $B = \begin{pmatrix} -2 & -1 & 2 \\ -3 & 1 & -2 \\ -2 & 0 & 1 \end{pmatrix}$ b) $A = \begin{pmatrix} 2 & 4 \\ 1 & -2 \\ 3 & 1 \end{pmatrix}$, $B = \begin{pmatrix} 2 & -1 \\ -1 & 2 \end{pmatrix}$ c) $A = \begin{pmatrix} 1 & 2 \\ 2 & 1 \\ 3 & 0 \end{pmatrix}$, $B = \begin{pmatrix} 1 & 2 \\ 3 & 1 \\ 2 & 5 \end{pmatrix}$

2. Inverse Matrix

a) Geben Sie die Definition des Begriffs der inversen Matrix an.

b) Zeigen Sie, dass $B = \begin{pmatrix} 2 & -3 \\ -1 & 2 \end{pmatrix}$ die Inverse der Matrix $A = \begin{pmatrix} 2 & 3 \\ 1 & 2 \end{pmatrix}$ ist.

c) Berechnen Sie die Inverse der Matrix $A = \begin{pmatrix} 3 & 4 \\ 1 & 1 \end{pmatrix}$.

3. Übergangsprozess

Drei Wochenzeitschriften A, B und C konkurrieren um die Leser.

Das wöchentliche Übergangsverhalten der Leser wird durch die Tabelle beschrieben.

	A	B	C
A	0,2	0,2	0,2
B	0	0,4	0,2
C	0,8	0,4	0,6

a) Zeichnen Sie den Übergangsgraphen des Prozesses.

b) Zu Beginn der Beobachtung liegen folgende Marktanteile vor.
   A: 60%, B: 10%, C: 30%
   Berechnen Sie die Marktanteile nach einer Woche und nach zwei Wochen.

c) Zeigen Sie, dass eine stationäre Verteilung vorliegt, wenn die folgenden Marktanteile bestehen: A: 20%, B: 20%, C: 60%.

4. Fixvektor

Ein Übergangsprozess hat die Übergangsmatrix M.

a) Berechnen Sie den Fixvektor des Prozesses.
   (Ansatz: $M \cdot \vec{v} = \vec{v}$)

$M = \begin{pmatrix} 0,2 & 0,2 & 0,2 \\ 0,4 & 0,6 & 0,2 \\ 0,4 & 0,2 & 0,6 \end{pmatrix}$

b) Beschreiben Sie die anschauliche Bedeutung des Fixvektors.

5. Populationsentwicklung

Eine Schlangenkolonie lässt sich in zwei Gruppen einteilen, Jungtiere (J) und Alttiere (A).

40% der Jungtiere entwickeln sich während eines Jahres zu Alttieren. 60% der Jungtiere sterben.

Die Alttiere haben im gleichen Zeitraum eine Sterblichkeitsrate von 80% aufzuweisen. Gleichzeitig erzeugen die Alt-

tiere im Durchschnitt pro Jahr 10% ihres Bestandes an Jungtieren.

Zu Beginn der Beobachtung gibt es 100 Jungtiere und 150 Alttiere.

a) Stellen Sie die Übergangstabelle auf und zeichnen Sie den Übergangsgraphen.

b) Berechnen Sie die Anzahl der Jung- und Alttiere nach einem bzw. nach zwei Jahren.

Überblick

Matrix

Eine $(m \times n)$-Matrix $A = (a_{ij})$ ist ein rechteckiges Zahlenschema mit m Zeilen und n Spalten. Die Elemente werden mit a_{ij} bezeichnet. Dabei gibt i die Zeile und j die Spalte an, in der das Element steht.

$$
A = (a_{ij}) = \begin{pmatrix} a_{11} & \cdot & a_{1j} & \cdot & a_{1n} \\ & & \vdots & & \\ a_{i1} & \vdots & a_{ij} & \vdots & a_{in} \\ & & \vdots & & \\ a_{m1} & \cdot & a_{mj} & \cdot & a_{mn} \end{pmatrix} \text{—Zeile i}
$$

Spalte j

Rechnen mit Matrizen

Addition und Subtraktion

Matrizen gleicher Ordnung (Zeilenzahlen und Spaltenzahlen stimmen überein) können addiert und subtrahiert werden. Dies geschieht jeweils elementeweise.

$$
\begin{pmatrix} 1 & 1 & 2 \\ 2 & 2 & 3 \end{pmatrix} + \begin{pmatrix} 2 & 2 & 5 \\ 4 & 4 & 6 \end{pmatrix} = \begin{pmatrix} 3 & 3 & 7 \\ 6 & 6 & 9 \end{pmatrix} \qquad \begin{pmatrix} 3 & 2 \\ 1 & 3 \\ 1 & 4 \end{pmatrix} - \begin{pmatrix} 2 & 1 \\ 0 & 3 \\ 4 & 2 \end{pmatrix} = \begin{pmatrix} 1 & 1 \\ 1 & 0 \\ -3 & 2 \end{pmatrix}
$$

Vervielfachung

Man kann eine Matrix mit einer reellen Zahl multiplizieren. Dies geschieht elementeweise.

$$
3 \cdot \begin{pmatrix} 1 & 1 & 2 \\ 2 & 2 & 3 \end{pmatrix} = \begin{pmatrix} 3 & 3 & 6 \\ 6 & 6 & 9 \end{pmatrix}
$$

Multiplikation

Matrizen kann man multiplizieren, wenn die Spaltenzahl der ersten Matrix mit der Zeilenzahl der zweiten Matrix übereinstimmt. Sei $C = A \cdot B$. Dann gilt: Das Element c_{ij} des Produktes C ist das Skalarprodukt der Zeile i von A mit der Spalte j von B.

$$
\begin{pmatrix} 1 & 1 & 2 \\ 2 & 2 & 3 \end{pmatrix} \cdot \begin{pmatrix} 4 & 6 & 4 & 5 \\ 4 & 6 & 7 & 5 \\ 5 & 7 & 8 & 6 \end{pmatrix} = \begin{pmatrix} 18 & 26 & 27 & 22 \\ 31 & 45 & 46 & 38 \end{pmatrix}
$$

Potenzierung

Quadratische Matrizen kann man potenzieren. Die Potenzierung wird durch wiederholte Multiplikation realisiert. Schritt für Schritt wird eine Potenz nach der anderen entwickelt.

$$
M^2 = M \cdot M, \ M^3 = M \cdot M^2, \ M^4 = M \cdot M^3 \ldots
$$

Manuell erfordert die Berechnung der Potenz M^n insgesamt $n - 1$ Matrizenmultiplikationen.
Mit Hilfe des TR oder des Computers kann die Potenz M^n direkt in einem einzigen Schritt berechnet werden.

Einheitsmatrix

Quadratische Matrizen besitzen ein neutrales Element der Multiplikation, die Einheitsmatrix E, die in der Hauptdiagonalen mit Einsen und sonst nur mit Nullen besetzt ist.
Für eine beliebige (n × n)-Matrix gilt dann: $A \cdot E = E \cdot A = A$.

Inverse Matrix

In manchen Fällen existiert zu einer quadratischen Matrix A ein inverses Element A^{-1} bezüglich der Matrizenmultiplikation. In diesem Fall gilt: $A \cdot A^{-1} = A^{-1} \cdot A = E$.

Stochastischer Prozess

Ein stochastischer Prozess verläuft getaktet und zufallsgesteuert. Er wird durch einen **Übergangsgraphen** (Prozessdiagramm) beschrieben, der die im Prozess auftretenden Zustände und die Übergangswahrscheinlichkeiten zwischen den Zuständen enthält. Der Prozess wird mit einem **Startvektor** begonnen, der die Zustandswahrscheinlichkeiten zu Beginn des Prozesses enthält.
Die Informationen des Übergangsgraphen können vollständig in der **Übergangsmatrix** M abgelegt werden.

**Übergangsgraph
Übergangsmatrix
Startvektor**

Übergangsgraph   Übergangsmatrix   Startvektor

$$M = \begin{pmatrix} 0{,}8 & 0{,}6 \\ 0{,}2 & 0{,}4 \end{pmatrix} \qquad \vec{v}_0 = \begin{pmatrix} 0{,}7 \\ 0{,}3 \end{pmatrix}$$

Stochastische Matrix

Die Übergangsmatrix M ist oft eine sog. **stochastische Matrix**. Das ist eine Matrix, welche die folgenden drei Eigenschaften hat:
(1) M ist eine quadratische Matrix.
(2) Die Elemente von M liegen zwischen 0 und 1 ($0 \le m_{ij} \le 1$).
(3) Die Spalten von M haben alle die Elementesumme 1.

Folgeverteilung

Ausgehend von der Startverteilung (Startvektor $\vec{v}_0$) ergeben sich durch sukzessive Multiplikation mit der Übergangsmatrix M oder durch Potenzierung von M **Folgeverteilungen** $\vec{v}_1, \vec{v}_2, \vec{v}_3, \ldots$

$$M \cdot \vec{v}_0 = \vec{v}_1 \quad M \cdot \vec{v}_1 = \vec{v}_2 \quad M \cdot \vec{v}_2 = \vec{v}_3, \ldots$$
$$M \cdot \vec{v}_0 = \vec{v}_1 \quad M^2 \cdot \vec{v}_0 = \vec{v}_2 \quad M^3 \cdot \vec{v}_0 = \vec{v}_3, \ldots$$

Markov-Kette

Eine **Markov-Kette** ist ein stochastischer Prozess ohne Gedächtnis. Die Wahrscheinlichkeit eines Folgezustandes hängt nur vom vorherigen Zustand ab, nicht aber von früheren Zuständen.
Die Übergänge erfolgen stets in einem festen Zeittakt (z. B. Tag 1, Tag 2, Tag 3, …)
Der Prozess verläuft also nicht kontinuierlich, sondern diskret.
Die Menge der möglichen Zustände ist daher abzählbar.
Die Übergangsmatrix M ist stets eine stochastische Matrix, d. h. ihre Elemente liegen zwischen 0 und 1 und ihre Spaltensummen sind stets 1.

Reguläre Markov-Kette	Eine Übergangsmatrix M heißt regulär, wenn irgendeine ihrer Potenzen M, M^2, M^3, … nur positive Elemente besitzt. Eine Markov-Kette heißt *regulär*, wenn ihre Übergangsmatrix regulär ist.
Fixvektor Stationäre Verteilung	Ein Zustandvektor $\vec{v} \neq \vec{0}$ eines stochastischen Prozesses mit der Übergangsmatrix M heißt *Fixvektor* des Prozesses, wenn gilt: $M \cdot \vec{v} = \vec{v}$. Die durch $\vec{v}$ beschriebene Verteilung wird als *stationäre Verteilung* des Prozesses bezeichnet.
Eindeutigkeit des Fixvektors	M sei ein regulärer Markov-Prozess (d.h.: alle Elemente der Übergangsmatrix M oder einer Potenz von M sind positiv). Dann gibt es genau einen Fixvektor. Er beschreibt die stationäre Verteilung der Markov-Kette.
Langzeitverhalten einer Markov-Kette	Langfristig nähert sich die Verteilung bei einer regulären Markov-Kette der stationären Verteilung.
Absorbierender Zustand	Ein Zustand einer Markov-Kette ist *absorbierend,* wenn er mit der Wahrscheinlichkeit 1 in sich selbt übergeht.
Absorbierende Markov-Kette	Eine Markov-Kette wird als *absorbierende Markov-Kette* bezeichnet, wenn die folgenden Bedingungen (1) und (2) gelten. (1) Die Kette besitzt mindestens einen absorbierenden Zustand. (2) Von jedem nicht absorbierenden Zustand kann mindestens ein absorbierender Zustand erreicht werden.
Eigenschaften absorbierender Markov-Ketten	1. Unabhängig vom Startzustand erreicht eine absorbierende Markov-Kette mit der Wahrscheinlichkeit 1 den Rand nach endlich vielen Schritten und verbleibt dann dort. 2. Das Langzeitverhalten einer absorbierenden Markov-Kette kann im Gegensatz zu einer regulären Markov-Kette vom Startzustand abhängen. Dies ist in der Regel der Fall, wenn es mehrere absorbierende Zustände gibt.
Grenzmatrix	Bei einer Markov-Kette mit der Übergangsmatrix M bezeichnet $M^\infty = \lim\limits_{n \to \infty} M^n$ die Grenzmatrix des Prozesses.
Grenzmatrix und Fixvektor	Die Spalten der Grenzmatrix M^∞ einer regulären Markov-Kette sind alle gleich. Sie sind identisch mit dem Fixvektor $\vec{v}$ der Kette.
Grenzmatrix bei absorbierenden Zuständen	Die Spalten der Grenzmatrix M^∞ einer absorbierenden Markov-Kette sind identisch mit den verschiedenen Endzuständen, die sich in Abhängigkeit vom jeweiligen Startzustand ergeben.

Chiffrieren

1. Der Caesar-Code

Schon im alten Rom wurden wichtige Nachrichten ver-
schlüsselt. Die Cäsaren-Verschlüsselung ordnet jedem Buchstaben des Alphabets eindeutig einen anderen Buchstaben
zu, beispielsweise so:

A B C D E F G H I ... S T U V W X Y Z
U V W X Y Z A B C ... M N O P Q R S T

Das Wort MATHEMATIK wird so zu GUNBYCUNCE.
Sicher ist dieses Verfahren nicht, da zwei verschiedene Buchstaben nicht den gleichen Chiffre haben können. Aufgrund
der Tatsache, dass die Häufigkeit des Vorkommens der einzelnen Buchstaben in deutschen Texten bekannt ist, kann ein
so verschlüsselter Text leicht entziffert werden.

2. Verschlüsseln mit Matrizen

Mithilfe der Matrizenmultiplikation kann man Texte so verschlüsseln, dass verschiedene Buchstaben den gleichen Chiffre oder gleiche Buchstaben verschiedene Chiffren haben können,
sodass die unerwünschte Entschlüsselung über die Häufigkeit der Buchstaben nicht mehr funktioniert. Dechiffriert wird bei diesem Verfahren mithilfe der inversen Matrix.

Wir beschreiben nun, wie man das Wort MATHEMATIK chiffriert und wieder dechiffriert.

Schritt 1: Die Buchstaben werden in Zahlen umgewandelt
Jedem Buchstaben von A bis Z wird eine Zahl von 1 bis 26 zugeordnet, dem Leerzeichen 27.

A	B	C	D	E	F	G	H	I	J	K	L	M	N	O	P	Q	R	S	T	U	V	W	X	Y	Z	leer
1	2	3	4	5	6	7	8	9	10	11	12	13	14	15	16	17	18	19	20	21	22	23	24	25	26	27

Das Wort MATHEMATIK wird zur Zahlenfolge 13-1-20-8-5-13-1-20-9-11.

Schritt 2: Die Zahlen werden in einer Matrix A abgelegt
Die Zahlenfolge wird in eine Matrix A mit mindestens zwei Zeilen übertragen. Die zehn Zahlen
des Beispiels passen z. B. in eine 2 × 5-Matrix.

$$A = \begin{pmatrix} 13 & 1 & 20 & 8 & 5 \\ 13 & 1 & 20 & 9 & 11 \end{pmatrix}$$

Schritt 3: Die Matrix A wird durch Multiplikation mit einer Matrix C chiffriert
A wird durch linksseitige Multiplikation mit einer quadratischen Matrix C in eine Matrix B
chiffriert: C · A = B. C muss eine quadratische 2 × 2-Matrix mit ganzzahligen Elementen sein,
die eine Inverse mit ebenfalls ganzzahligen Elementen besitzt. Wir verwenden z. B.

$$C = \begin{pmatrix} 1 & 1 \\ 3 & 2 \end{pmatrix}.$$

$$\begin{pmatrix} 1 & 1 \\ 3 & 2 \end{pmatrix} \cdot \begin{pmatrix} 13 & 1 & 20 & 8 & 5 \\ 13 & 1 & 20 & 9 & 11 \end{pmatrix} = \begin{pmatrix} 26 & 2 & 40 & 17 & 16 \\ 65 & 5 & 100 & 42 & 37 \end{pmatrix}$$

$$\qquad C \qquad \cdot \qquad\qquad A \qquad\qquad = \qquad\qquad B$$

Chiffrierungs-matrix C	zu verschlüsselnde Matrix A	verschlüsselte Matrix B

Schritt 4: Dechiffrierung der Matrix B

Nun übermittelt der Absender die Matrix B an den Empfänger. Der Empfänger muss außerdem im Besitz der Chiffrierungsmatrix C sein. Er berechnet – z. B. mit dem WTR – die sogenannte *inverse Matrix* C^{-1} der Chiffrierungsmatrix C. Diese Matrix C^{-1} macht die Operationen von C wieder rückgängig, wenn man damit den Chiffre B multipliziert. So erhält der Empfänger die Matrix A zurück und wandelt die Zahlen wieder in Buchstaben um.

$$\begin{pmatrix} -2 & 1 \\ 3 & -1 \end{pmatrix} \cdot \begin{pmatrix} 26 & 2 & 40 & 17 & 16 \\ 65 & 5 & 100 & 42 & 37 \end{pmatrix} = \begin{pmatrix} 13 & 1 & 20 & 8 & 5 \\ 13 & 1 & 20 & 9 & 11 \end{pmatrix}$$

$$\qquad C^{-1} \qquad \cdot \qquad\qquad B \qquad\qquad = \qquad\qquad A$$

13-1-20-8-5-13-1-20-9-11 = MATHEMATIK

Übungen

Übung 1 Chiffrieren

Die Nachricht MICHAEL JACKSON LEBT soll mit der Matrix C chiffriert und wieder dechiffriert werden. Führen Sie den Auftrag schrittweise durch.

$$C = \begin{pmatrix} 5 & 2 \\ 3 & 1 \end{pmatrix}$$

Übung 2 Augenblick

Bei einer Verschlüsselung wird das Alphabet wie oben in Zahlen umgewandelt* (A = 1, B = 2, C = 3 usw.) und die Matrix C zum Chiffrieren verwendet.

$$C = \begin{pmatrix} 4 & 3 \\ 1 & 1 \end{pmatrix} \quad D = \begin{pmatrix} 4 & 2 \\ 6 & 3 \end{pmatrix} \quad E = \begin{pmatrix} 1 & 1 \\ 1 & -1 \end{pmatrix}$$

a) Chiffrieren Sie das Wort AUGENBLICK.
b) Bestimmen Sie die Matrix C^{-1}.
c) Welche Bedeutung hat die Nachricht
   92-98-99-98-74-47-63-28-31-26-26-23-13-18
d) Sind die Matrizen D bzw. E ebenfalls geeignet?

Übung 3 Rätsel

Der englische Geheimdienst MI 6 sendete den unten aufgeführten Zahlencode. Es ist bekannt, dass zum Verschlüsseln Matrix C oder Matrix D verwendet wurde.

$$C = \begin{pmatrix} 2 & 3 \\ 3 & 5 \end{pmatrix} \qquad D = \begin{pmatrix} 6 & 2 \\ 3 & 1 \end{pmatrix}$$

Welche Matrix wurde verwendet?
Wie lautete die Nachricht? Was bedeutet sie?
Welcher Zusammenhang besteht zu der Abbildung?

44-27-11-61-100-57-78-45-49-53-25-
73-41-18-97-160-88-124-72-77-86-38

* Übungen 1–3: A = 1, B = 2, …, Z = 26, Leerzeichen = 27.

Test

Matrizen zur Beschreibung von Übergangsprozessen

1. Matrizenrechnung
a) Berechnen Sie manuell das Produkt A · B.
b) Berechnen Sie manuell das Produkt A · $\vec{v}$.
c) Berechnen Sie mit dem WTR die Potenz A^4.

$$A = \begin{pmatrix} 1 & -1 & 0 \\ 2 & -3 & 1 \\ 1 & 0 & -2 \end{pmatrix} \quad B = \begin{pmatrix} 1 & 3 \\ -2 & 0 \\ 2 & 1 \end{pmatrix} \quad \vec{v} = \begin{pmatrix} 2 \\ -3 \\ 5 \end{pmatrix}$$

2. Stochastischer Prozess
Die Abbildung zeigt den Übergangsgraphen eines Prozesses.
a) Bestimmen Sie die Übergangsmatrix M.
b) Ermitteln Sie den Fixvektor der Matrix M.
c) Ermitteln Sie die Grenzmatrix M^∞.

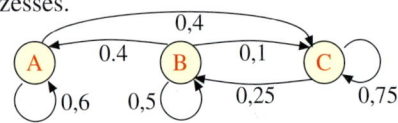

3. Bürgermeisterwahl
In einer amerikanischen Stadt wird der Bürgermeister neu gewählt. Zur Wahl stehen der Kandidat der Demokraten (D) und der Kandidat der Republikaner (R). Dazu gibt es Nichtwähler (N). Die nebenstehende unvollständige Übergangsmatrix zeigt das Wechselverhalten der Wähler.

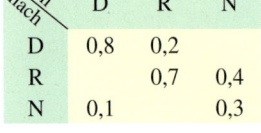

von\nach	D	R	N
D	0,8	0,2	
R		0,7	0,4
N	0,1		0,3

a) Vervollständigen Sie die Übergangsmatrix M.
b) Zeichnen Sie den Übergangsgraphen.
c) Ermitteln Sie die voraussichtlichen Stimmanteile der Kandidaten.

Aktuelle Stimmanteile:
D: 35 %, R: 45 %, N: 20 %

4. Zyklische Populationsentwicklung
Ein Feuersalamander produziert im Durchschnitt der Bevölkerung 10 Eier pro Jahr. 20 % der Eier entwickeln sich innerhalb eines Jahres zu Larven, die Restlichen fallen Feinden zum Opfer. 50 % der Larven entwickeln sich zu Salamandern, die nach der Eiablage sterben.
Zu Beginn der Beobachtung gibt es 400 Eier, 200 Larven und 100 Salamander.
a) Zeichnen Sie den Übergangsgraphen und bestimmen Sie die Übergangsmatrix M.
b) Begründen Sie, dass die Population sich zyklisch entwickelt. Wie groß ist die Zykluslänge?
c) Berechnen Sie die Populationsentwicklung über vier Jahre.
d) Gibt es eine Anfangspopulation, die permanent ohne Änderung erhalten bleibt?
e) Bestimmen Sie die Entwicklung der Population bei unverändertem Anfangsbestand über vier Jahre, wenn sich nur aus 10 % der Eier Larven entwickeln bei sonst gleicbleibenden Bedingungen. Interpretieren sie den Prozess.
f) Wann existieren bei der Konstellation aus e) erstmals weniger als 10 Salamander?

5. Absorbierende Markov-Kette
Eine Markov-Kette hat die drei Zustände A, B und C. Von A aus erreicht man mit einer Wahrscheinlichkeit von 30 % B und mit einer Wahrscheinlichkeit von 20 % C. Von B aus kann man weder nach A noch nach C kommen. Von C aus kommt man nicht nach A und nach B.
a) Stellen Sie die Übergangsmatrix auf. Welche Zustände sind absorbierende Zustände?
b) Berechnen Sie die ersten drei Folgeverteilungen, wenn die Anfangsverteilung lautet:
   A: 100 %, B: 0 %, C: 0 %
c) Mit welchen Wahrscheinlichkeiten findet die Absorption in B bzw. in C statt?
d) Nach welcher Zahl von Zeittakten sind erstmals mehr als 99 % absorbiert?

Lösungen S. 372

V. Matrizen zur Beschreibung linearer Abbildungen

1. Lineare Abbildungen in der Ebene*

Lineare Abbildungen werden für Flugsimulatoren, technische Konstruktionsprogramme, rechnerische Bildgebungsverfahren, computeranimierte Filmszenen und vieles weitere verwendet.

Dabei werden ebene und räumliche Objekte mit Hilfe geometrischer Abbildungen gedreht, gestreckt, gespiegelt und projiziert.
Diese Manipulationen werden mit Hilfe von Matrizen und Vektoren dargestellt und berechnet, da diese Objekte von Computern einfach und schnell verarbeitet werden.

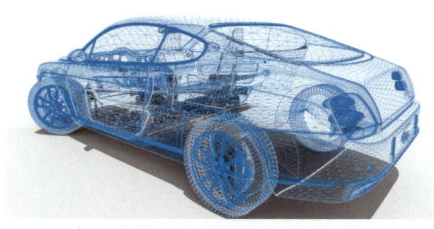

A. Spiegelungen an den Koordinatenachsen und am Ursprung

Zunächst betrachten wir nur Abbildungen in der Ebene $\mathbb{R}^2$.
Wir führen die Grundbegriffe anhand der *orthogonalen Spiegelung an der x-Achse* ein.

Jedem Punkt P(x|y) der Ebene wird genau ein *Bildpunkt* P′(x′|y′) der Ebene zugeordnet, der aus P durch orthogonale Spiegelung an der x-Achse entsteht.

Orthogonale Spiegelung an der x-Achse:

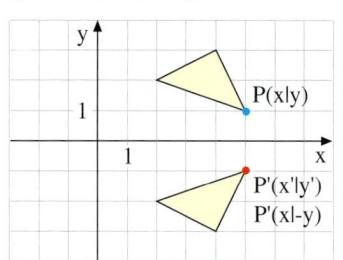

Die *Abbildungsgleichungen* $(x′=x, y′=-y)$ geben den Zusammenhang zwischen den Koordinaten des Bildpunktes P′ und den Koordinaten des Punktes P an.

Eine ausführliche Schreibweise der Abbildungsgleichungen, d. h. $x′=1 \cdot x + 0 \cdot y$ und $y′=0 \cdot x - 1 \cdot y$, führt auf die Darstellung der Abbildung durch eine Matrix M, die als *Abbildungsmatrix* bezeichnet wird.
Die Elemente der Matrix sind die Koeffizienten der Abbildungsgleichungen in deren *ausführlicher Schreibweise*.

Abbildungsgleichungen:

Abbildungs- gleichungen	Ausführliche Schreibweise
$x′ = x$ $\Rightarrow$	$x′ = 1 \cdot x + 0 \cdot y$
$y′ = -y$	$y′ = 0 \cdot x - 1 \cdot y$

Matrixdarstellung der Abbildung:

$$\begin{pmatrix} x′ \\ y′ \end{pmatrix} = \begin{pmatrix} 1 & 0 \\ 0 & -1 \end{pmatrix} \cdot \begin{pmatrix} x \\ y \end{pmatrix}$$
$$\vec{x}′ = \quad M \quad \cdot \quad \vec{x}$$

Ein Bildpunkt P′ lässt sich durch die Multiplikation des Ortsvektors des Punktes P mit der Matrix M berechnen. Beispielsweise hat der Punkt P(5|1) den Bildpunkt P′(5|−1).
Das Rechnen mit Matrizen kann von Computern automatisiert ausgeführt werden und ist daher effizienter als die auch mögliche Verwendung der Abbildungsgleichungen.

Berechnung des Bildpunktes von P(5|1):

$$\begin{pmatrix} x′ \\ y′ \end{pmatrix} = \begin{pmatrix} 1 & 0 \\ 0 & -1 \end{pmatrix} \cdot \begin{pmatrix} 5 \\ 1 \end{pmatrix} = \begin{pmatrix} 1 \cdot 5 + 0 \cdot 1 \\ 0 \cdot 5 + (-1) \cdot 1 \end{pmatrix} = \begin{pmatrix} 5 \\ -1 \end{pmatrix}$$
$$\Rightarrow P′(5|-1)$$

---

* Dieses Kapitel setzt die Behandlung der elementaren Matrizenrechnung (Kap. IV.1, S. 238–249) voraus.

Übung 1 Spiegelung an der y-Achse
Betrachtet wird die lineare Abbildung, bei der an der y-Achse orthogonal gespiegelt wird.
a) Konstruieren Sie zeichnerisch die Bildfigur beim Spiegeln des Dreiecks ABC mit den Eckpunkten A(6|2), B(4|4) und C(2|1).
b) Stellen Sie die Abbildungsgleichungen und die Abbildungsmatrix M auf.
c) Bestimmen Sie das Bild P′(x′|y′) des Punktes P(x|y) durch eine Matrizenmultiplikation.
d) Geben Sie an, welcher Punkt P(x|y) auf den Punkt P′(4|−2) abgebildet wird.

Übung 2 Spiegelung am Ursprung
Wir betrachten die Punktspiegelung am Ursprung.
a) Auf welchen Punkt P′ wird der Punkt P(x|y) abgebildet?
b) Wie lautet die Abbildungsmatrix M?

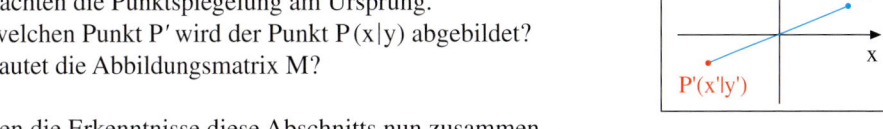

Wir fassen die Erkenntnisse diese Abschnitts nun zusammen.

Definition V.1 Lineare Abbildung in der Ebene $\mathbb{R}^2$
Eine Zuordnung f: $\mathbb{R}^2 \to \mathbb{R}^2$ heißt lineare Abbildung in der Ebene, wenn die beiden folgenden Bedingungen erfüllt sind.
(1) f ordnet jedem Punkt P(x|y) der Ebene einen Punkt P′(x′|y′) der Ebene zu.
(2) Es gibt eine (2×2)-Matrix M, so dass für die Ortsvektoren $\vec{x}'$ von P′ und $\vec{x}$ von P die Gleichung $\vec{x}' = M \cdot \vec{x}$ gilt.
   M wird dabei als *Abbildungsmatrix* der linearen Abbildung bezeichnet.

Abbildungsmatrizen der Spiegelungen

Orthogonale Spiegelung an der x-Achse	Orthogonale Spiegelung an der y-Achse	Spiegelung am Ursprung
$M = \begin{pmatrix} 1 & 0 \\ 0 & -1 \end{pmatrix}$	$M = \begin{pmatrix} -1 & 0 \\ 0 & 1 \end{pmatrix}$	$M = \begin{pmatrix} -1 & 0 \\ 0 & -1 \end{pmatrix}$

B. Spezielle Drehungen um den Ursprung

Eine interessante Abbildung ist die Drehung um den Ursprung. Wir beschränken uns hier zunächst allerdings auf bestimmte Drehwinkel (45°, 90° und Vielfache dieser Werte).

▶ Beispiel: Drehung um 90° um den Ursprung
Wie lautet die Abbildungsmatrix für eine 90°-Drehung um den Ursprung?

Lösung:
Der Punkt P(x|y) wird bei einer 90°-Drehung auf den Punkt P′(−y|x) abgebildet (s. Abb.).
Die Abbildungsgleichungen lauten daher:
x′ = −y und y′ = x.

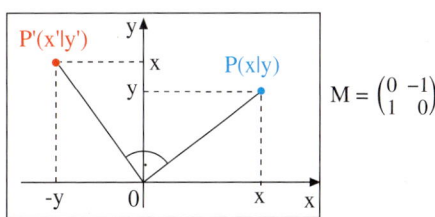

▶ Die Abbildungsmatrix ist also $M = \begin{pmatrix} 0 & -1 \\ 1 & 0 \end{pmatrix}$.

► **Beispiel: Drehung eines Dreiecks**
Das Dreieck $\Delta = ABC$ mit den Ecken $A\,(4|2)$, $B\,(6|2)$ und $C\,(4|3)$ soll um $90°$ um den Ursprung gedreht werden.
a) Stellen Sie die Abbildungsmatrix M auf.
b) Berechnen Sie die Bildpunkte A', B', C' der Punkte A, B, und C.
c) Fertigen Sie eine Zeichnung an.

Lösung zu a:
Die Abbildungsmatrix wurde bereits im vorigen Beispiel entwickelt.

Abbildungsmatrix:

$$M = \begin{pmatrix} 0 & -1 \\ 1 & 0 \end{pmatrix}$$

Lösung zu b:
Die Bildpunkte A' bis C' erhalten wir durch die Multiplikation der Ortsvektoren der Originalpunkte mit der Abbildungsmatrix M. Die Bildpunkte sind rechts aufgeführt.

Berechnung der Bildpunkte:

$$\vec{a}\,' = M \cdot \vec{a} = \begin{pmatrix} 0 & -1 \\ 1 & 0 \end{pmatrix} \cdot \begin{pmatrix} 4 \\ 2 \end{pmatrix} = \begin{pmatrix} -2 \\ 4 \end{pmatrix} \Rightarrow A'(-2|4)$$

Analog: $B'(-2|6)$, $C'(-3|4)$

Lösung zu c:
Wir zeichnen die Dreiecke Δ und Δ' ein sowie die Drehbögen von $90°$. Dann ist die
► Drehung anschaulich gut zu erkennen.

Zeichnung:

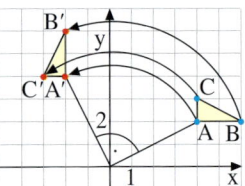

► **Beispiel: Drehungen um 180°, 270° und 45°**
Bestimmen Sie die Drehmatrizen für Drehungen um $180°$ und $270°$. Weisen Sie nach, dass die
Matrix $M = \begin{pmatrix} 1/\sqrt{2} & -1/\sqrt{2} \\ 1/\sqrt{2} & 1/\sqrt{2} \end{pmatrix}$ eine Drehung um $45°$ beschreibt.

Lösung:
Die Drehung um $180°$:
Diese Drehung entspricht einer Spiegelung am Ursprung. Man kann hier aber auch die Drehmatrix M_1 für eine $90°$-Drehung zweimal anwenden, was einer Multiplikation der Matrix mit sich selbst entspricht:
$M = M_1 \cdot M_1$.

Drehung um $180°$:

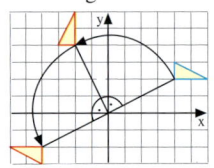

$$M = M_1^2$$
$$= \begin{pmatrix} 0 & -1 \\ 1 & 0 \end{pmatrix} \cdot \begin{pmatrix} 0 & -1 \\ 1 & 0 \end{pmatrix}$$
$$= \begin{pmatrix} -1 & 0 \\ 0 & -1 \end{pmatrix}$$

Die Drehung um $270°$:
Diese Drehung besteht aus drei hintereinander ausgeführten $90°$-Drehungen.
Dies entspricht der dritten Potenz der $90°$-Drehmatrix M_1, d.h. $M = M_1{}^3$.

Drehung um $270°$:

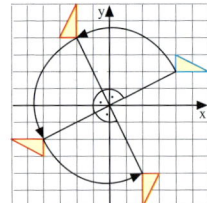

$$M = M_1^3$$
$$= \begin{pmatrix} 0 & -1 \\ 1 & 0 \end{pmatrix}^3 = \begin{pmatrix} 0 & 1 \\ -1 & 0 \end{pmatrix}$$

Die Matrix $M = \begin{pmatrix} 1/\sqrt{2} & -1/\sqrt{2} \\ 1/\sqrt{2} & 1/\sqrt{2} \end{pmatrix}$ beschreibt die Drehung um $45°$, da das Quadrat der Matrix M die Matrix M_1 für die $90°$-Drehung er-
► gibt, was man leicht nachrechnen kann.

Drehung um $45°$:

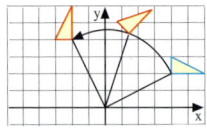

$$M = \begin{pmatrix} 1/\sqrt{2} & -1/\sqrt{2} \\ 1/\sqrt{2} & 1/\sqrt{2} \end{pmatrix}$$

denn $M^2 = \begin{pmatrix} 0 & -1 \\ 1 & 0 \end{pmatrix}$

Übung 3 Drehung

Der Buchstabe H soll um den Winkel α um den Ursprung gedreht werden. Stellen Sie die Abbildungsmatrix auf, berechnen Sie die Bildpunkte und fertigen Sie eine Skizze an.
a) α = 90°   b) α = 45°

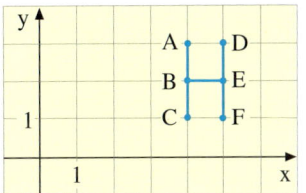

C. Die allgemeine Drehung um den Ursprung

Wir verallgemeinern nun die Drehung um den Ursprung, indem wir uns von speziellen Drehwinkeln lösen und mit dem allgemeinen Drehwinkel φ arbeiten.
Es ist komfortabel, Objekte durch lineare Abbildungen um einen frei wählbaren Winkel φ um den Ursprung drehen zu können.

Rechts ist die Drehung eines Punktes P(x|y) um den Ursprung dargestellt.
α ist der Winkel zwischen der x-Achse und der Strecke $\overline{OP}$.
r ist die Länge der Strecke $\overline{OP}$.
φ ist der gewünschte Drehwinkel.

Wir stellen zunächst die Koordinaten des Punktes P in Abhängigkeit von α und r dar, indem wir die Definition von Sinus und Kosinus im blau eingezeichneten rechtwinkligen Dreieck anwenden (1).

Analog stellen wir die Koordinaten des Bildpunktes P′ im rot eingezeichneten rechtwinkligen Dreieck dar (2).

Nun müssen wir die Additionstheoreme für Sinus und Kosinus anwenden, die wir einer Formelsammlung entnehmen.
So gewinnen wir aus den Gleichungen (2) zunächst die Gleichungen (3).

Anschließend setzen wir (1) in (3) ein und gewinnen so die Abbildungsgleichungen (4).

Hieraus ergibt sich nun wie gewohnt die Abbildungsmatrix M, welche man als Drehmatrix bezeichnet.

Drehung um den Winkel φ um den Ursprung:

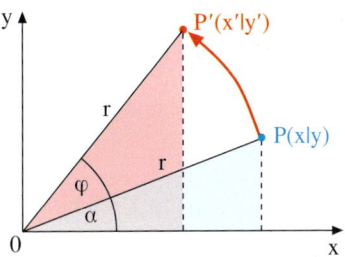

Darstellung der Koordinaten von P(x|y):

$$(1)\quad \begin{aligned} x &= r \cdot \cos\alpha \\ y &= r \cdot \sin\alpha \end{aligned}$$

Darstellung der Koordinaten von P′(x′|y′):

$$(2)\quad \begin{aligned} x' &= r \cdot \cos(\alpha + \varphi) \\ y' &= r \cdot \sin(\alpha + \varphi) \end{aligned}$$

Anwendung des Additionstheorems auf (2):

$$(3)\quad \begin{aligned} x' &= r \cdot \cos\alpha \cdot \cos\varphi - r \cdot \sin\alpha \cdot \sin\varphi \\ y' &= r \cdot \sin\alpha \cdot \cos\varphi + r \cdot \cos\alpha \cdot \sin\varphi \end{aligned}$$

Abbildungsgleichungen:

$$(4)\quad \begin{aligned} x' &= x \cdot \cos\varphi - y \cdot \sin\varphi \\ y' &= x \cdot \sin\varphi + y \cdot \cos\varphi \end{aligned}$$

Matrixdarstellung:

$$(5)\quad \vec{x}' = \begin{pmatrix} \cos\varphi & -\sin\varphi \\ \sin\varphi & \cos\varphi \end{pmatrix} \cdot \vec{x}$$

Wir halten das Ergebnis unserer Rechnung im folgenden Merksatz fest.

Die allgemeine Drehmatrix

Die Abbildungsmatrix für die Drehung um den Ursprung mit dem Drehwinkel φ hat die rechts dargestellte Form.

$$M = \begin{pmatrix} \cos\varphi & -\sin\varphi \\ \sin\varphi & \cos\varphi \end{pmatrix}$$

▶ **Beispiel: Drehung um den Ursprung**
Das Parallelogramm ABCD mit A $(3|2)$, B $(7|3)$, C $(8|4)$ und D $(4|3)$ soll um 30° um den Ursprung gedreht werden.
a) Stellen Sie die Abbildungsmatrix M auf.
b) Berechnen Sie die Bildpunkte der Eckpunkte A, B, C und D.
c) Fertigen Sie eine Zeichnung an.

Lösung zu a:
Wir setzen in die allgemeine Drehmatrix
$M = \begin{pmatrix} \cos\varphi & -\sin\varphi \\ \sin\varphi & \cos\varphi \end{pmatrix}$ den Winkel $\varphi = 30°$ ein.
Wegen $\sin(30°) = 0,5$ und $\cos(30°) \approx 0,866$
erhalten wir die Matrix $M \approx \begin{pmatrix} 0,866 & -0,5 \\ 0,5 & 0,866 \end{pmatrix}$.

Lösung zu b:
Wir multiplizieren die Ortsvektoren der Punkte A, B, C und D mit der Matrix M und erhalten die Bildpunkte A′, B′, C′ und D′.

Lösung zu c:
Wir zeichnen die Punkte des Originalparallelogramms sowie die Bildpunkte ein. Außerdem zeichnen wir die Drehbögen von 30° ein. Dann ist der Drehvorgang gut zu erkennen. Das Bildparallelogramm ist kongruent zum Original.
Bemerkung: Drehungen im zweidimensionalen Raum kann man auch rein zeichne-
▶ risch konstruieren.

Abbildungsmatrix:

$$M = \begin{pmatrix} \cos 30° & -\sin 30° \\ \sin 30° & \cos 30° \end{pmatrix} \approx \begin{pmatrix} 0,866 & -0,5 \\ 0,5 & 0,866 \end{pmatrix}$$

Berechnung der Bildpunkte:

$$\vec{a}\,' = M \cdot \vec{a} = \begin{pmatrix} 0,866 & -0,5 \\ 0,5 & 0,866 \end{pmatrix} \cdot \begin{pmatrix} 3 \\ 2 \end{pmatrix}$$

$$\approx \begin{pmatrix} 1,60 \\ 3,23 \end{pmatrix} \Rightarrow A'(1,60|3,23)$$

Analog: B′$(4,56|6,10)$, C′$(4,93|7,46)$, D′$(1,96|4,60)$

Zeichnung:

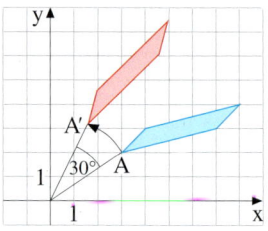

Übung 4 Drehwinkel bestimmen
Die Strecke $\overline{AB}$ mit A $(4|2)$ und B $(8|4)$ wird um den Ursprung gedreht. Für die Bildstrecke $\overline{A'B'}$ gilt: A′$(-3,73|2,46)$ und B′$(-7,46|4,93)$.
a) Fertigen Sie eine Zeichnung an.
b) Bestimmen Sie den Drehwinkel.
c) Bestimmen Sie die Drehmatrix M.

Übung 5 Drehung einer Strecke
Die Strecke $\overline{AB}$ mit A $(-1|2)$ und B $(1|4)$ wird mit $M \approx \begin{pmatrix} 0,259 & -0,966 \\ 0,966 & 0,259 \end{pmatrix}$ gedreht.
a) Bestimmen Sie die Bildstrecke $\overline{A'B'}$.
b) Fertigen Sie eine Zeichnung an.
c) Wie groß ist der Drehwinkel φ?

D. Die zentrische Streckung

Um eine Vergrößerung von Figuren zu ermöglichen, kann man die *zentrische Streckung* einsetzen. Dabei wird jeder Punkt vom Ursprung aus mit einem bestimmten Streckfaktor gestreckt.

> **Beispiel: Zentrische Streckung vom Ursprung aus**
> Strecken Sie den Punkt P(x|y) durch eine zentrische Streckung mit dem Streckfaktor k = 2.
> Bestimmen Sie die Streckmatrix M.

Lösung:
Die Graphik rechts zeigt die zentrische Streckung des Punktes P vom Ursprung aus.

Das eingezeichnete Dreieck zeigt, dass Figuren vergrößert werden, wenn der Streckfaktor k > 1 ist.

Für k = 2 lauten die Abbildungsgleichungen
x′ = 2 x und y′ = 2 y.

Ihre ausführliche Darstellung lautet
x′ = 2 · x + 0 · y und y′ = 0 · x + 2 · y.
Hieraus lässt sich die die Streckmatrix
▶ direkt ablesen: $M = \begin{pmatrix} 2 & 0 \\ 0 & 2 \end{pmatrix}$.

Zentrische Streckung:

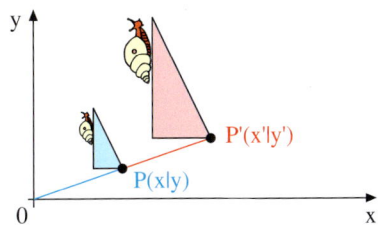

Abbildungsgleichungen:
x′ = 2 x = 2 · x + 0 · y
y′ = 2 y = 0 · x + 2 · y

Matrixdarstellung der Abbildung:
$$\vec{x}' = \begin{pmatrix} 2 & 0 \\ 0 & 2 \end{pmatrix} \cdot \vec{x}$$

Abbildungsmatrix der zentrischen Streckung

Die zentrische Streckung mit dem Streckfaktor k > 0 hat die rechts
dargestellte Abbildungsmatrix.
Für k > 1 ergibt sich eine vergrößernde Wirkung auf Figuren. $M = \begin{pmatrix} k & 0 \\ 0 & k \end{pmatrix}$
Für 0 < k < 1 ergibt sich eine verkleinernde Wirkung auf Figuren.
Für k < 0 liegt zusätzlich eine Spiegelung am Ursprung vor.

Übung 6 Zentrische Streckung vom Ursprung aus
a) Gegeben ist das Quadrat ABCD mit den Ecken A (1|1), B (2|1), C (2|2) und D (1|2). Es soll mit dem Streckfaktor k = 3 zentrisch gestreckt werden. Bestimmen Sie die Abbildungsmatrix M sowie die Bildpunkte A′, B′, C′ und D′. Fertigen Sie eine Skizze an.
b) Bearbeiten Sie nun die Aufgabenstellung aus a) mit dem Streckfaktor k = −2.
c) Das Dreieck E′F′G′ sei das Resultat der zentrischen Streckung eines Dreiecks EFG mit dem Streckfaktor k = 3. Es gilt E′(3|3), F′(9|3), G′(6|9). Bestimmen Sie E, F und G.

Übung 7 Zentrische Streckung vom Ursprung aus
Gegeben ist das Dreieck ABC mit A (−2|0,5), B (−1|0,5) und C (−0,5|1). Führen Sie eine zentrische Streckung mit dem negativen Streckfaktor k = −4 durch. Fertigen Sie dazu auch eine Zeichnung an und beschreiben Sie die Wirkung der Streckung.

E. Projektionen

▶ **Beispiel: Orthogonale Projektion auf die x-Achse**
Der Punkt $P(x|y)$ soll senkrecht auf die x-Achse projiziert werden.
Wie lautet die zugehörige Abbildungsmatrix?

Lösung:
$P'(x'|y')$ sei der Bildpunkt des Punktes $P(x|y)$. Bei der orthogonalen, d.h. senkrechten, Projektion auf die x-Achse ist der Punkt $P'(x|0)$ der Bildpunkt von $P(x|y)$.

Die Abbildungsgleichungen sind daher $x' = x$ und $y' = 0$.
In ausführlicher Schreibweise lauten sie $x' = 1 \cdot x + 0 \cdot y$ und $y' = 0 \cdot x + 0 \cdot y$.

▶ Dies führt auf die Matrix $M = \begin{pmatrix} 1 & 0 \\ 0 & 0 \end{pmatrix}$.

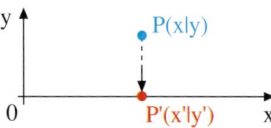

Senkrechte Projektion auf die x-Achse:

Abbildungsgleichungen:
$$x' = x \quad = \quad 1 \cdot x + 0 \cdot y$$
$$y' = 0 \quad = \quad 0 \cdot x + 0 \cdot y$$

Matrixdarstellung:
$$\vec{x}' = \begin{pmatrix} 1 & 0 \\ 0 & 0 \end{pmatrix} \cdot \vec{x}$$

Im folgenden Beispiel wird in Richtung eines vorgegebenen *Projektionsvektors* $\vec{m}$ projiziert.

▶ **Beispiel: Schrägprojektion auf die y-Achse**
Die Strecke $\overline{AB}$ mit $A(2|1)$ und $B(6|5)$ soll in Richtung des Vektors $\vec{m} = \begin{pmatrix} -2 \\ -1 \end{pmatrix}$ auf die y-Achse projiziert werden.

Bestimmen Sie die Bildstrecke $\overline{A'B'}$.

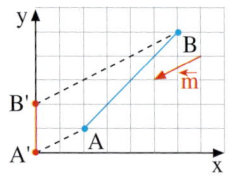

Lösung:
Für die Abbildungsgleichungen benötigen wir zu einem Punkt $P(x_0|y_0)$ den Bildpunkt P'. Der Projektionsstrahl durch den allgemeinen Punkt $P(x_0|y_0)$ hat die Geradengleichung
g: $\vec{x} = \begin{pmatrix} x_0 \\ y_0 \end{pmatrix} + r \begin{pmatrix} -2 \\ -1 \end{pmatrix}$.
Der Bildpunkt P' von P ist der Schnittpunkt von g mit der y-Achse (Bedingung: $x = 0$). Er hat den Parameterwert $r = 0{,}5\,x_0$, d.h. es ist der Punkt $P'(0|y_0 - 0{,}5\,x_0)$.
Also sind $x' = 0$ und $y' = y - 0{,}5\,x$ die beiden Abbildungsgleichungen.
Daraus ergibt sich die Matrix M. Danach
▶ berechnen wir die Bildpunkte A' und B'.

Abbildungsgleichungen:
$$x' = 0 \quad\quad\quad = \quad\quad 0 \cdot x + 0 \cdot y$$
$$y' = y - 0{,}5\,x \quad = \quad -0{,}5 \cdot x + 1 \cdot y$$

Matrixdarstellung:
$$\vec{x}' = \begin{pmatrix} 0 & 0 \\ -0{,}5 & 1 \end{pmatrix} \cdot \vec{x}$$

Bildpunkte:
$$\vec{a}' = M \cdot \vec{a} = \begin{pmatrix} 0 & 0 \\ -0{,}5 & 1 \end{pmatrix} \cdot \begin{pmatrix} 2 \\ 1 \end{pmatrix} = \begin{pmatrix} 0 \\ 0 \end{pmatrix} \Rightarrow A'(0|0)$$

$$\vec{b}' = M \cdot \vec{b} = \begin{pmatrix} 0 & 0 \\ -0{,}5 & 1 \end{pmatrix} \cdot \begin{pmatrix} 6 \\ 5 \end{pmatrix} = \begin{pmatrix} 0 \\ 2 \end{pmatrix} \Rightarrow B'(0|2)$$

Übung 8   Schrägprojektion
Projizieren Sie das Dreieck ABC mit $A(2|5)$, $B(1|2)$ und $C(4|3)$ in Richtung des Vektors $\vec{m} = \begin{pmatrix} 2 \\ -1 \end{pmatrix}$ auf die x-Achse. Berechnen Sie die Bildpunkte und fertigen Sie eine Skizze an.

Übungen

9. Spiegelungen
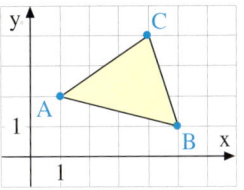

a) Konstruieren Sie das Bild des Dreiecks ABC bei Spiegelung an der x-Achse und an der y-Achse.

b) Ermitteln Sie die Bildpunkte der beiden gespiegelten Dreiecke rechnerisch.

c) Welcher Punkt P wird bei Spiegelung an der y-Achse auf den Punkt $P'(-3|5)$ abgebildet?

d) Geben Sie den Bildpunkt Q' des Punktes $Q(6|4)$ bei einer Spiegelung am Ursprung an.

10. Drehungen
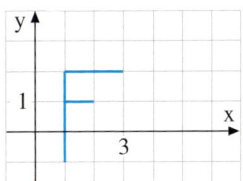

a) Das Quadrat $A(2|1)$, $B(5|2)$, $C(4|5)$, $D(1|4)$ wird um $120°$ um den Ursprung gedreht. Geben Sie die Drehmatrix an. Berechnen Sie für das Bildquadrat $A'B'C'D'$ die Koordinaten der Eckpunkte.

b) Der Buchstabe F soll um $150°$ um den Ursprung gedreht werden. Stellen Sie die Drehmatrix auf und berechnen Sie die Bildpunkte.

11. Zentrische Streckung

a) Das Dreieck $A(1|2)$, $B(3|-1)$, $C(4|1)$ wird mit dem Faktor $k = 1,5$ vom Ursprung aus gestreckt. Geben Sie die Streckmatrix M an. Zeichnen und berechnen Sie das Bilddreieck $A'B'C'$.

b) Das Viereck $A'B'C'D'$ mit $A'(-4|1)$, $B'(-1|3)$, $C'(-3|6)$ und $D'(-6|4)$ ist das Ergebnis der zentrischen Streckung des Vierecks ABCD vom Ursprung aus mit dem Streckfaktor $k = -0,5$. Berechnen Sie die Koordinaten des Vierecks ABCD.

12. Projektion

a) Die Strecke $\overline{AB}$ mit $A(-2|1)$ und $B(2|3)$ wird orthogonal auf die y-Achse projiziert. Geben Sie die Abbildungsmatrix sowie die Bildstrecke $\overline{A'B'}$ an.

b) Die Strecke $\overline{AB}$ mit $A(-3|1)$ und $B(-2|4)$ wird in Richtung $\vec{m} = \begin{pmatrix} 2 \\ -1 \end{pmatrix}$ auf die y-Achse projiziert. Fertigen Sie eine Zeichnung an. Ermitteln Sie die Abbildungsgleichungen, die Abbildungsmatrix sowie die Bildstrecke $\overline{A'B'}$ rechnerisch.

c) Die Strecke $\overline{AB}$ mit $A(1|-1)$ und $B(3|-4)$ wird in Richtung $\vec{m} = \begin{pmatrix} -3 \\ 1 \end{pmatrix}$ auf die x-Achse projiziert. Ermitteln Sie die Abbildungsgleichungen, die Abbildungsmatrix sowie die Bildstrecke $\overline{A'B'}$.

13. Abbildung einer Geraden

a) Gegeben ist die lineare Abbildung $\vec{x}' = \begin{pmatrix} 1 & -0,5 \\ 1 & -3 \end{pmatrix} \cdot \vec{x}$ sowie die Gerade $g: \vec{x} = \begin{pmatrix} 2 \\ 4 \end{pmatrix} + r \cdot \begin{pmatrix} -2 \\ 1 \end{pmatrix}$. Bestimmen Sie das Bild g' der Geraden g unter der gegebenen linearen Abbildung.

b) Untersuchen Sie, worauf die Gerade $g: \vec{x} = \begin{pmatrix} 0 \\ 3 \end{pmatrix} + r \cdot \begin{pmatrix} 1 \\ 0 \end{pmatrix}$ mit der linearen Abbildung $\vec{x}' = \begin{pmatrix} 0 & -2 \\ 0 & 1 \end{pmatrix} \cdot \vec{x}$ abgebildet wird.

2. Eigenschaften linearer Abbildungen

Im Folgenden untersuchen wir einige charakteristische Eigenschaften linearer Abbildungen, die für die Beantwortung der Frage von Bedeutung sind, auf welche Weise geometrische Figuren durch lineare Abbildungen verändert werden.

A. Bildmenge, Kern und Fixpunktmenge

Die lineare Abbildung f: $\mathbb{R}^2 \to \mathbb{R}^2$ ordnet jedem Punkt P der Ebene einen Bildpunkt P′ der Ebene zu. Die Menge aller Bildpunkte der Abbildung bezeichnet man als *Bildmenge* der Abbildung. Die Bildmenge kann aus einem Punkt, einer Geraden oder sogar der ganzen Ebene bestehen.

> ▶ **Beispiel: Bildmenge**
> Gegeben ist die lineare Abbildung $\vec{x}' = M \cdot \vec{x}$. Bestimmen Sie die Bildmenge der Abbildung.
>
> $$\vec{x}' = \underbrace{\begin{pmatrix} 2 & 2 \\ 1 & 1 \end{pmatrix}}_{M} \cdot \vec{x}$$

Lösung:
Wir untersuchen, unter welcher Bedingung ein Punkt $P'(\bar{x}|\bar{y})$ der Ebene ein Bildpunkt ist. Wenn er ein solcher ist, dann gilt $M \cdot \begin{pmatrix} x \\ y \end{pmatrix} = \begin{pmatrix} \bar{x} \\ \bar{y} \end{pmatrix}$, wobei P(x|y) ebenfalls ein Punkt der Ebene ist.

Ansatz für einen Bildpunkt:

$M \cdot \begin{pmatrix} x \\ y \end{pmatrix} = \begin{pmatrix} \bar{x} \\ \bar{y} \end{pmatrix} \Rightarrow \begin{pmatrix} 2 & 2 \\ 1 & 1 \end{pmatrix} \cdot \begin{pmatrix} x \\ y \end{pmatrix} = \begin{pmatrix} \bar{x} \\ \bar{y} \end{pmatrix}$

$$\Rightarrow \begin{array}{l} \text{I: } 2x + 2y = \bar{x} \\ \text{II: } x + y = \bar{y} \end{array}$$

$2\text{II} - \text{I: } 2\bar{y} - \bar{x} = 0$

$$\Rightarrow \bar{y} = \tfrac{1}{2}\bar{x}$$

Dieser Ansatz führt auf ein lineares Gleichungssystem (I, II).
Bei dem Versuch, dieses zu lösen, ergibt sich für die Lösbarkeit die Bedingung $\bar{y} = \tfrac{1}{2}\bar{x}$.
Diese bedeutet, dass $P'(\bar{x}|\bar{y})$ nur dann Bildpunkt ist, wenn er auf einer Ursprungsgeraden mit der Steigung $m = \tfrac{1}{2}$ liegt.
Diese Ursprungsgerade ist also die Bildmenge der Abbildung.

Nur unter dieser Bedingung ist $P'(\bar{x}|\bar{y})$ ein Bildpunkt der Abbildung.

Bildmenge:

$B = \left\{ (\bar{x}; \bar{y}) : \bar{y} = \tfrac{1}{2}\bar{x} \right\}$

Ursprungsgerade mit der Steigung $m = \tfrac{1}{2}$

Bemerkung:
Figuren werden durch die Abbildung aus dem Beispiel drastisch verändert, da das Bild einer jeden Figur auf der Ursprungsgeraden $y = \tfrac{1}{2}x$ liegt. Flächige Figuren werden so zu Strecken.

Bild eines Dreiecks:

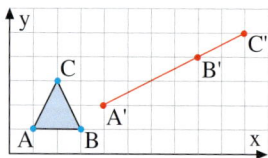

Rechts wird demonstriert, wie z. B. ein Dreieck zu einer Strecke wird. Die Flächigkeit des Dreiecks geht also völlig verloren.

Figur: A(1|1), B(3|1), C(2|3)
Bild: A′(4|2), B′(8|4), C′(10|5)

Häufig ist die Bildmenge einer linearen Abbildung die gesamte Ebene. Dann bleiben Eigenschaften einer Figur bei der Abbildung eher erhalten als im vorigen Beispiel bei eingeschränkter Bildmenge.

▶ **Beispiel: Bildmenge**

a) Bestimmen Sie die Bildmenge der Abbildung $\vec{x}\,' = M \cdot \vec{x}$.

b) Bestimmen Sie das Bild des Quadrats ABCD.

Abbildung:

$$\vec{x}\,' = \begin{pmatrix} 3 & 0 \\ 0 & -3 \end{pmatrix} \cdot \vec{x}$$

Quadrat:

A (1 | 1), B (2 | 1)
C (2 | 2), D (1 | 2)

Lösung zu a:

Wir wenden wie im vorhergehenden Beispiel den Ansatz $M \cdot \begin{pmatrix} x \\ y \end{pmatrix} = \begin{pmatrix} \overline{x} \\ \overline{y} \end{pmatrix}$, um festzustellen, ob $P'(\overline{x}|\overline{y})$ ein Bildpunkt ist. Es ergibt sich wieder ein lineares Gleichungssystem.

Im Unterschied zum vorigen Beispiel kann aus dem Gleichungssystem keine feste Beziehung zwischen $\overline{x}$ und $\overline{y}$ gewonnen werden. Das System ist vielmehr für jede Wahl von $\overline{x}$ und $\overline{y}$ lösbar.

Daher ist jeder Punkt der Ebene als Bildpunkt geeignet. Die Bildmenge ist somit die gesamte Ebene: $B = \mathbb{R}^2$.

Lösung zu b:

Wir berechnen zunächst die Bilder A', B', C' und D' der vier Eckpunkte des Quadrats durch Multiplikation der Ortsvektoren der Originalpunkte A, B, C und D mit der Matrix M. Die Bildpunkte ergeben wieder ein Quadrat A'B'C'D'.

Es erscheint vergrößert, gespiegelt und umgekehrt orientiert.

Bei dieser Abbildung bleiben also wesentlich mehr geometrische Eigenschaften erhalten als beim vorhergehenden Beispiel.

Bestimmung der Bildmenge B:

Ansatz: $M \cdot \begin{pmatrix} x \\ y \end{pmatrix} = \begin{pmatrix} \overline{x} \\ \overline{y} \end{pmatrix}$

$$\begin{pmatrix} 3 & 0 \\ 0 & -3 \end{pmatrix} \cdot \begin{pmatrix} x \\ y \end{pmatrix} = \begin{pmatrix} \overline{x} \\ \overline{y} \end{pmatrix}$$

$$\Rightarrow \quad \text{I:} \quad 3\,x = \overline{x} \\ \text{II:} \quad -3\,y = \overline{y}$$

Lösung: $x = \frac{1}{3}\overline{x}$, $y = -\frac{1}{3}\overline{y}$

⇒ Lösbar für beliebige $\overline{x}$ und $\overline{y}$

⇒ Die Bildmenge ist die gesamte Ebene
$B = \mathbb{R}^2$.

Bild des Quadrats ABCD:

A'(3 | −3), B'(6 | −3), C'(6 | −6), D'(3 | −6)

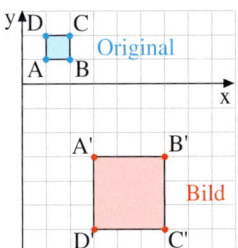

▶

Übung 1 Bildmenge

Bestimmen Sie die Bildmenge der Abbildung $\vec{x}\,' = M \cdot \vec{x}$.

Bestimmen Sie außerdem das Bild des Quadrats ABCD mit den Ecken
A (1 | −1), B (4 | −1), C (4 | 2), D (1 | 2).

a) $M = \begin{pmatrix} 1 & 0 \\ 0 & 2 \end{pmatrix}$ b) $M = \begin{pmatrix} 1 & 0 \\ 0 & 0 \end{pmatrix}$ c) $M = \begin{pmatrix} -1 & 0 \\ 0 & -1 \end{pmatrix}$ d) $M = \begin{pmatrix} 1 & 0 \\ 1 & 0 \end{pmatrix}$

Die Menge aller Punkte, die bei einer linearen Abbildung auf den Ursprung des Koordinatensystems abgebildet werden, bezeichnet man als den *Kern* der Abbildung.

Kern einer linearen Abbildung

$$K = \left\{ (x; y) \in \mathbb{R}^2 : M \cdot \begin{pmatrix} x \\ y \end{pmatrix} = \begin{pmatrix} 0 \\ 0 \end{pmatrix} \right\}$$

▶ **Beispiel: Kern einer Abbildung**
Bestimmen Sie den Kern der linearen Abbildung $\vec{x}\,' = M \cdot \vec{x}$.

$$\vec{x}\,' = \begin{pmatrix} 2 & 2 \\ 1 & 1 \end{pmatrix} \cdot \vec{x}$$

Lösung:
Der Ansatz $M \cdot \vec{x} = \vec{0}$ führt auf ein lineares Gleichungssystem mit unendlich vielen Lösungen (x; y), die aber die Bedingung $y = -x$ erfüllen müssen.
Der Kern besteht also hier aus allen Punkten, die auf der Geraden $y = -x$ liegen, d. h. auf der Winkelhalbierenden des 2. und 4. Quadranten des Koordinatensystems.
Die Punkte dieser Geraden werden alle auf
▶ den Ursprung $P(0|0)$ abgebildet.

Ansatz für den Kern:
$$M \cdot \vec{x} = \vec{0}$$
$$\begin{pmatrix} 2 & 2 \\ 1 & 1 \end{pmatrix} \cdot \begin{pmatrix} x \\ y \end{pmatrix} = \begin{pmatrix} 0 \\ 0 \end{pmatrix}$$
$$\Rightarrow \begin{array}{l} \text{I: } \ 2x + 2y = 0 \\ \text{II: } \ \ x + \ \ y = 0 \end{array}$$

Lösung des LGS: $y = -x$

Kern der Abbildung:
$K = \{(x; y) : y = -x\}$
Ursprungsgerade, Steigung $m = -1$

Übung 2   **Kern einer linearen Abbildung**
Bestimmen Sie den Kern der linearen Abbildung $\vec{x}\,' = M \cdot \vec{x}$.

a) $M = \begin{pmatrix} 0 & -2 \\ 2 & 0 \end{pmatrix}$ b) $M = \begin{pmatrix} 2 & 1 \\ 4 & 2 \end{pmatrix}$ c) $M = \begin{pmatrix} 2 & -1 \\ 6 & 3 \end{pmatrix}$ d) $M = \begin{pmatrix} 1 & 0 \\ 1 & 0 \end{pmatrix}$

Charakteristische Punkte bei einer linearen Abbildung sind die *Fixpunkte*. Das sind Punkte, die auf sich selbst abgebildet werden. Die Menge F aller Fixpunkte wird als *Fixpunktmenge* der Abbildung bezeichnet.

Fixpunkt

$P(x|y)$ ist Fixpunkt der linearen Abbildung $\vec{x}\,' = M \cdot \vec{x}$, wenn gilt:
$$M \cdot \begin{pmatrix} x \\ y \end{pmatrix} = \begin{pmatrix} x \\ y \end{pmatrix}$$

▶ **Beispiel: Fixpunktmenge**
Bestimmen Sie die Fixpunktmenge F der linearen Abbildung $\vec{x}\,' = M \cdot \vec{x}$.

a) $\vec{x}\,' = \begin{pmatrix} 3 & 0 \\ 0 & -3 \end{pmatrix} \cdot \vec{x}$ b) $\vec{x}\,' = \begin{pmatrix} 3 & 2 \\ 2 & 3 \end{pmatrix} \cdot \vec{x}$

Lösung zu a:
Der Ansatz $M \cdot \begin{pmatrix} x \\ y \end{pmatrix} = \begin{pmatrix} x \\ y \end{pmatrix}$ führt auf ein Gleichungssystem. Dieses System hat nur eine einzige Lösung: $x = 0$, $y = 0$.

Daher gibt es auch nur den Fixpunkt $P(0|0)$.

Die Fixpunktmenge der Abbildung ist der
▼ Ursprungspunkt des Koordinatensystems.

Bestimmung der Fixpunktmenge:
$$\begin{pmatrix} 3 & 0 \\ 0 & -3 \end{pmatrix} \cdot \begin{pmatrix} x \\ y \end{pmatrix} = \begin{pmatrix} x \\ y \end{pmatrix} \quad \text{Ansatz}$$
$$\Rightarrow \begin{array}{l} \text{I: } \ \ \ 3x = x \\ \text{II: } -3y = y \end{array}$$
$$\Rightarrow \begin{array}{l} x = 0 \\ y = 0 \end{array}$$
$$\Rightarrow \quad F = \{(0; 0)\}$$

Lösung zu b:
Der Fixpunktansatz $M \cdot \begin{pmatrix} x \\ y \end{pmatrix} = \begin{pmatrix} x \\ y \end{pmatrix}$ führt hier auf ein lineares Gleichungssystem, das unendlich viele Lösungen $(x; y)$ hat mit $y = -x$.

Die Fixpunktmenge besteht also hier aus allen Punkten der Ursprungsgeraden $y = -x$.
▶ $F = \{(x; y) : y = -x\}$

Bestimmung der Fixpunktmenge:

$\begin{pmatrix} 3 & 2 \\ 2 & 3 \end{pmatrix} \cdot \begin{pmatrix} x \\ y \end{pmatrix} = \begin{pmatrix} x \\ y \end{pmatrix}$　Ansatz

$\Rightarrow$　I: $3x + 2y = x$
　　II: $2x + 3y = y$

$\Rightarrow$　I: $2x + 2y = 0$
　　II: $2x + 2y = 0$

$\Rightarrow$　　　　　$y = -x$
　　$F = \{(x; y) : y = -x\}$

Übung 3　Fixpunktmenge
Bestimmen Sie die Fixpunktmenge der linearen Abbildung $\vec{x}\,' = M \cdot \vec{x}$.

a) $M = \begin{pmatrix} 2 & 1 \\ 1 & 2 \end{pmatrix}$　　　b) $M = \begin{pmatrix} 1 & 2 \\ -2 & 1 \end{pmatrix}$　　　c) $M = \begin{pmatrix} 1 & -1 \\ 1 & 0 \end{pmatrix}$　　　d) $M = \begin{pmatrix} -1 & 2 \\ 4 & -3 \end{pmatrix}$

▶ **Beispiel: Spiegelung**
Bestimmen Sie die Bildmenge und die Fixpunktmenge der Abbildung.
Beschreiben Sie mit Hilfe einer Skizze die geometrische Wirkung dieser Abbildung.

$\vec{x}\,' = \begin{pmatrix} 0 & 1 \\ 1 & 0 \end{pmatrix} \cdot \vec{x}$

Lösung:
$P'(\overline{x}|\overline{y})$ sei ein beliebiger Bildpunkt.
Der Ansatz $M \cdot \begin{pmatrix} x \\ y \end{pmatrix} = \begin{pmatrix} \overline{x} \\ \overline{y} \end{pmatrix}$ führt auf ein lineares Gleichungssystem, welches für alle Werte von $\overline{x}$ und $\overline{y}$ lösbar ist.
Daher ist jeder beliebige Punkt $P'(\overline{x}|\overline{y})$ ein Bildpunkt der Abbildung.
Die Bildmenge ist die gesamte Ebene.

Bildmenge B:

$\begin{pmatrix} 0 & 1 \\ 1 & 0 \end{pmatrix} \cdot \begin{pmatrix} x \\ y \end{pmatrix} = \begin{pmatrix} \overline{x} \\ \overline{y} \end{pmatrix}$　Ansatz

$\Rightarrow$　I: $y = \overline{x}$
　　II: $x = \overline{y}$

$\Rightarrow$　Das LGS ist für alle Werte von $\overline{x}$ und $\overline{y}$ lösbar.

$\Rightarrow$　$B = \{(\overline{x}; \overline{y}) : \overline{x}, \overline{y} \in \mathbb{R}\} = \mathbb{R}^2$

Der Fixpunktansatz $M \cdot \begin{pmatrix} x \\ y \end{pmatrix} = \begin{pmatrix} x \\ y \end{pmatrix}$ führt auf ein lineares Gleichungssystem mit unendlich vielen Lösungen $(x; y)$ mit der Eigenschaft $y = x$.
Das sind die Punkte der Winkelhalbierenden des 1. und 3. Quadranten.
Diese Gerade ist die Fixpunktmenge.

Fixpunktmenge F:

$\begin{pmatrix} 0 & 1 \\ 1 & 0 \end{pmatrix} \cdot \begin{pmatrix} x \\ y \end{pmatrix} = \begin{pmatrix} x \\ y \end{pmatrix}$　Ansatz

$\Rightarrow$　I: $y = x$
　　II: $x = y$

$\Rightarrow$　　$F = \{(x; y) : y = x\}$
　　F: Winkelhalbierende $y = x$

Die geometrische Wirkung der Abbildung ergibt sich aus der folgenden Gleichung:
$$\begin{pmatrix} 0 & 1 \\ 1 & 0 \end{pmatrix} \cdot \begin{pmatrix} x \\ y \end{pmatrix} = \begin{pmatrix} y \\ x \end{pmatrix}.$$
Der Punkt $P(x|y)$ wird auf den Punkt $P'(y|x)$ abgebildet. Es liegt eine Spiegelung
▶ an der Winkelhalbierenden $y = x$ vor.

Geometrische Wirkung:

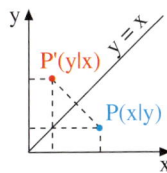

B. Lineare Abbildung von Geraden

In diesem Abschnitt geht es um das Bild einer Geraden bei einer linearen Abbildung.

▶ **Beispiel: Bild einer Geraden**

Betrachtet wird die lineare Abbildung mit

der Gleichung $\vec{x}\,' = \begin{pmatrix} 1 & 1 \\ 0 & -1 \end{pmatrix} \cdot \vec{x}$.

Gegeben ist die Gerade g in Form ihrer

vektoriellen Gleichung g: $x = \begin{pmatrix} 1 \\ 1 \end{pmatrix} + r\begin{pmatrix} 2 \\ 1 \end{pmatrix}$

Zeigen Sie, dass das Bild g′ der Geraden
g wieder eine Gerade ist.

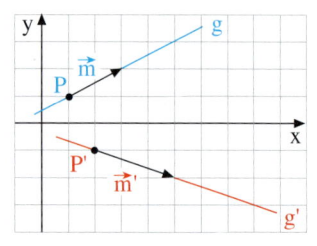

Lösung:

Das Bild g′ der Geraden g erhalten wir, indem wir den allgemeinen Ortsvektor von g,

d. h. den Vektor $\begin{pmatrix} 1+2r \\ 1+r \end{pmatrix}$ mit der Abbildungs-

matrix $M = \begin{pmatrix} 1 & 1 \\ 0 & -1 \end{pmatrix}$ multiplizieren. Wir er-

halten so $\vec{x}\,' = \begin{pmatrix} 2+3r \\ -1-r \end{pmatrix}$,

d. h. $\vec{g}\,': \vec{x}\,' = \begin{pmatrix} 2 \\ -1 \end{pmatrix} + r\begin{pmatrix} 3 \\ -1 \end{pmatrix}$.

Das Bild der Originalsgeraden g ist also
▶ ebenfalls eine Gerade g′.

Das Bild der Geraden g:

g: $\vec{x} = \begin{pmatrix} 1 \\ 1 \end{pmatrix} + r\begin{pmatrix} 2 \\ 1 \end{pmatrix} = \begin{pmatrix} 1+2r \\ 1+r \end{pmatrix}$

$\vec{x}\,' = M \cdot \vec{x} = \begin{pmatrix} 1 & 1 \\ 0 & -1 \end{pmatrix} \cdot \begin{pmatrix} 1+2r \\ 1+r \end{pmatrix} = \begin{pmatrix} 2+3r \\ -1-r \end{pmatrix}$

g′: $\vec{x}\,' = \begin{pmatrix} 2 \\ -1 \end{pmatrix} + r\begin{pmatrix} 3 \\ -1 \end{pmatrix}$.

Das Bild der Geraden g ist die Gerade g′.

Eine lineare Abbildung bildet eine Gerade aber nicht immer auf eine Gerade ab, wie das folgende Beispiel zeigt. Es ist auch möglich, dass eine Gerade auf einen einzelnen Punkt abgebildet
wird.

▶ **Beispiel: Bild einer Geraden**

Betrachtet wird die lineare Abbildung mit

der Gleichung $\vec{x}\,' = \begin{pmatrix} 1 & 0 \\ 0,5 & 0 \end{pmatrix} \cdot \vec{x}$.

Gegeben ist eine senkrechte Gerade g
in Form ihrer vektoriellen Gleichung

g: $\vec{x} = \begin{pmatrix} 4 \\ 0 \end{pmatrix} + r\begin{pmatrix} 0 \\ 1 \end{pmatrix}$.

Zeigen Sie, dass das Bild g′ der Geraden
g ein einzelner Punkt P′ ist.

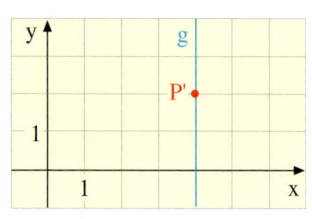

Lösung:

Das Bild g′ der Geraden g erhalten wir, indem wir den allgemeinen Ortsvektor von g,

d. h. den Vektor $\begin{pmatrix} 4 \\ r \end{pmatrix}$ mit der Abbildungsma-

trix $M = \begin{pmatrix} 1 & 0 \\ 0,5 & 0 \end{pmatrix}$ multiplizieren.

Wir erhalten so $\vec{x}\,' = \begin{pmatrix} 4 \\ 2 \end{pmatrix}$.

Das ist der Ortsvektor des Punktes P′(4|2).
▶ Das Bild der Geraden g ist nur ein Punkt.

Das Bild der Geraden g:

g: $\vec{x} = \begin{pmatrix} 4 \\ 0 \end{pmatrix} + r\begin{pmatrix} 0 \\ 1 \end{pmatrix} = \begin{pmatrix} 4 \\ r \end{pmatrix}$

$\vec{x}\,' = M \cdot \vec{x} = \begin{pmatrix} 1 & 0 \\ 0,5 & 0 \end{pmatrix} \cdot \begin{pmatrix} 4 \\ r \end{pmatrix} = \begin{pmatrix} 4 \\ 2 \end{pmatrix}$

g′: $\vec{x}\,' = \begin{pmatrix} 4 \\ 2 \end{pmatrix}$ ⇒ P′(4|2)

Das Bild der Geraden g ist der Punkt P′(4|2).

Allgemein kann man zeigen, dass bei linearen Abbildungen jede Gerade g wieder auf eine Gerade g′ oder einen einzelnen Punkt P′ abgebildet wird.
Lineare Abbildungen gehören also im *Prinzip* (Ausnahme: Abbildung auf einen Punkt) zu den sog. *geradentreuen Abbildungen*.

Man kann am Bild des Richtungsvektors einer Geraden g erkennen, ob das Bild von g wieder eine Gerade g′ oder ein Punkt P′ ist.

Ein Punkt ergibt sich genau dann, wenn das Bild des Richtungsvektors von g der Nullvektor ist.

Das Bild einer Geraden

Lineare Abbildungen bilden eine Gerade g stets wieder auf eine Gerade g′ oder auf einen einzelnen Punkt P′ ab.

Das Bild von g ist eine Gerade, wenn das Bild des Richtungsvektors von g nicht der Nullvektor ist.

Das Bild von g ist ein einzelner Punkt P′, wenn das Bild des Richtungsvektors von g der Nullvektor ist. P′ ist dann das Bild irgendeines Punktes P der Geraden g, z. B. das Bild des Stützpunktes von g.

Im folgenden Beispiel veranschaulichen wir noch einmal das Thema Geraden und ihre Bilder.

▶ **Beispiel: Bilder von Geraden**
Gegeben ist die lineare Abbildung $\vec{x}' = M \cdot \vec{x}$ und die Gerade g. Bestimmen Sie das Bild g′.

a) $M = \begin{pmatrix} 1 & 0 \\ 1 & -1 \end{pmatrix}$, g: $\vec{x} = \begin{pmatrix} 4 \\ 4 \end{pmatrix} + r\begin{pmatrix} 1 \\ -1 \end{pmatrix}$

b) $M = \begin{pmatrix} 0 & 0 \\ 1 & 2 \end{pmatrix}$, g: $\vec{x} = \begin{pmatrix} 2 \\ 1 \end{pmatrix} + r\begin{pmatrix} 2 \\ -1 \end{pmatrix}$

Lösung zu a:

$\vec{g}': \vec{x}' = M \cdot \vec{x} = \begin{pmatrix} 1 & 0 \\ 1 & -1 \end{pmatrix} \cdot \begin{pmatrix} 4+r \\ 4-r \end{pmatrix} = \begin{pmatrix} 4+r \\ 2r \end{pmatrix}$

$\vec{g}': \vec{x}' = \begin{pmatrix} 4 \\ 0 \end{pmatrix} + r \cdot \begin{pmatrix} 1 \\ 2 \end{pmatrix}$

Das Bild der Geraden g ist eine Gerade g′.

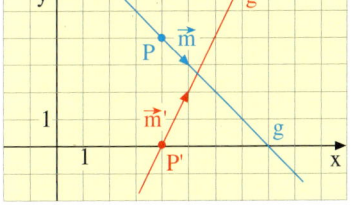

Lösung zu b:

$\vec{g}': \vec{x}' = M \cdot \vec{x} = \begin{pmatrix} 0 & 0 \\ 1 & 2 \end{pmatrix} \cdot \begin{pmatrix} 2+2r \\ 1-r \end{pmatrix} = \begin{pmatrix} 0 \\ 4 \end{pmatrix}$

$\vec{g}': \vec{x}' = \begin{pmatrix} 0 \\ 4 \end{pmatrix} \quad \Rightarrow \quad P'(0|4)$

▶ Das Bild der Geraden g ist der Punkt P′.

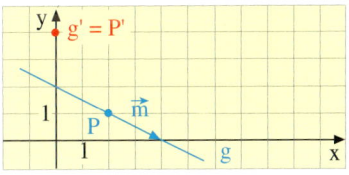

Übung 4 Bild einer Geraden
Bestimmen Sie das Bild der Geraden g bei der angegebenen Abbildung.
Zeichnen Sie die Gerade g und ihr Bild g′

a) g: $\vec{x} = \begin{pmatrix} 2 \\ 3 \end{pmatrix} + r\begin{pmatrix} 1 \\ 1 \end{pmatrix}$

$\vec{x}' = \begin{pmatrix} 0 & -1 \\ 1 & 0 \end{pmatrix} \cdot \vec{x}$

b) g: $\vec{x} = \begin{pmatrix} 3 \\ 2 \end{pmatrix} + r\begin{pmatrix} 0 \\ 1 \end{pmatrix}$

$\vec{x}' = \begin{pmatrix} 1 & 0 \\ 2 & 0 \end{pmatrix} \cdot \vec{x}$

c) g: $\vec{x} = \begin{pmatrix} 3 \\ 2 \end{pmatrix} + r\begin{pmatrix} 1 \\ 0 \end{pmatrix}$

Spiegelung an der y-Achse

C. Fixpunktgeraden und Fixgeraden

Im vorherigen Abschnitt wurde festgestellt, dass lineare Abbildungen Geraden in der Regel wieder auf Geraden abbilden (Geradentreue). Eine Sonderstellung nehmen dabei Geraden ein, die auf sich selbst abgebildet werden. Hierbei unterscheidet man Fixpunktgeraden und Fixgeraden.

Wir erklären die Begriffe anhand der orthogonalen Spiegelung an der x-Achse.
Jeder Punkt P(x|0) der x-Achse wird dabei exakt auf sich selbst abgebildet, d. h. P′ = P. Jeder Punkt der x-Achse ist ein Fixpunkt. Die x-Achse ist eine *Fixpunktgerade*.

Orthogonale Spiegelung an der x-Achse
Fixpunktgerade

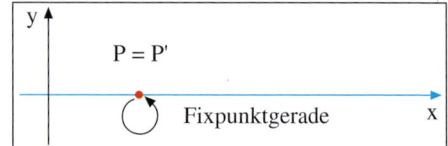

Wir betrachten nun eine zur x-Achse senkrechte Gerade g, z.B. die Gerade x = 6. Jeder Punkt P(6|y) dieser Geraden wird auf den Punkt P′(6|−y) abgebildet. P′ liegt also ebenfalls auf der senkrechten Geraden g. Die Gerade g wird also als Ganzes auf sich selbst abgebildet. Eine solche Gerade bezeichnet man als *Fixgerade*.

Orthogonale Spiegelung an der x-Achse
Fixgerade

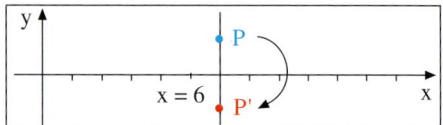

Die Punkte einer Fixgeraden können auf sich selbst abgebildet werden, müssen es aber nicht.
Jede Fixpunktgerade ist eine Fixgerade.

> **Fixpunktgerade:** Jeder Punkt P der Geraden g ist ein Fixpunkt der Abbildung.
> **Fixgerade:** Jeder Punkt P der Geraden g hat einen Bildpunkt P′ auf g.

▶ **Beispiel: Streckung vom Ursprung aus mit dem Faktor k = 2**
Betrachtet wird die Streckung vom Ursprung aus mit dem Faktor k = 2.
Untersuchen Sie diese Abbildung　a) auf Fixpunktgeraden,　b) auf Fixgeraden.

Lösung zu a:
Der Ansatz zur Berechnung der Fixpunkte lautet: $M \cdot \vec{x} = \vec{x}$. Diese Gleichung hat nur eine Lösung x = 0, y = 0. Also ist nur der Punkt P(0|0) ein Fixpunkt. Folglich kann es keine Fixpunktgerade geben.

Fixpunkte/Fixpunktgerade:

$$M \cdot \vec{x} = \vec{x} \Rightarrow \begin{pmatrix} 2 & 0 \\ 0 & 2 \end{pmatrix} \cdot \begin{pmatrix} x \\ y \end{pmatrix} = \begin{pmatrix} x \\ y \end{pmatrix} \Rightarrow \begin{matrix} 2x = x \\ 2y = y \end{matrix}$$

$$\Rightarrow \begin{matrix} x = 0 \\ y = 0 \end{matrix} \Rightarrow \text{Fixpunktmenge:} \quad \{(0|0)\}$$

⇒ Es gibt keine Fixpunktgerade.

Lösung zu b:
Ist g eine Ursprungsgerade, so ist anschaulich klar, dass ein Punkt P auf g auf der Geraden selbst gestreckt wird. Es liegt also eine Fixgerade vor.
Bei einer nicht durch den Ursprung gehenden Geraden führt die Streckung eines Punktes aus der Geraden heraus (s. Abb.).
▶ Sie ist also dann keine Fixgerade.

Fixgerade:

Ursprungsgerade	Andere Geraden
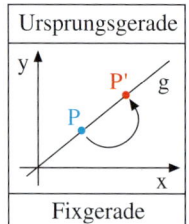	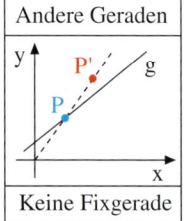
Fixgerade	Keine Fixgerade

Im Folgenden behandeln wir die rechnerische Untersuchung auf Fixgeraden.

> **Beispiel: Rechnerische Untersuchung auf Fixgeraden**
> Gegeben sei die lineare Abbildung $\vec{x}' = \begin{pmatrix} 1 & 0 \\ 0 & 2 \end{pmatrix} \cdot \vec{x}$.
>
> Zeigen Sie Folgendes:
> a) Jede senkrechte Gerade g_1 ist Fixgerade.
> b) Eine waagerechte Gerade g_2 ist keine Fixgerade, wenn es sich nicht um die x-Achse selbst handelt.

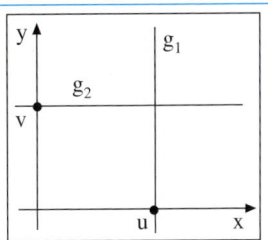

Lösung zu a:

g_1 geht durch den Stützpunkt $P(u|0)$ und besitzt den Richtungsvektor $\vec{m} = \begin{pmatrix} 0 \\ 1 \end{pmatrix}$.

Die Gleichung von g_1 lautet daher:

$$g_1: x = \begin{pmatrix} u \\ 0 \end{pmatrix} + r \begin{pmatrix} 0 \\ 1 \end{pmatrix}.$$

In Kurzform lautet sie: $g_1: \vec{x} = \begin{pmatrix} u \\ r \end{pmatrix}$.

Das Bild von g_1 erhalten wir durch Multiplikation mit der Abbildungsmatrix M.

$$g_1': x = \begin{pmatrix} u \\ 2r \end{pmatrix} \text{ bzw. } g_1': x = \begin{pmatrix} u \\ 0 \end{pmatrix} + r \begin{pmatrix} 0 \\ 2 \end{pmatrix}$$

Da die Stützpunkte von g_1 und g_1' übereinstimmen und die Richtungsvektoren kollinear sind, sind g_1' und g_1 identisch. g_1 ist daher eine Fixgerade.

Senkrechte Gerade g_1:

Stützpunkt: $P(u|0)$

Richtungsvektor: $\vec{m} = \begin{pmatrix} 0 \\ 1 \end{pmatrix}$

$$g_1: \vec{x} = \begin{pmatrix} u \\ 0 \end{pmatrix} + r \begin{pmatrix} 0 \\ 1 \end{pmatrix} = \begin{pmatrix} u \\ r \end{pmatrix}$$

$$g_1': \vec{x}' = \begin{pmatrix} 1 & 0 \\ 0 & 2 \end{pmatrix} \cdot \begin{pmatrix} u \\ r \end{pmatrix} = \begin{pmatrix} u \\ 2r \end{pmatrix}$$

$$g_1': \vec{x}' = \begin{pmatrix} u \\ 0 \end{pmatrix} + r \begin{pmatrix} 0 \\ 2 \end{pmatrix}$$

$$\Rightarrow g_1' = g_1$$

$$\Rightarrow g_1 \text{ ist Fixgerade.}$$

Lösung zu b:

g_2 geht durch den Stützpunkt $P(0|v)$ und besitzt den Richtungsvektor $\vec{m} = \begin{pmatrix} 1 \\ 0 \end{pmatrix}$.

Die Gleichung von g_2 lautet daher:

$$g_2: \vec{x} = \begin{pmatrix} 0 \\ v \end{pmatrix} + r \begin{pmatrix} 1 \\ 0 \end{pmatrix} \text{ bzw. } g_2: \vec{x} = \begin{pmatrix} r \\ v \end{pmatrix}.$$

Da g_2 nicht die x-Achse sein soll, gilt $v \neq 0$.

Das Bild von g_2 erhalten wir durch Multiplikation von $\begin{pmatrix} r \\ v \end{pmatrix}$ mit der Matrix M.

$$g_2': \vec{x} = \begin{pmatrix} 0 \\ 2v \end{pmatrix} + r \begin{pmatrix} 1 \\ 0 \end{pmatrix}$$

Die Stützpunkte von g_2 und g_2' stimmen wegen $v \neq 0$ nicht überein, aber die Richtungsvektoren. Daher sind g_2' und g_2 echt parallel.

▶ g_2 ist daher keine Fixgerade.

Waagerechte Gerade g_2:

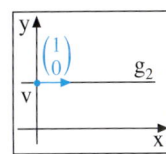

Stützpunkt: $P(0|v)$

Richtungsvektor: $\vec{m} = \begin{pmatrix} 1 \\ 0 \end{pmatrix}$

$$g_2: \vec{x} = \begin{pmatrix} 0 \\ v \end{pmatrix} + r \begin{pmatrix} 1 \\ 0 \end{pmatrix} = \begin{pmatrix} r \\ v \end{pmatrix}$$

$$g_2': \vec{x}' = \begin{pmatrix} 1 & 0 \\ 0 & 2 \end{pmatrix} \cdot \begin{pmatrix} r \\ v \end{pmatrix} = \begin{pmatrix} r \\ 2v \end{pmatrix}$$

$$g_2': \vec{x}' = \begin{pmatrix} 0 \\ 2v \end{pmatrix} + r \begin{pmatrix} 1 \\ 0 \end{pmatrix}$$

$$P(0|v) \neq P'(0|2v) \quad \text{(wegen } v \neq 0\text{)}$$

$$\Rightarrow g_2' \text{ ist echt parallel zu } g_2.$$

$$\Rightarrow g_2' \neq g_2.$$

$$\Rightarrow g_2 \text{ ist keine Fixgerade.}$$

Wir führen das Beispiel fort durch die Untersuchung „schräger" Geraden, die also weder waagerecht noch senkrecht verlaufen.

▶ **Beispiel: Rechnerische Untersuchung auf Fixgeraden**

Gegeben ist die lineare Abbildung $\vec{x}' = \begin{pmatrix} 1 & 0 \\ 0 & 2 \end{pmatrix} \cdot \vec{x}$.

Zeigen Sie, dass eine „schräg" verlaufende Gerade g_3 keine Fixgerade sein kann.

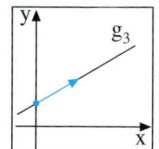

Lösung:

Wir gehen von dem Stützpunkt $P(p_1|p_2)$ und dem Richtungsvektor $\vec{m}' = \begin{pmatrix} m_1 \\ m_2 \end{pmatrix}$ aus. Dabei sind m_1 und m_2 nicht null, da g_3 weder eine waagerechte noch eine senkrechte Gerade ist, sondern schräg verlaufen soll. Die Gleichung von g_3 lautet dann also:

g_3: $\vec{x} = \begin{pmatrix} p_1 \\ p_2 \end{pmatrix} + r\begin{pmatrix} m_1 \\ m_2 \end{pmatrix}$ mit $m_1, m_2 \neq 0$

Durch Multiplikation mit M erhalten wir die Bildgerade g_3': $\vec{x} = \begin{pmatrix} p_1 \\ 2p_2 \end{pmatrix} + r\begin{pmatrix} m_1 \\ 2m_2 \end{pmatrix}$

Die Richtungsvektoren von g_3 und g_3' sind wegen $m_1, m_2 \neq 0$ nicht kollinear. Die Geraden sind also nicht identisch.

▶ g_3 ist daher keine Fixgerade.

Schräge Gerade g_3:

g_3: $\vec{x} = \begin{pmatrix} p_1 \\ p_2 \end{pmatrix} + r\begin{pmatrix} m_1 \\ m_2 \end{pmatrix}$, $m_1, m_2 \neq 0$

g_3: $\vec{x} = \begin{pmatrix} p_1 + rm_1 \\ p_2 + rm_2 \end{pmatrix}$

g_3': $\vec{x}' = \begin{pmatrix} 1 & 0 \\ 0 & 2 \end{pmatrix} \cdot \begin{pmatrix} p_1 + rm_1 \\ p_2 + rm_2 \end{pmatrix} = \begin{pmatrix} p_1 + rm_1 \\ 2p_2 + 2rm_2 \end{pmatrix}$

g_3': $\vec{x} = \begin{pmatrix} p_1 \\ 2p_2 \end{pmatrix} + r\begin{pmatrix} m_1 \\ 2m_2 \end{pmatrix}$

⇒ g_3 und g_3' haben unterschiedliche, nicht kollineare Richtungsvektoren, da $m_1, m_2 \neq 0$ gilt.

⇒ $g_3' \neq g_3$
⇒ g_3 ist keine Fixgerade.

Wir können nun die Überlegungen aus den obigen Beispielen zum rechts aufgeführten Kriterium für Fixgeraden zusammenfassen. Gelten (1) und (2), ist die Gerade eine Fixgerade. Ist eine der beiden Bedingungen verletzt, ist sie keine Fixgerade.

Kriterium für Fixgeraden

Eine Gerade g ist genau dann Fixgerade einer linearen Abbildung, wenn
(1) das Bild ihres Stützpunktes auf g liegt.
(2) das Bild ihres Richtungsvektors kollinear zu ihrem Richtungsvektor ist.
(3) das Bild ihres Richtungsvektors nicht der Nullvektor ist.

Übung 5   Fixgeraden

Gegeben ist die lineare Abbildung $\vec{x}' = M \cdot \vec{x}$. Untersuchen Sie die Abbildung auf Fixgeraden. Wenden Sie das obige Kriterium an. Unterscheiden Sie die drei folgenden Fälle: Senkrecht verlaufende Gerade, waagerecht verlaufende Gerade, schräg verlaufende Gerade.

a) $M = \begin{pmatrix} 1 & 0 \\ 0 & -1 \end{pmatrix}$ b) $M = \begin{pmatrix} 1 & 0 \\ 1 & 1 \end{pmatrix}$ c) $M = \begin{pmatrix} -1 & 0 \\ 0 & 1 \end{pmatrix}$

Übung 6   Fixgeraden und Fixpunktgeraden

Gegeben ist die lineare Abbildung $\vec{x}' = \begin{pmatrix} 0 & 1 \\ 1 & 0 \end{pmatrix} \cdot \vec{x}$. Zeigen Sie:

a) Senkrechte und waagerechte Geraden sind keine Fixgeraden der Abbildung.

b) Die einzige Fixpunktgerade ist die Ursprungsgerade g: $\vec{x} = \begin{pmatrix} 0 \\ 0 \end{pmatrix} + r\begin{pmatrix} 1 \\ 1 \end{pmatrix}$.

D. Umkehrabbildungen

Lineare Abbildungen besitzen nur in speziellen Fällen Umkehrabbildungen, mit deren Hilfe man aus dem Bild das Original rekonstruieren kann. Dies ist dann der Fall, wenn unterschiedlichen Originalpunkten stets auch unterschiedliche Bildpunkte zugeordnet sind.
Die Umkehrabbildung wird in diesem Fall durch die inverse Matrix M^{-1} der Abbildungsmatrix M erfasst. Zum Beispiel ist dies bei der orthogonalen Spiegelung an einer Koordinatenachse stets der Fall, bei einer orthogonalen Projektion auf eine Koordinatenachse dagegen nicht.

▶ **Beispiel: Umkehrabbildung**
Gegeben ist die lineare Abbildung $\vec{x}' = M \cdot \vec{x}$ mit der Abbildungsmatrix M. Die Abbildung bildet das Dreieck ABC auf das Bilddreieck A'B'C' mit den Eckpunkten A'(3|1), B'(7|1) und C'(5|3) ab. Bestimmen Sie die Ecken A, B und C des Originaldreiecks und zeichnen Sie dieses.

$$M = \begin{pmatrix} 1 & -1 \\ -1 & -1 \end{pmatrix}$$

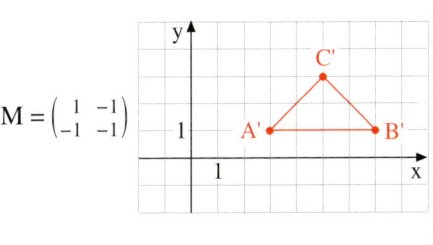

Lösung:
Die Umkehrabbildung existiert in diesem Fall. Ihre Gleichung ist $\vec{x} = M^{-1} \cdot \vec{x}'$, wobei die Abbildungsmatrix M^{-1} die Inverse der Abbildungsmatrix M ist.
Wir können M^{-1} manuell (s. S. 246) oder mit dem Taschenrechner berechnen (s. rechts).

Nun können wir den Ortsvektor des Originalpunktes A mit Hilfe der Gleichung $\vec{a} = M^{-1} \cdot \vec{a}'$ bestimmen. Wir erhalten als Ergebnis den Punkt A(1|−2).

Analog bestimmen wir die Originalpunkte B(3|−4) und C(1|−4).

Abschließend fertigen wir die Skizze mit dem Bilddreieck A'B'C' und dem oben rekonstruierten Originaldreieck ABC an.

Berechnung der inversen Matrix M^{-1}:
Manuelle Berechnung oder TR ergibt:
$$M = \begin{pmatrix} 1 & -1 \\ -1 & -1 \end{pmatrix} \Rightarrow M^{-1} = \begin{pmatrix} 0{,}5 & -0{,}5 \\ -0{,}5 & -0{,}5 \end{pmatrix}$$

Berechnung der Originalpunkte A, B, C:
$$\vec{a} = M^{-1} \cdot \vec{a}' = \begin{pmatrix} 0{,}5 & -0{,}5 \\ -0{,}5 & -0{,}5 \end{pmatrix} \cdot \begin{pmatrix} 3 \\ 1 \end{pmatrix} = \begin{pmatrix} 1 \\ -2 \end{pmatrix}$$
$$\Rightarrow A(1|-2)$$
Analog: B(3|−4), C(1|−4)

Zeichnung:

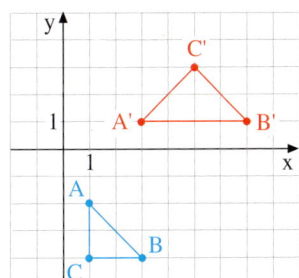

Übung 7 Rekonstruktion des Originalvierecks

Das Viereck ABCD wird durch die Abbildung $\vec{x}' = \begin{pmatrix} 2 & -1 \\ -3 & 2 \end{pmatrix} \cdot \vec{x}$ auf das Viereck A'B'C'D' mit den Ecken A'(5|8), B'(9|14), C'(11|18) und D'(7|12) abgebildet. Berechnen Sie das Originalviereck.

Übung 8 Keine Umkehrabbildung

Welche der folgenden Abbildungen sind nicht umkehrbar? Begründen Sie Ihre Aussage.
a) Spiegelung an der Geraden y = x
b) Senkrechte Projektion auf die x-Achse
c) Drehung um 90° um den Ursprung
d) Zentrische Streckung mit dem Faktor k = 2

Übungen

9. Bilder von Geraden

Gegeben sind eine Gerade g und eine lineare Abbildung. Bestimmen Sie das Bild von g.

a) g: $\vec{x} = \begin{pmatrix} 2 \\ 3 \end{pmatrix} + r\begin{pmatrix} 2 \\ -1 \end{pmatrix}$ b) g: $\vec{x} = \begin{pmatrix} 2 \\ 2 \end{pmatrix} + r\begin{pmatrix} 2 \\ -1 \end{pmatrix}$ c) g: $\vec{x} = r\begin{pmatrix} 1 \\ 0 \end{pmatrix}$

$\vec{x}' = \begin{pmatrix} 0 & 1 \\ -1 & 1 \end{pmatrix} \cdot \vec{x}$ Streckung vom Ursprung   Spiegelung an der Winkel-

aus mit dem Faktor k = 2   halbierenden y = x

10. Nachweis gegebener Fixgeraden

Zeigen Sie, dass die Geraden g_1 und g_2 Fixgeraden der Abbildung $\vec{x}' = M \cdot \vec{x}$ sind.

a) $\vec{x}' = \begin{pmatrix} 1 & 1 \\ 2 & 0 \end{pmatrix} \cdot \vec{x}$ b) $\vec{x}' = \begin{pmatrix} 1 & 3 \\ 3 & 1 \end{pmatrix} \cdot \vec{x}$ c) $\vec{x}' = \begin{pmatrix} 3 & 1 \\ -5 & -3 \end{pmatrix} \cdot \vec{x}$ d) $\vec{x}' = \begin{pmatrix} 2 & 1 \\ 3 & 4 \end{pmatrix} \cdot \vec{x}$

$g_1: x = r\begin{pmatrix} 1 \\ 1 \end{pmatrix}$ $g_1: x = r\begin{pmatrix} 1 \\ 1 \end{pmatrix}$ $g_1: x = r\begin{pmatrix} 1 \\ -1 \end{pmatrix}$ $g_1: x = r\begin{pmatrix} 1 \\ -1 \end{pmatrix}$

$g_2: x = r\begin{pmatrix} 1 \\ -2 \end{pmatrix}$ $g_2: x = r\begin{pmatrix} 1 \\ -1 \end{pmatrix}$ $g_2: x = r\begin{pmatrix} 1 \\ -5 \end{pmatrix}$ $g_2: x = r\begin{pmatrix} 1 \\ 3 \end{pmatrix}$

11. Fixgeraden bei der orthogonalen Spiegelung an der y-Achse

Betrachtet wird die orthogonale Spiegelung an der y-Achse.

a) Stellen Sie die Abbildungsgleichungen auf und bestimmen Sie die Abbildungsmatrix M.

b) Zeigen Sie: Die y-Achse ist Fixpunktgerade und Fixgerade.

c) Zeigen Sie: Die x-Achse ist Fixgerade, aber nicht Fixpunktgerade.

d) Zeigen Sie: Eine beliebige Ursprungsgerade g: x = $r\begin{pmatrix} m_1 \\ m_2 \end{pmatrix}$ mit m_1, $m_2 \neq 0$ ist nicht Fixgerade der Abbildung.

12. Fixgeraden bei der orthogonalen Spiegelung an der Winkelhalbierenden y = x

$\vec{x}' = M \cdot \vec{x}$ sei die Spiegelung an der Winkelhalbierenden y = x des 1. Quadranten.

a) Bestimmen Sie die Abbildungsgleichungen und die Abbildungsmatrix M.

b) Zeigen Sie: Die Winkelhalbierende y = x ist Fixpunktgerade und Fixgerade.

c) Zeigen Sie: Die Gerade y = −x ist Fixgerade, aber nicht Fixpunktgerade.

13. Fixpunkt, Fixpunktgerade und Fixgerade

Gegeben ist die lineare Abbildung $\vec{x}' = \begin{pmatrix} 1 & -1 \\ 1 & 3 \end{pmatrix} \cdot \vec{x}$

a) Bestimmen Sie den einzigen Fixpunkt der Abbildung.

b) Begründen Sie: Die Abbildung besitzt keine Fixpunktgerade.

c) Zeigen Sie: Die Gerade y = −x bzw. g: $\vec{x} = r\begin{pmatrix} 1 \\ -1 \end{pmatrix}$ ist Fixgerade der linearen Abbildung.

14. Untersuchung einer linearen Abbildung

Die Abbildung $\vec{x}' = M \cdot \vec{x}$. bildet den Punkt P(1|−1) auf den Punkt P'(−6|6) und den Punkt Q(1|2) auf den Punkt Q'(9|18) ab.

a) Bestimmen Sie die Abbildungsmatrix M. **Tipp:** LGS für die Elemente von M aufstellen.

b) Berechnen Sie den Kern und die Bildmenge der Abbildung.

c) Begründen Sie, dass es keine Fixpunktgerade gibt.

d) Zeigen Sie, dass $g_1: \vec{x} = r \cdot \begin{pmatrix} 1 \\ -1 \end{pmatrix}$ und $g_2: \vec{x} = r \cdot \begin{pmatrix} 1 \\ 2 \end{pmatrix}$ Fixgeraden sind.

3. Lineare Abbildungen im Raum

Für lineare Abbildungen im dreidimensionalen Raum gelten praktisch die gleichen Gesetzmäßigkeiten wie in der zweidimensionalen Ebene, die im vorigen Abschnitt behandelt wurden. Daher übernehmen wir die dort eingeführten Begriffe wie Abbildungsgleichung, Abbildungsmatrix, Bildmenge, Fixpunktmenge, Kern und Geradentreue sinngemäß in den Raum.

A. Orthogonale Projektionen auf die Koordinatenebenen

Oft ist es erforderlich, zweidimensionale Risse von dreidimensionalen Objekten zu erzeugen, z.B. Grundriss, Aufriss und Seitenriss. Oder es soll ein dreidimensionales Objekt auf dem zweidimensionalen Computerbildschirm angezeigt werden.
In all diesen Fällen handelt es sich um sog. orthogonale Projektionen auf die Koordinatenebenen.

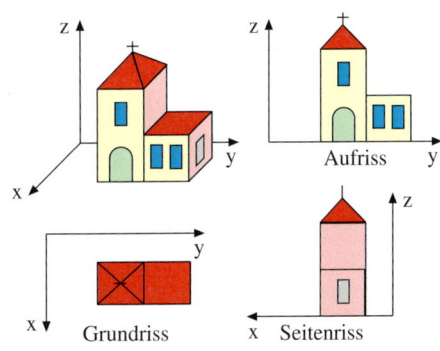

Beispiel: Die orthogonale Projektion auf die x-y-Ebene
Bei der orthogonalen Projektion auf die x-y-Ebene wird jedem Punkt P(x|y|z) des Raumes der Bildpunkt P′(x|y|0) zugeordnet.
a) Stellen Sie die Abbildungsmatrix M auf.
b) Bestimmen Sie das Bild des Dreiecks ABC mit den Ecken A (4|3|5), B (8|7|5) und C (6|8|4).

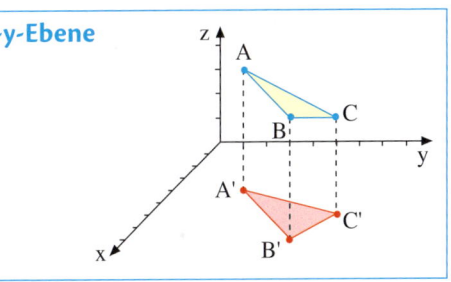

Lösung zu a:
Da P(x|y|z) auf P′(x|y|0) abgebildet wird, gelten die folgenden Abbildungsgleichungen:
$x' = x$, $y' = y$ und $z' = 0$.
Notieren wir diese Gleichungen in ausführlicher Schreibweise, so sind die Koeffizienten der Gleichungen gerade die Elemente der Abbildungsmatrix M.

Abbildungsmatrix M:

$$x' = x \qquad x' = 1 \cdot x + 0 \cdot y + 0 \cdot z$$
$$y' = y \quad \Rightarrow \quad y' = 0 \cdot x + 1 \cdot y + 0 \cdot z$$
$$z' = 0 \qquad z' = 0 \cdot x + 0 \cdot y + 0 \cdot z$$

$$\Rightarrow \quad M = \begin{pmatrix} 1 & 0 & 0 \\ 0 & 1 & 0 \\ 0 & 0 & 0 \end{pmatrix}$$

Lösung zu b:
Wir erhalten die Bildpunkte A′, B′, C′, indem wir die z-Koordinaten der Originalpunkte A, B, C auf null setzen.
Alternativ kann man sie durch Multiplikation der Ortsvektoren der Originalpunkte mit der Abbildungsmatrix errechnen. Das ist aber das umständlichere Verfahren.

Bildpunkte des Dreiecks:

A (4|3|5) A′ (4|3|0)
B (8|7|5) ⇒ B′ (8|7|0)
C (6|8|4) C′ (6|8|0)

$$\vec{a}\,' = M \cdot \vec{a} = \begin{pmatrix} 1 & 0 & 0 \\ 0 & 1 & 0 \\ 0 & 0 & 0 \end{pmatrix} \cdot \begin{pmatrix} 4 \\ 3 \\ 5 \end{pmatrix} = \begin{pmatrix} 4 \\ 3 \\ 0 \end{pmatrix}$$

Eigenschaften der orthogonalen Projektionen

Projektion auf die x-y-Ebene	Projektion auf die x-z-Ebene	Projektion auf die y-z-Ebene
$M = \begin{pmatrix} 1 & 0 & 0 \\ 0 & 1 & 0 \\ 0 & 0 & 0 \end{pmatrix}$	$M = \begin{pmatrix} 1 & 0 & 0 \\ 0 & 0 & 0 \\ 0 & 0 & 1 \end{pmatrix}$	$M = \begin{pmatrix} 0 & 0 & 0 \\ 0 & 1 & 0 \\ 0 & 0 & 1 \end{pmatrix}$

Bildmenge:	x-y-Ebene	Bildmenge:	x-z-Ebene	Bildmenge:	y-z-Ebene
Fixpunktmenge:	x-y-Ebene	Fixpunktmenge:	x-z-Ebene	Fixpunktmenge:	y-z-Ebene
Kern:	z-Achse	Kern:	y-Achse	Kern:	x-Achse

Übung 1 **Orthogonale Projektion**

ABCDS sei eine Pyramide mit den Ecken A (14|7|0), B (16|10|0), C (13|12|0), D (11|9|0) und der Spitze S (14|10|6).

a) Berechnen Sie die Bildpunkte bei orthogonaler Projektion auf die x-y-Ebene (Grundriss), auf die y-z-Ebene (Aufriss) und auf die x-z-Ebene (Seitenriss).

b) Fertigen Sie ein Schrägbild der Pyramide an und zeichnen Sie die Risse aus a) ein. Verwenden Sie ein kariertes DIN-A4-Blatt im Querformat (1 LE ≙ 1 cm).

B. Orthogonale Spiegelungen an den Koordinatenebenen

Ähnlich wie die orthogonalen Projektionen verhalten sich die *orthogonalen Spiegelungen* an den Koordinatenebenen.

Hierbei werden Figuren und Körper in kongruente Figuren und Körper verwandelt, wobei sich allerdings der Umlaufsinn ändert.

Die Bildmenge ist nun der gesamte Raum.

Die Fixpunktmenge ist die Spiegelebene.

Der Kern besteht nur aus dem Ursprung.

Orthogonale Spiegelung an der x-z-Ebene

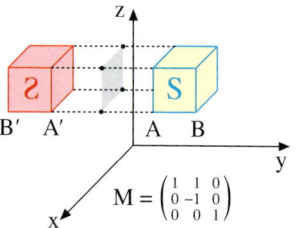

$M = \begin{pmatrix} 1 & 1 & 0 \\ 0 & -1 & 0 \\ 0 & 0 & 1 \end{pmatrix}$

Abbildungsmatrizen der orthogonalen Spiegelungen

Spiegelung an der x-y-Ebene	Spiegelung an der x-z-Ebene	Spiegelung an der y-z-Ebene
$M = \begin{pmatrix} 1 & 0 & 0 \\ 0 & 1 & 0 \\ 0 & 0 & -1 \end{pmatrix}$	$M = \begin{pmatrix} 1 & 0 & 0 \\ 0 & -1 & 0 \\ 0 & 0 & 1 \end{pmatrix}$	$M = \begin{pmatrix} -1 & 0 & 0 \\ 0 & 1 & 0 \\ 0 & 0 & 1 \end{pmatrix}$

Übung 2 **Rechteck**

Das Rechteck ABCD mit den Ecken A (4|−1|3), B (4|−3|3), C (8|−3|3) und D (8|−1|3) soll zunächst an der x-z-Ebene orthogonal gespiegelt werden. Das Bild soll dann an der x-y-Ebene gespiegelt werden. Bestimmen Sie die Abbildungsmatrix der Gesamtabbildung. Berechnen Sie die Bildecken A′, B′, C′, D′ und A″, B″, C″, D″. Zeichnen Sie ein Schrägbild.

C. Die zentrische Streckung im Raum

Zentrische Streckung

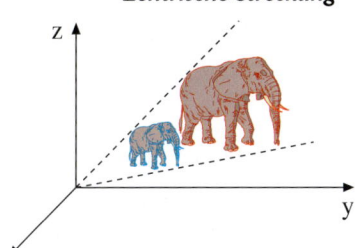

Die vom Ursprung ausgehende zentrische Streckung kann auch im Raum angewandt werden.
Computerprogramme verwenden derartige Abbildungen für ihre Zoom-Funktion. Bildmenge ist dabei der gesamte Raum.
Fixpunktmenge und Kern bestehen aus nur dem Ursprungspunkt.

▶ **Beispiel: Zentrische Streckung vom Ursprung aus**
a) Durch eine vom Ursprung ausgehende zentrische Streckung soll die Vergrößerung einer Figur um den Faktor 2 erreicht werden.
Geben Sie die Abbildungsmatrix M an.
b) Beschreiben Sie, welche geometrische Wirkung eine Streckung mit dem Faktor $k = \frac{1}{2}$ bzw. mit dem negativen Faktor $k = -1$ hat.

Lösung zu a:
Alle Punktkoordinaten werden bei dieser Streckung verdoppelt.
Die Abbildungsgleichungen lauten also:
$x' = 2\,x$, $y' = 2\,y$ und $z' = 2\,z$.
Ihrer ausführlichen Schreibweise (s. rechts) kann man die Elemente der Abbildungsmatrix M entnehmen.

Streckung mit dem Faktor 2:

$$x' = 2\,x \qquad x' = 2 \cdot x + 0 \cdot y + 0 \cdot z$$
$$y' = 2\,y \Rightarrow y' = 0 \cdot x + 2 \cdot y + 0 \cdot z$$
$$z' = 2\,z \qquad z' = 0 \cdot x + 0 \cdot y + 2 \cdot z$$

$$\Rightarrow M = \begin{pmatrix} 2 & 0 & 0 \\ 0 & 2 & 0 \\ 0 & 0 & 2 \end{pmatrix}$$

Lösung zu b:
Der Streckfaktor $k = \frac{1}{2}$ hat eine Verkleinerung von Figuren zur Folge. Alle Streckenlängen halbieren sich.
Der Streckfaktor $k = -1$ erzeugt eine Spiegelung am Ursprung.

Streckfaktor $k = \frac{1}{2}$ bzw. $k = -1$:

$$M = \begin{pmatrix} \frac{1}{2} & 0 & 0 \\ 0 & \frac{1}{2} & 0 \\ 0 & 0 & \frac{1}{2} \end{pmatrix} \qquad M = \begin{pmatrix} -1 & 0 & 0 \\ 0 & -1 & 0 \\ 0 & 0 & -1 \end{pmatrix}$$

Halbierung aller   Spiegelung am
Streckenlängen   Ursprung

▶ **Beispiel: Teilstreckung**
Die Matrix M stellt eine Variation der Streckmatrix mit dem Faktor 2 dar.
Beschreiben Sie die geometrische Wirkung der Abbildung $\vec{x}\,' = M \cdot \vec{x}$.

$$M = \begin{pmatrix} 2 & 0 & 0 \\ 0 & 2 & 0 \\ 0 & 0 & 1 \end{pmatrix}$$

Lösung:
Die Streckung wirkt nur auf die x-Koordinate und die y-Koordinate eines Punktes.
Die z-Koordinate bleibt unverändert
Figuren werden breiter und tiefer.
▶ Die Höhe bleibt unverändert.

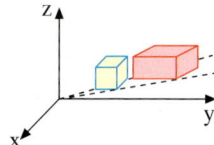

Übung 3 Zentrische Streckung

Konstruieren Sie das Bild des Dreiecks ABC A (4|4|8), B (8|12|6), C (4|12|8) bei der zentrischen Streckung mit dem Streckfaktor $k = \frac{1}{2}$. Fertigen Sie ein Schrägbild an.

$$M = \begin{pmatrix} \frac{1}{2} & 0 & 0 \\ 0 & \frac{1}{2} & 0 \\ 0 & 0 & \frac{1}{2} \end{pmatrix}$$

Übung 4 Teilstreckung

Konstruieren Sie das Bild des Rechtecks ABCD mit A (4|4|4), B (2|4|4), C (2|4|6), D (4|4|6) bei der Teilstreckung mit der Matrix M. Fertigen Sie ein Schrägbild an.

$$M = \begin{pmatrix} 2 & 0 & 0 \\ 0 & 2 & 0 \\ 0 & 0 & \frac{1}{2} \end{pmatrix}$$

D. Drehung um eine Koordinatenachse

Drehungen im Raum lassen sich leicht realisieren, wenn man sich auf *Drehungen um eine der Koordinatenachsen* beschränkt. Dann kann die zweidimensionale Drehmatrix aus Abschnitt 2 (Drehung um die x- und z-Achse) oder eine leichte Variation derselben (y-Achse) verwenden. Man legt zunächst die Drehrichtung nach folgender *Rechte-Hand-Regel* fest:

Rechts ist die Regel für die Drehung um die z-Achse veranschaulicht. In der x-y-Ebene in üblicher Lage – d. h. x-Achse nach rechts, y-Achse nach oben – führt sie zu einer Drehrichtung gegen den Uhrzeigersinn (rot).
Bei der Drehung um die x-Achse ist es ebenso. Sie führt in der y-z-Ebene in üblicher Lage zu einer Drehrichtung gegen den Uhrzeigersinn (grün).
Bei der Drehung um die y-Achse (blau) entsteht jedoch in der x-z-Ebene in üblicher Lage einen Drehung im Uhrzeigersinn (blau).

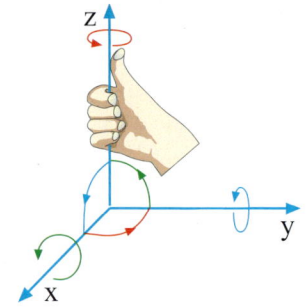

Als Folgerung kann man eine Drehung um einen beliebigen Winkel j um eine der drei Koordinatenachsen mit Hilfe der zweidimensionalen Drehmatrix leicht realisieren.
Bei der Drehung um die y-Achse wechseln die Sinuswerte der Drehmatrix allerdings die Vorzeichen. Unterlässt man das, so würde der Punkt Z(0|0|1) bei der Drehung um die y-Achse um 90° auf den Punkt Z'(-1|0|0) abgebildet werden. Mit dem Vorzeichenwechsel erhält man Z'(1|0|0), was der Rechte-Hand-Regel entspricht. Dies führt auf folgende dreidimensionale Drehmatrizen.

▶ **Beispiel: Drehung um die x-Achse**
Das Dreieck ABC soll um 90° um die x-Achse gedreht werden.
Gegeben sind die Punkte A (4|6|4), B (6|10|6) und C (0|6|5).
a) Bestimmen Sie die Abbildungsmatrix M_1 dieser Abbildung.
b) Bestimmen Sie das Bilddreieck A′B′C′ und fertigen Sie ein Schrägbild an.

Lösung zu a:

Bei der Drehung um die x-Achse um den Winkel φ bleibt die x-Koordinate unverändert, während y- und z-Koordinate mit der zweidimensionalen Matrix gedreht werden. Das führt auf die Matrix M (s. rechts). Bei einer Drehung um 90° ergibt sich daraus die Abbildungsmatrix M_1.

Drehwinkel φ um die x-Achse:

$$M = \begin{pmatrix} 1 & 0 & 0 \\ 0 & \cos\varphi & -\sin\varphi \\ 0 & \sin\varphi & \cos\varphi \end{pmatrix}$$

Drehwinkel φ = 90°:

$$M_1 = \begin{pmatrix} 1 & 0 & 0 \\ 0 & 0 & -1 \\ 0 & 1 & 0 \end{pmatrix}$$

Lösung zu b:

Durch Multiplikation der Ortsvektoren der Punkte A bis C mit M_1 ergeben sich die folgenden Bildpunkte A′(4|−4|6), B′(6|−6|10) und C′(0|−5|6).
Rechts ist das Schrägbild dargestellt. Dabei muss man berücksichtigen, dass sich durch das Drehen die Perspektive ändert, so dass die Dreiecke nicht kongruent aussehen, obwohl sie es sind.

Bild des Dreiecks ABC:

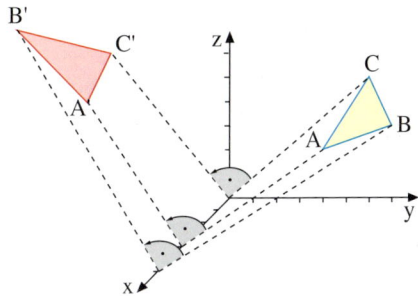

▶ **Beispiel: Drehung eines Rechtecks um die y-Achse**
Das Rechteck ABCD soll um 60° um die y-Achse gedreht werden. Gegeben sind die Punkte A(4|6|4), B(6|10|6), C(8|8|8) und D(6|4|6). Bestimmen Sie die Abbildungsmatrix M dieser Abbildung sowie die Koordinaten des Bildrechtecks.

Lösung:
Drehwinkel φ = 60° um die x-Achse:

$$M = \begin{pmatrix} \cos 60° & 0 & \sin 60° \\ 0 & 1 & 0 \\ -\sin 60° & 0 & \cos 60° \end{pmatrix} = \begin{pmatrix} 0,5 & 0 & 0,866 \\ 0 & 1 & 0 \\ -0,866 & 0 & 0,5 \end{pmatrix}$$

Bild des Rechtecks ABCD:

$$\vec{a}' = M \cdot \vec{a} \approx \begin{pmatrix} 0,5 & 0 & 0,866 \\ 0 & 1 & 0 \\ -0,866 & 0 & 0,5 \end{pmatrix} \cdot \begin{pmatrix} 4 \\ 6 \\ 4 \end{pmatrix} \approx \begin{pmatrix} 5,5 \\ 6 \\ -1,5 \end{pmatrix}$$

$\Rightarrow$ A′(5,5|6|−1,5); B′(8,2|10|−2,2);
C′(10,9|8|−2,9); D′(8,2|4|−2,2)

Übung 5 Drehung eines Dreiecks
Das Dreieck ABC mit den Ecken A (6|4|1), B (6|6|1) und C (4|3|6) soll um die z-Achse gedreht werden.
Der Drehwinkel betrage φ = 30°.
a) Bestimmen Sie die Drehmatrix M.
b) Berechnen Sie die Bildpunkte A, B und C.
c) Fertigen Sie ein Schrägbild an.

Übung 6 Drehung einer Strecke
Das Strecke $\overline{AB}$ mit den Ecken A (6|6|1) und B (8|10|0) wurde um die y-Achse gedreht. Die Bildpunkte sind A′(3,54|6|4,95) und B′(5,66|10|5,66).
a) Fertigen Sie ein Schrägbild an.
b) Schätzen Sie den Drehwinkel φ.
c) Berechnen Sie den Drehwinkel φ.

Übungen

7. Drehmatrizen

Bestimmen Sie die Drehmatrizen für die folgenden Drehungen um die Koordinatenachsen.

a) Drehung um 90° um die x-Achse, also gegen den Uhrzeigersinn

b) Drehung um –90 °um die x-Achse, also im Uhrzeigersinn

c) Drehung um 45° um die y-Achse

d) Drehung um 180° um die z-Achse

e) Drehung um 60° um die x-Achse

f) Drehung um 270° um die y-Achse

g) Drehung um –30° um die x-Achse

h) Drehung um 50° um die z-Achse

8. Drehwinkel

Die Matrix M bewirkt eine Drehung um die x-Achse. Es soll ermittelt werden, wie groß der Drehwinkel φ ist. Anleitung: Berechnen Sie den Bildpunkt P' des gegebenen Punktes P sowie das Drehzentrum A auf der x-Achse. φ ist dann der Winkel zwischen den Vektoren $\overrightarrow{AP}$ und $\overrightarrow{AP'}$, der mit Hilfe des Skalarprodukts errechnet werden kann.

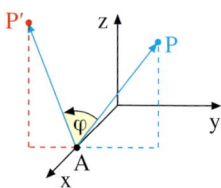

a) $M = \begin{pmatrix} 1 & 0 & 0 \\ 0 & 0 & -1 \\ 0 & 1 & 0 \end{pmatrix}$

$P(4|6|4)$

b) $M = \begin{pmatrix} 1 & 0 & 0 \\ 0 & -1 & 0 \\ 0 & 0 & -1 \end{pmatrix}$

$P(x|y|z), (x^2 + y^2 + z^2 > 0)$

c) $M = \begin{pmatrix} 1 & 0 & 0 \\ 0 & \frac{1}{2} & -\frac{\sqrt{3}}{2} \\ 0 & \frac{\sqrt{3}}{2} & \frac{1}{2} \end{pmatrix}$

$P(4|-2|5)$

9. Die aufgeführten Matrizen sind Drehmatrizen

Die aufgeführten Matrizen sind Drehmatrizen, welche jeweils eine Drehung um eine Koordinatenachse bewirken. Ordnen sie jeder Matrix M die zugehörige Drehachse und den Drehwinkel zu. Begründen Sie Ihre Zuordnung.

A	B	C
x-Achse	x-Achse	y-Achse
$\varphi = -90°$	$\varphi = 90°$	$\varphi = 45°$

$M_1 = \begin{pmatrix} 1 & 0 & 0 \\ 0 & 0 & -1 \\ 0 & 1 & 0 \end{pmatrix}$ $M_2 = \begin{pmatrix} 0 & 1 & 0 \\ -1 & 0 & 0 \\ 0 & 0 & 1 \end{pmatrix}$ $M_3 = \begin{pmatrix} -1 & 0 & 0 \\ 0 & -1 & 0 \\ 0 & 0 & 1 \end{pmatrix}$

D	E	F
z-Achse	z-Achse	y-Achse
$\varphi = 270°$	$\varphi = 180°$	$\varphi = 60°$

$M_4 = \begin{pmatrix} \frac{1}{2} & 0 & \frac{\sqrt{3}}{2} \\ 0 & 1 & 0 \\ -\frac{\sqrt{3}}{2} & 0 & \frac{1}{2} \end{pmatrix}$ $M_5 = \begin{pmatrix} 1 & 0 & 0 \\ 0 & 0 & 1 \\ 0 & -1 & 0 \end{pmatrix}$ $M_6 = \begin{pmatrix} \frac{1}{\sqrt{2}} & 0 & \frac{1}{\sqrt{2}} \\ 0 & 1 & 0 \\ -\frac{1}{\sqrt{2}} & 0 & \frac{1}{\sqrt{2}} \end{pmatrix}$

10. Drehung um positive und negative Winkel

Die Matrix M bewirkt eine Drehung von $\varphi_1 = 60°$ um die y-Achse. Wie muss die Matrix verändert werden, wenn Sie eine Drehung um $\varphi = -60°$ bewirken soll?

$M = \begin{pmatrix} \frac{1}{2} & 0 & \frac{\sqrt{3}}{2} \\ 0 & 1 & 0 \\ -\frac{\sqrt{3}}{2} & 0 & \frac{1}{2} \end{pmatrix}$

11. Kombination von zwei Drehmatrizen

Der Punkt $P(8|-4|2)$ soll zunächst um $\varphi_1 = -90°$ um die x-Achse und anschließend um $\varphi_2 = 180°$ um die y-Achse gedreht werden, wobei die Bildpunkte P' und P'' erzeugt werden.

a) Geben Sie die zugehörigen Drehmatrizen M_1 und M_2 an.

b) Berechnen Sie die Bildpunkte P' und P''.

c) Zeigen Sie, dass die Matrix $M = M_2 \cdot M_1$ den Punkt P in einem einzigen Schritt auf den Punkt P'' abbildet.

E. Parallelprojektion und Schattenwurf

Die Strahlen der Sonne fallen parallel auf
der Erde ein, da die Lichtquelle sehr weit
von der Erde entfernt ist.
Der Schattenwurf stellt daher eine sog.
Parallelprojektion auf die Erdoberfläche
dar. Im Folgenden geht es um Eigenschaften dieser Abbildungen.

Wir beginnen mit der einfachsten Fragestellung, d. h. mit der Abbildung eines Punktes P.

▶ **Beispiel: Parallelprojektion auf die x-y-Ebene**
Der Punkt $P(x|y|z)$ soll durch paralleles
Licht in Richtung des Vektors $\vec{m}$ auf die
x-y-Ebene projiziert werden.
a) Bestimmen Sie den Bildpunkt $P'(x'|y'|z')$.
b) Ermitteln Sie die Abbildungsmatrix M.

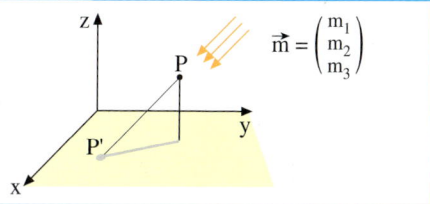

Lösung zu a:
Wir stellen zunächst die Gleichung einer
Geraden g auf, die durch den Punkt P geht
und den Richtungsvektor $\vec{m}$ besitzt.

Dann berechnen wir durch Nullsetzen der
z-Koordinate der Geradengleichung, wo
die Gerade g die x-y-Ebene schneidet.
Dies ist für den Parameter $r = -\frac{z}{m_3}$ der Fall.
Durch Einsetzen dieses Wertes in die Geradengleichung ergibt sich der Bildpunkt P'.

Liegt der Punkt P unterhalb der x-y-Ebene,
so ergibt sich das kurios erscheinende Resultat, dass er trotzdem auf die x-y-Ebene
projiziert wird.

Lösung zu b:
Die Koordinaten des Bildpunktes P' führen
direkt auf die Abbildungsgleichungen.
Schreiben wir diese in ausführlicher Form
auf, so stellen die Koeffizienten die Ele-
▶ mente der Matrix M dar.

Geradengleichung durch P in Richtung $\vec{m}$:
$$g: \vec{x} = \begin{pmatrix} x \\ y \\ z \end{pmatrix} + r \begin{pmatrix} m_1 \\ m_2 \\ m_3 \end{pmatrix}$$

Schnittpunkt P' von g mit der x-y-Ebene:
$$z' = 0 \Rightarrow z + r \cdot m_3 = 0 \Rightarrow r = -\frac{z}{m_3}$$

$$\vec{x}' = \begin{pmatrix} x \\ y \\ z \end{pmatrix} - \frac{z}{m_3} \begin{pmatrix} m_1 \\ m_2 \\ m_3 \end{pmatrix} = \begin{pmatrix} x - \frac{m_1}{m_3} \cdot z \\ y - \frac{m_2}{m_3} \cdot z \\ 0 \end{pmatrix}$$

Abbildungsmatrix M:
$$x' = x - \frac{m_1}{m_3} \cdot z = 1 \cdot x + 0 \cdot y - \frac{m_1}{m_3} \cdot z$$
$$y' = y - \frac{m_2}{m_3} \cdot z = 0 \cdot x + 1 \cdot y - \frac{m_2}{m_3} \cdot z$$
$$z' = \ 0 \qquad\quad = 0 \cdot x + 0 \cdot y + 0 \cdot z$$

$$\Rightarrow M = \begin{pmatrix} 1 & 0 & -\frac{m_1}{m_3} \\ 0 & 1 & -\frac{m_2}{m_3} \\ 0 & 0 & 0 \end{pmatrix}$$

Übung 12 Parallelprojektion
Die rechteckige Fläche ABCD wird von
Licht in Richtung des Vektors $\vec{m}$ getroffen.
Bestimmen Sie das Schattenbild des Recht-
ecks in der x-y-Ebene.
Fertigen Sie ein Schrägbild an.

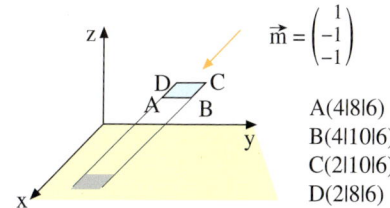

$$\vec{m} = \begin{pmatrix} 1 \\ -1 \\ -1 \end{pmatrix}$$

A(4|8|6)
B(4|10|6)
C(2|10|6)
D(2|8|6)

Wir stellen die Abbildungsmatrizen zu Parallelprojektionen auf die Koordinatenebenen zusammen.

Parallelprojektionen auf die Koordinatenebenen
Abbildungsmatrizen

Die Projektionsrichtung sei durch den Vektor $\vec{m} = M = \begin{pmatrix} m_1 \\ m_2 \\ m_3 \end{pmatrix}$ gegeben. Dann gilt:

x-y-Ebene

$$M = \begin{pmatrix} 1 & 0 & -\frac{m_1}{m_3} \\ 0 & 1 & -\frac{m_2}{m_3} \\ 0 & 0 & 0 \end{pmatrix}$$

x-z-Ebene

$$M = \begin{pmatrix} 1 & -\frac{m_1}{m_2} & 0 \\ 0 & 0 & 0 \\ 0 & -\frac{m_3}{m_2} & 1 \end{pmatrix}$$

y-z-Ebene

$$M = \begin{pmatrix} 0 & 0 & 0 \\ -\frac{m_2}{m_1} & 1 & 0 \\ -\frac{m_3}{m_1} & 0 & 1 \end{pmatrix}$$

Nun vertiefen wir unsere Betrachtungen durch die Parallelprojektion einer geometrischen Figur.

▶ **Beispiel: Schattenwurf eines Turms**
Vom abgebildeten Turm sind die Ecken
$E(4|8|6), F(4|10|6), G(2|10|6), H(2|8|6)$
und die Spitze $S(3|9|8)$ gegeben.

Das Licht fällt in Richtung des Vektors $\vec{m}$.
Berechnen Sie die Bildpunkte E′, F′, G′,
H′ und S′ und zeichnen Sie Turm und
Turmschatten in einem Schrägbild.

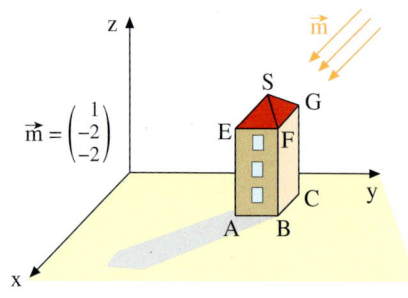

$$\vec{m} = \begin{pmatrix} 1 \\ -2 \\ -2 \end{pmatrix}$$

Lösung:
Die Abbildungsmatrix M erhalten wir,
indem wir in die allgemeine Form aus
dem Kasten oben die Koordinaten $m_1 = 1$,
$m_2 = -2$ und $m_3 = -2$ des Vektors $\vec{m}$ einsetzen.
Wir können M aber auch wie im vorigen
Beispiel mit Hilfe einer Geradengleichung
gewinnen.
Die Bildpunkte E′, F′, G′, H′ und S′ berechnen wir durch Multiplikation der Ortsvektoren der Punkte E, F, G, H und S mit der
Abbildungsmatrix M, wie rechts am Beispiel von E und E′ dargestellt.

Nun zeichnen wir das Schrägbild des Turms
mit den Punkten A bis H und S.
Dann zeichnen wir die Bildpunkte E′, F′,
G′, H′ und S′ ein.
Schließlich verbinden wir D, H′, S′, F′ und
B in dieser Reihenfolge. So erhalten wir die
▶ Außenkanten des Schattens.

Abbildungsmatrix M:

$$\vec{x}\,' = \underbrace{\begin{pmatrix} 1 & 0 & \frac{1}{2} \\ 0 & 1 & -1 \\ 0 & 0 & 0 \end{pmatrix}}_{M} \cdot \vec{x}$$

Bildpunkte:

$$\vec{e}\,' = M \cdot \vec{e} = \begin{pmatrix} 1 & 0 & \frac{1}{2} \\ 0 & 1 & -1 \\ 0 & 0 & 0 \end{pmatrix} \cdot \begin{pmatrix} 4 \\ 8 \\ 6 \end{pmatrix} = \begin{pmatrix} 7 \\ 2 \\ 0 \end{pmatrix}$$

$$\Rightarrow E'(7|2|0)$$

Analog: $F'(7|4|0), G'(5|4|0)$
              $H'(5|2|0), S'(7|1|0)$

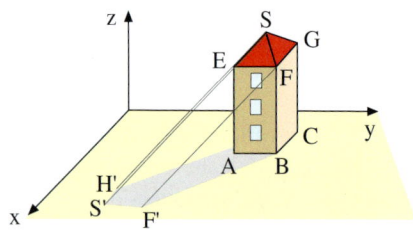

Übung 13 Parallelprojektion einer Pyramide
Gegeben ist die rechts dargestellte quadratische Pyramide. Sonnenlicht fällt in Richtung des Vektors $\vec{m}$ ein und erzeugt einen Schatten auf dem Erdboden.
a) Wie lautet die Abbildungsmatrix M?
b) Berechnen Sie den Schattenpunkt S'.
c) Fertigen Sie ein Schrägbild der Pyramide an und zeichnen Sie den Schatten der Pyramide ein.

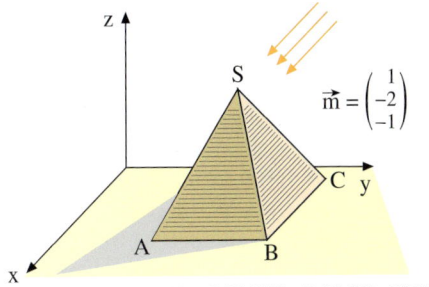

$$\vec{m} = \begin{pmatrix} 1 \\ -2 \\ -1 \end{pmatrix}$$

A(6|6|0), B(6|10|0), C(2|10|0), D(2|6|0), S(4|8|4)

Übung 14 Richtung der Sonnenstrahlen
Die Matrix M beschreibt den Schattenwurf der Sonne auf eine der drei Koordinatenebenen.
a) Auf welche Koordinatenebene fällt der Schatten bei Abb. I bzw. Abb. II?
b) Bestimmen Sie das Bild von A(8|8|8).
c) In welche Richtung fällt das Licht?

$$I \quad M = \begin{pmatrix} 1 & 0 & 1 \\ 0 & 1 & \frac{1}{2} \\ 0 & 0 & 0 \end{pmatrix}$$

$$II \quad M = \begin{pmatrix} 0 & 0 & 0 \\ 2 & 1 & 0 \\ -1 & 0 & 1 \end{pmatrix}$$

Übung 15 Parallelprojektion
Eine Parallelprojektion wird durch die Abbildungsmatrix M beschrieben.
a) Stellen Sie fest, auf welche Koordinatenebene projiziert wird.
b) Geben Sie einen Vektor $\vec{m}$ an, der die Projektionsrichtung anzeigt.
c) Bestimmen Sie das Bild des Dreiecks ABC mit A(6|8|4), B(8|10|8) und C(7|12|6).

$$I \quad M = \begin{pmatrix} 1 & 0 & 1 \\ 0 & 1 & 3 \\ 0 & 0 & 0 \end{pmatrix}$$

$$II \quad M = \begin{pmatrix} 1 & \frac{1}{2} & 0 \\ 0 & 0 & 0 \\ 0 & -\frac{1}{2} & 1 \end{pmatrix}$$

$$III \quad M = \begin{pmatrix} 0 & 0 & 0 \\ 1 & 1 & 0 \\ 1 & 0 & 1 \end{pmatrix}$$

Übung 16 Der Schatten eines Turmes
Der abgebildete Turm hat die in der Zeichnung aufgeführten Eckpunktkoordinaten.
Die Sonne steht im Osten und erzeugt paralleles Licht in Richtung des Vektors $\vec{m}$.
Der Schatten des Turmes wird zum Teil auf die x-z-Ebene geworfen und zum Teil auf die x-y-Ebene.
a) Wie lauten die Koordinaten von F, G, H?
b) Bestimmen Sie die Abbildungsmatrix M für die Projektion in die x-z-Ebene.
c) Bestimmen Sie das Bild S' der Turmspitze S in der x-z-Ebene.
d) Bestimmen Sie die Bilder der Punkte E, F, G und H in der x-z-Ebene.
e) Fertigen Sie nun eine Skizze des gesamten Turmschattens im Schrägbild an.

A(6|6|0)
B(6|8|0)
C(4|8|0)
D(4|6|0)
E(6|6|8)
S(5|7|12)

$$\vec{m} = \begin{pmatrix} 0 \\ -1 \\ -1 \end{pmatrix}$$

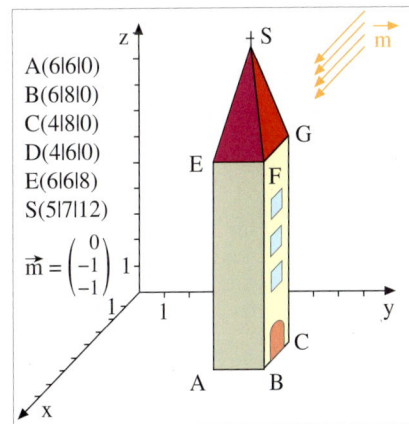

F. Parallelprojektion auf beliebige Ursprungsebenen

Im vorhergehenden Abschnitt wurden Parallelprojektionen auf die Koordinatenebenen behandelt. Wir dehnen nun die Untersuchung auf beliebige Projektionsebenen aus.

▶ **Beispiel: Schatten einer Flugbahn**

Ein Flugzeug passiert im geradlinigen Landeanflug die Positionen $P(10|12|10)$ und $Q(2|4|4)$ (1 LE = 1000 m). Paralleles Sonnenlicht in Richtung des

Vektors $\vec{m} = \begin{pmatrix} 0 \\ -2 \\ -1 \end{pmatrix}$ erzeugt auf der Hang-

ebene E: $y + 2z = 0$ einen Schatten des Flugzeugs.

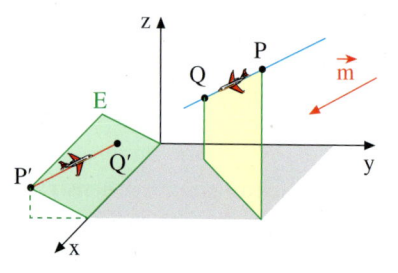

a) Bestimmen Sie die Abbildungsmatrix M dieser Parallelprojektion auf die Hangebene E.
b) Berechnen Sie die Schattenpositionen P' und Q' der Positionen P und Q.

Lösung zu a:

Wir stellen zunächst die Gleichung einer Geraden g auf, die durch den allgemeinen Punkt $A(a|b|c)$ geht und den Richtungsvektor $\vec{m}$ besitzt.

Anschließend berechnen wir den Bildpunkt A' des Punktes A als Schnittpunkt der Geraden g mit der Ebene E.
Hierzu setzen wir die Koordinaten von g in die Gleichung von E ein.
Wir erhalten den Parameterwert $r = \frac{1}{4}b + \frac{1}{2}c$.
Durch Einsetzen dieses Wertes in die Gleichung von g ergibt sich der Bildpunkt A':
$A'\left(a\left|\frac{1}{2}b - c\right| -\frac{1}{4}b + \frac{1}{2}c\right)$.
Nun können wir die Abbildungsgleichungen aufstellen, deren Koeffizienten die Abbildungsmatrix M liefern.

Gerade durch A in Richtung $\vec{m}$:

$$g: \vec{x} = \begin{pmatrix} a \\ b \\ c \end{pmatrix} + r\begin{pmatrix} 0 \\ -2 \\ -1 \end{pmatrix} = \begin{pmatrix} a \\ b - 2r \\ c - r \end{pmatrix}$$

Schnittpunkt A' von g und E:

E: $y + 2z = 0$
$\qquad (b - 2r) + 2(c - r) = 0$
$\qquad b + 2c - 4r = 0$
$\qquad r = \frac{1}{4}b + \frac{1}{2}c$

$$\Rightarrow \vec{a}' = \begin{pmatrix} a \\ b \\ c \end{pmatrix} + \left(\frac{1}{4}b + \frac{1}{2}c\right) \cdot \begin{pmatrix} 0 \\ -2 \\ -1 \end{pmatrix} = \begin{pmatrix} a \\ \frac{1}{2}b - c \\ -\frac{1}{4}b + \frac{1}{2}c \end{pmatrix}$$

Abbildungsmatrix M:

$a' = a + 0 \cdot b + 0 \cdot c$
$b' = 0 + \frac{1}{2} \cdot b - 1 \cdot c \qquad \Rightarrow M = \begin{pmatrix} 1 & 0 & 0 \\ 0 & \frac{1}{2} & -1 \\ 0 & -\frac{1}{4} & \frac{1}{2} \end{pmatrix}$
$a' = 0 - \frac{1}{4} \cdot b + \frac{1}{2} \cdot c$

Lösung zu b:

Die Schattenpunkte P' und Q' sind die Bildpunkte von P und Q bei der Abbildung mit M. Um P' und Q' zu bestimmen, multiplizieren wir die Ortsvektoren $\vec{p}$ und $\vec{q}$ mit der Matrix M.
Resultat: $P'(10|-4|2)$, $Q'(2|-2|1)$
Der Schatten des Flugzeugs bewegt sich
▶ also auf der Ebene E von P' nach Q'.

Berechnung der Bildpunkte P' und Q':

$$\vec{p}\,' = M \cdot \vec{p} = \begin{pmatrix} 1 & 0 & 0 \\ 0 & \frac{1}{2} & -1 \\ 0 & -\frac{1}{4} & \frac{1}{2} \end{pmatrix} \cdot \begin{pmatrix} 10 \\ 12 \\ 10 \end{pmatrix} = \begin{pmatrix} 10 \\ -4 \\ 2 \end{pmatrix}$$

$$\vec{q}\,' = M \cdot \vec{q} = \begin{pmatrix} 1 & 0 & 0 \\ 0 & \frac{1}{2} & -1 \\ 0 & -\frac{1}{4} & \frac{1}{2} \end{pmatrix} \cdot \begin{pmatrix} 2 \\ 4 \\ 4 \end{pmatrix} = \begin{pmatrix} 2 \\ -2 \\ 1 \end{pmatrix}$$

Wir behandeln nun einige Zusatzprobleme zur Parallelprojektion aus dem vorigen Beispiel.

▶ **Beispiel: Bildmenge, Fixpunktmenge, Kern und Fixpunktgeraden**

Wir untersuchen die Parallelprojektion in Richtung des Vektors $\vec{m}$ auf die Ebene E mit der Abbildungsmatrix M.

a) Geben Sie Bildmenge, Fixpunktmenge und Kern der Abbildung an.

b) Bestimmen Sie den Kern rechnerisch.

c) Welche Geraden sind Fixpunktgeraden?

Projektionsebene: E: $y + 2z = 0$

Projektionsrichtung: $\vec{m} = \begin{pmatrix} 0 \\ -2 \\ -1 \end{pmatrix}$

Abbildungsmatrix: $M = \begin{pmatrix} 1 & 0 & 0 \\ 0 & \frac{1}{2} & -1 \\ 0 & -\frac{1}{4} & \frac{1}{2} \end{pmatrix}$

Lösung zu a:

Anschaulich ist klar, dass die Ebene E die Bildmenge ist.

Sie ist auch die Fixpunktmenge, da ihre Punkte auf sich selbst abgebildet werden.

Der Kern der Abbildung ist die Ursprungsgerade in Richtung des Projektionsvektors $\vec{m}$.

Diese drei Aussagen gelten übrigens für jede Parallelprojektion auf eine Ursprungsebene E. Ist E keine Ursprungsebene, so ist der Kern allerdings die leere Menge.

Lösung zu b:

Der Kern besteht aus allen Punkten P, die auf den Ursprung abgebildet werden.

Der Ansatz $M \cdot \vec{x} = \vec{0}$ führt auf ein lineares Gleichungssystem, dessen Lösung lautet: $x = 0$, $y = 2c$, $z = c$ ($c \in \mathbb{R}$).

Diese Punktmenge ist die Gerade g mit der

Gleichung k: $\vec{x} = \begin{pmatrix} 0 \\ 0 \\ 0 \end{pmatrix} + c \cdot \begin{pmatrix} 0 \\ 2 \\ 1 \end{pmatrix}$. Diese Ursprungsgerade ist der Kern der Abbildung.

Lösung zu c:

Fixpunktgeraden sind dadurch gekennzeichnet, dass jeder ihrer Punkte auf sich selbst abgebildet wird. In der Lösung zu a wurde bereits die Ebene E als Fixpunktmenge benannt. Somit ist jede Gerade g in E eine Fixpunktgerade.

Bildmenge, Fixpunktmenge, Kern:

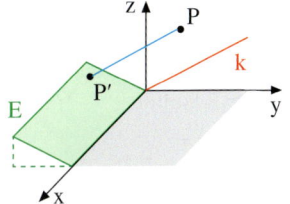

Bildmenge: $B = E$

Fixpunktmenge: $F = E$

Kern der Abbildung: k: $\vec{x} = \begin{pmatrix} 0 \\ 0 \\ 0 \end{pmatrix} + c \cdot \begin{pmatrix} 0 \\ 2 \\ 1 \end{pmatrix}$.

Berechnung des Kerns der Abbildung:

Ansatz: $M \cdot \vec{x} = \vec{0}$

$\begin{pmatrix} 1 & 0 & 0 \\ 0 & \frac{1}{2} & -1 \\ 0 & -\frac{1}{4} & \frac{1}{2} \end{pmatrix} \cdot \begin{pmatrix} x \\ y \\ z \end{pmatrix} = \begin{pmatrix} 0 \\ 0 \\ 0 \end{pmatrix}$

I: $x = 0$ I′: $x = 0$

II: $\frac{1}{2}y - z = 0$ II′: $\frac{1}{2}y - z = 0$

III: $-\frac{1}{4}y + \frac{1}{2}z = 0$ III′: $0 = 0$

⇒ Lösung: $z = c$, $y = 2c$, $x = 0$

⇒ k: $\vec{x} = \begin{pmatrix} 0 \\ 0 \\ 0 \end{pmatrix} + c \cdot \begin{pmatrix} 0 \\ 2 \\ 1 \end{pmatrix}$ k ist der Kern der Abbildung.

Fixpunktgeraden der Abbildung:

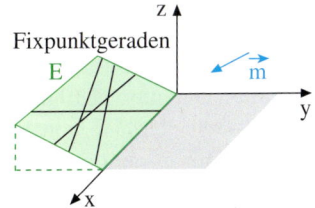

Fixpunktgeraden

Im folgenden Beispiel wird die Fragestellung aus dem ersten Beispiel dieses Abschnitts (S. 328) umgekehrt (*Umkehraufgabe*). Dort waren Projektionsvektor und Projektionsebene gegeben und die Projektionsmatrix war gesucht. Nun werden bei gegebener Projektionsmatrix der Projektionsvektor und die Projektionsebene gesucht.

▶ **Beispiel: Bestimmung der Projektionsebene bei einer Parallelprojektion**
Eine Parallelprojektion des Raumes auf eine Ebene E wird durch die unten aufgeführte Abbildungsmatrix M beschrieben.
a) Bestimmen Sie das Bild P′ des Punktes P (4|8|4).
b) Bestimmen Sie den Projektionsvektor $\vec{m}$.
c) Gesucht ist die Gleichung der Ebene E.
d) Zeichnen Sie ein Schrägbild mit E, P und P′.

$$M = \begin{pmatrix} 0 & 0 & -0,5 \\ -1 & 1 & -0,5 \\ 0 & 0 & 1 \end{pmatrix}$$

Lösung zu a:
Wir berechnen den Ortsvektor $\vec{p'}$ des Bildpunktes P′, indem wir den Ortsvektor $\vec{p}$ des Punktes P mit der Abbildungsmatrix M multiplizieren. Resultat: P′(−2|2|4)

Bestimmung des Bildpunktes P′:

$$\vec{p'} = M \cdot \vec{p} = \begin{pmatrix} 0 & 0 & -0,5 \\ -1 & 1 & -0,5 \\ 0 & 0 & 1 \end{pmatrix} \cdot \begin{pmatrix} 4 \\ 8 \\ 4 \end{pmatrix} = \begin{pmatrix} -2 \\ 2 \\ 4 \end{pmatrix}$$

$$\Rightarrow P'(-2|2|4)$$

Lösung zu b:
Als Projektionsvektor können wir den Vektor $\vec{m} = \overrightarrow{PP'}$ verwenden, der P und P′ verbindet.
Resultat: $\vec{m} = \begin{pmatrix} -6 \\ -6 \\ 0 \end{pmatrix}$. Vereinfacht: $\begin{pmatrix} -1 \\ -1 \\ 0 \end{pmatrix}$

Bestimmung des Projektionsvektors $\vec{m}$:

$$\vec{m} = \overrightarrow{PP'} = \vec{p'} - \vec{p} = \begin{pmatrix} -2 \\ 2 \\ 4 \end{pmatrix} - \begin{pmatrix} 4 \\ 8 \\ 4 \end{pmatrix} = \begin{pmatrix} -6 \\ -6 \\ 0 \end{pmatrix}$$

Lösung zu c*:
Bei jeder Parallelprojektion ist die Projektionsebene exakt die Fixpunktmenge der Abbildung. Der Ansatz zur Bestimmung der Fixpunktmenge lautet $M \cdot \vec{x} = \vec{x}$.
Dies führt auf ein unterbestimmtes lineares Gleichungssystem, dessen Lösung die Menge aller Punkte P (x|y|z) mit $2x + z = 0$ ist. Dies ist aber gerade die Koordinatenform der Ebene E: $2x + z = 0$. Diese Ebene ist die gesuchte Projektionsebene der Abbildung.

Bestimmung der Projektionsebene E:
Ansatz: Die Punkte von E sind Fixpunkte.
$$\Rightarrow M \cdot \vec{x} = \vec{x}$$
$$\Rightarrow \begin{pmatrix} 0 & 0 & -0,5 \\ -1 & 1 & -0,5 \\ 0 & 0 & 1 \end{pmatrix} \cdot \begin{pmatrix} x \\ y \\ z \end{pmatrix} = \begin{pmatrix} x \\ y \\ z \end{pmatrix}$$

I: $-0,5z = x$ I′: $-x - 0,5z = 0$
$\Rightarrow$ II: $-x + y - 0,5z = y$ II′: $-x - 0,5z = 0$
III: $z = z$ III′: $z = z$
Lösung: E: $2x + z = 0$

Lösung zu d:
Die Gleichung der Ebene E zeigt, dass diese durch den Ursprung geht und parallel zur y-Achse verläuft.
Im 5. Oktanden verläuft sie unterhalb der x-y-Ebene, im zweiten Oktanten oberhalb. Der Punkt P(4|8|4) liegt oberhalb von E und wird durch den Vektor $\vec{m}$ auf den Ebenenpunkt P′(−2|2|4) projiziert.

Schrägbild:

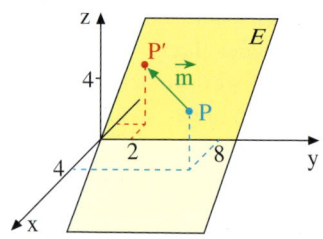

───────────
*Man kann diese Fragestellung auch mit der Methode aus Übung 19 auf der folgenden Seite lösen.

Übungen

17. Projektionsvektor

Die Matrix M stellt eine Parallelprojektion auf die Ebene E: $2x + z = 0$ dar. Bestimmen Sie den Projektionsvektor $\vec{m}$. Hinweis: Bilden Sie dazu einen beliebigen Punkt P ab, der nicht auf E liegt. Aus Punkt und Bildpunkt kann man den Projektionsvektor errechnen.

a) $\begin{pmatrix} -\frac{1}{3} & 0 & -\frac{2}{3} \\ -\frac{1}{3} & 1 & -\frac{1}{6} \\ \frac{2}{3} & 0 & \frac{4}{3} \end{pmatrix}$
b) $\begin{pmatrix} 1 & 0 & 0 \\ 2 & 1 & 1 \\ -2 & 0 & 0 \end{pmatrix}$
c) $M = \begin{pmatrix} -1 & 0 & -1 \\ 0 & 1 & 0 \\ 2 & 0 & 2 \end{pmatrix}$

18. Abbildungsmatrix

Gegeben ist die Ebene E, auf welche eine Parallelprojektion in Richtung des Projektionsvektors $\vec{m}$ stattfindet. Bestimmen Sie die Abbildungsmatrix M.

Anleitung: Bestimmen Sie den Bildpunkt P′ eines beliebigen Punktes P(a|b|c). P′ ist der Schnittpunkt einer Geraden durch den Punkt P mit dem Richtungsvektor $\vec{m}$ mit der Ebene E. Aus dem Punkt P′ kann man die Abbildungsgleichungen ableiten, aus denen sich wiederum die Abbildungsmatrix M erstellen lässt.

a) E: $x + z = 0$, $\vec{m} = \begin{pmatrix} 2 \\ 2 \\ -1 \end{pmatrix}$
b) E: $x + 2y + z = 0$, $\vec{m} = \begin{pmatrix} 2 \\ 1 \\ -3 \end{pmatrix}$
c) E: $2y + z = 0$, $\vec{m} = \begin{pmatrix} 2 \\ 1 \\ -1 \end{pmatrix}$

19. Bildpunkte und Projektionsebene

Durch die Matrix M ist eine lineare Abbildung auf eine Ebene E definiert.

a) Bestimmen Sie die Bildpunkte der gegebenen Punkte A, B und C.
b) Bestimmen Sie die Gleichung der Projektionsebene E. Verwenden Sie hierzu das Ergebnis aus Aufgabenteil a.

$M = \begin{pmatrix} -2 & 3 & -3 \\ -1 & 2 & -1 \\ 1 & -1 & 2 \end{pmatrix}$

A(1|−1|0)
B(2|0|−1)
C(0|1|2)

$M = \begin{pmatrix} -3 & 2 & -4 \\ -2 & 2 & -2 \\ 2 & -1 & 3 \end{pmatrix}$

A(1|0|−2)
B(2|0|−1)
C(1|1|−1)

$M = \begin{pmatrix} -1 & 0 & 1 \\ 4 & 1 & -2 \\ -2 & 0 & 2 \end{pmatrix}$

A(1|2|−2)
B(2|−1|−3)
C(1|0|1)

$M = \begin{pmatrix} 2 & -1 & 1 \\ 1 & 0 & 1 \\ -1 & 1 & 0 \end{pmatrix}$

A(1|2|3)
B(0|0|0)
C(−1|1|0)

20. Bilder von Geraden

Durch die Abbildungsmatrix M ist eine Parallelprojektion auf die Ebene E: $2x − z = 0$ gegeben.

$M = \begin{pmatrix} -1 & 0 & 1 \\ 4 & 1 & -2 \\ -2 & 0 & 2 \end{pmatrix}$

a) Wie lautet der Normalenvektor $\vec{n}$ der Ebene E?
b) Bestimmen Sie das Bild der Geraden g. Interpretieren Sie das Resultat.

g: $\vec{x} = \begin{pmatrix} 2 \\ 2 \\ 4 \end{pmatrix} + r \cdot \begin{pmatrix} 0 \\ 1 \\ 2 \end{pmatrix}$

c) Welcher Punkt P der Geraden h wird auf sich selbst abgebildet?
d) Beschreiben Sie – ohne Rechnung – welche Geraden Fixgeraden der Abbildung sind.
Hinweis: Die Punkte einer Fixgeraden werden auf Punkte abgebildet, die ebenfalls auf der Fixgeraden liegen.

h: $\vec{x} = \begin{pmatrix} 6 \\ 4 \\ 1 \end{pmatrix} + r \cdot \begin{pmatrix} 1 \\ -1 \\ -1 \end{pmatrix}$

21. Projektion eines Dreiecks

Die Abbildung zeigt ein senkrechtes
Gerüst mit einem oben aufgespannten
Sonnensegel ABC.
Die Ecken des Segels lauten
A$(6|-2|6)$, B$(2|-3|11)$ und
C$(0|-6|6)$.
Paralleles Sonnenlicht in Richtung des
Vektors $\vec{m}$ erzeugt auf der Hang-
ebene E: $x + 2z = 0$ ein Schatten-
dreieck A′B′C′.

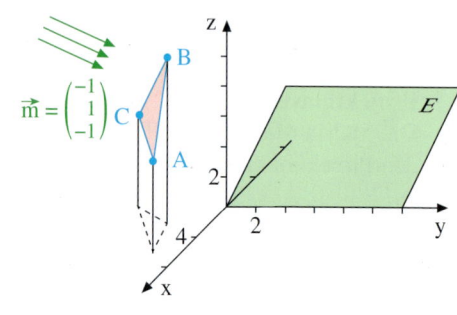

a) Bestimmen Sie die Abbildungsmatrix dieser Parallelprojektion.
b) Berechnen Sie die Eckpunkte A′, B′ und C′ des Bilddreiecks.
c) Skizzieren Sie das Schrägbild und zeichnen Sie das Bilddreieck ein.
d) Berechnen Sie die Flächeninhalte von Dreieck und Bilddreieck.
e) Berechnen Sie die Innenwinkel α bei A und α' bei A′ der beiden Dreiecke.

22. Projektion einer Strecke auf eine Pyramide

Gegeben ist eine Pyramide mit den Grundflächenecken A$(0|0|0)$, B$(8|16|0)$, C$(0|16|0)$ und
der Spitze S$(4|8|16)$. Die Strecke $\overline{PQ}$ mit den Endpunkten P$(15|3|10)$ und Q$(17|7|10)$ wird

durch Licht in Richtung des Vektors $\vec{m} = \begin{pmatrix} -4 \\ 1 \\ -2 \end{pmatrix}$ auf die Seitenfläche ABS der Pyramide projiziert.

a) Bestimmen Sie die Abbildungsmatrix M.
b) Bestimmen Sie das Bild $\overline{P'Q'}$ der Strecke $\overline{PQ}$.
c) Fertigen Sie ein Schrägbild der Pyramide mit der Strecke $\overline{PQ}$ und der Bildstrecke $\overline{P'Q'}$ an.

23. Projektion einer Strecke auf eine Ebene

Gegeben ist die Ebene E: $x + 3y = 0$ und die Strecke $\overline{AB}$ mit den Endpunkten A$(2|14|6)$ und

B$(6|20|8)$. Die Strecke $\overline{AB}$ wird mit einer Parallelprojektion in Richtung des Vektors $\vec{m} = \begin{pmatrix} -2 \\ -3 \\ -1 \end{pmatrix}$
auf die Ebene E abgebildet.

a) Bestimmen Sie die Abbildungsmatrix M.
b) Bestimmen Sie die Bildstrecke $\overline{A'B'}$ und kommentieren Sie das Ergebnis.
c) Fertigen Sie ein Schrägbild an.

24. Bestimmung der Projektionsebene (Umkehraufgabe)

Eine Parallelprojektion des Raumes auf eine Ebene E wird durch die unten aufgeführte Abbildungsmatrix M beschrieben.

a) Bestimmen Sie das Bild P′ des Punktes P$(4|8|4)$.
b) Bestimmen Sie den Projektionsvektor $\vec{m}$.
c) Gesucht ist die Gleichung der Ebene E.

    Bestimmen Sie hierzu die Fixpunktmenge der Abbildung.

$$M = \begin{pmatrix} 0{,}6 & -0{,}4 & 0{,}2 \\ -0{,}8 & 0{,}2 & 0{,}4 \\ -0{,}4 & -0{,}4 & 1{,}2 \end{pmatrix}$$

d) Zeichnen Sie ein Schrägbild mit E, P und P′.

G. Die Kombination von Abbildungen

Bei Computeranimationen werden diverse
Abbildungen durch Hintereinanderausfüh-
rungen miteinander kombiniert.
Beispielsweise werden bei einem Zoom-
vorgang zahlreiche Streckungen hintereinander ausgeführt.
Bei anderen Manipulationen werden Projektionen mit Streckungen kombiniert oder
Streckungen mit Drehungen.

Zoom

► **Beispiel: Projektion und Streckung**
Gegeben ist das Rechteck R = ABCD mit A (8|3|1), B (8|5|1), C (8|5|2), D (8|3|2).
Das Rechteck wird zunächst senkrecht auf die y-z-Ebene projiziert (Bild R′) und anschließend
vom Ursprung aus mit dem Faktor 2 gestreckt (Bild R″).
a) Stellen Sie die Abbildungsmatrizen M_1 (Projektion), M_2 (Streckung) und M (Gesamtabbildung) auf.
b) Berechnen Sie die Bilder R′ und R″.
c) Fertigen Sie ein Schrägbild an.

Lösung zu a:
Wir stellen die Abbildungsgleichungen der
beiden beteiligten Abbildungen auf.
Projektion: $x′ = 0$, $y′ = y$, $z′ = z$
Streckung: $x″ = 2x′$, $y″ = 2y′$, $z″ = 2z′$
Daraus ergeben sich die Abbildungsmatrizen
M_1 und M_2.

Die Gesamtmatrix ist dann das Produkt aus
M_2 und M_1: $M = M_2 \cdot M_1$.

Lösung zu b:
Die Projektionsbildpunkte A′ bis D′ des
Rechtecks erhalten wir durch Multiplikation
der Ortsvektoren der Originalpunkte mit
der Projektionsmatrix M_1.

Die Streckungspunkte A″ bis D″ erhalten
wir durch Multiplikation der Bildpunkte A′
bis D′ mit der Streckungsmatrix M_2.

Alternativ können wir die Punkte A″ bis D″
direkt aus A bis D gewinnen, indem wir die
▼ Gesamtmatrix $M = M_2 \cdot M_1$ anwenden.

Die Abbildungsmatrizen M_1 und M_2:

Projektion	Streckung
$x′ = 0$, $y′ = y$, $z′ = z$	$x″ = 2x′$, $y″ = 2y′$, $z″ = 2z′$

$$M_1 = \begin{pmatrix} 0 & 0 & 0 \\ 0 & 1 & 0 \\ 0 & 0 & 1 \end{pmatrix} \qquad M_2 = \begin{pmatrix} 2 & 0 & 0 \\ 0 & 2 & 0 \\ 0 & 0 & 2 \end{pmatrix}$$

$$M = M_2 \cdot M_1$$

$$= \begin{pmatrix} 2 & 0 & 0 \\ 0 & 2 & 0 \\ 0 & 0 & 2 \end{pmatrix} \cdot \begin{pmatrix} 0 & 0 & 0 \\ 0 & 1 & 0 \\ 0 & 0 & 1 \end{pmatrix} = \begin{pmatrix} 0 & 0 & 0 \\ 0 & 2 & 0 \\ 0 & 0 & 2 \end{pmatrix}$$

Die Projektion:

$$\vec{a}′ = M_1 \cdot \vec{a} = \begin{pmatrix} 0 & 0 & 0 \\ 0 & 1 & 0 \\ 0 & 0 & 1 \end{pmatrix} \cdot \begin{pmatrix} 8 \\ 3 \\ 1 \end{pmatrix} = \begin{pmatrix} 0 \\ 3 \\ 1 \end{pmatrix} \Rightarrow A′(0|3|1)$$

Analog: B′(0|5|1), C′(0|5|2), D′(0|3|2)

Die Streckung:

$$\vec{a}″ = M_2 \cdot \vec{a}′ = \begin{pmatrix} 2 & 0 & 0 \\ 0 & 2 & 0 \\ 0 & 0 & 2 \end{pmatrix} \cdot \begin{pmatrix} 0 \\ 3 \\ 1 \end{pmatrix} = \begin{pmatrix} 0 \\ 6 \\ 2 \end{pmatrix} \Rightarrow A″(0|6|2)$$

Analog: B″(0|10|2), C″(0|10|4), D″(0|6|4)

Direkte Berechnung von A″:

$$\vec{a}″ = M \cdot \vec{a} = \begin{pmatrix} 0 & 0 & 0 \\ 0 & 2 & 0 \\ 0 & 0 & 2 \end{pmatrix} \cdot \begin{pmatrix} 8 \\ 3 \\ 1 \end{pmatrix} = \begin{pmatrix} 0 \\ 6 \\ 2 \end{pmatrix} \Rightarrow A″(0|6|2)$$

Lösung zu c:
Im Schrägbild zeichnen wir zur Verdeutlichung der Abbildungsvorgänge das Rechteck ABCD sowie die Bilder A′B′C′D′ und A″B″C″D″ ein.
Die gestrichelten Linien deuten die Projektion und die Streckung mit dem Faktor 2 an.

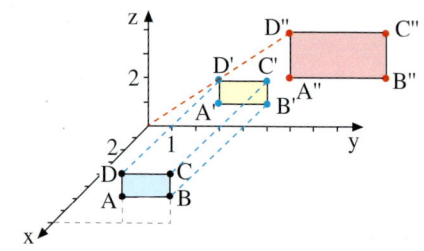

Beispiel: Kombination von Drehung und Parallelprojektion

Ein vertikal stehendes quadratisches Solarpanel ABCD wird mit einem Hebel um 60° um die x-Achse gedreht. Das gedrehte Panel wird von parallelem Sonnenlicht in Richtung des Vektors $\vec{m}$ beleuchtet. So wird ein Schatten auf dem ersten Quadranten der x-y-Ebene erzeugt (s. Abb.).

Daten: A$(6|-8|-2)$, B$(2|-8|-2)$
C$(2|-8|2)$, D$(6|-8|2)$ $\vec{m} = \begin{pmatrix} 1 \\ 1 \\ -1 \end{pmatrix}$

a) Wie lautet die Drehmatrix M_1?
b) Wie lautet die Projektionsmatrix M_2?
c) Bestimmen Sie das Schattenbild A″B″C″D″ des Panels.

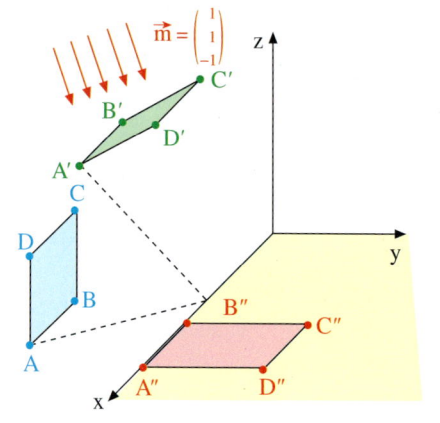

Lösung zu a:
Die Drehmatrix M_1 für die Drehung um $\varphi = -60°$ gewinnen wir aus der allgemeinen Drehmatrix für die Drehung um die x-Achse (s. S. 322).

Lösung zu b:
Die Projektionsmatrix M_2 für die Parallelprojektion auf die x-y-Ebene mit dem Vektor $\vec{m} = \begin{pmatrix} 1 \\ 1 \\ -1 \end{pmatrix}$ gewinnen wir aus der allgemeinen Projektionsmatrix $M_{\vec{m}}$ (s. S. 326).

Lösung zu c:
Wir bestimmen die Abbildungsmatrix M der „Drehprojektion" als Produkt $M = M_2 \cdot M_1$. Multiplikation der Ortsvektoren von A, B, C und D mit M ergibt die Bildpunkte A″, B″, C″ und D″. Die Übereinstimmung mit der Zeichnung ist deutlich zu erkennen.

Drehmatrix M_1 der Drehung um $\varphi = -60°$:

$$M_\varphi = \begin{pmatrix} 1 & 0 & 0 \\ 0 & \cos\varphi & -\sin\varphi \\ 0 & \sin\varphi & \cos\varphi \end{pmatrix} \Rightarrow M_1 = \begin{pmatrix} 1 & 0 & 0 \\ 0 & 0{,}5 & 0{,}866 \\ 0 & -0{,}866 & 0{,}5 \end{pmatrix}$$

Projektionsmatrixmatrix M_2 der Parallelprojektion auf die x-y-Ebene:

$$M_{\vec{m}} = \begin{pmatrix} 1 & 0 & -\frac{m_1}{m_3} \\ 0 & 1 & -\frac{m_2}{m_3} \\ 0 & 0 & 0 \end{pmatrix} \Rightarrow M_2 = \begin{pmatrix} 1 & 0 & 1 \\ 0 & 1 & 1 \\ 0 & 0 & 0 \end{pmatrix}$$

Bestimmung der Bildfigur A″B″C″D″:

$$M = \underbrace{\begin{pmatrix} 1 & 0 & 1 \\ 0 & 1 & 1 \\ 0 & 0 & 0 \end{pmatrix}}_{M_2} \cdot \underbrace{\begin{pmatrix} 1 & 0 & 0 \\ 0 & 0{,}5 & 0{,}866 \\ 0 & -0{,}866 & 0{,}5 \end{pmatrix}}_{M_1} = \begin{pmatrix} 1 & -0{,}87 & 0{,}50 \\ 0 & -0{,}37 & 1{,}37 \\ 0 & 0 & 0 \end{pmatrix}$$

$$\vec{a}'' = M \cdot \vec{a} = \begin{pmatrix} 1 & -0{,}87 & 0{,}50 \\ 0 & -0{,}37 & 1{,}37 \\ 0 & 0 & 0 \end{pmatrix} \cdot \begin{pmatrix} 6 \\ -8 \\ -2 \end{pmatrix} = \begin{pmatrix} 11{,}93 \\ 0{,}20 \\ 0 \end{pmatrix}$$

$$\Rightarrow A'' = (11{,}93|0{,}20|0)$$

Resultat: A″$(11{,}93|0{,}20|0)$, B″$(7{,}93|0{,}20|0)$,
C″$(9{,}93|5{,}66|0)$, D″$(13{,}93|5{,}66|0)$

Übung 25 Kombination von Spiegelung und Streckung

Gegeben ist das Raumdreieck D mit den Ecken A (8|4|2), B (8|8|2), C (6|6|4). Das Dreieck soll an der x-z-Ebene gespiegelt werden (Bild D′ des Dreiecks) und anschließend mit dem Streckfaktor $\frac{1}{2}$ vom Ursprung aus gestaucht werden (Bild D″ des Dreiecks).

a) Bestimmen Sie die Abbildungsmatrizen M_1 (Spiegelung), M_2 (Streckung) und M (Gesamtabbildung).

b) Bestimmen Sie die Eckpunkte der Dreiecke D′ und D″.

c) Fertigen Sie ein Schrägbild an.

Übung 26 Kombination von Parallelprojektion und Spiegelung

Gegeben ist die Raute R mit den Ecken A (0|7|2), B (0|8|3), C (0|7|4), D (0|6|3). Die Raute soll durch paralleles Licht in Richtung des Vektors $\vec{m} = \begin{pmatrix} 2 \\ -1 \\ -1 \end{pmatrix}$ auf die x-y-Ebene projiziert und anschließend an der x-z-Ebene gespiegelt werden.

a) Bestimmen Sie die Abbildungsmatrizen M_1 (Parallelprojektion), M_2 (Spiegelung) und M (Gesamtabbildung).

b) Bestimmen Sie die Bildfiguren R′ und R″ der Raute.

c) Fertigen Sie ein Schrägbild an.

Übung 27 Kombination von Drehung und Parallelprojektion

Gegeben ist der abgebildete Würfel W mit den Ecken A bis H.

Durch eine Drehung von 90° um die x-Achse entsteht der Bildwürfel W′ (Ecken A′ bis H′). Dieser wird dann durch Licht in Richtung des Vektors $\vec{m}$ auf die x-y-Ebene projiziert.

Verwenden Sie die folgende Drehmatrix M_1 für die 90°-Drehung sowie den Projektionsvektor $\vec{m}$ für die Richtung des Lichts.

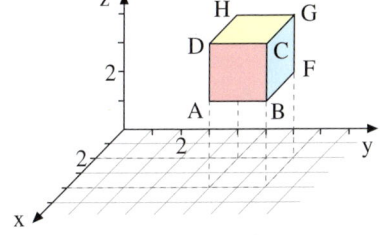

$$M_1 = \begin{pmatrix} 1 & 0 & 0 \\ 0 & 0 & -1 \\ 0 & 1 & 0 \end{pmatrix} \qquad \vec{m} = \begin{pmatrix} 1 \\ 1 \\ -2 \end{pmatrix}$$

a) Bestimmen Sie die Koordinaten der Ecken des Würfels W.

b) Bestimmen Sie das Bild W′ des Würfels nach der Drehung.

c) Bestimmen Sie das Schattenbild W″ des Bildes W′ bei der Parallelprojektion mittels Lichteinfall in Richtung des Vektors $\vec{m}$.

d) Zeichnen Sie ein Schrägbild mit W, W′ und W″.

Übung 28 Kombination von Drehung und Parallelprojektion auf eine Ebene E

Das Dreieck ABC mit den Ecken A (10|–10|10), B (10|15|10) und C (10|15|15) wird um φ = –90° um die x-Achse gedreht.

Das Bilddreieck A′B′C′ wird mit Hilfe der Matrix M_2 auf die Ebene E: x + 3z = 0 projiziert. Das Endergebnis ist das Dreieck A″B″C″.

$$M_2 = \begin{pmatrix} \frac{3}{5} & 0 & -\frac{6}{5} \\ \frac{1}{5} & 1 & \frac{3}{5} \\ -\frac{1}{5} & 0 & \frac{2}{5} \end{pmatrix}$$

a) Bestimmen Sie die Drehmatrix M_1 für die Drehung um φ = –90° um die x-Achse.

b) Bestimmen Sie die Eckpunkte des Bilddreiecks A′B′C′.

c) Bestimmen Sie die Eckpunkte des Bilddreiecks A″B″C″.

d) Zeigen Sie, dass man das Dreieck A″B″C″ auf direktem Weg aus dem Dreieck ABC gewinnen kann, indem man die Abbildungen M_1 und M_2 zu einer Abbildung $M = M_2 \cdot M_1$ kombiniert.

e) Fertigen Sie ein Schrägbild mit ABC, A′B′C′, A″B″C″ und E an.

H. Umkehrabbildungen

Lineare Abbildungen besitzen nur in speziellen Fällen Umkehrabbildungen, mit deren Hilfe man aus dem Bild das Original rekonstruieren kann. Die Umkehrabbildung wird in diesem Fall durch die inverse Matrix M^{-1} der Abbildungsmatrix erfasst (vgl. auch in der Ebene, S. 317).

> **Beispiel: Umkehrabbildung**
> Gegeben ist die lineare Abbildung $\vec{x}' = M \cdot \vec{x}$ mit der Abbildungsmatrix M.
> Die Abbildung bildet das Rechteck ABCD auf das Parallelogramm A'B'C'D' mit den Eckpunkten A'(7|−1|3), B'(7|1|5), C'(2|4|6) und D'(2|2|4)ab.
>
> $$\vec{x}' = \begin{pmatrix} 2 & 0 & -1 \\ -1 & 1 & 1 \\ 0 & 1 & 1 \end{pmatrix} \cdot \vec{x}$$
>
> Bestimmen Sie die Ecken A, B, C und D des Originalvierecks und erstellen Sie eine Zeichnung.

Lösung:
Die Umkehrabbildung existiert. Ihre Gleichung ist $\vec{x} = M^{-1} \cdot \vec{x}'$, wobei die Abbildungsmatrix M^{-1} die Inverse der Abbildungsmatrix M ist.
Wir können M^{-1} mit Hilfe des Taschenrechners berechnen. Das Ergebnis steht rechts.

Nun können wir den Ortsvektor des Originalpunktes A mit Hilfe der Gleichung $\vec{a} = M^{-1} \cdot \vec{a}'$ bestimmen. Wir erhalten als Ergebnis den Punkt A (4|2|1).

Analog bestimmen wir die Originalpunkte B (4|4|1), C (2|4|2) und D (2|2|2).

Nun fertigen wir die Skizze mit dem Bildviereck (rot) und Originalviereck (blau) an.

Berechnung der inversen Matrix M^{-1}:
Manuelle Berechnung oder TR ergibt:
$$M = \begin{pmatrix} 2 & 0 & -1 \\ -1 & 1 & 1 \\ 0 & 1 & 1 \end{pmatrix} \Rightarrow M^{-1} = \begin{pmatrix} 0 & -1 & 1 \\ 1 & 2 & -1 \\ -1 & -2 & 2 \end{pmatrix}$$

Berechnung der Originalpunkte A bis D:
$$\vec{a} = M^{-1} \cdot \vec{a}' = \begin{pmatrix} 0 & -1 & 1 \\ 1 & 2 & -1 \\ -1 & -2 & 2 \end{pmatrix} \cdot \begin{pmatrix} 7 \\ -1 \\ 3 \end{pmatrix} = \begin{pmatrix} 4 \\ 2 \\ 1 \end{pmatrix}$$
$\Rightarrow$ A (4|2|1)
Analog: B (4|4|1), C (2|4|2), D (2|2|2)

Zeichnung:

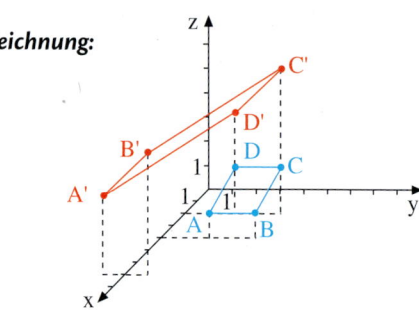

Übung 29 Rekonstruktion der Originalgeraden

Die Gerade g: $\vec{x} = \vec{a} + r \cdot \vec{m}$ wird durch die Abbildung $\vec{x}' = \begin{pmatrix} 2 & 0 & -1 \\ 1 & 1 & 0 \\ 1 & 1 & -1 \end{pmatrix} \cdot \vec{x}$ auf die Gerade

g': $\vec{x} = \begin{pmatrix} 2 \\ 4 \\ 0 \end{pmatrix} + r \cdot \begin{pmatrix} 2 \\ 5 \\ 0 \end{pmatrix}$ abgebildet. Rekonstruieren Sie die Originalgerade g. Zeichnen Sie g und g'.

Übung 30 Keine Umkehrabbildung

Welche der folgenden Abbildungen sind nicht umkehrbar? Begründen Sie Ihre Aussage.
a) Zentrische Streckung mit dem Faktor k = 2   b) Schrägprojektion auf die x-y-Ebene
c) Die Abbildung $\vec{x}' = \begin{pmatrix} 2 & 1 & 1 \\ 1 & 1 & 0 \\ 1 & 1 & 1 \end{pmatrix} \cdot \vec{x}$ d) Die Abbildung $\vec{x}' = \begin{pmatrix} 1 & 0 & -1 \\ -1 & 2 & 1 \\ 0 & 2 & 0 \end{pmatrix} \cdot \vec{x}$

Übungen

Die folgenden Übungen können ohne Hilfsmittel gelöst werden, soweit nichts anderes angegeben ist.

1. Das Bild eines Dreiecks
Gegeben ist die lineare Abbildung $\vec{x}' = M \cdot \vec{x}$ sowie das Dreieck ABC. Bestimmen Sie das Bild des Dreiecks. Zeichnen Sie ein Schrägbild.

$$M = \begin{pmatrix} 1 & 0 & 0 \\ 0 & 0 & -1 \\ 0 & 1 & 0 \end{pmatrix}$$

$A(6|6|4)$, $B(4|8|4)$, $C(2|6|8)$

2. Abbildungsmatrix
Das Strecke $\overline{AB}$ wird durch die lineare Abbildung $\vec{x}' = M \cdot \vec{x}$ auf die Strecke $\overline{A'B'}$ abgebildet.
Bestimmen Sie die Abbildungsmatrix M.
Verwenden Sie den Ansatz $M = \begin{pmatrix} a & b \\ c & d \end{pmatrix}$.

$A(1|3)$, $B(4|1)$
$A'(7|2)$, $B'(6|-3)$

3. Spiegelung an der Winkelhalbierenden
Die Spiegelung an der Winkelhalbierenden $y = x$ des 1. und 3. Quadranten ist eine lineare Abbildung in der Ebene.
a) Wie lautet die Abbildungsmatrix M?
b) Bestimmen Sie das Bild des eingezeichneten Dreiecks ABC.

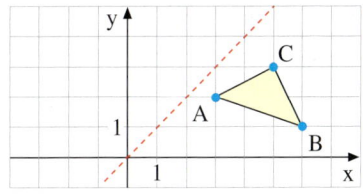

4. Zentrische Streckung im Raum
Gegeben ist die Pyramide ABCDS mit der Grundfläche ABCD und der Spitze S.
Die Koordinaten der Eckpunkte sind $A(2|2|0)$, $B(2|4|0)$, $C(4|2|0)$, $D(4|4|0)$ und $S(3|3|3)$.
Die Pyramide soll mit dem Faktor $k = 3$ vom Ursprung aus zentrisch gestreckt werden.
a) Bestimmen Sie das Bild der Pyramide.
b) Zeichnen Sie ein Schrägbild der Pyramide und ihres Bildes.

5. Schattenbild eines Turms
Bestimmen Sie das Schattenbild des Turms in der x-y-Ebene bei Lichteinfall in Richtung des Vektors $\vec{m} = \begin{pmatrix} 1 \\ -2 \\ -1 \end{pmatrix}$.
Zeichnen Sie ein Schrägbild.
$E(4|10|4)$, $F(4|12|4)$, $G(2|12|4)$, $S(3|11|5)$

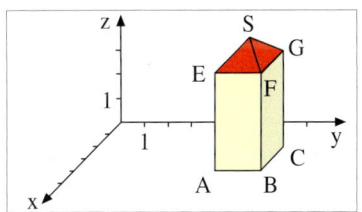

6. Exkurs: Drehung in der Ebene
$\vec{x}' = M \cdot \vec{x}$ sei eine Abbildung der Ebene $\mathbb{R}^2$ auf die Ebene $\mathbb{R}^2$, die eine Drehung von 90° um den Ursprung bewirkt.
a) Bestimmen Sie die Abbildungsmatrix M.
b) Bestimmen Sie das Bild der eingezeichneten Figur (Buchstabe N).

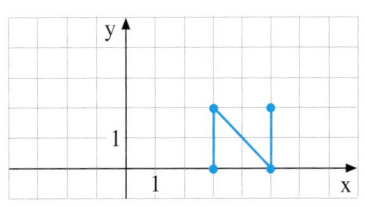

7. Abbildungsmatrizen in der Ebene

a) Geben Sie an, welche linearen Abbildungen durch die Matrizen M_1 bzw. M_2 definiert werden.

b) Berechnen Sie die Bildpunkte des Punktes $P(3|-4)$ bei Abbildung mit der Matrix M_1 bzw. M_2.

$$M_1 = \begin{pmatrix} 0 & 1 \\ -1 & 0 \end{pmatrix} \quad M_2 = \begin{pmatrix} -1 & 0 \\ 0 & -1 \end{pmatrix}$$

8. Parallelprojektion

Die Punkte $A(-1|2)$ und $B(3|4)$ werden in Richtung $\vec{m} = \begin{pmatrix} 2 \\ -1 \end{pmatrix}$ auf die x-Achse projiziert. Ermitteln Sie die Bildpunkte A' und B'.

9. Bildmenge, Kern, Fixpunktmenge

Gegeben ist die Abbildungsmatrix $M = \begin{pmatrix} 2 & 4 \\ -1 & -2 \end{pmatrix}$. Bestimmen Sie die Bildmenge, die Fixpunktmenge sowie den Kern der Abbildung.

10. Nachweis einer Fixgeraden

Weisen Sie nach, dass bei der Abbildung $\vec{x}' = M \cdot \vec{x}$ mit $M = \begin{pmatrix} 1 & 3 \\ 4 & 5 \end{pmatrix}$ die Geraden $g_1: \vec{x} = r \cdot \begin{pmatrix} 1 \\ 2 \end{pmatrix}$ und $g_2: \vec{x} = r \cdot \begin{pmatrix} 3 \\ -2 \end{pmatrix}$ Fixgeraden sind.

11. Abbildungsmatrizen im Raum

Geben Sie an, welche Abbildung durch die Matrix M definiert wird.

a) $M = \begin{pmatrix} 1 & 0 & 0 \\ 0 & 1 & 0 \\ 0 & 0 & 0 \end{pmatrix}$
   b) $M = \begin{pmatrix} 1 & 0 & 0 \\ 0 & -1 & 0 \\ 0 & 0 & 1 \end{pmatrix}$
   c) $M = \begin{pmatrix} 2 & 0 & 0 \\ 0 & 2 & 0 \\ 0 & 0 & 2 \end{pmatrix}$
   d) $M = \begin{pmatrix} 0 & 0 & -1 \\ 0 & 1 & 0 \\ 1 & 0 & 0 \end{pmatrix}$

12. Projektion auf eine Koordinatenebene

Eine senkrechte Plakatwand mit den Eckpunkten $A(6|4|2)$, $B(2|4|2)$, $C(2|4|4)$, $D(6|4|4)$ wird von parallelem Licht in Richtung $\vec{m} = \begin{pmatrix} 1 \\ -1 \\ 0{,}5 \end{pmatrix}$ angestrahlt. Ermitteln Sie das Schattenbild der Plakatwand in der x-z-Ebene.

13. Projektion auf eine Ursprungsebene

Eine lineare Abbildung $\vec{x}' = M \cdot \vec{x}$ wird definiert durch die nebenstehende Abbildungsmatrix M.

$$M = \begin{pmatrix} 0{,}5 & 0{,}5 & -0{,}5 \\ 1 & 0 & 1 \\ 0{,}5 & -0{,}5 & 1{,}5 \end{pmatrix}$$

a) Ermitteln Sie das Bild P' des Punktes $P(4|3|1)$ bei dieser Abbildung.

b) Weisen Sie nach, dass alle Punkte des Raumes bei dieser Abbildung auf die Ebene E: $x - y + z = 0$ abgebildet werden.

c) Geben Sie an, in welche Richtung abgebildet wird.

Überblick

Definition der lineare Abbildung:

Eine Zuordnung $f: \mathbb{R}^2 \rightarrow \mathbb{R}^2$ bzw. $f: \mathbb{R}^3 \rightarrow \mathbb{R}^3$ heißt lineare Abbildung, wenn die beiden folgenden Bedingungen erfüllt sind.

(1) f ordnet jedem Punkt P genau einen Bildpunkt P' zu.

(2) Es gibt eine (2×2)-Matrix bzw. eine (3×3)-Matrix M, so dass für die Ortsvektoren $\vec{x}$ von P und $\vec{x}'$ von P' gilt: $\vec{x}' = M \cdot \vec{x}$.

Bildmenge:

Ist $\vec{x}' = M \cdot \vec{x}$ eine lineare Abbildung der Ebene oder des Raumes, so besteht die Bildmenge B der Abbildung aus allen Punkten P', die Bild eines Punktes P der Ebene oder des Raumes sind.

$B = \{P': \vec{p}' = M \cdot \vec{p}, P \in \mathbb{R}^2 \text{ bzw. } P \in \mathbb{R}^3\}$

Kern einer linearen Abbildung:

Ist $\vec{x}' = M \cdot \vec{x}$ eine lineare Abbildung der Ebene oder des Raumes, so besteht der Kern K der Abbildung aus allen Punkten P, die auf den Nullpunkt $O(0|0)$ bzw. $O(0|0|0)$ abgebildet sind.

$K = \{P: M \cdot \vec{p} = \vec{0}\}$

Bild einer Geraden bei lin. Abbildung:

Das Bild einer Geraden bei einer linearen Abbildung ist entweder wieder eine Gerade oder ein einzelner Punkt.

Fixpunkt einer linearen Abbildung:

Der Punkt P heißt Fixpunkt der linearen Abbildung $\vec{x}' = M \cdot \vec{x}$, wenn $M \cdot \vec{p} = \vec{p}$ gilt.

Fixpunktmenge einer linearen Abbildung:

Die Menge F aller Fixpunkte heißt Fixpunktmenge der linearen Abbildung.

$F = \{P: M \cdot \vec{p} = \vec{p}\}$

Fixpunktgerade:

Eine Gerade g heißt Fixpunktgerade einer linearen Abbildung, wenn jeder Punkt der Geraden ein Fixpunkt der linearen Abbildung ist.

Fixgerade:

Eine Gerade g heißt Fixgerade einer linearen Abbildung, wenn das Bild der Geraden g wieder die Gerade g ist.

Sie wird also als Ganzes auf sich selbst abgebildet.

Ihre Punkte müssen aber nicht unbedingt Fixpunkte sein.

Kriterium für eine Fixgerade:

Eine Gerade g ist genau dann Fixgerade einer linearen Abbildung, wenn gilt:

(1) Das Bild P' des Stützpunktes P von g liegt wieder auf g.

(2) Der Richtungsvektor $\vec{m}$ von g und sein Bild $\vec{m}'$ sind kollinear.

Abbildungsgleichung und Abbildungsmatrix einer linearen Abbildung:

Abbildungsgleichungen in $\mathbb{R}^2$

$x' = a_{11}x + a_{12}y$
$y' = a_{21}x + a_{22}y$

Abbildungsmatrix

$$\Rightarrow \vec{x}' = \underbrace{\begin{pmatrix} a_{11} & a_{12} \\ a_{21} & a_{22} \end{pmatrix}}_{M} \cdot \vec{x}$$

Abbildungsgleichungen in $\mathbb{R}^3$

$x' = a_{11}x + a_{12}y + a_{13}z$
$y' = a_{21}x + a_{22}y + a_{23}z$
$z' = a_{31}x + a_{32}y + a_{33}z$

Abbildungsmatrix

$$\Rightarrow \vec{x}' = \underbrace{\begin{pmatrix} a_{11} & a_{12} & a_{13} \\ a_{21} & a_{22} & a_{23} \\ a_{31} & a_{32} & a_{33} \end{pmatrix}}_{M} \cdot \vec{x}$$

Lineare Abbildungen in der Ebene:

Orthogonale Spiegelung an der x-Achse

$x' = x$
$y' = -y$

$\Rightarrow M = \begin{pmatrix} 1 & 0 \\ 0 & -1 \end{pmatrix}$

Orthogonale Spiegelung an der y-Achse

$x' = -x$
$y' = y$

$\Rightarrow M = \begin{pmatrix} -1 & 0 \\ 0 & 1 \end{pmatrix}$

Spiegelung am Ursprung

$x' = -x$
$y' = -y$

$\Rightarrow M = \begin{pmatrix} -1 & 0 \\ 0 & -1 \end{pmatrix}$

Drehung um den Ursprung, um den Drehwinkel φ

$x' = x \cdot \cos\varphi - y \cdot \sin\varphi$
$y' = x \cdot \sin\varphi + y \cdot \cos\varphi$

$\Rightarrow M = \begin{pmatrix} \cos\varphi & -\sin\varphi \\ \sin\varphi & \cos\varphi \end{pmatrix}$

Sonderfälle: Drehung um 90° bzw. 45°

$M = \begin{pmatrix} 0 & -1 \\ 1 & 0 \end{pmatrix}$ bzw. $M = \begin{pmatrix} \frac{1}{\sqrt{2}} & -\frac{1}{\sqrt{2}} \\ \frac{1}{\sqrt{2}} & \frac{1}{\sqrt{2}} \end{pmatrix}$

Zentrische Streckung vom Ursprung aus

$x' = k \cdot x$
$y' = k \cdot y$

$\Rightarrow M = \begin{pmatrix} k & 0 \\ 0 & k \end{pmatrix}$

Schrägprojektion auf die y-Achse in Richtung $\begin{pmatrix} m_1 \\ m_2 \end{pmatrix}$

$x' = 0$
$y' = y - \frac{m_2}{m_1}x$

$\Rightarrow M = \begin{pmatrix} 0 & 0 \\ -\frac{m_2}{m_1} & 1 \end{pmatrix}$

Schrägprojektion auf die x-Achse in Richtung $\begin{pmatrix} m_1 \\ m_2 \end{pmatrix}$

$x' = x - \frac{m_1}{m_2}y$
$y' = 0$

$\Rightarrow M = \begin{pmatrix} 1 & -\frac{m_1}{m_2} \\ 0 & 0 \end{pmatrix}$

Lineare Abbildungen im Raum:

Orthogonale Projektion auf die x-y-Ebene

$x' = x$
$y' = y$
$z' = 0$

$\Rightarrow M = \begin{pmatrix} 1 & 0 & 0 \\ 0 & 1 & 0 \\ 0 & 0 & 0 \end{pmatrix}$

(Analog: Orthogonale Projektion auf x-z-Ebene, y-z-Ebene)

Orthogonale Spiegelung an der x-y-Ebene

$x' = x$
$y' = y$
$z' = -z$

$\Rightarrow M = \begin{pmatrix} 1 & 0 & 0 \\ 0 & 1 & 0 \\ 0 & 0 & -1 \end{pmatrix}$

(Analog: Orthogonale Spiegelung an x-z-Ebene, y-z-Ebene)

Zentrische Streckung vom Ursprung aus mit Streckfaktor k

$x' = k\,x$
$y' = k\,y$
$z' = k\,z$

$\Rightarrow M = \begin{pmatrix} k & 0 & 0 \\ 0 & k & 0 \\ 0 & 0 & k \end{pmatrix}$

Drehung um die Koordinatenachsen um den Winkel φ

Drehung um die x-Achse

$M = \begin{pmatrix} 1 & 0 & 0 \\ 0 & \cos\varphi & -\sin\varphi \\ 0 & \sin\varphi & \cos\varphi \end{pmatrix}$

Drehung um die y-Achse

$M = \begin{pmatrix} \cos\varphi & 0 & \sin\varphi \\ 0 & 1 & 0 \\ -\sin\varphi & 0 & \cos\varphi \end{pmatrix}$

Drehung um die z-Achse

$M = \begin{pmatrix} \cos\varphi & -\sin\varphi & 0 \\ \sin\varphi & \cos\varphi & 0 \\ 0 & 0 & 1 \end{pmatrix}$

Parallelprojektion auf die x-y-Ebene in Richtung $\begin{pmatrix} m_1 \\ m_2 \\ m_3 \end{pmatrix}$

$x' = x - \dfrac{m_1}{m_3} z$

$y' = y - \dfrac{m_2}{m_3} z$

$z' = 0$

$\Rightarrow M = \begin{pmatrix} 1 & 0 & -\frac{m_1}{m_3} \\ 0 & 1 & -\frac{m_2}{m_3} \\ 0 & 0 & 0 \end{pmatrix}$

(Analog: Parallelprojektionen auf y-z-Ebene und y-z-Ebene)

Parallelprojektion auf eine Ursprungsebene E

Die Parallelprojektion auf eine beliebige Ursprungsebene E wird mit einem operativen Verfahren durchgeführt (s. S. 328).

Kombination linearer Abbildungen:

Werden die linearen Abbildungen $\vec{x}' = M_1 \cdot \vec{x}$ und $\vec{x}'' = M_2 \cdot \vec{x}'$ in dieser Reihenfolge hintereinander ausgeführt, so ist die Gesamtabbildung $\vec{x}'' = M \cdot \vec{x}$ wieder eine lineare Abbildung und es gilt $M = M_2 \cdot M_1$.

Test

Matrizen zur Beschreibung linearer Abbildungen

1. Matrizenrechnung

a) Berechnen Sie manuell das Produkt A · B.

b) Berechnen Sie manuell das Produkt A · $\vec{v}$.

$$A = \begin{pmatrix} 1 & -1 & 0 \\ 2 & -3 & 1 \\ 1 & 0 & -2 \end{pmatrix} \quad B = \begin{pmatrix} 1 & 3 \\ -2 & 0 \\ 2 & 1 \end{pmatrix} \quad \vec{v} = \begin{pmatrix} 2 \\ -3 \\ 5 \end{pmatrix}$$

2. Bild eines Dreiecks und einer Geraden

Gegeben ist die lineare Abbildung $\vec{x}' = \begin{pmatrix} 1 & -1 \\ 2 & 0 \end{pmatrix} \cdot \vec{x}$.

a) Bestimmen Sie das Bild des Dreiecks ABC mit den Ecken A (3|1), B (5|4) und C (2|3). Fertigen Sie eine Zeichnung an.

b) Bestimmen Sie das Bild der Geraden g: $\vec{x} = r\begin{pmatrix} 1 \\ 1 \end{pmatrix}$.

c) Bestimmen Sie das Bild der x-Achse.

3. Spiegelung an der x-Achse

Betrachtet wird die orthogonale Spiegelung an der x-Achse in der Ebene $\mathbb{R}^2$.

a) Stellen Sie die Abbildungsgleichungen auf und geben Sie die Abbildungsmatrix M an.

b) Bestimmen Sie die Fixpunktmenge der Abbildung.

c) Geben Sie die einzige Fixpunktgerade der Abbildung an.

d) Geben Sie an, welche Geraden Fixgeraden der Abbildung sind.

4. Schattenwurf

Gegeben ist das Dreieck mit den Ecken A (2|4|6), B (4|6|0) und C (6|8|6). Paralleles Licht in Richtung des Vektors $\vec{m} = \begin{pmatrix} 1 \\ -1 \\ -2 \end{pmatrix}$ beleuchtet das Dreieck von oben und erzeugt ein Schattenbild des Dreiecks in der x-y-Ebene.

a) P(x|y|z) sei ein beliebiger Punkt des dreidimensionalen Raumes. Stellen Sie die Gleichung der Geraden g auf, die durch P geht und den Richtungsvektor $\vec{m}$ hat.

b) Bestimmen Sie den Schnittpunkt P′(x′|y′|z′) der Geraden g aus a) mit der x-y-Ebene.

c) Bestimmen Sie mit Hilfe des Ergebnisses von b) die Abbildungsgleichungen und die Abbildungsmatrix M der Schrägprojektion.

d) Bestimmen Sie das Bild des Dreiecks ABC.

e) Fertigen Sie ein Schrägbild des Dreiecks und seines Schattens an.

5. Kombination linearer Abbildungen

Untersucht werden sollen zwei lineare Abbildungen f_1 und f_2 im Raum.

f_1: $\vec{x}' = M_1 \cdot \vec{x}$ sei eine orthogonale Projektion auf die y-z-Ebene.

f_2: $\vec{x}' = M_2 \cdot \vec{x}$ sei eine Streckung mit dem Faktor k = 2 vom Ursprung aus.

f : $\vec{x}' = M \cdot \vec{x}$ sei die Hintereinanderausführung der beiden Abbildungen (erst f_1, dann f_2).

a) Stellen Sie die Abbildungsmatrizen M_1, M_2 und M auf.

b) $\overline{AB}$ sei die Strecke, welche A (8|6|6) und B (12|10|6) verbindet.
Bestimmen Sie das Bild $\overline{A_1'B_1'}$ der Strecke bei der Abbildung f_1 (orthogonale Projektion).
Bestimmen Sie das Bild $\overline{A_1''B_1''}$ der Strecke bei der Hintereinanderausführung der orthogonalen Projektion und anschließender Streckung vom Ursprung aus (k = 2).

c) Fertigen Sie eine Zeichnung zu den Ergebnissen von b) an.

Lösungen: S. 373

VI. Komplexe Aufgaben

1. Hilfsmittelfreie Aufgaben zu den Themenfeldern 1–3

1. Lineares Gleichungssystem
   a) Berechnen Sie die eindeutige Lösung des linearen Gleichungssystems.

$$\text{I: } 2x - y + 3z = 4$$
$$\text{II: } 4x + 2y - 6z = 0$$
$$\text{III: } 6x - y - 3z = -1$$

   b) Berechnen Sie die Lösungsmenge des LGS, das aus den Gleichungen I und II besteht. Entscheiden Sie, ob es eine Lösung $(x; y; z)$ mit $x > 0$, $y > 0$ und $z > 0$ gibt.

2. Parallele Vektoren
Geben Sie alle Paare paralleler Vektoren an.

$$\begin{pmatrix} 2 \\ 3 \\ -2 \end{pmatrix}, \begin{pmatrix} 4 \\ 6 \\ 4 \end{pmatrix}, \begin{pmatrix} 3 \\ 3 \\ -2 \end{pmatrix}, \begin{pmatrix} -6 \\ -2 \\ 8 \end{pmatrix}, \begin{pmatrix} -3 \\ -2 \\ 4 \end{pmatrix}, \begin{pmatrix} -1 \\ -1,5 \\ 1 \end{pmatrix}, \begin{pmatrix} -1,5 \\ -1,5 \\ 1 \end{pmatrix}, \begin{pmatrix} 4 \\ 4/3 \\ -16/3 \end{pmatrix}, \begin{pmatrix} 1 \\ 1,5 \\ 1 \end{pmatrix}, \begin{pmatrix} 12 \\ 8 \\ -16 \end{pmatrix}$$

3. Orthogonale Vektoren
Zwei der drei Vektoren $\vec{a}$, $\vec{b}$ und $\vec{c}$ sind orthogonal zueinander.
Entscheiden Sie, um welche Vektoren es sich handelt.

   a) $\vec{a} = \begin{pmatrix} 2 \\ 3 \end{pmatrix}$, $\vec{b} = \begin{pmatrix} 3 \\ 2 \end{pmatrix}$, $\vec{c} = \begin{pmatrix} 6 \\ -4 \end{pmatrix}$

   b) $\vec{a} = \begin{pmatrix} 1 \\ 3 \\ -2 \end{pmatrix}$, $\vec{b} = \begin{pmatrix} 2 \\ 1 \\ 3 \end{pmatrix}$, $\vec{c} = \begin{pmatrix} 2 \\ 2 \\ 4 \end{pmatrix}$

4. Parallele und schneidende Geraden
Entscheiden Sie, ob die Geraden g und h windschief, parallel oder sogar identisch sind oder sich schneiden. Fertigen Sie ein Schrägbild an.

   a) $g: \vec{x} = \begin{pmatrix} 2 \\ 0 \\ 5 \end{pmatrix} + r \begin{pmatrix} 0 \\ 2 \\ -1 \end{pmatrix}$, $h: \vec{x} = \begin{pmatrix} 8 \\ 1 \\ 0 \end{pmatrix} + r \begin{pmatrix} -2 \\ 1 \\ 1 \end{pmatrix}$

   b) g geht durch $A(0|0|0)$ und $B(0|2|6)$, h geht durch $C(2|2|0)$ und $D(2|3|3)$.

5. Rechtwinklige Dreiecke
Prüfen Sie, ob das Dreieck ABC rechtwinklig ist. Entscheiden Sie auch, ob es gleichschenklig ist.

   a) $A(2|2|2)$, $B(4|3|4)$, $C(3|4|4)$

   b) $A(2|2|2)$, $B(4|5|0)$, $C(3|4|6)$

6. Punkt und Gerade
Prüfen Sie, ob der Punkt P auf der Geraden $g: \vec{x} = \begin{pmatrix} 2 \\ 0 \\ 3 \end{pmatrix} + r \begin{pmatrix} -1 \\ 2 \\ 3 \end{pmatrix}$ liegt.

   a) $P(-1|4|9)$ b) $P(0,5|5|2)$ c) $P(-1|10 + 2a|12)$

7. Gerade im Koordinatensystem
Berechnen Sie die Schnittpunkte der Geraden $g: \vec{x} = \begin{pmatrix} 2 \\ 1 \\ 5 \end{pmatrix} + r \begin{pmatrix} 2 \\ -1 \\ -1 \end{pmatrix}$ mit den Koordinatenebenen.
Zeichnen Sie ein Schrägbild.

8. Dreieck

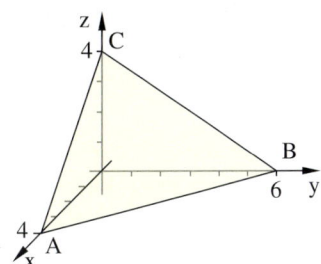

a) Zeigen Sie, dass das Dreieck ABC spitzwinklig ist.

b) Weisen Sie nach, dass das Dreiecks ABC gleichschenklig ist.

c) Gesucht ist ein Punkt D, so dass das Viereck ABCD ein Parallelogramm ist.

9. Ebene und Gerade, Spiegelung eines Punktes

Gegeben sind die Ebene E: $\vec{x} = \begin{pmatrix} 3 \\ 1 \\ 3 \end{pmatrix} + r \begin{pmatrix} 1 \\ -1 \\ 0 \end{pmatrix} + s \begin{pmatrix} 4 \\ 0 \\ -3 \end{pmatrix}$ und die Gerade g: $\vec{x} = \begin{pmatrix} 5 \\ 5 \\ 7 \end{pmatrix} + t \begin{pmatrix} 3 \\ 3 \\ 4 \end{pmatrix}$.

a) Berechnen Sie den Durchstoßpunkt E und g.

b) Zeigen Sie, dass der Vektor $\vec{v} = \begin{pmatrix} 3 \\ 3 \\ 4 \end{pmatrix}$ senkrecht auf E steht.

c) Der Punkt H(8|8|11) wird an der Ebene E gespiegelt. Berechnen Sie den Spiegelpunkt.

10. Lage: Punkt/Strecke

Gegeben ist die Strecke $\overline{AB}$ mit den Endpunkten A(3|0|1) und B(7|8|5).
Entscheiden Sie, ob die Punkte P(4|2|2), Q(8|10|6) und R(5|4|4) auf der Strecke $\overline{AB}$ liegen.

11. Schattenwurf

Der abgebildete Würfel hat die Seitenlänge a = 6 m. Der senkrechte Stab hat den Fußpunkt Q(8|10|0) und ist 10 m hoch.

Licht aus Richtung des Vektors $\vec{v}$ wirft einen Schatten des Stabes auf den Würfel und den Boden. Bestimmen Sie die Punkte P′ und P″ und berechnen Sie die Gesamtlänge des Schattens.

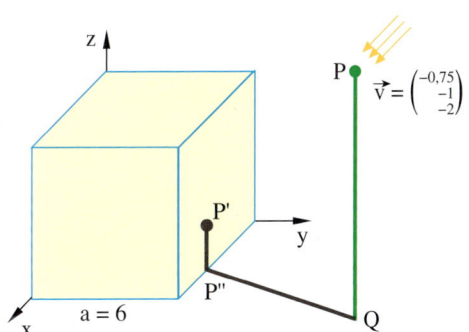

12. Gerade und Spiegelgerade

Die Gerade g: $\vec{x} = \begin{pmatrix} 5 \\ 5 \\ 5 \end{pmatrix} + t \begin{pmatrix} -3 \\ -1 \\ -2 \end{pmatrix}$ wird an der

Ebene E durch die Punkte A(4|2|0), B(4|8|0), C(0|8|6) und D(0|2|6) gespiegelt. So entsteht die Spiegelgerade g′.

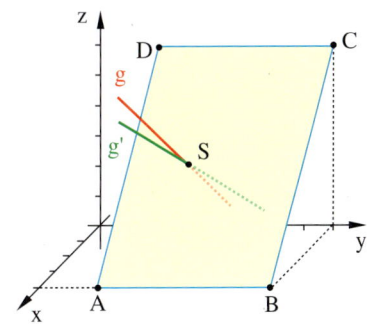

a) Zeigen Sie, dass der Vektor $\vec{v} = \begin{pmatrix} 3 \\ 0 \\ 2 \end{pmatrix}$ senkrecht auf E steht.

b) Berechnen Sie den Schnittpunkt S von E und g.

c) Berechnen Sie den Spiegelpunkt T′des Stützpunktes T(5|5|5) von g und die Gleichung von g′.

13. Trapeznachweis

Prüfen Sie, ob das Viereck ABCD ein Trapez ist.

a) A (2|4|0), B (4|8|0), C (2|8|3), D (1|6|3)   b) A (1|2|2), B (3|8|1), C (0|4|4), D (1|7|2)

14. Lage einer Ebene im Koordinatensystem

Stellen Sie eine Gleichung der beschriebenen Ebene E auf und zeichnen Sie ein Schrägbild von E.

a) E hat drei Spurpunkte X (6|0|0), Y (0|8|0) und Z (0|0|4).

b) E hat nur zwei Spurpunkte Y (0|4|0) und Z (0|0|4).

c) E hat nur einen Spurpunkt Y (0|4|0).

15. Quadrat

Gegeben ist das Dreieck ABC mit den Eckpunkten A (6|3|1), B (9|9|7) und C (3|6|13).

a) Ergänzen Sie einen Punkt D so, dass das Viereck ABCD ein Quadrat ist.

b) Zeigen Sie: Der Vektor $\begin{pmatrix} 2 \\ -2 \\ 1 \end{pmatrix}$ steht senkrecht auf dem Quadrat.

c) Geben Sie die Gleichung einer Geraden g an, die durch den Mittelpunkt M des Quadrates geht und senkrecht auf dem Quadrat steht.

d) Berechnen Sie die beiden Punkte von g, welche den Abstand 36 vom Mittelpunkt M des Quadrates haben.

16. Orthogonale Vektoren

a) Ergänzen Sie das Dreieck ABC mit A (0|0|8), B (0|0|0) und C (6|6|0) durch Hinzunahme eines Punktes D zu einem Rechteck ABCD.

b) Zeigen Sie, dass der Vektor $\vec{v} = \begin{pmatrix} 1 \\ -1 \\ 0 \end{pmatrix}$ senkrecht auf dem Rechteck ABCD steht.

c) Zeigen Sie, dass der Punkt S (9|−3|4) auf der Geraden g liegt, die durch den Mittelpunkt M des Rechtecks geht und senkrecht zum Rechteck verläuft.

d) Berechnen Sie das Volumen der Pyramide ABCDS mit der Grundfläche ABCD und der Spitze S.

17. Ballkriminalistik

Lieber Herbert!
Rainer hat mir das Foto gegeben.
Er sagte, dass der Stürmer aus 4 m
Höhe geworfen hat. Es ist übrigens
Wulf Tilkowski. Ich kann das gar
nicht glauben. Kannst Du es über-
prüfen? Die beiden Scheinwerfer
habe ich schon mal vermessen. Sie
sind bei L₁ (4|1|6) und L₂ (2|6|8)
aufgehängt.
Erwarte Deine Nachricht.
Gruß Friedhelm

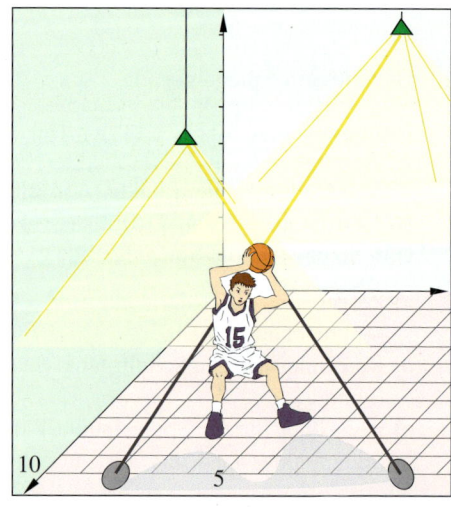

18. Parameter- und Koordinatenform

a) Weisen Sie nach, dass der Vektor $\vec{n}$ ein Normalenvektor der Ebene E ist.

b) Bestimmen Sie eine Koordinatengleichung der Ebene E.

c) Berechnen Sie die Schnittpunkte der Ebene E mit den Koordinatenachsen.

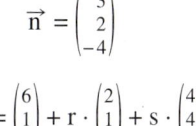

$$\vec{n} = \begin{pmatrix} 3 \\ 2 \\ -4 \end{pmatrix}$$

$$E: \vec{x} = \begin{pmatrix} 6 \\ 1 \\ 2 \end{pmatrix} + r \cdot \begin{pmatrix} 2 \\ 1 \\ 2 \end{pmatrix} + s \cdot \begin{pmatrix} 4 \\ 4 \\ 5 \end{pmatrix}$$

19. Koordinatenform und Spurgeraden

a) Ermitteln Sie eine Koordinatenform der Ebene E.

b) Bestimmen Sie die Gleichungen der Spurgeraden der Ebene E.

c) Geben Sie eine Parametergleichung von E an.

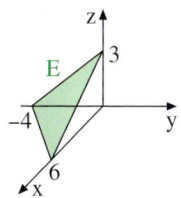

20. Ebene und Gerade

Gegeben ist die Ebene E: $x + 3y - 2z = 8$.

a) Begründen Sie, dass die Gerade g_1 parallel zur Ebene E liegt.

b) Begründen Sie, dass die Gerade g_2 die Ebene E orthogonal schneidet. Berechnen Sie den Schnittpunkt von g_2 und E.

c) Berechnen Sie den Schnittpunkt und den Schnittwinkel der Geraden g_3 mit der Ebene E.

$$g_1: \vec{x} = \begin{pmatrix} 4 \\ 1 \\ 3 \end{pmatrix} + r \cdot \begin{pmatrix} 1 \\ 1 \\ 2 \end{pmatrix}$$

$$g_2: \vec{x} = \begin{pmatrix} 4 \\ 8 \\ -4 \end{pmatrix} + r \cdot \begin{pmatrix} -1 \\ -3 \\ 2 \end{pmatrix}$$

$$g_3: \vec{x} = \begin{pmatrix} 1 \\ 1 \\ 7 \end{pmatrix} + r \cdot \begin{pmatrix} 1 \\ -1 \\ 2 \end{pmatrix}$$

21. Punkt und Ebene

Gegeben sind die Ebene E: $2x - 2y + z = 6$ sowie der Punkt $P(1|15|7)$.

a) Fällen Sie das Lot vom Punkt P auf die Ebene E und bestimmen Sie den Lotfußpunkt F.

b) Der Punkt P wird an der Ebene E gespiegelt. Ermitteln Sie die Koordinaten des Spiegelpunktes P′.

c) Berechnen Sie den Abstand des Koordinatenursprungs von der Ebene E.

d) Die Ebene E wird am Koordinatenursprung gespiegelt. Bestimmen Sie die Koordinatengleichung der Spiegelebene E′.

22. Zwei Ebenen

a) Berechnen Sie die Schnittgerade g der Ebenen E_1 und E_2.

b) Beschreiben Sie die besondere Lage von g im Koordinatensystem.

c) Bestimmen Sie einen Normalenvektor von E_1.

d) Ermitteln Sie den Schnittwinkel zwischen den Ebenen E_1 und E_2.

$$E_1: \vec{x} = \begin{pmatrix} 2 \\ -1 \\ 3 \end{pmatrix} + r \cdot \begin{pmatrix} 2 \\ 3 \\ -1 \end{pmatrix} + s \cdot \begin{pmatrix} 1 \\ 0 \\ 1 \end{pmatrix}$$

$$E_2: x + y + z = 5$$

2. Zusammengesetzte Aufgaben zu den Themenfeldern 1–3

1. Geraden

Gegeben sind die Geraden g: $\vec{x} = \begin{pmatrix} 0 \\ 2 \\ -5 \end{pmatrix} + r \begin{pmatrix} 1 \\ 2 \\ -2 \end{pmatrix}$ und h: $\vec{x} = \begin{pmatrix} 1 \\ 10 \\ -7 \end{pmatrix} + s \begin{pmatrix} -1 \\ 1 \\ 2 \end{pmatrix}$.

a) Bestimmen Sie den Schnittpunkt S von g und h.
b) Durch g und h ist eine Ebene E festgelegt.
   Bestimmen Sie eine Parametergleichung von E.
c) Bestimmen Sie den Schnittpunkt von E mit der x-Achse.
d) Bestimmen Sie zwei zu h senkrechte Geraden u und v, die durch den Punkt S gehen.
e) Stellen Sie eine Gleichung der Ebene F auf, in der die Geraden u und v liegen.
f) Ermitteln Sie die Schnittgerade der Ebenen E und F.

g) Für jedes $a \in \mathbb{R}$ ist durch g_a: $\vec{x} = \begin{pmatrix} 0 \\ 2 \\ -5 \end{pmatrix} + t \begin{pmatrix} a \\ 1+a \\ -2a \end{pmatrix}$ eine Gerade festgelegt.

   Entscheiden Sie, ob es einen Wert für a gibt, für den g_a parallel zu h verläuft.
   Ermitteln Sie, für welchen Wert von a g_a senkrecht zu h verläuft.

2. Flugbahnen

Die Bahnen zweier Flugzeuge werden als geradlinig angenommen, die Flugzeuge werden als Punkte angesehen. Das erste Flugzeug bewegt sich von A(0|−50|20) nach B(0|50|20). Das zweite Flugzeug nimmt den Kurs von Punkt C(−14|46|32) auf Punkt D(50|−18|0). Eine Einheit entspricht 1 km.

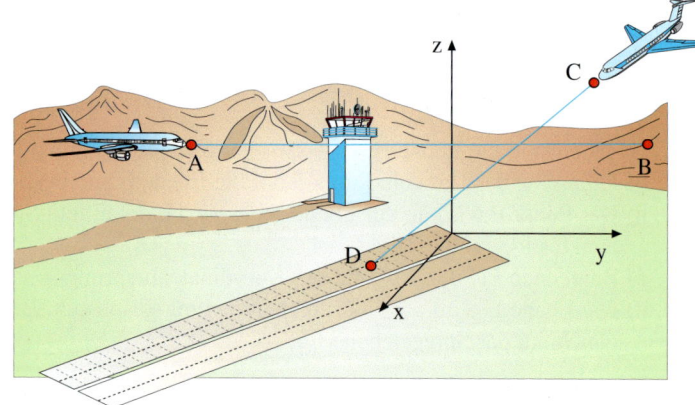

a) Untersuchen Sie, ob die beiden Flugzeuge bei gleichbleibenden Kursen zusammenstoßen könnten. (Die Geschwindigkeiten der Flugzeuge bleiben unberücksichtigt.)
b) Das 2. Flugzeug ändert nach der Hälfte der Strecke $\overline{CD}$, in dem Punkt M, seinen Kurs, da ein Nebel aufkommt. Das 2. Flugzeug fliegt nun von M aus über T(0|25|20) nach D. Berechnen Sie die Länge des durch den neuen Kurs entstandenen Umweges.
c) Untersuchen Sie, ob die beiden Flugzeuge auf dem neuen Kurs zusammenstoßen könnten (ohne Berücksichtigung der Geschwindigkeiten).
d) Untersuchen Sie, ob es dem 2. Flugzeug gelungen ist, rechtzeitig vor der schmalen Nebelfront, die sich durch die Ebene E mit den Spurpunkten X(10,4|0|0), Y(0|−10,4|0) und Z(0|0|−20,8) beschreiben lässt, seinen Kurs zu ändern.

3. Filmkulisse

In einer Filmkulisse ist ein Haus aufgebaut, dessen Dach eine quadratische Pyramide mit den Grundflächenecken A (6|4|2), B (6|6|2), C (4|6|2), D (4|4|2) und der Spitze S ist. Die Dachpyramide ist 2 m hoch. Ein Scheinwerfer bei L (5|10|2) beleuchtet das Haus von rechts. In der x-z-Ebene ist eine Leinwand aufgespannt, auf der ein Schatten des Hauses entsteht.

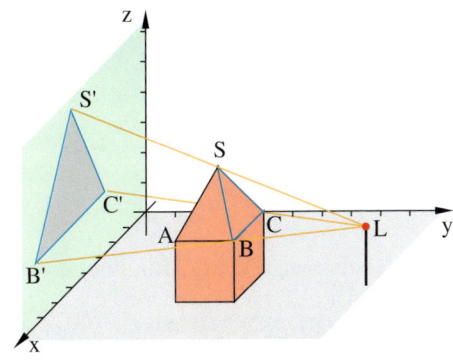

a) Bestimmen Sie die Koordinaten der Pyramidenspitze S.

b) Berechnen Sie das Volumen V und die sichtbare Oberfläche O der Dachpyramide.

c) Berechnen Sie den Winkel zwischen den Dachbalken AS und BS bei S.

d) Berechnen Sie das Schattenbild S′ der Pyramidenspitze S auf der Leinwand.
Die Eckpunkte B und C haben die Schattenpunkte B′ (7,5|0|2) und C′ (2,5|0|2). Zeigen Sie: Das Schattendreieck B′C′S′ ist ein gleichschenkliges Dreieck.

e) Zeigen Sie, dass der Vektor $\vec{v}$ senkrecht auf der Dachfläche BCS steht. $\qquad \vec{v} = \begin{pmatrix} 0 \\ -2 \\ -1 \end{pmatrix}$

f) Ein Lichtstrahl in Richtung des Vektors $\vec{v}$ erzeugt einen Schattenpunkt der Pyramidenspitze S. Entscheiden Sie, ob dieser Schattenpunkt auf der Bodenebene oder auf der Leinwand liegt.

4. Kirchturm am Hang

Eine Bergwiese bildet einen ebenen, leicht geneigten Hang. Auf dem Hang steht ein alter Kirchturm. das Dach des Turms hat die Form einer quadratischen Pyramide mit der Höhe 10. Für die Punktkoordinaten in der Abbildung gilt: A (10|0|0), B (10|10|0), C (0|10|2), E (10|0|20).

a) Bestimmen Sie eine Parametergleichung der Hangebene ε.

b) Zeigen Sie, dass der Vektor $\vec{v}$ senkrecht zur Hangebene ε steht. $\qquad \vec{v} = \begin{pmatrix} 1 \\ 0 \\ 5 \end{pmatrix}, \ \vec{u} = \begin{pmatrix} 0 \\ -2 \\ -1 \end{pmatrix}$

c) Zu einer bestimmten Tageszeit fällt das Sonnenlicht in Richtung des Vektors $\vec{u}$ ein. Die Dachfläche mit den Solarzellen wird nun exakt senkrecht getroffen. Entscheiden Sie, um welche der vier Dachflächen es sich handelt. Berechnen Sie den Schattenpunkt S″ der Turmspitze auf dem Hang.

d) Ein Punkt P (5|5|p) im Innern des Dachraums ist von allen fünf Ecken der Dachpyramide exakt gleich weit entfernt. Bestimmen Sie die Höhenkoordinate p des Punktes.

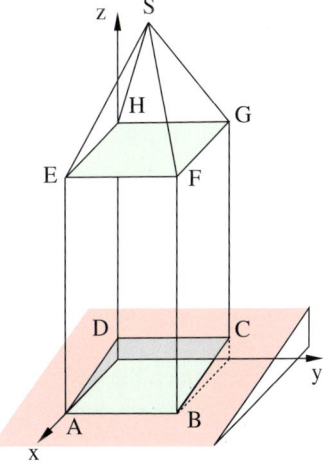

5. Flugbahnen

Ein Flugzeug f fliegt von A(0|0|10) nach B(0|27|10), während ein zweites Flugzeug g im gleichem Zeitraum von C(−8|26|14) nach D(10|8|5) fliegt (1 LE = 1 km). Die Flugdauer beträgt jeweils 3 Minuten.

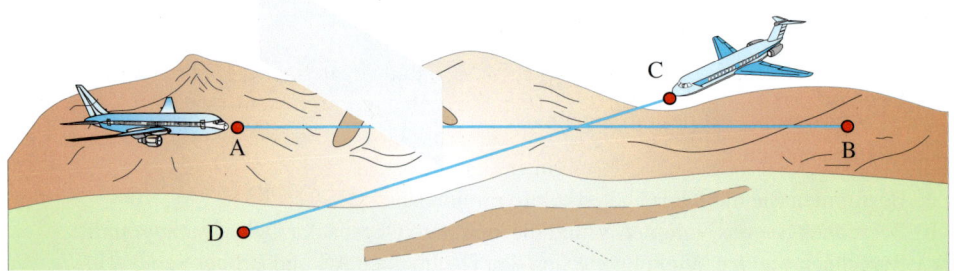

a) Untersuchen Sie, ob die Flugzeuge sich auf Kollisionskurs befinden.

b) Bestimmen Sie die Geschwindigkeiten der Flugzeuge und untersuchen Sie, ob tatsächlich Kollisionsgefahr besteht.

c) Berechnen Sie die vertikale Sinkgeschwindigkeit von Flugzeug g.

d) Wegen aufkommenden Nebels ändert Flugzeug f nach einem Drittel der Gesamtstrecke im Punkt M seinen Kurs ab in Richtung des Punktes T(0|13|13), um von dort aus wieder das Ziel B ins Visier zu nehmen. Berechnen Sie, unter welchem Winkel das Flugzeug beim Flug von T nach B absteigt. Berechnen Sie die Gesamtlänge des Umwegs, der durch die Kursänderungen entsteht.

e) Geben Sie die Ebene E in Koordinatenform an und entscheiden Sie, ob es Flugzeug f gelang, seinen Kurs noch rechtzeitig vor Erreichen der schmalen Nebelfront zu ändern, die in der Ebene E liegt. Berechnen Sie die Zeit, die noch bis zum Erreichen der Nebelwand geblieben wäre.

$$E:\ \vec{x} = \begin{pmatrix} 2 \\ 12 \\ 4 \end{pmatrix} + r\begin{pmatrix} 1 \\ 1 \\ 0 \end{pmatrix} + s\begin{pmatrix} 0 \\ 0 \\ 1 \end{pmatrix}$$

6. Pyramide

Eine Pyramide hat die quadratische Grundfläche ABCD mit A(7|5|0), B(4|9|0), C(0|6|0) und die Spitze S(3,5|5,5|12).

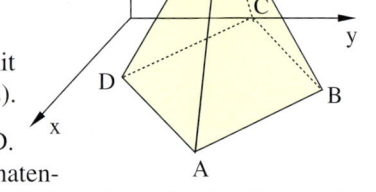

a) Bestimmen Sie die Koordinaten des fehlenden Punktes D.

b) Stellen Sie eine Parametergleichung sowie eine Koordinatengleichung der Ebene E durch die Punkte A, B und S auf. Berechnen Sie den Spurpunkt X(x|0|0) der Ebene E.

c) Zeigen Sie, dass das Seitendreieck ABS der Pyramide gleichschenklig ist.

d) Bestimmen Sie den Mittelpunkt M der Grundfläche ABCD.

e) Bestimmen Sie das Volumen und die Oberfläche der Pyramide.

f) Berechnen Sie, unter welchem Winkel die Seitenkante CS die y-Achse schneidet.

g) Fertigen Sie ein Schrägbild der Pyramide an.

h) Paralleles Sonnenlicht in Richtung des Vektors $\vec{v}$ trifft auf die Pyramide. Bestimmen Sie den Schatten der Pyramidenspitze S in der x-z-Ebene.

$$\vec{v} = \begin{pmatrix} -3 \\ -11 \\ -4 \end{pmatrix}$$

7. Tennis

Der Tennisplatz ist idealisiert dargestellt mit 24 m Länge und 10 m Breite.
Die Aufschlagfelder sind jeweils
6 m lang und 5 m breit. Das Netz
ist durchgehend 1 m hoch. Alle
Schläge verlaufen geradlinig.

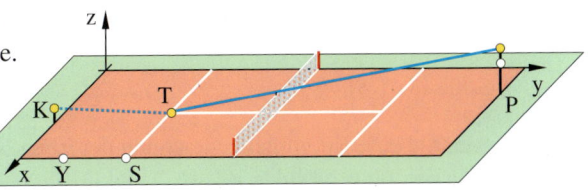

Ein Spieler steht an der Grundlinie bei P(3|24|0) und versucht, den Ball mit einer Geschwin-
digkeit von 144 km/h in der Höhe 3,10 m abzuschlagen, um exakt den Punkt T(5|6|0) des
Aufschlagfeldes zu treffen.

a) Berechnen Sie, wie hoch der Ball über das Netz geht.

b) Berechnen Sie, in welchem Winkel α zum Boden der Ball in T auftrifft.

c) Nach dem Auftreffen wird der Ball unter Beibehaltung seiner Geschwindigkeit exakt unter
dem gleichen Winkel α reflektiert ohne weitere Richtungsänderungen. Berechnen Sie, an
welcher Position K der auf seiner Grundlinie stehende Gegner den Ball zurückschlagen
muss und wieviel Zeit er für seine gesamte Reaktion hat.

d) In einer weiteren Spielsituation hat der Gegner einen Ball geschlagen. Nach dem Zwischen-
aufprall am Boden kommt er genau am alten Standort P des Spielers an, allerdings in einer
Höhe von nur 2 m. Der Spieler versucht, diesen Ball an die äußerste Position S seines linken
Aufschlagfeldes zu schlagen. Entscheiden Sie, ob dies gelingen kann.
Beschreiben Sie, was geschieht, wenn er den Ball nicht richtig trifft und dieser das Netz
exakt in Netzmitte 0,10 m über der oberen Seilkante passiert.

8. Ägypten

Eine antike Pyramide hat die Ecken A(100|0|0),
B(100|100|0), C(0|100|0), D(0|0|0) und die
Spitze S(50|50|100). Aus der Seitenfläche BCS
ragt als Teil einer Hebevorrichtung senkrecht
ein Balken $\overline{PQ}$ heraus, dessen Mitte T auf einer
vertikalen Stütze $\overline{RT}$ steht. Es gilt P(50|60|80)
und Q(50|100|100).

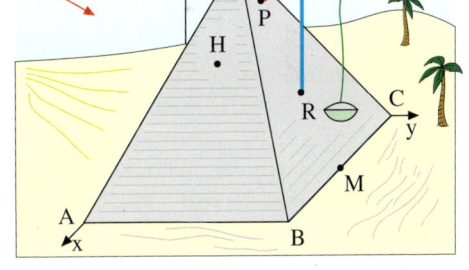

a) Stellen Sie eine Parametergleichung sowie
eine Normalengleichung der Ebene E auf,
welche B, C und S enthält.

b) Überprüfen Sie, ob der Punkt P tatsächlich
auf der Seitenfläche BCS liegt.

c) Weisen Sie nach, dass der Balken $\overline{PQ}$ senkrecht auf BCS steht. Berechnen Sie die Länge
von $\overline{PQ}$.

d) Berechnen Sie die Länge der Stütze $\overline{TR}$. Stellen Sie dazu die Gleichung der vertikalen
Geraden g auf, die den Punkt T enthält. Berechnen Sie dann den Punkt R als Schnittpunkt
der Geraden g mit der Fläche BCS?

e) Bestimmen Sie den Mittelpunkt M der Strecke $\overline{BC}$. Bestimmen Sie dann den Winkel
$\alpha = \sphericalangle PQM$ zwischen den Strecken $\overline{QP}$ und $\overline{QM}$.

f) Zeigen Sie, dass die Punkte U(40|40|80) und V(60|40|80) auf zwei Kanten der Pyramide
liegen. Begründen Sie, dass das Viereck ADUV ein Trapez ist.

g) An der Position H(70|50|a) liegt ein Schachteingang. Der Schacht führt zur
Schatzkammer in der Pyramidenmitte G(50|50|50). Das Sonnenlicht fällt bis in
die Schatzkammer G, wenn es in Richtung des Vektors $\vec{v}$ einfällt. Bestimmen Sie a.
$\vec{v} = \begin{pmatrix} -4 \\ 0 \\ -2 \end{pmatrix}$

9. Gerade und Ebene

Gegeben sind die Ebene E: $\vec{x} = \begin{pmatrix} 4 \\ -1 \\ 6 \end{pmatrix} + r \cdot \begin{pmatrix} -2 \\ 1 \\ 2 \end{pmatrix} + s \cdot \begin{pmatrix} 1 \\ -1 \\ 0 \end{pmatrix}$ und die Gerade

g: $\vec{x} = \begin{pmatrix} 5 \\ -4{,}5 \\ 2 \end{pmatrix} + t \begin{pmatrix} 7 \\ 0 \\ 4 \end{pmatrix}$.

a) Geben Sie eine Koordinatengleichung der Ebene E an.

b) Prüfen Sie, ob die Punkte $P(3|0|2)$ und $Q(5|-1|4)$ in E liegen.

c) Berechnen Sie den Winkel zwischen den beiden Richtungsvektoren der Ebene E.

d) Bestimmen Sie die Punkte X, Y und Z, in denen die Ebene E von den Koordinatenachsen durchstoßen wird. Diese bilden mit dem Koordinatenursprung eine Pyramide. Berechnen Sie das Volumen dieser Pyramide. Zeichnen Sie ein Schrägbild.

e) Zeigen Sie, dass sich E und g schneiden. Berechnen Sie den Schnittpunkt.
   Entscheiden Sie, ob der Schnittpunkt im Dreieck XYZ aus d) liegt.
   Berechnen Sie den Schnittwinkel von g und E.

f) Bestimmen Sie die Gleichung der Spurgeraden von E in der x-y-Ebene.

10. Lagebeziehungen von Geraden und Ebenen

Gegeben sind die Ebene E: $\vec{x} = \begin{pmatrix} 1 \\ 0 \\ 1 \end{pmatrix} + r \cdot \begin{pmatrix} 4 \\ 3 \\ -1 \end{pmatrix} + s \cdot \begin{pmatrix} 2 \\ 0 \\ -1 \end{pmatrix}$ und die Geraden

g: $\vec{x} = \begin{pmatrix} 4 \\ -3 \\ 2 \end{pmatrix} + t \begin{pmatrix} 0 \\ 3 \\ 1 \end{pmatrix}$ und h: $\vec{x} = \begin{pmatrix} 1 \\ 0 \\ 1 \end{pmatrix} + u \begin{pmatrix} 1 \\ 1 \\ 1 \end{pmatrix}$.

a) Geben Sie eine Koordinatengleichung der Ebene E an.

b) Zeigen Sie, dass die Gerade g parallel zur Ebene E verläuft, und bestimmen Sie den Abstand von g zu E.

c) Bestimmen Sie die Lage von E und h zueinander (ohne Rechnung).

d) Bestimmen Sie die relative Lage der Geraden g zu der Geraden h.

e) Bestimmen Sie den Schnittwinkel der Geraden g und h.

11. Spielturm

Abgebildet ist das Schrägbild eines Spielturms zum Klettern und Rutschen. Es besteht aus einem Würfel mit aufgesetztem Quadergerüst, welches eine quadratische Pyramide trägt. In Würfelhöhe ist eine Rutschfläche angebracht (vgl. Zeichnung, Maße in m).

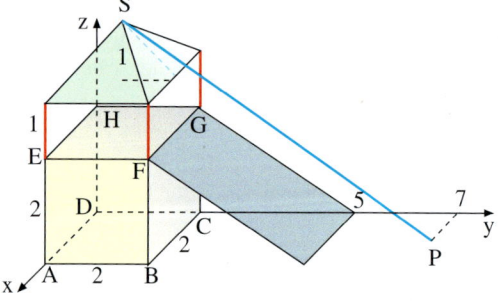

a) Bestimmen Sie die Größe der Dachfläche.

b) Berechnen Sie, unter welchem Winkel sich zwei Dachkanten im Punkt S treffen. Berechnen Sie den Winkel zwischen zwei benachbarten Dachflächen.

c) Vom Punkt S wird ein Seil im Punkt $P(1|7|0)$ als Kletterhilfe fest verankert. Zeigen Sie, dass das Kletterseil parallel zur Rutsche verläuft. Berechnen Sie den Abstand zur Rutsche.

d) Auf der Rutsche steht senkrecht zur Erdoberfläche ein Kind. Berechnen Sie, in welcher Höhe es an das Kletterseil greift.

e) Begründen Sie, dass das Kletterseil mit dem Dach nur den Punkt S gemeinsam hat.

12. Würfel

In einem kartesischen Koordinatensystem sind der abgebildete Würfel ABCDEFGH mit der Seitenlänge 4 sowie die Ebene ε: $y + 2z = 10$ gegeben.

a) Geben Sie die Koordinaten der Würfeleckpunkte an.

b) Die Ebene ε schneidet den Würfel ABCDEFGH. Berechnen Sie die Eckpunkte der viereckigen Schnittfläche und untersuchen Sie, um welches spezielle Viereck es sich handelt.

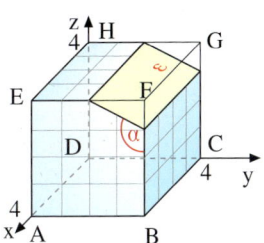

c) Berechnen Sie den Abstand des Koordinatenursprungs von der Ebene ε sowie den Lotfußpunkt auf ε.

d) Berechnen Sie die Volumina der Teilkörper, in die ε den Würfel zerlegt.

e) Berechnen Sie den eingezeichneten Winkel α.

13. Quadratische Pyramide

Gegeben sind in einem kartesischen Koordinatensystem die Punkte $A(7|5|1)$, $B(2|5|1)$ und $D(7|2|5)$.

a) Zeigen Sie, dass die Vektoren $\overrightarrow{AB}$ und $\overrightarrow{AD}$ orthogonal sind und gleiche Beträge haben.

b) Bestimmen Sie die Koordinaten eines Punktes C so, dass ABCD ein Quadrat wird. Bestimmen Sie die Koordinaten des Quadratmittelpunktes M.

c) Das Quadrat ABCD ist die Grundfläche einer Pyramide mit der Spitze $S(4,5|11,5|9)$. Zeigen Sie, dass $\overline{MS}$ die Höhe der Pyramide ist.
Berechnen Sie das Volumen der Pyramide.

d) Es existiert eine weitere Pyramide mit derselben Grundfläche ABCD und demselben Volumen. Berechnen Sie die Koordinaten der Spitze S′ dieser weiteren Pyramide.

e) Die Punkte A, B und $T(7|6|3)$ bestimmen eine Ebene E. Diese Ebene E wird von der Pyramidenhöhe $\overline{MS}$ in einem Punkt P durchstoßen. Berechnen Sie die Koordinaten des Punktes P.

14. Dreieck, Raute, Pyramide

Gegeben sind die Punkte $A(3|2|-1)$, $B(-2|2|-1)$, $C(0|-2|-1)$ und $P(1-2a|-3a|a+2)$ $a \in \mathbb{R}$, $a \neq 0$).

a) Zeigen Sie, dass das Dreieck ABC gleichschenklig, aber nicht gleichseitig ist.

b) Ermitteln Sie eine Parametergleichung der Ebene E durch die Punkte A, B und C.
Geben Sie ohne weitere Rechnung an, welche besondere Lage die Ebene E im Koordinatensystem einnimmt.
Untersuchen Sie, für welchen Wert von a P in E liegt.

c) Begründen Sie, dass genau ein Punkt D existiert, der mit den Punkten A, B und C eine Raute bildet. (Raute: ebenes Viereck mit vier gleich langen Seiten.)
Bestimmen Sie die Koordinaten von D.

d) Das Dreieck ABC bildet mit einer Spitze S eine Pyramide. Bestimmen Sie die Koordinaten einer Spitze S, für die das Volumen der Pyramide 100 beträgt.

e) Das Dreieck A′B′C′ entsteht durch senkrechte Projektion von ABC in die x-y-Ebene. Bestimmen Sie für dieses Dreieck A′B′C′ den Radius und den Mittelpunkt des Umkreises.

15. Einflugschneise

Ein Flugzeug befindet sich im Landeanflug. Es bewegt sich auf einer geraden Flugbahn g durch die Punkte A(25|2|5) und B(15|7|3). Die Einflugschneise wird durch zwei Geraden g_1 und g_2 begrenzt, welche durch die Punkte C(10|4|2) und D(0|10|0) bzw. E(10|20|2) und F(0|14|0) gehen (Angabe in km).

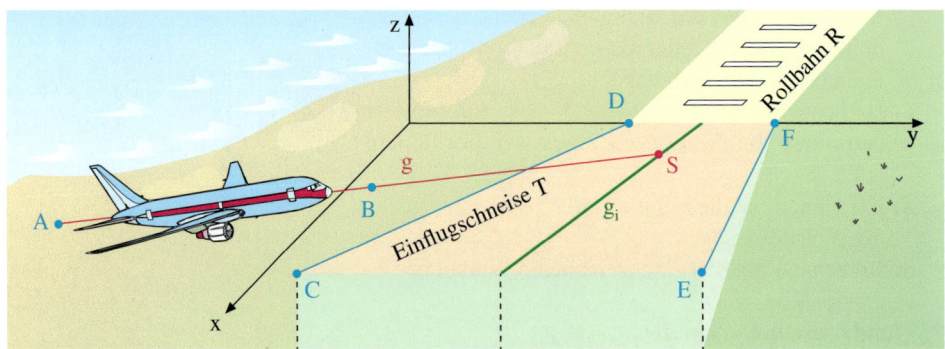

a) Bestimmen Sie die Gleichungen der beiden Begrenzungsgeraden g_1 und g_2. Zeigen Sie, dass diese eine Ebene T aufspannen. Bestimmen Sie die Gleichung der Ebene T.

b) Berechnen Sie den Winkel, den die Ebene T (Einflugschneisenebene) mit der Rollbahnebene R bildet, welche wie abgebildet in der x-y-Ebene liegt.

c) Bestimmen Sie die Gleichung der Flugbahngeraden g des Flugzeugs.

d) Die in der Mitte der Einflugschneise verlaufende Gerade g_i ist die ideale Linie für den Landeanflug. Bestimmen Sie die Gleichung der Geraden g_i. Zeigen Sie, dass die Bahn g des Flugzeugs die Ideallinie g_i schneidet. Berechnen Sie den Schnittpunkt S.

e) Berechnen Sie, um welchen Winkel der Pilot den Kurs in S korrigieren muss, um auf die Ideallinie g_i einzuschwenken.

f) Das Flugzeug hat eine Geschwindigkeit von $500 \frac{km}{h}$. Berechnen Sie, wie lange der Landeanflug von Punkt A bis zum Aufsetzen am Beginn der Rollbahn dauert.

16. Hubschrauberkurs

Ein Hubschrauber fliegt einen geradlinigen horizontalen Kurs, der durch die Punkte A(7|2|0,1) und B(11|3|0,1) führt. Eine Einheit im Koordinatensystem sind 10 km.

a) Berechnen Sie, welchen Abstand der Hubschrauber im Punkt B von einer Gewitterfront hat, die durch die Ebene E: $x + 2y - 2z - 40,8 = 0$ im Koordinatensystem beschrieben wird.

b) Berechnen Sie, in welchem Punkt P der Hubschrauber die Gewitterfront erreichen würde.

c) Weisen Sie nach, dass der Punkt Q(23|6|0,1) auf der Flugbahn des Hubschraubers liegt und von diesem vor Erreichen der Gewitterfront passiert wird.

d) Im Punkt Q ändert der Pilot den Kurs, indem er unter Beibehaltung seiner Horizontalrichtung in einen Steigflug übergeht, der ihn parallel zur Gewitterfront fliegen lässt. Geben Sie die Gerade an, welche die Bahn des Hubschraubers nach der Kurskorrektur beschreibt. Berechnen Sie den Winkel der Richtungsänderung.

e) Berechnen Sie den Abstand des Hubschraubers zur Gewitterfront nach der Kursänderung.

f) Die Gewitterfront erstreckt sich bis in 4 km Höhe. Berechnen Sie, in welchem Punkt der Hubschrauberpilot frühestens wieder in einen Horizontalflug übergehen kann, wenn er nicht in die Gewitterfront fliegen will.

17. Winkelhaus

Ein Winkelhaus hat die rechts dargestellten Maße.

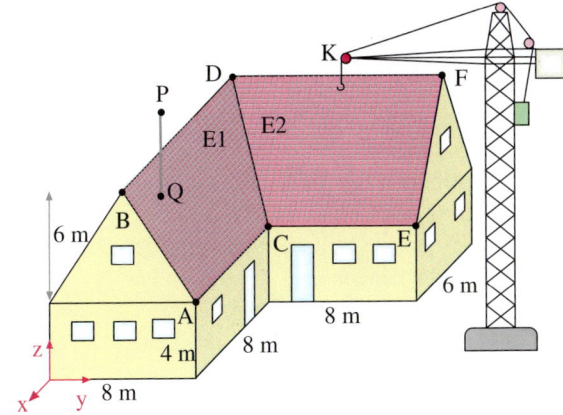

a) Bestimmen Sie die Koordinaten von A, B, C, E und F.

b) Bestimmen Sie die Gleichungen der Firstgeraden g_{BD} und g_{FD}. Hinweis: Die Richtungsvektoren sind einfach zu bestimmen.

c) Berechnen Sie den Punkt D als Schnittpunkt der Firstgeraden g_{BD} und g_{FD}.

d) Stellen Sie die Gleichung der Kehlgeraden g_{DC} auf. Berechnen Sie die Länge der Dachkehle $\overline{DC}$.

e) Berechnen Sie den Winkel zwischen der Kehle $\overline{CD}$ und der Traufe $\overline{CE}$.

f) Die Dachfläche E_2 soll komplett mit Solarzellen belegt werden. Berechnen Sie die zu belegende Fläche. (Hinweis: Zerlegen Sie die Dachfläche in zwei Dreiecke und verwenden Sie die vektorielle Formel für den Flächeninhalt des Dreiecks.)

g) Die Spitze der abgebildeten Antenne hat die Koordinaten P(–2|5|12,5). Berechnen Sie, in welchem Punkt Q die Antenne die Dachfläche E_1 durchstößt. (Hinweis: Stellen Sie zunächst die Gleichung der Ebene E_1 auf.)

h) Sonnenlicht in Richtung des Vektors $\vec{v} = \begin{pmatrix} -4 \\ 2 \\ -7 \end{pmatrix}$ erzeugt einen Schatten der Antenne auf der Dachfläche E_1. Berechnen Sie den Schattenpunkt P′ der Antennenspitze P.

i) Die Auslegerspitze des Kranes hat die Koordinaten K(11|12|26). Von dort soll ein Seil zur Dachfläche E_2 gespannt werden. Berechnen Sie, wie lang das Seil mindestens sein muss.

18. Pyramide

Die Punkte A(0|–1|0), B(1|–4|0) und C(4|–3|0) sind die erhaltenen Eckpunkte der Grundfläche einer quadratischen Pyramide, die teilweise eingestürzt ist und die rekonstruiert werden soll. Einer Einheit im Koordinatensystem entsprechen 100 m.

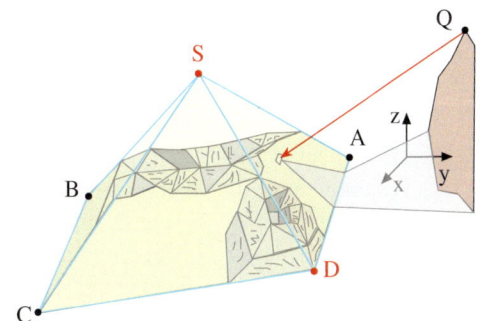

a) Weisen Sie nach, dass das Dreieck ABC gleichschenklig und rechtwinklig ist. Berechnen Sie die Grundseitenlänge der Pyramide.

b) Ergänzen Sie das Dreieck zu einem Quadrat ABCD. Bestimmen Sie den Mittelpunkt M des Quadrates sowie die Koordinaten der fehlenden Ecke D. Senkrecht über Punkt M lag ursprünglich die Spitze S der Pyramide ABCDS, die eine Höhe von 200 m hatte. Zeichnen Sie die Pyramide.

c) Bestimmen Sie die Gleichung der Ebene E, welche die Pyramidenseite DAS enthält, in Koordinaten-, Parameter- und in Normalform. Bestimmen Sie den Flächeninhalt und die Winkelgrößen im Dreieck DAS.

d) Der Legende nach weist orthogonal auf die Dreiecksfläche DAS fallendes Sonnenlicht durch den Punkt $Q\left(\frac{1}{2}\Big|\frac{5}{3}\Big|\frac{7}{2}\right)$ auf einen geheimen Eingang der Pyramide hin. Berechnen Sie den Punkt P, in dem dieser geheime Eingang ursprünglich lag.

19. Hausdach

Ein Haus besitzt wie abgebildet drei Dachflächen E_1 (sichtbar), E_2 (nicht sichtbar) und E_3 (Gaube). Das Haus hat Wandmaße von 10 m (Länge) und 8 m (Breite). Es ist 9 m hoch. Die beiden unteren Dachtraufen liegen in 3 m Höhe. Ihr horizontaler Abstand zur Wand beträgt jeweils 1 m. An den beiden Giebelseiten hat das Dach ebenfalls 1 m Überstand.

a) Bestimmen Sie die Koordinaten der Punkte A, B, C, D, E, F und K.

b) Bestimmen Sie die Gleichungen der Dachflächenebenen E_1 und E_2 in Parameter- und Normalenform.

c) Die Eckpunkte G und H des Gaubendaches besitzen die Koordinaten $G(9|0|7)$ und $H(1|0|7)$. Die Lotgeraden von G und H auf die x-y-Ebene durchstoßen die Ebene E_1 in den Punkten G′ und H′. Berechnen Sie die Koordinaten von G′ und H′.

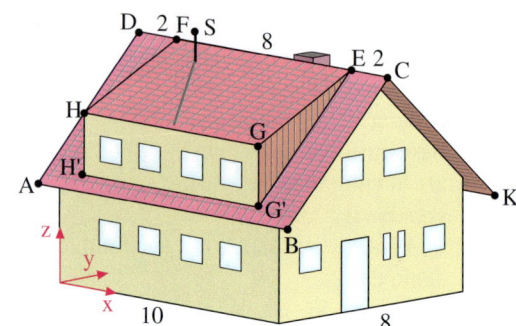

d) Die beiden dreieckigen Seitenwände der Gaube sind mit Holz verkleidet. Berechnen Sie den Holzbedarf.

e) Die Satellitenantenne mit die Spitze $S(3|3|10)$ wirft durch das Sonnenlicht in Richtung des Vektors $\vec{v} = \begin{pmatrix} 2 \\ -3 \\ -2 \end{pmatrix}$ einen Schatten. Entscheiden Sie, ob der Schatten vollständig auf dem Gaubendach liegt.

20. Lärmschutzdamm

Ein Lärmschutzdamm hat die abgebildete Form.

Die bahnseitige Böschung kann durch die Ebenengleichung E_1: $3x + 4y - 5z = -13$, die ortsseitige Böschung wird durch E_2: $3x + 4y + 10z = 87$ beschrieben, während die Dammkrone in der Ebene E_3: $z = 5$ liegt.

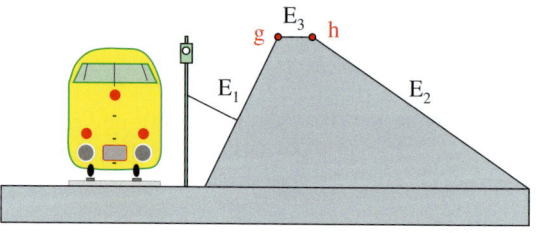

Zeichnung nicht maßstäblich

a) Bestimmen Sie die Gleichungen der Begrenzungsgeraden g und h der Wallkrone, d. h. die Schnittgeraden von E_3 mit E_1 und E_2.

b) Zeigen Sie, dass $P(0|3|5)$ ein Punkt von g ist.

c) Begründen Sie, dass die Ebene F: $4x - 3y = 36$ senkrecht zu den Geraden g und h verläuft.

d) Weisen Sie nach, dass $Q(9|0|5)$ in h und in F liegt.

e) Berechnen Sie den Abstand des Punktes P zur Ebene F.

f) Berechnen Sie mit den bisherigen Ergebnissen die Breite der Dammkrone.

g) Wie abgebildet steht ein 5 m hoher Signalmast im Punkt $P(0|-4,5|3)$. Er ist in 3 m Höhe durch ein senkrecht zur Böschung gespanntes Seil gesichert. Berechnen Sie die Länge des Befestigungsseils.

3. Aufgaben zu den Themenfeldern 4 und 5

1. Matrizen
Berechnen Sie manuell die folgenden Terme:
a) $M \cdot \vec{v}$
b) $M^2 = M \cdot M$
c) N^2
d) $N^2 \cdot \vec{u}$

$$M = \begin{pmatrix} 0{,}5 & 0{,}6 \\ 0{,}5 & 0{,}4 \end{pmatrix} \qquad \vec{v} = \begin{pmatrix} 0{,}2 \\ 0{,}8 \end{pmatrix}$$

$$N = \begin{pmatrix} 0{,}2 & 0{,}4 & 0{,}5 \\ 0{,}3 & 0 & 0{,}5 \\ 0{,}5 & 0{,}6 & 0 \end{pmatrix} \qquad \vec{u} = \begin{pmatrix} 0{,}2 \\ 0{,}3 \\ 0{,}5 \end{pmatrix}$$

2. Matrizenprodukte
a) Berechnen Sie den Term $A \cdot \vec{v}$.
b) Berechnen Sie das Produkt $A \cdot B$.
c) Begründen Sie, warum das Produkt $B \cdot A$ nicht berechnet werden kann.

$$A = \begin{pmatrix} 1 & 3 & 2 \\ -1 & 2 & -4 \\ 3 & 1 & -1 \end{pmatrix}, \quad B = \begin{pmatrix} 1 & 3 \\ -2 & 4 \\ 5 & 1 \end{pmatrix}, \vec{v} = \begin{pmatrix} 1 \\ -2 \\ 4 \end{pmatrix}$$

3. Stochastische Matrizen
a) Erklären Sie, was man unter einer stochastischen Matrix versteht.
b) Entscheiden Sie, bei welchen Matrizen es sich um stochastische Matrizen handelt.

$$M = \begin{pmatrix} 0{,}7 & 0{,}1 \\ 0{,}3 & 0{,}9 \end{pmatrix} \qquad N = \begin{pmatrix} 0{,}5 & 0{,}2 & 0{,}3 \\ 0{,}3 & 0{,}4 & -0{,}1 \\ 0{,}2 & 0{,}5 & 0{,}8 \end{pmatrix} \qquad P = \begin{pmatrix} 0{,}1 & 0{,}5 & 0{,}3 \\ 0{,}2 & 0{,}4 & 0{,}6 \\ 0{,}7 & 0{,}1 & 0{,}1 \end{pmatrix} \qquad Q = \begin{pmatrix} 0{,}1 & 0{,}4 & 0{,}5 & 0 \\ 0{,}1 & 0{,}2 & 0{,}3 & 1 \\ 0{,}8 & 0{,}2 & 0{,}2 & 0 \\ 0 & 0{,}2 & 0 & 0 \end{pmatrix}$$

c) Ergänzen Sie die Matrix zu einer stochastischen Matrix, sofern dies möglich ist.

$$M = \begin{pmatrix} 0{,}1 & \blacksquare & 0{,}1 \\ \blacksquare & 0{,}5 & 0{,}3 \\ 0{,}4 & 0 & \blacksquare \end{pmatrix} \qquad N = \begin{pmatrix} \blacksquare & 0{,}5 \\ 0 & \blacksquare \end{pmatrix} \qquad P = \begin{pmatrix} 0{,}1 & 0{,}5 & 0{,}2 & 0 \\ 0{,}2 & 0{,}3 & 0{,}3 & \blacksquare \\ 0{,}6 & \blacksquare & 0{,}6 & 0 \\ \blacksquare & 0{,}2 & \blacksquare & 0 \end{pmatrix}$$

4. Übergangsmatrix und Übergangsgraph
Gegeben ist der noch unvollständige Übergangsgraph eines stochastischen Prozesses.
a) Vervollständigen Sie ihn so, dass die zugehörige Übergangsmatrix M eine stochastische Matrix ist.
b) Stellen Sie die Matrix M auf.
c) Berechnen Sie die Folgeverteilungen

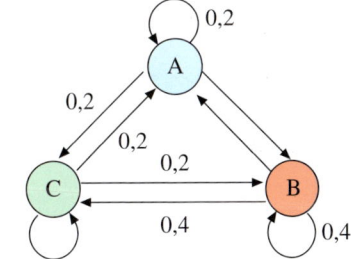

$\vec{v_1}$ und $\vec{v_2}$, ausgehend von der Verteilung $\vec{v_0} = \begin{pmatrix} 0{,}4 \\ 0{,}5 \\ 0{,}1 \end{pmatrix}$.

d) Untersuchen Sie die langfristige Entwicklung, indem Sie den Fixvektor $\vec{v}$ der Matrix M anhand der Bedingung $M \cdot \vec{v} = \vec{v}$ ermitteln.

5. Prozess mit absorbierenden Zuständen
Gegeben ist der Übergangsgraph eines dynamischen Prozesses.
a) Stellen Sie die Übergangsmatrix M auf.
b) Geben Sie die absorbierenden Zustände an.
c) Die Startverteilung $\vec{v_0}$ sei A: 0, B: 1, C: 0, D: 0. Berechnen Sie die Folgeverteilung $\vec{v_1}$.
d) Zeigen Sie, dass die Verteilung $\vec{v}$ mit A: 0,8, B: 0, C: 0, D: 0,2 eine stationäre Zustandsverteilung darstellt. Hinweis: Zu zeigen ist, dass $M \cdot \vec{v} = \vec{v}$ gilt.

6. Zyklische Prozesse

a) Begründen Sie, dass die Matrizen M_1 und M_2 keine stochastischen Matrizen sind.

b) Weisen Sie nach, dass M_1 und M_2 Übergangsmatrizen zyklischer Prozesse sind.

c) Berechnen Sie für beide Fälle die möglichen Folgeverteilungen $\vec{v}_1$, die sich aus der Anfangsverteilung $\vec{v}_0$ ergeben.

$$M_1 = \begin{pmatrix} 0 & 2,5 & 0 \\ 0,4 & 0 & 0 \\ 0 & 1,2 & 0 \end{pmatrix}$$

$$M_2 = \begin{pmatrix} 0 & 0 & 1,2 \\ 1,25 & 0 & 0 \\ 0 & \frac{2}{3} & 0 \end{pmatrix}$$

$$\vec{v}_0 = \begin{pmatrix} 60 \\ 30 \\ 50 \end{pmatrix}$$

7. Lineare Abbildungen in der Ebene

a) Geben Sie an, welche lineare Abbildung durch die Matrix M_1 bzw. M_2 definiert wird.

$$M_1 = \begin{pmatrix} 1 & 0 \\ 0 & -1 \end{pmatrix}, \ M_2 = \begin{pmatrix} 0 & -1 \\ 1 & 0 \end{pmatrix}$$

b) Punkt $P(3|3)$ wird um $45°$ um den Ursprung gedreht. Konstruieren Sie den Bildpunkt P'. Geben Sie die zugehörige Abbildungsmatrix M an und berechnen Sie P'.

c) Die Strecke $\overline{AB}$ mit $A(1|-1)$ und $B(5|-3)$ wird in Richtung $\vec{m} = \begin{pmatrix} 2 \\ 1 \end{pmatrix}$ auf die x-Achse projiziert. Bestimmen Sie die Bildstrecke.

d) Berechnen Sie die Bildgerade g' der Geraden $g\colon \vec{x} = \begin{pmatrix} 1 \\ 3 \end{pmatrix} + r \cdot \begin{pmatrix} -1 \\ 2 \end{pmatrix}$ unter der linearen Abbildung $\vec{x}' = \begin{pmatrix} 2 & 0 \\ -1 & 1 \end{pmatrix} \cdot \vec{x}$.

8. Lineare Abbildungen im Raum

Gegeben ist das Dreieck ABC mit $A(3|5|4)$, $B(5|2|3)$, $C(6|8|2)$.

a) Das Dreieck ABC wird orthogonal in die y-z-Ebene projiziert. Geben Sie die Abbildungsmatrix M sowie das Bilddreieck $A'B'C'$ an.

b) Das Dreieck ABC wird an der x-z-Ebene gespiegelt. Ermitteln Sie das Bilddreieck $A''B''C''$.

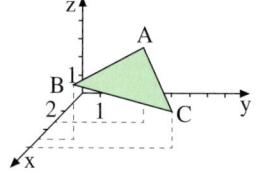

9. Schattenwurf

Das Dreieck ABC mit $A(2|2|3)$, $B(5|2|3)$, $C(4|4|2)$ wird in Richtung des Vektors $\vec{m} = \begin{pmatrix} 2 \\ -2 \\ -1 \end{pmatrix}$ in die x-y-Ebene projiziert.

a) Bestimmen Sie das Bild P' eines allgemeinen Punktes $P(a|b|c)$ in der x-y-Ebene.

b) Stellen Sie die Abbildungsgleichungen auf.

c) Bestimmen Sie die Abbildungsmatrix M.

d) Berechnen Sie das Bilddreieck $A'B'C'$.

10. Projektion auf eine Ursprungsebene

a) Bestimmen Sie die Abbildungsmatrix M der Parallelprojektion in Richtung des Vektors $\vec{m}$ auf die Ebene E.

b) Berechnen Sie die Koordinaten des Bildpunktes P' des Punktes $P(3|1|6)$.

c) Ermitteln Sie alle Punkte, die auf den Koordinatenursprung abgebildet werden.

$E\colon 2x + z = 0$

$$m = \begin{pmatrix} -1 \\ 1 \\ -1 \end{pmatrix}$$

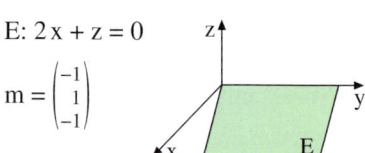

11. Stochastischer Standardprozess

M sei die Übergangsmatrix eines stochastischen Prozesses und $\vec{v}_0$ eine Startverteilung des Prozesses.

$$M = \begin{pmatrix} 0 & 0{,}5 & 0{,}5 \\ 0 & 0 & 0{,}5 \\ 1 & 0{,}5 & 0 \end{pmatrix} \qquad \vec{v}_0 = \begin{pmatrix} 0{,}2 \\ 0{,}3 \\ 0{,}5 \end{pmatrix}$$

a) Begründen Sie, dass M eine stochastische Matrix ist.

b) Zeichnen Sie den Übergangsgraphen des Prozesses.

c) Bestimmen Sie die Folgeverteilung $\vec{v}_1$.

d) Bestimmen Sie M^2 und $M^2 \cdot \vec{v}_0$. Erklären Sie die Bedeutung von $M^2 \cdot \vec{v}_0$.

e) Bestimmen Sie die Folgeverteilungen $\vec{v}_5$ und $\vec{v}_{10}$. Verwenden Sie dazu den Rechner.

f) Bestimmen Sie *manuell* einen Fixvektor $\vec{v}$ ($M \cdot \vec{v} = \vec{v}$).

12. Schnellrestaurant

Ein Schnellrestaurant bietet drei Arten von Gerichten an:

S: Sphagetti, P: Pizza, R: Reisgericht

Täglich wechseln die Kunden das Gericht so, wie es sich aus dem Übergangsgraphen ergibt. Am ersten Tag wählen 34 % Spaghetti, 22 % eine Pizza und 44 % ein Reisgericht.

a) Stellen Sie die Übergangsmatrix M auf.

b) Begründen Sie, weshalb M eine stochastische Matrix ist.

c) Geben Sie den Startvektor $\vec{v}_0$ an.

d) Ermitteln Sie, welches Gericht am 2. Tag mit welcher Wahrscheinlichkeit gewählt wird.

e) Berechnen Sie M^2. Welche Bedeutung hat das Element a_{23} von M^2 in diesem Sachzusammenhang? a_{23} ist das Element, welches in der 2. Zeile und in der 3. Spalte vom M^2 steht.

f) Bestimmen Sie die Verteilung der Kunden auf die Gerichte nach zwei Tagen bzw. nach fünf Tagen, ausgehend von der zu Beginn vorliegenden Startverteilung.

g) Berechnen Sie manuell den Fixvektor $\vec{v}$, für den die Gleichung $M \cdot \vec{v} = \vec{v}$ gilt.

Das im Verlauf der Lösung entstehende LGS können Sie mit dem Taschenrechner lösen.

h) Untersuchen Sie, wie sich die Grenzverteilung ändert, wenn aufgrund des vielfältigen Angebots im Bereich der Pizzagerichte ein Kunde, der ein solches gewählt hat, dies mit 80 % Wahrscheinlichkeit auch am Folgetag tut, während er nur mit jeweils 10 % Wahrscheinlichkeit auf die anderen Gerichte wechselt.

Stellen Sie zuerst die neue Übergangsmatrix N auf.

i) Nach einem Wechsel des Kochs sind die Spaghettigerichte und die Pizzagerichte so gut, dass jeder, der sie einmal gegessen hat, sie immer wieder wählt. Das Reisgericht wird mit 95 % Wahrscheinlichkeit wieder gewählt. Reisesser wechseln mit 3 % Wahrscheinlichkeit am Folgetag zu einer Pizza und mit 2 % Wahrscheinlichkeit zu einem Spaghettigericht. Am ersten Tag teilen sich die Kunden gleichmäßig auf: Spaghetti: 1/3, Pizza: 1/3, Reis: 1/3.

Berechnen Sie die Verteilung am Folgetag und nach zwei Tagen.

Untersuchen Sie, ob sich nun eine langfristige Verteilung einstellt.

13. Wanderung der Maulwürfe

Auf dem Grundstück G befinden sich 100 Maulwürfe, die von
Woche zu Woche ihren Aufenthaltsort wechseln.
Mit einer Wahrscheinlichkeit von 70% bleiben sie auf G.
Mit den Wahrscheinlichkeiten von 10% bzw. 20% wechseln sie
auf die Nachbargrundstücke L und R, die sie nicht mehr ver-
lassen. Zu Beginn befinden sich keine Maulwürfe in L oder R.

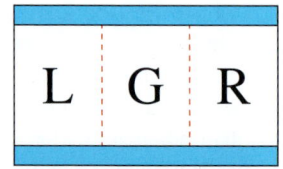

a) Zeichnen Sie den Übergangsgraphen.
b) Stellen Sie die Übergangsmatrix M auf.
c) Ermitteln Sie, wie viele Maulwürfe nach 2 bzw. nach 5 Wochen noch auf G zu erwarten sind.
d) Ermitteln Sie, wie viele Maulwürfe im Verlauf der Zeit auf
   L bzw. auf R zu erwarten sind.
e) Zeigen Sie: Der Prozess hat keinen eindeutigen Fixvektor.

14. Käferpopulation

Bei einer Käferart schlüpfen aus einem Drittel der gelegten Eier Larven, von denen sich
wiederum die Hälfte zu Käfern entwickelt. Jeder Käfer legt 6 Eier und stirbt.

a) Zeichnen Sie den Übergangsgraphen und stellen Sie die Übergangsmatrix M auf.
b) Zu Beginn sind jeweils 100 Eier, Larven und Käfer vorhanden. Ermitteln Sie die Populationsentwicklung für die nächsten 3 Generationen.
   Interpretieren Sie Ihr Ergebnis.
c) Entscheiden Sie, ob es eine Verteilung $\vec{v}_0$ von a Eiern, b Larven und c Käfern gibt, die mit
   der Folgeverteilung $\vec{v}_1$ identisch ist.
d) Gegeben ist die nebenstehende allgemeine Übergangsmatrix M.
   Bestimmen Sie eine Bedingung für
   die Koeffizienten a, b, c, so dass M
   eine zyklische Entwicklung der Länge drei beschreibt, d.h., es gilt:

$$M = \begin{pmatrix} 0 & 0 & a \\ b & 0 & 0 \\ 0 & c & 0 \end{pmatrix}, \, a \in \mathbb{N}, \, 0 \le b, c \le 1$$

$$M^3 = \begin{pmatrix} 0 & 0 & a \\ b & 0 & 0 \\ 0 & c & 0 \end{pmatrix}^3 = \begin{pmatrix} 1 & 0 & 0 \\ 0 & 1 & 0 \\ 0 & 0 & 1 \end{pmatrix}.$$

15. Computerspiel

Ein Computerspiel hat drei Niveaustufen (Level). Ein Spieler
schafft es mit einer Wahrscheinlichkeit von 50% pro Runde,
von Niveau 1 nach Niveau 2 zu kommen. Mit 50% Wahrscheinlichkeit muss er Niveau 1 wiederholen. Von Niveau 2 kommt
er mit 10% Wahrscheinlichkeit nach Niveau 3, mit 90% verbleibt er in Niveau 2. Nach Niveau 3 ist Schluss.

a) Entwickeln Sie Übergangstabelle und Übergangsgraph.
b) Ermitteln Sie, mit welcher Wahrscheinlichkeit man in
   drei Runden Niveau 3 erreicht.
c) Ermitteln Sie, wie groß die Chance ist, in sechs Runden
   mindestens Niveau 2 zu erreichen.
d) Ermitteln Sie, wie viele Runden gespielt werden müssen,
   um mit über 50% Wahrscheinlichkeit Niveau 3 zu erreichen.

16. Blutvergiftung

Eine Blutvergiftung kann mehrere Stadien durchlaufen, die auch ineinander übergehen können. Es handelt sich um eine Lokale Entzündung (L), eine Sepsis (S), ein Organversagen (O), den Tod (T) und die Heilung (H). Die Übergangswahrscheinlichkeiten unter normaler Behandlung kann man der Tabelle entnehmen.

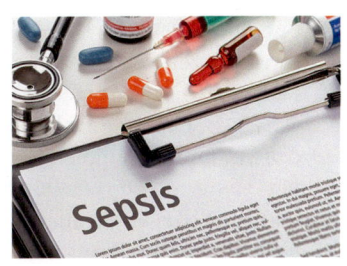

a) Zeichnen Sie den Übergangsgraphen und geben sie sowohl den Rand als auch die Menge der inneren Zustände der Markov-Kette an.
   Begründen Sie, dass es sich um eine absorbierende Markov-Kette handelt.

	H	L	S	O	T
H	1	0,4	0,1	0,1	0
L	0	0,4	0,1	0	0
S	0	0,2	0,5	0,1	0
O	0	0	0,3	0,5	0
T	0	0	0	0,3	1

b) Ein Patient wird mit einer Blutvergiftung im Stadium der lokalen Entzündung eingeliefert. Geben Sie den Startvektor $\vec{v}_0$ für diesen Fall an.
   Ermitteln Sie, mit welcher Wahrscheinlichkeit der Patient die nächsten drei Tage überlebt.
   Ermitteln Sie, mit welcher Wahrscheinlichkeit es in fünf Tagen zur völligen Genesung kommt.

c) Ermitteln Sie, mit welcher Wahrscheinlichkeit der Patient die nächsten drei Tage überlebt, wenn er im Zustand S bzw. wenn er im Zustand O eingeliefert wird.

d) Untersuchen Sie, welches Schicksal der Patient aus Teil b) langfristig haben würde, wenn die Übergangswahrscheinlichkeiten unverändert erhalten blieben.

e) Durchschnittlich werden die Patienten mit gleicher Wahrscheinlichkeit in einem der drei Stadien L, S und O eingeliefert. Geben Sie den Startvektor $\vec{v}_0$ für diesen Fall an.
   Ermitteln Sie, mit welcher Wahrscheinlichkeit ein solcher durchschnittlicher Patient überlebt.

17. Handwerker

In einem Handwerksberuf sind Lehrlinge (L), Gesellen (G) und Meister (M) tätig. Außerdem kann der Beruf aufgegeben werden (A). Die Übergangswahrscheinlichkeiten zwischen diesen Zuständen können der Tabelle entnommen werden. Es wird alle drei Jahre überprüft, ob eine Person den Status gewechselt hat.

a) Zeichnen Sie den Übergangsgraphen. Begründen Sie, warum es sich um eine absorbierende Markov-Kette handelt.

	L	G	M	A
L	0	0	0	0
G	0,8	0,8	0	0
M	0	0,1	0,9	0
A	0,2	0,1	0,1	1

b) Ein junger Mann tritt seine Lehrstelle an. Ermitteln Sie, mit welcher Wahrscheinlichkeit er nach 4 Zyklen, also nach 12 Jahren, Meister sein wird.

c) Ein Geselle möchte ein Haus bauen. Wegen der notwendigen Kreditaufname interessiert er sich für die Wahrscheinlichkeit, dass er den Beruf nach 15 Jahren immer noch ausübt.

d) Ermitteln Sie, wie wahrscheinlich es ist, dass ein Meister den Beruf in den nächsten 9 Jahren aufgibt.

e) In einem Betrieb gibt es 100 Lehrlinge, 40 Gesellen und 10 Meister. Berechnen Sie die voraussichtliche Verteilung in 12 Jahren, wenn keine Neueinstellungen vorgenommen werden.

18. Parkhaussuche

Ein sehr zerstreuter Autofahrer sucht sein Fahrzeug, das er in einem von fünf Parkhäusern A, B, C, D und E abgestellt hat, die um den Marktplatz gruppiert sind. Dabei geht er mit gleicher Wahrscheinlichkeit von dem Parkhaus, das er gerade abgesucht hat, in eines der beiden benachbarten Parkhäuser, bis er sein Auto gefunden hat. Pro Parkhaus benötigt er eine Viertelstunde. Das vermisste Auto steht in Parkhaus E.

a) Zeichnen Sie den Übergangsgraphen.

b) Entscheiden Sie, ob hier eine absorbierende Markov-Kette vorliegt.

c) Der Fahrer beginnt seine Suche in Parkhaus B. Berechnen Sie die Wahrscheinlichkeit, dass er sein Auto innerhalb der nächsten Stunde findet. Berechnen Sie diese Wahrscheinlichkeit auch für den Fall, dass er seine Suche in Parkhaus D beginnt.

d) Der Autofahrer beginnt seine Suche in Parkhaus B. Ermitteln Sie, wie lange er suchen muss, damit er sein Auto mit einer Wahrscheinlichkeit von mehr als 80% findet.

19. Münzwurfspiel

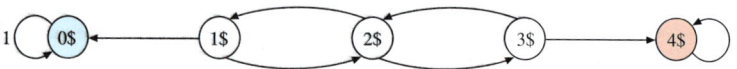

In einem Spiel hat der Spieler ein Startkapital von 1\$. Dieses setzt er als Einsatz ein. Dann darf er eine Münze werfen. Kommt Kopf, hat er gewonnen und erhält 2\$. Kommt Zahl, hat er seinen Einsatz verloren und das Spiel ist aus. Im zweiten Durchgang setzt der Spieler wieder 1\$, den er verliert oder verdoppelt. Das Spiel ist zu Ende, wenn der Spieler 4\$ erreicht hat oder kein Geld mehr hat.

a) Vervollständigen Sie den abgebildeten Übergangsgraphen.

b) Prüfen Sie, ob eine absorbierende Markov-Kette vorliegt.

c) Berechnen Sie die Wahrscheinlichkeit, nach vier Spielzügen 3\$ zu besitzen.

d) Berechnen Sie die Wahrscheinlichkeit, dass man während der ersten vier Züge verliert.

e) Entscheiden Sie, ob sich das Spiel lohnt. Sind die Chancen also besser als die Risiken?

20. Kantinenessen

In einer Betriebskantine wird Mittagessen in 3 Kategorien (I: Standard, II: Exklusiv, III: Vegan) angeboten. Die Esser wechseln zu Teil von Tag zu Tag.

Zu Beginn wählten 60% Angebot I, 30% wählten II und 10% entschieden sich für III. Das Wechselverhalten wird durch den Übergangsgraphen beschrieben.

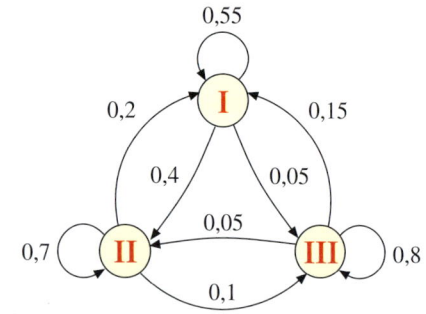

a) Stellen Sie die Übergangsmatrix M auf.

b) Am Mittagstisch nehmen 200 Personen teil. Ermitteln Sie, mit welchen Bestellungen der Koch für die nächsten drei Tage voraussichtlich rechnen kann.

c) Entscheiden Sie, ob der Koch langfristig mit stabilen Bestellungen rechnen kann. Bestimmen Sie diese Verteilung.

21. Lineare Abbildung im $\mathbb{R}^3$

Gegeben ist die lineare Abbildung $\vec{x}\,' = \begin{pmatrix} 2 & 0 & 0 \\ 0 & 1 & 0 \\ 0 & 1 & -1 \end{pmatrix} \cdot \vec{x}$ des Raumes $\mathbb{R}^3$ auf sich selbst.

a) Bestimmen Sie das Bild des Dreiecks ABC mit den Ecken A(2|8|0), B(2|12|0) und C(0|10|4).

b) Zeichnen Sie ein Schrägbild des Dreiecks ABC aus a) und seines Bildes A′B′C′.

c) Zeigen Sie, dass die Bildmenge der Abbildung der gesamte Raum $\mathbb{R}^3$ ist.

d) Bestimmen Sie den Kern der Abbildung.

e) Zeigen Sie: Alle Punkte der Gestalt P(0|2c|c) sind Fixpunkte der Abbildung.

f) Zeigen Sie, dass die z-Achse eine Fixgerade der Abbildung ist.

g) Bestimmen Sie die inverse Matrix zur Abbildungsmatrix M (Taschenrechner).

h) Das Bild des Punktes P(x|y|z) ist der Punkt P′(4|4|−3).
Bestimmen Sie die Koordinaten von P.

22. Schrägprojektion und Schattenwurf im $\mathbb{R}^3$

Der abgebildete Turm wird von parallelem Sonnenlicht in Richtung des Vektors $\vec{m}$ getroffen. Sein Schattenbild wird auf die x-y-Ebene projiziert.

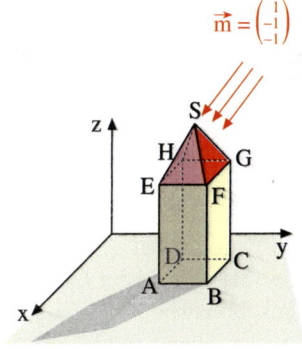

$\vec{m} = \begin{pmatrix} 1 \\ -1 \\ -1 \end{pmatrix}$

Turm
mit den
Punkten
A(8|12|0)
B(8|16|0)
C(4|16|0)
D(4|12|0)
E(8|12|8)
F(8|16|8)
G(4|16|8)
H(4|12|8)
S(6|14|12)

a) Bestimmen Sie die Abbildungsgleichungen sowie die Abbildungsmatrix M.
Hinweis: Verwenden Sie hierzu eine Gerade g durch den allgemeinen Punkt P(x|y|z) mit dem Richtungsvektor $\vec{m}$. Bestimmen Sie den Schnittpunkt P′ von g mit der x-y-Ebene.

b) Berechnen Sie die Bildpunkte der Punkte F, H und S.

c) Skizzieren Sie unter Verwendung der Ergebnisse aus b) den Umriss des Turmschattens.

d) Ist die Abbildung umkehrbar? Begründen Sie Ihre Antwort stichhaltig.

e) Berechnen Sie das Bild der Geraden g_1: $\vec{x} = \begin{pmatrix} 0 \\ 0 \\ 0 \end{pmatrix} + r \cdot \begin{pmatrix} 0 \\ 2 \\ 1 \end{pmatrix}$.

f) Geben Sie den Kern der Abbildung an.

g) Beschreiben Sie die Menge der Fixpunkte der Abbildung.

h) Untersuchen Sie, wie man die y-Koordinate des Vektors $\vec{m}$ (Lichtrichtung) verändern muss, damit das Schattenbild S′ der Turmspitze S auf den Punkt S′(13|0|5) der x-z-Ebene fällt. Berechnen Sie für diesen Fall auch die Schattenbilder der Punkte F und H. Zeichnen Sie anschließend den Umriss des neuen Schattenbildes des Turms.

23. Schatten einer Flugbahn

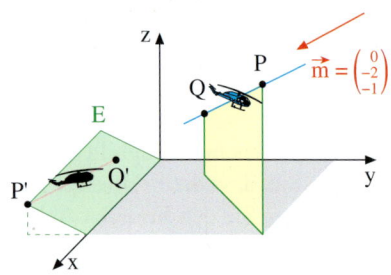

Ein Hubschrauber überfliegt ein ebenes Hanggelände E: $y + 2z = 0$ auf einer geradlinigen Flugbahn. Er wird im Abstand von 10 Sekunden an den Positionen $P(16|16|16)$ und $Q(12|10|11)$ gesichtet. Auf die Szene fällt paralleles Sonnenlicht in Richtung des Vektors $\vec{m}$, so dass auf dem Hang E ein Schattenbild des Hubschraubers entsteht.

Maßstab: 1 LE = 100 m

a) Bestimmen Sie die Flugbahngerade g des Hubschraubers.

b) Berechnen Sie die Geschwindigkeit des Hubschraubers.

c) Berechnen Sie, an welcher Position R der Hubschrauber die x-Achse überquert. Bestimmen Sie außerdem seinen Abstand d zum Hang E zu diesem Zeitpunkt.

d) Bestimmen Sie die Abbildungsmatrix M der Parallelprojektion auf die Hangebene E.

e) Berechnen Sie die Schattenpositionen P′ und Q′ der Positionen P und Q.

f) Bestimmen Sie die Gleichung der „Schattengerade" g′ auf dem Hang E.

g) Berechnen Sie die Geschwindigkeit, mit der sich das Schattenbild des Hubschraubers auf E bewegt. Vergleichen Sie mit dem Resultat aus b).

h) Bestimmen Sie die Position S, an welcher sich Hubschrauber und Schattenbild treffen würden, wenn der Hubschrauber seinen Kurs nicht ändern würde.

i) Bestimmen Sie die Position T des Hubschraubers, wenn sein Schattenbild die Position $T′(8|-4|2)$ erreicht hat.

j) Begründen Sie anhand der Eigenschaften einer Parallelprojektion, weshalb die Matrix M keine Umkehrmatrix M besitzen kann.

24. Spiegelung und Parallelprojektion

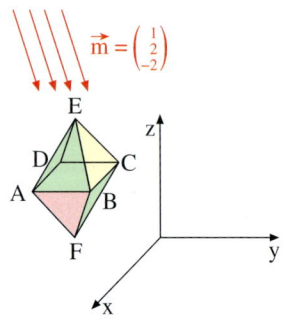

Ein Kristall mit den Ecken $A(6|-6|6)$, $B(6|-2|6)$, $C(2|-2|6)$, $D(2|-6|6)$, $E(4|-4|10)$ und $F(4|-4|2)$ wird an der x-z-Ebene gespiegelt (Abbildung M_1) und anschließend in Richtung des Vektors $\vec{m}$ auf die x-y-Ebene projiziert (Abbildung M_2).

a) Bestimmen Sie die zu den Abbildungen gehörigen Matrizen M_1 und M_2.

b) Berechnen Sie die Bildpunkte des Kristalls bei der Spiegelung mit M_1.

c) Bestimmen Sie die Matrix M, welche die Kombination der beiden Abbildungen erfasst.

d) Berechnen Sie die Bildpunkte des Kristalls nach der Projektion in die x-y-Ebene.

e) Bestimmen Sie den Inhalt des Dreiecks AED und des Bilddreiecks A″E″D″.

f) Fertigen Sie ein Schrägbild an, das den Kristall ABCDEF, sein gespiegeltes Bild A′B′C′D′E′F′ und das Projektionsergebnis A″B″C″D″E″F″ in der x-y-Ebene enthält.

g) Berechnen Sie den Innenwinkel γ bei E im Dreieck AED. Berechnen Sie außerdem den Innenwinkel $\gamma″$ bei E″ im Bilddreieck A″E″D″.

h) Bestimmen Sie die Bilder der Geraden g: $\vec{x} = \begin{pmatrix} 8 \\ -6 \\ 2 \end{pmatrix} + r \begin{pmatrix} 1 \\ 1 \\ -1 \end{pmatrix}$, h: $\vec{x} = \begin{pmatrix} 8 \\ -6 \\ 2 \end{pmatrix} + r \begin{pmatrix} 1 \\ -2 \\ -2 \end{pmatrix}$ bei der Parallelprojektion auf die x-y-Ebene.

i) Bestimmen Sie den Kern und die Fixpunktmenge bei der Abbildung mit der Matrix $M = M_2 \cdot M_1$.

25. Eine lineare Abbildung in der Ebene

Untersucht werden soll eine lineare Abbildung mit der gegebenen Abbildungsmatrix M.

$$M = \begin{pmatrix} 1 & -1 \\ 0 & 1 \end{pmatrix}$$

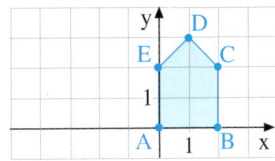

a) Das abgebildete „Häuschen" ABCDE wird in der Ebene mit Hilfe der Matrix M abgebildet. Bestimmen Sie die Koordinaten der Eckpunkte des Bildes A′B′C′D′E′. Zeichnen Sie das Resultat in einem Koordinatensystem ein. Beschreiben Sie anschauliche Wirkung der Abbildung.

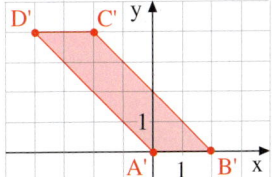

b) Das abgebildete Parallelogramm A′B′C′D′ wurde durch die Abbildung mit der Matrix M aus einem Viereck ABCD gewonnen. Bestimmen Sie die Eckpunkte A, B, C und D dieses Vierecks. Berechnen Sie dazu die Umkehrmatrix M^{-1}.

Geben Sie die Vierecksart von ABCD an.

c) Der Kern der Abbildung besteht aus allen Punkten P(x|y), welche auf den Ursprung O(0|0) abgebildet werden. Bestimmen Sie den Kern der Abbildung.

d) Bestimmen Sie die Fixpunktmenge der Abbildung, d. h. die Menge der Punkte P(x|y), die auf sich selbst abgebildet werden. Verwenden Sie den Ansatz $M \cdot \vec{x} = \vec{x}$.

e) Zeigen Sie, dass jede zur x-Achse parallele Gerade eine Fixgerade ist, d. h. auf sich selbst abgebildet wird.

26. Abbildungen im Raum

Paralleles Sonnenlicht, welches von oben kommend in Richtung des Vektors $\vec{m}$ einfällt, erzeugt auf dem Boden in der x-y-Ebene und auf der Felswand in der x-z-Ebene die Schatten einer Pyramide ABCDS und eines senkrechten Antennenmastes UV (1 LE = 10 m).

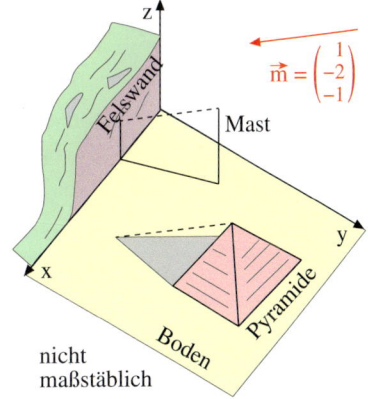

a) Bestimmen Sie das Schattenbild eines beliebigen Punktes P(x|y|z) in der x-y-Ebene.

b) Stellen Sie die Abbildungsgleichungen der Abbildung aus a) auf. Bestimmen Sie die Abbildungsmatrix M_1 dieser Abbildung.

c) Berechnen Sie das Schattenbild S′ der Pyramidenspitze S. Die Pyramide hat die Grundflächenecken A(6|6|0), B(6|10|0), C(2|10|0), D(2|6|0) und die Spitze S(4|8|4).

d) Fertigen Sie eine Grundrisszeichnung der Pyramide und ihres Schattenbildes an. Prüfen Sie anhand der Zeichnung, ob der Punkt F(7|9|0) im Schatten oder in der Sonne liegt.

e) Ein senkrecht in der x-y-Ebene stehender Stab mit der Spitze V(1|4|6) erzeugt an der Felswand (x-z-Ebene) und auf dem Boden (x-y-Ebene) einen Schatten mit der Spitze V′. Bestimmen sie den Verlauf des Schattenbildes und berechnen Sie seine Gesamtlänge.

f) Bestimmen Sie die Abbildungsmatrix M_2 für die Parallelprojektion mit dem Vektor $\vec{m}$ in die x-z-Ebene.

g) Zeichnen Sie ein Schrägbild mit der Pyramide, dem Antennenmast und deren Schatten.

Mathematik | Liste der Operatoren

Operator	Erläuterung
angeben / nennen	Sachverhalte, Begriffe oder Daten ohne Erläuterungen, Begründungen und Lösungswege aufzählen
begründen	einen Sachverhalt oder eine Aussage argumentativ auf Gesetzmäßigkeiten oder kausale Zusammenhänge zurückführen
berechnen	durch Rechenoperationen zu einem Ergebnis gelangen und die Rechenschritte dokumentieren
beschreiben	Aussagen, Sachverhalte, Strukturen o. Ä. in eigenen Worten strukturiert und fachsprachlich wiedergeben
bestimmen / ermitteln	einen Zusammenhang oder einen möglichen Lösungsweg aufzeigen und das Ergebnis formulieren
beurteilen	zu einem Sachverhalt oder einer Aussage unter Verwendung von Fachwissen und Fachmethoden eine begründete Einschätzung geben
beweisen	im mathematischen Sinn zeigen, dass eine Behauptung/Aussage richtig ist, z. B. unter Verwendung bekannter mathematischer Sätze, logischer Schlüsse und Äquivalenzumformungen
darstellen	Sachverhalte o. Ä. strukturiert fachsprachlich oder grafisch wiedergeben und Bezüge sowie Zusammenhänge aufzeigen
entscheiden	bei Alternativen sich begründet und eindeutig auf eine Möglichkeit festlegen
entwickeln	Sachverhalte und Methoden zielgerichtet in einen Zusammenhang bringen; eine Hypothese, eine Skizze oder ein Modell weiterführen und ausbauen
erklären	Sachverhalte o. Ä. unter Verwendung der Fachsprache auf fachliche Grundprinzipien oder kausale Zusammenhänge zurückführen
erläutern	Sachverhalte o. Ä. so darlegen und veranschaulichen, dass sie verständlich werden
modellieren	zu einem Ausschnitt der Realität ein fachliches Modell anfertigen
prüfen	Sachverhalte, Aussagen oder Ergebnisse an Gesetzmäßigkeiten messen, verifizieren oder Widersprüche aufdecken
skizzieren	eine grafische Darstellung so anfertigen, dass die wesentlichen Eigenschaften deutlich werden
untersuchen	Sachverhalte unter bestimmten Aspekten betrachten
vergleichen / gegenüberstellen	nach vorgegebenen oder selbst gewählten Gesichtspunkten Gemeinsamkeiten, Ähnlichkeiten und Unterschiede ermitteln und darstellen
zeichnen	eine hinreichend exakte grafische Darstellung anfertigen
zeigen / bestätigen	einen Sachverhalt oder eine Behauptung unter Verwendung gültiger Schlussregeln oder Berechnungen auf bekannte, gültige Aussagen zurückführen
zuordnen	Sachverhalte begründet in einen genannten Zusammenhang stellen

Testlösungen

Testlösungen zum Kapitel I (Seite 48)

1. a) $x = 4$, $y = 4$

   b) $x = \frac{9}{8}$, $y = -\frac{11}{8}$, $z = \frac{21}{8}$

2. a) keine Lösung

   b) $x = 8c - 6$, $y = 5 - 6c$, $z = c$

3. a) $\begin{pmatrix} 2 & 2 & -2 & 6 \\ 4 & 2 & -3 & 8 \\ 6 & -6 & 4 & 2 \end{pmatrix}$

   b) $\begin{pmatrix} 2 & 2 & -2 & 6 \\ 0 & -2 & 1 & -4 \\ 0 & 0 & 4 & 8 \end{pmatrix}$

4. $x + y + z = 30$
   $x - 4 = 2 \cdot (y - 4 + z - 4)$
   $z - 4 = 2(y - 4)$ Lösung: $x = 16$ (Maria), $y = 6$ (Emma), $z = 8$ (Julia)

5. a) x: Anlagesumme in Aktien, y: Anlagesumme in Fonds, z: Anlagesumme in Gold
   $x + y + z = 30\,000$
   $7x + 6y + 5z = 200\,000$ Lösung: $x = 20\,000 + c$, $y = 10\,000 - 2c$, $z = c$
   b) $z = 5\,000$, $x = 25\,000$, $y = 0$

6. a) $x - y = 3$
   $y - z = -3$
   $z - t = 1$
   $-x + t = -1$

   b) $x = 1 + c$, $y = -2 + c$, $z = 1 + c$, $t = c$
   Minimalkapazitäten: $x = 3$, $y = 0$, $z = 3$, $t = 2$

Testlösungen zum Kapitel II (Seite 94)

1. a) $B(4|8|0)$, $C(0|8|0)$, $D(0|0|0)$, $E(4|0|5)$, $F(4|8|5)$, $H(0|0|5)$, $M(2|4|5)$

   b) $|\overrightarrow{AF}| = \sqrt{64 + 25} = \sqrt{89} \approx 9{,}43$, $|\overrightarrow{DM}| = \sqrt{4 + 16 + 25} = \sqrt{45} \approx 6{,}71$

2. a) $\begin{pmatrix} 1 \\ 7 \end{pmatrix}$ b) $\begin{pmatrix} -2 \\ 2 \end{pmatrix} + \begin{pmatrix} -1 \\ 3 \end{pmatrix} + \begin{pmatrix} 4 \\ 2 \end{pmatrix} = \begin{pmatrix} 1 \\ 7 \end{pmatrix}$

3. $\begin{pmatrix} 6 \\ -2 \\ -1 \end{pmatrix} = 4\begin{pmatrix} 3 \\ 1 \\ 2 \end{pmatrix} - 3\begin{pmatrix} 2 \\ 2 \\ 3 \end{pmatrix}$

4. a) $\overrightarrow{AB} = \begin{pmatrix} -2 \\ -3 \\ -6 \end{pmatrix}$, $\overrightarrow{AC} = \begin{pmatrix} -4 \\ 3 \\ -3 \end{pmatrix}$, $\overrightarrow{BC} = \begin{pmatrix} -2 \\ 6 \\ 3 \end{pmatrix}$

   b)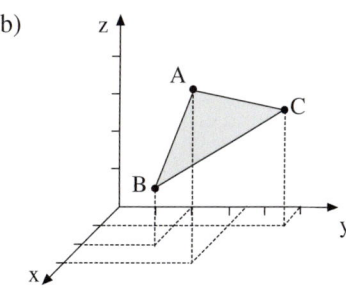

   $|\overrightarrow{AB}| = \sqrt{4 + 9 + 36} = 7$,

   $|\overrightarrow{AC}| = \sqrt{34}$, $|\overrightarrow{BC}| = \sqrt{49} = 7$

   Das Dreieck ist gleichschenklig, aber nicht
   gleichseitig.

   c) $\overrightarrow{d} = \overrightarrow{c} + \overrightarrow{AB} = \begin{pmatrix} 2 \\ 10 \\ 6 \end{pmatrix} + \begin{pmatrix} -2 \\ -3 \\ -6 \end{pmatrix} = \begin{pmatrix} 0 \\ 7 \\ 0 \end{pmatrix}$

   $D(0|7|0)$ (bzw. $D(4|13|12)$ oder $D(8|1|6)$)

5. a) $\overrightarrow{AM} = -\frac{1}{2}\vec{a} + \vec{b} + \vec{c}$

   b) $A(8|0|0)$, $B(8|10|0)$, $C(0|10|0)$, $D(0|0|0)$, $E(8|0|5)$, $F(8|10|5)$, $G(0|10|5)$, $H(0|0|5)$, $T(4|10|8)$, $S(4|0|8)$

  c) $|ES| = 5$, $|EF| = 10$, $A = 50$

d) $\cos\alpha = \dfrac{\begin{pmatrix}4\\0\\-3\end{pmatrix}\cdot\begin{pmatrix}-4\\0\\-3\end{pmatrix}}{25} = \dfrac{-7}{25}$, $\alpha \approx 106{,}3°$

  e) $\cos\beta = \dfrac{\begin{pmatrix}-4\\0\\-3\end{pmatrix}\cdot\begin{pmatrix}-4\\0\\0\end{pmatrix}}{20} = \dfrac{4}{5}$, $\beta \approx 36{,}9°$

f) $|SF| = \sqrt{16 + 100 + 9} = \sqrt{125} \approx 11{,}19$

6. Nur wenn die Vektoren $\vec{a}$ und $\vec{b}$ nicht kollinear sind.

Testlösungen zum Kapitel III.1 (Seite 124)

1. a) g: $\vec{x} = \begin{pmatrix}3\\0\\1\end{pmatrix} + r\begin{pmatrix}-3\\6\\3\end{pmatrix}$

  b) $\begin{pmatrix}1\\4\\3\end{pmatrix} = \begin{pmatrix}3\\0\\1\end{pmatrix} + r\begin{pmatrix}-3\\6\\3\end{pmatrix}$ gilt für $r = \frac{2}{3}$. Wegen $0 < r < 1$ liegt P auf der Strecke $\overline{AB}$.

2. a) $g = h$: $r = \frac{1}{3}$, $s = -2$, $S(3|4|4)$
    Schnittwinkel: $\gamma = 180° - 118{,}1° \approx 61{,}9°$
  c) h: $S_{xy}(7|8|0)$, $S_{xz}(-1|0|8)$, $S_{yz}(0|1|7)$

  b)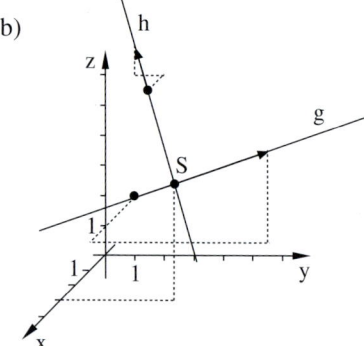

3. a) Alle Geraden der Schar haben denselben Stützpunkt $A(0|0|2)$. Ihre Richtungsvektoren drehen sich um A und spannen dabei eine Ebene auf. Die Endpunkte der Richtungsvektoren für $r = 1$ liegen auf der Geraden

    k: $\vec{x} = \begin{pmatrix}0\\2\\2\end{pmatrix} + a\begin{pmatrix}1\\0\\2\end{pmatrix}$.

  b) g_6 enthält $P(3|1|8)$ $(r = 0{,}5)$.
  c) g_a ist für kein a parallel zu h.
  d) Schnittpunkt $S(-5|-1|-8)$ für $a = 10$.

zu 3.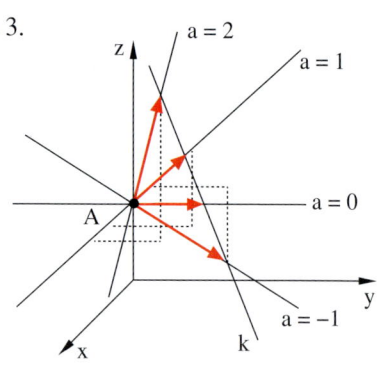

4. a) g: $\vec{x} = \begin{pmatrix}4\\0\\6\end{pmatrix} + r\begin{pmatrix}1\\3\\-1{,}5\end{pmatrix}$, $z = 0 \Rightarrow r = 4$

    $P(8|12|0)$, der Anflug dauert 4 min.

  b) aus a) $4 + r = 6$ ergibt $r = 2$, $y = 6$ und $z = 3$
    Mittelpunkt bei 2,9; Rand bei 2,92
    d. h. 80 m Sicherheitsabstand nach unten

  c) h: $\vec{x} = \begin{pmatrix}12\\0\\0\end{pmatrix} + s\begin{pmatrix}-14\\14\\7\end{pmatrix}$; $h = g$: $r = 2$, $s = 3/7$; Kollisionskurs mit $S(6|6|3)$

Der Flieger ist nach 2 min bei S, der Hubschrauber nach $5 \cdot \frac{3}{7} = \frac{15}{7} = 2\frac{1}{7}$ min, also 1/7 min später, also keine Kollision.

Testlösungen zum Kapitel III.2 (Seite 148)

1. a) $E: \vec{x} = \begin{pmatrix} 0 \\ 2 \\ 3 \end{pmatrix} + r\begin{pmatrix} 4 \\ 0 \\ -3 \end{pmatrix} + s\begin{pmatrix} 2 \\ 1 \\ -3 \end{pmatrix}$

   b) P liegt nicht auf E.

   c) $X(8|0|0)$, $Y(0|4|0)$, $Z(0|0|6)$

   d) $g_{xy}: \vec{x} = \begin{pmatrix} 8 \\ 0 \\ 0 \end{pmatrix} + t\begin{pmatrix} -8 \\ 4 \\ 0 \end{pmatrix}$

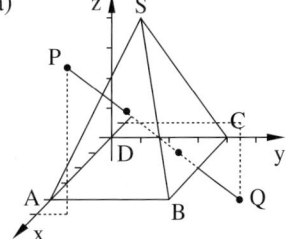

2. a) E = g liefert einen Widerspruch.
      g verläuft echt parallel zu E.
      E = h liefert r = 2, s = 1 und u = 3, d.h. Schnittpunkt $S(0|-2|6)$.

   b) y = 0 liefert t = −1 und damit $S_{xz}(6|0|1)$.

3. a) $E: \vec{x} = \begin{pmatrix} 1 \\ 0 \\ 2 \end{pmatrix} + r\begin{pmatrix} 1 \\ 2 \\ 2 \end{pmatrix} + s\begin{pmatrix} -1 \\ 4 \\ -2 \end{pmatrix}$, $g: \vec{x} = \begin{pmatrix} 1 \\ -3 \\ 1 \end{pmatrix} + t\begin{pmatrix} 3 \\ 6 \\ 9 \end{pmatrix}$

   E = g liefert r = 0,5, s = −0,5, t = 1/3 und damit $S(2|-1|4)$.

   b) außerhalb wegen s = −0,5

4. b) Die Seite ABS sowie die Grundseite ABCD.   a)

   c) $E_{ABS}: \vec{x} = \begin{pmatrix} 40 \\ 0 \\ 0 \end{pmatrix} + r\begin{pmatrix} 0 \\ 40 \\ 0 \end{pmatrix} + s\begin{pmatrix} -20 \\ 20 \\ 50 \end{pmatrix}$, $\overline{PQ}: \vec{x} = \begin{pmatrix} 50 \\ 10 \\ 50 \end{pmatrix} + t\begin{pmatrix} -60 \\ 30 \\ -75 \end{pmatrix}$

   Schnittpunkt $S(30|20|25)$

   d) $h: \vec{x} = \begin{pmatrix} 10 \\ 30 \\ 0 \end{pmatrix} + t\begin{pmatrix} -60 \\ 30 \\ 0 \end{pmatrix}$

5. a) $A(0|0|3)$, $B(0|14|3)$, $C(-10|14|3)$, $D(-5|14|7)$, $E(-5|0|7)$

   b) Der gesuchte Winkel lässt sich als Winkel zwischen den Vektoren $\overrightarrow{BD}$ und $\overrightarrow{CD}$ berechnen. Sie stehen senkrecht auf dem Richtungsvektor der Geraden durch E und D, die zu beiden Dachflächenebenen gehört.

   $\overrightarrow{BD} = \begin{pmatrix} -5 \\ 0 \\ 4 \end{pmatrix}$, $\overrightarrow{CD} = \begin{pmatrix} 5 \\ 0 \\ 4 \end{pmatrix}$, $\cos\gamma = \frac{-9}{41} \approx -0,22$, $\gamma \approx 102,7°$

   c) $E_{ABD}: \vec{x} = \begin{pmatrix} 0 \\ 0 \\ 3 \end{pmatrix} + r\begin{pmatrix} 0 \\ 14 \\ 0 \end{pmatrix} + s\begin{pmatrix} -5 \\ 0 \\ 4 \end{pmatrix}$, $g_S: \vec{x} = \begin{pmatrix} -2 \\ 10 \\ 0 \end{pmatrix} + t\begin{pmatrix} 0 \\ 0 \\ 1 \end{pmatrix}$

   E = g liefert $r = \frac{5}{7}$, s = 0,4, t = 4,6, $T(-2|10|4,6)$.
   Er ragt 1,4 m heraus.

   d) Lichtgerade durch s: $h: \vec{x} = \begin{pmatrix} -2 \\ 10 \\ 6 \end{pmatrix} + t\begin{pmatrix} 1 \\ -1 \\ -2 \end{pmatrix}$

   Schnittpunkt mit EABD: $s = \frac{1}{6}$, $t = \frac{7}{6}$, $r = \frac{53}{6 \cdot 14}$, $P\left(-\frac{5}{6}\Big|\frac{53}{6}\Big|\frac{22}{6}\right)$, $l \approx \sqrt{3,59} \approx 1,90\,m$

   e) A = 20, K = 5 · 30 Euro = 150 Euro

Testlösungen zum Kapitel III.3 (Seite 192)

1. a) E: $\vec{x} = \begin{pmatrix} 2 \\ 2 \\ -1 \end{pmatrix} + r \begin{pmatrix} -2 \\ 1 \\ 2 \end{pmatrix} + s \begin{pmatrix} 2 \\ -1 \\ 2 \end{pmatrix}$

 b) E: $x + 2y = 6$

 c) P in E einsetzen liefert $a = 2$.

 d) $X(6|0|0)$, $Y(0|3|0)$, kein Schnittpunkt mit der z-Achse, E ist parallel zur z-Achse.

 e) $g: \vec{x} = \begin{pmatrix} 4 \\ 6 \\ 3 \end{pmatrix} + t \cdot \begin{pmatrix} 1 \\ 2 \\ 0 \end{pmatrix}$ $g \cap E: t = -2$, $F(2|2|3)$

2. a) $g: \vec{x} = \begin{pmatrix} -3 \\ -1 \\ 5 \end{pmatrix} + r \begin{pmatrix} -8 \\ -1 \\ 6 \end{pmatrix}$ b) $3x + 4z = 11$ c) $3x + 4z = 46$

3. a) g in E: $3r = 6$, $r = 2$, $S(3|6|5)$ b) für $r = 4$ erhält man $P(5|10|9)$

 c) $h: \vec{x} = \begin{pmatrix} 5 \\ 10 \\ 9 \end{pmatrix} + r \begin{pmatrix} 1 \\ 2 \\ -1 \end{pmatrix}$, $6r = -6$, $r = -1$, $T(4|8|10)$

 d) Wir benötigen zwei Spiegelpunkte von g. Einer ist S.
 Als zweiten Punkt spiegeln wir $Q(1|2|1)$ $(r = 0)$.
 Gerade durch Q senkrecht zu E:

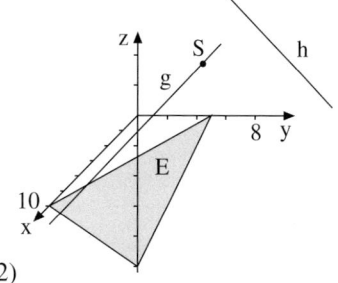

 $k: \vec{x} = \begin{pmatrix} 1 \\ 2 \\ 1 \end{pmatrix} + r \begin{pmatrix} 1 \\ 2 \\ -1 \end{pmatrix}$ in E: $r = 1$, $F_Q(2|4|0)$, $Q'(3|6|-1)$ $(r = 2)$

 Spiegelgerade durch Q' und S: $g': \vec{x} = \begin{pmatrix} 3 \\ 6 \\ -1 \end{pmatrix} + r \begin{pmatrix} 0 \\ 0 \\ 6 \end{pmatrix}$

4. a) E: $\vec{x} = \begin{pmatrix} 8 \\ 0 \\ 0 \end{pmatrix} + r \begin{pmatrix} -8 \\ 0 \\ 2 \end{pmatrix} + s \begin{pmatrix} 0 \\ 1 \\ 0 \end{pmatrix}$ bzw. $x + 4z = 8$

 b) Gerade durch S, senkrecht zu E: $g: \vec{x} = \begin{pmatrix} 0 \\ 10 \\ 8,5 \end{pmatrix} + r \begin{pmatrix} 1 \\ 0 \\ 4 \end{pmatrix}$

 g in E: $\begin{pmatrix} r \\ 10 \\ 8,5 + 4r \end{pmatrix} \cdot \begin{pmatrix} 1 \\ 0 \\ 4 \end{pmatrix} = 17r + 34 = 0$, $r = -2$, Bühnenpunkt $P(6|10|0,5)$

 c) $\overrightarrow{AB} = \begin{pmatrix} -8 \\ 20 \\ 10 \end{pmatrix}$, $\overrightarrow{AT} = \begin{pmatrix} 8 \\ 0 \\ 0 \end{pmatrix} + \frac{3}{4} \begin{pmatrix} -8 \\ 20 \\ 10 \end{pmatrix} = \begin{pmatrix} 2 \\ 15 \\ 7,5 \end{pmatrix}$

 $h: \vec{x} = \begin{pmatrix} 2 \\ 15 \\ 7,5 \end{pmatrix} + r \begin{pmatrix} 0 \\ 0 \\ -1 \end{pmatrix}$ in E liefert $r = 6$, Fallhöhe also 6 m

 Abstand zur Bühne: $d = \left| \begin{pmatrix} 2-8 \\ 15 \\ 7,5 \end{pmatrix} \cdot \begin{pmatrix} 1 \\ 0 \\ 4 \end{pmatrix} \cdot \frac{1}{\sqrt{17}} \right| = \frac{24}{\sqrt{17}} \approx 5,82\,\text{m}$

Testlösungen zum Kapitel III.4 (Seite 236)

1. a) Gerade k durch P senkrecht zu E: k: $\vec{x} = \begin{pmatrix} 6 \\ -2 \\ 12 \end{pmatrix} + r \begin{pmatrix} 1 \\ 2 \\ -2 \end{pmatrix}$

   k in E: $9r = 27$, $r = 3$, $F(9|4|6)$, Abstand von F zu P: $d = 9$

   b) $r = 6$ in k: $P'(12|10|0)$

   c) Das Skalarprodukt $\begin{pmatrix} 2 \\ 1 \\ 2 \end{pmatrix} \cdot \begin{pmatrix} 1 \\ 2 \\ -2 \end{pmatrix} = 0$ ist null. Abstand von g zu E: $d = 6$

   d) h: $\vec{x} = \begin{pmatrix} 5 \\ 6 \\ -3 \end{pmatrix} + r \begin{pmatrix} a \\ b \\ 0{,}5\,a + b \end{pmatrix}$, $a, b \neq 0$

2. a) Ebene E durch P, senkrecht zu g: E: $3x + 2y - z = 19$.

   g in E: $r = 1$, $F(4|5|3)$, Abstand von P zu F: $d = \sqrt{12}$.

   b) $\vec{p},\ = \begin{pmatrix} 6 \\ 3 \\ 5 \end{pmatrix} + 2 \begin{pmatrix} -2 \\ 2 \\ -2 \end{pmatrix} = \begin{pmatrix} 2 \\ 7 \\ 1 \end{pmatrix}$, $P'(2|7|1)$

3. a) $P(1|1|2) \in E_1$, $\begin{pmatrix} 3 \\ 0 \\ 4 \end{pmatrix} \cdot \begin{pmatrix} -4 \\ 1 \\ 3 \end{pmatrix} = 0$, $\begin{pmatrix} 3 \\ 0 \\ 4 \end{pmatrix} \cdot \begin{pmatrix} 4 \\ 2 \\ -3 \end{pmatrix} = 0$

   b) $\cos \alpha = \dfrac{\begin{pmatrix} 3 \\ 0 \\ 4 \end{pmatrix} \cdot \begin{pmatrix} 1 \\ -2 \\ 1 \end{pmatrix}}{5 \cdot \sqrt{6}}$, $\alpha \approx 55{,}1°$

   c) g in E_2: $t = 2$, $S(1|-1|1)$, $\sin \alpha = \dfrac{\begin{pmatrix} 1 \\ -2 \\ 1 \end{pmatrix} \cdot \begin{pmatrix} 2 \\ -1 \\ 1 \end{pmatrix}}{6}$, $\alpha \approx 56{,}4°$

4. a) E: $\vec{x} = \begin{pmatrix} 20 \\ 0 \\ 0 \end{pmatrix} + r \begin{pmatrix} 0 \\ 50 \\ 0 \end{pmatrix} + s \begin{pmatrix} -20 \\ 0 \\ 10 \end{pmatrix}$, $x + 2z = 20$

   b) Entfernung P zu E: $d = \dfrac{150}{\sqrt{5}} \approx 67{,}08\,\mathrm{m}$

   c) $\vec{q} = \begin{pmatrix} 40 \\ 20 \\ 65 \end{pmatrix} + 30 \begin{pmatrix} 1 \\ 0{,}5 \\ 2 \end{pmatrix} = \begin{pmatrix} 70 \\ 35 \\ 125 \end{pmatrix}$, $Q(70|35|125)$

Testlösungen zum Kapitel IV (Seite 298)

1. a) $A \cdot B = \begin{pmatrix} 3 & 3 \\ 10 & 7 \\ -3 & 1 \end{pmatrix}$

   b) $A \cdot \vec{v} = \begin{pmatrix} 5 \\ 18 \\ -8 \end{pmatrix}$

   c) $A^4 = \begin{pmatrix} -4 & 13 & -13 \\ -13 & 48 & -52 \\ 0 & -13 & 22 \end{pmatrix}$

2. a) $M = \begin{pmatrix} 0{,}6 & 0{,}4 & 0 \\ 0 & 0{,}5 & 0{,}25 \\ 0{,}4 & 0{,}1 & 0{,}75 \end{pmatrix}$

   b) $\vec{v} = \begin{pmatrix} 0{,}25 \\ 0{,}25 \\ 0{,}5 \end{pmatrix}$

   c) $M^\infty = \begin{pmatrix} 0{,}25 & 0{,}25 & 0{,}25 \\ 0{,}25 & 0{,}25 & 0{,}25 \\ 0{,}5 & 0{,}5 & 0{,}5 \end{pmatrix}$

3. a) $M = \begin{pmatrix} 0{,}8 & 0{,}2 & 0{,}3 \\ 0{,}1 & 0{,}7 & 0{,}4 \\ 0{,}1 & 0{,}1 & 0{,}3 \end{pmatrix}$

   b)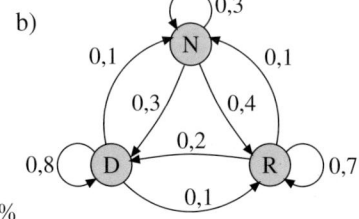

   c) $M \cdot \vec{v} = \begin{pmatrix} 0{,}8 & 0{,}2 & 0{,}3 \\ 0{,}1 & 0{,}7 & 0{,}4 \\ 0{,}1 & 0{,}1 & 0{,}3 \end{pmatrix} \cdot \begin{pmatrix} 0{,}35 \\ 0{,}45 \\ 0{,}2 \end{pmatrix} = \begin{pmatrix} 0{,}43 \\ 0{,}43 \\ 0{,}14 \end{pmatrix}$

   Stimmanteile:
   Demokraten 43 %, Republikaner 43 %, Nichtwähler 14 %

4. a)

   $M = \begin{pmatrix} 0 & 0 & 10 \\ 0{,}2 & 0 & 0 \\ 0 & 0{,}5 & 0 \end{pmatrix}$

   b) Es gilt $0{,}2 \cdot 0{,}5 \cdot 10 = 1$, also liegt ein zyklischer Prozess vor.
   $M^3 = E$, d. h. Zykluslänge 3.

   c) $M^n \cdot \begin{pmatrix} 400 \\ 200 \\ 100 \end{pmatrix} = \begin{pmatrix} 1\,000 \\ 80 \\ 100 \end{pmatrix}, \begin{pmatrix} 1\,000 \\ 200 \\ 100 \end{pmatrix}, \begin{pmatrix} 400 \\ 200 \\ 100 \end{pmatrix}$

   $n = 1;\ 4 \quad n = 2 \quad n = 3$

   d) z. B.: $\begin{pmatrix} 10 \\ 2 \\ 1 \end{pmatrix}$ oder $\begin{pmatrix} 100 \\ 20 \\ 10 \end{pmatrix}$ e) $\begin{pmatrix} 0 & 0 & 10 \\ 0{,}1 & 0 & 0 \\ 0 & 0{,}5 & 0 \end{pmatrix}^n \cdot \begin{pmatrix} 400 \\ 200 \\ 100 \end{pmatrix} = \begin{pmatrix} 1\,000 \\ 40 \\ 100 \end{pmatrix}, \begin{pmatrix} 1\,000 \\ 100 \\ 20 \end{pmatrix}, \begin{pmatrix} 200 \\ 100 \\ 50 \end{pmatrix}, \begin{pmatrix} 500 \\ 20 \\ 50 \end{pmatrix}$

   Die Halbierung des Übergangs vom Ei zur Larve setzt sich durch die Folgepopulation durch, so dass nach einem Zyklus nur noch der halbe Bestand gegenüber dem alten Übergang (vom Ei zur Larve) vorliegt.

   f) 10 Salamander sind es nach 5 Jahren, weniger erstmals für $n = 8$, nämlich 5 Salamander.

5. a) $M = \begin{pmatrix} 0{,}5 & 0 & 0 \\ 0{,}3 & 1 & 0 \\ 0{,}2 & 0 & 1 \end{pmatrix}$ Die Zustände B und C sind absorbierend.

   b) $M^n \cdot \begin{pmatrix} 1 \\ 0 \\ 0 \end{pmatrix} = \begin{pmatrix} 0{,}5 \\ 0{,}3 \\ 0{,}2 \end{pmatrix}, \begin{pmatrix} 0{,}25 \\ 0{,}45 \\ 0{,}3 \end{pmatrix}, \begin{pmatrix} 0{,}125 \\ 0{,}525 \\ 0{,}35 \end{pmatrix}$ c) $m^{99} = \begin{pmatrix} 1 \\ 0 \\ 0 \end{pmatrix} = \begin{pmatrix} 0 \\ 0{,}6 \\ 0{,}4 \end{pmatrix}$

   $n = 1 \quad n = 2 \quad n = 3$

   d) Nach 7 Takten sind erstmals weniger als 1 % noch nicht absorbiert.

Testlösungen zum Kapitel V (Seite 342)

1. a) $A \cdot B = \begin{pmatrix} 3 & 3 \\ 10 & 7 \\ -3 & 1 \end{pmatrix}$ b) $A \cdot \vec{v} = \begin{pmatrix} 5 \\ 18 \\ -8 \end{pmatrix}$

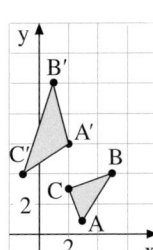

2. a) $A'(2|6)$, $B'(1|10)$, $C'(-1|4)$

   b) g': $\vec{x} = r\begin{pmatrix} 0 \\ 2 \end{pmatrix}$

   c) x-Achse: $\vec{x} = r\begin{pmatrix} 1 \\ 0 \end{pmatrix}$, Bild: $\vec{x} = r\begin{pmatrix} 1 \\ 2 \end{pmatrix}$

3. a) $\begin{matrix} x' = 1 \cdot x + 0 \cdot y \\ y' = 0 \cdot x - 1 \cdot y \end{matrix}$, $M = \begin{pmatrix} 1 & 0 \\ 0 & -1 \end{pmatrix}$ b) $F = \{(x; y): y = 0, x \in \mathbb{R}\}$

   c) x-Achse: $\vec{x} = r\begin{pmatrix} 1 \\ 0 \end{pmatrix}$ d) x-Achse, alle zur y-Achse parallelen Geraden

4. a) g: $\vec{x} = \begin{pmatrix} x \\ y \\ z \end{pmatrix} + r\begin{pmatrix} 1 \\ -1 \\ -2 \end{pmatrix}$ e)

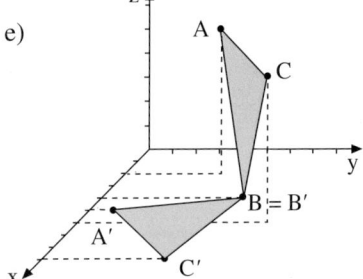

   b) $S\left(x + \frac{z}{2} \middle| y - \frac{z}{2} \middle| 0\right)$

   c) $\begin{matrix} x' = 1 \cdot x + 0 \cdot y + 0,5 \cdot z \\ y' = 0 \cdot x + 1 \cdot y - 0,5 \cdot z \\ z' = 0 \cdot x + 0 \cdot y + 0 \cdot z \end{matrix}$, $M = \begin{pmatrix} 1 & 0 & 0,5 \\ 0 & 1 & -0,5 \\ 0 & 0 & 0 \end{pmatrix}$

   d) $A'(5|1|0)$, $B'(4|6|0)$, $C'(9|5|0)$

5. a) $M_1 = \begin{pmatrix} 0 & 0 & 0 \\ 0 & 1 & 0 \\ 0 & 0 & 1 \end{pmatrix}$, $M_2 = \begin{pmatrix} 2 & 0 & 0 \\ 0 & 2 & 0 \\ 0 & 0 & 2 \end{pmatrix}$, $M = \begin{pmatrix} 0 & 0 & 0 \\ 0 & 2 & 0 \\ 0 & 0 & 2 \end{pmatrix}$ c)

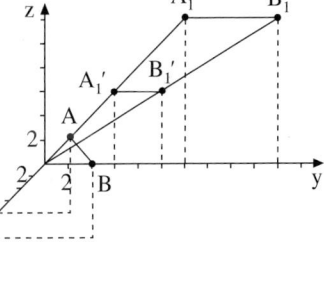

   b) $A_1'(0|6|6)$, $B_1'(0|10|6)$, $A''_1(0|12|12)$, $B''_1(0|20|12)$

Stichwortverzeichnis

Bildnachweis

Titelfoto Fotolia/pure-life-pictures; **11** laif/Georg Knoll; **12** Fotolia/Tyler Olson; **17** akg-images; **32** Shutterstock/Poznyakov; **33** Fotolia/Tanja Hohnwald; **34-1** Fotolia/Dirk Schumann; **34-2** Fotolia/ARochau; **34-3** Fotolia/baibaz; **35-1** Shutterstock/Eugene Onischenko; **35-2** Fotolia/eyeQ; **39-1** Fotolia/exclusive-design; **39-2** Fotolia/razihusin; **40** Fotolia/Dreaming Andy; **41** Fotolia/V&P Photo Studio; **42-1** Fotolia/Kzenon; **42-2** Fotolia/doris oberfrank-list; **42-3** Fotolia/rdnzl; **42-4** Fotolia/Thaut Images; **46** akg-images; **47** Fotolia/U. Gernhoefer; **49** mauritius images/Torsten Krüger; **60** Cornelsen/Henning Knoff; **89** Fotolia/Michael Rosskothen; **95** Visum/Bernd Euler; **119** Shutterstock/southmind; **125** mauritius images/imageBroker/Norbert Probst; **149** mauritius images/imageBroker/Norbert Probst; **150** Shutterstock/Volodymyr Martyniuk; **187** imago stock&people/Rainer Weisflog; **193** mauritius images/Ernst Wrba; **198** Cornelsen/Gerlinde Keller, München; **210** Fotolia/MundM; **231-1** Fotolia/Rustic; **231-2** Fotolia/i-picture; **237** F1online/Imagebroker RM/Martin Moxter; **238** Shutterstock/Rawpixel.com; **245** Fotolia/Subbotina Anna; **253** Shutterstock/Anna Jedynak; **254** mauritius images/Rudolf Schuppler/dieKleinert; **255** Fotolia/Kara; **256** shutterstock/Valdis Skudre; **257** shutterstock/David Dirga; **259** picture-alliance/WILDLIFE; **260** picture-alliance/WILDLIFE; **263-1** Shutterstock/Patrick Foto; **263-2** Shutterstock/Tsekhmister; **264** Fotolia/sommai; **267** Fotolia/senoldo; **268** akg/Science Photo Library; **270** shutterstock/Tribalium; **271** Fotolia/Christian Schwier; **277** Fotolia/Pictures news; **279-1** Shutterstock/bill smith; **279-2** Shutterstock/MarShot; **279-3** Shutterstock/ghrzuzudu; **279-4** Shutterstock/robuart; **280-1** Shutterstock/Dvitaliy; **280-2** Shutterstock/Marynka; **280-3** Shutterstock/Marynka; **280-4** Shutterstock/tr3gin; **283** Fotolia/chones; **285** Cornelsen/Dr. Norbert Koehler; **290** Cornelsen/Dr. Norbert Koehler; **291-1** Fotolia/bluedesign; **291-2** Cornelsen/Dr. Norbert Koehler; **292** Fotolia/mrjo; **296** Shutterstock/360b; **297** akg-images; **299** Fotolia/Fotolyse; **300** Shutterstock/Solcan Sergiu; **325** Fotolia/dejavudesigns; **360-1** Fotolia/juefraphoto; **360-2** Fotolia/lassedesignen; **361-1** Fotolia/Zerbor; **361-2** Shutterstock/milanzeremski; **362** Shutterstock/fuyu liu